伊原亮司 著

トヨタと日産にみる

〈場〉に生きる力

労働現場の比較分析

桜井書店

はじめに

働き方とは「生き方」の問題である。働く場とは「生きる場」である。

働く場とは，生活の糧を得るためだけの場ではない。われわれは，職場で他者と関係を築き，「自己」を（再）形成し，「居場所」を確保する。当事者が意識するしないにかかわらず，政治的，文化的，社会的な場でもあるのだ。むろん，それは職場に限ったことではない。家庭，学校，地域社会などもそのような場となるが，過半の「社会人」にとって，職場で過ごす時間は長く，働く時間が「社会生活」の大部を占めるため，職場とは特別な場であるのだ。しかしその重要性にもかかわらず，賃金などの労働条件に比べて働く場に対する関心は低く，その内実は見えてこない。

昨今，働き方の「多様化」が進み，家を仕事場にする人，職場を短期間で変える人，そして何よりも働きたくても働けない人が増えており，従来のような「組織人」として長時間，同一の職場で過ごす人・過ごせる人の方がもはや少数派なのかもしれない。経済的な格差や貧困が社会問題としてクローズアップされ，雇用促進とキャリア教育，労働関連法令の見直し，ワークシェアリングの導入など，働き方・働かせ方を問い直す社会政策的な提言が積極的に行われている。しかし，それらの議論は，職場の運営実態や実際に働いている者の姿が把握されてはじめて現実味を帯びるのであり，制度的な枠組みだけを整備したところで思ったようには改革は進まない。にもかかわらず，働く場の実態は軽視されたままである。

「ブラック企業」への批判も同様の問題を抱える。「ブラック企業」という言葉は，劣悪な労働環境を放置する企業を批判する用語として定着したが，レッテルはり（およびその否定との応酬）で終わることがほとんどであり，働く場の内実は放置されたままである。

働く場に対する関心の低さは，経営者層や管理者層にもあてはまる。労働者管理が重要な経営課題であることは，改めて言うまでもない。経営学者や経営コンサルタントは新しい働かせ方のコンセプトを次々と打ち出し，経営者は時流に乗った管理制度を導入してきた。しかし，経営の理論や理念がどれほど魅力的であっても，現実はその通りにはならないことの方が多い。管理する側は，「いかに働かせるか」を机上で考えるだけではなく，働く場に目を向け，足を運び，「なぜ，意図した通りに事が運ばないのか」を現場で考え抜くべきである。実際は，「現場主義」というかけ声とは裏腹に，現場は軽視され，経営理論は「絵に描いた餅」になり，経営者の理念は自己満足で終わる。

とはいえ，これまでに働く場への関心が全くなかったわけではない。「日本的経営」は世界規模で影響力を持ち，日本人の働きぶりがもてはやされた時代があった。「終身雇用」，「年功序列」，「企業内組合」からなる「日本的経営」は，労働者を組織へ強くコミットさせ，職場運営に参加させて，会社を現場から支えるとして，好意的に評価されたのである。「バブル経済」の崩壊後，日本経済の停滞とともにそれは批判の対象に一変し，「日本的な労働慣行」は時代遅れと蔑まれるようになったが，2008年末のリーマンショックに端を発する「世界同時不況」以降，所得格差や資産格差の拡大に対する批判と相まって，日本人の勤勉さやモノづくりに対する再評価の機運が高まっている。

しかし，「日本的経営」をめぐる議論は，好意的に(再)評価するにせよ，市場原理主義を掲げて批判するにせよ，理念的な争いに終始し，それぞれの立場を‘正当化’するために，理想的な(論敵には否定的な)働きぶりを都合良く仕立てあげている印象が強い。「日本的経営」全盛の時代でも，皆が組織の論理に組み込まれていたわけではないし，大規模組織の「恩恵」に与っていたわけでもない。逆に，市場原理に基づく働き方が奨励されるようになったからといって，誰もが独立独歩の気概を持って働くように一変したわけではないし，専門家や起業家として働けるようになったわけでもない。日本企業の経営(と比較対象の外国企業のそれ)はステレオタイプに想定され，日本企業の働く場の複雑さ，変化，多様性は見落とされてきたのである。

例えば，同じ日本の自動車メーカーであるトヨタと日産にも，顕著な違いがある。創業家の影響力が強い会社と外部から経営トップを招き入れてきた会社，豊田市で企業城下町を形成してきた会社と首都圏に主工場をかまえてきた会社，といった具合にである。労使関係の歴史も異なる。現在は，両社はともに「協調的」な労使関係を誇るが，トヨタは第二次大戦後の大争議を終結させた後，ほどなくして「一体型」の労使関係を築き，今に至る。それに対して日産は，同時期の争議終結後，80年代中程までは，労働組合が経営側に対してかなり強い規制力を有した。最近の雇用政策も対照的のようにみえる。トヨタは，「日本的経営」の堅持を標榜し，雇用を守ることを公言している。日産は，90年代後半になると，組織運営に市場原理を大胆に取り入れ，外部から資本と人材を受け入れ，大規模な工場閉鎖と大幅な人員削減を断行した。ルノーの傘下に入り，アングロサクソン流の経営手法を前面に掲げた「ゴーン改革」に復活をかけたことは，多くの者が知るところである。

両社の労使関係や管理システムの独自性は，断片的な事実や漠然としたイメージとしては知っている。しかし，それらの制度上の違いが，働く場にいかなる相違をもたらしているのかと突っ込まれれば，とたんに答えに窮する。それは研究者とて同じである。日本企業の現場に内在した研究は少なく，ましてや，現場の実態を厳密に比較した研究は管見の限りでは存在しない。日本企業の現場比較は，これまでにありそうでなかったのだ。本書は，同じ日本企業であり，同じ自動車業界で競い合うトヨタと日産とを取り上げて，現場のあり方を比べたいと思う。

本研究の実証部分が対象とするのは，大企業の現場である。本書は特定の「場」に限定して調査・考察を進めるが，読者にとって自分の働く場や働き方を見つめ直す手がかりに，そして自分たちが生きている労働社会を考え直すきっかけになれば幸いである。

序章，第1部・第2部・第4部，終章は書き下ろしである。第3部のみ，既発表の論文を一部書き換えて掲載する。初出の原稿は以下の通りである。

第6章　「トヨタと日産における管理と労働者の比較研究(2)――参与観察による管理過程と労働者統合の検証」『岐阜大学地域科学部研究報告』20号，193–223頁，2007年。

第7章　「トヨタと日産における管理と労働者の比較研究(1)――参与観察による管理過程と労働者統合の検証」『岐阜大学地域科学部研究報告』19号，47–87頁，2006年。

第8章　「トヨタと日産における管理と労働者の比較研究(3)――参与観察による管理過程と労働者統合の検証」『岐阜大学地域科学部研究報告』22号，129–161頁，2008年。

第9章　「トヨタと日産における管理と労働者の比較研究(4・完)――参与観察による管理過程と労働者統合の検証」『岐阜大学地域科学部研究報告』23号，95–117頁，2008年。

なお，本研究の成果の一部は，科学研究費(研究課題番号:19730329)による助成を受けた。本書の出版にあたり，岐阜大学から平成27年度岐阜大学活性化経費による支援を受けた。

トヨタと日産にみる〈場〉に生きる力

労働現場の比較分析

第5章 昇進と競争
全体の「底上げ」とリーダーの育成とのジレンマに注目して

第3部 「末端」への管理の浸透と非正規労働者の働きぶり

序章
本研究の視角と課題

I 問題の所在——働く'場'の消失

日本は，戦後の焼け野原から劇的な回復を遂げ，世界有数の経済大国を誇るまでになった。この「奇跡」は国内外で大いに関心を集め，その理由が多角的に論じられてきた。官民一体の「護送船団方式」，間接金融中心の資金調達システム，「相互信頼」を基盤に持つ長期的な取引関係などである。なかでも議論の的になったのが，「日本的経営」であった。「日本的経営」論は，「終身雇用」，「年功序列」，「企業別組合」の「三種の神器」の提示から始まり，起源の考察，他の経営システムとの比較分析，海外への移植可能性の検討など，広がりと深まりをみせ，百家争鳴の観を呈した。日本社会が右肩上がりの経済成長を謳歌し，「バブル経済」という最後のあだ花を咲かせる頃が，「日本的経営」論の盛り上がりの絶頂期であった。

しかし，経済的な「ゆたかさ」に酔いしれ，加えて社会の情報化が進むにつれて，世の中の関心は汗水垂らして働くことから遠ざかっていく。労働よりも余暇や消費を中心とした生活を求めるようになった。学問世界も同様である。経営学の対象は，製造業の「モノづくり」から，広告によるイメージ戦略やマーケティングによる市場創造へと比重を移した。社会学の分野でも，もはや働くことは，とりわけ働く場については，主たる関心事ではなくなった（見田 1996）。

そうこうしているうちに「バブル経済」が弾け，日本経済は出口の見えない低調時代に突入した。経営のグローバル化は勢いを増すばかりであり，日本企業は否応なく世界市場の熾烈な競争に巻き込まれていく。ボーダレスの競争時代の到来が告げられ，変化とスピードこそが競争の鍵であると喧伝された。旧来の組織構造，流通形態，宣伝広告のあり方，企業間の取引関係は「変革」を強いられ，日本企業は新しいビジネスモデルの採用を煽られた。漸進的なカイゼン活動よりも斬新な経営ビジョン，既存の経営スタイルを一新させるリエンジニアリング，組織のマネジメントよりも市場でのポジショニング，国内の工場運営よりも世界を股にかけた経営展開へと，経営者の関心は移った。国という枠に囚われない多国籍企業の経営行動と新たな国際経済秩序に対する注目が高まった。なによりも，経済のグローバル化といえば，金融が中心的な話題となり，実体経済はいっそう軽んじられるようになった。

世間の関心も，働く場からさらに遠ざかっていく。新自由主義に基づく構造改革は社会に新たな「ひずみ」を生み，多様な社会問題が噴出した。地球規模の環境問題と持続可能な社会，高齢化社会と介護・福祉，地域社会の衰退とまちづくりや非営利組織の可能性，管理教育に対する「ゆとり教育」と「学級崩壊」，学校から仕事へのトランジションの限界とキャリア教育，若者の生活・文化の変容，引きこもり・ニート・非正規雇用者の増加と「格差社会」，新しいコミュニケーションツールの登場と人間関係の再構築などが主要な関心事になった。

このようにして，世間一般は，そして，経営・労働・社会全般を対象とする研究者たちも，会社や職場の外へと関心を移し，組織内部や働く場の運営実態を軽視するようになった。たしかに，労働の場だけが企業競争力を左右するわけではないし，職場生活だけが人生のすべてではない。もはや，現場偏重の経営手法や働くことだけに生きがいを求める生活スタイルは再考すべきであろう。しかし，だからと言って，働くことの重要性がなくなったわけではないし，働く場がなくなったわけでもない。われわれの中には，一方で，働きすぎて過労死・過労自殺する者がいるが，他方で，働きたくても働けない者が数多く存在する。このような矛盾に満ちた時代だからこそ，改めて，働くことに焦点をあてて，働く場から働き方・働かせ方を考えることに意味があるのだ。

そこで次節では，日本企業の働く場にかんする議論の整理から始めたい。「日本的経営」論はもはや「時代遅れ」という感があるが，一段落した今だからこそ，冷静に振り返ることができる[❖1]。「日本的経営」にまつわる研究は膨大にあり，本研究は網羅的に紹介するわけではない。主要な研究をいくつか取り上げて，組織や職場への労働者の統合という観点から筆者なりに議論の流れを示す。そして，先行研究の問題点を指摘し，本書の研究視角を提示する。

II
「日本的経営」論を中心とした職場研究の整理――系譜と視角

1 「日本的経営」論以前

「日本的経営[2]」論が Abegglen (1958) をもって嚆矢とすることは，研究者の間の共通理解である。しかし，彼の著作の前には「日本的経営」にまつわる議論は全くなかったのか。突如として「日本的経営」論が現れたのか。という素朴な疑問がある。そこで，彼の著作より前に，「日本」という括りで経営現象を捉えた学問動向をごく簡単に振り返っておこう。

1927(昭和2)年から，思想弾圧を受けて終焉を迎えるまでの10年ほどの間，日本資本主義の基礎構造の解明をめぐり活発な論争が展開された。講座派と労農派の論陣に分かれて，日本資本主義の発展段階の位置づけと特徴にかんして，一大論争が巻き起こった。個別論点のいくつかは戦後にまで持ち越され，直接間接に，多くの研究者に影響を与えた。しかし，戦前の資本主義発達史論争では，個別資本の経営の中身は検討されていない[3]。企業内部の具体的な経営手法や労働慣行にかんしては，他分野の研究の歴史を遡らねばならない。

日本の経営学は，大正時代から始まった。江戸時代や明治時代の実業家の中にも確固たる経営理念を掲げた者はいたが(土屋 1964, 1967；中川・由井編 1969, 1970；間 1972)，「体系的な知」をもって経営の「学」とみなせば，日本の経営学の創始は大正末期である。初期の経営学は，国民経済全体の資本の運動の解明を目的とする経済学の一分野にとどまるか，それとは別個の学問的独自性を確立しうるかで，研究者

❖1……「日本的経営」論の整理は，90年代前半までは多くの論者が行っていた。しかし，以下にみるように，日本企業の国際競争力の低下と軌を一にして，「日本的経営」は中心的な研究テーマではなくなり，整理を行う研究者もほとんどいなくなった。このような研究状況の中で，人類学者の Hamada (2005)，労働社会学者の Mouer and Kawanishi (2005)，経営学者の坂本(2009)が，各自の視点から「日本的経営」論を整理し直している。

❖2……日本企業に固有な経営手法を指す用語についてはじめに説明しておこう。「日本的経営」，「日本型経営」，「日本的生産システム」，「日本型経営システム」など，論者により多様な表現が用いられてきた。海外企業への移転可能性が検討課題にあがると，「的」という接尾辞は日本社会に独自な「文化」を含意するとして，「型」という接尾辞を用いたり，「システム」という技術的な表現に変えたりする論者が増えた。本書は，日本企業に固有である(と想定されている)経営方式や労働慣行を指す一般的用語として，「日本的経営」という表記を統一的に用いる。

❖3……この論争で培われた学問的蓄積が，日本企業の経営研究にいかなる影響を及ぼしたのかは定かではないが，少なくとも戦前の段階では，日本資本主義の「革命」の評価，「帝国主義論争」，「小作料論争」などが主だったテーマであり，日本企業の経営の中身にまで踏み込んだ検討はされなかった。小山(1953)は講座派の立場から，小島(1976)は労農派の立場から，長岡(1984)は論争に中心的に関わった人物の人間模様から，この論争を整理している。

の中で意見が分かれた。さらには，経営学とは，経営管理の技術学か，それとも資本蓄積のメカニズムを解明する科学になりうるか，というテーマで論争が繰り広げられた。つまり，日本の経営学の誕生に取り組んだ第一世代は，そもそも経営学を科学として認めるか，いかなる学問分野として位置づけるかで議論を戦わせ，その存立自体を問うたのである。1909(明治42)年に東京商業高等学校(現・一橋大学)で初めて「商工経営」の講座を持った上田貞次郎は，日本の「経営学」の創始者と目されることが多いが，その彼も，最終的には経営学の学問的自立性を否定する立場に至ったのである[4]。その次の世代になると，はじめはドイツから，そして徐々にアメリカから，体系が確立しつつあった経営学を取り入れる段階に移った[5]。戦前の経営学者たちは，経営にかんする一般理論を他国から摂取し，国内に広めようと努力したのであり，日本企業の固有性という観点から経営現象を把握・分析したわけではなかった。

日本企業の経営・労働にかんする慣行の特殊性について本格的に解明し始めたのは，戦後からである。大河内一男を中心とする東大グループによる一連の労働調査が初発となった。彼らは，日本経済の民主化の可能性を探るという問題関心の下，日本の資本主義の実態把握を試みる大規模な調査に着手する。東京大學社會科學研究所篇(1950)は，日本の「民主化」を担う労働組合の「健全な発展」を探究することを目的に，終戦直後の労働組合勃興期の事実収集に努め，「企業内組合」を日本に固有な特徴として世に知らしめた[6]。

このグループの共同研究者である氏原正治郎は，京浜工業地区の労働者調査で，企業内の「年功序列」の昇進構造を浮き彫りにした。労働者たちの多くは，特別な職業訓練を受けずに職場に入り，「専任古参の労働者」の指揮のもとで作業を行い，「見よう見まね」で技能を習得する。年功を積むに伴い，技能を向上させ，職場内の序列を上がっていく。労働者の序列は，労働者の生活の基礎である給与の額の序列とも一致する。氏原は，こうして身につける個別企業に特殊な技能が日本の産業を支える「熟練的基礎」であり，職場秩序を維持するところの「権威」の源泉であるとみなす。「かくて，日本の産業においては，年功によって表示される段階的な技能によって秩序立てられ，しかも全體として下層階級の性格を脱却し得ないでいる。われわれは，ここに下層階級に勞働力の基盤を求めながら打ち立てられた，日本の近代産業における勞働者の特殊な類型を，發見するのである」(氏原，1953，254-255頁)。

他分野の研究にも目配りすると，Abegglen(1958)よりも前に，「日本的」な経営・労働の慣行の特殊性を明らかにした研究がないわけではないことがわかる。したがって，Abegglen(1958)をもって「日本的経営」論の先駆けと位置づけることに疑問の余地はあるが，彼は，米国企業との顕著な相違点として，先行する研究が把握した特徴に加えて「終身雇用(lifetime commitment)[7]」を提示し，その後の「日本的経営」ブームを巻き起こすきっかけになったことはたしかである。中学生ともなれば誰もが，日本に固有な雇用制度として「終身雇用」を教わり，現在はそれが「動揺」していることを学ぶ。「三種の神器」は，「日本的経営」の特色を端的に説明し，それを世に広める上で決定的な役割を果たしたのである。

しかし同時に，以下に見るように，彼の研究は，日本企業と外国企業の相違を強調しすぎ，日本企業の経営と労働のあり方を過度に単純化するという弊害をもたらしたのである。

2 「日本的経営」論の嚆矢 ——「特殊性」と「後進性」・「前近代性」

Abegglen(1958)によれば，工業化の方法として欧米方法とソビエト方法の2つがあったが，日本はどちらとも異なる「第三の工業化方法」とでもいえる方法でもって工業化を達成した。「日本はまさしく工業国といえる非欧米国であり，しかもその工業化にもかかわらず，明らかに一貫してアジア的なものを残している」(p.2，邦訳 5頁)。日本企業は日本(アジア)に固有な文化的土壌の上で独自の工業化を遂げた，と彼は認識している。

ただし彼は，「アジア的」，「伝統的」な文化を否定的に捉えていたわけではない。日本の工業化において「アジア的」なもの＝「後進性」が存続していると述べてはいるものの，それは「発展」の桎梏になっているのではなく，むしろ日本固有な発展の基盤になったのであり，日本は先進工業国をそっくりそのまま真似る必要はないと指摘した。欧米諸国の「近代的工業技術」を「伝統的な社会諸関係」の中に巧みに適合させた産物として「日本的経営」を理解し，評価したのである。「工業化にたいする日本の経験の大きな成功は」，「社会的構造や社会的諸関係における完全な革命を経ないどころか，日本の社会関係の制度をそのまま維持し，それによってその前段階の社会形態を続けながら，工業化へ秩序正しい移行を行うことを可能

❖4……山本(1971) 12頁。
❖5……古林編(1977)。
❖6……ただし，調査時点や執筆当時，そのような問題関心を明確に抱いていたわけではなかったようである。「この時期の労働組合の各種の特徴が外国の労組と比較してみていかに特殊日本的なもの，いわば労働組合における『日本型』であるかというような分析や，またこのような特質がいかに日本資本主義の特殊構造に由来しているものであるか，というような論点は，本書初版(東京大學社會科學研究所篇(1950)—伊原)の叙述がとりまとめられつつある当時は，まだ充分執筆者たちの意識のうちにあったとは言えなかった。」(大河内 1956，新版への序 3頁)。
❖7……初版の邦訳本では，「終身的な雇用関係」(26頁)，「終身雇用制度」(35頁)を除いて，「終身(的)関係」と訳されている。73(昭和48)年に出版された新版の邦訳で，「終身雇用」に変わった。なお，以下，邦訳があるものにかんしては，翻訳書のページを併記するが，必ずしも訳書のとおりではない。

にした」(pp.134-135，邦訳 187頁)。

しかし，「日本的経営」論が世に出た当初は，日本企業における経営や労働の慣行の「特殊性」は「前近代的」な遺物であり，「近代化」(論者によっては「現代化」)により修正・廃棄されるべき「後進性」の証であるという論調が目立った。

例えば，企業体制を発展論的に捉える山城(1965)は，日本の企業体制は，依然として「前近代的生業・家業」の段階にあり，「近代資本家的企業」へ移行すべきであると主張した。日本の企業も，「資本と経営の分離」が進み，「オーナーマネジメント」の段階にとどまっているわけではないが，企業内部の管理に目を向けると，専門的・科学的に組織を運営する企業者や管理者が育成されておらず，近代的な管理制度が整っていないとして，その「後進性」を批判した。

もっとも，「日本的経営」論の初期段階において，すべての日本人研究者が「日本的経営」を全面的に「後進的」と位置づけ，「近代化」論を支持していたわけではない。藻利(1962)は，「終身雇用制度」，「年功序列賃金制度」および「企業別労働組合制度」を「封建的」，「後進性」として一方的に批判するのではなく，経営学の視点から，修正すべき点とそれらに内在する「近代性」や「合理性」——「職場士気」を高める特徴など——の両方を読み取り，日本企業の発展可能性を示した(加治 1982)。間(1963)は，「近代化」=「欧米先進資本主義国化」という歴史観に縛られるのではなく，特定の時代，特定の社会に内在して経営現象を読み取ることを課題として掲げ，「日本的経営」の変遷を「経営体における人間問題」という視点から振り返り，戦前の「家族主義経営」から戦後の「経営福祉主義」への移行として捉えた。彼らのように慎重に議論する論者もいなかったわけではないが，全般的な傾向としていえば，「日本的経営」を「後進的」，「前近代的」と一面的に否定する論調が強かった。

3 日本人論，日本文化論，日本社会論 ——「特殊性」と経済優位性

日本が持続的な経済発展を遂げ，他国がオイルショックで躓いている姿とは対照的に，徹底した合理化によりそれをも乗り越えると，「日本的経営」の特殊性=後進性という議論は影を潜めた。日本企業が国際競争力を持ち，逆境を克服して成長し続ける姿は，経済停滞に苦しむ「先進国」の人たちの目には奇異に映り，ある者にとっては驚異であり，またある者にとっては学ぶべき手本となった。いずれにせよ，「日本的経営」に対する見方の大勢は，その「特殊性」を「後進性」と結びつけて否定的に評価する傾向から，競争優位性に結びつけて肯定的に評価する傾向へと，大きく様変わりしたのである。

尾高(1965)は，「日本的経営」の特徴を「後進性」や「封建性」を示すものとして否

定的に捉える議論を退けた。そして,「伝統的」な要素が日本の発展の礎になったという考え方に一定の理解を示し,さらには,日本企業の中で「民主化」や「近代化」はすでに開化しているとして,その経営・労働慣行を好意的に評価した。彼が持ち上げた「民主化」とは,経営者と労働者との間に「協力的」,「建設的」な労使関係が構築され,従業員に「経営参加」の機会が十分に与えられていることを意味する。

津田(1977)によれば,欧米では,市民社会における「共同生活体」が会社組織外に存在するため,経営体とは,人と人とのつながりを求める場ではなく,あくまで収入を獲得する場にすぎない。それに対して日本社会では,地域社会におけるつながりが希薄であり,家族が孤立しているため,企業が「共同生活体」としての機能を果たしている。つまり,「日本的経営」には,合理性や効率性を追求する側面に加えて,組織構成員の「納得性」や「合意」を引き出す側面があり,この「二重の基本原理」のうちの後者が,日本企業に固有な特徴である。そして,津田(1976)は,このような日本社会の独自性を背景にもつ「日本的経営」を擁護する。オイルショックに見舞われて経営合理化が声高に叫ばれた折,「終身雇用」,「年功賃金制」,「福利厚生施設」への批判が高まったが,一部の管理制度だけを取り替えれば,企業内における「共同生活体」が崩壊するとして,それらの批判に対して反論を行った。

岩田(1977)は,「日本的経営」の特色を日本社会に固有な文化にまで掘り下げて理論づけ,「日本的経営」を効率性の観点から好意的に評価した。彼の議論によれば,日本人には共通して,「集団への所属の欲求」や「集団への定着指向」という心理特性が一貫してあり,それ故に「組織内諸関係の安定性を志向する傾向」が顕著にみられる。これが「日本的経営の編成原理」である。岩田は,中根千枝『タテ社会の人間関係』(1967年),土居健郎『「甘え」の構造』(1971年),千石保『日本人の人間観』(1974年)といった代表的な「日本人論」を援用し,「ウチ」と「ソト」の使い分け,集団への定着指向,組織内の地位に対する固執を日本人に特有な心理特性と措定し,それらに基づいて「日本的経営」に固有な制度ができあがったと解釈する。逆に,この制度が日本人の心理特性を強めるという相互強化関係を指摘し,強固に確立された「日本的経営」の「制度そのもののもつ効率的な側面」——インセンティブとダイナミズム——を高く評価した。

日本社会や日本人の特殊性に引き寄せて「日本的経営」を好意的に語る者の中には,海外の論者が多く含まれた。東洋史研究者であり,駐日米国大使でもあったEdwin Reischauerは,その代表的な一人である。

Reischauer(1977)によれば,第一次大戦後,熟練工を会社に引き留めるために,財閥系の企業で終身雇用制度が生まれ,年功序列型の賃金制度が導入された。日本の会社はたとえ経営状況がおもわしくない場合でも，失業を回避し，社員の雇用を安定させるために全力をつくした。その結果，社員に「愛社精神」が涵養され，職場への「帰属意識」が高まった。「ブルー・カラーもホワイト・カラーも残業を少しもいとわない。」「みんな勤勉で，彼らの自主性に任せておいても，自発的に仕事の内容をチェックし，質の維持につとめる。外部の監督者を必要とする欧米諸国の工場とはきわだったちがいである」（p.184，邦訳 189頁）。そのような精神や意識は，会社に協力的な「企業別組合」により補強された。そして，これらの制度を生み，支えてきた根底には，日本人固有の「集団主義」があると指摘する。「なにしろ近年，世界で最も成功した経済モデルだから，他国人が研究を深める価値は大ありだし，できることなら模倣してしかるべきだと思われる。ただし，日本の成功の理由の一端が，他者がまねしようにもできないか，まねしようとも思わない日本の基本的特殊性にあるという点ははっきりさせておくべきだろう」（p.194，邦訳 200頁）。

『ジャパン・アズ・ナンバーワン』という書名で一躍有名になった Vogel（1979）は，政府への不信感の増大，犯罪の増加，都市問題，慢性的な失業，インフレ，財政赤字に悩まされていた当時の米国とは対照的に，天然資源が乏しいにもかかわらず，これらの問題にうまく対処する日本の「成功」を分析し，自国に紹介する。それは，日本人古来の国民性や美徳によるものではなく，政府の役割，大企業の「日本的経営」，教育や福祉など，意図的に作り上げたマクロの制度によるという。しかし，それらの制度を生み出し，下支えしている要素として，「集団主義」，「調和」，「コンセンサス」といった日本人固有の「心理的特性」が，記述の中で随所に顔を出す。

4 「先進性」と「普遍性」

「日本的経営」論の潮流は，日本企業の労働慣行を「後進的」・「前近代的」な証として否定的な文脈で捉える議論から，競争優位をもたらす源泉として好意的に評価する議論へと大きく変わった。ただし，それらの特徴を，日本の文化的・社会的な「特殊性」から説明してきた点は共通する。

ところが，70年代に入り，日本企業の国際市場での活躍が揺るぎないものになると，「日本的経営」の特徴を「普遍的」として持ち上げる研究や言説が現れる。文化的なアプローチを否定し，制度的・技術的側面のみから競争力を説明しようとする研究が主流になっていく。2度のオイルショックを乗り越えた日本企業の優位性は，日本に独自の文化的要素（を基盤に持つ経済システム）によるのではなく，労働者から積極的な協力を引き出す労使関係や管理制度に要因がある。労働者の熱心な働きぶりは技術的に調達可能であり，他国の企業も真似することができ，真似するべきであるとみなされるようになった。

「日本的経営」論の嚆矢であるAbegglenも，この時期に，日本社会を一つの「システム」として提示し直している。日本の経済成長の原動力を政府・財界・企業の「利害の一致」と「協力関係」，企業内の「協調的な労使関係」から説明し，それらのトータルなシステムを「日本株式会社」と命名した（Abegglen and the Boston Consulting Group eds. 1970）。Abegglen（1958）は既に日本企業の競争力に着目していたが，先述したように，それを支える基盤として「伝統的社会諸関係」という文化的側面の特異性を強調していた。ところが，その後の経緯を踏まえた新訂版（Abegglen 1973）は，安定的な労使関係や「終身雇用」といった制度のみから経済合理性を説明するようになり，伝統や文化といった側面は表に出さなくなった。

Drucker（1971）は，日本企業の雇用制度と労働者管理について中身に踏み込んで分析し，いち早く「日本的経営」を評価した論者の一人である。「日本的経営」に対する文化論的なアプローチを退け，欧米企業とは異なる労働慣行に高い経済合理性を読み取った。彼は，日本企業に特異な労働慣行の特徴として3点を挙げる。第1に，「コンセンサス」に基づく意思決定である。問題の解決に取りかかる前に，そもそも行動を変える必要があるかどうかの「合意」を取りつける。そうすることにより，「合意」が形成された後，「スピーディにことが運ぶ」。第2に，「雇用保障」と「柔軟性」の両立である。日本企業は，雇用慣行が硬直的であると思われているが，雇用の保障があることで，従業員は技術と工程の変化を容認する。加えて，景気が後退すると，会社は，「経済的に余裕がある人」から早期に退職させて，雇用慣行の硬直性を補っている。第3に，「継続的訓練」と「人材育成」である。日本の企業は，組織内で継続的に従業員を教育し，「ジェネラリスト」として育成している。様々な部署を経験させて，欧米企業で働く人にありがちな「視野の狭さ」を克服する。職場の先輩（「教父」）が「温情主義的」に若者を育て上げる仕組みが制度化されており，「世代間のギャップ」が埋められている。

Dore（1973）は，日立製作所とイングリッシュ・エレクトリック社を中心に日英企業の比較研究を行い，企業内組合，安定的な長期雇用，年功序列型の昇進・昇格制度，高水準の企業内福祉などを特徴に持つ，日本企業の労働者管理を「組織志向」型として捉えた。彼の分析によれば，産業化した国々で発達した「市場志向」型の組織が近代化の証であり，それを基準にして日本企業の雇用システムは「後進的」であると評価されてきたが，日本企業が「仕事のやりがい」と「生産性向上」という点で優位に立ったことは明らかである。「組織志向」型の雇用のシステムは，今後，「先進的」と思われてきた国々にも普及する可能性を予想し，逆に日本企業の労働慣行の「先進性」を示唆する。日本は遅れて工業化に加わったが，むしろ後発だからこそ効率的に競争力を獲得することができたと考察する（「後発効果」）。

OECD(1973)は，日本経済が高度成長――短期間での成功と低い失業率――を遂げた要因として，「終身雇用(life-long or lifetime commitment)」，「年功賃金(seniority wage system)」，「企業別労働組合(enterprise unionism)」からなる「日本的雇用制度(Japanese Employment System)」を挙げ，低成長と失業に悩まされている他国にも参考になる点があるという。もっとも，日本経済の「短所」や低成長時代に向けた課題も提起しており――「周辺部分」の労働者など，それらの制度から漏れた労働者の存在，「選択の自由」の妨げ，企業間・産業間の移動の抑制，地域間格差，公的機関による職業訓練の不足など――，全面的に評価しているわけではない。また，日本の労働市場が西欧型に近づきつつある徴候も見いだしているが，国外ではあまり知られていない日本の雇用制度を紹介し，今後の日本社会の方向性を見定めようとしている。

日本企業の競争力の源泉としてその労使関係や労働慣行を高く評価し，それらの存在を先導的に世界に知らしめたのは海外の研究者や機関であったが，国内の研究者の中にも，経済合理性の高さからそれらの「普遍性」を主張する者がいた。その代表的な論者が小池和男である。小池(1977)は，日本の労働組合によるフォーマルな職場規制力が弱いことは認めるが，職場レベルで実質的に機能している「民主的な参加メカニズム」を評価する。小池(1981)は，企業内のキャリア形成と「熟練」を理論的中核に据え，日本企業の管理制度の総体を「熟練」の形成システムから整合的に説明しようとする。そして，競争優位をもたらすこの仕組み（の部分）は何も日本企業に限った話ではなく，西欧諸国の企業にも存在し，経済合理性という点で「普遍性」があると主張する。

仁田(1988)は，労使協議制を通した労働組合の発言力は案外に強いと指摘し，それが，労使関係の安定化と労働者の組織への統合に貢献していると分析する。伊藤(1988)は「柔軟な組織構造」と労働者の「多能工」化に，石田(1990)は従業員の「公平観」に基づく「能力主義」的な競争に，中村(1996)は現場労働者による「思考」の領域への部分的な関与にそれぞれ注目し，日本の労働者の高い「熟練」と積極的な働きぶりを評価する。

日本企業の諸制度を相互補完的なトータルな経済システムとして一貫した論理で提示してみせたのが青木昌彦である。Aoki(1988)によれば，銀行中心の安定的な資金調達システムが企業に長期展望の成長を促し，取引企業どうしの「信頼」に基づく関係が継続的な技術革新を動機づける。社内には，安定的な労使関係の下，「水平的情報ネットワーク」とインセンティブとしての「ランク・ヒエラルキー」が存在し，組織は「柔軟性」と「情報効率」の要素を組み入れ，現場労働者は組織に強く「コミット」する。青木は，このような制度を日本型システムとしてモデル化し，米国型の市場モデルと対比させた。

伊丹(1987)は，日本企業の競争優位性を，終身雇用，年功序列，企業別組合，系列といった制度・慣行からではなく，「変わらぬ原理」にまで掘り下げて説明しようとする。「原理」とは，地域の特殊性に左右されない「普遍性」を持つものであり，制度・慣行とは，その「原理」に「環境」が掛け合わされたものとして定式化する。では，「変わらぬ原理」とは何か。伊丹によれば，株主よりも組織にコミットしている従業員を重んじる「従業員主権」，金銭的に報いる人と権限・責任を持たせる人とを分ける「分散シェアリング」，組織か市場かの二分法ではなく，「見える手」により競争を促す「組織的市場」，以上の3つである。これらの「経済組織の編成原理」は，「人のネットワークを安定的に築いていくこと」にあり，彼はこの「原理」を「人本主義」と命名する。この「原理」は，「組織貢献」へのインセンティブを強め，「情報効率」を高めるのであり，戦後日本の成功は「人本主義」の「原理」によるところが大きい，と伊丹は主張する。

Nonaka and Takeuchi(1996)は，動態的な視点から日本企業の競争力を説明する。日本企業は，現場の労働者にカイゼンを委ね，製造現場の「暗黙知」を「形式知」に変換させ，組織内でそれらの知識を共有させる。このような「知識創造」のメカニズムが，日本企業を成長させ，強化してきた。カイゼンやケイレツといった特定の管理手法や取引制度を超えて，「暗黙知」と「形式知」とがダイナミックに相互作用しながら「知識創造」する点に，マネジメントの「普遍的な価値」を見いだすのである(野中1990)。ただし，運営を現場に任せさえすれば，おのずと知識が創造されるわけではない。社内情報のタテとヨコの流れが交差する場に位置するミドル・マネージャーが，「知識マネジメント」の中核となり，「トップ」と「ボトム」を巻き込みながら知識を生み出していくのだという。

金井(1991)によれば，そのような「変革型ミドル・マネージャー」は，上からの指示をそのまま下に「たれ流す」のではなく，自分なりの企画を持ち，部下に仕事を任すときは信頼して任せ，同時に下からの要望を汲み上げ，上や外部への働きかけを熱心に行う。社内外の資源を積極的に活用し，同僚・上司・部下・他部門・他社との連動性を創出するのである(356-357頁)。

5 「日本型」生産システムとジャパナイゼーション

「日本的経営」に対して，研究者だけでなく，実務家も強い関心を示すようになった。1985（昭和60）年に円高ドル安誘導の「プラザ合意」が成立したのを機に，円高が一挙に進み，日本の製造業は現地生産を余儀なくされた。また，日本企業の後塵を拝するようになった外国企業は，国際市場での生き残りという現実問題を突きつけられ，もはや「日本的経営」の「特殊性」や日本社会の「閉鎖性」を批判して事足りるわけではなくなった。そうなると，「特殊」か「普遍」かは主要な争点ではなくなり，いかにして「日本的経営」を取り入れ，定着させるかが火急の課題になった。その結果，技術的に導入可能な側面に関心が限定され，生産システムに特化した研究が多くなった。

Dertouzos et al.（1989）は，MIT産業生産性調査委員会による，米国製造業の8分野の詳細な調査に基づく研究成果である。米国にも競争力のある産業（化学産業など）や企業（フォード社やゼロックス社など）がないわけではないが，米国の生産性上昇率は他国に比べて相対的に低くなった。その原因として，資本形成率の低さなどのマクロ要因が主に指摘されてきたが，ミクロ要因も大きいと彼らは分析する。具体的には，旧態依然とした「大量生産システム」に基づく経営戦略，「短期的な視野」での利益追求，人的資源の軽視，協調体制の欠如などである。逆に，競争力をつけた日本や欧州の産業の特徴として，商品コンセプトの立ち上げから商品化までのスピードの早さ，多品種少量生産が可能な柔軟な生産システム，継続的なカイゼンと品質の高さ，製品開発と製造技術の両方に通暁した人材，現場を支える質の高い労働者，優秀な人材を育成する優れた教育制度を挙げている。

この調査にも一員として参加したWomack et al.（1990）は，贅肉をそぎ落としたという意の「リーン（lean）」という形容詞を付けて，日本の自動車産業に固有な生産システムの優位性を端的に表現する。Kenney and Florida（1988）は，ライン労働者に単純な反復作業しかさせないフォーディズムと比べて，長期雇用，自己管理チーム，オーバーラップする仕事，ジョブローテーションによる技能向上，実務経験を通じた学習などを特徴にもつ日本型の生産システムの方が，生産性だけでなく，働きがいという点からも優れていると評価し，後者を，フォーディズムを超えたシステム（「ポスト・フォーディズム」）と位置づけた。島田（1988）は，米国に進出した日本の自動車企業や日米の合弁会社への実地調査から，現場を正常に機能させる要素として，ハードウェアやソフトウェアだけでなく，生産システムの運営・保全を行う人間の技術・知識・経験（「ヒューマンウェア」）が重要であると分析し，日系企業の「成功」を支える人的要素の優位性を持ち上げた。

藤本(2003)は，日本の自動車産業の強さを生み出すメカニズムを進化論的な分析枠組みを用いて説明する。日本の自動車メーカーは，消費者が求める「表層的な指標」ではなく，工場の生産性，工程内不良率，開発リードタイムなど，「裏方的な競争力指標」をまじめにかつ粘り強く競い合い，企業経営の「質」を表す「組織能力」を構築してきた(「能力構築競争」)。労働者や技術者は，「深層の指標」である目標を達成するために，「粘り強さ」，「しぶとさ」でもって死力を尽くしてきたのである。そして，たまたま日本企業が得意とする「統合的な組織能力」と「統合型(擦り合わせ型)のアーキテクチャ」の製品づくりを特徴にもつ自動車産業との相性がよかったこともあり，日本の自動車企業は激しい国際競争に勝ち残ってきた。このような能力の構築は創発的なプロセスをたどり，必ずしも当事者が意図した結果ではない。それ故に，他国の企業はその能力の存在に気づきにくく，日本企業が優位に立つ時代がしばらく続いたが，やがてそのシステムが「純化」され，パッケージされたことにより，欧米企業が部分的にキャッチアップしていると現状を分析する。

野原(2006)は，「トヨタ生産システム」，および，機能ごとひとまとまりになった仕事を労働者に任せる「完結工程」に変わった「新トヨタ生産システム」の特徴を，フォード生産システム，ボルボのウッデバラ工場に導入された「リフレクティブ・プロダクション」との対比で考察する。フォード生産システムと同様，(新)トヨタ生産システムでも，標準作業の遂行は徹底されている。しかし，「変化」や「異常」への対応とカイゼン活動への「参加」が独自の特徴であり，それらに関われる労働者に限界はあるものの，「構想労働から完全に排除されたテイラーリズムの労働者とは異なっている。」(390頁)。また，(新)トヨタ生産システムでは，「標準作業の内部とも外部とも言い難い」ローテーションを通して，現場作業者は「文脈」に即した技能を形成している。この「文脈性」は，狭い部分に限定されており，リフレクティブ・プロダクションのように「全体」を俯瞰したものではなく，ここでも「構想」に限界はあるものの，だからといって，機能的な文脈的関連を回復しようとする試みを軽視すべきでない，と彼は注意を促す。とりわけ「完結工程」においては，前後工程の有意味的連関が著しく増大するために，その回復は強まる。野原は，(新)トヨタ生産システムに内在する「仕事の合理性」を条件つきで認めている。

「日本型」の生産システムは，他国の企業や外国に進出した日系企業に広がりをみせ，それらを対象とした研究がたくさん行われた。当初は，米国企業や米国に進出した日系企業が研究対象であったが，その導入先が，欧米からアジアへ，さらには全世界へと広がるに伴い，研究対象もグローバル化している。本書は，現地への「適用」や「適応」の仕方には多様性があることを指摘するにとどめる。[8]

6 企業文化論，経営文化論，組織文化論

以上，「日本的経営」論の文化論的アプローチを退け[9]，制度的・技術的な面から日本企業の競争力の強さと労働者の「やる気」の高さの要因を探った諸研究を紹介した。

ところが，1980年代に入ると，再び，日本企業の文化的側面が注目されだした。しかし，ここでいう文化とは，かつての論者が想定した日本社会や日本人に固有な文化ではなく，組織に根ざした文化を指す。強い企業には共通して強い文化があり，国際市場で存在感を増す日本企業にはとりわけ強い文化が観察される。米国の経営コンサルタントや経営学者が相次いで力説し始めた。

Ouchi（1981）は，米国企業との比較で，日本企業の組織の特徴を列挙する。「終身雇用」，「人事考課と遅い昇進」，「非専門的な昇進コース」，「非明示的な管理機構」，「集団による意思決定」，「集団責任」，「人に対する全面的な関わり」である。これらの特徴の根底には共通して，「価値観」と「信念」の共有，従業員どうしの「親密さ」，「ゆきとどいた気くばり」，「信頼」と「協力」があり，日本企業の組織の中に「コンセンサス」が生まれ，組織体が円滑に運営されていると分析する。

Pascale and Athos（1981）は，松下電器（現・パナソニック）とITTとを比べて，日本企業の運営上不可欠な点であり，反対に，米国企業に欠けていたり，劣っていたりする点として，「文化」と「人の扱い方」を強調する。「松下とITTの大きな違いは組織戦略にあるのではない。両社の機構は全体として似通ったものである。また，マトリックス型の組織形態ということではほとんど同じようなものだし，システムという面でも——少なくとも，高度に事業上の照準を定め，詳細な計画を立てて財務報告を記すといった公式な部分では——本質的な違いはない。（中略）ほんとうの相違点は別の要素にある。それは，経営スタイルと，人事政策，そしてとりわけ精神的あるいは重要な価値というものである。もちろん，これらを管理するヒューマン・スキルといったこともある。」（pp.122-123，邦訳 101頁）。社会観や集団観，人と人との関係が両社で働く社員は異なり，あいまいさ，不確かさ，不完全さを当然とみなし，相互依存的である日本人を擁する日本企業は，「人的資本」や人間関係の構築に効果があるスキルに投資してきたと解説する。

Deal and Kennedy（1982）も強い企業には強い文化があると主張する。強い企業には，社員を魅了する「理念」があり，会社の価値理念を体現した「英雄」が存在し，会社の理念を目に見える形で広める「儀礼」や「儀式」があり，会社の文化を口頭伝承する「インフォーマルな人間関係」がある。それらが従業員を「束ねる力」となり，積極的に働かせる「原動力」になる。したがって，会社を強くするためには，会社の文化の現

状を診断し，その文化を変えることを，あるいは強化することを提案する。投資家に対しては，強い文化を持つ会社こそが投資に値するとアドバイスする。

Peters and Waterman（1982）によれば，「超優良企業（エクセレント・カンパニー）」には共通の特徴がある。品質とサービスを最重要視し，顧客志向が強い。それらは文化であり，派手な管理手法によるものではないが，全社員から協力を引き出し，「並の人間」に「並外れた仕事」を行わせる点で文化は重要である。「こうした企業は，やぼくさく見えることもあるにせよ，常に真剣に事を繰り返すことによって，業種を問わず，ほぼ一様に，全従業員が自社の企業文化に同化する――あるいは，それに同化できない者は逆にいたたまれなくなって出ていく――ようにしているのである。」（introduction xxii，邦訳 19頁）。

これらの著書は，そろったように，日本企業に強い文化をみてとる。しかし，誤解のないように付言すると，彼らは日本社会や日本人に固有な文化を想定しているわけではない。強い文化は，日本企業だけでなく，競争力が強い一部の米国企業にも存在し，国籍を問わず「優良企業」には共通してみられる，と各論者は一様に指摘する。それ故に，苦戦を強いられている米国企業にも改善の余地があることを示唆するのである。[❖10]

❖8……「日本型経営・生産システム」の移植を世界的な規模で実地調査している研究グループの成果として，安保ほか（1991），板垣編（1997），公文ほか編（2005），河村編（2005），上山・日本多国籍企業研究グループ編（2005），公文・安保（2005）などがある。

❖9……「日本的経営」論の文化論的アプローチや「日本人論」・「日本社会論」に対して，内在的な批判も出てきた。杉本・マオア（1982）は，「感覚的」に説得力を持たせてきた「日本人論」を国際比較を通して丹念に検証し直し，それらの叙述の恣意性を明らかにした。ベフ（1987）は，「日本文化論」をイデオロギーや「大衆消費財」としてばっさり切り捨てた。船曳（2003）は，「日本人論」を日本社会が置かれた歴史的背景に即して整理し，それらが日本社会に果たしてきた役割――「日本人」としてのアイデンティティの不安を解消し，日本社会に自信を持たせようとしたが，実際には成功しなかった歴史――を浮き彫りにして，「日本人論」が想定してきた「日本人としての本質」とはなんたるかを示した。山岸（2002）は，日本人の「集団主義」の行動とその変化を本質的な「心」からではなく，社会システムの観点から解き明かした。高野（2008）も，先行研究の検討と自らの心理学実験に基づき，「日本人論」の本質主義を徹底的に批判している。

ただし，それらの批判を受けて，「日本的経営」論の文化論的アプローチがなくなったわけではない。人類学や民族誌の系譜に連なる研究者の中には，日本企業に固有な文化を調査し続けている者もいる（中牧・日置編 1997; 中牧・セジウィック編 2003; 中牧・日置編 2007）。しかし，これらの研究も，「タテ社会」や「社縁」といった古典的な議論をそのまま継承しているわけではない。日本人をステレオタイプ化する「日本人論」を批判的に検討し，時代の変化や経営のグローバル化の中で，「カイシャ」，「サラリーマン」，「組織人間」といった会社文化，労働慣行，労働者がいかに変容しているのかという点に注目する。

また，経営の比較文化という研究分野もある。Hofstede（1980, 1991）は，IBMの各国企業（50カ国と3地域）を対象として，従業員の行動様式を比較調査し，国ごとの経営や労働の文化の相違を明らかにした。「男性らしさと女性らしさ」，「不確実性の回避」，「権力の格差」などに加えて，「個人主義と集団主義」を検証している。調査結果によれば，米国が個人主義の1位にランクされ，日本は22位であった。

7 「日本的経営」(論)に内在した批判

「日本的経営」は，協調的な労使関係の下で，従業員の雇用を保障し，従業員に社内でキャリアを積ませ，従業員を職場運営に参加させ，従業員から組織への忠誠心とやる気を引き出す。従業員を会社に強くコミットさせる「日本的経営」は，経営側の視点から好意的に評価され，労働者の立場からも，高い「満足感」を得られるとして肯定的に論じられるようになったのである。

ところが，このような労働者像に対して批判がなかったわけではない。その一つは，働かせすぎという批判である。日本社会は，資本の論理を規制する力が弱く，入社のはるか前から始まる長くて厳しい競争を通して国民を「企業社会」に強く統合する(渡辺 1990)。ミクロの次元でみれば，JIT(ジャストインタイム)の管理とTQM(総合的品質管理)の下で，労働者たちは強いストレスにさらされている(Parker and Slaughter 1988)。日本企業で働く労働者たちは「会社人間」や「働き蜂」と揶揄され，悪名高い「過労死(karoshi)」は世界規模で有名になった(川人 1990; 森岡 1995; 熊沢 2010)。

ただし，このような‘熱心な’働きぶりは，抑圧や強制によってのみ調達されるわけではないという点に留意しなければならない。労働者たちは組織内の階段を上る競争に自らのめり込み，強制と自発とがないまぜになった心理状態で働く(熊沢 1993)。労働者は長時間の過密労働を強いられているが，「作業編成のフレキシビリティ」，「平等主義的競争秩序」，「構想と執行の結合」，そしてそれらの条件に余裕のない「過ストレス」が加わって職場規律が高められ，労働者は「強い勤労意欲」を持って働く(丸山 1995)。「(準)自立的職場集団」や小集団活動は，経営側にとって合理化を推進する有効な手段になるが，労働者を一方的に操作・統制するわけではなく，労働者から「同意」を調達する契機を含み，「フレキシブルな支配のメカニズム」を有効に機能させる(京谷 1993)。日本的職場編成の下では，タテの圧力がヨコの圧力に転化され(鈴木 1994)，あるいは「水平的管理」が相互監視と相互扶助を織りなし(大野 2005)，職場構成員は同僚の眼差しを強く意識して「勤勉に」働く。内容に立ち入って各議論を検討すれば，「上」からの管理とヨコからの圧力との関係の捉え方などに違いはあるものの，これらの論者は，労働者たちは強制されつつも「自発性」を促されて「積極的」に働くのであり，人によっては「やる気」を出し過ぎたり，組織や職場に過剰適応したりして，過労死に至ることもあると説明する点で共通する。

また，長時間労働は，それを引き出す企業内の管理制度およびそれを引き受ける労働者当人だけで成り立つわけではないという点も重要である。木本(1995)によれば，企業が企業内福利厚生制度により物質的に「近代家族」を支え，同時に，労働者やその家族も物質優先主義という価値を共有する限りにおいて，現代の「苦患労働」

ともいえる長時間高密度の労働は受け入れられる。こうして，「企業社会」と家族制度は相互に支え合い，相対的に安定した「均衡状態」を保ち，「経営主導型の競争秩序」＝「企業社会」は維持され，労働者は企業内に強く統合されるのである。

二つに，「日本的経営」や「日本型」の生産システムの位置づけに対する批判である。加藤・スティーヴン（1993）は，「多能工」化や「小集団活動」などの個別論点を一つずつ検討し，いわゆる「日本的経営」はテイラーリズムの原理を具体化したフォード生産システムを超えているわけではなく，細分化された反復労働を要求するフォード生産システムと基本的には変わらず，むしろ強化している面すらあると指摘する。資本主義の「より高度な段階への前進」などではなく，「極度の労働組合の弱体化と労働者間の分裂増大」をもたらす「社会的統制のよりプリミティブな諸形態への退行である」と結論づけている（81-82頁）。

野村（1993a, 2001）は，その技能が一律に高く評価されている日本企業の「現場労働者」の中には「直接生産労働者」と「専門工」とが存在し，両者の間には厳然たる分業関係があり，前者が担う労働のレベルには限界があることを示し，日本企業の生産システムがポスト・フォーディズムと評価されることに異論を唱える。

三つに，「日本的経営」から漏れた人たちの存在の指摘であり，誰もが公平に処遇されているわけではなく，必ずしも民主的に職場が運営されているわけではないという批判である。「日本的経営」は，終身雇用，年功賃金，手厚い福利厚生などの制度でもって語られるが，それらの「恩恵」に与れる人は限られている。日本企業で働く人の中にも，企業規模，性別，学歴，雇用形態，国籍により格差があり，皆が同じように企業内組合に入り，雇用が保障され，技能を高め，組織にコミットしているわけではない。「日本的経営」論の嚆矢であるAbegglen（1958）も，雇用と組織の「硬直性」を補う方法の一つとして臨時工の活用を指摘しており（p.22，邦訳 32-33頁），「日本的経営」に言及してきた論者の多くもこの事実に気づいてはいる。しかし，「但し書き」をつけるだけで終わる研究者がほとんどであった。このような研究状

❖10……「日本の成功をまねるのではなく，その成功からしかるべきものをくみとることによってアメリカの会社に変革をもたらすことができるのではないかと思うようになった。」（Ouchi 1981，vii，邦訳 3頁）。「私たちは，日本の真似をすることが解決策になるとは思わない。」（Deal and Kennedy 1982, p.5，邦訳 15頁）。強い企業はみな，「高度に発達した価値体系」を持っている。それは，日本企業に限らない。このような特徴の一部は米国企業にもみられる（Pascale and Athos 1981, pp.331-333，邦訳300-302頁）。「最終的に私たちは，アメリカの会社をまるで万力のような力で抑えつけているこの企業病を退治するためのモデルを探すなら，なにもわざわざ日本ばかりを見ていることはないということに思いいたった。」（Peters and Waterman 1982, introduction xxii，邦訳 19-20頁）。これらの著書が，強い文化を持つ米国企業として取り上げげた具体例は，メアリー・ケイ化粧品，IBM，ボーイング，ヒューレット・パッカード，デルタ航空，プロクター＆ギャンブル，GM，テキサス・インスツルメント，スリーエム，ジョンソン＆ジョンソンなどである。

況の中で，尾高(1982, 1983, 1984)は，「日本的経営」の「神話」に対して「現実」を突きつけ，「メリット」ばかりが喧伝される風潮に対して「デメリット」を強調する。前述したように，尾高は「日本的経営」の「近代化」・「民主化」の側面を持ち上げていたが(尾高 1965)，後に「日本的経営」に対する評価を大きく変えた。変更後の議論によれば，「日本的経営」の諸慣行が実施されているのは，従業員300人以上の大企業や大事業所だけであり，それらは全事業所の1%にも満たない。中小企業は賃金が低いだけでなく，従業員の転職率が高く，「日本的経営」の諸慣行をセットで備えている企業は多くない。大企業の労働者の中でも「日本的経営」の慣行を適用されているのは常用労働者や正社員だけであり，臨時職員，日雇い労務者，パートタイマー，アルバイトなどの「非終身型雇用者」はその適用外である(尾高 1984, 25-37頁)。

男性と女性との間の格差を指摘する論者もいる。野村(2007)によれば，「日本的雇用慣行」の本質は「会社身分制」であり，学歴別・性別に仕切られた経営秩序である。法改正などにより改善された面もなくはないが，その本質は現在も維持されている。性別による差別や男女間の格差は，労働過程にも現れている。木本(2003)は大型小売業のマネジメント職を調査し，従来に比べれば女性の「社会進出」が進んだとはいえ，ジェンダー間の職域分離は依然として存在し，それは「男性中心の組織文化」によって支えられていることを明らかにした。もっとも，職場にまで降りて実態をみれば，職場構成員は「男性中心の組織文化」と多様な「つきあい方」をし，また，学歴差・世代差・雇用形態の違いなどの他の要素も介在しており，職場組織は多様で複雑な「応答—交渉関係」を通して日々「主体的に」組み立てられている。したがって，男女間に単純かつ強固な分断線が引かれているわけではないが，人事部門はある種の「女性観」を持っているため，「人事政策に埋め込まれたジェンダーバイアス」が女性のキャリア展望を(無意識に)狭め，そこに主体側からの「関与」と(結果としての)下支えが加わり，職場ではジェンダー間の職域分離を維持しようとする強い力学が形を変えつつも存続していると考察する。

遠藤(1999, 2001)は，日本企業の査定制度の「公平さ」を好意的に捉える主流派の議論に対して，実際には恣意的・差別的に査定が行われており，また，従業員には査定結果を知る権利すら十分には与えられていないとして，手厳しく批判する。大企業で働く男性正社員とて，皆が同じように「日本的経営」の「恩恵」を享受しているわけではないのだ。

8 市場原理主義からの「日本的経営」批判

日本企業の国際競争力の高さに呼応する形で,「日本的経営」は国内外で高く評価されるようになった。もっとも,その「恩恵」に与れたのは限られた人たちであり,日本企業で働くすべての労働者ではない。大企業の男性正社員であっても,誰もが高い技能や豊富な知識を習得しているわけではなく,職場運営に参加しているわけでもない。「日本的経営」の礼賛論に対してこのような批判が出てきた。しかし,労働市場が分断されているにせよ,組織内で明確な分業が存在するにせよ,日本企業は競争優位にあり,組織や職場への労働者統合と安定的な社会秩序が維持されてきたことを(暗に)認めていた点では肯定論者と共通した。

ところが,いわゆる「バブル経済」が崩壊し,その後も復調の兆しが見られず,「成長神話」がもろくも崩れると,90年代中頃には,競争力の観点から「日本的経営」を批判する者が現れた。復活を遂げた英米が信奉する市場原理こそが「グローバルスタンダード」であり,「日本的」な経営・労働慣行は停滞の原因であり,改革すべき対象であるという声が世間的に強まった。新自由主義を思想的バックボーンにもつ「構造改革」が声高に叫ばれ,日本経営者団体連盟(現・日本経団連)はその旗振り役を担った(『新時代の「日本的経営」』1995年)。

研究者や論客の中にも,「日本的経営」を批判し,市場原理主義を後押しする者が増えた。日本経済の停滞は循環的な一過性の現象ではなく,社会構造的な問題であることを主張する著書が目立つようになった。戦後日本の「成功」を導いた政治・経済・社会システムはもはや立ちゆかなくなり,競争優位の源泉として称揚されたシステムは,反対に,日本「再生」の桎梏とみなされるようになった(Katz 1998; Grimes 2001; Lincoln 2001)。

なかでもPorter et al.(2000)による批判は手厳しい。日本の産業を育成した「護送船団方式」の産業政策は,今や競争力を阻害する要因になったのではなく,もともと日本の産業の発展に寄与してこなかったと主張する。部分的にはその有効性を認めるものの,「日本の産業は,政府が競争を管理した場合に成功したのではなく,政府が自由な競争を許した場合に成功したのである。」(preface v, 邦訳 はじめに iii)。資本主義の世界には市場競争という「共通のルール」があり,競争上の成功には「共通の原理」がある(pp.14-15, 邦訳 30頁)。組織内に目を向けると,「日本型」アプローチは「オペレーション効率」が高く,持続的なコスト削減と高品質を実現した。しかし,日本企業の経営スタイルは,「戦略」を欠いており,大胆な変革やイノベーションには向かない(pp.78-91, 邦訳 117-142頁; p.173, 邦訳 269頁)。「日本型」の経営モデルは,独自な生産手法や人事政策などから構成され，内的整合性のとれたシステムであるが，「この内的整合性は，同時に日本型企業モデルの弱みも作り出した。日本型企業モデルは一つの特定の発展パターンのみに方向づけられており，他の発展パターンが生まれることを阻害し，またこのモデルが新しい競争形態や新しい事業分野に対しては有効に働かないことが明らかになった」(p.76，邦訳113頁)。

それまでの日本企業の「成功要因」が「失敗要因」に‘転化した’という議論は多くみられるが，Porter et al. (2000)は，「日本型」の経営システムは‘もともと’競争上の弱みを抱えていたと主張する。似たような‘そもそも論’として，「日本型」の優位な経済システムと想定されてきたものは根拠が薄弱であり，「誤解」にすぎないといった批判がある(三輪・Ramseyer 2001, 2002)。[❖11]

市場原理に基づく「日本的経営」批判の中で，雇用にかんしてとりわけ「やり玉」に挙げられたのは「終身雇用」である。日本社会は労働市場の流動性を高め，日本企業は雇用政策に競争原理を積極的に取り入れるべきである。このような「改革」を勧める代表的な論者は，八代尚宏である(八代 1997, 1998, 2009, 2011など)。「グローバルスタンダード」が確立された新しい経済環境の下では，「先進国へのキャッチアップ期に合理的であった集団主義的システム」ではなく，「新自由主義」に適合的な管理システムが望ましいと主張する。彼の理解によれば，従来のシステムでは，新規採用から企業研修，企業福祉，配置転換，定年退職までを，人事部が一括管理してきた。これはある意味で「不平等な会社社会」であった。なぜなら，新卒で大企業で働けた者と働けない者との格差が大きく，現行の退職金制度では中途退職が不利になるからである(「労・労対立」)。また，男性正社員を対象とした「日本的雇用慣行」は，家庭を守る「専業主婦」を前提として成り立ってきたのであり，女性の雇用継続と子育ての両立を阻害してきた。そこで今後は，市場競争の下で「平等性」を推し進め，「リターンマッチの利く社会」を築き，個人単位で「ワーク・ライフ・バランス」をとれる社会にすべきである，と八代は語る。具体的には，「今後の労働市場は，人の良いジェネラリストよりも，各分野のプロフェッショナルが活躍」できるように変え(八代 1998, 120頁)，企業内でも「人事配置が，原則として市場に準じたメカニズムで働く」ようにする(同上69頁)。「部局単位」で専門的能力を持つ人材を採用し，高い地位と高額な報酬を希望する者が自ら候補にエントリーする「FA制度」を設ける。もし思うように結果が残せない場合は，退職を迫られるリスクを負うこともあるが，「自己責任の原則」からして，それは仕方がないことである。これこそが，「機会の平等」であり，「会社からの自立」であると，彼は日本社会の将来の働き方を展望する。

9 「日本的経営」の変容・修正と再評価

「日本的経営」(論)は，日本経済の低調ぶりに連動する形で劣勢に立たされた。「バブル経済」の崩壊以降，「日本的経営」は世間的には時代遅れのものになり，研究者の間でも過去の経営手法とみなされ，これを真正面から検討する人はほとんどいなくなった。しかし，「日本的経営」は完全に忘れ去れたわけではない。市場原理主義を唱える声が強まってからも，資本主義国家はすべて市場志向型に収斂するわけではなく，多様性があることを主張する論者が存在し，少数派ではあれ，「日本型」の資本主義や経営モデルを擁護する研究者もいた。

Albert(1991)は，市場原理の働きを妨げる規制を撤廃し，競争を推し進め，「金銭至上主義」になっている米国型の資本主義(「アングロサクソン型資本主義」)に対して，株主・経営者・従業員・銀行など，企業にかかわる複数の利害関係者間の「バランス」，「共同体」としての社会，「長期的視野での安定と成長」を特徴にもつ日独型の資本主義(「ライン型資本主義」)を対置させ，共産主義の敗北が決定的になった今，同じ資本主義の中に二つの対立的なモデルが存在することを示す。そして，「二つの形式のうち，異議の多い，効率の悪く，暴力的なほうが，今勝利していることは，まさに危険である。なによりもこれを指摘することが，わたしの目的だったのだ。」(p.289, 邦訳 316頁)と率直に述べて，全世界がアングロサクソン型へ突き進む傾向に警鐘を鳴らした。

Dore(2000)も同様に，「グローバル資本主義」の名で全世界に広がりを見せるアングロサクソン型の「株式市場資本主義(Stock market capitalism)」と日本やドイツの「福祉資本主義(Welfare capitalism)」を対比させ，後者を明快に擁護する。「株価を企業の成功の尺度とし，株価指数を一国の繁栄の尺度とするような社会と，たとえば人間の福祉などといった他の複数の尺度を『良い社会』の基準とする社会との対照を示したかった」(p.10, 邦訳 13頁)。つまり，後者の「価値観は，『良い社会』とは何かを判断する前提条件から帰結したもの」であるのに対して，前者の「マーケティゼーション(市場化)とフィナンシャリゼーション(金融化)は憂うべき現象である」ことを明示したいという意図からこの本を書いたと，自ら語っている(p.219, 邦訳 323頁)。

田尾(1998)は，「会社人間」を，誤解を恐れずに擁護する。彼の考察によれば，会社は「スター」だけで成り立っているわけではないし，皆が「スター」になれるわけでもない。「スター」のように「強い個人」として働け

❖11……三輪は，日本企業の国際競争力が落ちてからこのような議論を始めたのではなく，その前から一貫して「伝統的日本経済観」を批判し，日本経済の発展に際した市場メカニズムの強力な作用を主張してきた(三輪 1990)。

る人は限られており，多くの人は組織に「安寧」を求めているのが実情である。そして，経営管理上，問題にすべき層は，少数の「スター」でも，どこの組織にも一定数存在する「落ちこぼれ」でもなく，両者の間に位置するその他大勢の人たちである。彼（彼女）らからいかに意欲を引き出し，組織にコミットさせるかが，マネジメントの要諦である（157頁）。その点にかんしていえば，「日本的経営」こそが組織の多数派からやる気を引き出してきたとして，田尾はこの経営手法を高く評価する。「会社の活性化のためには，そのエリートと落ちこぼれの間にある，有象無象のやる気がなさそうでありそうな人たちをいかに囲い込むかである。やる気にさせるかである。当然，燃料の調達は自前ではできない。日本的経営が，短い期間ながら成功という美味を味わうことができたのも，この人たちを囲い込むことができたからである。もしかしたら，重役になれるのではないかという期待は，否が応でも働く意欲を大きくする」（172-173頁）。

嵯峨（2002）は，かつて，自らも含まれる「団塊の世代」およびその周辺の言論人が「全共闘型の発想」に基づいて「日本型経営」を「道徳的」に批判したが，彼らの言説は当人らのうかがい知れぬところで，米国の「日本たたき」の文脈に絡め取られてきたとして，（自己）批判的に過去を顧みる。そして，「人間不在のアメリカ型経営」の現実に目を向けさせ，「日本型経営」は「共同体的性格」を基底に持ち同時に経済合理性が高い点を評価し直し，「西欧型理念」を単純に日本に取り入れようとする姿勢を諫める。

高橋（2004）は，市場原理に基づく人事制度である「成果主義」を徹底的に批判し，「日本型年功制」を全面的に擁護し，旗幟を鮮明にする。「この本の理論的な主張は過激なまでに明快である。金銭的報酬による動機づけは単なる迷信にすぎない。仕事の内容による動機づけこそが，内発的動機づけの理論の指し示すところであり，次の仕事の内容で報いる日本型の人事システムは，それに合致したものであった。そして，賃金制度は従業員が生活の不安を感じることなく，仕事に打ち込めるような環境を作り出すために設計されるべきであり，『日本型年功制』はそのために生まれたものだった」（46頁）。つまり，「仕事による動機づけと生活費保障給型の賃金カーブ，この両輪が日本の経済成長を支えてきたのである」（50頁）。

小池（2009）は，成果主義の擁護派が批判の標的とする「日本的経営」――「集団主義」，「年功賃金」，「企業別組合」――の‘神話’を暴き，「日本的経営」は決して日本固有の文化に根ざした特殊な慣行ではなく，経済合理性が高く，普遍性を備えることを改めて強調し，日本経済に「自信」を取り戻させようとする。

ここ20年ほど，「日本的経営」にかんする議論の多くは，市場原理主義か「日本的経営」かの選択を迫る，二分法的な思考にとらわれている。しかし，運営レベルでは，理念型ほどはっきりと分かれているわけではない。実務家は，日本社会に適した成果主義的人事制度を検討し始めた(楠田丘編 2002)。成果主義(という用語)は急速に社会に広まったが，導入の仕方は会社により多様であり，導入先でも全社員に同じように適用しているわけではない。また，成果主義だけが単体で取り上げられて，賛成あるいは反対される傾向にあるが，他の管理制度との整合性が重要であるとして，中村(2006)は成果主義に対する極端な評価に苦言を呈する。

「日本的経営」を再評価する論者も，過去への回帰を単純に求めるわけではない。彼らは，市場原理やICT(情報通信技術)といった新しい要素を取り込んだ「改良型」の「日本的経営」モデルを提示する。

伊丹(2000)は，「IT革命」による社会や経済の変化を認めた上で，その変化と，かつて自らが普遍的な経営原理として打ち立てた「人本主義」(伊丹 1987)との整合性を図ろうとする。それが「デジタル人本主義」である。彼のいう「デジタル」とは二つのことを意味する。一つは，技術的な基盤としてのデジタルであり，もう一つは，経営のあり方としてのデジタルである。

彼の議論によれば，日本企業は「熟練」と「組織的コミュニケーション効率」にかんして優位にあったが，米国企業はそれらの優位性をデジタル技術によって切り崩した。しかし，次の段階を見据えれば，デジタル化した技術の普及は当然のこととなり，「デジタル技術」と「熟練」との融合が新たな課題となる。すなわち，「IT革命を基礎技術としたデジタルネットワークを使った上で，さらに人的な接触，フェイスツーフェイスのコミュニケーションが重要になる時代がくるだろう。」(262頁)。そうなれば，ヒューマンネットワークの情報的優位性が改めて注目されるようになり，それを得意とする日本に再びチャンスが巡ってくると，伊丹は将来を見通す(263頁)。

「人本主義」は「オーバーラン」をし，経営に歪みが生じたことを伊丹は率直に認める。すなわち，組織構成員が過度の安定性を求め，経営はヒトのしがらみにとらわれて身動きがとれなくなった。しかし，だからといって，「人本主義」の経営原理は全否定されるべきではない。「オーバーラン」を防ぐための「予防策」こそが必要であると提案する。具体的には，「経済合理性」を判断の基準にする基本原則を守り，そのためには会社と従業員の業績を客観的に計る情報システムを構築し，チームの中でもっと「個性」を発揮できるようにする(359-362頁)。「デジタル」型の「人本主義」の経営とは，端的に言えば，市場原理と組織の論理との間で「バランス」を取り，「市場経済のカネのネットワークの上にヒトの安定的なネットワークを築く」ことである。

太田(2008)も伊丹(2000)の前半と似たような議論を展開する。ME化やIT化によって，単純作業は機械にとって変わられた。そうなると，逆に，「人間には創造性や革新性，想像力，勘やひらめき，感性，対人能力といった人間特有の能力や資質がいっそう強く求められるようになる」(23頁)。「デジタル化が進めば人間にはむしろアナログ的な能力が求められる，という逆説がそこにある」(26頁)。さらに，「ポスト工業化社会」では変化への柔軟な対応が求められ，その要求は，日本型の「あいまいな組織」や「実質的な権限付与」により応えられると述べる。日本型組織にはもともと「あいまいさ」があり，そこに「実質的な権限」や「自由度」が加わり(＝「草の根的実力主義」)，変化に対する柔軟な対応力が備わっている，と太田は主張する。

下川(2006)は，日本企業の製造現場においてIT化によるデジタル技術と現場の「暗黙知」との融合が実際に進行している様子を描いている。「そこではかつて日本の製造業が70年代～80年代にかけて生産技術でリードしたときのコスト，品質，納期の優位性だけに頼ることなく，設計開発力や設備管理能力，そして開発―生産―調達―販売の企業のバリューチェーン全体の最適化をはかる努力がたゆみなく続けられている。この過去に例をみない新しい製造業としての挑戦には，ITデジタル技術が広汎に活用され，現場の改善活動や保全活動の生産ノーハウのデータ化やソフト化が伴っていることを忘れてはならない」(280-281頁)。

日本の経済を支えてきた「モノづくり」が改めて注目されている。戦略の弱さといった日本企業の弱点は素直に認めた上で，また，新しい情報関連技術などを積極的に活用して，「モノづくり」をさらに強化すべきであるという提言がなされる。加護野(1997)は，日本の製造業の「愚直」なまでの「勤勉さ」を再評価し，藤本(2004)は，オペレーション重視の「擦り合わせ型製品」で優位性を持つ「統合型もの造り」の重要性を改めて強調する。野中・徳岡(2009)は，世界市場の競争がますます激しくなる中で，日産の開発部門は従来の日本企業が得意としてきた「暗黙知」の活用を捨てずに，ローカルな場の信頼関係に基づく知に「ほどよい形式知」を融合させて，「多様性のマネジメント」とグローバルな知の「共創」の仕組みを，長年かけて作り上げてきたとして持ち上げる。

とりわけ2008年末の金融危機に端を発する世界規模の不況は，グローバル資本主義の限界を露わにし，市場原理主義への傾倒に反省を促し，「日本的経営」や「モノづくり」に対する再評価の機運を高めた[12]。雇用規制の緩和は，雇用の柔軟性を高め，コスト削減を容易にするものの，マクロの次元でみれば，労働者間の格差を拡大化・固定化させ，ミクロの会社単位では，労と使との関係を変容させ，人材育成の機能を弱体化させるのである(戎野 2006)。

以上，「日本的経営」にかんする研究を労働者の働きぶりと組織や職場への統合という視点から筆者なりに整理した。「日本的経営」にかんする評価は'ブレ'が大きい。企業別組合，終身雇用，集団的な職場運営などに対して，「後進的」か「先進的」か，「特殊」か「普遍」か，「肯定的」か「否定的」かで，評価は極端に分かれてきた。しかし，ほとんどの研究は，日本の労働者を，なかでも現場労働者を，それらの制度の下で勤勉にあるいは従順に働く姿でイメージしてきた点で共通する。時代の移り変わりの中で，日本経済の景気動向に応じて，「日本的経営」の評価は大きく揺れてきたが，不思議なくらい，想定する労働者像は変わらないのだ。

もっとも，中小企業の労働者，女性労働者，外国人労働者，非正規労働者の存在を指摘する研究がないわけではない。「企業社会」の「周辺部」に位置する人たちである。しかし，それらの研究の多くも，労働市場の分断や非流動性，組織内のすみわけや分業構造を明らかにするにとどまり，「周辺部」の人たちの不満や抵抗を拾い上げることを主たる課題にしてきたわけではない。

では，日本企業の労働者たちは，誰もが勤勉に，従順に働いてきたのか。職場では調和が保たれ，つねに秩序は安定しているのか。このような素朴な疑問が生じる。「日本的経営」にかんする研究は，規範理論や制度分析が主流であり，そこまで踏み込んで職場の実態を解明してきたわけではない。労働者の「主体的側面」に注目した研究も，その点にかんしては推論の域を出ない。

だが，労働者の視点で職場生活を内側から描いた研究が全くなかったわけではない。インテンシブな聞き取り調査や緻密なフィールドワークは，とりわけ労働過程に自ら入った研究ともなると，数は限られるものの[13]，皆無ではない。そこで次節は，当事者の視点から日本企業の職場や労働者生活を記録した参与観察や手記をいくつか紹介しよう。

III 当事者の視点から描いた日本企業における職場生活

1 「日本的経営」論全盛の時代に働くホワイトカラー

Rohlen (1974) は，1968 (昭和43) 年から翌年にかけての11ヵ月間，3,000人の従業員が働く日本の銀行を参与観察した。会社には社歌があり，会社主催のレクリエーショ

❖12……その顕著な例は，新自由主義に基づく「改革」の急先鋒であり，グローバル資本主義の旗振り役を担った中谷巌の「懺悔」であり，「転向」である（中谷 2008）。

❖13……日々の社会的・経済的関係を描き出す研究は，資料収集の困難さもあり，労働史研究の中で欠落した部分である（山本 1994, 3頁）。「北アメリカやヨーロッパで研究者が労働研究にあたって採用してきたアプローチと比較すると，日本の研究者の多くは，参与観察や長期にわたる労働調査を避ける傾向があった。」(Mouer and Kawanishi 2005, p.24，邦訳 37頁)。日本企業の職場を対象とした海外研究者による参与観察はそれなりに蓄積がある。それらを手際よくまとめたものとして，渡辺（2006）。

ンがあり，社員には社宅があてがわれ，労働組合はあるが会社に異議申し立てを行わない。社内には，欧米企業とは異なる伝統的で，「調和」がとれた，自己完結的な「コミュニティ」があり，従業員は家族主義的な労働倫理を植え付けられている。しかし，日本の会社は，構成員の「コミュニティ」として機能しながらも，組織内に厳然たる階層構造を持ち，男女間であからさまに異なるキャリアコースを設けている。利害を異にする者どうしが一緒に働き，社内には矛盾や葛藤が存在する。たしかに「甘え」が許される環境ではあるものの，他人から頼られたら助けるべきだが，他人にはできるだけ頼るべきではないと教わっている。労務管理により「精神主義」をたたき込まれるが，若い人たちはそれに懐疑的である。すべての生活が会社中心に回っており，プライベートと仕事との境目は不明確であるが，個人主義化は抗えない傾向である。会社は表面的には「調和」がとれ，会社と従業員が「一体化」しているようにみえるが，個々人は内面に葛藤を抱えているのである。

人類学者であるClark(1979)は，1970(昭和45)年から翌年にかけての14ヵ月間，中規模の段ボールメーカーで働き，会社間の関係を含む総体としての「企業社会」の内情と，「共同体」としての会社で働く従業員の生態を描いた。この著者も，いわゆる「日本的経営」の「恩恵」に与れる労働者は限られていることを指摘する。それは，大卒男子のホワイトカラーだけであり，企業規模による処遇の格差も大きい。そして，労働者から本音を聞き出せば，不満も少なくないことがわかる。しかしそれでも日本企業には，労働者を会社に統合する様々な「仕組み」が存在し，従業員は賃金制度，社宅，教育システムなどを通して，また地域社会から隔絶されることにより，「うちの会社」に「どっぷりひたる」とClarkは表現する。

右肩上がりの経済成長の時代には，大企業は次々と新しい製品を世に送り出し，拡大の一途を辿った。既婚の男性社員は家庭生活を「女房」に任せっきりにし，会社生活にほとんどの時間とエネルギーを注いだ。もちろん日本の会社にも，気の進まないつきあいがあったであろうし，嫌な上司・同僚・部下もいたであろう。しかし，当時の「サラリーマン」の生活は，「良き時代」，「良き思い出」として回顧されることが多い。1967(昭和42)年に日産に入社し，生産技術一筋で28年間，座間工場で働いた高岸(2003)は，「沸き立つような活気があり，絶えず明るい笑いが弾けていた」職場の日常を，「昭和の記憶」としてユーモラスに描いている(5頁)。

榎本(1999)は，1989(平成元)年4月から39ヵ月間，都市銀行で働いた経験を元にして，職場の運営実態を再構成する。名の通った銀行から内定をもらい，強い意気込みを持って働き始め，社会人としてのマナーや職場の慣行を身につけていく。戸惑いを感じながらも，懸命に会社生活に適応しようとし，緊張感がみなぎる職場で仕事を覚えていく。

仕事は山のようにあり，「対症療法」的に「自転車操業」で処理していく。仕事内容は細分化され，職場は分業の原則により成り立っているが，仕事の範囲はすべてが明確に決められているわけではない。知らないうちに「自分の仕事になっている」こともある。これが，職場の「柔軟な運営」の実態である。

また，「規則・法則」は存在するものの，指揮命令は構成人員の人柄や「その場の雰囲気」に左右され，最終的には「支店長の個人的な性格や人柄が大きな要因として働く」。上司と部下との関係において「絶対服従の構造」が存在するが，服従を強いる権力を上司や先輩が一方的に行使するわけではなく，部下の方にその関係を所与のものとみなす「服従の自発性」がある（46-49頁）。

整然と規則的に運営されているように思われがちな銀行でも，分業構造や指揮命令に「曖昧さ」があり，従業員の「自発性」を引き出しながら職場は「調整」されている。官僚的な組織構造に「柔軟性」が（結果的に）取り入れられている様子が，榎本の描写からうかがえる。

Graham（2003）は，1985（昭和60）年からの2年間，新卒入社の正社員として日本の生命保険会社の国際部門で働いた経験の記録を中心に，計15年以上かけたフィールドワークの成果を元にして，従業員の内面を丹念に読み解く。

従業員たちは，社内でより高いランクを目指して同期の間で競い合い，長時間労働も厭わない。しかし，それは，従来の研究が想定していたように，社員の満足度が高いからではない。従業員から本音を聞き出せば，それ以外に選択肢がないからであることがわかる。生命保険業界は，調査当時，プレステージが高く，大規模な保険会社の社員は多少の不満があっても辞めるまでにはいたらない。とりわけ，結婚をして子どもができた社員は，現状を耐え忍ぼうとする。会社にとどまっている限り，役職や賃金は必ず上がる。もし嫌なことがあっても，数年がまんすれば職場は変われる。この「暗黙の慣習」を信じて疑わない従業員たちは，不満を押し殺して働き続けるのである（pp.132-137）。

日本人の社員は，決して集団と一体化しているわけではないし，集団の利害を最優先に考えて行動しているわけでもない。日本人も既存の経済システムや慣習に即して個々の利害を追求しているのである。同じ会社の従業員の中にも多様性があり，集団内には衝突や葛藤が存在する。とりわけ年齢により，組織に対するスタンスは大きく異なる。ステレオタイプな世代観の通りではないが，時代の移り変わりの中で従業員は変化している。彼女は，この調査結果から，「日本人論」が頻繁に用いてきた「個人主義」対「集団主義」という単純な対比を退ける。ただし，個々人の内面はさておき，少なくとも表面上は，大方の社員は組織の慣習に従い，先輩・同期・後輩に対して秩序ある関係を保ち，「従順」に働いていると分析している。

以上の研究は，大企業で働く大卒男性ホワイトカラーを主たる対象としていたが，ブルーカラーとして働く人たちの世界はどのように描かれてきたのか。

2 「日本的経営」時代の大企業で働くブルーカラー

鎌田（1973）は，1972（昭和47）年9月からの半年間，トヨタの工場で「期間工」として働きながら労働の実態を把握した潜入ルポルタージュである。単純作業のサイクルは日に日に切り詰められていき，ライン労働者はスピードが極限まで高められた作業に追いたてられる。作業は「むなしい労働の繰り返し」である。しかしそれでも，労働者たちは，周りの人に迷惑をかけまいとプレッシャーを感じ，自らを追い込んでいく。2，3秒でも「余裕」を生み出すことに喜びを感じ，少しでも「余裕」ができると隣の人の作業を手伝う人もいる。そして，「仕事の辛い話はきまって愚痴から笑い話になる。毎日愚痴をこぼしてもどうにもならないから，馬鹿話に切り換えてしまうのも労働者の知恵なのだろうか。」（110頁）。きつい労働に耐えかねて会社を辞めていく人もいる。しかし，会社に残った者たちは，不満や愚痴を漏らしながらも，哀しいまでに健気にノルマを達成しようとする。

中村（1982）は，1972（昭和47）年2月から5年半，特殊鋼メーカーの圧延工場で加熱炉工として働いた記録を残す。配属先の仕事は高熱重筋労働であるが，きつい仕事にもアイデンティファイする労働者の姿を目の当たりにして，中村の労働に対する見方は徐々に変わっていく。本人は‘意識が高い’労働者であり，もともと企業への反発心が強かった。「最初の1～2年は，つねづね頭の中に『搾取される労働者』とか『疎外された労働』とかの概念がこびりついて離れなかった」。また，現場で働く一員として，「学歴社会」という「身分制度」に対する不満を強く感じていた。しかしながら，「工場での生活が長くなるにつれ，私の認識は想像以上に大きく変化していった。たとえば，精一杯働いたあと『ご苦労さん』とお互いにいいかわしたくなるような疲労感は，仕事が忙しければ忙しいときほど快いものだった。この感覚は，『搾取』されているかどうか以前のもののように思えた」（7頁）。

もっとも，当人はもちろんのこと，他の労働者も，会社と一体化して働いているわけではない。皆が昇進・昇格を目指して出世競争にのめり込むわけでもない。不満や反発の声を頻繁に発し，仕事の愚痴をつぶやき，通常はやる気のないそぶりをみせる。しかし，それらの言葉や態度とは裏腹に，QCサークル（小集団活動）になると熱狂する労働者の姿が職場にはあった。いわゆる「企業社会」を職場から捉え直そうとする中村は，労働者にとって仕事や職場とは何たるかを端的に説明する。「第一に，労働─仕事が，良くも悪くも彼ら労働者にとって人生そのものであること，第二に，職場は，そうした彼らの人生が実現しうるほとんど唯一の場であること，そして第三に，なろうことならば，その仕事が精一杯自分をぶっつける対照(ママ)であって欲しいと願い続けているものだ，ということである。これは私にとって，すべての問題への出発点にあたる認識である」(145頁)。

吉田(1993)は，1992(平成4)年7月20日から8月29日までのおよそ1ヵ月間，自動車工場で非正規労働者として働き，特装車(道路清掃車，消防車，除雪車など)を主としたトラックやバスの大型車の組立を担当する班に配属された。自動車の種類が特殊であり，タクトタイム[14]が比較的長い──生産台数によって異なるが，3時間から6時間──ということもあり，「自己裁量の余地」が大きく，労働者に「暗黙の熟練」が要求された。「日本的生産システムが現場労働者にいかに受容されているかを明らかにすることを目標」(30頁)とする吉田は，現場の日常は，単純な統制─抵抗の世界ではなく，労働者から「同意」を調達する場であることを示し，労働者が「自己規律的」に働いている姿を描く。もっとも，工場内では「積極的」な態度をとる労働者だけが働いているわけではない。「能力主義的競争」が求める勤務態度とは異なる者もいる。しかし，そのような人たちも管理体制を「受動的」ではあるが受け入れており，それは「消極的な抵抗」にすぎないと彼は分析する。

大野(2003)は，1991(平成3)年11月から翌年10月までの1年間，自動車会社の総組立工場の塗装課で，1996(平成8)年8月から11月までのおよそ3ヵ月間，別の会社の総組立工場のボディー課で、それぞれ働きながら参与観察した。リーン生産方式を巡る論争では，「肯定派」と「否定派」とに分かれ，前者は，生産労働者も「幅広い知識と技能」を形成し，「知的」に生産活動に関与していると主張しているが，大野が働いた現場では，「異常処置」に要求される技能レベルは低く，QC活動は技能形成の場ではなく，「人間関係論」的な効果をもたらすにすぎない。なによりも，ライン作業は過酷である。しかし，肉体的な限界を迎えない限り，そのような労働にも人は耐えていける現実を，半ば驚きの眼差しでみている。「A社の作業自体はほとんどどんな面白みがないにしても，作業ペースをうまくコントロールできた時などには，ある種の充実感や満足感を得ることもできる。A社の労働者は，こうしたものを積み重ねる中で，なんとか過酷な労働に『耐え』続けているというのが，筆者の率直な感想である」(148頁)。

大企業で働く者たちにも不満や反発はあり，すべての従業員の利害が一致していたわけではない。参与観察は働く場の内実を

❖14……タクトタイムとは，1日の稼働時間を計画台数で除した値であり，1個あたりの生産に必要な時間を意味する。

働く主体の側から捉え直している点で，とりわけ組織内の葛藤の側面を拾い上げている点で評価される。しかし，多くの労働者はそのような面を‘内側に’秘めており，表だっては抵抗を示さず，むしろ管理体制に対して「同意」を示す形になり，職場秩序は安定し，「企業社会」は強固に維持され，今後も続くであろうことを念頭に置いて描いている点は，制度研究と共通する。

ところが，中小企業で働く人たちや女性労働者を描いた作品の中には，会社に統合されない側面に光を当て，さらには管理構造に変化を与える契機に注目する研究がある。

3 「日本的経営」から漏れた人たち

1982（昭和57）年に超硬合金を製造する東京の工場で働いた田中（1992-94）は，職場の日常から「企業社会」を感じ取り，企業と働く人との関係を総体的に見直そうとする。

彼女の見解によれば，従来の研究では，日本の労働者のあり方は二つの異なる姿で捉えられてきた。「その一つは，日本の労働者が経済的発展の中でその矛盾を一身に引き受け，しいたげられた生活を強いられているとする論調である。もう一つはそれとは反対に，日本の労働者の生活は企業の発展と共に豊かになり，企業の中で自己実現の機会をも与えられている，とする見方である。」（田中 1992①，56頁）。しかし，田中が一緒に働いた者たちは，そのどちらとも異なる。無理強いされて働かされているわけではないが，もっぱら自発的に働いているわけでもない。それら両極端な働きぶりではなく，淡々と職場生活をおくっている。そのような人たちが，日本社会では多数派ではないかと田中はみている。

ただし，注意を要するのは，「企業の課題を意識する一部の者（「会社人間」のこと—伊原）と，それにはまるで無関心な大多数，という完全に二分法的な図式にはなっていない」点である（田中 1994⑫ 64頁）。すなわち，一方で，「企業社会」の「末端」にまで経営側の意向が浸透し，「日本の企業では，このような労働者間の暗黙の相互チェック・自己規制的な傾向に側面から支えられつつ，企業の本来的な課題を現場にまで下ろそうとする努力を行うことで，そこで働く人々に対する企業への求心力をつけ，人々の意識と生活を企業のために組織しようとしていると言うことができるだろう。」（同上 65頁）。しかし他方で，その求心力には限界がある。会社の経営施策は，職場の安定性を崩し，労働者の働きがいを損ない，労働者から働き場を奪うこともある。調査先の合金課成型係の職場では，汎用機械がNC（数値制御）工作機械に取って代わられ，労働者の働きがいの大きな源泉である熟練が不要になり，他工場への配置転換を強いられた者もいた。女性労働者や昇進の展望を失った人たちは，家庭をはじめとする会社外に「居場所」を求めており，企業に対して過度にコミットしているわけではない。女性が多数働く工場の現場は，経営側の意向が完全に浸透しているわけではないが，それとは全く異なる価値観や人生観から成り立っているわけでもなく，両者のせめぎ合いの中で形づくられているのである（同上 66-68頁）。

日系三世の米国人であるKondo（1990）は，日本の菓子工場を参与観察し，ステレオタイプな日本人像とは異なる労働者の働きぶりを明らかにした。

彼女の考察によれば，職場には，既存の管理体制をそのまま受け入れようとする面もあれば，変えようとする面もあり，現状に対して両面価値的な文化が存在する。組織には，労働者を統合する言説が行き渡っているが，同時に，それらの言説は，矛盾や曖昧さを含み，社員から皮肉をぶつけられることもあり，一貫性が損なわれている。

例えば，半強制的な社員旅行は，会社と社員，社員間の一体感を高めることもあれば，社員の不満や反発をくすぶらせる元になることもある。会社側は「家族としての会社」，「ウチの会社」という言葉を用いては社員に「忠誠」を求め，それを正当化しようとするが，経営的に厳しくなれば，‘ビジネスに徹した’処遇も辞さない。このような矛盾を社員は敏感に感じ取っている。

女性のパート労働者は，会社の中で最も「周辺」に位置づけられる存在であるが，将来を嘱望される若い男性正社員の「母親役」を務め，組織運営上，欠かせない存在でもある。この役割が，会社の家族主義的な文化の保持に貢献し，彼女たちに会社内で一定の力を付与することにもつながる。しかし，だからといって，彼女たちは，会社の文化にどっぷり浸かっているわけではない。家庭での生活を犠牲にしてまで働く気はないのである。

労働者たちは，権力関係の外側で，「日本人」としての本質的な「自己」を持っているわけではない。職場内外の権力関係の中で，多面的で，両面価値的な「自己」を形成している。労働者は権力関係の内部でアイデンティティを獲得し，同時にそれに矛盾を抱え，つねに「自己」を構築し続けている。その過程で，特定の「自己」を迫る言説に対して，抵抗のディスコースを生み出すこともあり，特定の「社員像」を求める会社において，権力関係はつねに不安定さを孕むのである。日系三世であるKondoは，「中身」は「外国人」であるが，「外観」は「日本人」と変わらないために，周りの者に「日本人」の振る舞いを強要された。そのような扱いを受けた彼女は，絶えざる「自己」の形成と不安定な権力関係にとりわけ敏感であったと思われる。

Roberts（1994）は，1983（昭和58）年の1年間，女性用の下着や遊び着を製造する大規模な会社の検査梱包部門で働いた。彼女はブルーカラーのパート労働者として午前中のみ勤務したが，女性労働者のほとんどは常勤であった。

女性社員たちの会社に対するスタンスは両面価値的であり，はっきりしない。会社からの「退職のほのめかし」(歳をとったという理由)にもめげずに「生き残った」人たちであるが，「企業社会」に浸りきっているわけでもない。「企業社会」の「周辺」や「外部」に完全に追いやられているわけではないが，その「中心部」に入りたいと思っているわけでもない。彼女たちは，家庭と会社との間でも微妙な立ち位置にいる。家計を助けるために働いているのだが，働き続けることを夫から反対されることもある。かといって，夫に依存せず自立するために働くというほど，強い意志を持っているわけでもない。

工場で働く女性労働者たちは，いわゆる「企業社会」の「中枢」から距離のある位置にいるが，「企業社会」の完全な外部にいるわけでもない。当人からすれば，「企業社会」の「中枢」に入りたいと思っているわけでも，不遇を託つと強く感じているわけでもない。会社組織に統合されつつも，完全に組み込まれているわけではなく，会社とは別のところにも生活の基盤を持つ。彼女たちは，会社に対して両面価値的なスタンスを維持しながら，会社で働き続けるのである。

では，女性事務職員の場合はどうであろうか。小笠原(1997)は，オフィスにおけるジェンダー関係に注目し，男性と対等に扱われない立場を逆手にとった女性一般職(いわゆるOL)の「したたかな戦略」を明らかにしている。

OLたちは，昇進可能性・賃金・仕事内容にかんして男性に比べて差別的な扱いを受けている。しかし，一方的に虐げられているわけではない。制約のある環境の中で，少しでも自分に有利な状況を確保するように器用に立ち回っている。例えば，「仕事の達成基準」を低く見積もり，男性と同じ量の仕事を負うことを拒否し，それ以上の「仕事」はあくまで「サービス」であると男性に認めさせる。男性が女性に仕事をやってもらうためには，丁重に「お願い」をし，してもらった際には「謝意」を示すようにし向ける。それをしない男性は，管理職といえども，「総スカン」にあうこともある。こうして，彼女たちの助けなしには職場が「回っていかない」ことを男性社員に知らしめる。彼女たちは，会社では守るものがないが故に，あからさまに感情を表に出したり，仕事に優先順位をつけたりすることができる。バレンタインデーにチョコレートを贈る習慣は，女性が男性を選んだり，からかったりする格好の機会になる。OLにジェンダーの役割を強いる圧力や差別的な処遇に対するこのような「抵抗」は，取るに足らない些事と思われるかもしれないが，男性中心社会の職場で「生き抜く術」として見落としてはならない側面である。

だが，彼女たちは，それらの「戦略」がうまくいけばいくほど，結局のところ，伝統的な性別役割分業の再生産に寄与する，という皮肉な結果を招くことになる。小笠原は，これを「ジェンダーの落とし穴」と呼ぶ。OLたちは，現状を受け入れた上で「抵抗」を試みているのであり(「協調的抵抗」)，「抵抗」を示しながらも現状を受け入れているのである(「抵抗的協調」)。したがって，既存の権力関係そのものを変革する可能性は低い，と彼女は結論づけている。

4 「日本的経営」の衰退と市場原理主義の浸透
――雇用の「多様化」と「周辺部」の切り捨て

働く場を内側から観察した研究はステレオタイプな日本企業の労働者像に修正を迫る。大企業の(大卒)男性社員は，会社に「従順」な姿勢を示し，他の人と「調和」を保って働いていたが，内心では会社や他の社員と一体化していたわけではなかった。ましてや中小企業の労働者や女性労働者たちは，組織に忠誠を尽くす「会社人間」とはほど遠かった。

ただし，「企業社会」の「中核層」はむろんのこと，「周辺部」に位置する人たちも，完全に「企業社会」から降りていたわけではない。大方の人が，多かれ少なかれ，右肩上がりの経済成長の「恩恵」に与っていたのであり，会社側からしても，「周辺部」の存在なしには職場は回っていかなかったのである。「中心部」と「周辺部」の人たちは，もちろん対等な関係ではなかったが，補完的な関係として位置づけられ，後者は差別的な処遇を受けながらも，「企業社会」に対して両面価値的なスタンスをとっていたのだ。

ところが，いわゆる「バブル経済」が崩壊すると，景気後退のしわよせが，真っ先に「周辺部」の人たち――女性，中小企業の労働者，高齢者，若年層，地方の労働者，外国人労働者――に来た。なかでも若い世代に対する影響は甚大であった。日本経済の発展を支えた社会システムの柱である，学校から職業への移行が構造的に機能しにくくなり，若い世代は長期雇用と安定的な所得を当然のようには期待できなくなったのである(玄田 2001)。

しかも，この現象は一過性のものではなかった。ブリントン(2008)によれば，1990年代以前の日本には，一人ひとりの人間が社会の一員として必要な能力やスキルを習得する独特のシステム(「人的資本開発システム」)があった。それが1990年代以降，「非エリートの若者たち」を学校から仕事へと移行させる「橋渡し」の仕組みが崩壊し，彼(彼女)らは行き場を失い，旧世代からみれば「大人」になれない人が多くなった。彼女は，この変化を「ロスト・イン・トランジッション」と「場」の喪失として描き出した。「私たちがよく考えるべきなのは，いま日本の社会で根本的な変化が起きているということだ。これまでは，若者にとっては学校，男性にとっては職場，女性にとっては家庭というように，大多数の日本人の人生において，なんらかの安定した『場』の一員であることが決定的に重要な意味をもっていた。しかし今日の若者にとって，そうした『場』は減りはじめている。社会におけるアイデンティティーを学校と職場から得られない若者が増えているのだ。」(99頁)。

ここに歴史の大きな「転換点」をみてとれる。それは社会構造の転換であり，研究者の社会観の転換でもある。いまや多くの研究者が，教育制度，労働市場，社会保障，家族制度，そして会社制度などの諸制度が相互補完的に機能してきた社会構造の‘解体’に関心を寄せるようになり(藤岡 2009)，職場研究者も，学校から会社へとスムーズに移行できなかった人，真っ先に組織から退出を迫られる人，頻繁に働き場を変える人たちの働き方に，そしてもはや働くことが困難な人たちの働かせ方に注目するようになったのである。

伊原(2003)は，2001(平成13)年の7月24日から11月7日にかけての3ヵ月半，トヨタの現場を非正規雇用者の立場で参与観察した。当時のトヨタは世界一を目前に控え，「向かうところ敵なし」の論調で報道されていた。自動車研究者も，トヨタに対する評価には違いはあったものの，競争力という点でいえば現場が「うまく機能している」ことは共通認識であった。しかし，工場の内側に入り運営実態をつぶさに観察すると，職場秩序の危うさが目についた。短期間に期間従業員が急増し，職場運営に支障を来すほどであった。組織の内側からみれば，誰もが気づくほどの現象であったが，業績の上では「絶好調」であったために，外の人には想像もつかなかったようだ。もっとも，大多数の労働者は黙々とノルマをこなしている。あからさまにさぼる人はいない。しかし，JIT(ジャストインタイム)の原理の下で緊密に接合されたラインに，「暗黙のルール」に従わない人が少数でも入り込むと，随所に綻びが生じる。期間従業員の出入りが激しくなり，「責任感」が乏しい人や「助け合い」ができない人が目立つようになり，職場は落ち着かなくなったのだ。図らずもその後の大規模リコールの頻発が，トヨタの職場の‘混乱ぶり’を証明することになった(伊原 2007)。

ここ最近，若者たちの生活に密着して，あるいはその一員である自らが働いた体験をもとにして，若者の労働を描く若手研究者が増えている。従来，取り上げられてきた製造現場やオフィスだけでなく，サービス業を対象としている点が特徴的である。それらのうちのいくつかを紹介しよう。

高度経済成長期から90年代にかけて機能した「家族」，「教育」，「仕事」のトライアングルに歪みが生じ，それぞれの領域が破綻して，相互連関が悪循環に陥っている(本田・平井 2007[本田担当])。職場では「お父さん」が年功的な生活給を稼ぎ，家族を経済的に養い，家では「お母さん」が家庭を守り，「子ども」の世話をし，教育の場では学校が「子ども」を仕事へとスムーズにつなげる機能を果たしてきた。これらの3つの領域から構成される補完的システムが破綻し，従来の「日本的経営」と「日本型福祉」が機能しにくくなった。本田編（2007）の執筆者たちは，このような状況下で生きる若者たちのリアルな生活世界に迫る。その中に若者の労働実態を描いた研究者もいる。

居郷（2007）は，コンビニエンスストアで働く店長や副店長を取りあげ，金銭的な処遇の劣悪さやオーナーとの確執に強い不満を抱いている様子を明らかにする。しかし，それでも彼らは働き続ける。それは，親世代の蓄えに頼れる「生活インフラ」がまだあるからであり，業績向上の活路を自らの力で見いだせると考えているからでもある。また，彼らの下で働く「クルー」の低賃金で流動的な労働が，店長や副店長の生活を支えている面もある。不満がありながらも働き続ける店長らの背後には，総体として問題を抱える社会システムが存在すると居郷は分析する。

前田・阿部（2007）は，労働条件が厳しいことで有名であり，多数の若者が働く介護（介助）の業界に注目し，フィールドワークと歴史的検証から，その実像に迫る。高齢者介護の分野は，「主婦パート」に支えられてきたところが大きく，「主婦的なるもの」と密接に結びついてきたために，「おせっかい志向」が強い。それに対して，障害者介護の現場では，介護者が被介護者の気持ちを察知して動く「気づき」は「いらぬおせっかい」と見なされてきた経緯がある。このような働き方は，言われたことだけを淡々とこなす若者の「仕事志向」と親和的である。著者たちは，後者の働き方を肯定的に捉えた上で，この業界の労働環境を，そして自分自身を守るために目指すべきひとつの方向性として，「気づかない労働」の上に専門性を築くことを提案する。

研究対象の業界が異なることもあり，若者の労働に対する認識や用いた分析フレームは同じではないが，本田編（2007）には共通の研究課題がある。それは，社会の「歪み」を若者の眼差しから浮き彫りにし，同時に多様な働き方・生き方の中に「積極性」を認めた上で，政策的提言を行うことである。「『複数性』を擁護しつつ，全体的（普遍的）かつ分配的な保障を実現していくこと，この困難な課題こそが，本書の各論文が独自のやり方でゆるやかに共有する『社会的なもの』の再考／再興という未完のプロジェクトの骨子なのである」（本田・平井2007，38頁［平井担当］）。

それに対して，中西・高山編（2009）に収められている事例研究は，若者たちの働きぶりの中にみられる「逸脱」そのものに固有な文化と市場原理主義への対抗の契機を見いだそうとする点に特徴がある。編者の一人である中西は次のように述べる。「ノンエリート青年層」が生きる世界は，往々にして，「逸脱」や「ミスマッチ」として捉えられがちであるが，それこそが，「所与性のドグマ」である。「社会標準として現実に機能している行動規範や生活戦術をそれとしてとらえることができず，標準から外れた現象として解釈してしまうのである」(中西 2009, 7頁)。そうではなく,「開発主義体制下における社会標準と違い,職の見通しも生活の見通しも立てにくい状況に置かれながら,『なんとかやってゆける』仕方を案出し実行すること――それが,ノンエリート青年層の『漂流』のなかに存在する『戦術』であり,〈社会〉人たることのリアリティなのである。」(同上 11頁)。そして,「ノンエリート青年の労働世界に現れる『親密な他者』像は,このように,構造改革時代の労働規律・規律権力に対する潜在的な対抗の次元を含んで」いると理解し,中西は,市場原理に取り込まれない新たな「ヨコのつながり」の可能性を示唆する(同上 18頁)。

神野(2009)は,自ら自転車メッセンジャーとして働き,当事者の視点から仕事の実態を克明に描く。この仕事は,身体的なきつさという点で,また不安定な生活という点からも,20代から30代中頃までしか勤まらない。多くの者は数年で「卒業」する。しかし,不安定でリスクが高い仕事であるからこそ,若者たちは「主体的」にこの世界にのめり込み,働く「意味」を紡ぎだしていると指摘する。

もっとも,「やりがい」を求めて仕事を選び,「その道」でかっこよく働くことに夢中になり,働きすぎになり,ひいては燃え尽きる,若者のバイク便ライダーもいる(阿部 2003)。雇い主が必ずしも意図したわけではないだろうが,「働きがい」を求めてメッセンジャーの世界に飛び込んだ若者たちは,知らず識らずのうちに自分で自分の首を絞めていると結論づけられなくはない。

しかし,神野はそこに結論をもっていかない。「ノンエリート青年たちの『文化』は,自分たちの自由を逆説的に奪う足かせにすぎないわけではない。その足かせを取り払い,新たな働き方,生き方,つながり方を作り出していこうとする力もまた,この『文化』のなかには含まれているはずである。」(神野 2009, 168頁)。神野は,自転車が取り持つ「仲間とのつながり」,会社という枠を超えた交流が生まれている点に注目する。

電子部品の組立工場で請負労働者として働いた戸室(2009)も,労働者たちは職場を離れても交流を続け,地域社会でネットワークを形成している様子を描いている。それはたんなる親睦としてのつながりにとどまらず,仕事の情報を交換するつながりにもなっている点が興味深い。

もちろん,各論者が体感した職場や働く者の文化は,共通の分析フレームでは捉えられない多様性を持つ。職種によって労働環境は異なるし,同じ不安定就労層内にも「棲み分け」や階層が存在している現実を見落としてはならない(山根 2009)。もはや働く場のあり方は,正規対非正規などの単純な分け方では捉えきれないほどに複雑化している。見方を変えれば,そのような本質主義的に還元することができない多様な文化こそが,現代社会の「労働―生活文化」ともいえる。

これらの事例研究から，同じ若者の労働者といえども，もはや一括りには扱えない多様性があることがわかったが，若者たちは権力関係という大きな制約の中で「共同的」な主体の契機を見いだそうとしている点は共通して見てとれる。「ノンエリート青年たちの『移行期』，すなわち『生活者』アイデンティティの模索とは，生活を維持するために，そして自分自身の生に意味と誇りを見出すために，劣悪な労働現場にありながらかろうじて『居場所』を見出し，時には『よりまし』な職場に移り，自身の体力的・精神的な限界となんとか折り合いをつけ，そのなかで共同的な関係を取り結び，互いの『承認』を獲得していく，その不確かで一見とりとめないようにすら見える軌道のなかで日々行われているものなのである」（高山 2009，383頁）。

なお，このような「ヨコのつながり」のあり方には，地域差もあるだろう。編者の一人である中西が指摘しているように，東京という経済的・社会的・文化的インフラが充実した地域と相対的にそれらが乏しい地方とでは，また，直接的な人間関係が希薄になりやすい都市部と顔が見えやすい地方とでは，人と人とのつながり方に違いがあると思われる。

以上の「若者研究」は，「ノンエリート層」が対象であったが，不安定な雇用と不確定なキャリア展望は，いわゆる「エリート層」にも及ぶ。「高学歴ニート」がその象徴的な存在である。行き場のないオーバードクターと非正規教員の増加は深刻な社会問題になっている。いずれは指導教員や先輩からあるいは所属学会で常勤先を紹介してもらえるだろうと楽観的に信じ，研究に専念していればよい時代ではなくなった。労働市場で自らの研究能力を，そして教育能力や事務処理能力を，さらには「人間性」をアピールしなければ，正規職を獲得できない時代である。一研究者である筆者の周りを見渡しても，具体的な事例に事欠かない。

浅野（2008）は，タクシードライバーをしながら研究者を志す大学院生である。大阪の芸術系の大学を卒業後，社会科の教員になりたくて京都の大学に入り直す。しかし，教員の採用試験を突破できない。そこで，「車が好き」という理由で静岡の自動車学校に就職したが，出身地である岐阜のバス会社，愛知県の出版社へと職を変えていく。もともと祖父が大学教員であり，その祖父に憧れて教員を志した経緯があり，原点に立ち返り，京都の大学院に入学する。ところが，精神的・金銭的に支援してくれていた祖父が修士課程2年のときに亡くなり，タクシー運転手で生計を立てる道を選んだ。お客さんとのトラブルや慣れない仕事での失敗を経験しつつも，同期入社者とのちょっとしたじゃれあいやお客さんとの何気ない会話により癒され，苦労を乗り越えていき，博士課程に向かって進んでいく。進学希望先は，祖父の母校であり，職場でもあった広島大学である。仕事と修士論文作成に追われて気づくと正月が過ぎており，この時期に受験できる国公立大はなかった。たまたま，広島大で新設学科の募集があり，めでたく合格となる。研究テーマは，「さっき食堂にいた運転手さんにヒントをいただき」，「過疎地での公共交通の確保」にしたようだ。

浅野の人生行路を大づかみに整理すると，「たまたま」の連続から人生を切り開いてきたことがわかる。浅野のユーモラスな性格からなのか，偶然さをことさら強調した面があるかもしれないが，はじめから決まっているルートに乗ってきたわけではないことはたしかである。大学を二つ卒業し，職場も住む地域も頻繁に変わり，再び大学に戻る。ここで注目したい点は，「たまたま」の人生の中でも同僚やお客さんとのちょっとした「ふれあい」を大切にしている点であり，偶然の連続の中でも「祖父」を中心とした「ストーリー」を自ら作り上げている点である。かたくなに「既定路線」にこだわるわけではないが，偶然に身を委ねて流されるままでもない。彼の著書自体が，偶然の出来事から「物語」を「主体的」に紡ぎ上げているなによりの証である。

本項はここまで，不安定雇用者の労働と生活の実態を「若者層」の眼差しから描写した研究や手記を紹介したが，真っ先に制度からこぼれ落ちたり組織から切り捨てられたりする人たちは，若者に限らない。外国人労働者や女性労働者，そして中小企業の労働者もそれに該当する。

既出の伊原(2003)には，高校や大学の中退者が多く登場し，働く直前まで引きこもりだった人も出てくる。そして，同じ自動車産業でも，取引関係のヒエラルキーの「下」にいけばいくほど，従来の社会システムから「はみ出された人」が集まる。中小企業の非正規雇用者は，なかでも外国人の非正規労働者は，景気の変動の「緩衝役」にされ，いっそう会社組織の「周辺」や「企業社会」の「下層」に追いやられている。しかし，もはや数の上では職場の「主力」といえるほどに増えている。

池森(2009)は，ブラジル人労働者や沖縄・北海道といった日本の「辺境」の出稼ぎ労働者と一緒に，派遣労働者(「社外工」)として自動車部品工場で働いた経験を綴る。2007(平成19)年2月末から働きはじめ，2週間の「試用期間」が終わると，直の雇用契約に変わる。しかし，それは日本人に限られる。「製造業派遣という名のジャストインタイム人材確保方式(必要な人手を，必要な時に，必要な数だけ供給)」は，ブラジル人にだけ適用されている。正社員と社外工の比率は1対2であり，ブラジル人は全体の3分の1を占める。

職場には殺伐とした雰囲気が漂う。池森によれば，会社には，人を育てようという気がないようだ。ブラジル人はクビにされることが多いが，日本人は自分から会社を辞めていく。非正規社員と正規社員，ブラジル人と日本人，沖縄の人と「内地」の人など，多様な人たちが一緒に働く現場では，文化の衝突が起きている。

「企業社会」で「周辺部」に位置づけられた労働者たちは真っ先に切り捨てられている。ただし，女性労働者に限っては必ずしもそうとはいえないようだ。女性の「社会進出」が進み，男女間の賃金格差は縮小傾向にある。職務内容についても，男女間で統合する傾向があることを指摘する研究がある。

首藤(2003)は，伝統的に男性のみが働き，男女間で職域が分断されてきた職場に焦点をあてて，近年，「男女混合職化」が進んでいる様子を明らかにする。複数の業種を調査しているが，1999(平成11)年末に2週間ほど自動車組立工として働き，現場を参与観察した。そこで働く女性たちは，職務のつらさを口にするが，男性と同等に働きたいと考えており，深夜労働にも肯定的である。

しかし，彼女たちに勤続希望を聞くと，決して高くはないようだ。実際のところ，25歳前に辞めてしまう女性がほとんどである。労働負担という点で，そして家族の協力が必要という点で，女性が働き続けられる環境が十分に整っているとは言い難い。依然として家庭において家事を女性が一手に担っている現実がある。

女性の年齢階級別労働力率を表したいわゆる「M字カーブ」の凹みは緩やかになる傾向にある。結婚や出産の後に働く女性が増えている。しかし，子育てが一段落した「主婦」が，空き時間にパートや契約社員などの非正規労働者として働く実態は変わらない。女性労働者の半分以上が非正規社員として働いており，非正規比率は男性に比べて格段に高い(清山 2007)。むしろ，夫の所得水準の低下により，妻も働かざるをえない状況に追いこまれているのが実情のようだ(藤井 2007)。

正規社員にかんしては，男女間で職務の統合が進んでいる面はある。しかし，女性間で生じる格差の問題や家庭における家事労働の方は均等な分担が進まない現実を見落としてはならない。

5 市場原理主義による「中核層」への影響

以上，「日本的経営」の下で会社(「企業社会」)の「周辺部」に位置づけられていた人たちが，真っ先に切り捨ての対象になり，一方で，職場を中心とした「居場所」を失ったり悪化した労働環境で働いたりする人が増えているが，他方で，「自分たちの世界」を新たに見いだしたり守ろうとしたりするスタンスが強まっている現状を示すルポや研究を紹介した。

ところが，会社への統合という観点からみた場合，働き手の変化は「周辺部」に限らない。「企業社会」の「中核層」にも及んでいる。経営のグローバル化に伴い，経営スタイルの「世界基準」への刷新が謳われた。北海道拓殖銀行や山一證券が経営破綻・破産した例がしばしば持ち出され，大企業といえども雇用は保障されない時代になったといわれる。企業の再編成，大幅な人員削減，倒産の危機を煽られるようになり，評価は成果に基づく「実力主義」に徹すると告げられた。

稲村(2003)は，2001(平成13)年4月に，合併の渦中にあったメガバンクに入社し，「金融ビッグバン」の直下にある職場を新入社員の視点で捉えている。翌年の入社式で頭取が新入行員全員に語った，新しい時代の働き方の「三ヶ条」は，「マニュアル通りにやるな，上司の言うことを聞くな，責任は上司に取らせろ」，であった。ところが，支店は旧態依然として変わらず，暗黙のルールや旧来の慣行――新人の退行時間，飲み会のルール，先輩後輩の関係，セクハラなど――は残っている。新しい働き方への「意識改革」を煽られた新人行員にとって，それらの慣行は「バブルの遺産」として目に映り，批判の対象になる。

むろん，いつの時代でも，新人は「社会人」としての「洗礼」を受ける。学生から「会社人」になるにあたって，多くの者は変化に戸惑う。しかし，高給取りで安定した職業の代表例とみなされてきた銀行でも，新人の離職率が高まっている。この事実は，彼が抱いた葛藤は，新しい組織に適応する際には誰もが経験するであろう一般的な葛藤とは異なる面があることを示唆する。新しい世代の人たちは，大手金融機関の倒産を当たり前のように伝えられ，「改革」を求める声を日常的に耳にしてきた。就職氷河期に入社し，「成果主義」を叩き込まれ，自分の身は自分で守れと叱咤される。しかし，職場の現実は変わっていないようにみえる。「新しい時代」に入社した新人にとって，旧来の「日本的な職場慣行」は「非合理的」であると感じられ，早々と見切りをつける者がでてくる。

城(2004)は，1993(平成5)年に日本の大企業の中で初めて「成果主義」による「目標管理」を導入し，世間的にも注目を浴びた富士通の事例を，人事部の担当者の視点から批判的に紹介する。正確に言えば，「成果主義」そのものへの批判ではない。「富士通での経験から言えば，『成果主義』そのものよりも，それを形骸化して骨抜き運用をした日本の旧世代サラリーマンたちの方が，罪が重いだろう。彼ら旧世代が，これから『成果主義』で頑張ろうとする若い世代の未来を奪ってしまったのだ」(188頁)。「成果主義」の理念がそのまま実践されたわけではない。従来の「日本的」な職場運営――不透明な評価，曖昧な業務区分，「ムラ社会」，社内等級制度など――は存続し，それらの制度や慣行と「成果主義」との間に不整合が生じ，現場は混乱を来したのである。そして，続編である城(2005)にて，「成果主義」の運営事例を紹介しながら，日本企業の実情にあった「成果主義」を検討している。

大企業の「中核層」が働く職場といえども，完全に調和がとれ，常に安定しているわけではない。その層の中には，従来の「日本的経営」を否定的に捉え，「成果」に応じて評価されることを期待する者や，組織に囚われずに「自由」に働くことを望む者がいる。大規模な企業や行政機関ではなく，NPO（非営利組織）に活動の場を求めたり，SOHO（スモールオフィス・ホームオフィス）のような新しい勤務形態で働いたりする人が増えている。起業家や社会起業家の手記は山ほど出版されている。成功談もあれば失敗談もあるが，彼（彼女）らは「新しい働き方」に可能性を見いだそうとしている。しかし，他方で，依然として大規模組織に「依存する」層が一定数存在することを見落としてはならない。これまでの働き方はそう簡単には変えられない。同じ会社組織の中でも，「新しい働き方」を望む層と従来の働き方を守ろうとする層との間で軋轢が強まっているのである。

前節でGraham（2003）を取り上げたが，彼女が参与観察したC生命保険会社は，経営状況が悪化し，その後，大幅な人員削減を行った。しかし，自主再建は困難であると判断して，2000（平成12）年に経営破綻に追い込まれた。Graham（2005）は，その経緯を丹念に追い，その場に居合わせた従業員の反応を明らかにしている。

C生命保険会社は，1999（平成11）年に，周辺部門を売却して3年以内に800人（全従業員の3割）の人員を削減する案を打ち出した（後に，2000[平成12]年初めまでに計画を変更）。しかし，それでも経営業績は回復に向かわなかった。彼女は，会社がこのような混乱状態に陥る前後の従業員に注目し，なかでも1985（昭和60）年入社の同期50人にスポットを当てて，企業の消滅に際した反応を捉えた。

従業員の中には，いち早く会社を辞めた者もいれば，さっそく自分の「市場価値」を高める準備に着手する者もいた。会社に残った者の中にも，会社と文字通り一体化し続けている者，「体育会系」で秩序を重んじ，目標に向かってチームを引っ張る者，煮え切らずに決断できない者，自分の人生の目標と会社のそれとの不一致に悩み，一時的に，自己実現の対象を会社外に求めようとする者，会社生活に満足しながらもスペシャリストとして会社を冷めた目で見る者，といった具合に，様々な人たちがいた。彼女は同期社員を反応の仕方の違いから7つのタイプに分けているが，いずれのタイプも各自のやり方で「リスク」と「報酬」を見積もっている。会社が倒産の危機に瀕すると，「日本的経営」のイデオロギーの下で見えにくくなっていた「個性」が表に出るようになり，いわゆる「集団主義」や「忠誠心」の内実が露わになったのである。

ただし，その見積もり方は，いわゆる「個人主義」だけに基づくものではなく，経済的な利害によってのみ決められるものでもない。会社は倒産することになったが，資本と社名の変更を伴う形で働く場は存続する。会社内外の従来の価値が一掃されたわけではなく，社内の出世競争や大企業を好むブランド志向など，「シンボリックな資源」を奪い合うゲームのルールが完全に変わったわけではない。職場集団や同期社員からの圧力も，弱まったとはいえ，なくなったわけではない。日本企業が「日本的経営」の盤石な体制を保持していた時代も，そして，経済環境や経営状況が激変する時代に入ってからも，従業員たちは状況に応じて，「生き残りの戦略」を巧みに組み立てている様子を，彼女は明らかにしている。

Ⅳ 先行研究の問題点と本研究の視点
――立体的・通時的・相対的な視点を持つ現場研究

前節と前々節は，「日本的経営」論をその誕生から市場原理が強まった昨今にかけて概観し，日本企業における働きぶりを組織や職場への統合という観点から整理した。本節は，それらの研究の問題点を明確にし，本研究の視点を提示する。

日本において経営現象が研究対象になったのはそれほど昔のことではない。家業から企業へと発展を遂げ，生業の社会性が高まると，江戸時代の実業家の中には明確な経営理念を掲げる者がでてきた。しかし，法則性と因果関係を探求し，体系を持つ「学問」として経営現象を解明し始めたのは，大正時代も末からである。当初の経営学は，日本企業の「特殊性」という視点は持っておらず，個別資本の蓄積にかんする一般理論の構築の学として出発した。

日本企業の労使関係や労働慣行の調査に着手し，日本の資本主義の「特殊性」を実証的に明らかにしたのは，戦後からである。「日本的経営」論の先鞭をつけたAbegglen(1958)も，工業化した「先進国」との比較を念頭に置いて，日本企業の独自な経営慣行を世に知らしめ，彼に続く「日本的経営」論の勃興期における論者の多くも，資本主義の「先進国」との違いを強調して，それらを「前近代性」，「後進性」の証と解釈した。

ところが，日本企業が戦後の焼け野原から驚異的な立ち直りをみせ，外国企業がオイルショックに苦しむ姿を横目にそれを乗り越えて世界市場で優位に立つと，「日本的経営」にかんする論調は一変した。その「先進性」が取りざたされ，「日本的経営」に「普遍的」な経済合理性を読み解く論者が現れたのである。

しかし，「バブル経済」が崩壊し，日本経済が長い停滞期に入ると，「日本的経営」にかんする評価はまたもや否定的になる。「終身雇用」や「年功序列」などの労働慣行は雇用の柔軟性を欠き，人件費を高止まりさせ，組織を停滞・硬直化させる元凶と目され，「日本的経営」の擁護者は沈黙や修正を強いられた。だが，ここに来て市場原理主義の限界が明らかになると，「日本的経営」の肯定論が再浮上する。市場原理主義の行き過ぎが批判の的になり，安定雇用を主たる特徴とした「日本的経営」に対する再評価の機運が高まっている。

「日本的経営」にかんする先行研究の流れを大づかみに整理すると，日本企業の労働者管理と労働慣行に対する評価は，日本社会の経済力や日本企業の競争力に連動する形で大きく揺れてきたことがわかる。しかし，ここで問題にしたい点は，評価の大幅な‘ブレ’ではない。評価は極端に変わってきたものの，それらが想定する労働者像には，大きな違いはない点である[15]。米国を主とした「先進国」の管理手法，フォーディズム，市場原理主義と比較して，「日本的」な労使関係や管理制度の下で働く労働者たちは「勤勉」あるいは「従順」であり，「秩序」と「調和」を重んじ，会社や職場に「コミット」していると，ほとんどの研究は想定してきた[16]。このような想定は，最近も変わらない。市場原理主義の立場から「日本的経営」を批判する論者も，日本人の働きぶりに基づいて（表現は異なるが），従来の雇用制度や労務管理制度を批判しているのである。「日本的経営」の修正案を考案する人たちは，従業員の「組織コミットメント」の高さは維持したまま，いかにして市場原理やITと整合性をとるかを検討課題にしている。

しかし，日本企業での働き方にも，企業規模，学歴，性別，雇用形態，国籍，部門などにより違いがある。皆が同じようにいわゆる「日本的経営」の下で働いていたわけではない。「日本的経営」から排除された人たちのモラールが高かったとは到底思えない。正社員であっても，誰もが職場で「調和」を保ち，好んで長時間働いていたわけではあるまい。「日本的経営」が全盛の時代でも，日本人の労働者の「満足度」はとりたてて高かったわけではないのだ[17]。これらの意識調査から推測するに，表面的には組織へ「コミット」しているようにみせかけて，内心では組織から距離をとっていた人もいたであ

❖15……近年，高度経済成長を支えた「企業社会」全般のイメージが再検証されだした（大門 2010）。労働者の企業内統合にかんしていえば，かつて，「企業社会」に包摂されていたようにみえた層の中にも社会保障を受けるべき人たちがいたが，彼（彼女）らの存在は「不可視化」され，見落とされていたのである（大竹 2010）。「日本的経営」のモデルにかんしても，労働者や産業が恣意的に選択されていたという問題が指摘されるようになった。日本企業の競争力が全般的に評価された80年代にも，実際には，競争力が弱い日本の産業や企業が存在した。にもかかわらず，生産性の低い分野や部門は視野の外に置かれ，競争優位にある製造業および熱心に働く現場労働者だけが取り上げられ，日本の産業・企業・労働者として一般化されていたのである（ウェストニー・クスマノ 2010）。

❖16……「日本的経営」全般に関わる優位性のモデルにかんしても，再検討されるようになった。日本企業の競争優位を各制度の補完性（「制度的補完性」）という観点から整合的に説明してきた青木昌彦の議論に対して，「バブル経済」の崩壊後の現象を内在的に説明できないという批判がその一つである。「『制度的補完性』は日本の企業制度の観察から帰納的にえられたものではなく，制度全体がプラスの機能（日本の企業システムの「成功」）を果たしていることを自明の前提として，そこから理論的に推論されたものである」「このような制度観では，行為が生み出される仕組みは不変であり，行為はルーティンとなる。しかし実際にはもちろん，制度には逆機能や機能不全がつきものであり，ときには制度全体が自己変革を遂げる場合がある。そのような事実をどのように説明できるのであろうか」（竹田 2001，214頁）。金子（1997）第5章も，ゲーム理論の現実への適用の困難性を指摘し，恣意性を批判している。

ろう。[18] ましてや，市場原理主義の影響が強まってからは，会社への「忠誠心」や職場構成員への「信頼感」が低下していることは容易に想像できる。[19]

このような推察は，働く場の実態を調査した参与観察や労働者の手記により裏づけられる。数は限られるものの，職場の内側から働きぶりを描いた研究が存在する。それらは，当事者の視点から労働実態，職場生活，会社内外の交流を子細に把握し，ステレオタイプな労働者像を否定する。「中核」に対する「周辺」[20]，「安定」に対する「変化」，「連続」に対する「断絶」，「調和」に対する「葛藤」の側面を見落とさず，企業や労働者の「多様性」を拾い上げた点で評価されよう。

しかし，それらの研究にも問題がないわけではない。参与観察や当事者の手記は現在進行中の出来事を細部にこだわって把握しているが，それらを歴史や管理構造の中に位置づけるという点で不十分であった。「企業社会」の「不安定な部分」や生起しつつある「変化」を恣意的に強調すれば，これまた職場の「実態」を見誤ることになる。この問題点について詳しく説明しよう。

一つ目は，参与観察者が把握できる「世界」の限界である。ほとんどの参与観察の対象は，組織に出入りしやすい場に限られる。もちろん，雇用や働き方の「多様化」が進み，従来の経営システムから‘はみ出された人’や組織に囚われない働き方をする者が多くなり，そのような場を調査することの意義は高まっている。非正規雇用者が全雇用者の3分の1を超え，会社を渡り歩く専門家や自ら会社を興す起業家が脚光を浴びる現在，大規模組織の「周辺部」や外こそが，現代社会に固有な働き場ともいえる。しかし他方で，依然として大企業で働く(男性)正社員が「企業社会」の「中核」を占めていることも——その層は小さくなりつつあるが

❖17……田尾(1997, 1998)は，「組織コミットメント」にかんする理論を整理し，「会社人間」を評価し直す研究を行っているが，そもそも日本人が会社にのめり込んでいたのか疑わしい事実を示す諸研究を紹介し，次のように論じている。「我が国における帰属意識の高さは，これまで漠然と信じられていたほどには，自明であると断じることはできない」。「とくに，組織への帰属は，そのまま組織への能動的な関与として，主体的に生産性や効率性の向上に貢献しようという意欲に絡むことになるのかどうかは明らかではない」(田尾 1997, 264頁)。「会社に対し強い忠誠心をもつ勤勉なサラリーマンというステレオタイプは，わが国の企業で働いている人たちのイメージには合致しないようである。私たちは，会社人間としての会社への応諾はあるが，他方で，組織へのコミットメントは，もしかすると，他の地域の人たちよりも低いかもしれない。そこには，嫌々でもないが，だからといって嬉々としてでもない何か屈託した会社人間が垣間見えてくるようではないか」(田尾 1998, 108頁)。田尾は，会社にのめり込む「会社人間」が少ないからこそ，ごく一部の優秀な人と仕事ができない人との間に多数存在する「普通の人」からいかに「組織コミットメント」を引き出すかが，会社の生き残りを左右すると指摘する。

❖18……本書はここまで，「組織コミットメント」という用語を漠然と用いてきたが，「組織コミットメント」とはそもそもいかなる状態を指すのか。組織への情緒的な一体‘感’か，それとも，一体化した‘行動’か。この概念はきわめて多義的であり，行動科学の分野でも定義は定まっていない(高木 1998)。本書

──，また事実である。にもかかわらず，参与観察や手記は，経営者・管理者や「中核層」の労働者に対する把握が不十分であり，それらの像はステレオタイプな姿で想定しがちである。したがって，組織の「末端」や「外の世界」で完結するのではなく，経営者・管理者や長期雇用者を含む，異なる労働観や会社意識を持つ者どうしがいかなる関係を築きながら職場が運営されているのかという視点を持って，働く場を「立体的」に捉えることが求められる。

二つ目は，「歴史」の視点の欠如という限界である。参与観察ができる期間は限られており，ほとんどの研究は短期間である。そうなると，調査者が目にした現象は一過性のものなのか，それとも企業の歴史の中で継続的に生じてきたものなのか，当人には判別しかねる。変化を強調するにせよ，不変性を指摘するにせよ，恣意的な

はむしろこの概念の「曖昧さ」に注目する。組織と働く者との関係は多面的であるにもかかわらず，労働者が組織と漠然と「一体化」しているような印象を与えてきた用語として，「組織コミットメント」という言葉を用い，この言葉に隠されてきた職場生活の「内実」を探ることを課題の一つとする。

❖19……佐久間(2003)は，2001（平成13）年に日本企業と欧米企業の職場の人間関係を調査した。日本企業は，東証一部上場企業の従業員男女(25〜50歳)，回収サンプル数は948人であり，欧米企業は，ロンドン大学大学院卒業生を中心に，EU企業6社と米国企業4社の従業員男女(28〜50歳)，回収サンプル数は458人である。日本企業の従業員の方が，おしなべて，上司に対しても，またメンバー間でも「信頼感」が低い。職場には「温かみ」が乏しく，メンバー間の「相互援助」は少なく，「各メンバーのノウハウ情報の共有化」があまり行われていない。また，「意思決定の自由度」が小さく，「自己実現」や「キャリア形成」にかんする希望にも会社は十分には応えていない，と答えている。

❖20……ここまでに「周辺」と表現された人たちは，それでもまだ存在を認識されていた人たちである。世の中には，被雇用者ではない自営業や自由業の人が多数いることはもちろんのこと，衰退産業や消えゆく仕事，偏見を持たれたり差別を受けたりする仕事，危険な仕事，非合法な仕事，カテゴライズされにくい仕事が無数に存在し，「日本的経営」の「周辺」にすら位置づけられていなかった人たちがたくさんいた(いる)のである。彼(彼女)らを対象とし，あるいは当事者の視点から描いたルポ，生活史，民衆史，フィールドワークはいくつか存在する。例えば，戦後の復興を文字通り「地下」から支えた石炭産業労働者の劣悪で非人間的な生活(上野 1960, 1967)，自分の「腕」を頼りに生きてきた職人が集う町工場とその衰退(小関 1979, 1981)，日本全体が「バブル経済」に酔いしれていた時代に対照的な姿をみせていた「山谷」に集う日雇い労働者(西澤 1995, Fowler 1996)，食生活には欠かせないがわれわれの目に触れることがない動物の屠殺(とさつ)に携わる人たち(鎌田 1998, 角岡 1999, 桜井・岸編 2001)，華やかな芸能界に比してメディアではほとんど扱われることはない大衆演劇の世界(鵜飼 1994)，風俗業界で働く人たち(永沢 1996, 1999)，生命の危機に脅かされながら原発を渡り歩く労働者(堀江 1979, 森江 1979, 川上 2011)，享楽的な消費の「残骸」を処理する労働者(坂本 1995)を描いた作品などがある。「日本的経営」が持てはやされ，画一的な姿で労働者が捉えられていた時代にも，様々な仕事に就き，多様性に富んだ生活をおくる人たちが存在したのであり，しかもその数は，例外的な存在として片付けられるほど少数ではなかったのだ。それらの仕事につく人たちの中には，差別や偏見に苦しむ者，劣悪な労働環境に耐える者，そして仕事から去りゆく者もいたが，同時に，自分の仕事に誇りを持ち，たくましく楽観的に生きてきた者もいた。そのような人たちは，最近でこそ，インターネットが普及したこともあり，また「多様な働き方」が脚光を浴びるようになったこともあり，表に出るようになったが，「日本的経営」論では完全に無視されていたのである。

判断になりやすいという問題を抱える。とりわけ「中核層」である長期雇用の正社員の働きぶりは，長期スパンでみなければ把握しかねる面が大きい[21]。

したがって，組織や職場への労働者統合のあり方を明らかにするには，「共時的」な特性把握だけでなく，「通時的」な視点が求められる。

三つは，調査対象の「相対化」の限界である。参与観察は，働く場の内側に入り「実態」を自分の目で確かめることができる点に強みがある。しかしそのことは同時に，目の前の「現実」を「相対化」しにくいという弱みを抱えることにもなる。参与観察者が目の当たりにした日本企業の「現実」は，他の企業と比べて特殊か，それとも共通性があるかは，現場に身を置く調査者には判断しかねる。それは，自社のことなら当然「知っている」と思っている長期雇用の正社員にもあてはまる。調査対象を適切に把握するためには，比較の視点が求められる。

以上，先行研究の検討を通して，本研究に求められる視点を示した。制度研究は，日本企業の労使関係や管理制度の下に置かれた職場や労働者のモデルをわかりやすく提示してきたが，企業や労働者の多様性や職場の変化を見落としてきた点で限界があった。逆に，参与観察や密なフィールドワークは，それらを拾い上げてきた点で評価されるが，職場を平面的に一時点でのみ絶対化して捉えた点で問題があった。筆者は両方のアプローチを批判的に検討したうえで，労働現場を〈立体的〉〈通時的〉〈相対的〉に捉え直すことを課題とする。

では，本研究は何と何を比べるのか。「日本的経営」論は，評価は各人各様であったが，資本主義の「先進国」や「グローバルスタンダード」との比較を念頭に置いて，それらとの異同を明確にし，評価するというスタンスを——明示的でない研究もあるが——，ほとんどの研究が共有していた。たしかに，国ごとに，企業を取り巻く社会制度は異なり，独自な文化が存在する。しかし，働く場のあり方は，国家単位の政策や文化だけでなく，世界規模の政治経済体制，業種や企業の固有性，工程の特質など，様々な次元の要素からなる。同じ日本企業でも，大企業と中小企業とでは，また産業により，経営や労働の慣行に違いがある。経営のボーダレス化が進み，企業が世界を股にかけた競争を強いられるようになると，日本企業の経営のあり方を「日本的」と‘無条件に’括ることの無理がさらに強まった。国内では，「日本的経営」にこだわらず，「グローバルスタンダード」に則った経営手法や「最善の方法」を採用すると公言する日本企業が増え[22]，海外では，80年代中頃以降，外国企業が「日本的経営」を貪欲に取り入れてきた。グローバル企業が国籍を超えた合従連衡を繰り広げ，開発・設計・生産・販売を世界規模で「最適化」し，カネ・モノ・情報はもちろんのこと，人も国境を易々と越えるようになった。あらゆる企業がグローバル化の波から逃れられず，経営システムの見直しを余儀なくされている。国単位の共通性を無条件に想定することの限界が強まっている。

ただし，誤解を避けるために即座に付言するが，筆者は，国単位の固有性がなくなり，国単位の比較がもはや意味をなさないと言いたいわけではない。本論で明らかになるように，同じ日本企業には似たような制度が随所にみられる。しかし，仮に似たような制度を採用しても，現場での働き方・働かせ方は同じであるとは限らない。これまでの比較を意識した職場研究は，制度の導入と運営の過程の相違に，そして，制度を支えると同時に制度を骨抜きにする職場力学の相違に注意を払ってこなかった。筆者はこの点を問題視しているが，管見の限り，日本企業の職場力学を働く場の視点から厳密に比較した研究は存在しないのである[23]。そこでまずは，「日本的」という括りを日本企業どうしの比較を通して再検討し，その後に，外国企業の現場との比較研究につなげていければと考えている[24]。具体的には，日本企業の‘代表例’として扱われることが多いトヨタ自動車株式会社(以下，トヨタ)と日産自動車株式会社(以下，日産)の製造現場に改めて注目し[25]，働く場の力学を立体的・通時的・相対的な視点を持って捉え直したいと思う[26]。

❖21……ただし，参与観察は期間が長ければ長いほど，職場の「実態」がみえてくるとは，一概にはいえない点が難しいところである。たしかに，一定の期間をフィールドで過ごさなければ，インフォーマルな慣行を含む「内情」はみえてこないが，他方で，会社の文化に「溶け込む」と，対象を客体化して捉えにくくなるという面もある。組織や職場を対象としたフィールドワークの方法と系譜を紹介している国内文献として，佐藤(2002)，大野(2003)の補論がある。参与観察の方法論については改めて検討せねばならないが，ここで指摘したい点は，ありふれた参与観察の方法論上の長所や限界ではなく，共時的と通時的の両方の視点を持った研究の必要性であり，参与観察と他の調査方法との併用の重要性である。

❖22……2005(平成17)年9月に開催された「日本経営学会第79回大会」の統一論題は「日本型経営の動向と課題」であり，「経済界のトップ・リーダー」4人が統一論題で報告を行った。経営環境の変化に直面して，経営学者が「日本的経営」の維持・廃棄・修正を主要な論点として提起したのに対して，「《それの廃棄か修正維持か等々は興味がなく，現在の経営環境にとってベストなスタイルをわれわれは選択する》というのが出席経営者の大方の意見であったと私は受け止めたが，実務家と研究者との問題意識のこのズレも興味をそそられるものであった。」(片岡 2005，96頁)，と討論者の一人は総括している。

❖23……海外の現場研究にすべて目を通したわけではないが，筆者の知る範囲では海外も含めてそのような研究は珍しい。複数の職場を調査して，働く場の多様性を明らかにしたり，持論の説得性を高めたりする研究はなくはないが，制度のみならず，職場の文化にも目配りし，厳密に比較した研究を筆者は知らない。なお，Edwards (2008)は，職場を対象としたエスノグラフィーの諸研究を包括的に収集し，比較して，職場理論の構築を試みている点で興味深い。事例研究の紹介としても参考になる。しかし，エスノグラフィーの醍醐味の一つは質的な側面を拾いあげる点にあるが，それを項目ごとに整理し，比較し，一般化することによって，その特色が消えてしまうという心配はある。

❖24……経営のグローバル化が進んだ現在，海外工場と日本工場の参与観察による比較も，今後に残された重要な課題である。もちろん，日本(日系)企業の職場は海外企業のそれと比べられることが多く，参与観察の中にも比較の視点を持った研究は少なくない。しかし，調査対象が「実態」であるのに対して，比較対象は管理手法の「理念」であり，同一次元の比較ではないという問題を抱える。

V 本研究の課題
──トヨタと日産の現場力学の比較

日本の大企業は，安定した労使関係，長期展望のキャリア管理，「自発性」を促す現場管理を制度として持ち，労働者から「やる気」や「協力」を引き出せるため，現場の競争優位性を確立しているとして，世界的に評価されてきたことは，繰り返し述べた。

ところが，同じ日本の大企業でも，同じ業界のトヨタと日産とでも，労使関係の歴史は異なる。1950年代前半，両社はともに大争議を経験し，労働者側の敗北をもって争議は終息に向かった。しかし，その後，トヨタは「相互信頼」，「相互理解」のかけ声の下で「一体型」の労使関係を築いたのに対して，日産の労使関係は，「協調的」ではあったものの，労働組合が経営側に対して一定の規制力を発揮してきた（猿田編 2009）。80年代中頃，労と使のリーダーの対決が避けられなくなり，組合側のトップの失脚を経て，日産の労使関係はトヨタの形に近づいていった（田端 1991）。

現在，両社はともに安定した労使関係を築いているが，そこに至る過程は異なる。このような経緯の違いは，現時点の場の力学に何らかの相違をもたらしているのか。それとも，もはや「過去の話」として片付けられるのか。筆者は，労使関係の形成過程における現場リーダー層の「活躍」に焦点をあてて，現在に連なる「求心力」の相違を読み解く。

両社の雇用管理も，とりわけここ20数年，経営状況を反映するかのように顕著な違いがみられる。トヨタは拡張路線を突き進み，売上高が1996（平成8）年度に10兆円を突破し，2005（平成17）年度には倍増の21兆円に達した。世界市場では，全世界の新車販売台数で2003（平成15）年にフォード・モーターを追い越し，2008（平成20）年にはゼネラル・モーターズ（GM）を抜いてトップの座に登りつめた。世界市場は混戦模様であるが，トップ争いを続けている。2015（平成27）年3月期の連結決算で，売上高が27兆2,345億円，営業利益が2兆7,505億円，最終利益が2兆1,733億円と，いずれも過去最高を記録した。もっとも，トヨタも常時順調だったわけではない。最近に限ってみても，大規模リコール，米国での「ブレーキ不具合」問題，リーマンショック・東日本大震災・中国での「反日暴動」による大幅な販売減など，相次いで難問に遭遇した。しかしそれでも，製造現場は一貫して評価されてきたのであり（藤本 2003），そして，市場原理に基づく資本主義が「グローバルスタンダード」とみなされ，雇用を保障する「日本的経営」が批判を浴びるようになっても，経営トップは「日本的経営」を守ると公言したのである。

それ対して日産は，国内の自動車販売市場（軽自動車を除く）の占有率でトヨタと競ってきたが，現在はトヨタに大差で引き離され，ホンダとの2位争いに甘んじている。前世紀末には倒産の危機に瀕し，事実上，フランスのルノー社の傘下に入り，立て直しを図った。1997(平成9)年度決算で，自動車事業実質有利子負債が2兆3千億円まで膨れ上がり，単独での立て直しは不可能と判断し，1999(平成11)年3月，ルノーとの「資本提携」に踏み切った。同年6月，当時ルノー副社長だったカルロス・ゴーンが最高執行責任者(COO)に就任し，その後のめざましい「ゴーン改革」は皆が知るところである。「日産リバイバルプラン(NRP)」，「日産180」，「日産バリューアップ」と立て続けに再建計画を打ち出し，2兆円余りあった有利子負債も2002(平成14)年度には全額返済し，見事な「V字型回復」を遂げた。

数字を見る限りでは，ゴーンによる日産の「立て直し」は鮮やかである。しかし，劇的な「業績回復」のしわ寄せが下請企業や雇用者に及んだ。従来の下請関係を抜本的に見直し，日産村山工場，日産車体京都工場，愛知機械港工場など複数の工場を閉鎖して人員を大幅に削減した。閉鎖・縮小の対象となった工場で働く労働者たちは，遠隔地の他工場に移るか，退職するかの二者択一を迫られた[27]。一連の「改革」は雇用に対して深刻な量的影響を及ぼしたが，長期雇用者の働き方の質的変化についてはわからない[28]。

本研究は二つ目の課題として，現場で働く長期雇用者を対象としたキャリア管理に

❖25……「日本的経営」の全盛期は，多くの者がトヨタの労働研究に携わったが，そのほとんどは続けていない。数少ない継続的な定点観測として，猿田正機を中心とした一連の調査がある(猿田 2007; 猿田編 2008, 2009, 2014, 2016; 猿田・杉山編 2011; 猿田ほか 2012)。また，本論の中でいくつか紹介するが，日本の自動車産業の中で，トヨタ以外の労働現場の研究は少ない。ホワイトカラーの研究ともなると，なおのこと珍しい(石田 2005; 石田ほか 2009)。

❖26……同じ日本企業でも，同じ企業の中ですら，一つとして同じ場は存在しない。職場生活のあり方は構成員次第であり，とりわけ上司によって場の雰囲気は大きく変わることは，働いた経験のある者なら合点がいくであろう。また，場の力学は無数の要素から構成され，複雑であり，変化に富む。あらゆる場を対象とし，無数の要素が焦点化される場の力学をすべて解読することは事実上不可能である。しかし，すべての要素は同じ比重で場に影響を与えるわけではない。本書は，場に対する規定力が強く，持続的であると思われてきた「日本的経営」に固有な制度に注目し，それらの制度の定着過程と運営過程から場の力学の一端を読み解きたいと思う。

❖27……工場の閉鎖・縮小の際の異動，出向，転籍，退社の実態は，仙波(2001, 2002)を参照。

❖28……ゴーン主導の「改革」に対する評価は，業績回復という好意的なものばかりであり，研究者による評価も同様である。NRPを扱った研究をいくつか挙げると，原田・浅山(2004)は，細かな経営指標を経年で追い，「改革」の成果を数字で跡づけている。三浦(2005)は，組織変革に焦点をあてて，一連の「改革」を考察している。下川ほか(2003)は，ゴーン本人から，NRPの経緯を聞き出している。NRPにかんする経営研究はいくつかあるが，不思議なことに，本格的な労働研究はほとんどない。ゴーン本人は，NRPを「現場の力でなし遂げた」，NRPを通して「社員のモチベーションを高めた」と語っているが(Ghosn and 村瀬 2005)，働く者の視点から明らかにする必要がある。本書は「ゴーン改革」の検証を課題としているわけではないが，「改革」の一部が現場に与えた影響について言及する。

焦点をあてて，両社の労働者の技能形成および「組織コミットメント」を比較検証する。

現場の「末端」の管理にかんしても，両社で異なる点がある。21世紀に入ると，日本社会全体で非正規労働者が急増し，両社も積極的に活用してきた。しかし，同じ非正規雇用でも各社が採用する雇用形態には違いがある。トヨタは直接的な雇用形態である期間従業員を現場に配置してきたのに対して，日産は，「ゴーン改革」以降，請負労働者と派遣労働者のみを活用してきた。もっとも，リーマンショックに端を発する世界規模の不況に際した「派遣切り」が社会問題化すると，日産も期間従業員の採用を再開したが，ここで問題にしたい点は，採用した雇用制度の相違だけでなく，運営レベルの違いである。多様な雇用形態の人が一緒に働く現場で協調性や協力を確保するのは容易ではない。とりわけ，外部の労働者を多用し，指揮命令権が及ばない労働者を含めて工場を運営してきた日産には困難がともなう。労働者のカイゼンと積極的な運営「参加」を特徴とする製造現場に対して，非正規雇用者の増大はいかなる影響を与えているのかを両社で検証する。

本研究は，以上の3点から，トヨタと日産の製造現場における力学を複眼的に読み解く。もちろん，両社はそれらの3つの制度だけで構成されているわけではないし，両社の現場で働く者は，リーダー層，長期雇用者，非正規雇用者だけではない。本書は，トヨタと日産のあらゆる場の力学をくまなく読み解くことを目的としているわけではなく，「日本的経営」と称される制度を同じように採用しても，それぞれの定着や運営の仕方には独自性があり，各現場には固有な力学が根づいていることを示す。そして，両社の比較研究により得られた知見を踏まえて，より広い分析枠組み――市場と組織のはざま――で，働く場の力学を理論的に再検討したいと思う[29]。

VI 本書の構成と概要

以下，本書の構成と概要を簡単に説明しよう。本書は4部からなる。第1部から第3部はトヨタと日産の比較研究であり，第4部は場の力学の理論研究である。

第1部は，協調的な労使関係の形成過程における「養成工」の‘活躍’に着目する。日本の製造業の「近代化」を支えてきた存在として，養成工は見落とせない。戦前から多くの大企業が，高等小学校や中学校を卒業したばかりの者を企業内学校で育成し，現場の主力たる熟練工に育ててきた。しかし現在は，そのほとんどは廃校になり，高等学校(高校)や工業高等専門学校(高専)から新卒労働者を募り，それでも人手が足りない場合は，中途社員を採用する。このような採用・育成が一般的になった今でも，トヨタは「トヨタ工業学園」で中卒者を育成し，彼らが現場の「中核」を担っている。

では，日産はどうであろうか。こちらはほとんど知られていないが，日産にも企業内学校は存在し，今なお，形を変えて存続する。そこで第1章では，トヨタと日産の養成学校を紹介し，第2章と第3章とで，両社の労使関係の「転換期」における労働者のリーダー層の活躍から，組織内に文化として定着した現場の「牽引力」と「求心力」を読み解く。現在，両社は安定的な労使関係を築いているが，そこに至るまでに，ともに労使の間で激しいぶつかり合いがあった。その転換期において中心的な役割を果たしたのはどのような人たちであったのか。現在，働いている当事者も意識していないだろうが，労と使の対立から協調へと導いた層の違いが，ゆくゆく現場の力学に相違をもたらすのであり，現在の労働者統合のあり方に連なっていることを示す。

現場における「求心力」や「牽引力」という点では，養成工の存在が大きい。しかし，数的には，今や高校卒の労働者が現場の多数派を占める。したがって，企業内学校で「中核層」を手塩にかけて育てるだけでなく，いかにして工業高校あるいは普通高校から大量に入社した人たちを社内で育成し，彼(彼女)らに技能を形成させ，彼(彼女)らから「やる気」を引き出すかが，労働者管理の重要な課題になった。第2部では，長期雇用者のキャリア管理と労働者統合のあり方を検証する。

正規労働者は，長期間，同一会社で働き続けることができる。しかも，日本の労働者は，単に勤続年数が長いだけでなく，同じ企業内でキャリアを積み重ねていく点に特徴があるといわれてきた。そのキャリア形成には，教育・技能形成の側面と昇進昇格・競争の側面とがある。労働者は両面を通して会社に強くコミットすると評価されてきた。第4章で，現場労働者を対象とした教育制度と技能形成のあり方を紹介し，第5章で，昇進・昇格のルールと労働者間の競争のあり方を検証する。本研究は，人材育成や昇進・昇格の仕組みを制度的・構造的に捉えるだけでなく，昇進のルールと構造にかんする労働者の‘認識’にも注目し，それらの構造や仕組みと労働者の認識とのズレが「中核層」の形成と全体の「底上げ」とを両立させる上で大きな意味を持ってきたことを明らかにする。加えて，キャリア管理を通した「組織コミットメント」の限界についても触れる。

第3部では，現場の中でも「末端」で働く非正規労働者に焦点をあてて，管理の浸透の度合いと非正規労働者の職場への統合のあり方を検証する。筆者は，先行研究の整理の中で紹介したように，2001(平成13)年にトヨタに期間従業員として勤務したが，その後，2004(平成16)年に日産の工場で請負社員として働いた。それらの参与観察による調査結果をもとにして，工場のフロアに

❖29……本研究は，「力」や「力学」という言葉を一般的な意味で用いる。「力」とは，頭脳，身体，感情を働かせて，人や物などの対象に働きかける(潜在)力を意味する。「力学」とは，個人間あるいは集団間の力関係のことを指す。

行き渡る管理の手と眼差しと，それらに対応する労働者の働きぶりを比較検証する。

第6章で，非正規雇用者を対象とした労務管理と「組織コミットメント」の実態を，第7章で，質と量の両面を含む労働の管理と労働者の「満足度」を，第8章で，眼差しを行き渡らせる職場管理と「自己規律的」に働く労働者の様子を，それぞれ把握する。第9章では，これまでの研究が見落としてきた，労働過程に対する直接的な管理に注目し，管理者による現場への入り込み方を両社で比べる。第3部は，組織の「末端」における労働者統合の力の強さと特質を明らかにし，反統合の現象も拾い上げ，それらの両面を持ち合わせる職場の力学を両社で比べる。

以上の比較研究を通して，両社の現場は歴史的・社会的な背景を持ち，固有な力学を持っていることが浮き彫りになる。場を構成する力には，経営側の意向に沿って働く力——先行研究が指摘してきた，カイゼン力，「現場力」，知識を生み出す能力，環境変化に適応する力など——だけでなく，管理に対して抵抗する力や労働者どうしが反発し合う力，労働者が組織の中で生き抜く力や独自に学習する能力も含まれ，それらの諸力が出会う場や局面で，それぞれ複雑な力学が形成されているのだ。働く場では誰もが予期せぬ結果が生じることもある。第1部から第3部の研究により，似たような制度を持っていても，現場に根づいた力によって，その運営実態は異なることが明らかになる。

第4部では，トヨタと日産の実証研究の成果を踏まえて，職場力学を理論的に再検討する。

第10章は，労働者を農村から都市部の工場に取り込む管理の歴史をたどり，管理と労働者の関係を捉える分析フレームが，統制—抵抗から「同意」の調達へ，さらには「自己規律的」に働く労働者へと変化してきたことを跡づける。

第11章は，労働者を大規模組織に取り込んできた歴史的経緯を踏まえ，組織の大規模化と労働者の包摂の経済合理性を理論的に検討した研究をみていく。「終身雇用」で有名な日本企業だけでなく，今や市場原理一辺倒だと思われている英米の企業も，労働者を企業組織内に取り込んできた歴史を持つことが明らかになる。そして，組織の中で「オーガニゼーションマン」として働く人たちの生態を描いた研究を紹介する。

これらの労働者管理の歴史を経て，最も有効な管理手法として世界的に注目されたのが「日本的経営」であった。経営側の意図を汲んで「積極的」，「自発的」に働く労働者を育てる管理手法であり，これまでの管理の限界はもはや克服されたと評された。しかし，どれほど巧みに働く者を工場や組織に抱え込もうとしても，従業員は管理制度に則して自分なりに現場や組織で「生き抜く術」を開発し，取り込まれない部分を持ち続ける。そして，管理する側にとっては，その「領域」にまでいかに入り込むかが課題となる。この込み入った分析を，トヨタと日産の比較研究により得られた知見を用いて第12章で行い，先行研究の静態的な分析を乗り越える。

ところが，ここが管理制度の終着点ではなかった。70年代以降，英米社会を中心として市場原理主義が強い影響力を持つようになり，これまでの経緯とは逆に，組織から市場へと労働者を排出する動きが強まった。弱点がないかのごとく称揚された「日本的経営」も，日本経済の停滞とともに，批判の的へと一変した。世界規模で「福祉志向」の資本主義から「市場志向」の資本主義へと大きく転換し，個々の管理制度は競争原理に適合的な形に変わった。その転換に応ずるかのように，場の力学にも顕著な変化がみられる。

第13章は，市場原理に基づく組織の縮小・再編に経営のグローバル化やICT化が加わり，場に形成された力が弱体化している実態を明らかにする。組織に守ってもらう生き方ではなく，市場で勝ち残る生き方が称えられるようになったが，労働者の多くは「強い個」を持って組織を渡り歩くように一変したわけではない。生活の不安定さや過度のストレスに耐えられない人たちが増え，「いじめ」，「うつ病」，自殺など，誰もが望まない現象が世界規模で生じていることを詳述する。労働者の本質としての「主体」を想定した研究者は，さらには本質としての「主体」を否定し，状況に即して変わる「自己」を想定した研究者も，「自分」を支えきらない人たちの存在を捉え損ねてきたことが明らかになる。

経営者は‘革新的な’管理手法を次々と編み出してきたが，いまだかつて，意図したとおりに職場を完全にコントロール下に置いたことはない。労働者は組織構造や管理制度に即して生き抜く術を見いだしたり，自分(たち)なりの反応を示したりしてきた。本書の実証研究と理論研究から，職場では，各主体の「攻防」が形を変えながらも続いていることが明らかになる。そして終章で，今後に残された課題として，ミクロの場の力関係が組織の外へと広がる可能性を示唆して締めくくる。

第1部

労使関係の形成過程から読み解く現場の「中核層」のスタンス

企業内学校の出身者に注目して

序

トヨタと日産は，両社とも現在は「安定した労使関係」を築いている。しかし，労働組合の設立当初からそうであったわけではない。戦後すぐに産業別組合である全日本自動車産業労働組合(以下，全自と略)が結成され，それは戦闘的な組合として知られる存在であった。その全自のなかで両社の組合は中心的な役割を担い，1950年代初頭に激しい労働争議を繰り広げたのである。

トヨタでは，賃金交渉と人員整理に端を発する争議が50(昭和25)年に起こり，2ヵ月間にも及んだ。社長を含む経営陣が退陣するまでの事態に発展したが，最終的には，労働者側が押し切られる形で終息した。トヨタの労使関係は，それからほどなくして，現在に連なる「一体型」のひな形ができあがった。[❖1]

日産でも，53(昭和28)年に大争議が起こり，100日間の激烈な闘争の末，労働者側の全面的な敗北をもって終結した。ところが，争議の過程とその後の経緯は，トヨタと大きく異なる。争議中に第二組合(日産労組)が結成され，それが第一組合(全自日産分会)の敗北の直接的な原因になった。争議後も，第二組合の指導者は会社側のトップと親密な関係を保ち，強力な「指導力」を発揮した。ところが，1977(昭和52)年に就任した新社長は，徐々に，自動車労連(1989[昭和64]年1月に日産労連に改称)の会長を務め，自動車総連の初代会長でもあった組合側のトップに対して敵対的な姿勢を示すようになる。労と使のトップは激しいつばぜり合いを展開した後に，労連会長は失脚に追い込まれた。一連の騒動はマスコミの格好の‘ネタ’になり，日産の労働組合の「特異さ」として世に知られることになったが，それ以降は，日産の労使関係はトヨタのそれに近づき，世間的には日産の組合の話はとりたてて話題になることはなくなった。[❖2]

両社は，労使[❖3](労資)間の激しい対立を経て，「安定した労使関係」に至るわけだが，本研究が関心をよせる点は，ここに至る経緯が現在の現場にいかなる影響を及ぼしているかである。あるいは，もはや「過去の話」として片づけられるのかどうかである。とりわけ注目する点は，現場の「求心力」との関係である。敵対的な労使関係を切り崩し，協調的な関係に移行したからといって，それだけで，現場から「積極的な協力」を引き出せるわけではない。敵対と協力との間には多様な関係がありうるからである。

トヨタでは，争議中，養成工が中心となって会社側に敵対する者の勢力を削ぎ，それが‘同時に’現場の「求心力」や「牽引力」を生むことにつながった。養成工の先輩たちが，会社に対立する組合を切り崩すうえで決定的な役割を果たし，その「功績」が今でも称えられている。つまり，階級対立的な労資関係の転覆がそのまま養成工の

「リーダーシップ」に結びつき，技能的な面だけでなく精神的な面でも，養成学校出身者は現場を束ねる「支柱」になってきたのである。その名称は何度か変更を重ねたが，養成学校は現在も「トヨタ工業学園」として存続し，現場の「中核層」を育成し続けていることは周知の事実である。

対して日産はどうか。日産にも企業内学校は存在する。しかし，その存在はほとんど知られていないし，ましてや，現在の労使関係を築く過程で職場リーダーが労と使の間でどのようなスタンスをとったかについてはほとんどわかっていない。そして，筆者が最も関心を寄せるのは「転換」後である。組合のトップが失脚し，「ゴーン改革」に至るや，もはや過去の「しがらみ」は一掃されたかのように忘れ去られたが，現場からみた場合，はたしてそういっていいものか。

そこで以下，労使関係の形成過程への関わり方から，現場リーダー層の労と使の間における「軸足」の置き方と現場の「求心力」および「牽引力」の強さを読み解く。第1章で，企業内学校の歴史と制度を紹介し，現場のリーダー層が受けている教育内容を明らかにする。第2章は，トヨタの労使関係の転換期において養成工が果たした役割を描き，第3章は，日産の経営側と組合側のトップの関係に焦点をあてて，労と使の間に置かれた現場リーダー層の「軸足」がどちらにあるのかを解きあかす。第1部は，現場のリーダー層に注目して，労使関係の形成過程への関わり方から現場および会社の「求心力」を両社で比較する。

❖1……トヨタの労使関係にかんしては，鈴木(1983)が戦後10年間に焦点をあてて，奥村(1981)が全国組織や産業別組織の動きとの関係を視野に入れて，猿田(1995, 2007)，猿田編(2009)は現状について扱っている。

❖2……日産の労使関係にかんしては，熊谷・嵯峨(1983)，嵯峨(1984)，黒田(1984a, 1984b, 1986)，吉田(2007)は，戦後10年について扱い，山本ほか(1981)，山本(1981)は，1980年代中頃に生じた労使関係の「転換」前の労働組合の「非民主性」を明らかにし，上井(1991, 1994)は「転換」前の日産労組の「職場規制」を検討し，田端(1991)は「転換」の中身を紹介している。

❖3……企業内の労働者と使用者との関係を指す場合には「労使関係」と，労働者と資本との階級関係を指す場合には「労資関係」と表記する。

第1章 企業内学校
「中核層」の教育

I 養成工制度の歴史

企業内学校で育成された養成工たちは，遅れて工業化した日本の製造業の現場を支えてきた。多くの大企業が養成学校[1]を設立し，卒業生たちが製造現場の「中核」を担ってきた。トヨタと日産の事例をみる前に，養成工制度が大企業に広まった歴史的経緯と時代背景を簡単に振り返っておこう[2]。

企業内養成制度を導入した先駆的な機関は横須賀海軍工廠である。1896(明治29)年に「見習職工制度」を設け，翌年には基幹職工・技手および職長などの組織的養成を目的とする「海軍造船工練習所」を設置し，体系的な養成制度を作った[3]。民間企業でも，造船業，機械機器製造業，電気機器製造業など，西欧先進諸国で開拓された業種の大企業で，また，必要な職工数が甚だ多く，人員確保にしのぎを削っていた繊維業で，座学と実習でもって系統的かつ段階的に養成する学校が生まれた。1899(明治32)年に設立された三菱造船所工業予備学校はそのさきがけである[4]。

養成工制度の設立の必要性が社会的に高まったのは，日露戦争後で

[1]……高等小学校や中学校を卒業したばかりの者を企業内で養成工として育成する学校のことを，本書は統一して「養成学校」と表記する。

[2]……養成学校が大方なくなったからであろう，この制度を中心テーマに取り上げる研究は少ない。養成学校の歴史の全体像については，日本産業訓練協会編(1971)(なかでも142-146頁，187-200頁，250-273頁，300-305頁，342-345頁，388-392頁)，隅谷編(1970，1971)，隅谷・古賀編(1978)が詳しい。岩内(1989b)は，国の政策的な視点から技能者養成の歴史を簡潔に整理し、その中で養成学校の歴史に触れている。

個別企業の養成工制度を扱った研究はいくつかある。岩内(1989a)は養成工制度の先駆的な事例(横須賀造船所，三菱工業予備学校，八幡製鉄所幼年職工養成所など)を，1880年代から1920年代にかけて紹介する。菅山(1985)は1920年代の日立製作所の養成工制度を取り上げている。島内(2008)は現在の日野自動車の事例を扱っている。なかでもトヨタの養成工制度の研究が最も多い。坂口ほか(1963)は1960年頃のトヨタの養成工教育の制度を詳述し，恒川(2003)はトヨタの養成工への聞き取り調査から生活史を描き，小松(2001)と桜井(2007)は最近の制度を紹介する。

養成工の社内での位置づけや養成工の意識にかんする研究もある。木下(1984)は，現場の中核を担う養成工の配置に注目し，「本来の工場労働

ある。生産技術の急速な進歩にともない，工場の生産体制は手工業から大量生産方式へ移行し，新しい熟練工の育成が急務となった。それまでの職人の徒弟制度では，量的質的に対応しきれないという問題が生じ，職工養成のための「徒弟学校」や「職工学校」，昼間の業務終了後に学理的な知識・技能を修習させる「工業補習学校」が設立された。ところが，それらは主として府県立あるいは郡立であり，雇い主からは要望を十分には満たしていないという不満の声があがった。このような状況の中，大企業は自ら養成学校の設立に乗り出したのである。[✣5]

ただし，養成工制度を立ち上げた理由は，熟練の職工を育成し，一定数確保することだけではなかった。熟練工の会社間移動を抑え防ぐことも，設立の大きな目的であった。小学校あるいは高等小学校を卒業したばかりの生徒を「子飼い」の労働者として抱え，他社に移らないように優遇し，中堅職工として会社の基幹を支える存在に育て上げた。年功制と終身雇用を柱とする日本の大企業の労務体制のなかに養成

者」としてイメージされる「直接生産部門」よりも「補助部門」に配属され，現場の基幹を担ってきた実態を明らかにする。泉（1978）は，1975（昭和50）年に大企業（11社）で働く養成工（有効回答者は1,640人）の地位意識を調査した。上野（2000a）は，90年代中頃に働く養成工を対象として，学校と現場にかんする意識調査を行い，上野（2000b）は，ライン立ち上げへの関わり方と昇進のあり方の違いから，養成工を仮説的に3タイプに類型化している。市原（2011）は，徒弟制度から養成工制度の形成期にかけての「熟練工」の「能力」を検討し，従来の職工あがりの職長と養成工との間に深刻な軋轢があったことを指摘する。

養成学校を含む企業内教育制度は，日本の経済を支えたという点で社会的意義がきわめて大きいが，労働者教育には，学校，企業，産業，労働組合，公的施設などの諸機関が関わりを持つ。したがって，労働者教育や職業教育を検討するには，企業内学校での教育を教育全体の中に位置づけ，各教育の関係を明らかにする作業が欠かせない。しかし，それらを統一的・総合的に把握する研究はこれまで皆無に等しかった（木村 2005a）。最近になって，熟練工の教育が企業内に限られてきたことを批判的に検討する研究がでてきた。平沼ほか編（2007）は，産業別組合が強い欧州では労働者教育は公的機関によるところが大きかったのに対して，日本では公共的な「徒弟制度」が根づかず，熟練工の育成が現在に至るまで個々の企業内の教育に制限されている問題点を，国際比較により明らかにする。田中ほか（2007）の第1節は，そのような問題は日本の法制度や狭い教育観によることを示す。

ただし，企業内学校は日本固有の制度ではない。20世紀に入ったばかりの米国でも「会社徒弟制度」は存在した。産業構造の転換，企業の大規模化，そして「科学的管理法」の普及に伴い，それらの変化に対応した「熟練工」が大量に求められ，GEを先駆けとして，電機，輸送機械，工作機械，化学，印刷，繊維，鉄道企業などの大企業内に養成工（15歳から20歳）を育成（通常4年間）する学校が設けられた。そして，第一次大戦時には，企業の「社立学校」の設立は国家の手によって補強されていく（関口 1978）。Henry Fordは，自伝で，1916年10月に開校した「ヘンリー・フォード実業学校」について触れている。賃金をもらいながら講義を受け，工場実習を行い，4年後に卒業し，それと同時にほとんどの者がフォードで働くようになる（Ford 1926, pp.177-185, 邦訳151-160頁）。しかし，米国では，ニューディール期以降，「会社徒弟制度」が消滅していくのに対して，日本企業の養成学校はその後も発展を続け，高度経済成長を現場から支える「基幹工」を育成し続けたのである（木下 2010）。

✣3……隅谷編（1970）29-55頁。
✣4……同上，178-188頁。
✣5……隅谷編（1971）3-21頁。

工を組み入れ，将来の職長候補として処遇したのである。[6] 昭和の初めには養成工制度が確立したが，この頃の採用は少数の大企業に限られており，戦争が養成工制度の拡大と浸透に寄与することになる。

戦時体制は，青年に軍事教練を課し，国民としての「心身の鍛練」と「徳性の涵養」を強いた。1926（大正15）年に「青年訓練所令」が制定・公布され，これに基づいて大企業の中には「青年訓練所」を設けるところが現れた。1935（昭和10）年4月に「青年学校令」が制定・公布され，勤労に従事する青少年のための教育機関である「実習補修学校」に青年訓練所が統合された。「青年学校令」が改正され，1939（昭和14）年春から男子のみ教育が義務制になった。[7]

満州事変を契機として，産業構造が大きく変わった。軍需工業が盛んになり，重化学工業化が進み，工場労働者の需要が激増した。熟練工の需要の増大に対応すべく，大工場は養成工制度を拡大した。そして，国はこの制度を自主制から義務制に変更し，熟練工を一挙に増やす方策をとった。それが，「国家総動員法」第二十二条に基づき，1939（昭和14）年3月に制定をみた「工場事業場技能者養成令」である。

主たる対象は，厚生大臣（現・厚生労働大臣）が指定する事業であり，年齢16歳以上の男子労働者を常時200人以上使用する工場または事業場である。中堅工の確保を目的としたために，養成期間は比較的長く，通常3年であった。急遽多数の技能者を必要とするときは，特別に，厚生大臣は事業主に対して3年未満の短期養成を命ずることができた。養成方法は，事業主の自前の施設での直接養成，「青年学校」や「工業学校」などでの育成，そして共同の職工養成施設への委託養成があった。養成工の応募資格は，14歳以上17歳未満の男子で，修業年限2年の高等小学校卒あるいは青年学校普通科課程修了者であった。[8]

厚生省（現・厚生労働省）は，技能者養成を「青年学校」の教育体系に組み入れて，この制度を急速に普及させようとした。「青年学校」の最初の3年を「技能者養成令」の趣旨に基づいて教育し，その後の1年または2年を青年学校的な軍事教練にして，両者を調整しようとした。[9]

1941（昭和16）年11月に「勤労報国協力令」が制定され，1945（昭和20）年3月に「国民勤労動員令」が公布・施行され，戦前戦中の労務動員体制が確立された。太平洋戦争が勃発する1年ほど前から，労働需要は逼迫し，国家の労務統制が従前以上に強められた。1941（昭和16）年12月公布の「労務需給調整令」により，従業員の雇用，解雇，退職のすべてに厳しい制約が課せられ，会社間の移動が防止され，労働者の配置が全面的に規制された。こうして国家は，一方で，不足する労働力を量的に確保し，他方で，1942（昭和17）年2月に「重要事業場労務管理令」を制定して，重要事業場の労働諸条件の「適正化」を図った。適用事業場に「労務管理者」を送り込み，労務管理に対する規制を強化したのである。しかし，戦局が悪化するにつれて，軍隊に招集される青壮年層がますます増加し，労働者不足に拍車がかかった。大勢としては量的な確保に終始せざるをえなくなり，養成は短期化しそして速成的なOJT方式(通常業務を通じた教育)になり，精神修養のみが強調されるようになった。[10] かくて，技能水準の低下は避けられず，養成工制度は事実上崩壊したのである。[11]

戦時中も，養成工教育を続けた企業は皆無ではなかったが，新規卒業者の採用が控えられていたため，養成工制度は実質的には機能していなかった。戦後になって，養成学校は復活する。

1947(昭和22)年4月に，労働三法の一つである「労働基準法」が，戦前の「工場法」に代わって制定される。同法第7条に「技能者の養成」にかんする規定が設けられた。さらに，「技能者養成審議会」の諮問を経て，「技能者養成規程」が労働省令第6号をもって公布された。戦前にみられた徒弟制度の弊害を排除し，年少労働者に対して保護規定を与えて訓練に集中させるためである。従来，中小企業などで一般的にみられた，年少労働者の技能修得を名目とした酷使と非合理的な技能訓練方法を改めさせ，系統的・組織的・合理的な技能養成を推進した。[12]

1951(昭和26)年頃から，大企業において技能者養成の実施事業所が増え始めた。終戦直後の復興期から高度経済成長期にかけて，恒常的な技能員不足に見舞われ，養成工制度を採用する企業が増加した。[13]

ところが，昭和40年代に入ると，高等学校への進学率が高まり，中卒を自前で育てる養成学校は下火になった。優秀ではあるが経済的な事情により進学を断念せざるをえなかった家庭の次男や三男が働きながら学べる点に養成学校の魅力があったわけだが，ほとんどの者が高校に進学するようになると，会社は高卒者を技能員として採用するようになり，中卒者を自前で育成する養成工制度は次第に廃れていったのである。[14]

❖6……同上，163-184頁。
❖7……同上，229-235頁。
❖8……同上，292-297頁。
❖9……青年学校における技能者養成は文部大臣(現・文部科学大臣)の所轄下にあり，工場事業場における技能者養成は厚生大臣の所轄下にあった。所轄が異なる勅令による教育訓練を一本化する際に，混乱が生じたものと思われる。
❖10……戦時中の労働・経済統制下でも，実際には，高い労働移動率，高い欠勤率，徴用忌避，「勤労不良」，勤労青少年の「不良化」といった現象がみられた。労働市場の規制や労働現場における統制は，事実上，破綻していたのである(西成田 2007，239-352頁)。
❖11……隅谷編(1971) 317-333頁。
❖12……隅谷・古賀編(1978) 21-24，45-53頁。
❖13……高度経済成長期の養成学校には，労働基準法の「技能者養成規程」に準拠した学校だけでなく，準拠しない形態の「各種学校」(1976［昭和51］年の学校教育法の改正施行を受けて，養成学校の多くは「各種学校」から「専修学校」に変わる)もあった(上野 2000b)。
❖14……隅谷・古賀編(1978) 198-243頁。

Ⅱ トヨタの養成学校の概要

以上，日本における養成学校の誕生から普及，そして衰退までの歴史と社会的背景をごく簡単に概観した。強い製造業の現場を支える熟練工を育成してきたという点で，養成学校の意義はきわめて大きい。このことは，トヨタにもあてはまる。戦前に設立し，戦後に再起を図り，高度経済成長期に急速に拡大し，現在，世界の「リーディングカンパニー」に登りつめた。そのトヨタの現場の「中核」は，養成工によって占められてきた。本節は，トヨタの養成学校の歴史と現在の制度の概要をみていく。

1 学校の歴史

豊田喜一郎は，「日本人の頭と腕で自動車を造る」という熱い理想を掲げ，1937（昭和12）年にトヨタ自動車工業株式会社を設立した。[15] 翌38（昭和13）年11月，自動車製造に携わる技能者育成を目的に，私立「豊田工科青年学校」を開校した。[16] 自動車製造にはエンジンのシリンダ・ブロックの鋳造，歯車の機械加工，ボディーの板金・溶接，塗装など，幅広い高度な技能が必要である。トヨタは「モノづくりは人づくり」の考えに基づき，自動車製造に携わる技能者の育成を開始した。[17] もっとも，このような「建学の精神」は，開校当時，すでにあったのか疑わしい。会社設立時，人手が絶対的に足りず，自分のところで車を作れなかったのが実情であり，「とにかく急速に工員の養成をしなければならない事態となり，臨時の体制を作ってこれに対応しました」と，喜一郎のいとこであり，5代目社長である豊田英二は後に述懐する。[18]

先述した「青年学校令」の改正（満12歳から19歳までの男子の就学を義務とする）を受けて，1939（昭和14）年4月から，男子作業員に5年間（本科4年，研究科1年）の教育を施すようになった。「青年学校」の教育課程に，「工場事業場技能者養成令」に基づく3ヵ年教育を盛り込み，豊田工科青年学校内に技能者養成所を設けた。これが，トヨタの養成工教育の始まりである。青年学校長は，陸軍少将田中正季であった。[19]

技能者養成所は，1942（昭和17）年に，高等小学校の卒業生201人を第1期生として迎え入れ，彼らをトヨタの現場の「中核」にすべく集中的な教育を授けた。「一期生は，教師からは何度も『将来，中堅の社員になってもらう』と言われた」[20]。翌年，第2期養成工が120人，翌々年には，第3期養成工が200人入校した。[21]

ところが，戦局が厳しさを増すと，養成工は正規の修業年を全うできなくなった。第4期生571人は学習期間を3年から2年に短縮して修了し，第5期生486人と第6期生225人は1年で修了した。1945（昭和20）年4月に第7期生に相当する人たちが入校したが，8月に敗戦を迎え，修了することなく職場に入った。私立豊田工科青年学校は，1948(昭和23)年4月をもって廃校になった。

養成工教育は，戦後しばらく中断していたが，1951(昭和26)年4月に再開のめどが立つ[22]。改めて第7期生を募集し，敗戦により修了できなかった人を優先的に受け入れるように配慮した。

1962(昭和37)年，「トヨタ技能者養成所」と名称を変更し，1967(昭和42)年4月，「学校教育法」に基づき「通信科学技術学園工業高等学校」と技能提携を結んだ[23]。それまでは，高校卒業資格を手にするには，別途，通信教育を受けるか定時制の高等学校に通学する必要があったが，養成所在学中に高等学校の単位を取得できるようになった。

生産規模の拡大に対応するために，翌1968(昭和43)年には生徒の採用地域を拡大し，入学者数を大幅に増やし，実習場や校舎を増設した。1970(昭和45)年，合計生徒数は前年度比で倍増になった。同年2月に「トヨタ工業高等学園」と改称し，従来の3ヵ年教育課程をそのまま「高等課程」とし，新たに1ヵ年教育の「専修課程」を設置した。しかし，配属先で，年少の「専修課程」卒業生の受け入れに無理が生じたため，1972(昭和47)年度をもって「専修課程」は廃止された。

1990(平成2)年，「専門部」(高等学校卒1ヵ年教育)を新設し，従来の中学校卒

❖15……1933(昭和8)年，豊田自動織機製作所(現・豊田自動織機)内に開設された自動車部が，トヨタ自動車の起源である。1937(昭和12)年に独立し，トヨタ自動車工業株式会社が設立された。次章で解説するが，戦後にトヨタ自動車販売株式会社(自販)が立ち上げられ，1982(昭和57)年にトヨタ自動車工業(自工)と合併し，現在のトヨタ自動車株式会社になる。以下，断りのない限り，合併前の時期でトヨタと略称した場合には，トヨタ自工を指す。

❖16……トヨタ自動車工業株式会社社史編集委員会編『トヨタ20年史』213頁。以下，トヨタの社史である『トヨタ自動車20年史』，『トヨタ自動車30年史』，『トヨタのあゆみ 資料集 創立40周年記念』，『創造限りなく トヨタ自動車50年史 本篇』，『創造限りなく トヨタ自動車50年史 資料集』は，それぞれ『トヨタ20年史』，『トヨタ30年史』，『トヨタ40年史』，『トヨタ50年史(本篇)』，『トヨタ50年史(資料集)』と略記する。なお，トヨタの75年史(『トヨタ自動車75年史 もっといいクルマをつくろうよ』)は，トヨタのホームページ(HP)に掲載されている。トヨタの労働組合史である『組合創立十周年記念誌』，『20年の歩み』，『限りなき前進 30年のあゆみ』，『真の豊かさをもとめて 40年のあゆみ』，『新世紀に向けて 50年のあゆみ』，『一人ひとりが輝く明日へ 60年のあゆみ』は，それぞれ『トヨタ組合10年史』〜『トヨタ組合60年史』と表記する。

❖17……トヨタ工業学園のHP内の「学園の歴史」における冒頭で紹介されている。http://www.toyota.co.jp/company/gakuen/aboutgakuen/history/index.html

以下，学園HPを参照する場合は，断りのない限り，2015(平成27)年8月24日に最終確認している。

❖18……読売新聞特別取材班『トヨタ伝』115頁。以下，『トヨタ伝』と表記。

❖19……同上。

❖20……同上，120頁。

❖21……以下，『トヨタ20年史』214頁。

❖22……以下，同上，445頁。

❖23……以下，『トヨタ40年史』365頁，『トヨタ50年史』463頁。

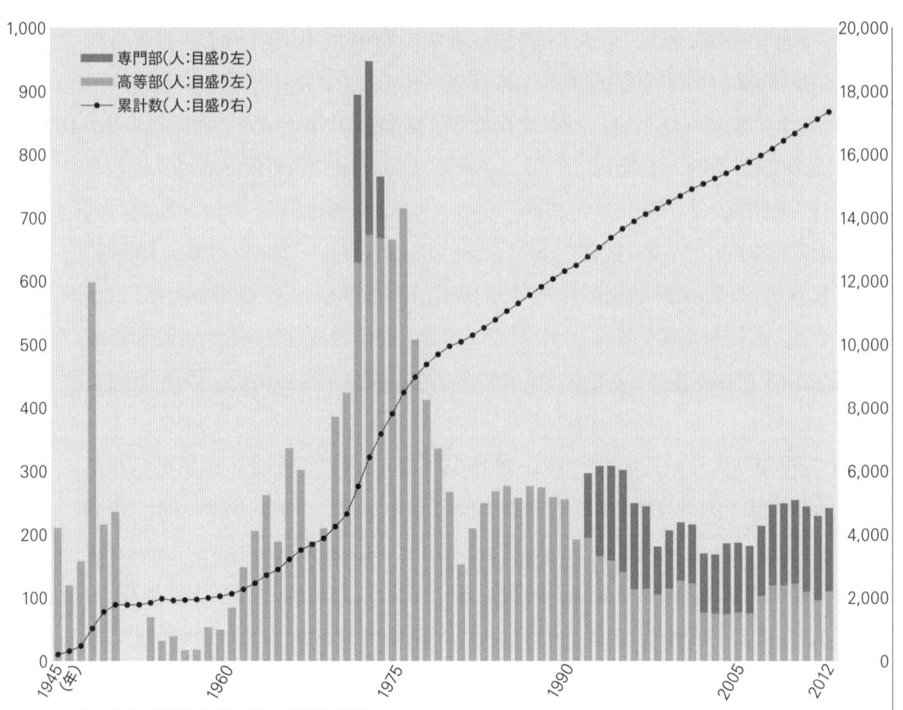

図1-1｜トヨタ養成学校卒業生数の推移と累計

表1-1｜トヨタ養成学校卒業生数の推移と累計(人)

期生	1	2	3	4	5	6			7	8	9	10	11	12	13	14	15
卒業年	1945	1946	1947	1948	1949	1950	1951	1952	1953	1954	1955	1956	1957	1958	1959	1960	1961
高等部	201	114	150	571	506	225			66	30	37	16	17	51	47	80	141
専門部																	
単年合計	201	114	150	571	506	225	0	0	66	30	37	16	17	51	47	80	141
累計	201	315	465	1036	1542	1767	1767	1767	1833	1863	1900	1916	1933	1984	2031	2111	2252

期生	16	17	18	19	20	21	22	23	24	25	26	27	28	29	30	31	32
卒業年	1962	1963	1964	1965	1966	1967	1968	1969	1970	1971	1972	1973	1974	1975	1976	1977	1978
高等部	196	250	180	321	288	181	200	368	405	601	643	638	636	683	485	394	320
専門部										265	274	97					
単年合計	196	250	180	321	288	181	200	368	405	866	917	735	636	683	485	394	320
累計	2448	2698	2878	3199	3487	3668	3868	4236	4641	5507	6424	7159	7795	8478	8963	9357	9677

期生	33	34	35	36	37	38	39	40	41	42	43	44	45	46	47	48	49
卒業年	1979	1980	1981	1982	1983	1934	1985	1986	1987	1988	1989	1990	1991	1992	1993	1994	1995
高等部	255	145	200	238	256	264	246	264	262	247	244	183	186	158	151	134	108
専門部													97	136	143	154	130
単年合計	255	145	200	238	256	264	246	264	262	247	244	183	283	294	294	288	238
累計	9932	10077	10277	10515	10771	11035	11281	11545	11807	12054	12298	12481	12764	13058	13352	13640	13878

期生	50	51	52	53	54	55	56	57	58	59	60	61	62	63	64	65	66	
卒業年	1996	1997	1998	1999	2000	2001	2002	2003	2004	2005	2006	2007	2008	2009	2010	2011	2012	総計
高等部	109	100	109	121	117	73	71	70	73	72	98	114	114	116	104	91	105	14239
専門部	124	72	88	88	89	89	89	107	105	101	106	122	124	127	129	128	126	3110
単年合計	233	172	197	209	206	162	160	177	178	173	204	236	238	243	233	219	231	17349
累計	14111	14283	14480	14689	14895	15057	15217	15394	15572	15745	15949	16185	16423	16666	16899	17118	17349	

注:「専門部」の1971～73年の欄は1年の「専修課程」である。2012年は卒業予定者数。
トヨタ工業学園への聞き取り調査より。

3ヵ年教育を「高等部」とする。1996(平成8)年「トヨタ工業技術学園」に，2002(平成14)年「トヨタ工業学園」に校名を変更し，今に至る。今日までに約1万7,000人の卒業生を送り出してきた(**図1-1，表1-1**)。現在，約8,500人が社内の各部署で生産活動に従事している。国内はもとより広く海外でも活躍しており，トヨタの「モノづくり」を支える原動力になっている。[24] 現場労働者のおよそ5分の1を養成学校卒業生が占めている。[25]

2 トヨタ工業学園

[1] 学園の概要

トヨタ工業学園は，技能系職場の「中核」たる人材の育成を目的とした企業内訓練校であり，知識・技能・心身を総合的に鍛えている。[26]

「高等部」は，中卒者を対象とした3ヵ年教育であり，「モノづくり」のプロの育成を目的としている。「専門部」は，高卒者を対象とした1ヵ年教育であり，メカトロニクスのスペシャリストの育成を目的としている。両部の生徒はともに，卒業と同時にトヨタの正社員になる。

ここ5年ほど，「高等部」の入学生募集人数は120人，実際に入学した数は100人前後であり，ほとんどの人が途中で辞めることなく卒業する。「専門部」も入学・卒業者数は120人ほどである。

2006(平成18)年度入学の「高等部」の8割弱は東海地方出身者であり，「専門部」の出身地は全国均等である。

女性の生徒も受け入れ始めた。両部とも2003(平成15)年から女子生徒の募集を開始し，2005(平成17)年度に初めて女性の卒業生を職場に送り出した。2006(平成18)年度実績は「高等部」が1年生2人，2年生5人，3年生2人，「専門部」が1人，計10人であった。その後の女性卒業者数は，「高等部」の2010(平成22)年3月卒業(64期)5人，65期9人，66期5人であり，「専門部」の2012(平成24)年卒業予定(22期)3人である。絶対数はまだ少ないが，その数と比率は増加傾向にある。

一クラスの人数は，「高等部」が25人，「専門部」が35人である。「高等部」の生徒はまだ子どもなので，一人ひとりをケアするために少人数制にしている，とのことであった。

担任は技能系の社員であり，全員がトヨタの現場から来た人たちである。教員の免許は持っていない。彼らはクラブ活動の顧問も務める。科目の授業は大卒社員が担当する。技術系の教員には，学園プロパーの人

❖24……トヨタ工業学園のHPより。
❖25……小松(2001)によれば，1999(平成11)年度，技能系社員総数(4万5千人程度)に占める社内在籍の学園卒(7,682人)の割合は17%程度である。
❖26……以下，断りのない限り，トヨタ工業学園の担当者への聞き取り調査および学園内見学(2006年12月4日13時～15時)と追加調査(2011年10月24日11時～12時半)による。

表1-2 トヨタ工業学園生の手当の金額

	高等部1年生	高等部2年生	高等部3年生	専門部
生徒手当	約13万円	約13万円	約14万円	約14万円
特別手当	約12万円	約24万円	約30万円	約35万円

トヨタ工業学園HPより。

と，授業のときだけ会社から来る人とがいる。プロパーの教員はトヨタから3年単位のローテーションで派遣され，籍はトヨタ工業学園に移す。人材開発部の実習指導員は2年ごとに変わる。部次長級の社員がトヨタの「リソース」を活用して，トヨタを理解させる(トヨタ理解講座：品質，調達，改善など)ことも行われている。学園OBの講話や卒業生との交流会もある。

月に1回，人事部，人材開発部，学園の担当者が意見交換を行い，教育カリキュラムの「ベクトル合わせ」をする。年に1回，役員が声をかけて，工場の工務部長が一堂に会し，学園教育にかんする意見を言い合う。「世の中こうなっているから，こういう教育をしてほしい」といった，「大所高所からの助言」である。一例を挙げると，「これまでは，アメリカ，カナダ，オーストラリアなどにホームステイをしてきたが，もっとドロドロしたところが望ましい。中国とか。」という意見が出されたことがあり，そのアドバイスを受けて，「専門部」の海外の体験プログラムに，中国見学を加えた。なお，ホームステイは希望者全員が行う。期間は10日間であり，費用は本人持ちである。学園卒をおくり込んだ現場から，学園に希望や悩みが上がってくることもある。「昔のような『ガキ大将』がいなくなった。学園に入学してくるのは，成績はまぁまぁな良い子ばかり。それだけでは，職場のリーダーになれない。多少，言うことを聞かなくてもいいから，元気な子が欲しい。」といった意見が寄せられる。学園は会社と密に連携をとりながら，現場で求められているリーダー像を把握し，教育や採用のあり方に活かしている。現在は，リーダーシップとコミュニケーション能力の形成を重視しているようである。

学園生には手当が支給される。毎月の生徒手当と年2回(夏・冬)の特別手当である(**表1-2**)。

トヨタは，学園生の教育に多額の費用をかけている。2002(平成14)年に完成した新校舎には約40億円を投じた。学園の運営費用として年間15～20億円を要する。[❖27]

[2] 入学時の競争

学園の入学の倍率は，「高等部」が2.5倍から3倍であり，「専門部」は1.5倍から2倍である。受験する学校の先生が選別し，「太鼓判」を押してくるので，倍率はさほど高くない。とりわけ「専門部」がそうである。「専門部」は，ほとんどが工業系の高校から入ってくる。評点(5点満点)の平均は，「高等部」が3.5前後(愛知県出身者，内申点は30)，「専門部」が4.8～4.9である。

入試科目は両部ともに，国数英(筆記)と面接であり，なかでも面接を重視している。入学者の成績はかつてに比べて高くなっている。しかし，学園の担当者によれば，「うちは，成績の高い子が欲しいわけではない。現場に行って，どれだけリーダーシップを発揮できるか。成績より，そちらを優先しているが，いかんせん，1日の入試では見抜けない。月並みの試験になってしまう。（そういう理由もあり，）面接に力点を置いている。面接時間は30〜40分で，集団で行う。実際には，（面接のために学校に）朝来てから帰るまでの間を分担して見ている。

表1-3｜高等部の教育時間配分（時間）

	1年	2年	3年	計（比率）
知識	700	300	300	1,300（24%）
技能	200	800	900	1,900（38%）
心身	800	600	500	1,900（38%）
計	1,700	1,700	1,700	5,100（100%）

トヨタ工業学園HPより。

入学後にやるべきことはたくさんある。普通の勉強に加えて，心身教育，工場実習などが課され，非常に忙しい。そういう中でやっていくには，頭の回転が速く，なによりもモチベーションが高くないと，授業についていけない。ここの近辺の人はわかっているが，地方に行けば行くほど，勉強嫌いな子が受けてくる。『勉強しなくてよく，しかもお金がもらえる』という考え方の子は100％落ちる。」

学園生の家庭環境を聞くと，昔は，「お金がない」という家庭の事情で学園に来た人が多かったが，今は，二世の人が多いという話であった。トヨタの従業員の子息が4分の1ほどを占める。

学園の運営には学園OBがたくさん関わっている。入学試験の面接にも，教員ではない学園OBが立ち会う。彼らは，質問はしないが，面接時のやりとりから「人間性をみる」とのことである。

[3] 学園の教育

「高等部」は，電子関係以外のクラシックな機械や電気を扱う。8専攻科（鋳造科，塑性加工科，機械加工科，精密加工科，自動車製造科，自動車整備科，木型科，金属塗装科）に分かれている。

教育時間は3年間で5,100時間であり，内訳をみると，知識1,300時間，技能1,900時間，心身1,900時間である（**表1-3**）。

学科は，工業高校機械科の履修科目とほぼ同等の内容であるが，卒業してから職場でリーダーシップを発揮できるように，それらの科目の学習に加えて，一般教養や専門知識の習得を課している。なかでも，基礎学力・計算能力，工業の専門知識，経営のグローバル化に対応できるオーラルコミュニ

❖**27**……年間の運営費は，約15億円（『朝日新聞』2002年7月31日，朝刊，30面）〜20億円近く（井上 2007，80頁）。費用の細かな内訳は教えてもらえなかったが，教員の労務費，設備の減価償却費，学園生への手当などに，生徒一人あたり年400万円ほど，3年間で1,300万円ほどかかるという話であった。その他にも，人材開発部による実習の費用などがかかる。

ケーション能力，トヨタ生産方式の理解と改善能力，それらの向上を重視している。英語の授業は，1年間に140時間である。2002，03(平成14，15)年頃から，長めに時間をとるようになった。英語検定3級，漢字検定3級は必須である。英検準2級取得の生徒もいる。卒業後，3年ほど経つと，海外に短期派遣される。卒業生の7割くらいが該当する。10年ほど経ったら，海外に長期間派遣される。したがって，英語の能力，とりわけ英語による会話能力が求められる。トヨタ生産方式，創意くふう，カイゼン，QCの基礎を学び，トヨタの「モノづくり」の基本を習得する。これらの座学は，全員が同じ内容の講義を受ける。

実習は，人材開発部による基礎実習と配属予定職場で行う応用実習とがある。1年次に，全員共通の基礎実習を受け，汎用旋盤や手ヤスリなどの基本的な扱い方を学ぶ。2年次から専攻科に分かれて，より専門的な技能を習得する。職場での応用実習を通して，基礎実習で身につけた技能を実際の「モノづくり」の中で向上させる。

心身教育に，全教育時間の3分の1以上を割り当てている点が特徴である。労務政策的には，学園卒には「現場のリーダー的存在になって欲しい。とりわけ精神面で。『会社のために何ができるか』を考えられるようになってもらいたい」という意図がある。

心身教育の中身をみると，1年次は，社会人・企業人としての基礎・基本(基本的生活習慣)，トヨタの歴史，トヨタの行動指針，団体規律を学ぶ。2年次には，企業人としての心構え，「正しいものの見方・考え方」を習得し，3年次は，国際理解を深め，トヨタの労使関係を教わる。豊田佐吉記念館，トヨタ産業技術記念館，トヨタの工場を見学し，「社会人・企業人意識教育」を受ける。[28]

合宿形式の行事もある。御岳登山(1年生:長野県木曽郡御岳山麓で4日間の野外訓練)，若狭遠泳(2年生:級別水泳訓練，遠泳，救助法)，完歩大会(全学年:各班で約30kmの完歩)，冬季マラソン(全学年:20kmのタイムレース)などがある。[29]教育の趣旨は，みんなで助け合い，最後まで諦めずにやり抜くことにある。例えば，2時間で全員が泳ぎ切らなければならない若狭遠泳の本番に向けて，泳ぎ込みの準備を怠らない。

授業は，8時半〜15時半であり，6時間目まである。15時半〜17時半は，心身教育の一環として部活動に取り組む。単位とは関係ないが，全員参加である。体育系8クラブ(硬式野球部，ラグビー部，サッカー部，ソフトボール部，陸上部，バスケットボール部，バレーボール部，バドミントン部)，文化系1クラブ(吹奏楽部)の計9クラブがある。

学園生の中には，技能五輪の選手に選ばれる者もいる。1年次の修了間近の配属先決定時に，五輪選手が指名される。教員が本人の希望を聞き，適性を見極めて決める。2年次から他の生徒とは別メニューのトレーニングを開始する。通常の学園生が行う職場の応用実習には行かず，技能教育課で特別な訓練を受ける。[30]

トヨタの技能五輪選手は，9割以上が学園卒である。技能五輪の全国大会は毎年1回開催され，競技種目は約40である。世界大会は隔年開催であり，競技種目は約50である。

表1-4｜専門部の教育時間配分（時間）

	時間（比率）
学科	100 (6%)
実習	1,100 (65%)
心身	500 (29%)
計	1,700 (100%)

トヨタ工業学園HPより筆者作成。

トヨタは，1966（昭和41）年から自動車製造に関連した10職種で五輪に参加している。全国大会の入賞者は，2014（平成26）年までの累計で673人（金118人，銀175人，銅159人，敢闘賞221人），国際大会入賞者は，2013（平成25）年までの累計で57人（金25人，銀13人，銅8人，敢闘賞11人）である。[31]

「専門部」の実質的な教育期間は4月～翌年2月末までであり，11ヵ月間で集中的に教え込まなければならない。メカトロニクスやエレクトロニクスに特化し，実習を中心とした実践的な教育を行っている（**表1-4**）。

学科は，一般科目と専門科目からなる。前者は工業数理と英語であり，後者は電気・電子・機械にかんする科目やパソコン実習などが用意されている。溶接・シーケンス・機械構造・マイコン・電子基礎・モータ制御・C言語基礎などの専門科目は，全員必修である。

カリキュラムの中心は実習であり，全教育の65%を占める。電子回路の基礎からマイコン制御の応用までを含むエレクトロニクス，シーケンス・機械構造・油気圧のメカトロニクスを実習で学ぶ。配属予定職場に合わせて，保全系（生産部門）と技術系の二つのクラスに分かれる。

実習設備は，社内で実際に使用されている最新鋭の設備を教育用にアレンジしたものである。10月の応用実習では，配属予定職場で交替勤務を体験し，卒業後に担当する仕事をおおよそ理解する。そして，実習の総仕上げとして，卒業研究に取り組む。配属予定先の上司と相談してテーマを決めるところから始め，チーム編成，立案，設計，製図，プログラム作成，材料加工，電気回路配線，装置の組み付けまで，一連の「モノづくり」の流れを数ヵ月間で体験する。実習最終日には，製作テーマごとに発表会を行い，

❖**28**……なお，2012（平成24）年の卒業式には，豊田章男社長を呼んだ。これまでは副社長が来賓として挨拶してきたが，「立派な卒業式だし，生徒も感激するだろうから」との話である。

❖**29**……2012（平成24）年4月20日時点では，HPに御岳登山と完歩大会が掲載されていたが，最終確認時にはなくなっている。

❖**30**……なお，「学園を卒業した後も，国際大会への出場資格がある21歳までは配属先にいかず，人事部にある技能研修グループが選手を『預かる』というかたちで訓練を続ける。」（恒川 2003，65-66頁）。

❖**31**……トヨタ工業学園HPより。

各チームがトーナメント方式で競う。

なお，学園生が実習先に配属されると，受入先の職場は，「自分のところで育てる」という意識を持つようである。近い将来，自分たちの職場に来るわけだから，それを見越して教育をしている。

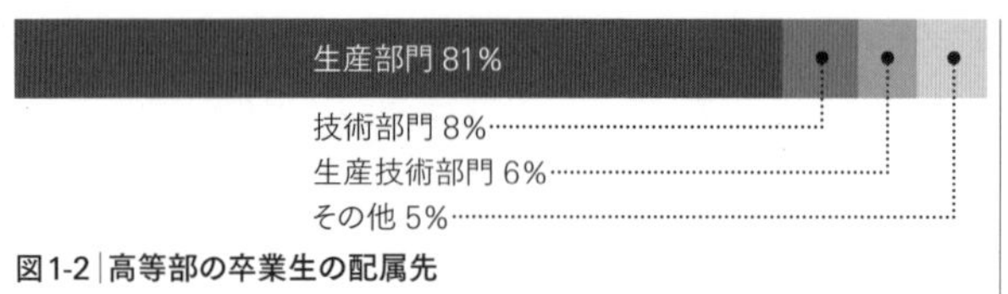

図1-2｜高等部の卒業生の配属先
トヨタ工業学園HPより。

図1-3｜専門部の卒業生の配属先
トヨタ工業学園HPより。

[4] 専攻科（配属先）の割り振り

「高等部」の専攻科は，1年次から2年次に進級する直前に決まる。入学してから1年間で「適性」をみる。ただし，本人の希望は聞き入れられないようだ。「形式的には聞くが，実質的にはほとんど聞かない。」（2006年調査時）。「全く聞かない。聞いたところで本人の希望通りにはならないから。」（2011年調査時）。各人の希望を聞き入れると，開発系や自動車整備など，「聞こえが良いところ」に行きたがるからだそうだ。かといって成績で分けると，優秀な人が特定の部署に偏ってしまう。「組立もプレスも機械加工も全部，奥が深く，重要な部署である。（したがって，卒業生を）各部署にまんべんなく，均等に割り振りたい。各職場でリーダーシップを発揮してもらう。『トヨタは全部同じ』ということを一年間かけて，生徒に話す。ちょっとした『洗脳』ではある[32]」。

卒業生の配属先は**図1-2，図1-3**のとおりである。

[5] 学園生活

学園と実習先に加えて寮も，重要な教育の場として位置づけられている。学園生のほとんどは寮に入る。

寮生活の一日は，朝6時15分に起床するところから始まる。6時半に朝礼・朝食，7時15分に会社のバスに乗り学園へ向かう。学園から帰寮すると，寮で夕食・入浴をすませる。門限は21時であり，15分後に点呼を行う。そこから自習時間になり，23時に消灯・就寝で，一日が終わる[33]。

寮生活の様子はどのような感じか。新入りの寮生には『寮生活の心得』が配られた。「心身ともに調和のとれた成長を遂げるために，学園や職場の勉強はもちろん，寮生活，さらに地域社会から多くのことを学んで」（1983年版 はしがき）いくことを目的としたルールや指針が書かれており，寮生活の一端をうかがうことができる。

全83ページの冊子は，寮生活の目的から始まる。「寮は会社が設けた共同宿舎です。しかし，単に皆さんが共同で起居するというだけではなく，将来立派なトヨタマン，社会人となるべく人間形成をはかるところです。（中略）寮生活の出発点はここにあることを常に念頭に置いてください。」（6頁）

この目的を実現させるために，集団生活をおくるうえで欠かせない「道徳」と「社会性」の身につけ方，先輩・友達・後輩との良好な関係の築き方，目標を持った「人生設計」の立て方，正しい生活習慣のつけ方，健康と安全の維持の方法，余暇の過ごし方（趣味と生きがい）を，そしてお金の使い方に至るまで，マンガ入りでわかりやすく解説している。

寮での共同生活を通して，心身ともに「成長」させ，「社会人」としての所作を身につけさせ，そして将来の「トヨタマン」に育てあげる。しかし，「受け身な態度」を望んでいるわけではない。「絶えざる前進向上に努め，自主性のある人」，「自ら判断し，誤りのない行動のとれる人」になってもらいたいと考えている。

これはあくまで「心得」であり，現実とは異なる面もあるだろう。実際の学園生活とはどのようなものなのか。学園卒（昭和40年代後半入学）の人に，入学の経緯，学園での教育，寮生活について聞いた。[34]

「（高校）進学と迷っていた時期があったが，働きながら勉強ができるところに惹かれてトヨタ学園を受験した。勉強があんまり好きじゃなかったということもあった。

実家は農家。六人兄弟，全員，男で，私は五番目。それで，親に負担をかけたくないということもあった。手当も月いくらかもらいながら働けるということで，自分の判断

❖32……勤続30年ほどになる学園卒の人に話を聞くと，昔は成績重視であったようだ。選別する方とされる方の認識にズレがあるかもしれないが，当人は成績重視と述べていた。「職種は，ある程度，成績によって決まってしまう。だから，筆記試験は必死だった。先輩からどんな職種がよいか聞いていた。第三技術部の自動車整備課とかが『花形』だった。技術部の人気が高い。希望してもなかなかいけない。やっぱり，車を作る技術関係に行きたい。製造ライン，いわゆる現場よりも，よく見えるということがあった。ただし，適性は加味される。適性検査は1年生のときに，ある程度やっている。具体的には，ゲームみたいな感覚でピンに糸を通したり，運転免許所にもあるようなもので手先の器用さをみたりする。もちろん，いろいろな職種があるから，組立，機械，鋳造，鍛造……のすべてのところにまんべんなく配属される。だから，人気のあった技術部は，倍率が高くて（配属される）可能性が低かった。数から言えば，現場が多い，製造現場が。学科の希望は第1から第3まで聞かれた。全部で18クラスあり，学科は3つあった。電気科（電気保全，動力関係），電気機械科，機械科（一般のプレスとか機械加工とかライン）の3つに分かれていた。電気科が2クラス。ここは成績が良い。電気機械科は機械保全，ここも2クラス。あとは，機械科。ここは14クラス。ある程度，成績の良し悪しは，職種に現れた。」

❖33……学園のHPより（2012［平成24］年4月20日）。

❖34……以下，聞き取りをそのまま掲載する場合は，文意を分かりやすくするために重複部分を削除したり，語尾を変えたりすることはあるが，基本的には話したとおりに載せる。

で受験を決めた。当時，そういうところって結構あった。日産とかデンソーとか，いろいろあったけど，トヨタが一番大きかったので。

でも，やっぱ一番の理由は，トヨタという会社に勤めたくて。当時，セリカという斬新な形の車があり，こんな車を作れるならいいかなと思って。それがほんとうのきっかけ。

僕の中学では，トヨタ学園を受けるのは初めてだった。先輩がいれば，情報収集もできたであろうが，なんせ初めてだったので，中学校卒業してすぐ行くのには度胸がいった，勇気がいった。

昭和40年代後半に入学。入学時の同期は930人で，卒業時には630人くらいになっていた。卒業者は全員トヨタに入った。厳密な人数は分からないが，今，残っているのは，350，60人くらいか。その次（の期）が1,200人くらい入学し，その頃がピーク。今に比べると断然多い。全校生徒（3学年合わせて）が2,500人くらいいた。

かなりの数が中途退学した。私の中学からも私を含めて2人来たが，もう1人は1年生の途中で辞めてしまった。足がちょっと悪くて。それもあったけど，自分が思っていた学園と実際の学園とが違っていて，『ずれ』があった。私もずれを感じたが，『いったん決めたことだから，辞めるわけにはいかん』ということで続けた。

今は，100人ほどとって，ほとんどの人が辞めないみたいだが[35]，あの当時は，問題なんかを起こしたりすると，どんどん辞めていく。けっこう厳しかった。規則が厳しい。辞める人もいるし，辞めさせられる人もいるしって感じで，両方あった。

僕らのときには，30キロマラソンとか，朝礼とか，自衛隊みたいな，軍隊みたいな厳しい訓練とかがあった。スパルタ教育みたいな感じ。

職場教育があり，技能教育という実習もあった。ヤスリから，溶接，保全，あと機械構造とか，すごいカリキュラムがあって，1週間，みっちり実習をやっていた。一つの機械を分解して，いったんエンジンをバラバラにして，また組み直して，そんなことをやっていた。

リーダーシップを身につけさせるようなカリキュラムもあった。グループ単位，班単位で行う（イベントがあった）。30キロマラソンとかね。そのような訓練を通して育てられたのではないか。体力をつけさせるだけでなく，グループ単位で完走させて。500メートル走って，500メートル歩いてという訓練をさせて，そういうときに，チームワークやリーダーシップを育てる。

クラブ活動も活発で，多くのクラブがあった。文化系も20くらいあったのでは。私は空手部だった。空手部に入った時点では，（同期が）70人くらいいたが，3年生の時には17人しか残っていなかった。どれかに入りなさいと言われている。（クラブを）変えるのはなんら問題ない。

トヨタ学園は，4年で卒業。学園を卒業しても，(当時は)高卒の資格はもらえない。入学後1年間は勉強(座学のこと—伊原)をやって，1年次の半年後から実習。勉強と実習が半年間かぶる。2年生から2年間職場配属となり，3年後から働き始めるが，働き始めて1年間は，単位を修得する。美術とか体育とか。そして，4年後の3月に，科学技術学園高等学校の卒業証書をもらった。[❖36] デンソーとかの通信制の人が全員集まって，刈谷で証書をもらった。土日にスクールに通い，最後の1年で単位を取得して卒業する。通信制の高卒扱い。ちなみに，運動部の大会も通信制で出場した。[❖37] バスケットとか剣道とか柔道とかが強かったけど，全日制の大会には出られなかった。

既に入社しているから，卒業しないといけないわけではない。でも，他の会社に移る場合には，高卒の資格があった方がよい。それをとってから辞める人もいた。

学園の当時で一番つらかったのは，先輩と後輩の上下関係がしっかりしていたこと。挨拶とかの礼儀作法が，つらいというよりもきつかった。1学年違えば，きちっと分かれていた。相部屋だった。一部屋の中で，3年生が1人で四畳半，1年生が3人で六畳。3年生は『お目付役』みたいな感じ。部屋では寝るだけ。第二大林清風寮。寮は2つあった。人数が多かったから。」

2000年代に学園に入学した人にも話を聞くと，寮の先輩は「優しい」という。現在はほとんどの人が途中で辞めないことからも想像がつくように，多少は「ゆるく」なったのであろう。携帯電話は学校には持って行ってはいけないが，寮では使用を許可されている。ゲームもハンディタイプは認められている。このように，昔とは異なる点もあるが，今なお変わらぬ点の方が多い。全寮制ではなくなったものの，実質的にほとんどの生徒は寮に入る。「高等部」は5人部屋で，1人の3年生と4〜5人の1年生が同室であり，先輩が1年生の面倒をみるところも変わらない。部屋は間仕切りされたプライベートゾーン(ベッド・机などがある)と，全員で使用する共有ゾーンとに分けられている。クローゼットとエアコンは備え付けである。出身県別に部屋が割り振られる点も変わらない。[❖38]「専門部」は6畳一間の個室である。各部屋には，専用デスク・ベッドの

❖35……聞き取り調査時，2005(平成17)年度の生徒数(高等部)は，1年生114人，2年生100人，3年生72人，計286人であり，**表1-1**によれば，それぞれ対応する学年の卒業生数は，114人，98人，72人であり，ほとんど辞めていないことが確認できる。

❖36……現在も入学と同時に通信制の科学技術学園高等学校にも入学する。ただし，学校教育法に定める「技能連携制度」により，トヨタ学園で履修した科目のうち工業科目はそのまま科学技術学園高等学校の単位として認定されるため，二重に学習することなく，3年間で高等学校の卒業資格を取得することができる(学園のHPより)。

❖37……1979(昭和54)年，高体連全日制部会に加盟した。現在も，大会は「科技高豊田」の名前で出場する。

❖38……愛知県以外の出身者は少ないので，混合部屋になることもある。なお，寮には学生の「自主組織」である「寮委員会」があり，教員と相談しながら，寮生活のルールの見直しを提案することもあるという。地域清掃活動などにも取り組んでいる。

他，洗面台，タンス，電話が備え付けられている。女性の生徒には，女性専用の寮があてがわれる。すべての寮には共同施設として食堂と浴場があり，各フロアに洗濯機，乾燥機が完備されている。食事は，IDカードで自動精算し，半額補助が出る。

学園の先生の話によれば，ひどいいじめはない。ただし，人間関係で悩む生徒はいる。資格を持ったスクールカウンセラーはいないが，「生徒アドバイザー」と呼ばれている，現場経験の豊富なベテランが1人常駐し，生徒の相談にのってあげている。「ひどいようなら，会社の産業医のところへ連れて行く」と述べていた。[39]

通常の高校にあるような長期の休みはない。トヨタの社員と同じように「トヨタカレンダー」が適用され，ゴールデンウイーク，夏季，年末年始にそれぞれ10日前後の連休がある。

3　大学進学

トヨタ工業学園の卒業後，優秀な者は「豊田工業大学」に行くことができる。1学年でごく少数である。

学園を卒業し，1年間の実務経験を経た後に，配属先の上司の推薦を受けて，社内選抜試験を受ける。それに合格した者は，大学受験に必要な学力をつけるための支援セミナーを受講する。これは義務づけられている。晴れて大学に合格した者は，トヨタの進学支援制度による奨学金を支給される。

話を聞いた学園の担当者の1人も学園卒であり，豊田工業大学にも通った。本人曰く，「大学まで面倒みてもらって，いわば，恩返しのつもりで学園の教師をやっている」。

4　学園卒の「インフォーマルグループ」

トヨタには，学歴別・出身別の組織である「インフォーマルグループ」があった。8つのグループに分かれ，「豊八会」と呼ばれていた。養成工・学園卒は「豊養会」，高卒入社者は「豊生会」，中途入社者は「豊隆会」，自衛隊出身者は「豊栄会」，自動車整備学校卒は「豊整会」，高専卒は「豊泉会」，短大卒は「豊輝会」，大卒・院卒は「豊進会」に属する。

ところが，それらの「インフォーマルグループ」は2002(平成14)年をもってなくなった。価値観が多様化し，個人主義化が進み，若い世代の生活に合わなくなったというのが，大きな理由である。また，期間従業員の数が多くなり，構成人員の複雑化が進んだことも，制度廃止の理由として挙げられている。逆に，従業員間の垣根はなくした方がよいという考え方が強まったのである。[40]

そのかわりに，「HUREAI(ふれあい)活動」という名称の「ヒューマン・リレーション活動(HR活動)」が新たに発足した。会社の行事，スポーツイベント，レクリエーションなどを通して親睦を深める活動である。幹事は各層から選ばれる。本部役員の幹事が全社の活動を統括し，工場・部・課の幹事がそれぞれの単位でとりまとめ，各組から1人ずつ選ばれる幹事が世話係を務める。幹事は「新入社員歓迎会」，「運動会」，「駅伝大会」などをコーディネートし，各職場の行事を切り盛りする。現場労働者の「インフォーマル」な人間関係を形成する組織や機会は，もともとあるCX会(従来の工長会)，SX会(組長会)，EX会(班長会)という職制の会(「三層会」)と，この「ふれあい活動」になった。

かつての学歴別・出身別に区分けされた「インフォーマルグループ」はなくなり，学園卒の結束を高めてきた「豊養会」もなくなったわけである。しかし，「学園卒の『同窓会』がないのもどうか」という意見がOBから出され，学園の卒業生の会(「翔養」)が新たに作られた。昔のような「がちがちのインフォーマルグループではない」(学園卒)という話であるが，学園卒の結束力を保つ組織だけは存続している。[41]

III 日産の企業内学校

前節は，トヨタの現場の「中核」を担う人材を多数輩出してきた養成学校の歴史とトヨタ工業学園の現状を明らかにした。トヨタの養成学校は，技能や知識を教えるだけでなく，心身教育を重視し，トヨタの現場リーダーを育ててきたのである。

では，日産はどうか。そもそも同じような養成学校はあるのか。

日産にも企業内学校は存在する。トヨタと同年に，自前で熟練工を育てる養成学校を設立した。しかし現在は，中卒を育て上げる養成学校はなくなり，「短期大学」で現場の「中核層」を育成するようになった。以下，日産の企業内学校の変遷と現在の

❖39……2011(平成23)年の聞き取り時には，「ここ最近は，『うつ病』にかかる生徒もおり，親御さんと相談しながら対処する」という話であった。

❖40……井上(2007) 63–69頁。

❖41……ただし，OB会である「翔養」の認知度はさほど高くないので，2012(平成24)年に10周年記念の会を催し，アピールするという話であった。

なお，トヨタの企業内学校は，東北地方にも開校された。トヨタは2012(平成24)年7月に3つの子会社(関東自動車工業，セントラル自動車，トヨタ自動車東北)を統合して「トヨタ自動車東日本株式会社」を新たに起ち上げ，この新会社は翌2013(平成25)年4月1日に「トヨタ東日本学園」の第1期生を受け入れた。育成プログラムの特色は，「トヨタ工業学園をベースに，東北の特長を活かしたプログラム構成を行い，トヨタのモノづくりの基礎・基本を現地・現物で学び，東北のモノづくりから先人の知恵と精神を学」ぶことにある。主たる対象者は東北地方の工業高校の新卒者であり，定員は30人(新卒15人，近隣企業5人，中短期受講枠10人)である。新卒者は「専門部」に該当する1ヵ年教育(認定職業訓練課程)を受け，卒業後に各職場に配属される(トヨタ自動車東日本株式会社HPより)。

制度を詳しくみていこう。

1 従業員養成所

[1] 開校から閉校まで

日産は1933(昭和8)年に創立し[42]，その5年後の1938(昭和13)年に「日産従業員養成所」を設立した[43]。日産コンツェルンの創設者である鮎川義介は，「これからの自動車工場は科学的にやっていかなければならない。それには学のある工員をたくさんつくらなければならない」と語っている[44]。横浜市神奈川区新子安の高台に1万8,173坪という広大な土地を購入し，校舎(木造2階建て，16教室，延べ830坪)，生徒舎(寮)，講堂，武道室を完成させ，7月18日に開所した。所長は陸軍中将浦澄江であった。

教育課程は「本科」，「研究科」，「専修科」の3つがある[45]。「本科」は，高等小学校卒業生を対象とし，見習工として採用した16歳未満の者をそのまま入所させて4年間の教育を施す。これが，養成所教育の中で中心的な位置を占めた。「研究科」は，中等学校卒業者を対象とし，「専修科」は，満州重工業開発(株)から教育を委嘱された[46]「満州国人」が対象であり，それぞれ2年間の教育を授けた。

「本科」と「専修科」の1年生はふた組に分けられ，学科教育と実習教育を隔週交替制で受ける。すべての科の生徒が，2年生以上になると，昼間は工場の実習に参加し，夜間は学科教育を受講する。

翌1939(昭和14)年8月，教育課程が拡充され，「講習科」が付け加えられた。

本科　修業年限4年　第1種男子見習工属員を収容
研究科　修業年限2年　第2種見習工属員を収容
講習科　適宜　試傭工属員，本工属員，役付工属員，社員，女子従業員を収容
専修科　修業年限2年　満業から委嘱された満州国人などを収容

1940(昭和15)年2月10日，養成所敷地内に付属実習工場(411坪)が竣工する。同年4月15日から，当該年度入社の養成工271人に対して，「養成工制度の歴史」のところで触れた「工場事業場技能者養成令」(前年3月制定)にもとづく基本実習2ヵ月がさっそく開始された。

ところが，従業員養成所は1943(昭和18)年に閉所となった。建物が空襲により焼失し，閉校を余儀なくされたのである。

1946(昭和21)年12月，「私立日産重工業青年学校」が再開した[47]。「1945年関東工業株式会社横浜工場の土地，工場建物，機械設備などを一切借用し，これを千若

工場とした。千若工場では，鋼材引き抜き，鍛造部品，機械加工，自動車の再生，進駐軍払い下げ車の修理が行われた。また千若工場には，私立日産重工業青年学校が移転し，46年12月再び開校した[48]」。

[2] 学校生活

戦前に養成所に入所した養成工たちは，どのような教育を受けていたのか。太平洋戦争が激しくなるさなか，1943(昭18)年4月に養成所に入った人が，当時の寮生活の厳しさを思い出している[49]。

「『うちの養成所より，まだ軍隊の方が楽だぞ』という噂を聞かされていましたが，そのとおりきびしいもんでした。入ってから一週間はお客さんでしたが，それからは毎晩ビンタでした。寮兄(4年生)というのがおりまして，1年生が入ると寮生活を終えた4年生は出ていくんですが，1人だけ寮兄として残ります。そして3年生が部屋長になる，この寮兄と部屋長とで毎晩ひっぱたくんです。ひっぱたかれても毎晩ですから，だんだん苦にならなくなる。ただ4つ脚の丸い腰掛を横にして，その上に正座させられるのがいちばんつらかった。やがて応援ということで工場へ出るようになったんですが，寮から新子安の工場まで往復とも駆け足で，いったところは大型のクランクシャフトでした。」

❖42……後に日産コンツェルンの総裁になる鮎川義介が設立した戸畑鋳物(株)で自動車部を創設したのが1933(昭和8)年であり，同年，日本産業と戸畑鋳物が共同出資して自動車製造(株)を立ち上げ，鮎川が初代社長に就いた。翌34(昭和9)年，日産自動車(株)に社名を変更した。

❖43……以下，日産労連運動史編集委員会『全自・日産分会(上)』16頁。

なお，日産の社史は，創業1933(昭和8)年から1963(昭和38)年までの30年間の記録をしたためた『日産自動車三十年史』，1964(昭和39)年～1973(昭和48)年の足跡である『日産自動車社史』，1974(昭和49)年～1983(昭和58)年の記録である『日産自動車社史』，そして創業以来50年の通史である『21世紀への道――日産自動車50年史』がある。本書は，それぞれ，『日産30年史』，『日産40年史』，『日産50年史』，『日産50年通史』と略す。

全自日産分会の組合史は，日産労連運動史編集委員会『全自・日産分会 自動車産業労働運動前史(上)(中)(下)』(1992年，日産労連運動史編集委員会)があり(日産労連による編纂であることに注意)，引用する際は『全自・日産分会(上)(中)(下)』と略記する。日産労組の組合史は，日産自動車労働組合編『日産争議白書』(1954年，日産自動車労働組合)，日産自動車労仂組合編『創立五周年記念特集号』(1958年，日産自動車労仂組合)があり，それぞれ，『日産争議白書』，『日産労組5周年史』と記す。

❖44……『全自・日産分会(上)』17頁。1939(昭14)年4月に日産に入社し，養成学校で学んだ労働者の思い出より。

❖45……以下，『日産30年史』71–72頁。

❖46……鮎川義介は，1937(昭和12)年に，グループの持株会社である日本産業を満州に移転・改組し，満州重工業開発(以下，満業)を設立して総裁に就いた。

❖47……『日産30年史』144頁。

❖48……横浜市総務局市史編集室編『横浜市史II 第二巻(上)』488頁。

❖49……以下，『全自・日産分会(上)』17–18頁。

「専修科」で学んだ第1期生の座談会の記録が残っている。[50] その冊子によると，1日の生活は，朝5時半に起きて掃除と洗顔をするところから始まる。6時頃に朝禮（朝礼）を行い，6時20分に食事をとる。6時50分くらいに工場へ出発し，7時半から仕事にとりかかる。16時5分に終業となり，16時半に寮に戻る。入浴してから17時20分までに夕食をとる。20時半に点呼があり，21時に消灯である。

寮に戻ってからも，学科の勉強を隔晩に3時間課せられた。学科のない日は16時半から18時半までは自由時間だが，18時半から2時間自習を命じられた。日曜日以外，ほとんど自由な時間はなかった。

2期生からは工場実習が1日おきになったり，電力の節約のために就業時間が前後したりして，日課に多少の変更はある。工場実習のやり方も，1期生は各工場を回り，一ヵ所に短期間しかとどまらなかったが，次期生からは一つの工場で深く学ぶようになる，といった具合に変わったようである。この座談会の目的自体が1期生の記録を残すことに加えて，教育内容や養成所生活に対する不満を聞き出すことにあり，改善に活かされたようだ。

工場や寮での生活について，生徒たちは率直に感想を漏らしている。彼らは満業での募集や先生からの紹介で日本に来たわけだが，言葉（とくに方言）や風俗の違いに戸惑ったようだ。「言ふことを肯かない」と「びんた」を食らわすといった「軍隊式」の「訓練規定」に苦労したことや，工場の人手が足りないときに「臨時工」のような扱いで働かされたことにも触れている。

「本科」の生徒と一緒に学科を受け，日本人とも交流があった。しかし，言葉の壁は厚かったようである。また，日本人は「気が短い」，一部の人は「優越感」を持っているなど，「融和の問題」を抱えていたこともうかがえる。満州から来た人たちは中等学校卒の20歳前後であるのに対して，日本の生徒は高等小学校卒の14，5歳であり，年齢の違いも大きかった。

しかし結びでは，彼らは，技術的な面はもとより，「日本人の精神」の「良いところ」，例えば，「責任感」，「真面目さ」，「服従心」，「時間厳守」を教わったことを感謝し，それらを満州に持ち帰り，今度は自分たちが「満州人に教えてやりたい」と語っている。

2　工手学校―日産高等工業学校

日産は，1953（昭和28）年，「日産の企業を通じて，日本の自動車工業の確立に挺身する確固たる信念を持ち，あらゆる困難に耐え，技術を錬磨してゆく中堅現業員を養成する機関を設ける」という趣旨を掲げ，中学校卒業生を対象とした修業年

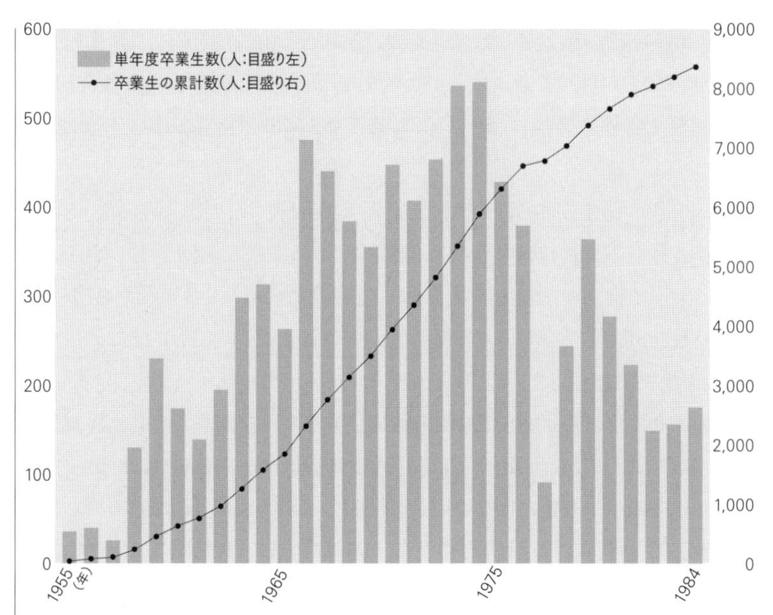

図 1-4｜**工手学校〜日産高等工業学校の卒業生数**(1955年3月〜1984年3月)
注:1975〜1977年は3年制への移行期。

表 1-5｜**工手学校〜日産高等工業学校の卒業生数**(1955年3月〜1984年3月)(人)

年3月卒	1955	1956	1957	1958	1959	1960	1961	1962	1963	1964	1965	1966	1967	1968	1969
単年度	36	40	26	130	230	174	139	195	298	313	263	475	440	384	355
累計	36	76	102	232	462	636	775	970	1268	1581	1844	2319	2759	3143	3498

年3月卒	1970	1971	1972	1973	1974	1975	1976	1977	1978	1979	1980	1981	1982	1983	1984
単年度	447	407	453	536	540	428	379	91	244	364	277	223	149	156	175
累計	3945	4352	4805	5341	5881	6309	6688	6779	7023	7387	7664	7887	8036	8192	8367

『日産30年史』巻末資料篇,『日産50年史』356頁より筆者作成。

限2年の学校設立方針を定め,11月1日,「日産自動車工手学校」を開校した。[51]学校教育法83条にもとづく期間2年全日制の各種学校としてスタートした。[52]教育内容は,週15時間のうち,基礎学科が12時間,技能教育が3時間であった。[53]

初年度の生徒は,138人の応募者の中から日産従業員の子弟を中心に40人が選ばれた。[54]しばらくの間は,地元中学校の卒業生から生徒を募ったが,高校進学率の上昇もあって十分な数を確保することが困難になり,加えて,生産拡大にともないより多くの若年労働力が必要となったこともあり,生徒の募集地域を地方に広げた。1964(昭和39)年度から,従来の1学年350人の定員を650人へと倍近く増やした。

1964(昭和39)年度から「通信制科学技術学園工業高等学校」と連携し,希望者を

❖50……日産懇話會本部(1940)。
❖51……『日産30年史』286頁。
❖52……佐々木(1984)244頁。
❖53……兼子ほか(1958)31頁。
❖54……以下,『日産40年史』329–330頁。

入学させた。工手学校の生徒のなかで，能力，意欲がともに高い者に工業高校卒業の資格をとらせることが目的であった。工手学校在籍時の2年間，年間総経費約3万3,000円の90%を会社に負担してもらい，卒業後の2年間は自費で学習を続ける制度を設けた。

1965(昭和40)年の新学期から，それまでの「基本実習制」に代えて「専科制」を導入した。従来の実習教程では，機械・仕上・自動車の3科実技を巡回学習していたが，卒業後すぐに職場で役立つ生徒を養成することを目標に掲げ，入学当初から機械・自動車・モデル・仕上・電気・材料・車体・塗装メッキ(表面処理)の8種実技に分化専門化して学ばせる方式に変更した。

1957(昭和32)年4月1日，日産自動車吉原工手学校の設立が許可され，翌2日に1期生50人が入学した。[55] 設立当初は，2年間通して吉原分校で学んでいたが，1965(昭和40)年から1年次は本校，2年次から吉原分校という形に変わった。

日産自動車工手学校は，教科内容の改訂，設備の充実，規模の拡大を経て，順調に発展を遂げた。[56] 1972(昭和47)年1月1日をもって，「日産工業専門学校」に改称した。1974(昭和49)年には，従来の8専科制度を改め，車体科と塗装鍍金科を併合して7専科とした。同年，当時の労働省から「認定職業訓練校」(2年制)の認可を受けた。

1975(昭和50)年，将来の中堅技能員としての役割を担うためには高校卒の資格と実力を備えることが必要であるという判断のもとに，従来2年制であった修業年限を3年制に切り換え，それまでは希望者のみであった通信制の科学技術学園高等学校への入学を全員に義務づけた。

1978(昭和53)年，名称を「日産高等工業学校」と改め，従来の7専科を機械科・自動車科・電気科の基本3専科に統合し，幅広い技能の修得を目指すようになった。

1980(昭和55)年度から，少数精鋭主義の人材育成へと方針を転換して，生徒定員を1,350人から750人に減員し，吉原分校(同年3月)をはじめとして，その後にできた村山分校(同年同月)，栃木分校(翌年3月)を順次廃校にした。また，1980(昭和55)年には全員入寮制度を採用し，「人間形成」の充実を図った。[57]

日産は，トヨタと同様，設立直後から企業内の学校で養成工を育成し，彼らが日産の現場の「中核」を担ってきた。卒業生の延べ人数は8,600人[58]にのぼる(**図1-4，表1-5**)。

3 日産工業短期大学校 —日産テクニカルカレッジ[59]

[1] 設立経緯

日産の養成学校は，1988(昭和63)年に幕を閉じた。34期生が最後の卒業生になった。閉校の理由は，新しい生産技術の登場と労働過程の変化により，技能者に求められる能力が抜本的に変わったことにある。

市場ニーズが多様化し，消費者の好みがめまぐるしく変わるようになり，商品のラインナップを幅広くそろえ，モデルチェンジをはやくすることが欠かせなくなった。それらの要求に製造現場で応えるために，NC（数値制御）工作機械やロボットなどのME（マイクロエレクトロニクス）機器の導入が進んだ。[60] 1960年代後半から機械加工職場にトランスファーマシンが，70年代に入ると，ユニット組立工程にロボットモデルラインが設置された。追浜工場の溶接工程に産業用ロボットを導入したのを皮切りに，他工場にも溶接ロボット・塗装ロボットを順次取り入れた。80年代には，NC工作機械，計測装置，搬送装置などから構成されるFMS（Flexible Manufacturing System）の本格導入が始まった。日産の製造現場には，柔軟な生産を可能にし，多品種少量生産に対応できるME機器がいち早く大量に導入されたのである。

ところが，養成学校の教育は，機械系の手工的技能の形成を中心としたものであり，それらの変化を想定したものではなかった。日産は，従来の養成工育成制度を終わりにして，まったく新しい教育制度を立ち上げる必要に迫られたのである。

具体的には，電気・電子・コンピュータにかんする基礎知識，NC・ロボット・FMS・CAD/CAM/CAE（Computer Aided Design/Computer Aided Manufacturing/Computer Aided Engineering）を操作する能力，生産設備を修理・保全・改善する能力の形成が求められ，新しい知識や技能を体系的かつ専門的に習得させる教育体制が必要になった。例えば，保全係でいえば，機械と電気の両方を担当できる複合的な能力の形成や「多能工」化が課題となった。[61]

❖**55**……以下，吉原工場創立50周年記念事業委員会工場史編纂分科会『吉原工場50年史』74頁。

❖**56**……以下，『日産50年史』356頁。

❖**57**……日産高等工業学校の教程一覧は佐々木（1984）245頁に，工業科目の単位数は永田（1998）24頁に，それぞれ掲載されている。教育内容の詳細はそれらを参照のこと。

❖**58**……延べ人数は，戸田（1994）39頁。**図1-4**は，1984（昭和59）年3月卒までのデータであり，延べ人数は88（昭和63）年3月卒までが含まれる。

❖**59**……現在の日産テクニカルカレッジにかんしては，断りのない限り，社内資料とパンフレットによる。歴史については，戸田（1994），三嶋（1997），永田（1998，2005），田中喜（2000）を参照した。

❖**60**……以下，日産における新しい生産技術の導入の歴史にかんしては，『日産50年史』85–95頁，336–344頁。

❖**61**……ただし，誤解のないように触れておくと，日産工場へのロボット導入は新しい技能・知識・技術を必要としただけではなかった。たしかに，ロボットの導入により高度な作業が新たに生まれ，エレクトロニクス教育は「時代の要請」になったが，同時に労働は規格化・単純化され，多くの労働者にとって，肉体的負担は低減されたものの，精神的負担が高まったのである。新しい高度な仕事を割りあてられる人は限られ，労働者間の仕事格差が広がった。さらには，ロボットは余剰人員を生み，労働者を工場から放逐する。右肩上がりの成長と女性の早期退職により失業問題は表面化しにくかったが，ロボットの導入先は新たな雇用問題を抱えたのである（嵯峨 1984，215–276頁）。

1982(昭和57)年，教育ニーズの調査を全社的に実施し，翌年にはME技術水準の全社規模の向上を目的として「電子技能訓練センター」を開設した(1987[昭和62]年，技術員も対象に含めた「電子技術教育センター」に発展)。1985(昭和60)年に「職業訓練法」が改正されて「職業能力開発促進法」が施行され，それに基づいて，1987(昭和62)年4月に「日産工業短期大学校」を設立した。労働省から「企業内職業訓練短期大学校[62]」の認可を受けて発足した。

設立の目的は，「生産設備等の技術革新に対応してメカトロ設備の設計，製作，検査，保守における教育訓練を行うとともに，企業理念に基づく積極果敢な"意識と行動"を有する人材育成を行う」ことにある。この目的は現在も引き継がれている。設立当時の大学校の校長は，「工学部を卒業している人よりも，われわれはメカトロニクスに関してはレベルが高い」と豪語したほどである。加えて，「ハイテクノロジーとヒューマニティのバランスがとれた企業人の育成」(H&H)を教育方針として掲げ，職場リーダーにふさわしい人物の教育にも力を注いでいる，と述べている。

科名は「電子機械科」であり，当初の定員は30人であった。対象は「高卒採用」の社員であり，ここも，従来の養成学校と異なる点である。

1990年代に入って，CAD，CAM，CAEなど，コンピュータの本格的活用が進み，CIM-FA(コンピュータ統括生産・ファクトリーオートメーション)の実現が図られ，より高度なシステムの保全能力が求められるようになる。1991(平成3)年に「日産テクニカルカレッジ」と名称を変更し，科名も「メカトロシステム科」に変わった。1993(平成5)年には「機械システム系メカトロニクス技術科」になった。

教育分野は，機械系に加えて，電気・電子系と情報系が大きな柱である。1学年の定員は60人に増えたが，1998(平成10)年以降，再び30人に戻った。おそらく，のちほど紹介する「経営管理コース」(定員30人)が同年から設けられたからであろう。2005(平成17)年に「短大コース」のカリキュラムが改定され，「新短大」がスタートした。

「短大コース」は，1期生から23期生(2009年度)まで(以後続く)，累計956人の入学者を迎え入れた(**図1-5**)。

[2] 募集と選抜

日産および日産連結子会社の生産部門で働く技能員であり，高卒以上，20歳以上，かつ実務経験が2年以上であれば，誰でも日産テクニカルカレッジの「短大コース」を受験できる。当初は，応募者はほとんど高卒社員であったが，しだいに専門学校出，雇用促進事業団立の短大出，さらには4年制大学の工学部出までが加わるようになった。

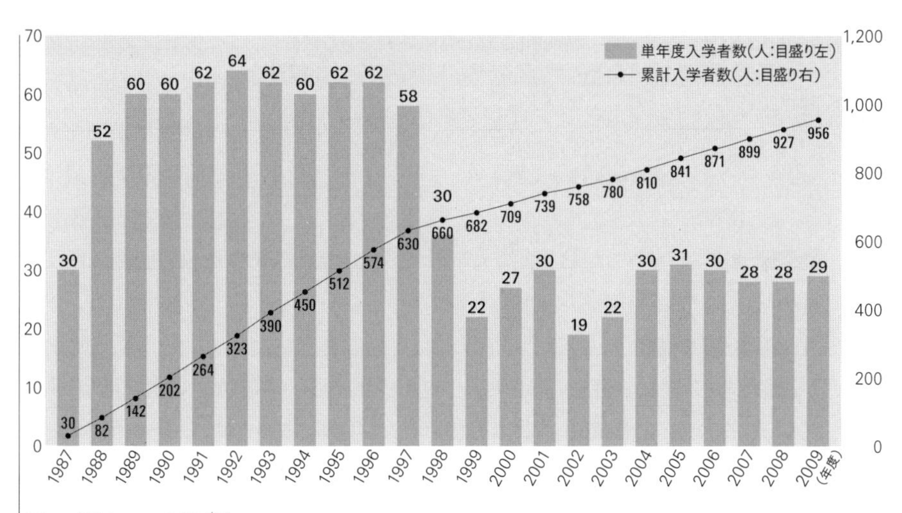

図1-5｜短大コース入学者数
社内資料より筆者作成。

選抜の方法は，全国一斉入試である。試験科目は，数学，物理，英語，面接(論文を含む)であるが，なかでも，専門技術の基礎力となる数学と，受験者の「学習意欲」そして将来職場の「核」としてやっていける「人間的な器量」を問う面接を重視している。

事業所ごとに人数の「枠」は設けていない[63]。所属長の推薦は必要であるが，形式的には，上の条件を満たせば，誰でも短大を受験できる。受験に失敗しても，何度でもチャレンジできる。しかし，職場の管理者は，入学前の「助走期間」に管理者としてやるべきことを指示されており，その事実から推測して，早い段階で人選がなされている。「入社後3年間で短大入学の素養が有る人物に育成する」という指示であり，具体的には，①短大入学までに備えるべき要件や入学レベルの明確化，②各職種ごとの育成計画策定，③入学人数の割り付け方法，④早い時期での見極め，である。「人財[64]見極め方法」は，「コンピテンシー評価[65]」による。

❖62……「職業能力開発促進法」の第17条および27条で，公共職業能力開発施設でないものに「職業能力開発(大学・短期大学)校」，「職業能力開発促進センター」，「障害者職業能力開発校」の名称を用いること，「職業能力開発総合大学校」でないものにこの名称を使用することを禁じている。しかし，「大学校」は基本的には法令による定めがなく，様々な教育組織が独自に「大学校」を名乗っているのが現状である。

❖63……労働者の話では，「自分で『行きたい』というのと，こいつを『行かせたい』というのと，2つある。自分の職場では毎年1人行かせている。課から1人」。課から送り込む数が厳密に決まっているわけではないようだが，希望者が多い場合は，職場の運営上の問題もあるから，数は調整されるという話であった。

❖64……日産では，「人材は財産である」という意味を込めて，「じんざい」を「人財」と表記する。「当社では，人材を『人財』と表記している。これも『価値を生む財産』として大きく育てていきたいという考え方の表われのひとつである。」(西沢 2006，114頁)。

表1-6｜日産テクニカルカレッジ短大コースのカリキュラムの時間配分と変化（時間）

	教養学科	専門学科	実習	応用実習	人物教育	合計
92年度	967	850	840	955	228	3,840
97年度	368	1,563		1,198	799	3,928
09年度	770＋213		1,762		531	3,276

戸田(1994)，永田(1998)，社内資料から筆者作成。

現在，受験の条件に若干の変更があり，受験資格が制限された。年齢は21歳から23歳までに限定され，実務経験は，高卒が3年以上，短大卒および高専卒は2年以上，必要とされる。

[3] カリキュラム概要

「短大コース」は，「将来の日産のモノづくり現場を担う中核人財の礎を築く長期育成コース」であり，2年間の長期課程である。2年生になった時点で，メカトロニクスコースとエレクトロニクスコースとに分けられ，定員60人のうち，前者に40人，後者に20人が割り振られる。

1992(平成4)年度の教育課程をみると，教養学科967時間，専門学科850時間，専門実習840時間，応用開発955時間，人物教育・行事等228時間，計3,840時間である。これに応用開発などに伴う課外学習時間を加えると，実質5,000時間になる。[66]

1997(平成9)年度のカリキュラムでは，一般教養368時間，専門学科・実習1,563時間，モノづくり実習1,198時間，人物教育・行事等799時間，計3,928時間である。[67]総時間は若干増えた程度で大差ないが，内訳をみると，教養の時間が大幅に減らされ，人物教育・行事等に力を入れるようになったことがわかる。

2009(平成21)年度の実績は，一般学科・専門学科770時間，自動車関連知識・商品知識213時間，実習1,762時間，人物教育・イベント531時間，計3,276時間である。92年度や97年度と比較して，総時間が2割ほど短縮された。「自動車関連知識・商品知識」という内訳があえて明記されるようになったことから想像がつくように，「そもそも自動車とは何か」，「自社はどのような商品を作っている会社なのか」と，自動車製造会社にとっての原点を問い直させ，基本に立ち返らせる講義が始まった。実習の中で「日産生産方式」と銘打った管理方式を学ばせるようになった点も，これまでとは異なる。

教育の総時間と内訳時間およびその変化は，**表1-6**のとおりである。

[4] 教育内容の特徴

テクニカルカレッジの教育は，教科を問わず共通の原理に基づく。それは，「わかる」，「できる」，「うごける」の3つのステップを踏ませることである。

「わかる」とは，理論・手法を理解できる。「できる」とは，理解したことを自分でやれる。「うごける」とは，つねに自分から行動し，結果を出せる。教育の開発・実施にあたり，実務で結果を出せることを目的としたカリキュラム・テキスト・教材を作成し，以上の3つのステップを踏ませて実践力を向上させる。

学習段階を具体的にみると，1年次に教育センターで基礎・基本を学ぶ。商品知識，製品構造，カーエレクトロニクスなど，そもそも「自動車とは何か」を教わるところから始まり，「モノづくり」の概要と管理技術の基礎を学び，専門講座（電気電子，油圧，空圧，情報，材料，製図，潤滑）を通して技能と知識の基本を習得する。各講座は，初級・中級・上級の3つのレベルに区分され，各人の能力に応じて選択することができる。一般的教養を深め，「企業人」としての所作も身につける。

2年次になると，実践に重きを置くようになる。職場に出て，身をもって「モノづくり」を学ぶ。全体の3分の2の時間は出身職場でカイゼンに費やす。残りの3分の1の時間は定期的にテクニカルカレッジの建物に集まり，集合教育を受け，「モノづくり」に必要な技能や知識を整理し，実務実習の成果を評価される。

カリキュラムの内容にかんして特筆すべき点のひとつは，実習の充実ぶりである。

1年次にメカニクスコンテストとメカトロ・エレクトロコンテストに参加する。前者は，機械関係の講義で学んだことをもとにして，メカを中心とした「モノづくり」の基本を体験するコンテストである。1年次の12月〜1月に120時間かけて行う。後者は，機械系と電子系の講義で学習した基礎理論，座学で理解した基本的な技術・技能，人物教育を通してその重要性を学んだコミュニケーション能力やリーダーシップ，それらを総合的に習得する機会として位置づけられ，数名からなるチームでメカ＋制御の「モノづくり」を競い合う。ここ最近は2年次の4月〜6月に200時間かけて行っている。年によって時期などに多少の違いはあるが，集団活動を通じて実践的な技術・技能とリーダーシップを身につけさせる目的は変わらない。全員がリーダーを経験する。

さらに，2年次には総合改善実務実習がある。短大での学習の集大成として，工場の実務改善に取り組む。9月から翌年の2月の6ヵ月間にわたり，フェーズ1からフェーズ3へと段階を踏んで行う。

フェーズ1では，6人のグループが，生産性向上，低コスト改善（LCI: Low Cost Improvement），品質不具合の問題解決にチャレンジする。フェーズ2では，3人のグループが，「ありたい姿」に向けて，少人化，リードタイム短縮，品質向上に取り組む。フェーズ3では，卒業研究（応用開発）にとりかかる。職場上司の要請を受けて，職場のニーズに直結したテーマを設定する。品質・コスト・納期の厳しい条件のもと，出身職場で1人で応

❖65……「コンピテンシー評価」については，第2部で詳しく説明する。
❖66……戸田（1994）44頁。
❖67……永田（1998）27頁。

用活動を行う。改善報告書が卒業論文となり，その成果はゆくゆく職場で活用される。

カリキュラムにかんしてもうひとつ注目すべき点は，人物教育の重視である。先ほど，校長の発言として紹介したが，High Technology & Humanity（H&H）を学生行動指針に掲げている。初めのHは技能と技術の継続的な学習を，2つ目のHは企業人としてのスタンス，状況に合ったリーダーシップ，目標達成のためのチームワークを意味する。具体的には，1年次は，挨拶・身だしなみ・5S[68]から始め，基本を徹底し勉強を習慣づけ，チームワークの大切さを理解し，感謝の心・思いやりを養い，グループ活動の進め方を学ぶ。2年次になると，基本の再徹底から始め，リーダーシップを発揮し，PDCA（Plan-Do-Check-Act）実践活動を行い，将来の職場リーダーとしてのスタンスを身につける。年間カリキュラムの中には，合宿研修，ボランティア活動（施設），富士登山，車椅子マラソン，海外研修などが組み入れられている。カレッジの教育には全授業・全実習・寮生活（全寮制）が含まれており，学生生活のすべてが教育機会とみなされている。

[5] 教育体制

教務職員8人，専任講師32人，外部講師5人（社内）である。テキストは，基本的に講師陣が独自に作成したものを用いている。

[6] カレッジでの評価と卒業後の処遇

短大生は，学科・実習・人物を総合的に評価され，その結果は公表される。成績は賃金・賞与に反映される。「実力主義」もこのカレッジの大きな特徴である。

卒業後の配属先も，卒業時の総合成績で決まるが，原則として，入学前の職場に戻る。入学前の職場の内訳をみると，第1期生から第4期生までの計202人の出身部門は，生産部門63％，研究開発部門38％，関連企業15％，その他2％であり，卒業後の配属先は，生産部門53％，生産技術部門8％，研究開発部門16％，関係会社22％，その他1％であり，多少の異動はあると思われる[69]。工務・保全は元の職場に戻る人が多い。直接生産に関わる仕事から改善班や保全業務に変わる人は少なくない。卒業生の約半分が保全にまわされることになる。

卒業後の役割等級は，原則としてPX1（上級担当職[70]）である。現在は昇級しても1ランクであるが，かつてはトップクラスの卒業生の中には，2ランク上がる者もいた。

短大卒業生が職場に戻った後に管理者がやるべきことは，「高い目標と課題を設定し，フォローして評価する」ことである。①受け入れ後の育成方法の仕組み作り，②受け入れ職場の育成体制と責任の明確化，③プロモーションが確実に行える人事制度確立。これらが職場管理者に求められている。

[7] 製造経営コース

日産テクニカルカレッジでは，従来の「短大コース」に加えて，1998(平成10)年度に「製造経営コース」が新設された。監督者候補育成のための集中訓練コースである。

このコースの設立当時，日産は，2兆円超の有利子負債を抱え，瀕死の状態にあった。製造現場では，難問が山積し，品質改善，生産性向上，原価低減，生産の同期化，設備稼働率向上，新車生産準備の短縮化に追われていた。これらの複合的かつ高度な問題を解決するには，強力なリーダーシップや優れた問題発見能力・問題解決能力が必要であるが，日産では，監督者任用の高齢化が進み，人財・リーダーが不足しており，このコースが新たに設けられたのである。

「製造経営コース」が求める「人財像」は，「問題発見能力」と「問題解決能力」に優れ，QC(Quality Control)，IE(Industrial Engineering)，JIT(Just-In-Time)などの管理技術を使いこなし，リーダーシップを発揮し，ヒューマンスキルに長けた，総合的なマネジメント力が強い人である。つまり，技術と人間の両方に強い「人財」であり，若くて，チャレンジ精神が旺盛な工長[71]である。

対象は製造部門の技能員であり，年齢は27～34歳，役割等級は原則としてPX1である。「テクニシャン教育上級」を修了し，「指導職教育初級」を未受講な労働者である。期間は4月～11月までの8ヵ月間，定員は30人，自宅通勤が可能な者以外，全員が教育センターに入寮する。

カリキュラムは，学科・技能と実習とに大きく分けられる。前者の内訳は，基本メカトロ技能(自主保全技能)342時間，管理技術421時間，人物教育97時間である。後者は，メカトロ課題製作71時間，問題解決実習334時間である。総教育時間は，1,265時間である。管理技術の教育が総時間の3分の1以上を占めている点が特徴である。

メカトロ課題製作のねらいと内容は，「短大コース」のチーム単位の実習である「メカ＋制御のモノづくり」とほぼ同じである。改善実習は，日産のサプライヤに出向き，実地で行う。テーマは，「品質」，「生産性」，「LCI」の3つである。実習先の人間関係の構築か

❖68……整理・整頓・清掃・清潔・躾を指す。ローマ字表記の頭文字から「5S」と名づけられている。日産に限らず，多くの会社が用いている，職場改善のスローガンである。なお，最初の2つをとって「2S」，4つをとって「4S」を掲げる職場もある。

❖69……永田(1998) 28頁。

❖70……役割等級については，第4章で詳述する。

❖71……職制と役職名についても第4章で詳しく説明するが，トヨタと日産の工場のライン部門の組織系統は，基本的には同じである。現場運営の最小単位は，「組」である。ただし，組織の統括者の名称が異なるので，この点にのみ注意が必要である。トヨタの場合，「組」を統括する者は「組長(GL:グループリーダー)」であるのに対して，日産の場合は，「工長」である。

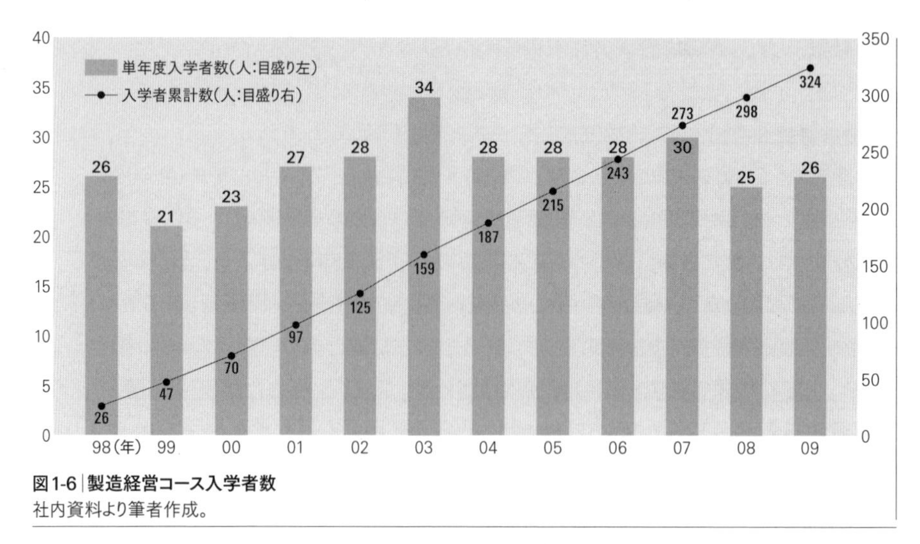

図1-6｜製造経営コース入学者数
社内資料より筆者作成。

らスタートし，9月〜11月の3ヵ月間かけて，コミュニケーション能力，リーダーシップ，チームワーク，改善スキル，メカトロにかんするスキルを総動員して改善活動に取り組む。

1998年度(1期生)から09年度(12期生)までの卒業者総数は324人である(**図1-6**)。

このコースの卒業生は，職場に戻ると指導作業員として，新部品の立ち上げにかかわったり，品質・コスト・納期の改善・向上に着手したり，後輩の指導・育成を任されたりする。なお，受講前にPX1であった者は，原則として，卒業後の翌年4月にPT3(指導職)に昇級する。

IV 小括

本章は，トヨタと日産の企業内学校の歴史と教育の現状を明らかにした。トヨタ工業学園は有名であるが，日産にも企業内学校が存在する。両社はともに，設立直後に企業内学校を設立し，第二次大戦の最中と直後は一時中断したものの，戦後も一貫して自社で「中核層」を育成してきた。本章の小括として，両社の養成学校の共通点と相違点を簡単にまとめよう。

戦前から戦後しばらくにかけては，経済的に厳しい家庭が多く，学業は優秀であっても上級学校への進学を断念せざるをえない子どもが少なくなかった[72]。養成学校は，そのような生徒を受け入れるという社会的な機能を果たした面があるが，個々の企業からすれば，優秀な人材を自社で育て確保するという労働市場対策の意味合いが強かった。さらには，自我の形成期にあたる高小卒・中卒を自前で育てることで，会社の屋台骨となる「子飼い」の労働者を抱えるという面もあった。養成学校は，クルマづくりの技能や知識だけでなく，会社のルールや「社会人としてのマナー」を教え込み，若くて，柔軟性と吸収力に富む生徒たちの多くは，それらを無理なく身につけてきたのである。[73]

ところが，日産は，中卒を受け入れてきた日産高等工業学校を廃止し，高校卒業者を社内で育成する日産工業短期大学校を新たに設立した。カレッジの入学生は，入社後に社内試験に合格した者である。カレッジでの教育は，新しい生産技術への対応が主たる目的であり，メカトロニクス教育がその中心である。職場を引っ張っていくリーダーを育成する意図もないわけではないが，メカトロニクスに対応できる高度技能者の育成が主目的となった。また，「製造経営コース」ができたことにより，監督者育成を目的としたコースも加わったが，それは「中堅層」を対象とした教育であり，養成工をたたき上げで育成するのとは，趣旨が異なる。

トヨタにも，メカトロニクスに対応できる専門的技能員を育成する学校がないわけではない。「専門部」がそれに該当する。しかしトヨタは，それとは別個に，従前からの中卒教育を続けている。

なお，中卒を育成する学校の廃止は，日産だけに限らない。高校相当の企業内学校は，今ではほとんどなくなった。[74] それは，生産技術の進展に伴い，要求される技能が変化したからだけでなく，第2部で詳述するように，高校進学率が上昇し，数が急激に増えた高卒者を現場労働者として調達するようになったからである。2011（平成23）年3月現在，中卒を対象とした養成学校を続けているのは，筆者が知る範囲では，トヨタに加えて，（株）デンソー，日野自動車（株），（株）日立製作所の4社のみである。それぞれ「デンソー工業技術短期大学校」（工業高校課程［中卒3ヵ年教育］，高等専門課程［高卒1ヵ年教育］，短大課程［高卒2ヵ年教育］），「日野工業高等学園」，「日立工業専修学校」（高等課程と専門課程）である。4社のうち3社がトヨタ系である。[75]

トヨタは中卒教育を続けているが，トヨタの養成学校も全く変わっていないわけではない。まず，生徒数の変化を挙げることができる。当初は少数精鋭の形をとっていたが，高度経済成長期には大幅に増やし，現在は再び100人前後の少人数制に戻

❖72……電機産業3社と自動車産業1社の養成工制度の訓練修了者にアンケート調査をした上野（2000）も，かつてはそのような養成工が多かったことを明らかにしている。典型的な養成工像は，経済的に進学が無理であり，先生の薦めで養成学校に入り，高い技能を習得し，寮で生活をおくり，しつけや規律，共同生活の習慣，社会人としてのルールを身につけた人たちである。

❖73……トヨタグループのトラックメーカーにある企業内訓練校の担当者も，あえて中卒者を企業内で養成することの意味を次のように語っている。「『中卒者は成長の盛りであり，その時期の人間の方が上手く会社の求める学生を作ることができる』」（島内 2008，87頁）。トヨタ学園で学んだ人の話によると，授業中も「金をもらっているんだから，しっかり聞かな，いかん」といったことをしばしば先生に注意されたそうである。トヨタのルールや「社会の規律」を学ぶだけでなく，お金をもらって働くことに対する「姿勢」を人生の早い段階でたたき込まれるのである。

した。時代の変化に対応させて，人数調整をしてきたのである。また，教育内容にもその都度変更が加えられた。最近は，国際化に伴い英語能力を重視し，コミュニケーション能力の向上を謳う。寮生活も根幹は変わらないものの，経験者の話から推測すれば，時代に合わせてその「厳しさ」は変わってきたようだ。

このようにして，時代の流れの中で変わった面がないわけではないが，トヨタの養成学校は，創立以来，技能的および精神的に現場を支える「中核層」を育てることで一貫しており，その理念は変わらないのである。[76]

❖74……戦前からある他の自動車会社も，日産と似たような経緯をたどった。本章の冒頭で養成工制度導入の先駆的な民間企業として取り上げた三菱長崎造船所は三菱自動車の源流にあたり，見習工養成制度（入所資格満13歳以上，修業年限5年）は官営時代に遡る。戦後，各事業所は新制中学新卒者を対象とした3年間の養成訓練を開始した。しかし，1967（昭和42）年頃から高卒技能訓練生の採用を始め，各製作所は1970（昭和45）年頃に相前後して中卒技能養成工制度を廃止した。かわって，高卒技能訓練生を対象とする1年間の技能養成教育を開始し，県知事から専修訓練校または高等訓練校としての認定を受けた（『三菱自動車工業株式会社史』658頁）。

いすゞは，1938（昭和13）年に「青年学校専修科」を開校した。3ヵ月修了（各製造所内の本科は4年制），収容人員200人，年齢は満17歳以上25歳未満の高小卒の男子が対象であった。敗戦でいったんは消滅するものの，1951（昭和26）年に「いすゞ自動車工業専門学校（いすゞ工専）」を設立した。中卒が対象であり，1期生は100人であった。教育期間は3年である。1962（昭和37）年に「いすゞ自動車工業専修学校」，1982（昭和57）年に「高等工業学校」と改称した。1980（昭和55）年から入学者を高校卒業生に切り替えた（『いすゞ自動車50年史』52，178-179，271頁）。

マツダは，1938（昭和13）年に青年学校の中卒見習工制度を開始する。1951（昭和26）年に中卒3ヵ年の技能者養成所に改組し，1969（昭和44）年まで中卒の技能者養成を行った。70年代は養成所を廃止し，81（昭和56）年から社内研修（初年のみ1ヵ年，その後2ヵ年に移行）に専念した。ところが，MEへの対応と職長養成の必要性が高まり，1988（昭和63）年4月に「マツダ工業技術短期大学校」を設立した。2年制の短大課程であり，新規高卒者と社内選抜者の両方を受け入れている。なお，養成所を廃止した「20年間」のしわ寄せが今に来ているとの分析がある。マツダの事例については，久本・藤村（1997）199-202頁，田中萬（2000），小松（2001），島内（2008）が扱っている。

❖75……東京電力の企業内学校である「東電学園高等部」は，2007（平成19）年3月をもって閉校となり，53年の歴史に幕を閉じた。なお，自衛隊生徒（俗称，少年自衛官）にかんしては，海上および航空は，2006（平成18）年度の募集（2007［平成19］年4月入隊の第53期）をもって生徒募集を終了した。陸上は，2009（平成21）年度入隊者を最後に，募集を打ち切った。しかし，以降，「陸上自衛隊生徒」の名称を「陸上自衛隊高等工科学校生徒」に変更し，身分を「自衛官」から防衛大学校の学生と同様の定員外防衛省職員としての「生徒」に変えて，制度は実質的に存続させている（『自衛官募集HP』，『高等工科学校HP』より）。

❖76……学園の理念は昔から変わっていない，と学校関係者は言う。「学校ではなく，『訓練校』だと思っている。理念は，昔から変わっていない。技能や技術の進展に伴い，現代に必要な教育も変わってくるが，『建学の精神』は変わっていない。3年前（2003年―伊原）に『日経』の『ものづくり大賞』（日経優秀先端事業所賞「ものづくり特別賞」―トヨタ工業学園HPより）をファナックや森ビルなどと一緒に受賞した。受賞理由は，『建学以来，考え方が変わっていない。変わらないところが新しい』。昨今は，ころころ変わるところが多い。手を替え，品を替え。学園は変わらない。変わらないのが新しい。私たちは，精神的な面は変わっていないと考えている。」

第2章 トヨタの労使関係の転機と現場の「中核層」のリーダーシップ

前章は，現場の「中核層」を養成してきた企業内学校の歴史と現状を明らかにした。トヨタ工業学園は，中学校を卒業したばかりの生徒に，技能・技術・知識を教え，身体を鍛えさせ，協調性を身に付けさせ，トヨタイズムを継承させる。このような教育を受けた者たちがトヨタの現場の「中核」を担い，トヨタの「屋台骨」を支えてきたのである。彼らは，優秀な技能員として働き，職場を束ね，現場を牽引するリーダーとしての役割も担ってきた。

しかし，トヨタの養成工が発揮するリーダーシップは，学校の教育によるだけでなく，歴史的経緯によるところも大きい。

現在，トヨタの現場は，「一体的」な労使関係の下にあるが，戦後の混乱期には，労使(労資)間で激しく対立し，生産活動もおぼつかない状況にあった。そのようなときに，養成工の人たちが人事部と「協力し合い」，階級闘争的な労働組合を切り崩し，会社の「危機を救った」のである。

本章は，協調的労使関係に導いた養成工の「活躍」に注目する。労使間の激しい対立の中で，彼らはどのような役割を果たしたのか。労働組合結成，労使の対立から「一体化」までの出来事を簡単に辿りながら，トヨタの養成工が実質と象徴の両面から組織の「求心力」と現場を「牽引する力」を獲得した経緯を描く。

I 第二次大戦直後の労働運動勃興とナショナル・センターの結成

会社は労働者の協力があって厳しい市場競争で生き残ることができる。労働者は「自社」の発展を通して「ゆたかな生活」を手にすることができる。したがって，互いに協力し合わなければならない。経営者と労働者との関係は，このような協調的な関係が当たり前のように思われているが，ここ日本においても，両者の間で激しい闘争が繰り広げられた時代があった。

明治政府は欧米列強に伍する国家づくりに取り組み，産業の近代化を推し進め，富国強兵のスローガンの下で殖産興業政策を打ち出した。日清戦争は工業化を促進させる契機となり，工業の産出高が大幅に上がった。それと同時に物価も上昇したわけだが，職工の労働条件は劣悪なままであった。不満に耐えかねた労働者たちは賃金引き上げなどの改善要求を掲げた。1897(明治30)年には，「同盟罷工」(ストライキ)が各地で勃発し，労働組合が誕生した[✤1]。第一次大戦後の物価騰貴に起因する困窮と大正デモクラシーの影響により，大正から昭和初期にかけてストライキが頻発し，組合結成の動きが加速する。労働運動史料委員会編『日本労働運動史料 第10巻 統計篇』によれば，1918(大正7)年には，組合が107あったと記録されている。それから増加の一途をたどり，1935(昭和10)年には993になる。組合員数は，翌年が42万589人で戦前最高であり，労働者の組織率は，大正末から昭和14年までの期間を通して5%を超えていた[✤2]。労働組合法は制定されていなかったが，事実上，労働組合は存在したのである。

ところが，労働者を戦時体制に総動員するために，1938(昭和13)年以降，各工場や各事業所に「産業報国会」が作られ，翌年にはその全国連合体として「大日本産業報国会」が結成され，労働組合や労働団体は解散させられた。1940(昭和15)年から労働組合は激減し，1944(昭和19)年には，表だってはなくなったのである[✤3]。

労働組合の結成が法的に認められるのは，第二次大戦後である[✤4]。連合国軍最高司令官総司令部(GHQ)は日本の「非軍事化」，「民主化」，「経済改革」を推し進め，民主化の5大改革のひとつとして，労働組合の結成を奨励した。労働組合法は，1945 (昭和20)年12月22日に公布され，翌年3月1日に施行された。

労働者たちは長らく続いた統制から解放され，労働組合結成の動きは瞬く間に広がった。1946(昭和21)年8月，2大ナショナル・センターとなる全日本産業別労働組合会議(産別会議)と日本労働組合総同盟(総同盟)が結成大会を開き，労働戦線統一運動はそれらの指導の下で高まりをみせた。

ところが，GHQは，当初想定していた以上に労働運動が加熱し，政治の場で共産党が躍進する事態に当惑し，1947(昭和22)年1月31日，強権でスト禁止声明を出した。「2・1ゼネスト」の禁止である。これが戦後の労働運動の大きな転機となる。1949(昭和24)年の労働組合法の改正は，単位組合である企業別組合を労使関係の基底に据えたものであり，経営者側に有利な変更となった。日本の占領政策は，東西冷戦の影響を受け，民主化政策による経済復興から企業主導の経済再生へと路線を変え，この転換がゼネスト禁止や経営者側に有利な法制度の改正という形に表れたのである。

もっとも，この方向転換は，GHQや政府による「上」からの圧力のみによるものではなかった。労働運動内の対立により，労働者側が自ら招いた面もある。産別会議は，ゼネストによる産業復興を掲げ，吉田内閣の倒閣運動へ収斂させようとした。総同盟は，経済危機下のスト権行使には慎重であり，ましてや内閣打倒を目指す政治ストには同調しかねるというスタンスをとり，GHQの指令を受け入れてゼネスト反対の態度を表明した。「2・1スト」禁止は，「全国労働組合共同闘争委員会(全闘)」を構成していた産別会議と総同盟の路線の違いを浮き彫りにしたのである。

しかし，ナショナル・センターの合従連衡の動きはその後，加速する。「経済復興会議」にはともに参加し，日本最初の労働戦線統一の機関となる「全国労働組合連絡協議会(全労連)」では緩やかな共同体を結成した。ところが，1948(昭和23)年6月28日に総同盟が全労連から脱退し，戦線統一は脆くも瓦解する。産別会議内でも「再生」を目指す「民主化同盟(民同)」が活動を表面化させ，産別内の共産党フラクションの排除と「組合民主化」を謳った。民同は「新産別」を立ち上げたわけであるが，総同盟左派と合流し，「日本労働組合総評議会(総評)」の結成にこぎ着けたのである。

総評は，実はGHQの肝いりで作られたのであった。当時の東側諸国の労組が多く加盟していた「世界労働組合連盟」(WFTU，略称「世界労連」)に対抗して，英米の組合が中心になって「国際自由労働組合連合」(ICFTU，略称「国際自由労連[5]」)を立ち上げた。国内では，共産党のフラクション活動に対する防波堤を構築するという意図で，国際自由労連への加盟を志向するナショナル・センターの結成が急がれたのである。ところが，皮肉にも，総評はやがて左に急旋回する。いわゆる「ニワトリの卵からアヒル」である[6]。総評は，朝鮮戦争を契機として「平和四原則」を採択し，国際自由労連ではなく世界労連の路線を選んだのであった。

戦後の日本では，GHQ主導で「民主化運動」が奨励され，後に方向転換を強いられたわけだが，ナショナル・センターがめまぐるしく連合・離反を繰り返し，労働運動の大きなうねりが巻き起こった[7]。その渦中で，トヨ

❖1……「突如として明治30年6月，2,3の有志発起し神田青年会館において労働問題演説会開かれ，続いて我が国労働者の権利を伸張しその美風を養生し旧弊を除去し，同業者相互に親睦する組合の成立を期するを目的とせる労働組合期成会は組織せられたり。(中略)創立者は高野房太郎・城常太郎・沢田半之助らの諸氏なりと聞く。」(横山　1949，366頁)。もっとも，それまでにも働く者の組合がなかったわけではない。江戸幕府時代から職人の間では同業組合が存在した(同上，91-95頁)。

❖2……ただし，数字と実勢との間には乖離がある。また，戦前と戦後とでは，統計の取り方が異なるので，組織率を単純には比較できない。この問題については二村(1986)を参照のこと。

❖3……「労働者の生活は耐えがたいものになり，実力行使を伴った労働争議だけでも，15年＝271件，16年＝159件，17年＝173件，18年＝292件，19年＝216件とつづいたが，労務統制の確立と産報運動のもとにあっては，組織的・計画的な労働争議はできなくなり，自然発生的・散発的な争議も，ほとんど特高警察官のするどい眼と嗅覚によって弾圧されてしまった。」(大河内・松尾 1965，367-368頁)。

❖4……以下，戦後再建期における労働運動の大きな流れにかんしては，兵藤(1997(上))による。詳しくはそちらを参照のこと。

❖5……2006(平成18)年に解散し，国際労働組合総連合(ITUC)に合流した。

タと日産でも労働組合が結成され，当時の労資関係の雌雄を決する大争議へと突入していくのである。

II トヨタの労組結成の動き

終戦直後，トヨタでも労働組合結成の機運が一気に高まった[8]。1945（昭和20）年10月頃，現場から結成の動きが起きる。当時の従業員は，社員，準社員，工員と階級が分かれており，「職員層（社員）は会社側の手先で信用できないから，労働組合結成は工員層だけで組織しようというムードが大勢を占めて」いた[9]。しかし，「そういうことになったらえらいことになるぞ。そりゃあやっぱり職員組合として，課長も入るような組合づくりであるべきだ」と課長が働きかけをし，工職員一体の組合になった経緯がある[10]。3期目からはなくなるが，組合結成当初は，大綱として工員が委員長，職員が副委員長という申し合わせがあった。

1946（昭和21）年1月19日，トヨタ自動車コロモ労働組合の誕生の運びとなった。これが，トヨタにおける最初の労働組合である。職工一体の組合であり，課長層まで含んだ全員加入の組合（ユニオンショップ制）であった。運動方針は，「一，軍・資・財ノ三閥ヲ打倒シ，民主々義社会ノ建設。一，勤労者ハ労働組合ヲ基本トシ，友愛ト団結デ工場ヲ守リ，生キ抜ク。一，労働協約ノ締結ト，最低賃金制ノ確立，福利厚生施設ノ拡充ト，民生ノ安定ヲハカリ，以ッテ労組ノ健全ナル発展ヲ期ス[11]」。

1946（昭和21）年3月19日，会社側は，組合からの要求である経営協議会の設置を認め，同年4月7日に第1回経営協議会が開催された[12]。

III 全自トヨタ分会

自動車産業単位の労組結成の動きは，1946（昭和21）年7月頃に始まる。「産別会議全日本機器労働組合（機器労組[13]）」の日産とヂーゼル[14]が，機器労組の中に自動車委員会を持つことを提案した。トヨタは，同組合があまりにも急進的な方向に突き進むことを懸念して加盟を留保し，同年8月に産業別単一労働組合を作りたい旨の申し入れを行った[15]。日産，トヨタ，発動機池田（現・ダイハツ池田工場）を中心に工場代表者会議を持ち，翌47（昭和22）年4月10日[16]，「全日本自動車労組準備会」が結成され，産業別単一組合結成の方向が決議された。

1947（昭和22）年10月9日，日産，トヨタ，ヂーゼル，三菱京都機器の組合の4者共闘が誕生する。ただし，産別に忠実であったヂーゼル労組は，機器労組の中に自動車部門を作ることを最後まで譲らず，初めはオブザーバーの形で参加した。[17] また，関西地区ではダイハツと三菱京都がすでに総同盟の傘下にあり，準備会は，左の産別会議，右の総同盟の下で，難しい舵取りを強いられた。[18]

このように，自動車産業内の調整と説得に骨が折れたものの，1948(昭和23)年3月26日，108組合，4万4,817人の組合員からなる「全日本自動車産業労働組合」(以下，全自と略す)の結成の運びとなった。この組合は，産別，総同盟，中立の枠を外して産業単位で労働戦線を統一すべきである旨を確認し合い，当初，いずれのナショナル・センターにも属さなかった。[19]

結成大会で，運動の主目的を「生産復興闘争」におき，闘争を通して組織を守り，産

❖6……「占領軍の申し子であった総評が，平和四原則(「全面講和」，「軍事基地提供反対」，「中立堅持」からなる「平和三原則」に「再軍備反対」を加えた「四原則」—伊原)をかかげて反戦平和の先頭に立つ第一歩を力強くふみだしたのである。大会の翌日，GHQエーミス労働課長は高野(実—伊原)を呼びつけ『総評大会は社会党に影響された。国際自由労連加入を保留し，平和三原則をきめたのは，占領政策に違反する』といった。高野はその著『対日講和と今後の労働運動』のなかで次のように書いている。『総評がダレス構想に基く対日講和を批判しはじめたとき，かれらはその態度をガラリとかえた。ニワトリと思ってかえした卵がアヒルだったとすれば，かれらの味覚には我慢ならなかったわけであろう』」(労働運動史編纂委員会編集，岩井章監修 1975，36頁)。

❖7……ナショナル・センターの組織の変遷は複雑である。厚生労働省労使関係担当参事官室編(2002) 399頁，Mouer and Kawanishi (2005) p.206，邦訳247頁の系図が理解しやすい。

❖8……以下，『トヨタ組合10年史』103頁。

❖9……『トヨタ組合30年史』169頁。江端寿男初代執行委員長の回想より。

❖10……第7期・8期の執行委員長である岩満達巳より(嵯峨 1983，326頁)。組合結成時に執行委員であった人も同じように記憶している。「現場は現場人のみにて組合を作るという意向に傾いて行った。その間職員側にも労働組合結成の気運があって，所謂，職・工一本化による，組合の結成について話し合いが繰り返された。当時，現場人は何にかと，ひねくれた感情もあって，一本化に反対の態度を取ったときもあった。これは，それまでの長い間，職員と工員の優遇されていた度合が，現場層からは多少反撥的に考えられていたのが原因で，一本化の話し合いに，われわれ現場代表が行って話しをまとめて来ると，『職員に誤魔化されて来やあがって。』といって，さんざんな目に合わされたものだ。」(『トヨタ組合10年史』66-67頁)。組合結成当時，職工一本でやるかどうかで激論が交わされた(同，103-104頁)。

❖11……『トヨタ組合20年史』6頁。

❖12……『トヨタ30年史』261-263頁。

❖13……産別会議の最有力単産のひとつであった。1946 (昭和21)年6月27日に発足した。

❖14……ヂーゼル自動車工業(株)は，現在のいすゞ自動車(株)である。1949 (昭和24)年7月1日に，いすゞに社名変更した。

❖15……『トヨタ30年史』415頁。

❖16……『全自・日産分会(上)』230-231頁では，4月11日。

❖17……ヂーゼルにかんしては，トヨタと日産と関係がある部分のみ言及する。同社の組合結成から，労使対立，労使協調路線への変遷については，『いすゞ自動車50年史』113-120頁，134-135頁，174-178頁を参照のこと。なお，日産の労働組合は1946 (昭和21)年6月，全日本機器準備会結成時に加盟し，翌年3月に機器労組を脱退した(『全自・日産分会(上)』152頁)。

❖18……『全自・日産分会(上)』189頁。

❖19……労働省編『資料労働運動史 昭和22年』642-644頁。

業を守り，そして生活権を獲得することを決定し，役員を選出し，大会宣言を行った。[20]

トヨタの労働組合は，「全自トヨタ自動車コモロ分会」となる。トヨタの他工場や販売部門にも組合結成の動きが広がり，東京出張所分会，刈谷南工場分会，芝浦分会が誕生する。1950(昭和25)年8月，それらを統合する「全自トヨタ自動車分会」(以下，トヨタ分会と略す)が結成され，下部組織はコロモ支部，東京支部，販売支部になった。[21]

IV 50年争議

1949(昭和24)年3月，日本経済の自立と安定を促すために，財政金融引き締め政策(「ドッジライン」)が実施された。しかし，この緊縮財政による産業への影響は深刻であった。全国で人員整理が吹き荒れ，倒産が相次いだ。自動車産業も例外ではなかった。トヨタは同年8月23日に賃金の1割カットと退職金の半減を提案し(後に，この案は組合により撤回させられる)，これが口火となって，いすゞと日産も人員整理案を出した。いすゞは9月26日の経営協議会の席上で約1,400人の人員削減案を，日産は10月5日の経営協議会で約2,000人の人員整理と賃金の1割切り下げを発表した。[22]

三社の組合は共闘して会社案を潰すことを確認し合い，全自をあげてのバックアップ体制を整え，共同闘争委員会を立ち上げた。10月28日には，全自結成以来，初の統一ストライキを打った。トヨタ，日産，いすゞの3分会が先頭に立ち，38分会(2万6,725人)がいっせいにストに突入した。[23]

しかし，いすゞでは，解雇通告された1,279人(作業員755人，技術員118人，事務員406人)のうち，67人を除く大多数が退職に応じたため，会社側は1割賃下げを撤回し，大勢は決した。[24] 次章で詳しくみるが，日産も同年11月28日に会社と組合との間で仮調印がなされ，争議は終結をみる。

トヨタは，1949(昭和24)年の12月23日に開かれた経営協議会で，夜を徹してのトップ交渉になだれ込み，1割の賃下げはやむを得ないが，首切りはしないという「覚書」を結んだ。[25] 11月以降従業員の平均賃金ベースを1割引き下げ，この賃金ベースは翌年4月度までとする。その代わりに，会社は経営危機を回避するための人員整理は絶対に行わない。それより前に経営状況が好転した場合には，会社と分会との協議のうえで，この賃金ベースを改定する。このような内容の「覚書」を組合と会社とが締結したのである。

1949(昭和24)年末，日本銀行名古屋支店長の決断で，トヨタは24銀行による融資を斡旋された。「年があけたらすぐ，すっきりした再建計画をたてる」という条件で話がまとまり，1億8,820万円の融資を受けた。ところが，融資の条件には，「販売会社を分離独立させること」のほかに，「過剰人員は整理する」ことも含まれていたのである。

翌1950(昭和25)年3月末には，運転資金としてさらに4億6,300円の借入れを行った。しかし，それでもまだ借入金の返済や資材購入代金の支払いには足りず，従業員給与も全額は支給できなかった。

トヨタの系列会社は，本体よりもさらに厳しい経営状況に置かれていた。愛知工業株式会社(現・アイシン精機株式会社)は，260人の人員整理と2割の賃下げを提示し，日本電装株式会社(現・株式会社デンソー)は，従業員1,445人中473人の人員整理案を出した。それらの発表を受けて，それぞれの労組はストライキに入った。トヨタの労働組合は，系列企業や，前年の日産やいすゞの状況から鑑みて，トヨタも人員整理は必至であると判断し，1950(昭和25)年4月7日に「争議行為通知書」を会社に提出して，翌日，大争議に突入した。ここにいたって，1946(昭和21)年以来125回にわたって続けられた経営協議会は中断され，4月11日から7月17日までの間，計36回に及ぶ団体交渉が開始されたのである。

1950(昭和25)年4月22日，第8回団体交渉の席上で，会社から再建案が出され，その中には人員整理案が含まれていた。本社在籍人員7,900人の中から1,600人(20.3%)の希望退職者を募り，残留者に対しては，給与制度の改革と10%の賃下げを行い，人件費を2,285万円圧縮するという案である。

会社の再建案に対して，組合は徹底抗戦の構えをみせた[26]。4月24日に，会社側とは別個の再建案を発表し，職場では「札掛け闘争」により会社に圧力をかけた。「遅配反対」，「賃金よこせ」の札を体の前や後ろにぶら下げて機械に向かい，客にも対応するという手法の闘争である[27]。「首切り絶対反対」の叫びは，職場の上司である部長や工場長にも向けられた。連日の職場大会で彼らをつるしあげ，組合要求に応じない場合には，デモ隊が職場から門外へ追い出すこともあった。全自の運動方針に則り，トヨタも激しい職場闘争を繰り広げ，5月15日には三者共闘の24時間ストライキに突入した。

会社側は，従業員に協力要請状を発送し，地域住民にも会社の窮状を訴える文書を新聞折り込みで配った。しかし，労組の地域組織が従業員本人への配達を阻止し，組合は退職勧告状も同様に回収し，返上闘争へ持ち込んだ。これら要請状と勧告状は5月18日，組合事務所前で焼却された。

組合は，労使間の問題を法廷に持ち込

❖20……『資料労働運動史 昭和23年』613-615頁。
❖21……『トヨタ組合20年史』167頁に，当時の労働組合の組織の移り変わりが示されている。
❖22……同上，21，23頁。
❖23……『全自・日産分会(中)』77頁。
❖24……『いすゞ自動車50年史』134-135頁。
❖25……以下，『トヨタ30年史』294-302頁。
❖26……『トヨタ20年史』305-313頁。
❖27……以下，『トヨタ組合20年史』26頁，30-32頁。

み，種々の仮処分申請を行った。しかし，基本協約および「覚書」の有効確認と人員整理の無効確認の仮処分申請は，ともに5月29日付で却下され，とたんに情勢は組合側にとって不利になった。

経営陣は決死の覚悟を「退任」という形で示す。6月5日，常務取締役大野修司だけを残し，取締役社長豊田喜一郎をはじめとして，代表取締役全員が経営上の責任をとって退いた。後任の社長は，石田退三があたることになった[28]。

組合執行部は，組合員の意思統一をはかるためにハンストを決行して最後の抵抗を試みた。職場でも闘争本部に続けとばかりに，坐りこみ，デモと，追い込み交渉を仕掛けた。組合側は必死の抵抗を続けたが，6月9日頃から，協議の中心は争議中の賃金の扱い，希望退職者の再就職，事態好転時の再雇用など，争議解決後の処理問題に移りだした[29]。そして，組合側と会社側は夜を徹した交渉の末，ついに6月10日，会社案に基づく覚書に調印し[30]，2ヵ月間に及ぶ大争議は終結した。2,146人が会社を去り，5,994人（うち，分離独立が決まっていた販売部門が350人）が会社に残った。組合側からすれば，「職場の活動家，青年，婦人部でよく斗ってきた人たちは，ほとんど首切りされてしまい，二ヵ月余にわたって斗ってきたものの，最後は結局会社に押し切られたかたちとなり，職場全体に敗北感が漂ってしまった[31]」。50年争議は，組合側の敗北で幕を閉じた。

V
「再建同志会」と「インフォーマル組織」

トヨタの50年争議の行方は，日本社会全体の情勢によるところが大きい。全自は，産別会議，総同盟という枠を超えた第三の組織として発足した全労連の最有力の幹事組合のひとつとして活動した。次章で詳述するが，日産の益田哲夫が全自の委員長に就任すると，全自は首切りに対して闘える組織を目指し，トヨタ分会の支援を当面の重点課題に位置づけた。50年争議はナショナル・センターの命運をかけた闘いであったのだ[32]。しかし，GHQによる「助言」は，労と資（労と使）の両方に対していかんともしがたい強制力を持った。GHQによる労働政策の「方針転換」はマクロの労資関係に，そして個々の企業の争議にきわめて強い影響を及ぼした。GHQは，トヨタの争議にも直接的な働きかけを行い，争議の早期終結を強く求めたのである[33]。

会社外部からの圧力が，争議を終結へと導くことになったわけだが，同時に，会社の内側で組合分裂の策動が生まれ，組合内で争議敗北を招き入れる動きが存在した点を見落としてはならない。この動きは，当初は「地下運動」として表面化しなかったが，「24時間ストライキ」の前後から公然化し始めた。スト突入直前に，闘いの前途に不安を抱いた一部の組合員が「スト中止」を求め，「同志をつのる」と訴えるビラをまいた。[34] 翌日の5月16日朝には，人員整理反対闘争を非難するビラを工場内外で配り，署名運動を始めた。[35]

トヨタ自動車再建の同志起つ
——挙母町[36]の皆様へ——
トヨタ自動車の争議は皆様既にご承知の通り「見せざる，聞かせざる，言わせざる」の三させざる主義にて全く一方的に共産党のいう地域人民闘争に導かれてゐます
争議は既に労働者の生活を如何に支へるではなく，如何にして地域人民闘争の目的を達するかにあります
そこでトヨタでは再建同志の方々がこの中から勇をおこして起ち上がりました
トヨタの争議はこの再建同志の方々を除いては解決し得る人は外にありません
挙母町の皆様再建同志の方々を応援して上げて下さい
刈谷の同志より

このグループは「再建同志会」と呼ばれ，トヨタが争議により競争力を失い，倒産することを危惧した。組合の運営方法にも不満を抱いていた。このグループに対して，闘争本部は解散させる方針を決定し，執行委員は「再建同志会」のメンバーを除名する

❖28……石田退三は，トヨタ自動車の社長就任当時，トヨタグループの本家にあたる豊田自動織機製作所（現・株式会社豊田自動織機）の社長であった。トヨタ自動車の会長であった豊田利三郎に呼び出され，豊田喜一郎に次のように後任の社長を依頼されたという。「銀行のほうでは思い切って外部から人材を起用してはどうか，という話まであった。だが，いくらなんでもそれだけは呑めない。ぼくが辞めることはかまわんが，かりにもトヨタを名乗る以上，よそからの人に頼ったのではわれわれのメンツが立たぬ。そこで……石田さん」（池田 1984，142-143頁）。

❖29……『トヨタ50年史』231頁。

❖30……争議終結覚書の内容は，『トヨタ組合60年史』204頁を参照のこと。

❖31……『トヨタ組合20年史』155頁。

❖32……『全自・日産分会（上）』202頁。1950（昭和25）年8月，全労連がGHQから解散を命じられるまでこの関係は続いた。

❖33……「斗争たけなわの5月2日，かねてから講演を強く希望していた東海，北陸民事部労働課長ウォーカーは『トヨタは負債も多くなり，銀行からの融資もできず，このままでは会社は破滅する。昨今，完全雇用を覚書きに結んだとしても，経済は大きく変り，この情勢で覚書きを履行することは，破滅への道である。残された道は，できるだけ多くの人を残すよう交渉を進めることだ』と演説し，つめかけた組合員に不安を与えた。」（『トヨタ組合20年史』29頁）。この講演は，労組のクビ切り反対闘争に反対し，経営側の人員整理を擁護するものであった。

❖34……『全自・日産分会（中）』153-154頁。

❖35……以下，愛知県編『愛知県労働運動史　第一巻』692-700頁。

❖36……愛知県豊田市の旧称。1951（昭和26）年に挙母市になり，1959（昭和34）年に豊田市に改名された。

などの手を打ったが，争議の早期解決を求める声を押さえ込むことはできなかった。5月29日，課長以下現場職制を中心とした150人が，闘争方針の再検討を求める決議文を闘争委員長に手渡した。なかでも早期解決に向けて‘活躍した’のは養成工であった。労務担当者が密かに養成工との接触を図り，働きかけを行い，戦闘的な組合を内側から弱体化させる手がかりを探ったのである。

読売新聞特別取材班『トヨタ伝』(2006年，新潮社)は，当時の養成工から，労と使が激しく対立した緊迫した状況で，「会社を守ろう」という強い「自覚」を持って動いた様子を聞き出している。

「給料は遅れ，ストライキが起き，会社はぼろぼろの状態だった。トヨタ最大の危機として，今も語り継がれる1950年の労働争議のことである。

会社を追いつめる共産党主導の労働組合に，現場では反発も生まれ，養成工を中心にした組織が誕生した。“第二組合”だった。

『もう時効だから言ってもいいと思うが……』

半世紀の沈黙を破って，一期生の塚本静男は証言する。愛知県蒲郡町(現・蒲郡市)や岡崎市に会社側の『隠れ家』があった。この組織は，そこで会社の指示を仰いでいた。

『養成工はみんなと違う。トヨタの生え抜きで，会社を支えるのは我々だと思っていた』

あえて会社に寄り添ったわけを塚本はこう説明する。

元トヨタ自工労組委員長の梅村志郎は，この組織をよく覚えている。『再建同志会』という名前だった。労働組合法上の組合としての機能を備えていたわけではなく，あくまでも有志の集まりだった。

『会社の労務担当や養成工ら二十人くらいだった。周囲からは裏切り者のように見られていたが，争議後は会社の役に立ったのではないか』

労務担当者がこっそり，養成工だけを集め，『何とか鎮めさせる方向で考えてくれんか』と，頼んだこともあった。

会社も一期生を優遇してきた。最初の昇給では，65銭の日給に7銭の上積みがあった。ほかの工員たちの平均は5銭だった。

争議のさなか，会社は社員の約2割，1600人の人員整理案を発表したが，板倉鉦二は『我々一期生が首を切られるはずはない』と自信を持っていた。職場の仲間から『お前らトヨタの旗本だからな』と皮肉を言われても，気後れすることはなかった。

『旗本のおれたちが会社を守られないで，だれが守るのか[❖37]』」

50年争議が終わった翌年の4月，技能者養成所出身者を中心とした「有志グループ」が結成された。[38] 激しい労働争議を経て，「会社をよくするのは自分たちである」ことを強く意識した人たちの集まりであった。もっとも，このグループの結成は，当人らの意志だけによるわけではない。会社側からの積極的な働きかけがあった。当時，総務部長であった山本正男や調査課長であった山本恵明（元専務取締役，元トヨタ学園専務理事）らが，労使関係の「改善」に向けて「ひたむきな努力」を重ねた。「すべての中心は人間」であるとして，「従業員と肌で意思疎通をはかる」ことの重要性を痛感した山本たちは，職場，学歴，出身地別のグループを次々につくり，毎晩のようにどこかの会合に出かけて話し合った。「インフォーマル・グループ」は会社主導でその他の労働者にも広がっていき，ゆくゆくトヨタの人間関係をくまなく覆い尽くすようになる。さらには，「こうした人間を中心におき，その熱い血を経営の仕組みのなかに脈々と流し，その知恵を経営に反映させようという考え方」は，仕入先，販売店，地域社会にまで及ぶのである。

養成工の1期生の親睦団体が結成されたきっかけを，当事者の一人は次のように語っている。[39]

「争議後，労務対策が会社の最重要課題となった。

工場から総務部に移った土井三吉は，総務部長の山本正男に声をかけられた。『かみそり』と呼ばれ，争議中は人員整理の事務局を担当した。組合の追及の矢面に立った男でもあった。

『土井君は養成工出身だったね。おれは現場は知らないんだが，現場を知らずして会社の建て直しはできない。何かいい方法はないか』

土井は一期生の仲間を引き合わせた。その後，一期生たちは，年に何度か，すしなどを用意した山本の自宅に招かれ，現場の思いを伝えた。

それが，53年に一期生の親睦会組織『一養会』が生まれるきっかけだった。一養会のソフトボール大会では，山本が審判を務めた。

二期，三期生も同じような会を作り，56年には，養成工全体の『豊養会』ができた。そう名付けたのは英二[40]である。」

労務担当者の山本恵明は，自ら指揮を執った「有志グループ」の結成のいきさつと，「自主的グループ」が他の労働者に広がっていった経緯を振り返る。

❖37……『トヨタ伝』162-164頁。
❖38……以下，『トヨタ50年史』309-310頁。
❖39……『トヨタ伝』165-166頁。
❖40……豊田英二のこと。後のトヨタ自工社長，トヨタ自動車会長。

「当時は，話し合いをするといっても，それを人事課や，職制が組織を通じて持ち出したのでは，とても話しにならなかった。そのため，話し合いのきっかけ，ないし話し合いの場をどうつくるかということからまず始めなければならなかった。その時に，大いに働いてくれたのが養成工出身の人達である。この養成工出身の人達は，終戦直後の労働組合の組織づくりのときにも大きな力となってくれたことがあるが，この25年の大争議の収拾のときにも再び最後の良識派のトリデとなる役割を果たしてくれた。私が従業員と話し合いをどう進めていったらいいのかで迷っているときに，その人達のことが，真っ先に頭に浮かんできたのである。そこで養成工出身の人達の集まりの会として豊養会という会の組織化をはじめ，それを第一期生の会，第二期生の会というようにまとめていき，彼等が自主的にグループ活動を推進できるような態勢をととのえていった。そうした自主的グループができ上がったところへ，人事部長と私が出かけていって，それこそヒザヅメで，『トヨタはこれでいいんですか』，『どうすれば会社が正常な形になるんですか』，『あなたはどう思いますか』(中略)ということを話し合った。

その後こうした話し合いの場を，例えば班長会，組長会とか，出身県別の会とか，高卒，大卒別の会とか，あるいは釣の会，運動グループの会とか，というように拡げていったのである。[41]」

養成工の「有志グループ」が結成されてから，「インフォーマル・グループ」が全従業員に広がるまでには，かなりの時間がかかった。山本恵明は，10年ほど手探りの状態が続いたと回顧する。「だいたい毎日，部長と手わけして会社が終ってから3カ所ぐらいで，夜懇談しました。これが10年間続きました。[42]」。現場管理経験者も同様に語る。「首切り反対闘争以後にインフォーマル活動が非常に増えてきて，労務が養成工上がりや中途入社者，高卒等の組織をつくっていった。このような労務政策は30年代は極端な形ではだせなかったので，10年ぐらいの時間をかけてじわじわ変えていった。[43]」。会社側は，根気よく，時間をかけて，「インフォーマル・グループ」を網の目のように張り巡らしていったのである。「昭和42年当時，インフォーマル・グループは，学歴，入社形態別に組織化され，その会員総数は約22 千人にのぼっている。この時点の総従業員は約30 千人であり会員資格として部課長を除外していることから、実質的にはほぼ全従業員をカバーしていると考えて差し支えない。その他，入社年次会や出身県人会なども結成され，ほぼ全社員が何らかの形でインフォーマル・グループに参加していることになる。」(願興寺 2003，173頁)。

なお，1946(昭和21)年4月4日に結成された組合青年部は，1955(昭和30)年には解散させられていた。青年部に限らず，文化・体育クラブなどの諸団体は，「働く者の人間性向上の意欲」を開花させることを意図として立ち上げられたが，消滅あるいは変質させられたのである。[44]

VI 賃上げ共闘

以上，全自トヨタ分会は50年争議で敗北し，争議の「早期解決」に養成工が重要な役割を果たしたことを示した。

しかし，50年争議終了後，即座に現在の形である「一体型」の労使関係になったわけではない。トヨタ分会は，しばらくの間，日産，いすゞの労組と三者共闘を続け，賃金闘争に加わった。次章で明らかにする，日産分会の争議敗北のいきさつにも関わることなので，以下，50年争議の敗北後からトヨタの「労使共同宣言」までの経緯を簡単にみておこう。

トヨタ分会は，大争議の敗北以降も，日産といすゞの両分会との共闘を続け，よりいっそう先鋭化した。全自の「高速回転式斗争方式」にしたがい，全面スト，部分スト，時限スト，残業拒否を立て続けに行った。[45]

朝鮮特需により，戦後日本の本格的な復興が始まると，トヨタもその「恩恵」にあずかり，生産台数が大幅に増加した。会社にとって，生産増はもちろん喜ばしいことであったが，その直前に労働者を大量に馘首した手前，労働者の新規採用は見送らざるをえなかった。そのしわ寄せが労働者に降りかかったのである。すなわち，長時間労働でもって生産増に対応させられたのだ。このような労働条件の悪化に対して，トヨタ分会は，「定時間で喰える賃金」を要求したのである。

全自は，賃金闘争をさらに強化するために，1951(昭和26)年4月の全自第4回定期大会で，4月15日以降の実力行使ならびにスト権の中央委譲を決定した。トヨタ分会は，日産，いすゞの両分会と共同で賃上げ要求を行った。[46]それに対する会社側の回答を不服として，21日に時間外労働拒否2時間ストの実力行使に打って出た。24日から部分ストに切り換え，株式課，第三機械，車体工場，鍛造工場などがこれに参加し，会社は事実上操業停止の状態に陥った。26日には，5職場で無期限ストに突入し，全職場で4時間ストに入る。30日，再び2時間ストを打った。しかし，部分ストを頻発させても，依然として交渉は難航した。会社側の提案に対して，組合側はあくまでも要求の貫徹を期してこれを拒否し，5月5日の団交もの別れに終わった。

41……田中(1982 (1)) 41-42頁。
42……同上，42頁。
43……清水(2005) 205-206頁。
44……鈴木(1983) 56頁。
45……『トヨタ組合20年史』36-43頁。
46……以下，『労働運動史 昭和26年版』188-191頁，『愛知県労働運動史 第二巻』194-225頁。

ついに5月7日の午前8時から24時間全面ストライキに突入する。翌日も24時間ストを打ち続け，争議は泥沼化の様相を呈した。

しかし，労使ともに民事部への出頭を命じられ，争議の早期解決の「忠告」を受けた。それは，GHQからの措置をちらつかせる非常に厳しい内容であった。労使が互いに歩み寄り，5月15日，40日間に及ぶ賃上げ闘争は終わった。

同年秋，日米講和条約および日米安全保障条約の締結を目前に控え，トヨタ分会は全面講和，中立堅持，再軍備反対の三原則を主張し，9.1ゼネストに参加して広範囲な労働戦線統一を訴え，政治闘争の色彩を濃くしていった。

翌1952（昭和27）年7月，全自は，全組合の全国的統一を目指す「全日本労働戦線統一懇談会」の構想を実現させるという趣旨に賛同し，総評加盟を決定した。[47]そして，三者共闘で賃上げに次ぐ賃上げに挑み，全組合員を総動員して要求を実現しようとした。「職場闘争」を中心とした徹底した闘いぶりから，全自は，左傾急進の総評所属の中でも最も前衛的な組合と評されるようになる。

全自は，生活水準を戦前の水準にまで回復させようとして，総評が主唱する「マーケット・バスケット方式」[48]に基づき要求賃金額を算出した。[49]トヨタの経営者が職能的な給与体系に変えようとしたのに対して，全自の方針を受けた組合側は，従来の生活給中心の賃金制度を守ることを主張した。

全自は，1952（昭和27）年9月4，5日の定例執行委員会で，「最低賃金制確立の原則」，「同一労働同一賃金の原則」，「統一賃金の原則」からなる「賃金三原則」の上に立ち，「マーケット・バスケット方式」を用いた基準賃金額を決定した。また，職種別賃金差をなくし，経験年数・年齢・家族数に応じて6段階に区切った新賃金案（「6本柱の統一基準案」）を採択した。[50]3社の分会は，全自決定による「統一基準案」に準拠した要求額を11月25日（トヨタは26日）に一斉に会社側に提示した。それぞれの金額は，現行賃金（日産手取19,000円，いすゞ手取18,000円，トヨタ税込18,000円）に対して10,000円以上のアップである。要求書の提出後，各分会および本部は共闘を結成し，交渉戦を展開した。しかし，会社側はいずれも「企業の実態を無視したあまりに高額な要求のため到底応じ難いものであり，その算定は給与体形（ママ）の全面的改革を意図するもので納得出来ない」として頑なに拒否する態度を示した。交渉は進展せず，難航を極めた。

11月27日には大部の分会が24時間ストを実施し，闘争が本格化した。職場では部課長をつるしあげ，同年12月1日から全組合員が徹夜交渉に参加した。しかし，無期限ストは，各分会の態勢確立が不十分であったため，11月30日以降は実施できず，とりわけ越年資金[51]の回答が出されるに至って，闘争はにわかに弱化した。12月上旬，すべての分会が当初の要求とはかけ離れた定期昇給プラスαの線で妥結した。トヨタ分会は12月4日に妥結し，金額は手取1,400円増(一時金7,000円支給，1953(昭和28)年5月より)にとどまった。

かくて，炭労，電産に続いて秋期闘争の主軸たらんとした全自の闘争は，一時的には盛り上がりを見せたものの一挙に解決となり，一般の予想よりも早い終幕となった。

翌1953(昭和28)年の5月下旬，三者共闘会議を設置し，共同闘争態勢を確立して，6月初旬より各社が賃金交渉に入った。しかし，会社側は賃上げ拒否の強硬姿勢を示したのみならず，従来から懸案になっていた，職場委員会を中心とする「時間中の組合活動に対する賃金の処置」について，うやむやの態度を一変させて，「ノーワーク，ノーペイの原則」を確立するとの断固たる態度にでた。[52] 組合は「組合圧殺の謀略，既得権の侵害」として猛烈に反発し，賃上げ要求と並行してこれが労使間における大きな争点になった。

6月14日以降，組合側は三者共闘統一行動として残業を拒否し，7月3日から10日まで，連日1時間ストを実施した。これに対して会社側は，一時金については約1ヵ月分の支給(要求は2ヵ月分)の回答にとどまり，賃上げ拒否の方針は曲げず，6月分賃金からは「不就労時間」分を差し引きするなど，終始強硬な態度をもって臨んだ。組合側は賃上げ要求保留の線までは譲歩したが，「就業時間中の組合活動」問題は譲れず，両者は歩み寄らない。日産は7月16日，遂に団体交渉が決裂し，トヨタといすゞも交渉は進展せず，3分会とも7月17日より組立部門の無期限部分ストライキに突入した。

ところが，いすゞとトヨタの両分会では，早期解決への気運が高まり，8月に入って交渉は急な進展をみせる。8月4日，いすゞは「一時金1.35ヶ月分，6月21日から7月20日迄の間の不就業時間を17時間とする。賃上げは行わない。」との条件で妥結し，トヨタも同日「一時金24,100円。不就業時間については双方主張を棚上げして論議しない。賃上げは行わない。」で妥結をみた。かくして，トヨタでは，1953(昭和28)年6月11日の組立作業停止と工場長のつるしあげに端を発した争議行為は，55日間で終息に向かった。[53]

日産については次章で詳しくみるので簡単

❖47……『労働運動史 昭和27年版』1004-1005頁。

❖48……「マーケット・バスケット方式」とは，一定の生活水準を維持するのに必要な生活費を理論的に見積もる方法であり，日常必需品の費用を具体的に積み上げて算出する方法である。

❖49……『トヨタ20年史』447-448頁。

❖50……以下，『労働運動史 昭和27年版』508-512頁。

❖51……越年資金とは，新年を迎えるにあたり支給される生活資金のこと。

❖52……以下，『労働運動史 昭和28年版』137-138頁。

❖53……『トヨタ30年史』416頁では「8月5日」に妥結となっているが，徹夜交渉により「4日」に妥結した(『トヨタ組合10年史』86頁)。

に触れるにとどめるが，ここからさらに熾烈な争議に突入していく。会社側が「就業時間中における組合活動に関する覚書案」を出し，組合の「やりすぎ」を是正しようとしたのに対して，組合側は，それを組合圧殺を図るものとみなし，猛然と反発した。会社側と組合側は，それぞれ当時の「日本経営者団体連盟」(以下，日経連)と総評の支援を受け，日産争議は労資全面対決の様相を呈した。会社側は，ロックアウト，臨時休業，組合幹部の懲戒解雇を強行し，組合側は部分スト，つるしあげ，坐りこみ，無期限ストなどの戦術で対抗した。しかし，第二組合が誕生するに及んで，ついに日産分会は，9月13日，会社の「組合活動に関する覚書案」を受諾する。次いで9月21日，会社側の要求を全面的に受け入れ，日産分会の敗北という形で争議は終結したのである。

VII 全自解散

前節で述べたように，1953(昭和28)年の春季賃金闘争に端を発した全自の各分会の闘いは，経営側に押しきられる形で終わった。

しかし，全自にとって，ここからさらに深刻な問題が発生した[54]。全自内で亀裂が生じたのである。早期に妥結したかったいすゞとトヨタの両分会は，全自の争議指導と運動方針に対して批判的になった。加えて，日産争議中，日産分会が生活資金として融資を受けた借入金の保証をしていたこの2分会は，その返済が困難になったことから，日産分会に対する不満が募った。

日産分会が借り入れた生活資金のうち4千数百万円は，第二組合に移った組合員に貸し付けられていたために，回収が不可能になったのである。さらに，日産分会は，毎月30余万円の利子負担に悩まされていた。借入金の保証人であるいすゞとトヨタの両分会は，日産分会の債務の肩代わりをさせられることを危惧して，次第に日産分会と全自執行部に対して否定的な態度をとるようになった。トヨタ分会が，生活資金の返済にかんして日産の第二組合と直接話し合いをもつ提案を中央委員会でするに至り，融資処理をめぐる全自内部の対立はついに表面化したのである。

中央委員会では，それでは第二組合に振り回されるだけだとして反対論が大勢であったが，トヨタ分会は，カンパには応じられないし，全自が従来のような方針をとり続けるのであれば脱退も辞さないとの強硬姿勢を示した。いすゞ分会もトヨタ分会に同調し，全自本部および日産分会に対する批判を表に出すようになった。1954(昭和29)年8月23日に代議員会を開き，日産分会除名提案を決定した。

日産分会は，第二組合が借入金の返済を妨害しているとみて，一部の悪質な労働者に対して借金の返済命令を裁判所に申請した。トヨタ分会が裁判の取り下げを含む日産融資処理問題の方針転換を提起し，全自第20回中央委員会は日産分会にその要請を行ったが，日産分会は，裁判を取り下げれば第二組合から追い討ちをかけられ，日産分会の自滅を意味するとして拒否した。

ここに至り，トヨタ分会，いすゞ分会と日産分会とが真っ向から対立し，10月6日に開催された全自第26回中央委員会は，ついに最悪の事態を迎えた。すでにトヨタといすゞは全自脱退，全自解散などを含む独自行動の態度を決めていたが，全自執行部は，最低限，全自組織を存続させるために，本部自らが日産分会の「除名」を中央委員会に提案した。中小企業分会は「脱退勧告」ならまだしも「除名」には反対であると主張したが，いすゞとトヨタは「勧告」ではまた「引きのばし」になるとの理由でその意見に反対し，採決に持ち込まれた。結果は，日産分会除名に賛成12，反対7，保留8で，過半数に達せず，「除名」は否決された。

日産分会除名提案が否決されるや否や，いすゞとトヨタの両分会は，直ちに「融資金保証の免責」を提案したが受け入れられず，ついにいすゞは「本日以降独自の行動に入る。トヨタと緊密な態度をとる」旨を表明し，トヨタも「中執2名を残し全部引揚げ，本部費納入停止，保証の放棄，（日産の第二組合との）直接交渉」の態度を明らかにした。

両分会は，10月7日，日産の第二組合と融資処理問題について直接交渉を開始し，その結果，トヨタといすゞの分会が直接，日産分会に融資した中の日産労組員の借り入れ分（一人千円）については返済するとの了解を得た。同日，トヨタ分会は「全自臨時大会に全自解散を提案し，否決された場合は全自を脱退，東海支部を中心に組織の再編成をはかる」との執行部の見解を一般組合員にはかった結果，4,196対316で可決された。

全自本部は，労働金庫をはじめとする外部の債権者と打ち合わせを行い，日産の第二組合と直接折衝にあたらせることで融資問題を解決し，組織維持を図ろうと最後まで努力した。しかし，労働金庫が第二組合と直接交渉して壁に突きあたれば，最終的にはその尻ぬぐいをさせられることをいすゞとトヨタの両分会は警戒し，これらをすべて日産分会と全自本部の「引きのばし策」だとみなし，あくまで全自解散大会の開催を要求した。もしこれが受け入れられなければ，トヨタ分会は同分会出身の全自中央執行委員長を，いすゞ分会は同分会出身の書記長をそれぞれ引きあげると，本部に申し入れた。

1954（昭和29）年10月25日，全自中央執行委員会は，全自組織の解散によって事態を収拾するほかないと観念し，12月1，2両日，静岡市公会堂で開かれた臨時大会

❖54……以下，『労働運動史 昭和29年版』866-879頁。

で，全自の解散を決議したのである。[55]

VIII
トヨタ自動車労働組合と「労使宣言」

トヨタ分会は，全自解散の決定に基づき，1954（昭和29）年12月15日に全国分会代表者会議を開催し，新組織結成の第一歩を踏み出す。「全国自動車産業労働組合連絡会議」を設置して，新組織結成の準備を進めることを申し合わせた。[56]

翌1955（昭和30）年1月19日，かつての全自トヨタ分会コロモ支部は，「トヨタ自動車労働組合」に変わり，「労働者の生活安定と産業および企業の発展は車の両輪」という認識を示し，運動方針の転換を公式に宣言した。[57]「我等は労働者の生活向上

❖55……本章の目的は，全自の解散理由を検討することではないが，それに関わる点について若干触れておきたい。

日産融資処理問題が全自の解散の引き金になったことはたしかである。しかし，そこには様々な利害や思惑が絡んでいる。「2・1スト」を境にGHQの対日政策や労働運動に対する姿勢が大きく変わった。日経連による会社側への総力的な援護射撃もあった。そして，もともと分会の足並みがそろっていなかった点も見落とせない。全自の組織は，日産，いすゞ，トヨタの各分会を中心とした産業別組合であったが，日産分会と後者の2分会とは会社に対するスタンス，運動路線が異なり，全自の指導方針に対して意思が統一されていたとは言い難い。日産分会の益田哲夫（後述）に象徴される全自の階級闘争的な運動方針に対して，後者の2分会は徐々について行けなくなる。そのような折に，企業間競争が激しくなり，各企業の労働者たちは産業全体のことよりも「自社」への意識が強まった。全自の内実は，産業別ではなく企業別組合の連合体にすぎず，組織内の矛盾が日産融資処理問題を機に表面化したと分析することができる。「全自組織自体が，その実態においては，企業別組合の単なる連合体であるにとどまった。したがって，コロモ分会も，一企業別組合としての実態を持ち続けることになる。トヨタ労組が，企業主義・労使協調の指導路線を保持しえたのは，こうした日本の伝統的社会構成に根ざす雇用・賃金制度とそれに対する全自本部指導の限界のためでもあった。」（鈴木 1983，41頁）。

全自本部や日産分会とトヨタ分会との間には，当初から路線の違いがあった。願興寺（2003）は，トヨタの労使関係の歴史をさかのぼり，トヨタはもともと労使協調的であったとみなす。「ふりかえれば，この争議（1950年争議—伊原）は労使それぞれが外部からの干渉を排し労使の相互信頼を守り抜こうとする闘いであったと見ることもできる。すなわち，会社は金融機関からの厳しい要求の中で会社存続と最大多数の従業員の雇用の視点から苦しい選択を迫られ，一方組合は，1500 人もの解雇という犠牲を払いながらも，外部からの干渉が強まる中で労使関係を最優先に早期解決の途を選択した訳である。」（願興寺 2003，169頁）。経営者の言葉にも，「トヨタ創業以来の美風である会社・組合一体の精神」（取締役副社長の隈部一雄，『トヨタ50年史』227頁）といった表現がみられる。

たしかに，全自の中でも，トヨタと日産とでは路線に違いがあった。しかし，トヨタ分会がはじめから「労使協調的」であったという解釈もまた一面的であり，「創業以来」という言説は歴史を書き換える経営イデオロギーとしての側面が強い。トヨタ分会は，日産分会ほどには階級闘争的ではなかったにせよ，一貫して相互信頼の関係を守ろうとしてきたという解釈は，経営側と労働者側の利害の一致を強調しすぎであり，歴史を平板に捉えすぎている。また，組合執行部と一般組合員との間の会社に対する意識の違いも見落としており，労働者内の利害の多様性を切り捨てている。当時の組合リーダーの話からも，その点がうかがえる。

「昭和20年代後半の組合リーダーは，職場の中で雰囲気（階級闘争的な雰囲気—伊原）に流され

が日本経済の安定と発展の基礎であることを確認する。従って合理性に基く生産性の向上と生産力の増大に建設的な努力を払うことが自動車産業の発展と国民全体の向上を齎らすものであり，労働者の雇傭と労働条件の維持向上も又玆に存在することを認識するものである。併し資本家並びに経営者が我等組合員の建設的主張及び合理性を否定し全く労働者の一方的犠牲に於て資本を保全し，企業を維持せんとするならば，あらゆる力を集中して断乎闘うものである」。このように基本綱領に明記し，産業の発展，企業の成長を踏まえた労働者生活の向上を謳った[58]。同年7月，日本生産性本部が主催した欧米自動車生産性調査団に労使の代表者が相携えて参加した。これは，労働組合が生まれ変った象徴的なできごとであった。

「こうして，わが社の労働組合は，結成以来10年の歳月を経て，ようやく企業内組

ていない人びとにアプローチしていった。これは，組合内での方針に関する議論という側面と全自とトヨタとの方針の違いという側面をも反映している。つまり，企業別組合として形成されてきた労働組合と労働組合員にとって，まず何を考えるべきかということである。端的に言えば，現在の全自の方針では会社は潰れる，会社が潰れたら元も子もないのではないか，という問題意識を提示しその問題意識の共有化をはかっていったのである。生活の場に根ざしている土に足がついている人びとのところに赴いて話をすると，人間と人間との触れ合いのようなものに基づいて，説得することができる。このように人びとの気持ちをつかむ努力が真剣に行われた。組合リーダーを中心とする十数人ほどの人びとが，一般組合員のこころをつかむ努力をした。職場委員長などをしていたこの十数人の人びとからまたこのような問題意識が次々に人びとへと広がっていった。出かけていって，何時間も話し合うということも頻繁に行い，人びとが感じたり考えたりしていることをつかんでいった。しかし，公の場ではすぐには主流を占めるということにはならなかった。職場委員長の中には，公然と反対する人びともいたし，言いたくても言えないという状況が続いた。職場委員長などの組合幹部の半数ほどは，路線の変更が必要だということが徐々に認識されたきた（ママ）。また，場合によれば，職場委員長などを飛び越して直接に一般組合員に働きかけを行った。労働運動の路線転換は，突然に行われたものではなく一般組合員とのコミュニケーションを密にするという方法で数年かけて，意見や意識を醸成し行われたものである。」（中部産業・労働政策研究会 1998，29-30頁，傍点伊原）。

1950（昭和25）年の争議では，ストライキが頻発し，会社側からすればまさに「トヨタの危機」であった。50年の首切りは実質的にレッドパージの面があった。そして争議後，現在の「一体型」の関係に落ち着くまでには長い時間がかかった。豊田英二自身，争議後に「労使の信頼関係が定着するまでに10年かかった」と述懐している（豊田英二研究会編 1999，47-50頁）。

「一体型」として有名なトヨタの労と使の関係も，対立と協調の間で揺れを経験してきたのであり，また同じトヨタの労働者でも会社に対するスタンスに違いがあったわけであり，それらの変化や多様性を慎重に読み解かなければならない。

❖56……『労働運動史 昭和29年版』887頁。それ以降にトヨタの労組と関係がある全国組織を簡単に説明しておくと，1955（昭和30）年3月6日，東海地区でトヨタ労組を中心に，自動車産業労組東海地方連合会（自動車東海）が結成された。58（昭和33）年に全国自動車労組懇談会が発足，62（昭和37）年に全国自動車，65（昭和40）年に自動車産業労働組合協議会（自動車労協），72（昭和47）年には，日産系の組合も加わり，全日本自動車産業労働組合総連合会（自動車総連）が結成された。同年に全トヨタ労働組合連合会が発足した。

❖57……『トヨタ50年史』308-309頁。

❖58……『労働運動史 昭和30年版』744頁。

合としての本来の道にたどりつき，これまでのような『会社の経営状態が悪いからこそ，賃上げをすべきだ』とか，『企業のわくを突破して賃上げを闘うべきだ』とかいうような考え方を改め，『企業の発展とともに労働条件の向上をはかる』ということを真剣に考えるようになった。会社もまた，こうした組合の健全な考え方を信頼し，会社の将来について率直に腹を割って話し合うという機運が生まれてきた。これが期せずして会社と組合との間に生まれた“相互信頼”である。それ以後，わが社では，この労使の相互信頼を基礎として，労使一体となって難局を打開する機運が醸成されていった[59]」。

1956(昭和31)年9月末の労働組合の定期大会で，組合創立以来，組合員であった課長層を非組合員にすることが決定され，同年10月1日から実施された[60]。

以上，トヨタの労働者と使用者との関係が「一体化」するまでの経緯をみてきたが，最後に労働協約について確認しておこう。

1946(昭和21)年7月25日，会社と組合との間で，組合の性格，組合員の資格，経営協議会の性格および運営方法，給与の種類および支払方法，昇給，労働条件，福利厚生などにかんして協約が締結された[61]。1950(昭和25)年6月10日，「争議終結覚書」が調印され，労使間で「暫定基本協約」が結ばれた[62]。しかし，その後，会社側による協約改定案を組合側が受け入れず，1951(昭和26)年8月7日以降，無協約時代に入る。争議終結後は「安定した労使関係」に向かったが，労働協約は締結されなかったのである。労働争議が終結してからおよそ10年が経過したのを機に，「労働協約を改めて締結しようではないか」という意見もでたが，「(昭和)34年に従来の経営協議会を労使協議会と改称し，同時に，生産，人事，賃金，厚生の分科会を設置して，労使の話合いの場をより明確なものにしたではないか。すでに慣行となっている実態がある以上，そのように形式を整えても無意味と思われる。仮につくっても，かえってトラブルのもとになるのではないか」という声が上がり，1962(昭和37)年2月，当時の社長である中川不器男とトヨタ自動車労働組合トヨタ支部執行委員長である加藤和男が，労使協議会の席上で，労使の「相互信頼」と「生産性の向上」を通じて「企業の繁栄」と「労働条件の維持改善」を図るという「労働理念」に徹することを互いに確認し，「労使宣言」としてこれを広く世間に発表した[63]。

1. 自動車産業の興隆を通じて，国民経済の発展に寄与する。2. 労使関係は相互信頼を基盤とする。3. 生産性の向上を通じ，企業の繁栄と労働条件の維持改善をはかる。以上の3つの基調の上にたち，(1)品質性能の向上　(2)原価の低減(3)量産体制の確立，をはかる。

この「労使宣言」がもとになり，1974(昭和49)年2月に労働協約がようやく明文化された。トヨタは，オイル・ショックに伴う大幅な業績悪化という厳しい経営状況に直面し，労使双方が相互理解を一層深め，この難局を乗り切っていくことの必要性を確認し合った。それまでに個々に結んできた協約を集約し，労働協約として改めて締結し直したのである。第1条第1項にその目的が記されている。

「本協約は労使相互信頼を基盤として，これまでの会社と組合がお互いの努力で築き上げてきた健全かつ公正な労使関係を維持し，生産性の向上を通じて企業の繁栄と労働条件の維持改善を図ることを目的とする[64]」。かくして，1950(昭和25)年の争議中の混乱時から24年間続いた無協約時代に終止符が打たれた。

1982(昭和57)年6月22日，自工・自販の労働組合(1970[昭和45]年に分離)の一体化について組合員投票が行われ，同年9月1日に労組が再びひとつにまとまった。この年は，1962(昭和37)年の「労使宣言」の調印から20周年にあたる年でもあり，9月6日に労働協約の調印式が執り行われた。当時の豊田章一郎社長と鈴鹿三郎組合執行委員長が，「労使宣言」の基本精神に基づき，労使の信頼の絆を一層強固にしてこれからの難局に立ち向かうことを確認し合った[65]。

21世紀に入ると，トヨタは，積極的に海外に進出し，生産規模を大幅に拡大させ，従業員の「多様化」を進める中で，「基本理念」への立ち返りを求め，トヨタの価値観と行動指針を全世界の従業員に共有させようとする。それらをわかりやすく整理し直したものが「トヨタウェイ」である。経営がグローバルに展開される時代にあって，「原点」を忘れずに，トヨタの理念を世界規模で浸透させようとしている[66]。

IX 小括

本章は，トヨタの労働組合の誕生から50年争議，全自の解散，「労使宣言」を経て現在に至る労使関係の流れを概観し，トヨタの労使関係の最大の「ヤマ場」といえる争議中に養成工が果たした役割がいかに大きかったのかを明らかにした。労働者側の「敗北要因」は，トヨタの外側に求めれば，GHQの経営寄りの政策転換や経営者団体の支援，全自内の意思統一の不徹底などが挙げられる。他方で，会社の内側をみれば，労務担当者が養

[59]……『トヨタ30年史』418頁。
[60]……『トヨタ20年史』448頁。
[61]……同上，245頁。
[62]……同上，312頁。暫定労働協約にかんしては，杉山(2006)が詳しい。
[63]……『トヨタ50年史』377-378頁。
[64]……『トヨタ40年史』438頁。
[65]……『トヨタ50年史』738頁。そこから現在に至るトヨタの労使関係については，猿田編(2009)を参照のこと。
[66]……「トヨタウェイ」とは，トヨタの理念を，経営のグローバル化の時代に改めて形式知化したものである。「知恵と改善」，「人間性の尊重」の二本柱からなる。各地域の制度や文化によって行動様式は異なるが，トヨタの全社員が共有すべき価値観であり，行動規範である(北井 2004，16-17頁)。

成工と密かに連絡を取り合い，養成工が中心になって会社に敵対的な組合を弱体化させたことが大きかったのである。

前章で紹介したように，トヨタの養成学校は，会社設立以来，現場の「中核層」を一貫して育成してきた。他の労働者に比べて，養成学校の3年間で身につけた技能や知識のアドバンテージは大きい。

養成工が社内でリーダーとして受け入れられるためには，他の労働者に対する「説得力」が必要となる。その源泉が，養成工の「能力」の高さである。それに加えて，彼らがトヨタの「危機を救った」という「歴史的な事実」が大きな意味を持つ。組織内で養成工の「武勇伝」が口伝えされ，その「物語」が他の労働者に養成工をリーダーとして認めさせる一助となってきた。今のトヨタがあるのは，養成工が中心となって会社を守ったからである，という逸話は，今でもフォーマル，インフォーマルに聞かれる。

そして，歴代のトヨタ自動車労働組合委員長は養成学校卒である（桜井 2007，132頁），この慣例は，養成工による会社へのそして組合への「貢献」を風化させず，一体型の労使関係を堅持する象徴ともなる。

また，養成学校では，先輩たちの「活躍」が紹介され，「トヨタの現場をわれわれが支える」ことの‘必然性’が説かれる。学園の1年時に「トヨタの歴史」を学び，その中に終戦直後の大争議と養成工による会社再建の話が盛り込まれている[67]。「今でこそ，世界に冠たる企業であるが，倒産の危機に瀕した時代もあった。今のトヨタがあるのは，吾々の先輩たちのおかげ」，という訓話である。その伝統や志を受け継がねばならないという意識が，在校生に芽生える。

養成工の技能や知識は，高卒入社の人に比べて高い。少なくとも，入社当初は高い。したがって，高い「能力」を持っているからこそ，職場の「中核層」になってきたことはたしかである。それに加えて，今みた歴史上の活躍が，養成学校出身者という「総体」がリーダーシップを発揮することの「正当性」を与えてきたのである。養成工は，技能と意識の高さから，会社と組合の両方で重要なポストをあてがわれ，組織や職場を束ね，牽引してきた。併せて，リーダーたる所以の「物語」に支えられて，トヨタの「中核」として認められてきた。養成工はリーダーたる「実質」と「象徴」の両面を持ち合わせながら，現場から指導力を発揮してきたのである[68]。

協調的な労使関係は，現場を牽引する力を必然的に引き出すわけではない。日本企業の労使関係は，露骨な対立が少ないという理由で「協調的関係」と一括にされることが多いが，経営陣に対する現場のスタンスには幅がある。積極的に会社と協力する現場もあれば，消極的に現状を受け入れるだけの現場もある。トヨタでは，養成工の「活躍」の歴史と学園での教育が養成工に会社運営に対する当事者意識を強く持たせ，リーダーシップを発揮することの「正当性」を与えてきたのであり，現場から経営側に向けて牽引する力を引き出し続けてきたのである。

❖67……トヨタ工業学園の1年時で学ぶ『トヨタの歴史』の教科書には，次のようなくだりがある。1,600人の人員整理に対する「反対闘争も，すでにこの時には大きな勢いの流れとなっていて，労働組合もこのまま承認するわけには行きません。首を切らない組合独自の再建案をかかげ，ついに4月11日，家族ぐるみの大争議に突入，構内には赤旗がはためき，ビラがはりめぐらされ，インターナショナルの歌声があふれました。以後，6月10日の解決の日まで連日のように職場放棄デモ，抗議集会が行なわれました。豊田伝統の，信頼と愛情にもとづく大家族主義は姿を消し，会社全体が興奮と怒号のルツボと化し，見るも無惨な光景となってしまいました。このはげしい嵐の中から，トヨタをつぶしてはならぬ，おれたちはトヨタとともに生きるのだ，という声があがってきました。会社と従業員の間の信頼関係を取りもどそう，会社を信頼しよう，会社の立場を理解し，大争議はやめ，再建に立ち上がろう。この声は期せずして中堅幹部のグループと，現場の作業員の有志の両方から同時におこりました。現場の中核となったのは，社内で養成工教育を受けた中堅技能員の人々――後に豊養会員と名のる人々でした。最初のうちは，過激派の人たちに，面と向かってののしられ，いやがらせをされましたから，これを言いだすのには大へんな勇気が必要でした。しかし，日がたつにつれて，少しでも冷静さを取りもどした従業員の中から，この声に同調する者がふえ，この勢いは，だんだん広まり強くなって行きました。」（トヨタ工業高等学園 1979，87-88頁）。

❖68……「『生産面でも団結面でも，一期生の影響は今も残っている』と，トヨタ自動車名誉会長の豊田章一郎は言う。」（『トヨタ伝』166頁）。終戦後にトヨタが再起した時から1986（昭和61）年に退社する時まで，一貫して人事畑を歩いてきた牧野（2008）の「トヨタ観」にも，「旗本」である養成工の活躍ぶりが登場する。本社のスタッフと各工場の「旗本」とが「緊密に協力連携し」，職場運営に心血を注いだという。「職場の旗本の面々は，自らの職場の人間関係の確立について，日夜頑固なまでに『行動事例』（現場での人間関係構築の実践事例のこと―伊原）同様の苦労を重ね，天下取り三河城の堅固な石垣づくり，職場全員のスクラムづくりをリードし献身した。」（432頁）。第5章で詳しく分析するが，現場の実態をみれば，養成工を中心とした職場づくりに問題点がないわけではないが，彼の説明にかんして注目すべき点は，「事実関係」よりも，トヨタがグローバル企業になった今でも，「旗本」，「三河」，「遺伝子」といったタームを用いた「物語」が，社内外で語り継がれていることである。

第3章

日産の労使関係の転機と現場の「中核層」の軸足

前章では，トヨタの労使関係に転機をもたらした養成工の「活躍」を描いた。トヨタの養成工は，高等小学校あるいは中学校を卒業してすぐに養成学校で学び，クルマづくりに必要な技能と知識の基礎を身につけ，トヨタマンとしての自覚を持つようになり，入社後には現場の職制にそして組合の要職に就き，リーダーたる実質を備えてきた。それに加えて，先輩たちが労使関係を現在の「一体型」へと導く上で決定的な「貢献」を果たし，後輩たる彼らはリーダーとして振る舞うことの「正当性」を与えられたのであり，実際に現場を牽引してきたのである。

トヨタ同様，日産でも，戦後の混乱期に労使が激しく対立し，やがて協調的な関係を築いたが，そこに至る過程がトヨタとは異なった。階級闘争的な第一組合に反発する層が労使協調的な第二組合を誕生させ，第二組合の指導層が強烈なリーダーシップを発揮して第一組合を消滅させ，経営陣と「信頼関係」を構築した。しかし，1977（昭和52）年に就任した新社長は，権勢を誇った組合リーダーへの敵対姿勢を徐々に露わにし，組合リーダーは終には失脚する。一連の顚末の後，日産の労働組合はトヨタのそれに近づいた。組合による現場への直接的な「介入」はなくなり，現在に至るのである。

それらの部分的な歴史は，いくつかの先行研究が扱ってきた[❖1]。日産労組の「特異さ」は当時のマスコミを賑わし，世間的にも知られるところとなった。しかし，現在は「ゴーン改革」を経て，それらはもはや「過去の話」になった。

だが，働く場の力学は，現時点の労使関係にのみ規定されるわけではない。また，安定した労使関係が，そのまま現場による「積極的な協力」に直結するわけではない。中卒と高卒との違いはあるものの，日産にも現場の「中核層」を育成する企業内学校は存在する。しかし，労と使の間に置かれた「中核層」のスタンスは，トヨタとは大きく異なってきた。その歴史的経緯の違いが，現在の働く場の力学にも相違をもたらしているのである。

本章は，日産の労使関係の通史を描くわけでも，労使関係の制度や組合組織の全体構造を明らかにするわけでもない。日産の一時代を築いた労と使のトップに焦点をあてて，彼らの入り組んだ関係の歴史を読み解きながら，現場に形成された力学の一端を浮き彫りにしたいと思う。トヨタと日産は，似たような安定した労使関係を築き，同じような企業内学校で現場の「中核層」を育ててきた。しかし，現場のあり方は，とりわけ現場から経営側に向けられる「牽引力」は，労使間の力関係の歴史を通して定まる「中核層」の「軸足」によって異なることを示す。

I 経営陣の一新と労組結成の動き

1945（昭和20）年9月25日，終戦間もない混乱の中で，日産は生産を再開した。同日の臨時株主総会で村山威士社長が退任し，山本惣治を取締役社長とする新体制で再出発をはかった。[2]

ところが，軍国主義根絶と日本民主化という占領政策の一環として，翌46（昭和21）年1月4日，GHQから「戦争犯罪人」をはじめ「軍国主義者及び極端な国家主義指導者」の公職追放の指令が出され，同年11月21日，追放覚書の拡張適用により財界もその対象となり，はやくも山本体制は頓挫する。経済界の関係者計1,555人が追放され，[3]その中に日産の経営陣も含まれていたのだ。山本社長を含む計4人の経営者が戦犯の該当者になり，創業者である鮎川義介も日産から退いた。[4]1947（昭和22）年5月31日の定期株主総会で，箕浦多一を社長とする新体制が組まれた。[5]

箕浦は，読売新聞社から日産に移り，取締役総務部長から一気に社長に登りつめた人物である。日産は，人材不足だった。当時，経理部長であった大舘愛雄（元・日産ディーゼル社長）は，日産の人材払底ぶりを回想する。「あのときは焦りました，日産には船頭がいないんですから……。そこで私は箕浦さんに『銀行から人を迎えたらどうでしょう』と提言したんです。そうしたら箕浦さんも心細かったんでしょう，『それは結構なことだ』とさっそく興銀に話をもっていかれましてね[6]」。日産は，当時の日本興業銀行（現・みずほ銀行）に経理担当重役の派遣を申し入れ，後に社長になる川又克二を迎え入れたのである。彼が初めて日産本社に出勤したのは1947（昭和22）年7月であり，後ほど詳しくみる，争議の真っ直中であった。

公職追放の対象企業は資本金1億円以上であり，日産はそれに該当した。ちなみに，トヨタはたまたま1億円をわずかに下回り（9,439万円），経営陣はそのまま会社復興の指揮をとった。2代目社長で実質的な創業者である豊田喜一郎が先頭に立ち，大野修

❖1……第1部序の注2を参照のこと。
❖2……『日産30年史』139頁。
❖3……日経連三十年史刊行会（1981）56-58頁。
❖4……鮎川義介は，1945（昭和20）年に日産の取締役会長を退任し，準A級戦犯として巣鴨に送り込まれた（鮎川 1965，337-341頁）。
❖5……『日産30年史』161頁。
❖6……川又克二追悼録編纂委員会編（1988）25頁。

司，石田退三という年来の「大番頭」がひかえ，販売部門は，後に「販売の神様」と呼ばれる神谷正太郎が立て直した。[7]

日産の労働者は，1945（昭和20）年9月30日付で全員がいったん解雇され，3分の1にあたる約3,000人が10月1日付で再雇用された。[8] 翌46（昭和21）年初め，労働者の中から労組結成の声があがり，準備委員会が立ち上げられた。同年2月9日，代表者選挙が行われ，同月19日，組合の結成大会が横浜の本社で挙行された。結成当初の組合員数は4,783人（横浜工場のみ）であり，各支部（吉原，鶴見，厚木，戸塚，柏尾，千若など）に結成の動きが広まった。発足当時の名称は，「日産重工業従業員組合」であり，1947（昭和22）年4月25日，「日産重工業労働組合」に変わった。[9]

組合結成の動きは，現場の工員から始まった。やがて，工員と職員（社員）とが一体となった組合にすることで話がすすみ，課長，係長クラスの会社役付が中心になって活動を盛り立てていった。[10] 日産の工員は職員と一緒にやることに抵抗はなかった。むしろ，工員の方から職員に一緒にやらないかと話を持ちかけた。準備委員が組合結成の意向を当時総務部長であった箕浦に伝えたところ，彼は「けっこうなことだ」と歓迎の意を表し，部下の文書課長・中村秀弥を紹介した。準備委員には，職員の中から6人が選出された。初代組合長に就任する松山隆茂は当時の材料課長であり，常任委員になる小浜正宏は鋳物課長であった。彼らに中村が加わり，労働組合法を学ぶ講座を企画し，組合規定，スローガン，宣言文の起草を引き受けた。

松山は慶應大学経済学部卒，中村は旧制静岡高校から京大法，後に組合の中心人物となる益田哲夫は一高中退，七高から東大法と，組合の立ち上げ期に活動を引っ張った人たちは大卒が多い。現場労働者もいなかったわけではないが，課長職が中心となって組合を牽引したのである。

結成後，組合はただちに始動した。1946（昭和21）年2月21日，次の6項目の要望書を会社に提出し，24日，会社側はこれを原則的に承認した。[11]

（1）団体交渉権の確立
（2）生活費の確保
（3）厚生，福祉施設における組合指導性の確保
（4）社内民主化の徹底
（5）退職手当制度の確立ならびに公開
（6）経営協議会の設立

同年7月26日，組合は，労働協約の締結，経営協議会の設置，社工員の身分制

度の撤廃(社工員給与制を統一し，月給制にすること)の3項目を要求した。会社は組合と協議した結果，8月9日，労働協約，経営協議会規約を承認した。社工員身分制度の撤廃については，その原則は承認し，給与制度その他は追って立案協議することにした。第1回経営協議会は8月31日に開かれ，給与制度全般，就業条件，賞罰，解雇，生産および業務の運営方針，工場の安全，厚生福利，その他の協議事項が取り上げられた。

日産の労働協約には，業種を問わず，当時，一般的に締結されていたものと比べて注目すべき点があった。労使関係にかかわる主要部分はむろんのこと，経営権に属する部分についても，完全な「同意約款」——組合側の「承認」もしくは「了承」が必要——を取りつけていたのである。

II 全自日産分会と日産争議

松山と中村はそれぞれ，1947(昭和22)年4月に発足した全自結成準備会の委員長と書記長に選出され，二代目組合長の辻恒雄は，全自神奈川支部の委員長に選ばれ，彼らは活動の拠点を全自に移した[13]。同年4月26日に日産の組合執行部の選挙が実施され，三代目の組合長に益田哲夫が選出された。

この頃になると，会社側は本格的な「再建」に乗り出す。「再建危機突破運動」を企画し，着任したばかりの川又常務取締役を「再建準備委員会」の委員長に据え，関係部課長を委員に配置し，全従業員に積極的な協力を求めた。組合に対しても，当初の「寛大さ」から変化をみせる。1947(昭和22)年秋の賃上げ闘争は，組合は総額3,229万円を要求したが，2,000万円の獲得で終わった。組合結成以来，初めて会社側が頑な姿勢をみせ，組合側が要求を貫徹できない一戦となった[14]。

翌1948(昭和23)年3月に全自が結成され，日産の労組は全自日産分会になった。分会は賃上げを求めて3月27日午前7時から24時間ストを打ち，横浜で大規模な大会を開催した[15]。組合結成後，初の実力行使である。

続いて7月1日，政府のインフレ予算の実施と物価の引上げへの抗議として，1時間のストを打った。11月，GHQが日本経済の自立を目指して「企業合理化三原則」(赤字融資，物価に影響を与える賃金引き上げ，

❖7……同上。
❖8……『日産30年史』139頁。
❖9……『日産40年史』413頁。当時の社名は日産重工業株式会社であり，1949(昭和24)年8月1日に日産自動車株式会社に変わった。
❖10……以下，熊谷・嵯峨(1983)32-33, 43, 326-327頁。
❖11……以下，『日産30年史』163頁。
❖12……『全自・日産分会(上)』146-147頁。
❖13……同上，230-231頁。
❖14……同上，247-252頁。
❖15……『日産30年史』196頁。

価格差補給金の禁止)を指令したのに対して,「『企業三原則』は労働者の生活と産業を破壊する」ものとして,12月15日,全自の指揮の下,「三原則」反対を掲げた24時間ストを決行した。日産分会は日増しに政治的色彩を強めていった。[16]

ドッジ・ラインによる財政金融引き締めを受けて,労使間の争点は,賃上げから人員整理へシフトする。会社側は,1949(昭和24)年10月5日の経営協議会で,約2,000名の人員整理と賃金の1割切り下げを発表した。日産経営陣がとる最初の厳しい態度であった。当時の川又専務が提案者であった。

この提案を受けて,組合は会社と数回の団体交渉をもったが,整理案の撤回を主張して譲らず,職場放棄,抗議ストなどの実力行使にでたため,会社側が希望する話し合いによる「円満な妥結」にはいたらなかった。会社側は10月17日付で1,826人(うち嘱託への転換者98人)に解雇通告書を発送し,同月18日と19日を臨時休業にした。21日以降,被解雇者の工場内立入りを禁止したが,被解雇者は工場内に入り,作業を続けた。組合は連日,会社と団体交渉を行い,一般組合員は部課長を長時間にわたって取り囲み,解雇通告撤回への協力を求めた。

11月にはいると,組合は戸塚工場の工場長と課長の不信任を掲げ,同工場から追放することを決議し,彼らの入構を拒否した。会社側は11月21日以後,戸塚工場を閉鎖した。組合は翌22日から,販売関係部門の無期限ストに突入し,販売業務は完全に停止した。しかしこの頃から組合も,長期闘争による会社の経営破綻を回避するために,断固たる整理案撤回要求から条件交渉に切り替えた。28日の交渉で折り合いがつき,11月30日に正式調印に至った。約2ヵ月間にわたる紛争はようやく解決した。[17]

1950(昭和25)年4月,益田哲夫が全自の委員長に選出された。全自は「産業別統一闘争」の強化を掲げ,日産分会は「職場闘争」を重点化する方針を採択した。

前章でみたように,日産,トヨタ,いすゞの分会は,トヨタの整理案に三者共同で反対し,日産といすゞの組合は同情ストを打った。3分会は1950(昭和25)年5月初めに自動車産業危機突破総決起闘争の方針を決め,6月3日,中央と地方とでいっせいに大会を開き,30日に闘争宣言を発した[18](トヨタの「50年争議」は6月10日に終結)。

同年7月6日,日産分会は組合員の生活困窮を理由に生活補給金(突破資金)を要求する。会社側が拒否したのを受けて,同月15日,1時間の抗議ストを打ち,17日から全工場の時間外勤務を拒否し,組立課A, Bラインの無期限ストを実施した。数度にわたる団体交渉を経て,7月29日,会社側は臨時補給金の支給を了承して,争議は解決した。

組合は,その後も闘争を間断なく続ける。GHQによるレッドパージ(日産では7人が該当)に抗議して，8回の団体交渉を持った。9月～11月にかけて，朝鮮動乱による生活物資の価格上昇，地方税の支払い，生産量の急増による精神的肉体的過重などを理由とした賃上げ要求と12回におよぶ団体交渉を行い，年末には，昇給と越年資金の要求と11回の団体交渉および部分ストを行った。[19]

1951(昭和26)年に入ると，組合の活動は，益田全自委員長の指揮の下，統率された「職場闘争」が中心になっていく。朝鮮動乱による物価上昇に対応させた賃上げ，夏季突破資金，「特需」打ち切りによる収入減を補填する意味合いの賃上げなどの要求を次々に打ち出し，団体交渉を持つが妥結せず，就業時間中に職場大会を開き，職場サボタージュ(サボ)，ストライキ，残業・変則勤務の拒否を行った。

職場闘争では，「職場委員会」が重要な役割を果たした。日産分会の職場委員会は，職場(課単位)の大小に応じて，5人から20人の委員で構成された。選出方法は，組合員による直接無記名投票である。組合発足当初は，職場委員会は単なる組合の上意下達的な連絡機関にすぎず，委員の多くは職制であった。ところが，1950年代に入ると，活発な組合活動家たちが占め，独持の機能を果たすようになる。職場委員の多くは勤続10年くらいの熟練工であり，能力的にも人格的にも労働者から信頼されている人物であった。職場委員会の責任者は「職場委員長」(通称「職場長」)であり，この職場長と組合三役，本部常任委員は「職場長会議」(工場単位)に参加した(なお，職場委員会と職場長会議の間には，部単位の「ブロック会議」があった)。これらの会議は，勤務時間中に制約を受けることなく毎日，闘争期間中には1日に何回も，開かれた。[20]

組合は，就業時間中に職場委員会や職場全員大会を開き，そのなかに課長を引き入れ，つるし上げた。これらの活動は，組合の中央執行部の指導のもとで行われ，事態が紛糾することが予想される場合には，常任委員が参加して，組合の意向を管理者に受け入れさせた。職制機能は次第に麻痺していった。1953(昭和28)年の長期ストライキの最中に課長が組合を脱退するまで，このような組合の戦術は続いた。[21]

会社側は，「乱れた職場規律」の「正常化」にとりかかる。1951(昭和26)年7月7日，「組合集会および動員にかんする覚書」の提案(通称「たなばた提案」)を行い，組合集会や動員を，会社が許可したものと，そうでないものとに区別しようとした。この提案に含まれる，就業時間中の組合活動にたいする「ノーペイの原則」は，その後の長期紛争の中心的な争点になる。[22]

1952(昭和27)年に入っても，賃金引き上

❖16……同上。
❖17……同上，212-215頁。
❖18……同上，215-216頁，261-262頁。
❖19……同上，262-263頁。
❖20……熊谷・嵯峨(1983) 184-186頁。
❖21……『日産30年史』267頁。
❖22……同上，264-267頁。

げ要求闘争は続く。組合は年間を通して絶え間なく賃上げその他を要求し，それらの要求が会社側に受け入れられないとなると，そのたびに，職場大会を開き，職場放棄，怠業，ストなどの実力行使に打って出た[23]。そして，翌53(昭和23)年3月18日，組合が団体交渉の席で次の6項目の要求書を会社に提出したのを機に，労使間の対立は決定的なものになった[24]。①臨時工本採用の追加，②特殊作業手当の改正，③生産奨励金の改正，④職制改革，人事異動の事前協議，⑤文化体育費の増加，⑥4月以降の賃上げの本格的要求の予告。日産分会の第15回定期大会の決定に基づき，同月25日，立て続けに8項目を会社に要求した。

会社側は賃上げ要求を断固として拒否した。団交を重ねていく中で，組合は5月25日，「マーケット・バスケット方式」に依拠した1万4,000円の賃上げ，3万5,000円の夏期一時金など，8項目にわたる要求書を重ねて提出した。会社側はただちにこの要求を突っぱね，逆に「ノーワーク・ノーペイの原則」の承認を組合に迫った。ここに「100日闘争」の戦端が開かれた。

会社側は6月4日，「たなばた提案」に基づき，「不就業時間の賃金不支給」を実施したい旨を組合側に伝えた。それに対して組合は，職場大会を開き，職場ごとに怠業に入り，団体交渉の場へ組合員を動員して，断固拒否の姿勢を示した。会社側は，6月11日，同月8日以降の就業時間中の組合活動には，会社が承認したものを除いて賃金を支給しないことを組合に通告したが，組合は拒否し，部長に職場交渉を要求するなど，反対闘争を激化させていった。

6月18日，会社側は，就業時間中の組合活動のチェックおよび承認・不承認は各部課長が行うことを明記した「就業時間中の組合活動の取扱いにかんする件」を組合に通告した。組合は部課長に「不就業時間」の記録をやめるようにつめより，長時間にわたってつるしあげ，「不就業時間」の賃金不支給を阻止しようとした。6月21日，「不就業時間」の記録をやめるよう，課長に決断を迫った。最初の労働協約(1946[昭和21]年8月締結)では，人事課長以外の各課長(待遇，代理を含む)は組合員とされた。1948(昭和23)年2月に締結し直した労働協約では，総務，人事，経理の各部ならびに各工場の課長は非組合員になった。ところが，この協約は，49(昭和24)年10月に失効し，それ以降，無協約状態になっていた。1950(昭和25)年1月7日から，会社はたびたび協約締結を組合に申し入れてきたが，締結には至らなかった。会社は改めて1953(昭和28)年5月19日付で，課長，課長代理およびこれらと同等の待遇者を組合員から除外することを組合に提案したが，組合はこの提案を取り上げなかった。労使間の交渉が膠着状態に陥り，課長はどちら側につくのか決断を迫られたのである。6月23日，課長会をつくり，経営補助者としての立場を明確にし，大多数は組合に脱退届を提出した。

前章で詳述したように，いすゞとトヨタは8月4日に労使間の交渉が妥結し，争議は終結した。ここから日産分会は孤独な闘いに突入することになる。

同日，始業から1時間，全社一斉ストを打ち，無期限の部分ストを追加した。この日までの10日間，ストやサボタージュが連日のように続き，生産は完全に停止状態に陥った。団体交渉は，7月16日の第16回交渉を最後に中断され，会社と組合の紛争解決の道は閉ざされた。

ここにいたり，会社側は8月5日午前4時，ロックアウトを宣言し，淺原社長名で全従業員にその旨を伝える通知を出した。7日にはかねて暴行傷害を理由に会社が告発していた益田組合長[25]以下6人の組合員が横浜地検に，14日には吉原支部長以下3人の組合員が静岡地検に送検され，紛争は緊張の度を増した。会社は8月21日，従業員就業規則に照らして，益田組合長以下6人を8月20日付で懲戒解雇する旨を組合に通告した。

この間，日産分会は，会社側の態度が強硬なことを察知して，団体交渉の再開を働きかけた。9月3日，団体交渉再開のための予備交渉を持つという会社案を受諾し，6日には紛争処理妥結条件を会社側に提案した。しばらく文書の応酬が続いた後，第16回団体交渉からおよそ2ヵ月ぶりとなる9月13日に，日産自動車会議所で予備交渉がもたれ，「組合活動にかんする協定書」が調印された。この調印により日産分会は，6月8日以降の不就業時間にたいする会社側の処理を了承し，賞与以外の条件については7月16日の会社案を承認した。9月14日，第17回にあたる団体交渉が再開され，9月21日の第23回の団体交渉において会社提案通りの妥結協定書が調印され，約5ヵ月間に及んだ紛争がここに終結した。

4ヵ月以上にわたって停止していた生産は，再開の運びとなった。1953(昭和28)年12月5日付で諭旨退職11人，出勤停止10日39人，出勤停止5日38人，譴責処分53人，計141人の処分が発表された。かくして，日産の100日争議は日産分会の全面敗北で幕を閉じた。そしてここから，前章でみたように，全自の解散に至るのである。

III 「批判グループ」の中心メンバーと第二組合の結成

日産争議の結果は，当時の社会情勢と無関係ではない。前章のトヨタの争議のとこ

❖23……同上，267-268頁。
❖24……以下，『日産30年史』269-278頁，『日産40年史』414-415頁。
❖25……益田哲夫は，体調不良で全自委員長を退き，日産分会の組合長に復帰していた。

ろでも言及したように，GHQの経営寄りの政策転換はいかんともしがたい強制力を持った。また，日産の100日争議は「総資本対総労働の対決」，「労資の天王山」とも言われ，日経連と総評の対決にまで発展した。[26] 日経連は金銭的にも戦術的にも日産経営陣を全面的にバックアップした。総評による労働者側への支援とは歴然たる差があった。[27]

加えて，日産分会の運動のあり方に問題がなかったわけではない。全自は，日産分会の益田哲夫の強力な指導力の下で「総評最左翼」と呼ばれるまでになったが，益田は劣勢に立たされても一歩も引かなかった。「会社はつぶれても，組合は生き残るさ」と言い放った（Halberstam 1986, p.152, 邦訳（上）266頁）。日産分会は全自の中で孤立していった。

しかし，分会敗北の直接的な原因は，トヨタと同様，分会内部にあった。分会の中から批判勢力が生まれ，組織を内側から弱体化させたのである。紛争のさなか，第二組合が誕生し，会社と団体交渉を始めると，第一組合である分会は激しく動揺し，瞬く間に結束力は弱まった。ただし，本章が注目する点は，批判グループを立ち上げ，引っ張っていった中心的な層がトヨタとは異なったことである。以下，第二組合がどのような経緯で生まれ，いかなる層が「批判勢力」の中心であったのかをみていこう。

日産分会への批判は，1947（昭和22）年頃にまで遡る。吉原支部で不満のくすぶりが確認されている。[28] しかし，反組合勢力の「本流」の原点は，1949（昭和24）年秋の2千人首切り反対闘争への反発にあるとみるのが妥当であろう。[29] 後の第二組合の組合長であり，日産分会からすれば「分裂の首謀者」である宮家愈が入社したのが同年春であった。彼がその闘争に反対して早期終結運動を起こした中心人物であり，彼を中核とした新卒入社グループが「分裂」をはかる主勢力になるのである。日産の労組の結成当初，指導的立場にいたのは大卒であったことは確認したが，分会批判の活動を立ち上げたのも，若い大学出であった。[30]

宮家は東亜同文書院を経て軍隊に入り，零戦の操縦士になった。[31] 戦後，1949（昭和24）年に東京商科大学（現・一橋大学）を卒業し，日産に入社した。この年，日産は2千人の解雇反対闘争で大荒れに荒れていた。入社早々，宮家は組合執行部を公然と批判し，闘争の終結と生産再開を要求した。その存在は，早くも人目を引いた。彼は，益田路線では会社の存立が危うくなり，労働者の生活が破綻すると考え，批判グループの拡大に努めた。まずは大卒の中でひそかに同志を募った。

分会批判の動きは横浜工場から始まり，吉原，鶴見，新橋と，徐々に他の工場でも芽生えた。職場大会その他の機会に，益田批判の声が聞こえてきた。1951（昭和26）年の時点では，批判の動きはまだ散発的なものにすぎなかったが，翌52（昭和27）

年の春になると，批判グループが集結し，執行部批判の声は高まった。各支部の批判グループは，東京の喫茶店や新橋のバーなどをたまり場にするようになった。同年半ばに宮家を中心とした横浜のグループが「企業研究会」を立ち上げ，他支部の批判グループも，追々この研究会と接触を持つようになる。

組合組織への直接的な攻撃は，全自の上諏訪大会から始まった。「われわれは率直に労働組合が企業の枠を考えなければならないこと。階級至上主義では完全でないこと。幹部の権力とイデオロギーの押しつけではいけないこと。分裂屋とか反動とかいう前に，全自自身が反省すべきであること」を問題提起した。しかし，全自の大会では，宮家のみが舌鋒鋭く追及し，出席した代議員の中で，正面切って全自を批判する人はほとんどいなかった。

1952(昭和27)年以降の日産大会では，十数人が一斉に「マーケット・バスケット方式」に依拠した賃上げ闘争に反対し，仕事の質と量に応じた賃金を要求すべきであると主張した。[32]「マーケット・バスケット方式」に基づく賃上げ要求案は，闘争のための闘争を引き起こし，企業を荒廃に導き，労働者をかえって苦境に立たせ，ひいては組合組織の弱体化をもたらす。そうではなく，現実に即した「合理的賃金要求」を，すなわち，生産性向上を基盤に持つ賃上げ要求を行うべきであると自説を唱えた。また，組合の運営は民主的であるべきであり，少数派の建設的な意見も十分に取り上げるべきであると訴えた。この頃になると，批判勢力は表面化し，事務部門，技術部門だけでなく現場にも伸びていった。

1953(昭和28)年の2月，事務部門の職場長連絡会は，常任委員の改選で益田哲夫を候補として推薦しないことを決定した。結果的には，20票ほどの僅差で彼は当選したが，分会執行部に与えた心理的ダメージは大きかった。批判勢力は，各支部で，常任，代議員，職場長に当選者を出し，代議員会

❖26……『労働運動史 昭和28年版』1161頁。

❖27……「事態は日経連と総評の対決にまで発展していったのである。組合のバックには400万総評が1億5千万円の闘争資金を注ぎ込めば，会社側の背後には日経連が“宿敵総評ござんなれ”とばかり40億円ともいわれる資金を用意し，とにかく双方とも相手が倒れるまで鉾は収めぬという態度に出たのだ。」(川又克二追悼録編纂委員会編 1988，41頁)。日経連によるバックアップは経済的な面だけではなかった。反組合戦術を指導し，同業他社に対しては，競争相手を出し抜くようなことは慎むように協力を要請した(Crump 2003, pp. 69-71，邦訳115-116頁)。日経連だけでなく，自動車産業経営者連盟などの経営者団体も，日産経営陣を後方支援した(自動車産業経営者連盟十年誌編集委員会編 1957，208-209頁)。また，取引銀行も，「特別融資」という形で経営陣を経済的に支えた。「組合とは対照的に，彼(川又―伊原)には資金が豊富だった。過激な組合との闘争資金として，興銀と富士銀行から，特別融資のおよそ150万ドルを借り入れていた。ほぼ，日産が1年間に稼ぐ金額である。」(Halberstam 1986, p.169，邦訳(上) 296頁)。

❖28……『全自・日産分会(上)』256頁。

❖29……益田(1954) 34頁。

❖30……以下，『日産争議白書』20-26頁。

❖31……宮家の略歴は，『全自・日産分会(中)』340-341頁。Halberstam (1986) pp.156–160，邦訳(上) 273-280頁。

❖32……以下，『日産争議白書』32-35頁。

の3割を占めるまでに成長した。

1953(昭和28)年8月に入ると，益田哲夫が検挙され，日産争議をめぐる動きはあわただしくなった。[33] 8月7日，横浜工場鋳造課の有志代表が，会社側の提案である「ノーワーク・ノーペイの原則」を適用する旨の「組合活動の覚書」を即時締結し，団交を再開せよと，益田組合長に対して闘争方針の転換を求める声明書を発表した。このような動きのほとんどは，大卒の事務・技術部門から生まれた。代議員会では執行部不信任案が提出されたが，成立にはいたらなかった。

批判グループの中心メンバーは若手大卒であったことは既に触れたが，批判勢力は統一的な組織をなしていたわけではなかった。分会の「監視の目」をかいくぐって生まれた自生的な小グループがいくつもあった。その一つが，係長のグループである。[34] 7月14日に係長70人が，直接会社側(岩越重役と原科工場長)と話し合いをする機会を持ち，事態収拾に向けて働きかけを行った。要点は，「(I)ノーワークノーペイは全面的に認むるべきではないかと思っている。(II)一時金に就いては無理でも組合が要求している二ヶ月分を出してもらいたい。(III)6月25日，7月10日，7月25日，支払いに就いてはノーワークノーペイは認めるのであるから之を100%にして払うことは要求しないが，事実各従業員の家庭の状態を考える時(我々もそうであるが)減収になって生活が破綻に追い込んでいるから何かの方法で之を見てやってもらいたい!!」。

この話し合いにより何らかの結論がでたわけではなかったが，今後も話し合いの機会を持つということで意見の一致をみた。ところが，この働きかけが組合執行部の耳に入り，次の日，全係長が集められた。そして，7人の「首謀者」が執行部，職場長，そして青年部のメンバーからつるしあげにあい，責任を問われたのである。

分会批判の動きは若い大卒グループだけでなく，若手労働者のグループ，職場が近い者どうしのグループ，外部の団体につながっているグループなどからも生まれた。なかでも係長のグループは現場の「重鎮」として独特な動きをしていたわけであるが，その代表も，他のグループと同様，「企業研究会」につながっていた。[35]

分会批判の動きは，日産の関連会社にも広がった。日産販売店協会，関東地区日産販売店労働組合，協力工場の団体である日産協力会などが，日産分会の闘い方を批判する声明をあいついで発表し，日産分会執行部に対する批判は日産本体内外で高まった。[36]

1953(昭和28)年8月30日，批判グループの506人が浅草公会堂に集まり，新しい労働組合の結成大会の開催にこぎ着けた。「日産自動車労働組合」(以下，日産労組と略す)が誕生した。

この大会で，基本綱領[37]，結成趣意書が確認され，当面の運動方針が決定された。新労組の発足に際して掲げたスローガンは以下の通りである[38]。

- 真に組合を愛する者は真に企業を愛する
- 明るい組合，明るい生活
- 真に自由にして民主的な組合は独裁者を生まない
- 労働者へのしわよせを排除して真の合理化
- 働き甲斐のある賃金を闘いとれ
- 経営協議会の強化と職能人の活用
- 生産性の向上による源泉を確保しての賃上げ
- 日共（日本共産党—伊原）のひもつき御用組合の粉砕

8月31日，会社は日産労組を，団体交渉権をもつ労働組合として認めた。翌9月1日，第1回の団体交渉の場を設け，一時金，立ち上がり資金について，新組合と覚書を取りかわした。

9月5日，「組合活動にかんする協定書」の調印を行い，7日には，夏季一時金について妥結した。会社と日産労組は，「経営協議会にかんする協定書」およびその手続規定である「経営協議会規約」について協議し，10月14日に調印の運びとなった。翌15日，第1回経営協議会が開催された[39]。

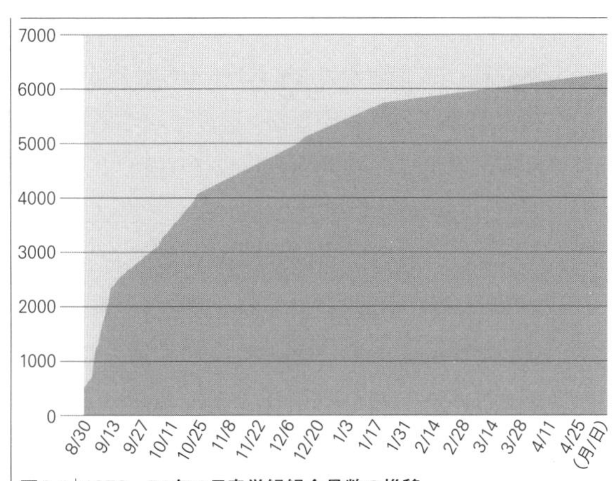

図3-1｜1953〜54年の日産労組組合員数の推移
『日産争議白書』より筆者作成。

表3-1｜1953〜54年の日産労組組合員数の推移

日付	8月30日	31日	9月1日	2日	3日	4日	5日	6日	7日	8日	9日	10日	11日	12日	13日
人数	506	535	610	639	704	1041	1229	1283	1476	1638	1758	1922	2037	2280	2320

9月14日	15日	16日	17日	18日	10月5日	7日	8日	22日	23日	12月10日	15日	23日	1月21日	5月5日
2365	2436	2481	2519	2552	3072	3205	3250	3905	4029	4911	5063	5225	5677	6211

❖33……『全自・日産分会（下）』110頁。
❖34……以下，『日産争議白書』46-53頁。
❖35……『全自・日産分会（下）』150頁。
❖36……『日産40年史』415頁。
❖37……基本綱領の内容は，『日産争議白書』230頁。
❖38……同上，80頁。
❖39……『日産30年史』276頁。

日産労組の組合員数はまたたく間に増え，すぐに日産内で多数派になった（**図3-1，表3-1**）1954（昭和29）年3月29日，日産本体の労働者に販売会社，部品メーカー，輸送会社，一般業種の労働者が加わり，「自動車労連結成準備会」を発足させた。翌55（昭和30）年1月23日，日産グループの労働組合の連合体となる「自動車労連」（日本自動車産業労働組合連合会，現・日産労連）が結成された。[40] 初代委員長に，宮家が就任した。

Ⅳ 組合リーダーと経営トップとの「信頼関係」

トヨタと同様，日産にも「相互信頼」に基づく労使関係が誕生した。会社側は争議中「企業研究会」と連携をとり，経済的・精神的の両面から支援を行った。後に日産社長になる川又と第二組合のトップである宮家は1953（昭和28）年の春に面識を持った。大学が同窓ということもあり，また，川又の出身母体である興銀に共通の知り合いがいたこともあり，意気投合するのに時間はかからなかった。川又は，労使関係が安定した後も，経営内部の主導権争いに宮家の「助け」を借りた。日産プロパーではない川又が力を持つことに不満を抱く経営陣は少なくなく，川又を関連会社へ出す動きが生まれた。その計画が固まり，株主総会で発表される直前に，宮家が横浜工場のラインをストップさせて実行を阻止したのだ（「ラインストップ事件」）。宮家に対する川又の信頼はいっそう強まり，両者の関係はより密なものになった。[41]

ところが，宮家は労連会長の座を塩路一郎に譲って「下番」[42]する際，取締役のポストを要求し，川又社長（1957［昭和32］年就任）の逆鱗に触れる。川又にとって，「天皇」と呼ばれるほどに組合でカリスマ性を持つ宮家は，次第に疎ましい存在になった。「宮家の片腕」と言われた塩路を使って宮家の追い出しを図ったという話もあるが，ことの真相はわからない。[43] いずれにせよ，川又―宮家体制から川又―塩路体制へと変わったものの，労と使のトップの「信頼関係」は維持され，さらに強化されたのである。

塩路一郎は，1927（昭和2年）年1月1日に生まれ，東京市立一中から海軍兵学校（機関学校）に入った。[44] 終戦後，日本油脂に入社するが，学歴がないと「上」に行けないことがわかり，明治大学法学部の夜間部に入学した。しかし，夜間部では，転職に際して大卒の入社試験を受けられないので，昼間部に編入して卒業し，1953（昭和28）年4月に日産自動車に入社した。配属先は経理部原価課であった（後に人事部に移る）。入社時，すでに争議突入の雰囲気が立ちこめており，塩路はすぐに「民主化グループ」に入った。[45] 1958（昭和33）年に日産労組書記長，1961（昭和36）年に組合長，その翌年には宮家に代わり二代目自動車労連会長に就任した。完成乗用車の輸入自由化を目前にひかえた1965（昭和40）年8月，2単産8組合22万人が結集し，「全日本自動車産業労働組合協議会(自動車労協)」を発足させ，塩路が議長を務めた。[46] 活動の場を世界へ広げる。1969(昭和44)年6月のILO総会で労働側理事に，1972(昭和47)年7月開催の国際自由労連第10回世界大会で副会長に選出された。同年，資本の自由化に備えて「全日本自動車産業労働組合総連合会(自動車総連)」が結成され，塩路は会長に就任した。

川又社長は労組対策を塩路に頼るようになる。その象徴的な出来事がプリンス自動車工業株式会社(以下，プリンス自工と略)との合併劇であった。日産は，1966(昭和41)年8月1日にプリンス自工を吸収合併するが，その際に労務関係で難しい問題に直面し，なかでも深刻だったのは組合問題である。[47] 当時，日産側の組合が同盟系であったのに対して，プリンス自工側の組合は総評全国金属に属し，最左翼の組合だっ

❖40……『資料労働運動史 昭和29年版』888-889頁。

❖41……Halberstam (1986)には，組合結成の前にそしてその後も，川又と宮家および「企業研究会」とが密接な連携をとってきたことを示す記述が随所に出てくる。「そこで彼(川又—伊原)は，会社側を支持する第二組合をつくることにした。彼の計画どおり，それは労働者によってではなく，中間管理職によって結成される組合だった。」(p.156，邦訳(上) 271頁)。「ストライキ(53年の労働争議—伊原)までは，彼は日産で何となく孤立した人物で，銀行から送られてきたよそ者として，旧経営陣から全幅の信頼は得られなかった。車のことを何も知らないとして，淺原一派は彼を侮り，川又は川又で，組合を恐れてばかりいる彼らを軽蔑していた。しかし，川又は結局のところ，組合を打ち破ると同時に一種のクーデターを成功させ，会社を手中に収めていたのだ。彼の力の基盤は，宮家の組合だった。彼らは組合指導者ではあったが，その忠誠心の方角はいささか複雑だった。」(pp.185，邦訳(上) 321-322頁)。「今や川又は，この男たちを会社中の主要なポストに配置した。彼らは，川又だけに忠誠を誓う中核隊を結成した。たとえば，川又と淺原の間で，だれの目にも避け難い対立が起きた場合，彼らは淺原にプレッシャーをかけることになる。宮家の組合は，会社の人事を実質的に乗っ取った。昇進を受ける者は，下のレベルだけでなく中間管理職の場合も，組合の承認を必要とした。」(p.186，邦訳(上) 322頁)。なお，淺原源七は，1944 (昭和19)年に社長を退任したが，1951 (昭和26)年に再び社長に復帰した(『日産自動車30年史』251頁)。

❖42……日産では，組合の専従役員から会社業務に戻ることを「下番(かばん)」と言う。その反対が「上番(じょうばん)」である。もとは軍隊用語である。

❖43……宮家の失脚から塩路体制への移行の経緯については，青木慧『日産自動車共栄圏の危機』(1980年，汐文社)，同『偽装労連』(1981年，汐文社)，高杉良『労働貴族』(1986年，講談社文庫)に書かれている。

❖44……略歴は，本人への聞き取り及び塩路(2004)より。塩路一郎への聞き取り調査は2009(平成21)年5月12日，13時から19時，東京のファミリーレストランにて。その後，電話と手紙のやりとりを通じて何度か補足調査を行った。

❖45……「民主化グループ」へは，宮家の誘いで入った。その経緯については，塩路(2012) 32–35頁，41–43頁。「民主化グループ」の実態はよくわからないが，共産党による「組合支配」に反対し，組合の「民主化」を唱えたグループである。他社の事例であるが，「民主化グループ」の動きについて，金杉(2010)が語っている。なお，塩路は「企業研究会」には入っていなかったと自分で述べていた。

❖46……『日産40年史』421-422頁。

❖47……川又(1983) 101頁。なお，日産とプリンス自工との合併に際して生じた組合問題については，別稿で論じた(伊原 2013b)。詳しくはそちらを参照のこと。

たのである(以下，全金プリンス支部と略す)。「53年争議」で「労使関係の重要性」をいやというほど思い知らされた川又は，合併に際してプリンス側の組合といかに折り合いをつけるかで頭を悩ませていた。そこで塩路を社長室に呼び，「実は日産とプリンスの合併を考えているが，組合の関係をうまく調整できないか」と尋ねたのである。[48]

塩路は，全金プリンス支部の定期大会で「祝辞」を述べることになった。「開放経済体制とは何か」から始めて，この合併に対する日産(労組)側の考えを説明し，やがてプリンス支部の労働運動に対する批判を始めた。挨拶は，当初5分の予定であったが，50分にも及んだ。[49] それでもまだ言い足りず，全金プリンス支部の中央委員会で質疑応答の機会を改めて持った。[50] 日産労組の組合員には，大学・高校・軍隊の同期名簿を持ってこさせ，全金プリンス支部の組合員に知り合いがいないかを確認し，もしいれば，彼らを通して接触をはかり，組合幹部がマルキシズム批判の教育を始めた。川又は，日産労組には「合併の事情」を話したものの，プリンス支部には直接的には働きかけをしていない。[51] 結局，塩路が中心となって，合併前にほとんどの全金プリンス支部の組合員を日産労組側に取り込み，労働条件の統一を2年で終わらせた。[52] 会社側にとって厄介な労組問題を迅速に「解決した」ことで，組合(トップ)に対する会社(トップ)の「信頼」はいっそう強まったのである。[53]

V 組合による現場の「中核層」の教育——青年部と「三会」

「協調」は会社側と組合側の共通の理念になり，両方のトップが全社員にあまねく浸透させようとした。日産の経営者は，労使の「信頼関係」の下で，従業員が会社の「発展」に貢献し，「ゆたかな生活」を享受するという「近代的労使関係」の重要性を説いた。[54] 組合トップも，労働者は階級闘争的に利害を追求するのではなく，雇用の保障を前提として，会社との協調と協議を通して「生産性向上」を達成し，その成果を「公正」に獲得し，皆が「ゆたかな生活」をおくるという社会像を持っていた。[55]

もっとも，川又−宮家の関係と同様，川又−塩路の関係も決して盤石だったわけではないし，互いの利害が完全に一致していたわけでもない。互いに，関係を破綻させない範囲内で揺さぶりをかけることはあったが，本書は，どろどろした権力闘争の「内幕」を知りたいわけではない。組合リーダーと経営トップとの個人的なつながりは密であり，組合リーダーが変わっても，似たような関係が維持された点を確認できればよい。

会社と組合は，トップどうしだけが「信頼関係」を築いたわけではない。その後の重役陣を見ればわかるように，かつての「企業研究会」のメンバーが名を連ね，会社の出世コースには組合役職歴が組み入れられている。つまり，会社の「労務管理機構」と「労働組合組織」とが密接不可分の関係になったのである。[56]

そして，本章が注目する点は，労使の「協調的な関係」下に置かれた現場の「中核層」のスタンスについてである。第二組合の結成に中心的な役割を果たしたのは，若手大卒のホワイトカラーであった。彼らが現場に働きかけて，日産分会に対する批判勢力を広げていった。そして，労組結成後も，日産労組の幹部は現場の「中核層」を押さえてきた。組合が職場運営に関与し，人事に影響力を及ぼし，現場労働者の「気持ち」を摑んでいた。「ブルーワーカーの役職昇進については，組合が会社提案を『了承』せず流した人事や，逆提案してとおした人事も少なくない。」(上井 1994，121頁)。そして人事に加えて，組合教育を通して，現場の人たちを取り込んできた点が重要である。日産労組は，労働者を日産の社員として教育し，同時に，組合の支持者として育て上げたのである。

では，具体的にいかなる教育を行っていたのか。本節は，組合による教育活動全般を概観し，青年部と現場の「中核層」に対する組合教育のあり方を詳しくみていこう。

❖48……塩路・渡辺(1992 ②) 18-19頁より。

❖49……塩路(2004) 20頁。

❖50……プリンス支部の組合紙『全金プリンス』1965年12月18号(号外)で，「塩路会長に聞く日産労組の考え方」について，6ページもの特集が組まれた。

❖51……川又・森川(1976b) 82-83頁。

❖52……塩路・渡辺(1992 ②) 19頁。わずか3ヵ月で，全金プリンス支部の組合員は7,500人から152人に激減した。短期間で「勝負はあった」。しかし，拙速な組織統合は禍根を残す。全金プリンス支部は少数派組合になったものの，そこから徹底抗戦の姿勢をみせたのである(全金プリンス「10年史」編集委員会 1976)。川又も，労働組合の組織統合が性急すぎたことを回顧録で認めている。「プリンスの組合員に対する呼びかけが性急すぎたかもしれないと思う。(中略)　もう少し時間をかけた方がよかったかもしれない(ただしこれは労働組合の問題であって私がとやかく言うべき筋合いではない)。労働組合はイデオロギーにとらわれると非常に意固地になってしまうものだ。この点は若干しこりを残し，旧プリンス自動車の労働組合が今日まで存続している。」(川又 1983，102頁)。半世紀以上も前の日産とプリンス自工との合併は，ましてや組合どうしの確執はすっかり過去の話になった。しかし，プリンス自工側の組合にとどまった最後の労働者は，2010(平成22)年の3月末まで日産で働いており，活動を続けていたのである。少数派組合として闘い続けた活動の軌跡については，別書(近く刊行)で改めて紹介する。

❖53……塩路(2004) 21頁。

❖54……その象徴が，1962(昭和37)年に追浜工場の完成を記念して建てられた「相互信頼の碑」である。これは日産労組の発案により，「日産の暖かい(ママ)労使融合の成果を記念して」建立された。この碑には「互いに信じ合うことは美しい。……闘争の嵐が吹きすさぶ憎しみの泥沼には，幸福の『青い鳥』は飛んでこない。……労使の相互信頼，それこそが日産の源泉であり，誇りである。……」と刻まれている(川又 1964，133-134頁)。

❖55……宮家の労使関係の考え方は，宮家(1959)。塩路の労使関係，労働運動の考え方は，塩路の前掲書のほか，塩路(1971)，塩路・渡辺(1992①②③)を参照。

❖56……山本(1981) 138-147頁。

1 組合による教育活動の概要[57]

新入社員は，会社に入ってすぐに，労組の面談を受ける。組合幹部が一人ひとりに，「仕事への意欲・職場における協調性」，「外部サークルおよび団体との結びつき」，「思想と組織感覚」について質問し，「近代的労使関係」，「労働運動の二つの流れ」，「組合民主主義について」といったテーマを取り上げて，日産の労使関係を説明する。

若手の組合員は「青年部」に入る。青年部の教育は，組合と会社の将来を支える「人材」を育てるという観点から非常に重要視されている。組合教育の主たる対象者は青年層であり，組合は青年層の「健全な育成」を期し，「文体リーダー」の養成に力を注いだ[58]。毎月，時局講演会，青年部教室，新入部員研修会，公開討議会，トップとの対話会などが開かれた。

入社してランクを上げていく過程で――それは，会社と組合の両方で――，層別に細かく分けられた組合教育を受ける。職制の会として，「三会」というものがある。「組長会[59]」，「係長会」，「安全主任会」（係長を終えた人の会）である。それらは本来，組合とは関係のない組織であるが，労働組合にかんする勉強会を持ち，自動車労連会長の講演会を開いた。1969（昭和44）年度の「組長会」の事例を紹介すると，勉強会「労組定期改選について」（8月），講演「国際化時代の労働運動」（9月），労組との懇談会「組長職のあり方」（9月），「塩路労組会長のテープを聞く会」（10月と11月）が開催された。そのほかにも，職場長や独身寮役員などを対象とした「層別懇談会」があった。

協調的な労使関係を支える労働者育成という点で，会社の将来を担う層であり現場の「中核層」である，青年部と「三会」に対する組合教育の意味は大きい。

会社の組織機構に対応させた組合の教育や懇談会もある。工場責任者との懇談会から職場単位の勉強会までがそろっていた。部懇談会，課懇談会，ブロック会議，職場勉強会などである。「部門別懇談会」とは，年に2, 3回，定時後，工場トップの職制が全員列席する，労組の討論会である。主要なテーマは，①部門内の業務計画，②業務遂行上の問題点について，③生産性向上対策，である。「職場勉強会」とは，定時後の2時間，課の労働者全員が小グループに分かれて行う教育活動であり，トータルで2週間行う。「経協活動」（後述）を理解させ，賃闘の方針を周知させる機会となる。

表3-2｜経労講座受講状況
（1959年～1967年9月までの実績）

エリア	第1回からの実績（回数，受講者数，受講率）
横浜関係	84回，2,899人，10.0%
平塚・京都	43回，1,444人，37.1%
上尾・川口	38回，886人，36.2%
厚木	22回，644人，26.5%
計	187回，5,873人，15.8%

「日産労組第13回定期大会第1号議案（職場討論用）経過報告並びに運動方針書（案）」より筆者作成。

職場での教育に加えて，合宿形式の集中的な教育も行われた。「経営労働講座(経労講座)」は，経営協議会事務局が主催する合宿形式の教育であり，労使共同の講座である。第1回講座は1956(昭和31)年に始まり，1月28日から4月中旬まで週1回ずつ開かれた。1959(昭和34)年には，受講生38人が鎌倉保養荘で1週間缶詰(12月2月から8日まで)の合宿を行った。ここから「経営労働講座」と呼ばれるようになる。その後，30人から40人の受講生が，毎月1回，3泊4日の日程で参加し，1968(昭和43)年11月に100回目を迎えた。[60]

なお，この100回というのは，横浜関係に限定された回数である。「日産労組第13回定期大会第1号議案(職場討論用) 経過報告並びに運動方針書(案)」によれば，横浜だけでなく，平塚・京都，上尾・川口，厚木でも開かれている(**表3-2**)。

講師は会社側と労働者側からそれぞれ社内で選ばれ，2時間ほど講義を行う。講座の内容は，「経営の基礎的な知識の習得」と「日産人としての愛社心・愛組心の涵養に役立つもの」と謳われている。具体的には，労働者側の講師が，組合運動，経営協議会活動，労働組合と政治活動，職場活動，青年部活動，自動車労連の歴史などについて語り，会社側の講師は，職場の人間関係，生産性向上，生産と販売，技術革新の役割，会社が労働者にのぞむことなどについて講義した。「マルキシズムに対する理論武装」(100回記念式典労組会長挨拶より)が講座の基調にあり，講座の目的は，「正しい労使関係の確立と労働関係理論の理解」を促し，「正しい労働運動」のあり方と企業の経営方針を学ばせて，「人間関係を正しくする」ことにある。[61]

日産の組合教育とは，会社側の意向とは相容れない労働者に固有な利害を教えるものではない。日産労組の組合員であり，日産の社員でもある，日産の「従業員」の教育を組合が担っていたのであり，経営協議会の活動(経協活動)の一環として教育を行っていたのだ。日産労組の説明によれば，経営協議会とは，「労使信頼」を基調として生産性向上に向けて協議する場であり，労使交渉とは，その成果の配分を「公正」に行う場である。前者の活動のひとつとして，入社時から徹底した「導入教育」を行い，階層別に講義・勉強会・懇話会を設け，合宿形式の集中的な教育や外部の講習会・研修会にも参加させた。組合による教育が職場別，階層別に張り巡らされていたことがわかる。もちろん，次章で詳しく検討するように，会社側も体系だった教育制度を設けているが，日産労組はすべての社員教育を会社任せにしていたわけではなかったのだ。

では，現場のリーダー層を対象とした組合教育とは具体的にいかなるものであったの

❖57……本項は，断りがない限り，竹内ほか(1971)による。
❖58……「日産労組第13回定期大会第1号議案(職場討論用) 経過報告並びに運動方針書(案)」より。なお，「文体」とは，「文化体育活動」の略。
❖59……当時は，組の長のことを「組長」と呼んでいた。現在の「工長」である。
❖60……『日産30年史』395頁。
❖61……同上，298頁。

か。とりわけ組合トップとの関係に焦点をあてて，青年部と「三会」の教育の中身を詳しくみていこう。

2 青年部

青年部とはいかなる組織か。日産の社史に詳しく書かれている。[62]「日産労組の結成と発展，したがってまた百日争議後の当社の復興と発展の歴史のなかで，青年層が果たしてきた役割はきわめて大きい。昭和28年の争議の当時，全自動車日産分会の暴力的な抑圧を排し，真に組合員のための組合を求めて立ち上がった有志のなかに，正義感にもえた青年たちが含まれていた。そして，日産労組が結成後ただちに取り組んだ『復興闘争』のなかで，次代をになう自覚と勇気をもった青年有志は，青年層が日産復興の一翼をになおう，明日をになう若人としてみずからを鍛えよう，そのために，みずからの意志で若い力を結集しようと情熱をもやした。このような青年有志の情熱と献身的な努力が若い組合員を動かし，昭和30年3月1日，横浜支部500余名をもって，日産労組青年部が結成された。初代理事長は塩路一郎現自動車労連会長であった。青年部結成大会のスローガンの一つに『おれたちが作り，おれたちがやる，おれたちの青年部』というのがあるが，この言葉どおり，青年部は青年層みずからの意志で結成され，また内部運営に対する自主性をもった組織として，文化，体育活動，研修活動など個人の向上を目的とした活動を創意，工夫をこらしながら活発に展開した。日産労組青年部は，その後，各支部に組織をつくり，急速に組織人員をのばし活動を充実させてきている。青年層は組織の大半を占めるにいたっているだけに，青年部は組織と企業の『明日をになう』だけでなく『今日をになう』ものとしての自覚に立って活動をすすめている。」。日産労組は，そして塩路本人が，青年部の立ち上げと拡充に力を注ぎ，日産の現在を支え，日産の将来を担う若手社員に大いに期待していたことが想像される。

青年部の結成主旨からみていこう。[63]「我々は『組合を愛する者，企業をも愛す』との日産労組設立の基本的精神に則り，我々組合員の若き力を結集する場を設け，その力を企業復興の一推進力たらしめんとするものである。我々は次代の労組及び企業を担う者として日頃より相互に理解を深め，切磋琢磨し自らの人間形成の場を求めんとするものである。」

青年部の目標は，①「よりよい労働組合の姿を求めること」，②「人間形成を図ること」であり，そして，この2つの目標を達成するために，「個人の向上」，「内部運営の自治」，「民主的運営」を重視する。部員一人ひとりの「主体性」に基づき，皆で力を合わせて活動していく，幅広い研鑽の場として，青年部は位置づけられている。

青年部は，年度ごとに「活動の指針」を決定し，「最重要課題」を設定する。具体例を挙げると，1985(昭和60)年度の指針は「我ら若人　今こそ示せ　仲間の力が明日を拓く」であり，課題は「基本を学び　活動を見直そう」である。翌86(昭和61)年度はそれぞれ「若さと知恵と行動を　みんなで示せ　明日に向かって」，「職場を明るく元気よく」である。

全日産労組は4つの企業(日産自動車，日産車体，日産ディーゼル工業，厚木自動車部品)の労組が単一化されて発足し(1964[昭和36]年設立，2005[平成17]年解散)，それぞれの会社に青年部を設けた。日産本体の労組は11の支部(横浜・鶴見・追浜など)を持ち，全日産労組は14支部からなる。

青年部の活動が目指す方向は，第1に，「明るい職場づくり」である。「人の和」を土台とし，仲間と喜びを分かち合い，「信頼関係」で結ばれる。同時に，一人ひとりの「能力」や「個性」が発揮されるようにする。誰もが，青年部の，そして職場のリーダーになることを期待されている。第2に，14支部の単一化の推進である。相互理解を深め，仲間どうしの「絆」を強め，人の「和」を広げる。第3に，豊かな「人間性」と変化に対応できる資質を養うことである。講演会や教養講座などに参加して幅広い知識を習得し，時代や社会の変化に対応できる姿勢と力を身につける。第4に，社会に目を向けた活動である。青年部は，労組・会社の一員であると同時に社会を構成する一員であることを自覚し，豊かな「社会性」を身につけ，社会との連帯を育み，そして地域社会との関わりを深め合う活動を継続していく。

青年部とは，塩路一郎が手がけた組織である。彼は，日産が「百日争議」で混迷を深めていた1953(昭和28)年当時，「左翼分子つぶしの青年行動隊長として活躍した」[64]。第二組合の「青年グループの責任者」であり，彼の役目は「第一組合を監視し，力には力で対抗すること」だった。「彼はその役目が大好きだった。常に動き回り，行動隊隊長として，争いの起こっている所を発見しては自分の部隊を派遣した。彼は抗争が楽しくて仕方がないようだ。また彼こそは抗争にいつでも立ち向かえる男なのだ――彼の友人はそう思った」[65]。新労組結成後は，青婦対策部員になり[66]，自ら青年部を立ち上げたのである。青年部の設立のいきさつについて，塩路本人に話を聞いた[67]。

❖62……以下，『日産40年史』418頁。
❖63……以下，全日産自動車労働組合・青年部「61年度 活動方針(案)」より。
❖64……川又克二追悼録編纂委員会編(1988)188頁。
❖65……Halberstam (1986) p.182，邦訳(上)316頁。
❖66……『全自・日産分会(下)』154頁。
❖67……当人が「事実」を「どのように捉えているか」が重要な意味を持つので，基本的には，本人の語りをそのまま掲載する。明らかに事実と異なる場合や補足が必要な場合は，注で説明する。文意がわかりにくい点や文脈が大幅に逸れたところのみ，最小限の範囲で手を加えた。

塩路｜　青年部は昭和30年に作ったんですよ。日産労組を結成して2年目。わたしが，結成直後に専従役員をやらされるんですよ。でもこれは，いろんなのに(記録が)残っているんだけど，「俺は社長になりたくて日産に入ったんでね，組合をやりたくて日産に入ったんじゃねぇと。だから職場に戻りたい」と，ボスの宮家氏に交渉して，職場に戻るんです。戻ったときに，執行部に提案した。非専従の執行委員という肩書きはついていましたが。まだ日産分会が残って争っているとき，職場では。提案したのは，青年部を作りたいと。かつての日産分会の青年行動隊ではない。当時，そういう言葉が，いろんな組合にありましたよ。つまり，青年行動隊というのは，執行部の「先兵」なんですよ。労働組合が共産党の先兵であるようにね，行動隊というのは，執行部の先兵でね，つねに共産党の露払いをさせられるわけですよ。前面にでるわけですよ。そういう青年部をつくるんじゃない。考える青年部を作りたい。ということで，付けた条件がね，自治を与えろ。自治規約というのを作ったんですよ。執行部の方針，規約に違反しない限り，行動は自由という規約を作りましてね，青年部活動を始めたんです。作るのは大変でしたがね。まず青年部を作るっていうのに，みんな「やだ」って言った。行動隊の思い出があるから。[68]日産分会でさんざん先兵になってつるしあげの先頭をやらされたからですね。部課長のつるしあげ。そういうのは嫌だっていうんで，「俺たちが考え，俺たちがやる，俺たちの青年部」という標語を作りましてね，それで執行部の承認を得ましてね，自治規約を作って，青年部を作ったんです。そのとき，わたし28歳なんですよ。「青年部は25歳までにしろ」って言われたから，俺が入れない。俺が作った青年部なのに，育つかどうかわからないから，25歳で切るわけにはいかない。30にすると，そしたら2年あると。2年の間に方向を作ろうよといって作ったのが，日産労組の青年部として育っていくんです。(中略)

青年部を作るときなんか，私結婚してないから，青年部の独身寮で泊まりがけでやってましたよ。泊まりがけで1年間，青年部のオルグをやった。独身寮に集まったりすると，電車がなくなって泊まるでしょう。朝飯食って，一緒に会社に行くなんてことをね，1年間やったりしてるから，仲間がいっぱいいるわけね。青年部の。それで自治規約を作ろうよと。委員長の言いなりにしない青年部なんだと。「どんなことやるんだ」と言われれば，「わかんないけど，とにかく作ろう」と。それが立派な青年部に育っていきますよ。

青年部で育ったのが，職制になり，工場長になり，育っていくんですよ。そのときに培った社内の人間関係，これはすごいですよ。わたしは，組合でできる人間関係というのは，会社にとって大変な武器になると思ったの。現場と設計の技術屋とが知り合う場所，同じベースで議論する場所ですよ。(中略)例えばね，設計，高速回転のエンジンの設計をして新車にするとね，クレームが多いと。どうしてかわからない。それで，常任時代に知り合ったね，エンジン工場のベンチテストをやっている係長にね，電話して，「お前調べてくれ」と。その係長がね，自分の実験の結果でね，真円のピストンを楕円にしろ。こうやって動くんだ。楕円で作れ。事件解決ですよ。そういうのはね，会社の中の人間関係とか，自分のつながりの発想ではできないでしょ。これは一つの良い例なんですがね，機械修理で困るとね，あんときに知り合ったあいつが，何々工場にいるはずだからって，現場に相談するわけ。現場で仕事してたやつはね，「こんな車を作られちゃあ，作業しにくくて困る」っていうわけですよ。これは，職制のルートを通さないですよ。それがね，日産の強さだと。そういうのは，一緒に常任委員の釜の飯を食うとかね，一緒に青年部の飯を食うとかね。日産労組というのは，わたしが単一組織にしましたからね。これを会社が利用しろというのが，わたくしの案だったわけですよ。それで会社を握るなんて発想はまるっきりないですよ。会社もいいように使えばいいじゃないか。そういうことが土台にありますから。

青年部もね，全日産労組というのができたのをきっかけに，青年部の統一運動をやるわけ。全日産労組青年部になるわけ。わたしがいろんなことをやりましてね，「青年祭」というのを夏と冬にやるんですよ。冬は札幌で雪祭り，スケートとスキー。夏は山で3日間の夏休みを利用した青年祭をやるわけですよ。これが全国から集まって，垣根がとれていくわけですよ。自動車労連の連帯感というのは，たんに自動車労連に販売・部品が入っているというだけではないんですよ。そういういろんな行事で人間関係が作れるわけですよ。青年祭で知り合った日産労組の女性とね，販売の青年が恋愛関係になって結婚するようなことがでてくるわけですよ。「会長，仲人やってくれ」とかね。「そこまではできないから，組合長やってやれよ」とかね。そういう見えない人のつながりというのがね，自動車労連の最大の力だったと思う。

青年祭なんてね，工場対抗でね，応援団まで作ってね，創価学会の青年祭に負けないやつをやるんですよ。応援団の合戦までしあう，始まるわけですよ。そういうものをね，計画したり，仕切ったり，行事の運営を図ったりするのはね，下手な中小企業の社長よりも大変ですよ。それを，青年部の役割をそれぞれふまえてね，企業の枠を超えてね，やっていくわけでしょ。これはね，理屈ではない，日産の人間関係というのができてきたと思っているわけですけどね。[❖69]（中略）

青年部の理事にはね，時間内組合活動をわたしがとりましたから。1週間で2時間の青

❖68……日産労組側からすると，分会の青年部は，「益田ユーゲント」であり，「前線」で体を張ったのである（『日産争議白書』32頁，36頁，46頁，56頁）。益田の強力なリーダーシップの下で，第二組合の動きを牽制し，部課長をつるしあげ，ロックアウトを破壊し，工場入口でピケ隊として立ちはだかり，「帰ろうとする者は厳重にチェック」し，「帰る奴はヒキョウ者だ」と名指しで批判し，寮や社宅にまで押しかけ，省線の各駅や要所には「ピケとして立ち監視の眼を光らせた」。ところが，益田の号令一下で動き，活躍してきた分会の青年部の人たちは，日産労組で塩路一郎が青年部を立ち上げると，今度はそこで熱心に学び，「非常に良い働きをするようになった」（塩路）という。

年部理事会というのをやれるようにしちゃったんですから。それは決して会社にとってもマイナスにならない。彼らはそれを持つことによって，横のつながりを深めていくわけですからね。たんに青年部の行事をどうするかだけではないですからね。

青年部は，塩路が中心となって立ち上げ，塩路と「一緒に成長した」組織であり，彼にとって非常に思い入れの強い組織であることがわかる。自らが青年たちとともに活動し，青年部を拡大させていった。1960年代中頃には，青年部員が全組合員の7割弱を占めるまでになったのである。[70]

3 「三会」

先述したように，「三会」というのは，組長会，係長会，安全主任会を指す。これらは，建前上は，会社からも組合からも独立した組織であり，労と使の両方に「中立な立場」を保つ。[71]

しかし，係長会の「綱領」によれば，係長は「企業の第一線監督者」であり，それと同時に「労組の組織力の中核」となり，「企業と（組合）組織の発展」に貢献することを謳っている。[72] また，組長は，製造部門の常任委員と執行委員を担当し，代議員や職場委員長の大半を担っている。[73] つまり，組長や係長は，「末端」の管理者であると同時に，組合を現場から支える中心的存在であり，可能性として言えば，会社側にも労働者側にも立ちうる存在なのである。

組長は，労働者を直接掌握する立場にいる。「労働者の日常的な労働と生活の全般について指導監督するだけでなく，組員たる職場労働者にたいする第1次査定権限や応援・配転など配置にかんする決定権限，教育訓練の権限をもっているから，その組員にたいする権威と統制力はきわめて強いものであるといってよい。そのような組長が組合のにない手になるとき，組合の職場労働者にたいする統制力はきわめて強力なものになるといえるだろう。[74]」。

「三会」に属する人たちは，経営者・上級管理者と現場労働者とをつなぐ要のポストに就き，管理の担い手にも，労働者の一員にもなりうる。そのような役職の人たちに，組合が実質的に強い影響を及ぼし，組合トップが直に関わることもあったのである。

塩路｜ 「三会」というのは，わたくしと極めて縁が深いんです。理由は，28年の争議のときに，わたしは現場によく入っていましたから。組合ができてからはなおさらです。現場の人たちとのつきあいは，その頃から。青年部を昭和30年に結成したときも，1年がかりで横浜工場と鶴見工場を昼飯のときに歩き回って。係長・組長の連中は，みんな知っているわけです。組長・係長層は，わたくしがいわば育ててきた連中なんです。

わたくしが8月30日に会長挨拶をやりますね，50分くらいの挨拶を。（その内容を）こんくらい小さなパンフレットにするんですよ。それを，組合役員とか，職場長以上とか，係長・組長とかに配っていたんですよ。彼らは一生懸命読んでくれるわけ。私の『挨拶集』というのは上下ありますが，この2冊をいまだに彼らは私と会うときに持ってくるんですよ，いまだに。「会長，塩路さん，まだ持っていて，時々勉強してますよ」なんていうのがいるんですよ。

8月30日というのはね，結成大会が終わって1週間か10日後に，工場再開で横浜工場にわたしが，わたしたちが入ったときに，団体交渉を持ちましてね，「8月30日を組合の創立記念日として会社の休日にしてもらいたい」，「労使それぞれが，日産労組の結成とか，争議の問題等を思い返してね，初心を忘れないように，労使それぞれの立場で代表は意見を言い合おう」ということにしたんですよ。「これまでに対して反省し，今後に向けて，労使双方の代表がね，それぞれ意見を述べ合うような場にするとよいですね」っていって始まったのが，創立記念日なんです。わたくしが会長になるまでは，宮家がやってました。わたしはね，自分が話すからには，何か短い言葉であっても，将来，今後の運動に生きるもの，あるいは，組合員がみて，将来に夢を持ってもらえるような，労働運動に夢を持ってもらえるようなことをしゃべっていきたいと心がけてきたんですよ。で，そういうものが，8月30日のつど，わたくしの講演として記録されているんです。初めの10年間，毎年作って職場に配った。次の10年も毎年作って職場に配った。10年分ずつ，1冊にまとめたのがあるんですよ[75]。わたしとしては，そのつど，その年の運動を念頭に置いてまとめた自分なりの考えなんです。

職場ではね，当時，「勉強会」といって，自分たちが職場でね，職場長グループとか，係長・組長が，時々，集まってはね，わたしがしゃべったことをね，「これ，どういう意味？ これ，会長，何が言いたいんだろ？ 俺たち何するんだろ？」って，やってくれていた。それがわたしの支持者なんですよ。だからね，係長，

❖69……「統一青年会」では18会場に10万人の仲間が集まり，「統一体育祭」では1万4千人の若人が集い，「統一婦人の集い」では，「男女ともに創る活動の実施」を目標に掲げて女性活動の重要性を男女ともに理解しながら活動を進めてきた（全日産自動車労働組合・青年部「61年度 活動方針（案）」）。

❖70……1965（昭和40）年8月現在68%であり，1967（昭和42）年9月現在67%である。「日産労組第13回定期大会第1号議案（職場討論用）経過報告並びに運動方針書（案）」より。

❖71……上井（1994）219頁。

❖72……戸塚・兵藤（1991）273頁。

❖73……田端（1991）207頁。

❖74……同上。

❖75……『日本的労使関係を考える 日産労組創立記念総会 塩路会長挨拶集 昭和三十八年（1963）～昭和四十九年（1974）』，『日本的労使関係を考える 日産労組創立記念総会 塩路会長挨拶集 昭和五十年（1975）～昭和五十七年（1982）』，「日産労組創立30周年記念総会 塩路会長あいさつ（昭和58年8月30日）」『自動車労連』No.5，1983年11月25日発行。

組長というのは，私の同志なんですよ。彼らからみるとね，同志が会長をやっているんですよ。一緒に青年部を作りね，一緒に独身寮で寝泊まりしてね，朝飯を寮で食べ，そうやって積み上げてきた仲間が会長になっているんですよ。ある日突然，大卒が会長になったのとは違うんですよ。わたしがILO総会の理事の仕事から帰ってくるとね，お盆の頃は職場のいろんな会議がある，年末は忘年会がある，あっちこっちの職場で会長を呼んでこいというんで，引っ張りだこだったんですよ。わたしはね，そういうところでね，絶対に威張った話はしませんから。彼らと同じレベルでいろんな話を聞いていたから，「三会」は仲間なんです。そういう見方が，外部の方にはなかなかできないようですね。こないだも，あるOBのグループが10人くらい集まって飯を食うっていうんで，「俺(病気で)飯食えないけど出るよ」って言ったら，わたしの『挨拶集』を持ってきたヤツもいましてね。「私は準社員経由で，会長のおかげで社員になったけど，そういう出身なのに常任にしていただいた。感謝してます。」というのが一人いました。だから，わたしは彼らと一緒に，現場のブルーカラーと一緒に日産労組を作ってきた，青年部を作ってきたという気持ちがずっとあるんです。

VI 権力構造の完成と綻び

日産では，労働組合が「従業員教育」に携わり，現場リーダーを育成してきた。

日産の企業内学校である工手学校については，第1章で確認した。工手学校の設立の趣旨は，現場で技能的・精神的に「中核」となる人材の育成にあり，トヨタと同様，日産でも養成学校卒が現場の「中核」を担ってきた。とりわけ「1期生から7，8期生くらいまでは，けっこう優秀な人がいた」(労働者談)。その頃の年代の養成工は，各職場で強力なリーダーシップを発揮し，「俺たちが現場を支えていくんだ」という気概を持って働いていた人が多かったようだ。

工手学校の開校は1953(昭和28)年11月1日であり，日産労組が結成されたのは，それに先立つ同年8月30日である。現場の「中核層」たる養成工は，入社後に青年部をそして「三会」を通して組合教育を一貫して受ける。組合リーダーの講話を聞き，組合のイベントに「参加」し，会社員としてだけでなく，組合員として「キャリア」を積み上げていった。つまり，‘意識が高い’労働者たちは，会社を支えると同時に日産労組を支持する現場の「中核層」として育っていったのだ。❖76

もっとも，組合が労働者を惹きつけるためには，教育だけでは不十分である。労働者は実利的な見返りをそれなりに求める。日産の労働組合のトップは，崇高な組合の理念を掲げたり，「組合員教育」を充実したりするだけではなく，労働者の実利を満たすことで，労働者を組合につなぎ止めてきた。組合での活躍が会社での出世に結びつくという仕組みを作ったことが，労働者から組合への「コミットメント」を引き出す上で重要であった。

自動車労連の会長は，会社側の意向をそのまま代弁し，全面的に労働者に強要したわけではない。会社との交渉を通して「労働者の要求」を‘一定程度’満たしてきた。そして，組合員に対しては，会社側から「信頼」されており，同時に，会社に対する「交渉力」が高いがゆえに，組合が労働者の要求を‘それなりに’実現できることを示し，組合（トップ）への「従順さ」を引き出した。職場慣行に対する一定の規制や賃上げがそれに該当する。また，会社側に対しては，組合なら労働者の‘過度な’要求を，さらには部品メーカー（部労）・販売会社（販労）・輸送会社など（民労）の不満を抑えられることを会社側に誇示して，組合（トップ）の力を高めていった。

日産の組合役員は，現場の直接部門の労働者，大卒のキャリア，間接部門や準直部門のノンキャリアが‘バランスよく’混成されていた。現場を押さえ，大卒ホワイトカラーへの影響力も保持し，従業員全体から支持を取り付けようとしてきたのである。[77]全自日産分会は，運動のベースはブルーカラーであり，のちのちホワイトカラーや現場の「中核層」である係長・組長クラスは執行部から離れていった。日産労組は分会の組織的な弱点から学び，ホワイトカラー層も組合にしっかり取り込み，会社組織全体の「中核」を押さえようとしたのである。

このようにして，組合（トップ）が会社と労働者の双方に対して一定の利害を満たしながら交渉力や統制力を高め，加えて，影響力を社内の全層にさらにはグループ企業にも広げることにより，組合の力を，そして組合リーダーの権力を維持・拡大するという構図ができあがったのである。

組合の権力構造は，そしてその頂に立つトップの権勢は，揺るぎないものにみえた。組合リーダーは陰で「天皇」と呼ばれ，その権力は絶大であった。しかし，組織が拡大すると，各主体の利害の調整は難しくなる。とりわけ，右肩上がりの経済成長が終焉を迎え，組合による「賃闘」の「完全獲得」が不可能になり，組合員を納得させる運営方式に限界が見え始めた頃から，労働者に対する組合の実利的な訴求力は弱まった。[78]にもかかわらず，労働者を組合に強くつなぎ止めようとすれば，どうしても強制的な面が強くなる。組合の執行部は，組合員が不満や不服従のサインを出すことすら認めず，時には露骨な抑圧も辞さなくなり，組合の体制をそしてトップの力を維持することが目的化す

❖76……トヨタの組合も，現場の「中核層」に対して「教育」をしていなかったわけではない。「青年リーダー養成講座」を開き，「仲間との助け合い」，「コミュニケーション」，「リーダーシップ」，「自主性」，「生きがい」といった標語を掲げてきた（レク活動実行委員会編『苦しみも喜びも レク実行委員会 10年のあゆみ』）。しかし，その中身にまで踏み込むと，レクリエーション活動の域を出ないことがわかる。

❖77……山本（1981）222-232頁。

❖78……同上，165-167頁，216-217頁，326頁。

る。かくして，経営側にとっても，また一般組合員にとっても，組合トップの活動は自分たちの利害や要求からかけ離れていく。その「理不尽さ」が現場にもゴシップの形で漏れ伝わり，組合リーダーの「カリスマ性」は弱まり，現場の気持ちはいっそう冷えていく。組合リーダーを頂点とする権力構造の再生産は，負の循環に入り込んだのである。[❖79]

このような権力構造の破綻を招く直接的なきっかけになったのが，新しい社長の出現であった。

VII
塩路自動車労連会長の失脚
──石原社長との対立と「三会」による「クーデター」

1977（昭和52）年に社長の座に就いた石原俊は，労使関係を‘正常に’戻すことを自らの最重要課題に位置づけ，現に多くのエネルギーを注いだ。「私が社長退任時に『エネルギーの6，7割を組合の問題に費やした』と言ったのは，偽らざる感想だし，そうせざるを得なかったのだ。」（石原 2004，148頁）。

労使関係を「正常化」する上でのターゲットは明確であった。「塩路一郎君は当時，日産系労組の連合体である自動車労連と自動車産業労働者全体の組織である自動車総連の会長を兼ね，絶大な権力を握っていた。社内では，労使協調の慣行をいいことに役職者の人事に介入し，管理職なのに彼の子分のような者もいた。彼らを連れて銀座のクラブを飲み歩いたりして，自分が会社を動かしているような態度だった。」（同上 147-148頁）。

新社長になった石原は，塩路一郎との対決を決意し，それまでの労組の慣行を打破しようとする。その始まりが，「大人事異動」であった。「77年夏における全工場，事業所を巡回しての従業員へのV社長（石原社長─伊原）の社長就任挨拶，79年1月の部課長職35%にのぼる大人事異動も，こうした志向の現われであった。低成長下の企業間競争が激化し，『経営の効率化』が必要とされる時代においては，従業員の間接管理のコスト＝強大な組合の発言権を削減しなければならない。否，間接管理自体を克服しなければならない。V社長の目指すところは，これだったのである。」（上井 1994，135頁）[❖80]。

とはいえ，石原社長も，就任後しばらくは，対決の姿勢を表には出さなかった。それが，隠しようのない事実として表面化したのは，日産の英国進出の際である。石原社長が推し進める英国進出プロジェクトは，組合側から露骨な反対に遭う。塩路の後ろには川又会長が控えており，経営陣の中でも思ったように合意形成が進まない。ついに1984（昭和62）年12月，日産主催のパーティのときに，招待客とマスコミの前で労組に対する日ごろの憤懣と批判をぶちまけたのである。

「御存じでしょうが，日産には，会社の前進をはばむ重い錨のようなユニオン(労働組合)があります。英国進出プロジェクトにあたっても，私は組合との調整に多くの時間を費やしてきました。そのため，一時は，プロジェクトの断念を考えたこともあったのです。組合員の労働条件を切り下げるわけでもないのに，組合は公然と経営批判をする。そんなことは，戦後日本の労使関係の歴史始まって以来のことではないでしょうか。

(昭和―伊原)52年の社長就任以来，私の努力の70%が組合との調整に費やされてしまいました。組合対策以外，何もできなかったともいえるでしょう。昭和29年の日産争議以来(正しくは昭和28年―伊原)，経営側がなにかと組合の力を頼ってきたことは確かです。そのトガメがいま現れているのかもしれません。経営のことを知らない少数の人間が，経営批判をする。権力を見せつけるかのように，経営問題に口をさしはさむ。そんな組合の要求にいちいち経営側は答える必要があるのでしょうか。

日産の国内販売はどうなっているのかと，心配してくれる人がいらっしゃる。車種の調整をうまくやったらと助言してくれる方もおられます。しかし，いま我々はそれ以前の問題を解決しなければならないのです。ディーラーの段階でいったい何が起こっているのか，御存知でしょうか。販売部門の組合員はディーラー経営者のいうことなんか，聞き入れないのです。賃上げだ，春闘だというたびに，組合はセールス活動を阻害してきました。

いつか，この悪循環は断ち切らなねば(ママ)ならないのです。昭和60年こそ，その悪しき関係が元に戻るはずです。私は，組合をつぶすとか，無力にするとかいっているのではありません。本来の労使関係に戻るべきだと申し上げているのです。」(高野 1985, 36-37頁)

そして同月26日，会社創立51周年の「社長挨拶」にて，ついに社内でも公然と組合批判を行うようになった。「……労使が建設的な意見を出し合い，協議していく中で，労働組合の妥当な意見はもちろん参考にするものの，最終的判断は経営側がするものであって，すべて合意がないと動かないというのでは，タイミングを失い，競争に取り残されることになりかねないのです。……」(「会社創立51周年社長挨拶(要旨)」『ニッサンニュース』1984年12月)

❖79……山本(1981)が，日産労組の中央集権的で反「組合民主主義」的な面を強調するのに対して，上井(1994)は，組合が職場規制を一定程度発揮してきた面を指摘する。筆者は，それらの両面があったことを認めた上で，その両面の関係性とその変化に注意を払うべきだと考える。

❖80……「本社の人事部長，労務部が，『塩路を潰すには係長を握ることだ。塩路が握っている係長を突き放すことだ。』ということで，最初に係長販売出向というのをやるんですよ。」(塩路談)

経営トップが公の場で，経営への組合の「口出し」をきっぱりと拒否し，労使関係を「正常化」するという姿勢をはっきりと示すようになった。そして水面下で，塩路会長失脚の下準備を進めていたのである。

社長室は，組合派・塩路派のリストを作成し，会社組織内の勢力分布を把握した。そして，年に何回か「次課長研修会」を開き，中間管理職層の「教育」に乗り出した。社長自らが講師となり，1回につき10人から20人ほどの次課長に「研修」を行ったのである。周到に準備を進めながら，ついに，塩路の支持母体の籠絡に着手する。「青年部を潰すこと，三会を潰すこと，あとは馬を射ること。だから，日産労組の組合長がまずやられるわけですよ。」（塩路談[81]）。ここに来て，現場の「三会」から，塩路の退陣要求が出されるのである。

「すでに83年9月にはA社（日産—伊原）係長会・組長会有志を名乗る怪文書（「A社の働く仲間に心から訴える」）が，また85年4月には従業員有志名による怪文書（「X（塩路—伊原）会長への公開質問状」）が従業員宅に郵送され，企業業績への不安と組合のトップ・リーダーへの不信を掻き立てた。

こうしたなか，組合内部では，まず本社のホワイトカラー職場から執行部批判の狼煙があがった。84年9月のA労連（自動車労連—伊原）全国大会において，A労連の大会史上初めての保留票が本社の代議員グループによって投じられたのである。執行部は大会に『新たな復興闘争』の方針を提起し，会社の組合無視，協議軽視を批判したが，『経営批判が強すぎる』というのが保留の理由であった。

内部批判の仕上げをリードしたのは，係長会，組長会，安全主任会という，いわゆる『三会』であった。これらの組織は，会社からも組合からも独立した現場職制層毎の全員加盟組織であり，いずれも従来は労使対立に中立の立場を保持してきた。しかし，85年度の販売出向を契機としてであろう，『三会』はそうした立場を放棄し，86年二月のA労組（日産労組—伊原）代議員会にX会長の退陣を求める申し入れを提出したのである。

『三会』にも，組合内部にも，従来からの運動路線とそのシンボルであるX会長を守ろうとする動きはあった。この代議員大会でも激論が闘わされたと伝えられる。しかし，結局は代議員会は『三会』の申し入れを承認する。それを踏まえて，数日後のA労連中央執行委員会はXの自動車総連会長の退任まで確認し，同年5月の中央委員会ではYが労連会長代行に選出された。職場規制解体の仕上げとなる『団体交渉および労使協議会に関する協定書』と『包括労働協約』は，かかるトップリーダーの更迭後に締結されたのであった。」（上井 1994，218-219頁）

塩路失脚の経緯は，上井(1994)が描いたとおりである。しかし，ここで留意すべき点がある。塩路の退陣は，「三会」を中心とした労働者だけで達成されたのかという疑問だ。結論から先にいえば，人事主導で行われたのである。入社以来人事畑を歩き，石原体制を人事課長として支え，「クーデター」を人事部の中核として画策した森山寛[82]は，その辺りの事情を率直に語ってくれた。

伊原｜ 「三会」から，クーデターというか，ビラがまかれるじゃないですか。あれに対して，人事の方はどういう関わり方をしたのですか?

森山｜ あれは「クーデター」ではないですね。なぜクーデターではないかと言いますとね，これははっきり，社長である石原さんがですね，「塩路とは闘う」と旗幟を鮮明にしてですね，人事部に命じて，「今の労使関係をまともにしろ」と命じた後の闘いですから。クーデターというのは，それこそ権力なき人たちが立ち上がって，といった性格なものとすれば，それは違いますね。だから，工長会だとかが'かんだ'というのはありますけど，かなりの部分'やらせ'ですよ。

もちろん，組長会(当時は組長といってましたけど)・係長会・安全主任会という「三会」が，アンチ塩路を決めたことは，最後にとどめを刺す，塩路さんの権威にとどめをさす出来事であったことは事実なんですけれども，とどめをさすプロセスの中でですね，主体的にイニシアチブをとってたというのは，現場の人たちが自主的にやっていったというのは，ちょっと事実に反するんですね。ビラをまき，塩路一郎を告発するといった，当時，「怪文書事件」といった文書が出回り，といったことをやっていったのは，むしろ人事部を主体とした人たちの動きですよね。「三会」の人たちを説得し，「こうこうこういうことだから，組合と会社との関係を正常化していこう」と説いて回ったのは，各事業所の人事課長ですよ。そういう人たちが中心になっていた。もちろん人事の中にも，それに積極的であった人とやや消極的であった人とがいたことは事実ですが，「俺が責任をとるから，大丈夫だから，安心してみなさん声を上げてください」と，オルグしていったのは，人事が主体ですよ。塩路一郎さんが，あれだけの権威・権力を維持できたのは，人事の後ろ盾があるとみんなが思っていたからであり，人事が後ろ盾を外すということを明確にしたことで，現場の人たちが，動く気になったんですね。まぁ，活かすも殺すも会社次第だったんですよ，塩路の場合は。だから，わたしが高をくくっていたのはそういう理由です。塩路さんと

❖81……塩路による石原社長および彼の経営判断にかんする評価は，塩路(1995)。塩路は亡くなる直前に500頁近い大著を出版した(塩路 2012)。その大部は，石原批判に割かれている。

❖82……1940 (昭和15)年生まれ。東京大学卒。1963 (昭和38)年に日産自動車に入社。1988 (昭和63)年に人事部長に，90 (平成2)年に人事担当の取締役になる。ゴーン体制では2000 (平成12)年まで副社長を，2004 (平成16)年まで監査役を務めた。

いうのは，彼自身の力ではなくて，会社の権威がバックにあるとみんなが信じたから，塩路さんに強大な権力ができあがった。会社が後ろ盾を外すということを明言すれば，塩路の権威と権力は一挙に瓦解するとわたしは思っておりました。じゃあ，そういう権威と権力の後ろ盾をなぜ塩路さんに与えたかというと，それは共産主義的な激しい労働組合に牛耳られることを極端におそれた川又さんが，そういうような前例をつくっちゃったんですよね。だから，石原さんにしてみれば，共産党のオルグより塩路一郎の方がもっと怖いという思いだったんでしょうな。事実，そういうことになったんですね。そんなにね，フランス革命みたいなことはないですよ。そういう意味ではね，昭和28年の第二組合の結成の方が，むしろスリル度満点だったんじゃないでしょうか。みなさんそう言います。僕は知らないですけど。

ちょうど塩路さんを，「このままではいかん」といって，石原さんが「なんとかせえ」と言い出したときに，塩路の権威をなくすための活動をやろうといって「地下活動」をやっている頃ですね，石原さんになって2，3年後ですから，80年から，1，2年くらいですかね，その頃，そういう人たちが一部にいて，石原さんの意を受けて，動き始めたわけですけど，その人たちに僕ももちろん誘われて，こういうことをやらないかと言われて，会合にでたこともあるんですけど，まぁ，なんだか知らないけど，時代がかった秘密主義でね，「お前，あとをつけられなかったか？」とかね，「これが知られたら大変なことになるから，絶対に人に言わないでくれ」だとかね，言うわけですよ。逆じゃないのかと思ってね。「公然と塩路に対して異を唱えるような動きがでてきたということをむしろ知らせればいいじゃないか」と。なんか敵が言ってくれれば，それに応じてこっちは対応策を考えればいいわけでね，「なにもわからないようにやっていれば，やっているのかやってないのかすらわからないじゃないか」と。言ってやったことがあるんだけど，ちょっとね，ものすごく大変なことをやっているんだというふうに感じている人たちがいました。そのような人たちにとってはね，僕がとった態度はね，納得がいかなかったでしょうね。

伊原｜ 生産現場はそんな雰囲気じゃなかったんですよね。

森山｜ そんなことが，生産現場から起こってきたということは，全くありません。それはね，それほど生産現場の人たちは，バカではありませんよ。権力の帰趨をじっとみてますよ。現場の人ほど，そういうところは‘クレバー’ですね。ずるがしこいという意味でのクレバーさを持っています。現場が熱く燃えたというようなことはない。塩路のために熱く燃えたということもなければ，塩路を排除するために熱く燃えたということもない。彼らはもっともっとクレバーで，現実主義で，権力の行方をきっちり見定めている。そんなバカじゃあありません。だって，そんなに深く現場の人たちは，会社全体にはコミットしてないんですよ。いや，ものすごく希にはいますよ。ものすごく希にはいるけど，大半の現場の人たちは，もっと白けているでしょ。

伊原｜　まぁ，地に足がついていますもんね。

森山｜　そのとおりです。僕みたいにふらふらしてて，クビ切れるものなら切ってみろみたいに，言いたいことを言うような人は，アホみたいなドンキホーテみたいな人は，現場の人にはいらっしゃらないですよね，ほとんど。よく話をきいて，肝胆相照らすようになって，現場の係長さんなんかと話すと，ほんとは「アンチ塩路」なんですよ。だけど表向きは全く「親塩路」なんですよ。それで，「なんであんたはこんなねー，塩路さんのためなら，たとえ火の中，水の中みたいな言動を表面的にとっているんだ」と言うとねー，「森山さんねー，そんなことはねー，あなたみたいな人だから言うんだけど，俺はね，俺の職場を守るためだよ。俺が塩路に絶対的に信頼されていなければ職場を守れない」と言うんですよ。それくらいクレバーなんですよね。僕は，「そうかー，かなわんな」と思いましたね。「よくわかりました」と。でも，「もうちょっと本音で言ってよ」と言いたかったんだけど，それくらい厳しかったんでしょう。

伊原｜　塩路さんがいなくなると，現場の人たちは，新しい何かに頼って生きていくというふうにはならなかったんです？ おおかたの人は。

森山｜　ならなかったんじゃないですかね。なんかにそってというふうには。

伊原｜　それまでは，組合の活動が，実際にアイデンティファイしていたかどうかは別にしても，あったじゃないですか。その人たちは，いきなり，経営というか，日産というくくりの中に入り込んだわけでもないですよね？ どういう感覚で働いていたんですかね？

森山｜　いやー，今いったように，現場の人はけっこうさめていると。「組合活動が自分たちの生き甲斐だ」，みたいな顔をしてても，本当に生き甲斐だった人は，ごくごくわずかだったということですよ。生活の方便としてですね，「塩路さんは神様みたいな人だ」，なんて言って組合活動に一所懸命やっていたような顔をしてたけど，実はやらされ感もあったし，青年部活動なんてそうですよ。大々的な組合の運動会なんてものは，すごい運動会だったんですよね。みるのも気持ちが悪いくらい。だけどね，みんながね，マスゲームを嬉々としてやっていたとは思いにくい。みなさん，そんなもんですよ。だから，塩路さんが牛耳っていた現場というのを，塩路さんに対して大変みんながコミットしていた現場と勘違いするのは，大いに現場を見誤ると。それほど現場はバカじゃないと。いなくなったって，何の空白もできないと。もちろんそのときは，そういうことをおそれて，それぞれの人事課長なんかを集めて，一所懸命，「三会」と新しい関係を持とうとしてやりましたよ。やりましたよ。でもやらなくたってそんなに大混乱にはならなかったんじゃないでしょうかね。

では，当の現場の人たちからすると，職場はどのような雰囲気だったのか。当時渦中にいた元労働者（2008［平成20］年6月23日の聞きとり調査時，60代のAさんと70代のBさん）は次のように語る。

Aさん｜もう塩路離れしている（組合）執行部がいて，代議委員会に，ようは決定機関だからオルグしようということで，代議委員会に入ったわけね。それで，各工場の代議員は，各工場で１人しかいないから，支部に１人ずつしか，それをオルグしようと。それを代議委員会に持って行って，あからさまに塩路を下ろすというのではなくて，労働組合の政治活動，一番の切り口はそれでしたね。仕事をなおざりにして，労働組合の政治活動，選挙対策なんてやってるのはとんでもないと。そんなことをやっていたら，会社はつぶれてしまうよと。そのような切り口でしたね。その後に，「怪文書」が出される。
伊原｜当時の現場の雰囲気からすると，オルグあるなしにかかわらず，塩路さんから気持ちが離れていたのですか？
Aさん｜離れてましたね。だって，いろんな噂が入ってくるんですよ。例えば，海外旅行に行くときにね，つま先から頭のてっぺんまで全部新調して行くとかね，それが全部，みんなの組合費であるとか，そういう話が出始めていましたから。
伊原｜それが事実であるかどうかはさておき，そういう雰囲気があったというわけですね。
Aさん｜そうそう。そういう風評が流れてたから。
Bさん｜職場から離れてたからね。「天皇陛下」でもなんでもなくなっちゃったんだよ。日本にいるのが年に３分の１とか。とにかく，年中外国にいる時期があったわけね。

もう少し若い世代（2009［平成21］年7月24日の聞きとり調査時，50代前半のCさんと50代後半のDさん）の現役労働者にも話を聞いた。

伊原｜塩路さんがいた最後の頃，現場の人たちは，組長とか係長とかの意識はどうだったんです？ 塩路さんにシンパシーを感じていたんです？ 気持ちは離れていたんです？
Cさん｜どうだったのかな。俺のところの係長だと，（組合が）英国進出反対を出したときは，その人は塩路を褒めちぎっていたんだけど。係でみんなの前でそう言った。だけど，クーデターがあったときは，「反塩路派」になっていた。工専卒（養成学校―伊原）。あの当時，塩路の支持部隊は，工専４期だったのかな。その人は，６期か７期。そのへんで主導権争いが，どっちが主導権を握るかというのがあったのかもしれない。英国進出になったとき，「あいつは，塩路一郎の‘親衛’の家に通っているんだろ」って話が出ていた。

Dさん｜ 俺は横浜(工場)に通っていたんだけど，ちょうどあの頃，職場委員になったやつがいてさ，あのときは，「組合役員になるやつがいなくて，推薦されて仕方なくなった」って言ってたからね。会社との関係がぐちゃぐちゃになったときは，組合役員になるやつがほんといなかったんだよね。

Cさん｜ うちなんかは，職場委員はどうでもいいやつがなってたよ。

伊原｜ 塩路さんが辞めた後？

Cさん｜ いや，辞める前からも。みんなから憎まれ役が職場委員になっていたもん。

伊原｜ ということは，本心で塩路さんに「帰依」していた人は少なかったんです？

Cさん｜ 現場ではそうだったと思うけどな。一般の人は。

伊原｜ でも，Cさんは，青年部で「洗礼」とか受けてないんです？

Cさん｜ 反対してたから。役員とかにさせられなかった。

伊原｜ すごかったんですよね？

Cさん｜ 弁論大会とか，いろいろやっていたよ。その頃はあんまり娯楽もなかったし。青年部でわいわいやっているのが娯楽だったのかもしれない。

伊原｜ そういう人も，塩路さんがいなくなってから，手のひらを返したように，「反塩路派」になっていったんです？

Cさん｜ その係長は，反塩路派になっていたけどね。明確に。その頃(クーデター時―伊原)には。

当時のことを知る，日産の現役と元労働者に塩路のことを聞くと，その他の人たちも，よい印象をもっていないという。露骨に嫌悪感を示す人も少なくない。しかし，組合創設当初から，皆が塩路を疎ましく思っていたわけではない[83]。塩路のカリスマ性に魅了された人もいれば，組合教育により「洗脳」された人もいた。「昔はね，工長(組長―伊原)にあがる前に，組合がね，5日間の泊まり込み講習というのをやってね，塩路がいた頃は。それを受けて帰ってくると，目つきが違って。」(D労働者)。組合による人事への影響力が強まると，組合で活躍すれば会社で出世できるようになり，この「ルート」を活用して，うまく立ち回ろうとする計算高い労働者も増えてくる[84]。「労働組合の役員になって，役員というのは専従よ，専従の役員になって，それでOBになると，一目置かれるわけですよ。『あの人は，専従役員の出身だ』と

❖83……例えば，戦前から日産で働いていた，ある労働者は，「塩路のことが好きで，信頼していたし，実際，塩路の重要な部下の一人にもなっていた。塩路の支配が続けば続くほど，」「より彼に打ち込んでいった。(中略)宮家のことはよく分からなかったが，塩路のことは最初から好きだった。塩路が自信に満ち溢れていたからである。」(Halberstam 1986, p.410, 邦訳(下) 45頁)。

❖84……「こうした役職昇進の規制によって，80年頃には現場職制の大半を組合の現役員ないし役員OBが占める状況となっている。」(上井 1994, 120頁)。

いうことで。学卒上がりだと，2年後くらいには課長になるだとか，現場でいくと，すぐ工長(組長—伊原)になったり係長になったりだとか。そういう『幅を利かせる』部分はありましたね。塩路さんのときがそうだった。それをずる賢く使う人が，塩路体制を支えてきた。」(A労働者)。そして，塩路失脚の土壇場になっても，塩路派の人がいなかったわけではない。「三会」の中でも，「塩路派」と「アンチ塩路派」とに分かれ，「従来からの路線を守ろうとするグループ」と「執行部の方針を不服」とするグループとの間で，激しい議論が闘わされた(田端 1991，221頁)。人によって組合に対するスタンスは異なるであろうが，大方の人は，組合に対して，そして塩路に対して，「従順さ」を示してきたのである。

しかし，塩路体制の終盤になると，組合活動は形骸化し，政治活動への「参加」の強制的な面が強まり，組合員の気持ちは明らかに塩路から離れていった。では，「クーデター」が成功した後，彼らは会社組織においてどのような形で方向づけられたのか。ここが，本章が最も注目する点である。

VIII 「論功行賞」なし

石原社長は，塩路体制を倒すために密かに次課長と「研究会」を持ち，現場の「三会」を動かした点は既に述べた。しかし，注目すべきは，「クーデター」が成功した後，彼らを「重用」することはなかったことである。それは，'功労者'を作れば，また同じことの繰り返しになると考えたからである。森山は，1983(昭和58)年12月，石原社長に提出した『建白書』の別紙として，「何のために戦うのか」という一文を書き残していた。

「『この戦いは，日産を，塩路一郎という超法規的存在を許した，原始的，家族的労使関係から，ルールに基づく近代的労使関係に変えるためのものである。この目的に照らす時，日産労組との戦いはダーティな手段もいとわない私闘であってはならない。(中略)そして，この戦いの後に，功労者をつくらないことも重要である。戦いの功労者は往々にして，ルールを無視する第二，第三の超法規的存在を生むことにつながりかねない』

私は人事部長として，この時書き残した文書どおりに人事を行い，塩路退陣に関する活動に対し，一切の論功行賞を認めなかった。不満に思った人は少なくなかったはずだが，幸いなことに石原会長(1985年に会長)からは何の圧力もかからなかった。」(森山 2006，43-44頁)。

この点の事情について，森山に詳しい話を聞いた。

伊原｜ 「クーデター」の後にかんして，わたしが非常に興味を持った点は，「功労者」を作らなかったこと。あそこが一つ，鍵になっていると思うんです。それまでの権力構造を断ち切るという点で。

森山｜ いろんな意味があるんですが，わたしが一番思ったことは，言ってみれば「功労者」を，なんていいましょうかね，妙に優遇するという人事がかなり長いこと行われてきてて，それはあれ（著書─伊原）にもちょっと書きましたが，それが人事をゆがめてきたのではないかと。全自日産分会というかなり過激なですね，益田哲夫さんていう指導者に率いられた組合が昔にあったわけですよ。益田さんという人は，わたしは直接には知らないんですよ。入社したときにはいませんでしたから。日産労組はね，彼は赤だと，共産党員だと宣伝してましたけど，彼の言動からして，彼が共産党員だったとは，わたしはとても思えないですね。むしろ，サンディカリズムというのですかね，労働組合至上主義的なね，そういう考え方の人だったんじゃないでしょうか。共産党の党至上主義といいましょうか，というのとはかなり相反する考えを持っていた人。ただ，アンチ資本ではあり，会社を組合の管理下に置こうという考えがかなり強かったんじゃないでしょうかね。それは，フランスのサンディカリズムという考え方にかなり相通じているところがあって。事実，聞く限りでは，かなり優秀な人で，弁もものすごく立って，当時の経営者は「益哲」と議論すると全部言い負かされた。益哲（と議論するの）はいやだから，みんな逃げまくっていたと聞いてますよ。[85] 彼を倒すのに，川又さんと，当時の青年将校的な，ホワイトカラーを中心とした青年将校的な人たちが立ち上がるわけですが，彼らが第二組合を作って，益哲率いる全自日産分会を倒す。その後の人事は，かなり極端な「功労人事」。当時，極めて優秀なホワイトカラーの中にも，第二組合的な動きに必ずしも賛同しない人たちがいたんだけども，そういう人たちは恣意的に冷遇されたということがあったようですね。わたしは当時のことはわかりませんでしたから，あとから，そういうことがあったと聞いたわけですが。その後，益田哲夫を追放して「正しい日産労組」を作り上げようとするのですが，作り上げた親分だった人が，また権力を非常に欲しいままにして，あまりに目に余るということで，また川又さんが塩路を使って追い出すわけですね。

伊原｜ 宮家さんのことです？

森山｜ そうです。宮家さんです。宮家さんがしばらくして，昭和36年頃ですかね，（労働組合から）会社に復帰するんですね。会社に復帰したときに，役員として復帰しなかった。さすがにそこまでやるのは，川又さんも躊躇したと思うんですが，宮家さんはそのことに

❖85……益田哲夫の人物像については，熊谷・嵯峨（1983）339-350頁で触れられている。

非常に不満だったようで，塩路さんらが中心となって，「なんで宮家を役員にしないんだ」と，ラインを止めたんですよね。「ラインストップ事件[86]」といって。それはわたしが入社する直前ですよ。昭和37年だと思うんですけど。その頃を境にして，「これじゃあまずい」ということで，川又さんが塩路を使って，宮家さんのまさに懐刀であった塩路さんを使って，宮家を追放。ただ，宮家さんと一脈通じる人たちはたくさんいた。益哲を倒すために第二組合を結成するときに，かなり緊張感漂うドラマチックなできごとが起きたらしくて，見つかったらどんな袋だたきにあうかもしれないといったような，身の危険を感じるような雰囲気だったらしい。宮家さん自身，かなりその一，いろんな人に言わせると，ある意味では大変魅力的な人らしくて，かなり賛同者が多かった。宮家さんを完全に追い出したのは，昭和40年くらいなんですが，宮家さんに対して心情的なシンパシーを感じるような人が，今度はかなり冷遇されるわけです。という事件がやっぱり日産で起こった。事件というか事態が起こりました。だからちょうどわたしが入社した頃，昭和30年代から40年代の前半くらいにかけて，ある意味，宮家派の「粛清」のようなことがですね，起きたわけですよ。そういう経緯をみてて，こういうことをしていては，組織の人事というものは成立しないと。入社早々のまだ若い頃に，強く感じたものでしたからね，それから20年以上も経った話になるんですが，塩路一派を追い出した後に，塩路一派にシンパシーを感じる者を冷遇し，塩路一派を追い出すことに加担した人間を厚遇するといったことが起こってはですね，仕事，能力に応じて評価しなければならない人事が壟断される。これは，歴史の二の舞，三の舞になる。それじゃぁ，何のために塩路を追い出したのか，わからなくなると。われわれは何のために戦ったのかわからなくなるじゃないかと。そういう思いが非常に強かったものですから。当時は，わたしはまだ平取(ひらの取締役の略—伊原)で，その上に，塩路さんと正面に立っていた藤井さんという常務がいて，藤井さんにも絶対に論功行賞だけは行わせないということを強く申し入れてですね，かなりの面，成功したのではないかとわたしは思っているんですけどね。だから，塩路さんを追い出した後の人事のしこりというのは，まあ，わたしのちょっと自画自賛という面もあるので，もちろん割り引いて考えて欲しいのですが，少なかったのではないかとわたしは思っているんです。

伊原｜　もちろん会社側の働きかけがあってなんですけれども，係長とか組長とかが塩路さんを失脚させるわけじゃないですか。その後に，人事は必ずしも「厚遇」しなかったと。そういう人たちを。現場からすると，不満に思う，やる気を削がれる，そういった雰囲気にはならなかったんですか？

森山｜　それはねぇー，「なんで俺を特別扱いしてくれないんだ」という人もいただろうと思うけれども，それはまぁ，少数派ですよね。

伊原｜　係長会や組長会には，「リーダー的な存在」っていなかったんです？

森山｜　それはねー，いました（きっぱり）。それはね，すごいのがいた。

伊原｜　いましたか。

森山｜　それはいた。大変な影響力をもった人もいました。わたしが知っている限りでも，ある鋳鍛工場にたいした男がいましたよ。僕と同じくらいの歳でしたがね，中途採用でね，臨時社員から入ってきて，一時は，組合の専従に出たんだけれども，組合の専従に出てたときから，冷めた男でね，私は人間としてはとてもかなわないと思うような男でしたね。彼は，組合の専従から降りて，係長をやっていて，塩路を糾弾する急先鋒でしたね。塩路が権力を失ってないときから，公然と，塩路批判を堂々とやってましたよ。僕なんかは，非常に影響を受け，尊敬もするし。ただ，残念ながら，早く亡くなってしまったんだけれども，まぁ，そういう人たちに対しても，特別な厚遇はしなかった。もちろん彼は課長まではいきました。本人がどれほど望んでいたかはわかりませんけれども，課長まではいった。そこで，子会社に出しちゃいましたね。

伊原｜　それは55（歳）❖87かなんかで？

森山｜　くらいでね。もうちょっといってたかな？ あの頃ね，現場あがりの課長さんの定年は，55じゃなかったんですよ。現場あがりの人はどうしても遅くなりますから。課長になるのに50を過ぎるもんですから，55では下ろさなかったんですよね，課長は。57か8くらいまでやっていたと思いますが，そこから子会社にいって，しばらくして亡くなっちゃったんですけどね。要するに，仕事に応じて昇進をさせるのは，全く構わないんですよ。だけど，仕事の裏づけのない昇進をさせて，こいつはこういうやつの「後ろ盾」で昇進しているんだと思わせることが，組織には非常に害毒があるということですよ。そういうことを思わせてはいけないでしょう，組織は。

伊原｜　その理屈は，塩路さんがいなくなった後，現場にきちんと広まったんですかね？

森山｜　うーん，わかりませんけれども，少なくとも人事部がですね，特別に目をつけたやつを引き上げない限りはですね，現場ではそんなことをする風潮はないですからね，もともと。そんな理由はないですから。現場は仕事ができるやつを上へ上げていきたいんですよ。それを弱めるのは，権力。当時，わたしは，権力の中枢というか，人事部の部長としていたわけですから，そこがやらなかったですからね，あんまりなかったんじゃないですかね。裏で，わたしに隠れて何かやっていたら知りませんけれども，わたしはなかっただろうと思っているんですがね。

伊原｜　先ほど，仕事で，つまり「能力」でもってきちんと評価するようにとおっしゃったじゃないですか。

❖**86**……既出（142頁）の「ラインストップ事件」とは異なる。2回目である。

❖**87**……現場労働者の55歳の「天井」については，第5章で取り上げる。

森山｜ ええ，ええ。

伊原｜ 功労賞ではなしに。具体的に，制度的に変えたことはあったんです？

森山｜ いや，とくに変わりません。制度は変わってません。年功的な要素を全部なくすというんじゃなくて，年功的な要素と，仕事の出来不出来による要素の評価を分けようと。そういうような動きにはなりましたけど，それは，なんて言いましょうか，大きな制度の変更というより，評価基準の見直しみたいなもんですよね。（中略）

日産がダメになってきたのは，論功行賞ばかりをやってきたからで，大将首をとったやつばっかりを大名にするから，変になるんだと。そういう意味で論功行賞をやりたいときは，仕事，本筋でないところで大変会社に貢献したというような人を評価したいときは，僕は，金だけで解決するというのが一番よいと思っているんですよね。それでね，部長にしたり，役員にしたりするから，おかしなことになるんですよ。

現場の労働者からすると，塩路失脚後に出世が早くなったような人もいたようだ。しかし，「親分が牛耳る」という図式はそれ以降なくなったという認識は持っている。

Aさん｜ その当時（塩路追放当時―伊原），代議員というのは，どういう人たちがやっていたかというと，工長クラス（組長クラス―伊原）がやっていた。工長クラスがほとんどですよ。代議員になっていた人は。だからイコールみたいなもんですけどね。そういう人たちは，功成り名遂げてすぐに昇格したりしてね，それは目に見えてありましたよ。

伊原｜ そうすると，また同じことの繰り返しにはならないんですかね？

Bさん｜ はっはっは。

Aさん｜ そうですよねー，親分が牛耳るという話ですよね。それは，なかったみたいですよ。だいたい，わたしと同年代がそうでしたから，そんなに優遇されたということはないですね。むしろ，政治活動をやらなくて済むという開放感の方が強かったんじゃないですか。[88]

Bさん｜ 自動車労連イコール民社党，民社党参議員全国区。仕事を休んでも選挙活動をしていた。

Aさん｜ その後は，例えば，労働組合の事務所は，工場の中から行き来できるのを封鎖して，いちいち外を回らなきゃあならなくなった。「仕事中にはいけないよ」と，けじめをつけるようになりましたね。旧プリンスの村山とかは比較的そうではなかったんですけど，横浜とか追浜とかはもっとひどかったらしいですよ。話に聞きますとね，村山よりもっとひどかった。

伊原｜ それはなぜ，村山よりひどかったんですかね？

Bさん｜ それは，生え抜きがいるからじゃないですか。28年の。いわゆる塩路信者がいっぱいいたし，そういう人たちが自由に活動してきたから。

伊原｜ その後，労働者は組織に対してどのようなスタンスになったんですか？

Aさん｜ 今度は会社べったり。労働組合を鼻であしらうようになった。むしろ逆の立場になっちゃった。

森山は，自らの著書『もっと楽しく――これまでの日産 これからの日産』を書くにあたり，「四十二年間の日産自動車での思い出を，日産の労働組合のドンであり，一時は日産の天皇とまで言われた人物――塩路一郎氏から始める。」(11頁)。氏にとって，塩路は日産での会社生活における「数少ないイヤな出会い」であり，「彼が失脚するまでの二十年余り，『塩路一郎』は私の日産における最大のテーマであり続けたのである。」(12頁)。森山が仕えた石原社長は，塩路体制の一掃に本腰を入れ，ついに組合の「しがらみ」を取り払ったのである。

もちろん，経営側や人事部内にも様々な考え方があり，森山の組合に対するスタンスは全経営陣に共有されていたわけではない。当時の川又会長と石原社長との関係は微妙であり，経営者の中にも塩路派の人がいた。いずれにせよ，塩路の失脚をもってそれまでの労使間の関係は終わりとなり，労使間で「けじめ」をつけようとする経営側のトップの姿勢は，石原から久米豊へと引き継がれた。新社長になった久米は，就任挨拶や，久米体制になって初めての中央経協(1985年9月20日)で，「経営側は経営側らしく，労組は労組らしくそれぞれの領分をわきまえて，より健全な労使関係を樹立することが大変望ましい」ことを繰り返し強調した。[89]

このような経緯があって，日産の労使関係はトヨタのそれに近づき，労働組合の発言力は極端に弱体化した。塩路失脚後に「団体交渉および労使協議会に関する協定書」(1986年10月)が締結され，「それまで産業内の他労組と比較してもっとも強いと思われた」日産労組の発言力は，「この協約によって，極端にもっとも弱いものになってしまったといえる」[90]。組合の弱体化は，現場監督者を掌握する力に分かりやすく現れた。経営側は，組長層を組合から切り離し，現場監督者をマネジメントの直接的な支配下に置き，

❖88……塩路失脚直後(1986［昭和61］年中頃)にも，「三会」は組合執行部に対して「当面する政治活動に対する申し入れ書」を提出し，政治活動の強要を改めさせせようとした。「塩路氏の自動車労連会長退任を実現させせると共に，これらの構造をつくり上げた組合の非民主的な体質を抜本的に改革し，再びあやまちをくり返さないために，14項目にわたる民主化の申し入れを」したが，「執行部は真剣にこれを考え，実行するどころか，相変わらず組合員に多大な負担と，危険性をともなう他人票を訪問によって固めていくというやり方を，他労組との関係でやらざるを得ないとか，又，支部にいたっては本部の指示であり，やらざるを得ないといったことをくり返し，職場役員を中心にこれらの活動を指示しやらせております。」「この執行部の考えや，やり方に大いに不満を禁じ得」ず，あくまで「組合員にとって無理のない基礎の範囲」でやるべきであると，提言している。

❖89……『監督者ニュース』日産自動車株式会社労務部，1985年7月10日(号外)，9月30日号(号外)。『日経ビジネス』1986年2月3日号，69頁。

❖90……田端(1991) 241頁。

生産現場に下ろす情報のルートを一元化した。「一言でいえば，生産点の職場の秩序は，組合＝末端職制である職場役員によるコントロールから，マネジメントによる直接的な管理に移った」のであり，「末端職制＝現場監督者の職責規定が整備され，それにもとづく再教育がなされ」たのである。[91]

かくて，労使間の積年の問題は「精算」された。1986（昭和61）年の2月から3月にかけて，塩路一郎自動車労連会長が退任し，川又克二相談役が死去し，日産を代表する2人の実力者が去ったことにより，日産のひとつの時代が終わった。新しい「包括労働協約」は日産の「労使共同宣言」といわれた。経営者は新たな企業理念を打ち出し，各工場は「自主的活動」による「風土改革」を目指した。現場では，余裕が加味された「標準時間管理」がそれを含まない「正味時間管理」に変えられ，かつては前月20日までに労使間で決定していた残業時間は，当日の3時までであれば現場の課長が指示できるようになった。同年4月には，能力給と業績給の比重を高めた賃金体系を導入し，日産の弱点と言われた販売部門をてこ入れし，「お客様第一主義」の理念を掲げて社員の意識改革を図った。日産経営陣は，組合の「しがらみ」から解き放たれたことにより，組織が活性化することを期待した。[92]

しかし，これらの制度的な改革はどこまで現場を変えたのであろうか。それまでの組合という'桎梏'を取り除いただけでは，現場を牽引する「中核層」を作り上げたことにはならないのであり，「上」からの改革では現場への浸透に限界があるからである。

トヨタの「50年争議」のときも，人事部が主導となり，養成工に組合の「分裂工作」を働きかけ，「一体型」の労使関係へと導いた。現場から「革命」が起こったわけではないという点では両社は同じである。しかし，トヨタはそのまま，養成工を絶対的なリーダーとして位置づけ，技能的・精神的な「中核層」として定着させることに成功した。経営側に敵対する組合を切り崩すことと現場から「牽引力」を引き出すことが，結果的にであれ，同時並行的に行われたわけだ。

日産の場合は，会社側は強力な組合リーダーを失脚させることに全力を注ぎ，現場から日産を支える層を育てる余力は残されていなかった。厳密にいえば，経営側は，特定のリーダー育成に対して「自制心」が働いた。森山が「論功行賞なし」と言ったときに念頭に置いていたのは，宮家や塩路のようなホワイトカラーのカリスマ的なリーダーであるが，労働者の「動き」にも敏感にならざるをえなかった。

現場からすれば，長く続いた権力闘争に振り回され，疲弊していった。当初は組合の実力者に傾倒した人もいただろうが，最終的には徒労感だけが残った。「組合関連で嫌気がさして辞めた」という人もいる。そのまま残った労働者たちは，権力闘争の動向を様子見する「賢さ」を身につけるようになった。力を持つ者に対して過度に思い入れるわけではなく，あからさまに反発するわけでもない。「冷めた」スタンスを保つ。組合の「しがらみ」がなくなり，経営側による現場の「一元的な管理」が可能になっても，「論功行賞」(インセンティブ)がないとなれば，現場からの「積極的な協力」は期待しにくい。労働者たちは，権力に振り回されたという「被害者意識」を持ち，権力闘争の動向を見定める「賢さ」を身につけ，新しい権力(経営)体制を心から支えるという気にはなりにくいのである。[93]

IX 「ゴーン改革」と現場の「コミットメント」

日産の経営者は，労働組合という「足枷」がなくなった。他の日本の自動車企業と同様，日産は世界市場で存在感を示し，現場の強さが高く評価されるようになった。しかし，上の考察を裏付けるかのように，組合による規制力がなくなっても，経営は順調とはいえない状態であった。1985(昭和60)年の「プラザ合意」以降，急激に円高が進み，輸出産業は「本当の力」が試された。日産は，創業以来，初めて赤字に転落し，ここにきて本格的な「改革」を迫られた。

ところが，目先の対応に追われ，日産の高コスト体質は維持されたままであった。その経営上の弱点は，「バブル経済」の崩壊により隠しきれなくなり，90年代末には経営破綻寸前にまで追い込まれた。日産は，2兆1千億円の有利子負債を抱え，ルノー傘下で再生することを決断した。[94]

1999(平成11)年にルノーからカルロス・ゴーンを迎え入れ，徹底した経営合理化に着手する。雇用にかんして言えば，工場の閉鎖，大幅な人員削減，下請企業との取引関係の整理を行った。ゴーン自身，当時の生産状況ととるべき対策について次のように語っている。

「私が就任した時点では，工場では生産

❖91……同上，232-233頁。

❖92……「日産自動車の遅れて来た“工場革命” 労使安定 合理的な生産へ品質・コスト意識高まる」『週刊ダイヤモンド』1987年11月28日号，82-85頁。

❖93……誤解のないように付言すると，日産の養成工は，現場でリーダーシップを発揮してこなかったわけではない。係長クラスになると「工手学校出ばかり」という話も聞いた。しかし，現場から‘会社組織全体’を束ねる力にはなりにくかったのである。その理由は，ここまでみてきたように，現場を握っていた「古参の係長」も塩路体制を支えていたからであり，その後の「転換」で立場が大きく変わったとはいえ，新しい権力体制を心から支える気にはなりにくいからである。そしてその他の理由として，横浜工場のような日産系と村山工場のような旧プリンス系とでは職場の雰囲気が大きく異なり，両工場間の交流はほとんどなかった時代が長く続き，工場によって会社に対するスタンスが大きく違っていたことが考えられる。注52で触れたように，プリンス系の工場では，少数派組合の組合員が残り，日産とも日産労組とも異なる文化が残存した。会社どうしの合併は，数年で「片付いた」といわれるが，管理制度の統一のみならず，文化の統合ともなると，非常に長い時間がかかる。現場から会社組織全体を統合し，牽引する力は，トヨタとの比較でいえば，日産は弱いのである。

❖94……下川ほか(2003)。ルノーとの「資本提携」決定時の社長であり，後に会長となった塙義一へのインタビューである。

能力の50パーセントしか稼働していませんでした。したがって，日産の再生のためには，これを75パーセントにまで上げるのが最低限の目標になりました。しかし，各工場において生産能力の削減を図るのでは解決にはなりません。問題を解決するためには，数工場の閉鎖が必要でした。そうして，私たちは5工場の閉鎖という結論に達したのです。それがいちばん合理的な形だったからです。」（ゴーンandリエス 2005，292-293頁）

この「改革」案に対して，日産労組は協力的な態度を示した。指名解雇の実施は阻止したが，早期退職者の募集や工場間の異動には応じた。工場閉鎖計画を発表した際の労働者の反応は，ゴーンにとって，「拍子抜け」するほど穏やかなものであった。日産との合併の際に弾圧され，その後も差別的な扱いを受けた，旧プリンスの少数派組合の人たちは，労働条件の悪化や人員削減に対して抵抗を示し経営側の責任を問うたが，日産労組はそのような姿勢すらみせなかった。

「人々はただ自分の行くべき道を見つめた。これはまた日本と欧州との違いだろうか，もしこのような発表が欧州でなされたら，どれほどの騒動になるか，容易に想像がつく。（中略）ところが，日本ではそのようなことは起こらない。この時も，わずかに共産党系の労働組合が銀座の本社に向けてデモ行進した程度で，社内に実質的な影響はなかった。数千人規模の参加者のうち，日産の社員はごく少数で，連帯感を示すために駆けつけた幾人かのルノーの組合員たちががっかりしたというくらいである。」（同上 326頁）

外部からのトップ起用は，旧弊な組織文化を一掃するかのような印象を与える。ゴーンには日産に新たな風を吹き込むことが期待された。では，「ゴーン改革」は工場の「末端」にまで浸透したのであろうか。結論を先に言えば，ゴーンは，工場の閉鎖や人件費の削減といった成果がすぐにでやすい合理化には積極的であるが，現場の内部にまでは直接的には手を加えていない。この点について，2004（平成16）年まで彼を側で支え，最も身近なところでみていた一人である森山に再び語ってもらう。

伊原｜　森山さんは著書で，ゴーンさんは日産の現場にかんしては全く‘けち’を付けなかったみたいなことを書かれてましたけど，来られてから彼が積極的に手を加えたことってないんです？ 現場に対して。

森山｜　ありません（断言）。

伊原｜　ないんですか？

森山｜　生産現場については全くありません。

伊原｜　能率管理や労働密度が変わったというのはありません？

森山｜　おそらくですね，大きな意味で，彼は，「コミットメント」と称するノルマを課していきますから，ノルマを課されるという点では生産現場も例外ではないので，そのノルマを達成するために何らかの変化はあったかも知れませんが，具体的な変化をもたらすことはゼロでありますし，彼が出した生産現場に出したノルマは，これまでの日産自動車の目標値を大きく上回るようなものでは全くありませんでした。極めて緩やかなものでした。だから，生産部門では，ゴーンさんが来てから，毎年毎年，全部を「オーバーコミットメント」してきました。いや，ゴーンさんは，日本の現場ほどすごい現場をみたことがないんですよ。だからみたとたんに参ったんですよね。これはどうにもならないと。ルノーと日産の現場の違いにあきれ果てたといっていいでしょうかね。

伊原｜　へーーー。

森山｜　そういうことです。

なお，ゴーンの現場に対する高い「信頼」の背景には，日本の労働組合に対する高い評価があったようだ。

森山｜　彼が生産現場をなんで絶対的に信頼するようになったかというと，極めて簡単なんですよ。ひとつはもちろんルノーとは違うということがあるんですけど，直接的なきっかけは村山(工場)の閉鎖ですよ。村山の閉鎖というのはですね，ゴーンさんにとっては「天下の一大事」だったんですよ。これは命をかけたことだと。生産担当の副社長にですね，「これをやれたら，お前は二重丸」という感じで言い渡したわけですね。これは，日本の従業員，そういったものについてね，理解が非常に薄かったですね。こういっちゃなんだけど，工場閉鎖というのは，もちろん，多くの人には迷惑をかけて，当社にとっては心痛む話ではありますけど，日本では命はかかりません。最終的には迷惑をかけるんだけれども，従業員一人ひとりに，プロセスで誠意をもって接することによってですね，ほとんど混乱なく行えるというのが，日本では常識ですよ。その当時も，そういう感じだったんで，クスっと笑いながら，「そんな大変かよ」って，生産担当の副社長に言ってたんだけど，「大変大変」という感じでやっていたんですが，まあ，それで，組合については，ゴーンさん，ものすごく心配したわけですよ。日産本社が赤旗で埋まるんじゃないかと。それくらいに彼は思ったと思うね。それで人事から，この話，組合に持っていくと言われて，彼はものすごくびびったんですが，最終的に会ったんですよね。会ってね，びっくり仰天したわけですね。「組合幹部がなんとリーズナブルなことか」と。こういう組合なら100あってもかまわん。というくらいにびっくりした。いやー，組合は組合として正当な主張をしたんですよ。だけども，「工場の閉鎖については，われわれは，経営の判断としてやむなく受け入れる。そのかわり，こうこうこういうことはきっちりとやって欲しい。」ということを申し入れたわけね。それはもう，ゴーンさんはね，「信じられない。お前らよりはよほど頭がよろしい。頭がよい。」といってね。組合に対してびっくりし，粛々として工場閉鎖をやってのけた生産部門というのに，彼は本当に脱帽した。

伊原　日産の労使関係について知らなかったんです？

森山　まあ，聞いてはいたでしょう。だけども，彼は信じられなかったんでしょうね。だから，信じてはいなかったと思いますよ。本当に驚いたと思います。彼はあのとき，ほんとに驚いてました。生産現場に対する彼の信頼は，この2つに象徴されていますね。ルノーとの対比，村山工場の閉鎖。この2つで，絶対的な信頼を与えることになった。

ゴーンによるドラスティックな「改革」は衆目を集めた。従業員の意識を変え，目標達成に向けたコミットメントを引き出し，あたかも日産の「企業体質」を一新したかのごとく評価されてきた。しかし現場に限って言えば，従来から大きく変わったわけではない。工場閉鎖や人員の削減は誰の目にもわかりやすいし，経営指標を即座に改善させるが，現場の質的な面になると，どこまで変えたのかは疑問である。

ただし，誤解のないように付言するが，ここ20年ほど，現場に全く変化がないわけではない。「ゴーン改革」以前から日産に独自な生産手法は改良を重ね，その後も手が加えられてきた（下川・佐武 2011）。経営のグローバル化と大幅なリストラに伴い，開発・生産体制を見直し生産ラインを大規模に再編成した（山下 2005）。2006（平成18）年から，全従業員に共通の心構えと行動規範を「日産ウェイ」として明示し，教育研修を通して浸透を図っている[❖95]。本書の第2部で明らかにするが，人事制度を抜本的に改革し，その中に現場労働者の管理制度も組み入れている。しかし，ここで言いたいことは，ゴーンの「改革」は，あくまでも「上」からの「改革」であり，どこまで現場の中に，個々人の働き方に変化をもたらしたのかとなると，定かではないということだ。彼が来たことにより，現場から強い「コミットメント」を新たに引き出せたのかと問われれば，疑問の余地がある。現場の「中核層」の「求心力」となれば，なおのことである。「改革」が──少なくとも数字の上では──成功すれば，全社レベルの経営計画や経営戦略と現場レベルの生産方式や人事制度とが整合的に解釈されがちであるが，それらの間に齟齬がないわけではない（奥寺 2009）。現場労働者に「コミットメントが100%を超えている」ことの事実を確認すると，「まぁ，そういうことになっているけどね。」という答えが返ってきた。この‘答え方’からも想像がつくように，現場レベルでは「帳尻合わせ」をしている面もあると考えられる。「改革」の現場への浸透について，あえて疑問を呈する意味はあるだろう[❖96]。

X 小括

本章は，日産の労と使のトップの関係に注目して，会社と組合の間に置かれた現場の「中核層」の軸足を読み解いた。

カリスマ性のある指導者が日産分会を引っ張り，やがて全自全体を牽引していく。ところが，やがて職場では，職場委員長を介して一般組合員への統制を強くしていった。[97] 分会を切り崩した第二組合からすれば，益田は「独裁者」であった。[98]

第二組合の「中核層」は大卒の若手社員であった。トヨタとは異なり，養成工は表舞台には出てこない。組合の執行部の中に養成工がいなかったわけではないが，養成工が会社を建て直したという「話」は聞かれない。

100日間続いた日産争議の後，労と使のトップは，互いに信頼し互いに利用し合う関係を築く。そして，「天皇」と言われるほどに権勢を誇った宮家から，同じく「天皇」と呼ばれるようになる塩路へと労組トップが変わった。彼が中心となって，青年部を

❖95……「日産ウェイ」は，“The Power comes from inside”「すべては一人ひとりの意欲から始まる」という考えの下，それを具体的な形に変えるために，5つの心構え（マインドセット）と5つの行動（アクション）を全従業員に求める。心構えは，1. Cross-functional. Cross-cultural（異なった意見・考えを受け入れる多様性。）2. Transparent（すべてを曖昧にせず，わかりやすく共有化。）3. Learner（あらゆる機会を通じて，学ぶことに情熱を。学習する組織の実現。）4. Frugal（最小の資源で最大の効果。）5. Competitive（自己満足に陥ることなく，常に競争を見据え，ベンチマーキング。）。行動は，1. Motivate（自分自身を含め，人のやる気を引き出していますか?）2. Commit & Target（自ら達成責任を負い，自らのポテンシャルを十分に発揮していますか?）3. Perform（結果を出すことに全力を注いでいますか?）4. Measure（成果・プロセスは誰にでもわかるように測定していますか?）5. Challenge（競争力のある変革に向けて継続的に挑戦していますか?）。（永田 2008，20-21頁）。

❖96……楠美憲章は，森山と同様，副社長の立場からゴーンを支えてきた一人だが，ゴーンおよび「日産改革」に対する評価は同じ副社長でも異なる。森山は，「日本的経営」のよさを評価し，過度の市場原理主義化に対して警鐘を鳴らしていたが，楠美は，自著の中で，日本企業の経営の有効な面を認めながらも，その「保守性」や「実行力不足」を克服しようとした日産の「変革」を「成功事例」として捉え，全社規模の意識改革と組織学習の重要性を提言している（楠美 2005）。このように，同じ経営陣であっても，「日産改革」，「ゴーン改革」に対する評価は一様ではないが，楠美の「変革論」は，トップとミドルのマネジメントが中心であり，現場にかんしては，「一流の生産システム」はすでに日産の「強み」であり，世界トップクラスの生産性，生産技術力，品質力を有し，「変革」の対象ではなかったことを指摘しており，森山の理解と同じである。

❖97……益田哲夫本人が，自己批判の書で次のように述べている。「組合活動の大衆化と改善にはあまり力点をおかず，職場では，職場委員長の権限が大きくなり，反対意見をしゃにむに抑えつけ，力ずくで承服させるクセがついた。こんなていたらくでは，意見をだしてもとりあげてはくれないんだから，だまっていた方がいいさといった声もでてきたのである。」（益田 1954，34頁）。

❖98……「益田分会組合長が，自己の力を過信し，組合員の批判を軽視し，一部の追随者のみの丹頂鶴的執行部で，独裁権力を振い，益々民心から離れていながら，それを反省せず，会社の挑戦に應じ，組合員を自らの権力の圧制下に置こうとした」（『日産争議白書』13頁）。

結成し，‘手塩にかけて’育て上げ，「三会」の教育を綿密に行い，組合が組合員教育を施すと同時に従業員管理の役割を一部担ったのである。日産分会の青年行動隊で活躍した人の中には，日産労組の青年部にすんなりと移っていった人もいる。分会から日産労組へと組織もリーダーも変わり，会社と労組との関係は様変わりしたが，カリスマ的な組合リーダーを頂に置き，組合が現場を掌握し，現場の「中核層」が組合（のリーダー）に「従う」という管理の構造と労働者のメンタリティには共通性がある。

しかし，盤石にみえた労と使のトップの蜜月関係にも，修復不可能なひびが入るときが訪れる。石原社長が反塩路の姿勢を鮮明にし，ついには会社から追放する。その後の日産の労使関係はトヨタのそれに近づいた。組合による職場への直接的な「介入」はなくなり，現場は全面的に経営側の管理下に置かれるようになった。

筆者がとりわけ注目する点はここからである。しかし，経営側による現場の統制力の奪取は，すぐさま現場からの「協力」に結びつくわけではない。日産の経営陣は，塩路体制に懲りに懲りて，同じ「過ち」を繰り返さないようにと，リーダーの扱いには慎重を期した。人事部は，組合トップの追放を裏で画策し，「論功行賞」は行わず，リーダーを意識的に作らせないようにした。そして，会社は塩路労連会長を追放することにエネルギーを注ぐあまり，リーダーを育てる力が残されていなかった。労働者側からすれば，権力闘争に翻弄された時代が長く続き，権力の行く末を見定めようとする「冷静さ」と，組織内で生き残る「賢さ」を身につけるようになった。

その後の日産は，大きな変貌を遂げる。長きにわたる労使間の闘争は，もはや「遠い過去の話」になった感がある。20世紀末，経営が行きづまり，日産はルノーの傘下に入り，「ゴーン改革」に再生への希望を託した。大規模な「リストラ」を断行し，その影響は生産現場にも及んだ。そして，日産の経営思想や価値観を体系化した「日産ウェイ」を明示し，日産の従業員が目指すべき指針をわかりやすく整理した。従業員の「コミットメント」を目標に掲げ，数字に裏づけられた「結果」を求めるようになった。労使間の「しがらみ」がなくなっただけでなく，現場から「コミットメント」を調達する段階にようやく到達したのである。

しかし，一連の経営改革が現場を抜本的に変えたのかと問われれば，疑問の余地がある。その理由は，ひとつに，「上」からの短期間の「改革」は，現場への浸透に限界があるからであり，もうひとつは，ゴーンの念頭にある比較対象は海外の工場であり，相対的に優位にある現場の改革の優先順位は低いからである。

もはや組合には，経営側の意向を直接的に規制する力はない。しかし経営者は，過去の「いざこざ」を一掃したからといって，現場の「中核層」から直に経営側に向かうほどの強い「牽引力」を調達できるわけではない。働いている当人らも意識していないだろうが，職場とは過去の経緯の上に成り立っているものであり，職場力学とは歴史の積み重ねの中で形成されているものなのである。

「日本的経営」は，安定した労使関係の下，現場から「忠誠心」と「協力」を引き出すシステムとして，高く評価されてきた。しかし，「協調的」な労使関係は，企業への「積極的な貢献」を引き出すことの必要条件ではあっても，十分条件ではない。必然的に従業員の「組織コミットメント」を高めるわけではないのだ。先行研究はその点を見誤ってきた。

トヨタでは，養成工が‘強い現場’を支えてきたことは，周知の事実である[1]。養成学校でインテンシブな教育を受けた養成工が技能的・精神的な支柱となり，トヨタの現場の「求心力」になってきた。

もっとも，企業内学校の存在は，トヨタに限らない。早くは19世紀末に設立され，第一次大戦後に広がりをみせ，第二次大戦後には，多くの大企業で再開あるいは新設された。日産にも存在する。しかし，ここ20数年は，高卒入社の労働者を入社後に選別して学校に送り込むようになり，中卒で採用し，技能や知識のみならず，「社会人」としてのマナー，会社の方針，リーダーとしての心構えなど，規範意識や生活態度を徹底的に教え込むトヨタ工業学園とは特徴を異にする。加えて，本書が注目する相違点は，現在に至る労使関係の形成過程における現場リーダー層の関わり方である。労と使の間に置かれた現場リーダー層の「立ち位置」は，両社で顕著な違いがあった。第1部は，両社の企業内学校の歴史と現状を確認した上で，労使関係の「転換期」を跡づけながら，現場リーダーの軸足の置き方を読み解いた。

職員と工員の「混合組合」は，日本の労働組合の大部に共通した特徴であり（東京大學社會科學研究所 1950，91-99頁），両社の労組も，結成時から職工一体であった。それにより，職・工間の差別が撤廃されて「民主化」が進んだ面もあれば，組合の役員経験者が会社の管理職に抜擢され，組合と会社の利害の相違が曖昧になり，労働運動が弱体化し，結果的にではあれ，「従業員組合化」した面もある（二村 1987, 1994, 1997）。同じように職工一体の組合として始まり，同じような「労使協調路線」の企業内組合であっても，その他の管理制度，歴史的な経緯，組織内の文化などにより，機能の仕方が大きく異なることはある。

ちなみに，両社とも組合結成の動きは現場から生まれたが，日産の場合は，職工一体でやることに結成当初から抵抗がなかったのに対して，トヨタは，初めは工員のみで結成しようとした動きがあり，職員と一緒にやることには反発があった。後に「一体型」になるトヨタの組合において，工員たちだけでやろうとした経緯があったことは，歴史の皮肉として興味深い。

トヨタは，1950年争議の最中に，人事担当者が密かに養成工に働きかけ，養成工が中心となって全自トヨタ分会の切り崩しを行った。この「活躍」が，現場はもとより会社組織全体で養成工の「求心力」を生み出す源泉になった。養成工が「会社の危機を救った」という「武勇伝」が世代を超えて社内に広まり，養成工は技能的にだけでなく精神的にもトヨタの支柱になってきた。養成工のリーダーとしての「自覚」と彼らをリーダーとして受け入れる文化が，他の管理制度にも補強されて[2]，形成されたのである。経営側は彼らの「求心力」を高く評価し，中卒を育成する養成工制度を今も存続させている。

日産でも，終戦直後に労使が激しく対立した。日産分会のリーダーはカリスマ的な指導力を発揮し，組合員を引っ張っていった。しかし，階級闘争的な分会を批判する勢力が生まれ，第二組合が誕生するに至り，第一組合である分会は急速に力を失い，やがて消滅する。ここで注目する点は，分会と第二組合との同質性である。分会のリーダーは大卒ホワイトカラー層が中心であったが，運動のベースはブルーカラーであり，分会は職場委員会や職場長を介して現場を握っていた。会社側はここに照準を定め，職場統制権を取り戻そうとしたのであり[3]，日産労組は，分会による現場掌握の構図をそのまま引き継ごうとしたのである。「全自日産分会の良いところを取らせてもら」い，管理統制をより強力な形にして発展させた。分会の時代にはなかった係長会・組長会を組織し，彼らを職場の組合役員の核に据えて，現場の「中核層」を完全に掌握しようとした。その基盤の上に「ホワイトカラーの頭脳」をつけて，会社側に対する交渉力を強化したのである[4]。第二組合を立ち上げたリーダーたちも，ホワイトカラー層であった。ホワイトカラーの組合リーダーが現場をおさえ，現場の「中核層」を教育し，指導する時代が長く続いた。

組織の「求心力」は，リーダーが一方的にその他の構成員を引っ張ることで生まれるわけではない。リーダーに半ば自発的に従う労働者たちがいて，その力が発揮されるのである。日産では，カリスマ性を持つ組合リーダーや（外部から招聘された）経営トップが，絶大な力を発揮し，労働者たちは強力なリーダーに傾倒する。しかし労働者たちは，次第に，現場から遊離する権力者に冷静になり，

❖1……最近の研究は，小池（2013）。

❖2……もちろん，養成工の「活躍」や養成学校の教育だけにより，現場の「中核層」の「求心力」が生み出され続けたわけではない。入社後の手の込んだ教育により，職場を束ねる力が維持されてきたのである。現状の教育制度については第2部で詳しく論じるが，トヨタの経営者は，50年争議の直後から管理監督者教育に力を注いだ。1951（昭和26）年12月にTWI（企業内監督者訓練）を導入し，53（昭和28）年の争議の後に組長・班長を公式職制として任命して現行の「役職制度」を確立した。争議の直後に近代的な管理・監督者訓練ならびに入社教育の制度を導入した背景には，経営側による職場秩序の確立と職場管理体制の強化の意図があった（湯本 1985，287-288頁）。

❖3……神奈川県労働部労政課『神奈川県労働運動史（1952-56）』201頁。

❖4……塩路・渡辺（1992②）13頁。

そのつど「批判勢力」と天秤にかけ，権力者たちの動向を慎重に見極めるようになる。そうしなければ，権力者に振り回されて疲弊してしまうからであり，労働者は組織の中で生き残れないからである[5]。激しい権力闘争を現場からうかがってきた労働者たちは，そのような「賢さ」を自然に身につけるようになったと想像される[6]。

日産は，80年代後半以降は，経営と組合のトップどうしの親密な関係を一掃し，それまでの「過ち」を繰り返さないようにと，「論功行賞」を廃し，意識的に新しいリーダーを作らないようにした。組合のリーダーの力を削ぐことに多大なエネルギーを注ぎ，現場で新しいリーダーを育成することには慎重であった。90年代末に，経営トップが外から招かれ，短大卒を現場リーダーとして明確に位置づけ，ようやく現場を牽引する若手監督者の育成に力を注ぐようになった。

しかし，現場を束ね，牽引する力は，制度改革だけで引き出せるものではない。むしろ，拙速にリーダーを作ろうとすれば，他の労働者から「賛意」を得られず，かえって反発を招いたり，「浮いた存在」になったりする。管理イデオロギーを吹き込み，新しい評価基準を導入しても，経営側の思い通りに受け入れられるとは限らない。現場には現場なりの評価基準があるからだ。自分たちの評価基準と合致しない「リーダー」を押しつけられたならば，労働者たちは内心ではリーダーとして認めない。これに，リーダーの選抜から漏れた人の「やる気」の低下の問題が加わる。日産の現場に限らないが，「上」の者が，リーダーを意図的に作ることは難しいのである。この点については，第2部の選別と競争のところで詳しく検討する。

あらゆる職場には文化がある。両社の労使間の関係には数十年の歴史があり，その重みが場の力学を形づくっている。もちろん，労使間の（トップの）関係だけがその規定要因ではない。組合組織の構造や経営側の管理制度は当然のこと，企業内外の無数の要素が現場の力学に影響を与える。第1部はそのごく一端を示したにすぎないが，現時点では似たような安定した労使関係の下にあっても，これまでに積

❖5……なお，トヨタの経営者にも，カリスマ的なリーダーがいなかったわけではなく，現場の「中核層」だけが一般労働者を牽引してきたわけではない。トヨタ生産システム（TPS）の「教祖」たる大野耐一とその「伝道師」たちがトップダウンで現場をしごきあげたのであり，今なお「伝説」として語り継がれている。経営トップや看板商品の開発者のエピソードは他社にもあるだろうが，製造現場の「スター」を持つ会社は珍しい。ただし，彼らは「上」から現場を引っ張ったわけではない。カイゼンの「鬼」たちは，創業者一族による全面的なバックアップを取り付けた上で，現場から離れず，現場で「これといった人物」に目をつけ，監督者を追い込んで「知恵」を出させ，彼らを現場の核にして他の労働者を巻き込み，現場にカイゼンを浸透させる専門の部署やチーム（「生産調査部」や「トヨタ自主研」）を設け，トヨタ本体だけでなく下請会社にまでカイゼンを広げていった（岩月 2010; 佐藤 2011）。つまり，トップダウンの合理化を現場（「下」）から進めていった点に特徴があり，現場から「中核層」を引っ張りあげたのである。

❖6……現場から遊離した権力闘争や現場の実情

み重ねされた歴史の違いによって，現場の「中核層」の「求心力」や「牽引力」には相違が生じることが明らかになった。

を無視した合理化は，現場に「生きながらえる知恵」をつけさせ，それが組織の文化として定着する。本研究は，日産分会のリーダー，日産労組の2人のリーダーが「天皇」や「独裁者」と評され，やがて現場から遊離していった経緯を詳細に描いたが，会社が危機に陥るたびに「外から」経営者を連れてきた歴史も，このような文化の形成と無関係ではない。

日産の経営者は，会社が窮地に陥ると，外部から人を招き，大胆な「改革」を委ねた。終戦直後の経営立て直しがそうであり，ゴーンの招聘もそうである。ゴーンの前の社長を務め，ルノーとの提携を決断した塙は，「(社内の自主的改革が肩すかしになった経緯があるので，)いきなり自社だけで本格的にやろうとしてもうまくいかないだろう，少し外の空気を入れる必要があると考えた。外国とは限らない。場合によっては業界の違う所でもいいが，まったく日産と違った空気を入れることで，社内の空気を刷新する必要があると考えた。」(下川ほか 2003，48頁)。そして，ゴーンをコストカットの専門家として招いた際，「コストダウンは全体のマネジメントの体系に関わる問題であって，一部だけ日本人を残してくれだとか，ここだけは変えないでくれとなると，彼のトータルな体系が崩れてしまう。そう思ったので，全部ゴーン流でやってくれ」と彼に委ねた(同，51頁)。すべてを任せることで，会社のトータルな方針に全員のベクトルを合わせ，組織を一新することができると，経営トップは考えたのだ。

経営トップにしては「潔い」とも，経営者としての責任を放棄しているともいえるが，いずれにせよ，「外部」や「上」からの「改革」は，組織内部の旧弊を一掃し，手っ取り早く効果を生むと考えがちである。しかし，その実，新しい文化はそう簡単に根づくものではない。「ゴーン改革」は日産の官僚的な文化を一変させたと評価されたが，この見方からすれば，「改革」は成功したようにみえて，現場にまでは浸透していない可能性がある。長期政権になったゴーンの「改革」は，これまでの因習を覆すほどの「変革」なのか，それとも，これまでどおり，「権力者」に対する追従的な雰囲気を醸成させているのか，現場の実態に即して冷静に見極める必要がある。

第2部

長期雇用者のキャリア管理と組織への統合

能力形成と昇進競争に着目して

序 研究課題

終戦直後は，さしあたり生産にこぎ着けなければならず，大企業は数の確保とばかりに大量の人員を中途で採用した。[1] しかし，労働組合の力が強くなり，容易には人員整理が行えなくなると，1940年代末には基幹工である養成工以外の労働者は採用しない方針をとった。[2] 第1部で明らかにしたように，トヨタも日産も，養成学校を労働者の主たる「供給源」にした。それは，49年(昭和24)年以降，労働組合運動の勢いが後退しても，そして朝鮮戦争が勃発して生産量が急激に拡大しても，変わらなかった。大企業は従業員数を一定に維持し，生産拡大期には下請制度・臨時工制度によって対応するという「定員制」を採用した。[3]

ところが，1960年代に入ると，企業は，高校新卒を現場労働者として採用するようになる。臨時工は依然として活用していたものの，採用してからしばらく経つと，本採用に切り替えるようになった。もはや「定員制」は崩れたのである。高度経済成長期に入り売上げが急増し，労働力不足が深刻な問題になったからであり，加えて，高校進学率が高まり，優秀な中卒者の採用が難しくなったからである。トヨタは1962(昭和37)年に，[4] 日産はトヨタに遅れること3年の1965(昭和40)年に，[5] 新規高卒の技能員の採用を始めた。日産は，1968(昭和43)年度に高卒技能員の採用を本格化させたが，十分な人員を確保できなかった。新規高卒者の採用として約4,500人を見込んでいたが，実際には3,355人しかおさえられなかった。それほどまでに，労働市場は逼迫していたのである。

日産は，第1章でみたように，現在は中卒の養成工制度を廃止した。中学新卒を育成する学校を存続させたトヨタでも，単純に数だけでいえば，高校の新卒採用および中途採用の方が多数派である。大企業の従業員の勤続年数は長い。2015(平成27)年3月31日現在，トヨタの平均勤続年数は15.8年，日産のそれは20.4年である(『有価証券報告書(2014年度)』より)。両社にとって，入社段階では専門の知識や技能を持たない高卒技能員をいかにして企業内で育てるかが，労務管理上，重要な課題となった。そして，日本企業の競争優位を支える要因として，現場労働者の長期雇用，充実した教育，技能の向上，組織コミットメントの高さが評価されるようになる。そこで第2部は，長期スパンのキャリア管理と正規労働者の企業組織への統合のあり方をトヨタと日産とで検証したいと思う。

「キャリア」には，大きく分けて二つの側面がある。一つが能力形成であり，もう一つが昇進・昇格である。長期雇用者は，限られたポストを巡って互いに競争を繰り広げ，企業内の階梯を昇りながら能力を高めていく。したがって，現実には，二つの側面は密接に結びついているわけだが，本研究は，それらの側面をとりあえず分けて，キャリア形成と組織への統合のあり方を両社で比較することにする。

新入社員は，簡単な作業を割り当てられる。誰もがはじめは初歩的な仕事に取り組む。しかし，いつまでも同じ業務を担当するわけではない。長い企業内人生の中で担当工程を変え，昇進して複雑な業務を任されるようになり，技能の「幅」を広げ「深さ」を追求する。技能形成の鍵になるのが，職場での教育（OJT）である。長期雇用の下，実地で形成する固有な技能が，日本の製造業の競争優位の源泉とみなされてきたのである。[6]

しかし，トヨタは，職場外の系統だった教育（Off-J-T）を充実させている。経営の指針や理念を理解させ，職場の運営方法を座学で学ばせ，生産システムや品質管理を体系的に学習させ，社内外の資格を修得させる。Off-J-TとOJTは教育の両輪であり，労働者は頭での理解と実地での訓練を交互に行い，効率的・効果的に能力を形成していく。トヨタにかんしてはOff-J-Tの重要性を指摘する研究もあるが[7]，日産の教育制度はほとんど知られていない。初めに，日産のOff-J-Tを中心に，両社の教育制度とキャリアモデルを確認しよう。

労働者は，企業内でランクを上げながら能力を高めていくわけだが，当然のことながら，ポストの数には限りがある。皆が同じスピードで，同じランクまで昇進・昇格できるわけではない。労働者は，限られたポストを目指して競い合い，より大きな権限を獲得し，裁量の大きな仕事を任され，より高い報酬を手にする。労働者を管理する側からすれば，入社後のいつ頃から，どの程度，労働者間に差を設けるか，いかなる手続きで労働者を選別するか，誰に査定を行わせるか，評価の基準は何にするか，これらの仕組みが，労働者の形成能力と「やる気」を左右し，労働者の組織への統合のあり方に大きな影響を与えるため，制度設計が重要な経営課題となる。

昇進・昇格と競争にかんする先行研究に目をとおすと，日本企業は，入社してから一

❖1……日産も，戦後の混乱のさなか，急遽人員をかき集めた。なお，その中には，「態度の悪い者」，「共産党系の活動家」，「女性」が含まれ，彼（彼女）らは，ドッジライン下における人員整理の主たる対象者になった。このときの人員削減は，レッドパージの意味合いが強く，また，製造現場の「男性職場化」のきっかけになった（吉田 2000）。

❖2……大河内ほか（1959）49-50頁，木下（1984）。

❖3……木下（2010）61頁。トヨタでは，「昭和25年7月，大争議がおわるとともに行われた職制変更で，職場における事務・技術・作業部門の独立に伴って組みたてられた作業部門のライン系統では，作業員がその底辺を形成するようになり，正規の作業員（本工）の新採用は，事実上訓練生（養成工）のみとなった」（坂口ほか 1963，164頁）。

❖4……田中（1982b）66頁。

❖5……『日産40年史』316，318頁。

❖6……代表的な論者が小池和男である。小池（1997，2005，2008）などを参照。

❖7……野村（1993a），島内（2004，2005）。

定期間は一律に従業員を処遇し，（同部署の）同期の間でほとんど差をつけず，横一線に競わせる。早い段階でエリート社員を選ぶ「早期選抜型」ではない。ただし，その期間，全く選考を行っていないわけではない。「完全決着」ではないものの，細かな選抜を繰り返す「トーナメント型」（Rosenbaum 1984）といえる。この特徴は，米国企業にもみられるが，日本企業の方が，入社から1回目の選抜までの期間が相対的に長い（中村 1991）。言うなれば，「全体底上げ型」の選抜である。日本企業は，できるだけ長期間，多くの人から「やる気」を引き出し，労働者の技能を高め，企業によっては「敗者復活」の機会を設けて「モチベーション」を持続させていると評価されてきた。

日本企業における昇進とキャリア管理にかんする実証研究は，そのほとんどがホワイトカラーを対象にしてきた[8]。このような研究状況のなか，トヨタの技能労働者を対象とした注目すべきキャリア研究が行われた。全社規模のキャリア管理の構造と変容そして労働者のライフコースを把握しようとした，意欲的なグループ研究である（辻代表 2004, 2007）。トヨタの社内報である『トヨタ新聞』に掲載された24万を超える人事関連の情報を丹念に拾い上げてデータベース化し，60人ほどの労働者に聞き取り調査を行って労働者の社内外の生活史を記録した。この膨大なデータと記録に基づいて，共同研究者たちは個々に，トヨタ労働者のキャリアにかんする論文を発表している。

各論文の概要をかいつまんで紹介しよう。辻（2006, 2007a, 2007b）は，トヨタの人事現象の全体像をつかむために，戦前から2005（平成17）年までの採用・排出・昇進・競争・異動の動向を跡づけた。辻（2005）は，採用区分（ブルーカラー・ホワイトカラー，学歴，性別，入社形態別）ごとに，30年に及ぶ「長期雇用制度」の運用実態を比べ，樋口（2008）は，1960（昭和35）年前後に入社した労働者に限定して，採用区分（職種・学歴・性別）ごとに，「キャリア・ツリー法」を用いて昇進構造と競争のメカニズムを明らかにした。辻（2007c）は，同期前後を含むひとかたまりの集団を競争単位とみなし，同期昇進集団の形成と再編の過程からトヨタ社員の競争の原則を抽出した。辻（2008b）は，1960（昭和35）年から2000（平成12）年までの40年間に事務技術系社員2,499人が経験した8,446累度の部署異動データをもとにして，部署異動回数，分野経験種類，各人の核となる分野在籍年数をクロス集計し，キャリアの幅（ジェネラリストの側面）と深さ（スペシャリストの側面）の形成のあり方を従業員別（性別・学歴別）と最終到達地位別に類型化している。平尾（2008）は，従業員の排出に焦点をあてて，1960（昭和35）年から2005（平成17）年の間，出向・転籍・定年退職・退任・チャレンジキャリア制度（定年前に自力で第2の職業に転身する社員を支援する制度として1996［平成8］年から導入）のうちどれであったのか，ブルーカラーとホワイトカラーに分けて検証した。

これらの研究が，『トヨタ新聞』から拾い上げて作成したデータベースを基にして，キャリアの管理構造を数的に把握しているのに対して，次の研究は，労働者への聞き取り調査に基づいて，仕事と家庭を中心とした人生の経路(ライフコース)を質的に捉えようとする。この調査グループの構成員の多くも参加した「職業生活研究会」は，1980(昭和55)年にトヨタの労働者212人に聞き取り調査を行い，労働者の生活実態を多角的に明らかにした[9]。今回の研究グループは，そのときの調査対象者に追跡調査を行い，さらに事務職員や技術者を含む新たな被調査者を加えて，「職業経歴」について詳しい話を聞き取っている[10]。

湯本(2003)は，1980(昭和55)年の調査の予備調査として16人のトヨタ退職者に聞き取りを行ったときのデータを掘り起こす作業から着手する。1970(昭和45)年前後に定年を迎えた労働者の入社前の経歴，配属職場，職場経歴，昇進を丹念に記述し，彼らの子どもの経歴にも言及し，トヨタ(関連企業)の労働者の「世代間再生産」の実態を浮き彫りにした[11]。

村上(2001)も，1980(昭和55)年の調査結果の再分析から始める。日本経済は，1960年代の拡張路線が終焉を迎え，70年代はオイル・ショックにより減量経営と厳しい雇用調整が求められた。当時，同一勤続年数者・同一資格者の内部に相当程度の所得格差が生じていたことを示し，能力主義を基調とするキャリア管理がすでにトヨタで定着していたことを明らかにした。村上(2002)は，長期勤続者の人生前半の軌跡をワーキング・ライフとファミリー・ライフの両面から跡づけ，トヨタの労働者は充実した職業生活と安定した家族生活を両立させてきたことを示す。前回の調査から20年ほどが経過し，その間に，役職ポストの削減，職能資格の大括り化，「自助努力」の強調，成果主義の導入など，「個人の能力」の重視へと労務管理がシフトしたわけだが，トヨタで働いてきた者たちは，それらの変化を受けて，職業生活の後半部分でいかなる心理状態で働き，キャリアの終焉を迎えようとしているのかを把握した。村上(2004)は，55人の労働者を戦前生まれと戦中戦後生まれのコーホートに区分し，会社と家庭の両方の生活を含めた人生行路の違いを比べている。

辻(2004)と湯本(2007a)は，労働者の企業内外の生活史を豊かに描く。前者は学歴や性別などの区分が違っても，時代や世代

❖8……花田(1987)，若林(1987)，竹内(1995)第5章，今田・平田(1995)，八代(1995)，上原(2007)など。ホワイトカラーに研究が偏っている理由は，おそらく，同期の昇進・昇格管理は，ブルーカラーよりもホワイトカラーに対して厳密に行っているからではないかと思われる。

❖9……研究成果は，小山編(1985)，職業生活研究会編(1994)。

❖10……トヨタの調査対象者62人のうち，半数近くが1980(昭和55)年の調査協力者であり，そのうち30人が1985(昭和60)年と87(昭和62)年の追加調査にも協力している。

❖11……湯本(1989, 90)は，「職業・生活研究会」による1980(昭和55)年の調査の7年後に追跡調査(48人に面接)を行い，企業内のキャリア形成システムを検証している。

に共通する特徴があることを指摘し，後者は同じトヨタの技能労働者の中にも様々なキャリアパターンがあることを明らかにした。湯本(2007b)は，1997(平成9)年の「職位解任制度」の全廃(それまでは，55歳で職位を解任されていた)に注目し，それが55歳を迎える労働者のキャリアにいかなる影響を及ぼしたのか，それを労働者がどのように受け止めているのか，12人の事例を用いて検証した。櫻井(2007)は，トヨタ22人(とワコール17人の計39人)のホワイトカラーへの聞き取り調査から，ジェネラリストとスペシャリストとに分けてキャリアを類型化し，それぞれのキャリアの規定要因(本人の意思，会社側の戦略，労働者の資質や能力，職場の人間関係，家庭状況など)を特定した。[12]

ここまでの研究は，キャリア管理にかんする量的側面の把握と労働を中心としたライフコースにかんする質的側面の掘り起こしとに大きく分けることができるが，辻(2008a)は，その両面を統合しようと試みる。データベースからブルーカラーとホワイトカラーの昇格格差の要因を探り，聞き取り調査からそれぞれの労働者を挟んだ3世代の社会移動と格差の再生産のあり方を把握し，両面をつきあわせようとする。[13]

以上，トヨタのキャリア管理を包括的に解明しようとしたグループの諸研究をごく簡単に紹介した。一連の研究は，ブルーカラーとホワイトカラーの両方を含むトヨタの労働者の企業内人生を歴史的・構造的に捉え，トヨタのキャリア管理の全体像に迫ろうとする労作である。各人の研究は多岐にわたり，結論は一言ではまとめられないが，従来の「日本的長期雇用慣行」の議論を追認し，深める興味深い事実がいくつも発見された。

しかし，キャリア形成からみた組織への労働者統合という筆者の問題関心に即して読むと，これらの研究に疑問点や問題点がないわけではない。辻らの研究は，結果としてのキャリアの構造や経路を把握することに注力し，そこからは，キャリアの形成過程，とりわけ労働者間で繰り広げられた競争過程が見えてこない。個々の労働者のライフヒストリーから，出世にこだわる「サラリーマン人生」に，労働者によっては競争を拒否する人生に触れている論者もいないわけではないが，あくまで過去から振り返った競争である。キャリアを積み上げる中での「やる気」の変化，昇進・昇格への執着と会社への「忠誠心」との違い，競争から「脱落」した者の「吹っ切れなさ」など，一言では表現できない複雑な心理過程は捉えられていない。それらの点を明らかにするには，結果としてのキャリアの構造を把握するだけでなく，キャリアを「選択する主体」にも注目し，さらには構造と主体を媒介する労務管理にも留意すべきである。労働者は企業内人生を歩む中で，いかなる手続きを通して選別され，どこまで選別の仕組みと格差の構造を知り，いつまで競争相手と‘公平な’競争を展開していると思っているのか，という点の検証が欠かせない。辻らの研究だけでなく，キャリアの「構造研究」全般に当てはまるが，それらの点の分析が欠落しているために，キャリアの構造と労働者の働きぶり（主体）とが二元論的に分かれている。両者を統合しようとする意欲的な論文もなくはないが，構造と主体との関係を後付けで整合的に解釈しがちであり，キャリアの形成過程において，組織に「コミット」しつつも企業，職場，管理者から距離をとろうとする「煮え切らない態度」や両面価値的なスタンスは捉え切れていないのだ。

加えて，先行研究の限界は，働く場の実態を考慮せずにキャリアを描こうとする点にある。労働者は，日常的な活動の場であり，他者との協働の場でもある職場を介して間接的に会社に結びついている。ところが，キャリア研究は，職場という概念が欠落しているために，キャリア形成と「組織コミットメント」を巡る複雑な力学を捉えられないのである。例えば，管理者は労働者を選別すると同時に，職場をとりまとめなければならない。しかし，競争と協調は，往々にして相容れない。それらをいかにして両立させているのか，あるいは，そのジレンマが解消されずに，問題が表面化しているのか。昇進と労働者統合との関係にかんしては，競争を介した「やる気」の引き出しと「脱落者」の「やる気」の減退との間のジレンマだけでなく，長期間‘ひっぱる’競争とリーダーの育成との間のジレンマ，激しい競争と職場での協調とのジレンマなど，働く場で生じるジレンマが重要な論点となるのである。

第2部は，長期雇用者のキャリア管理と労働者統合の実態を能力形成と昇進・競争に分けて検証する。先行研究の問題点を踏まえて，第4章は，教育制度の中でもとりわけOff-J-Tに注目して，両社の教育体系を確認する。第5章は，選別の仕組み，その中核をなす査定の実態，そしてそれらを受け止める労働者の内面に迫り，第1部で明らかにした「中核層」のリーダーシップの形成と長期間の競争による「底上げ」とのジレンマを読み解きたい。

調査方法は，社内資料の収集と（元）労働者への聞き取りである。教育制度にかんしては社内資料と公開された資料を活用した。労働者の選別と組織への統合の実態にかんしては，長期間同一企業で働いてきた（元）労働者・現場監督者に聞き取り調査を行った（2006［平成18］年から2010［平成22］年にかけて）。トヨタ関係者から11人，日産の労働者から15人，話を聞いた。断りのない限り，それらの調査結果を用いる。

❖12……これらの共同研究のほかにも，トヨタの労働者の生活史を把握した研究はある。岡ほか（1996）は，高齢の現役中間管理職およびその退職者にアンケート調査を行い（35人，うち現業系は12人），トヨタの職業生活末期から退職・引退過程にある人々のキャリアパスを辿り，処遇に対する意見や感想，そして生きがいを探っている。

❖13……この研究グループの代表者である辻の研究は，辻（2011）にまとめられている。

第4章

能力形成と組織への統合
キャリアモデルの検討を通して

I
トヨタのキャリアモデルと教育制度[❖1]

1 教育制度の全体像

トヨタの教育の柱は三つある[❖2]。①職場教育，②フォーマル教育，③インフォーマル教育，である（教育制度の全体像は**図4-1**）。「職場教育」は，OJTとOff-J-Tからなるが，主たる教育はOJTである。「フォーマル教育」は，職場を離れた体系的な教育である。「インフォーマル教育」は，トヨタ固有の人間関係の形成を意図した教育である[❖3]。本節は，それらの中で「フォーマル教育」を中心にみていき，その柱である「専門技能修得制度」と「階層教育」を紹介する。

2 職能資格と職位

労働者は，入社後，企業内でランクを上げながら専門技能と階層別の教育を受けていく。職能資格と職位は**表4-1**のとおりである。

3 専門技能修得制度
――基本技能，実践技能，専門知識

「専門技能修得制度」は，1990（平成2）年に立ち上げられた。制度設計のきっかけはトヨタの海外展開にある。80年代中頃から，トヨタは積極的に海外進出し，現場職制が海外工場へ指導に出向くことが多くなった。彼らはとりわけ優秀な技能員であり，通常の職場運営にはとりたてて支障はない。しかし，海外の労働者に仕事を教えていくうちに，基本的なこと（例

❖1……トヨタのキャリアモデルの概要は，日本能率協会編（1996），工場見学（2005年5月），および現場管理者への聞き取りによる。
❖2……湯本（1985）286頁。
❖3……インフォーマル教育，インフォーマルグループにかんしては，本書の第1章第II節第4項，第2章第V節を参照のこと。

☆印…必須教育
＊印…指名教育
無印…希望制教育

技能系向け教育

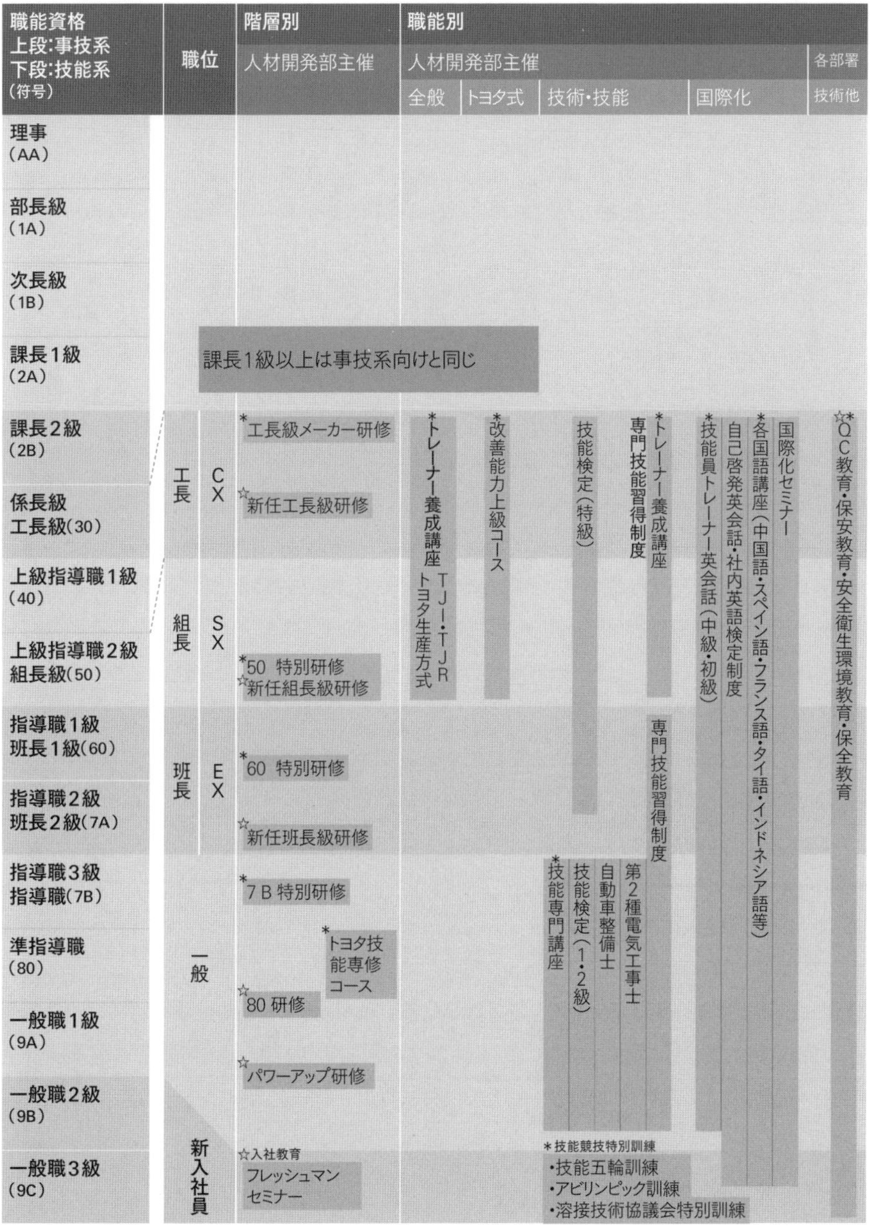

職能資格 上段:事技系 下段:技能系（符号）	職位		階層別 人材開発部主催
理事（AA）			
部長級（1A）			
次長級（1B）			
課長1級（2A）	課長1級以上は事技系向けと同じ		
課長2級（2B）	工長	CX	＊工長級メーカー研修
係長級 工長級（30）			☆新任工長級研修
上級指導職1級（40）	組長	SX	
上級指導職2級 組長級（50）			＊50 特別研修 ☆新任組長級研修
指導職1級 班長1級（60）	班長	EX	＊60 特別研修
指導職2級 班長2級（7A）			☆新任班長級研修
指導職3級 指導職（7B）	一般		＊7B特別研修
準指導職（80）			☆80研修 ＊トヨタ技能専修コース
一般職1級（9A）			
一般職2級（9B）			☆パワーアップ研修
一般職3級（9C）	新入社員		☆入社教育 フレッシュマンセミナー

職能別（人材開発部主催）

- 全般
  - ＊トレーナー養成講座 TJI・TJR トヨタ生産方式
- トヨタ式
  - ＊改善能力上級コース
- 技術・技能
  - 技能検定（特級）
  - 専門技能習得制度
  - ＊トレーナー養成講座
  - 専門技能習得制度
  - ＊技能専門講座
  - 技能検定（1・2級）
  - 自動車整備士
  - 第2種電気工事士
  - ＊技能競技特別訓練
    - ・技能五輪訓練
    - ・アビリンピック訓練
    - ・溶接技術協議会特別訓練
- 国際化
  - ＊技能員トレーナー英会話（中級・初級）
  - 自己啓発英会話・社内英語検定制度
  - ＊各国語講座（中国語・スペイン語・フランス語・タイ語・インドネシア語等）
  - 国際化セミナー

各部署

- 技術他
  - ☆＊QC教育・保安教育・安全衛生環境教育・保全教育

図4-1｜トヨタの教育制度
日本能率協会編（1996）90-91頁より。

☆印…必須教育
＊印…指名教育
無印…希望制教育

事技系向け教育

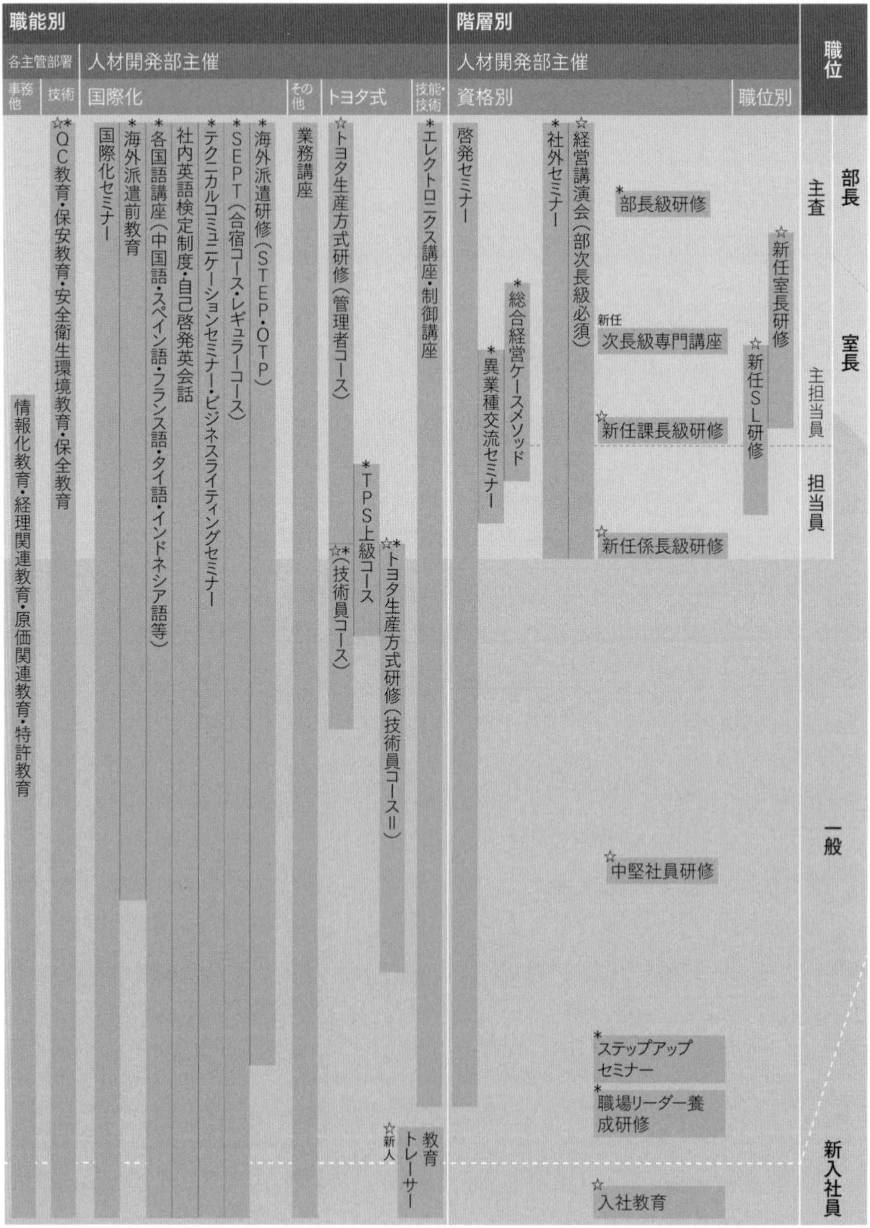

職能別
各主管部署
事務他
情報化教育・経理関連教育・原価関連教育・特許教育
技術
☆＊QC教育・保安教育・安全衛生環境教育・保全教育
人材開発部主催
国際化
国際化セミナー
＊海外派遣前教育
＊各国語講座（中国語・スペイン語・フランス語・タイ語・インドネシア語等）
社内英語検定制度・自己啓発英会話
＊テクニカルコミュニケーションセミナー・ビジネスライティングセミナー
＊SEPT（合宿コース・レギュラーコース）
＊海外派遣研修（STEP・OTP）
その他
業務講座
トヨタ式
☆トヨタ生産方式研修（管理者コース）
＊TPS上級コース
☆＊（技術員コース）
☆＊トヨタ生産方式研修（技術員コースⅡ）
☆新人 教育トレーサー
技能・技術
＊エレクトロニクス講座・制御講座

階層別
人材開発部主催
資格別
啓発セミナー
＊異業種交流セミナー
＊総合経営ケースメソッド
＊社外セミナー
☆経営講演会（部次長級必須）
＊部長級研修
新任 次長級専門講座
☆新任課長級研修
☆新任係長級研修
☆中堅社員研修
＊ステップアップセミナー
＊職場リーダー養成研修
☆入社教育
職位別
☆新任室長研修
☆新任SL研修

職位
部長 主査
室長 主担当員
担当員
一般
新入社員

図4-1 つづき

えば，ノギスの使い方など)を知らない場面に出くわした。そこで，基本から体系的に技能や知識を教える部署を設け，フォーマルな技能修得制度を作ったのである[❖4]。

これは，知識・技能を計画的に修得させ，その水準を認定する制度である。職種ごとに，C級，B級，A級，S級の4段階の技能修得基準が設定されており，技能修得目標に向けて努力させる「チャレンジシステム」である(**図4-2**)。

技能と知識は，「基本技能」，「実践技能(実務)」，「専門知識」の3本立てで構成されている。「基本技能」とは，職種共通の基本となる技能である。「実践技能」とは，OJTを通じて向上させる技能である。「専門知識」とは，職種共通および業務固有の基本的・専門的な知識である。職種は，鍛造，機械，プレス，保全など12種類に分けられている。

受講資格がある。一定の経験年数が求められ，キャリアモデルが提示されている。1，2年目にC級を，5，6年経ったらB級を受ける。10年〜15年にA級を，それ以降は最上位のS級を目指す。随時，現場職制が該当者に声をかけて受講させる。

育成方法は，「基本技能」が職場集合研修，「実践技能」がOJT(ローテーション)，「専門知識」がその両方である。

評価の項目と仕方は，「基本技能」が，職種固有技能，設備保守・保全技能などを実技により，「実践技能」が，熟練度，信頼性，積極性(カイゼン等)を実際の作業状況の観察により，「専門知識」が，基本知識，専門知識，関連知識などを学科試験により，それぞれ評価される。

ただし，教育の中身については，職種により充実度に差があるようだ。型保全の労働者は次のように語っていた。

表4-1｜トヨタの職能資格と職位

職能資格(符号)	職位
部長級(1A)	部長
次長級(1B)	次長
課長1級(2A)	課長
工長級(30)	工長(CX)
組長級(50)	組長(SX)
班長1級(60)	班長(EX)
班長2級(7A)	班長(EX)
指導職(7B)	一般
準指導職(80)	一般
一般職1級(9A)	一般
一般職2級(9B)	新入社員・一般
一般職3級(9C)	新入社員

等級	経験年数	専門知識	実践技能	基本技能
S級	15年〜	専門＋関連知識	組内全工程の作業指導＋手直し＋保全	
A級	10〜15年	専門＋関連知識	組内80%以上の作業＋手直し＋保全	基本技能
B級	5，6年	基本知識	組内50%以上の作業＋手直し	基本技能
C級	1，2年	基本知識	組内20%程度の作業	基本技能

図4-2｜専門技能修得制度

❖4……海外生産の増加に伴い，人材と品質にばらつきがみられるようになった。それらの質を世界中で同一水準に維持するために，トヨタは，2003(平成15)年7月，元町工場内に「グローバル生産推進センター(GPC)を設立した。海外拠点の監督者やトレーナーを育成し，海外へ行く出向者・支援者・監督者に研修を行っている。2003(平成15)年7月から2006(平成18)年11月にかけて，約5,000人がこの研修を受けた。なお，2006(平成18)年には，米国，英国，タイの3ヵ国にGPCを開所し，世界中で同品質の車を作れるようにしている。http://www.toyota.co.jp/jpn/company/vision/globalization/gpc.html (2011年12月11)

表4-2｜トヨタの階層教育

職能資格(符号)	職層別教育
部長級(1A)	部長級研修
次長級(1B)	新任次長級専門講座
課長1級(2A)	新任課長級研修
工長級(30)	工長級メーカー研修
	新任工長級研修
組長級(50)	50特別研修
	新任組長級研修
班長1級(60)	60特別研修
班長2級(7A)	新任班長級研修
指導職(7B)	7B特別研修
準指導職(80)	80研修
一般職1級(9A)	パワーアップ研修
一般職2級(9B)	
一般職3級(9C)	入社教育

「僕のところだと，新入社員が入るじゃないですか，2年経ったら，C級の教育が3週間あるんですよ。ある工場の実習に行ってね。B級だと4週間だとかね。A級になると3週間ありますよと。そしてA級になると，職場実習というのがありまして，職場で課題の成果を発表しなければいけないんですよね。それに合格しないと，A級にはなれない。『技能修得制度』はすごいボリュームがありますね。特に僕が持っている型保全というのは。でも，他では，A級でも1週間でとれるところもある。だから，保全職種が大変なんですよ。教育期間が長い。特に，電気・機械関係はたいへんですよ。」

4　階層教育

「フォーマル教育」のもう一つの柱は「階層教育」である。職能資格に対応した能力を形成させる教育制度である(**表4-2**)。全員が受講する入社教育から始まり，「70(ナナマル)[5]」以上は選抜になる。それらの教育を受けないと，「上」へはあがれない。例えば「70特別研修」は，「EX教育」，「班長教育」と言われているが，正確には，「EXになるための教育」である。SX級になる前に「60(ロクマル)教育」を，CX級になる前に「50(ゴーマル)教育」を受ける。

労働者の話によれば，教育の中で最も重点的であり，重要視されているものは，昇格に関係する教育であり，とりわけ60，50教育である。昇格するにしたがって，教育の中身が濃くなる(**表4-3**)。トヨタ生産システム，能率計算，標準作業の設定方法などを学ぶ。実際に受講した者(CX級)の話によると，「50だと12日とか。4ヵ月の間に職場を抜けて，教育を受ける。レポートをいっぱい書かなければならない。まとめるのが大変。だから，途中で挫折する人もいる。昔は厳しかったんですよ。けっこう時間を費やします」。他の受講者(SX級)も大変さを強調する。「この教育は，仕事中に行く。仕事時間に抜けて，職場を離れて。最初は3日間，缶詰で。研修センターで専門にやって，あとは，各週で2日間とか，いろいろです。期間にして，長いヤツで1年。80，70くらいで半年。それは，毎日ではなくて，週に1日，2日。」

[5]……**表4-2**の資格体系とその名称は，若干改定された。9Aと9Bが同じ括りの90になり，「初級技能職」になった。80と7Bが合わさって70になり，「中堅技能職」になった。7Aと60とが合わさり60になり，「EX級」になった。旧来に比べて，資格の括りが大きくなったことが特徴である(猿田 2007，151-152頁)。

表4-3 階層教育の内容

研修名職	教育内容
部長級研修 (指名)	教育のねらいは，時代を担う経営幹部として，将来に向けての夢・ビジョンを明確にし，かつそれを他者と共有化するプロセスを修得する。教育内容は，第1会合が社外有識者講演，グループ討議，第2会合が社内トップ講話，グループ討議，第3会合がグループ別発表，社長講評である。時間数は，それぞれ，1泊2日，1泊2日，半日である。
新任次長級専門講座 (必須)	人に教えるという行為を通じての自己の専門性向上をねらいとしている。次長級を主対象として，自己の専門分野に関する講義を実施する。職場で1回あたり2時間程度行う。
新任課長級研修 (必須と希望)	課長級としての役割認識，動機づけ，視野の拡大，課題創出力，実行力の向上をねらいとする。内容は二つに分かれ，合宿コースは，中長期の課題を創出し・実行し，役員に報告する。これは必須であり，1泊2日を2回行う。社内外派遣コースは，在籍部署と関連の深い部門(社内)または取引先(社外)に9ヵ月間派遣し，在籍部署と関連の深いテーマを設定・実行後，役員に報告する。こちらは希望である。
工長級メーカー研修 (指名)	社外メーカーとの講習を通して視野の拡大，技能の向上を図る。技能，人材育成，生産管理，品質管理などの幅広い分野において，研修先メーカーの現状および工夫の苦労している点を学ぶ。1ヵ月間である。
新任工長級研修 (必須)	工長級として必要な知識の修得および立場，役割を認識する。労使関係，人事管理，安全衛生(職場管理)を教育し，グループ討議(人材育成)を行う。教育期間は4日。
50特別研修 (指名)	50層として上位資格に必要な能力の向上を図る。ショップビジョンおよび各自テーマの職場実践，部下指導，育成(育成計画等)，組織，コミュニケーション(組織運営)を学ぶ。14日間である。
新任組長級研修 (必須)	組長級として必要な知識の修得および立場，役割を認識する。人事労務管理，安全衛生(職場運営)について学び，グループ討議(リーダーシップ，技能について)を行う。4日間。
60特別研修 (指名)	60層として上位資格に必要な能力の向上を図る。トヨタ生産方式(標準作業)，原価管理・部下指導，育成(リーダーシップ)，テーマに基づいた問題解決の職場実践(上位方針から設定)を学ぶ。14日間。
新任班長級研修 (必須)	班長2級として必要な知識の修得および立場，役割を認識する。人事労務管理，同和，安全の確保，安全の指導，TJR(人の扱い方)を学ぶ。2〜3日。
7B特別研修 (指名)	生産，品質，原価などの基礎的な能力の完成(若年層研修の最終到達点)を目指す。品質管理，TJI(仕事の教え方)，トヨタ生産方式(作業改善)，テーマに基づいた問題解決の職場実践(発生型)などを学ぶ。9〜11日。
80研修 (必須)	80層として必要な知識の修得や役割・立場を理解する。各種グループ討議，生産活動模擬体験(QC，トヨタ生産方式)，3年後の目標設定。3日間。
パワーアップ研修 (必須)	入社3年目研修である。小集団活動に必要な能力を修得する(基礎的能力修得の第1ステップ)。QC作法(7つ道具)の徹底修得，産業技術記念館見学，リーダーシップ講演会，3年後の目標設定。4日間。
入社教育 (必須)	社会人への意識の切り替え，トヨタの一員の自覚を促す，会社生活に必要な基本的な知識，技能を修得する。会社概要，就業規則，労働条件，社会人の心構え，基礎技能訓練，技能実習，構造実習，モノづくり体験。30日(45日)間。

なお，この「階層教育」と，先ほど取り上げた「専門技能修得制度」とは，立ち上げの頃はリンクしていなかったが，2003（平成15）年から級の取得を昇格の条件に課している。例えば，A級を持っていないと，SX級（GL）にはなれない。「受けるのは受けられるんですよ。60教育を。ただ，A級を持っていないと，今はGLになれない。だから，早めにA級をとるように指導している」（CX級の話）。

「初級技能職」のときに専門技能修得制度のC級をとり，「中堅技能職」への昇格に備える。「中堅技能職」のときにB級をとり，「EX級」への昇格に向けて準備する。「EX級」のときにA級をとり，「SX級」への昇格の条件を満たす。[6]

5 トレーナー育成のための教育

その他にも，様々な教育が整備されている。例えば，「技能専門講座」は，指名で受講させ，実務に役立つ専門的知識・技能を向上させる講座である。シーケンス回路，PC，油圧制御，溶接，EFI，旋盤加工，AGV，ロボットなど，32の講座があり，1講座あたり21時間〜70時間である。

それらの中で本研究が注目するのは，講座の教育を担当するトレーナーのための教育である。現場の職制は一般の労働者を教えるための教育を受け，自らトレーナーとして講座の教育を担当する。もちろん職制は各現場で労働者を指導するが，OJTのみならず，Off-J-Tの講師も任され，そのための教育を受ける。

トレーナー養成のための専門教育は，工長級および50特別研修修了者が対象である。トレーナーとしての心構えを教わり，具体的な指導の仕方を学ぶ。教育時間は，TPS（トヨタ生産方式）が13日間，TJI（仕事の教え方）が10日間，TJR（人の扱い方）が10日間である。

専門技能修得制度の中にもトレーナー養成講座がある。原則として工長・組長が対象であり，集合研修のトレーナーとして指導できる能力を身につけさせる。研修期間は10〜15日間である。

II 日産のキャリアモデルと教育制度[7]

1 人事制度の改定[8]

日産の人事制度は，2004（平成16）年4月に大幅に改定された。「成果主義」に基づく制度は1990年代初頭には導入されていたが，実際の運営では年功的な処遇の傾向が依然として強かった。それが，2000（平成12）年から部課長クラスの人事制度が抜本的に改革され，2004（平成16）年から一般層の評価と報酬制度が大きく変わった。以下，現場労働者のキャリア管理と関係がある点に限定して，新しい人事制度の概要を解説する。

日産は，「日産リバイバルプラン」を達成した後，さらなる成長を支える「人財」の育成に取り組んだ。中期経営計画である「日産180」を掲げ，一般従業員層を対象とした人事制度の改定に着手した。

人事制度の変更にかんして強調すべき特徴は二つある。一つは成果主義化であり，もう一つは下部制度の有機的な連関である。

日産は，それまでの人事制度を次のように理解している。「一生懸命仕事をしていても，きちんとした評価がなされず満足した報酬が得られなくなると，会社に対する希望が失われモチベーションが下がります。結果として，会社の業績や企業の価値が下がり，ビジョンの実現も遠のくのです。1980年代の後半から90年代の日産は，正にこの悪いサイクルに入っていたと言えます」（『NISSAN NEWS』2003年12月号，6頁）。日産の経営陣はこのように現状の問題点を把握し，新しい人事制度では個人の「目標」を明確にし，「目標」と「貢献」とを対応させて「評価」し，労働者から「やる気」を引き出そうとする。つまり，基本方針で「成果主義化」を前面に打ち出したのである。

この基本方針を実行に移すためには，作業内容，評価基準，評価に対応する報酬，長期スパンのキャリア展望を明確にすることが求められる。これらを具体化し，互いに関連づける上で鍵となる概念が，「コンピテンシー」である。日産の説明によれば，「コンピテンシー」とは，「評価基準として活用するだけでなく，成果をあげるために必要な行動特性・スキル・知識，育成・キャリアアップの道しるべと位置づけ，能力開発やキャリア開発に活用している」。具体的には，「コンピテンシー」は，「キャリアコース別役割等級制度」，「評価制度」，「報酬制度」，「キャリア開発」と密接に関連づけられている。

「コンピテンシー」は，三つの領域で構成されている。「共通コンピテンシー」，「役割等級別コンピテンシー」，「専門スキルコンピテンシー」である。

❶共通コンピテンシー

全社共通の尊重すべき価値や行動の基準である。部課長の貢献価値項目をベースに収益志向，顧客重視，ビジョンの共有&グローバル思考，革新性&柔軟性，チームワークの5つを設定している。

❖6……野中（2004）40-41頁。
❖7……以下の内容は，断りがない限り，社内資料と現場監督経験者への聞き取り調査による。
❖8……新人事制度については，「人事部担当 渡邊邦幸常務に聞く 新しい人事制度が目指すもの〜会社と社員が共に成長」『NISSAN NEWS』2003年12月，伊田（2005），北城（2005），西沢（2006），大江（2006），小林（2006）による。

❷役割等級別コンピテンシー

各部門，各職群におけるそれぞれの役割等級で必要とされる成果に結びつく能力や行動の基準である。目標達成志向，着実実行力，徹底確認力，問題対応力，人財育成力，状況把握力，迅速実行力，計画立案力，説明説得力，課題設定力，判断力，折衝調整力，資源活用力，統率力など全24のコンピテンシーから，部門ごとに重要度の高い5つ前後を選択して設定している。

❸専門スキルコンピテンシー

各部門，各職群，各職種ごとに必要とされる成果に結びつく専門スキル(知識，技術，技能，ノウハウ)の基準である。全社で3,000以上のコンピテンシーを定義している。基本は5項目であり，「技能習熟力」，「専門知識力」，「管理力」，「改善実行力」，「標準化力」である。それらの項目は順に，「定型，非定型作業の習熟レベル」，「職種特有の専門知識の巾，深さ及び行動のレベル」，「作業を進める上での管理知識と技能及び行動レベル」，「改善をする上での手法知識，実行スキル及び行動レベル」，「標準を守る，作る，改善する，徹底する知識，技能及び行動レベル」で測られる。

2　キャリアコース

新人事制度では，キャリアコースは大きく三つに分かれている。「総合型プロ(PG)コース」，「専門型プロ(PE)コース」，「テクニシャン型プロ(PT)コース」である。それぞれのコースに役割等級が設定されており，従業員は各コースで等級を上がりながらキャリアを形成していく。

❶総合型プロ(PG)コース

核となる専門性を中心とした幅広い視野・知識，クロスファンクショナルティをベースに，組織のトータルアウトプットの最大化を追求する。

❷専門型プロ(PE)コース

固有の専門領域において経験蓄積・高度の専門性をベースに，付加価値の最大化を追求する。

❸テクニシャン型プロ(PT)コース

主にモノづくりの職場において豊富な実務経験，知識と高い習熟度をベースに，確実かつ効率的に効果を生み出す。

会社の説明によれば，「三つのキャリアコースの創設によって従業員一人ひとりが自分の適性を把握し，自分のキャリアを自分で描きやすくすることと，それを通じて高い意欲をもって自分の強みの強化，専門性の向上をはかることにある。当然，従業員は自分のキャリアコースは，自分の意思で選択できる。」

3　キャリア管理の手続き

役割等級別に「職務イメージ（人事部署ガイド）」が作成されており，それを基にして各職種の専門スキルのコンピテンシーが具体的に提示される。それが，「役割等級別専門コンピテンシーファイル」である。各職種のプロとして必要な技能面の能力を役割等級ごとに明確化したものである。さらに，役割等級ごとにマスターすべき知識・技能（作業要件）を細目として詳述したものが，「役割等級対応技能基準」である。技能員の育成基準であると同時に，技能面のコンピテンシー評価基準でもある。

この基準は，各等級卒業レベルであり，育成目標であるのに対して，現時点の技能歴を記録したものが「技能歴個人管理表」である。工長は，部下一人ひとりにこの管理表を作成する。これを用いて，作業者個人の現有技能，異動（含む応援）や工程間ローテーション時の個人履歴，教育受講歴や免許資格，日産技能検定・検証[9]受験歴を管理する。

「役割等級対応技能基準」と「技能歴個人管理表」に記録された能力との間には，通常‘ギャップ’がある。目標と現状との違いである。そのギャップを把握し，埋めるのも工長の仕事である。訓練ニーズを明らかにし，育成目標を設定する。

さらには，「技能歴個人管理表」に記載された訓練歴から想定される能力と現場で実際に発揮される能力は必ずしも一致しない。現在の発揮レベルを「個人実績管理表」に記録し，「技能歴」から想定される能力との‘ギャップ’を認識し，それを追指導で埋める。つまり，「個人実績管理表」は，不足している能力を洗い出し，補足的な教育訓練を行い，教育訓練のサイクルを正しく回すツールになる。

このようにして，現在の役割等級から次のステップにあがるまで年数をかけて回す「役割等級チャレンジ」と，月単位で回す「日常の実力発揮のサイクル」を念頭に置き，現場職制は一人ひとりの能力と成長を管理するのである。

4　技能員の等級

技能員の等級は，PX2，PX1，PT3，PT2，PT1の5段階に分かれ，それらのランクに対応する役職は，担当職，上級担当職，指導職，工長職，係長職である。2004（平成16）年に人事制度が改定され，ランクの括りが大きくなったが，基本的にはラン

❖9……「日産技能検定」，「日産技能検証」については，のちほど説明する。

クの分け方に変わりはない[10]。等級により，求められる役割が異なる。各等級の役割定義は，**表4-4**のとおりである。

表4-4｜日産技能員の等級・職名・定義

等級	職名	定義
PT1	係長職	全社や部門，部署の方向性を見極めながら，他部門・他部署に影響力を発揮し，現場革新を進めている。
PT2	工長職	自職場の生産資源を最大限に活用し，常に先を読みながら，目標の達成とさらに高い生産性向上を目指した組の運営を図っている。
PT3	指導職	工長を補佐し，管理サイクルを廻しながら目標達成の為の改善を図っている。
PX1	上級担当職	職場の中核として組目標達成のために役割を担っている。
PX2	担当職	職場の方針，目標がわかり，作業が一人前にできると共に担当作業の改善をしている。

わかりやすく説明すれば，PX2，PX1は，「理解しているレベル」にとどまり，指示されたことを忠実にこなすだけである。PT3，PT2は，「主体的に実践するレベル」であり，自分で考えながら行動を起こし，他の作業者にも教えられるようになる。PT1は「部門へ影響を及ぼすレベル」に成長し，他の部門・部署との関係や全社の動向を見据えながら，現場運営を行えるようになる。

なお，トヨタと日産の工場におけるライン部門の組織系統は同じである(**図4-3**)。工場内には複数の「部」が存在し，部の下には「課」

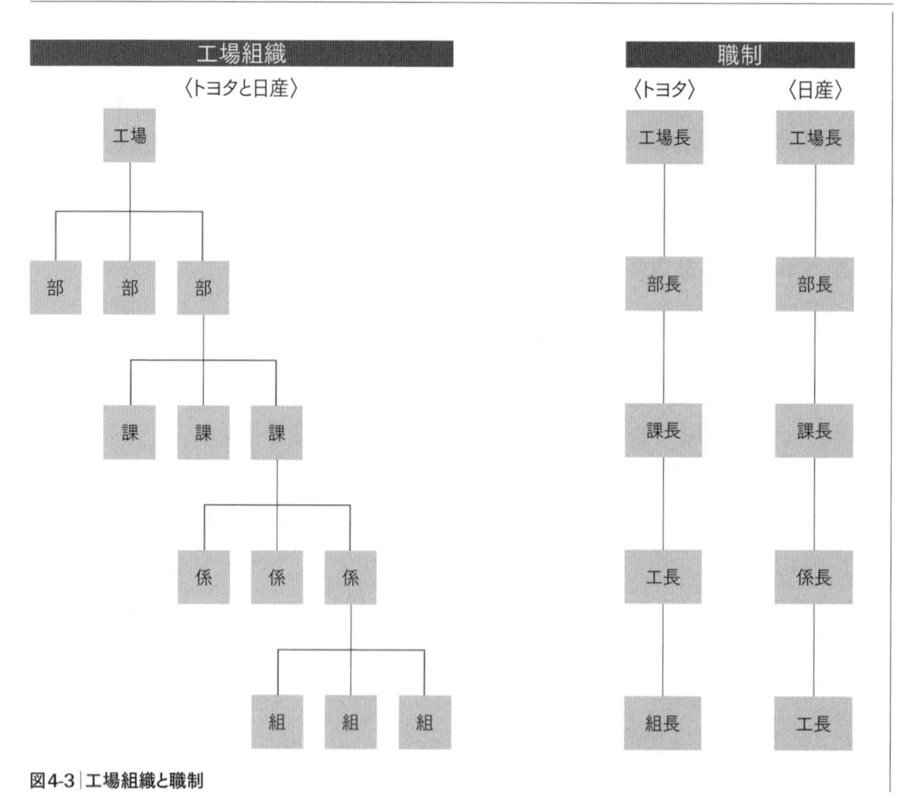

図4-3｜工場組織と職制

が，課の下には「係」がある。組織の最小単位は「組」である。

職制も，両社はほとんど同じであるが，組織の統括者の名称が若干異なるので，その点についてのみ触れておく。

トヨタでは，「係」を総括する者が「工長（CL：チーフリーダー）」であり，「組」を統括する者が「組長（GL：グループリーダー）」である。組長の下には「班長（EX：エキスパート）」がいる。役職なしの労働者の中から「職場リーダー（別名，若手リーダー）」が現場管理者により指名されることもあるが，これは公式の役職ではない。

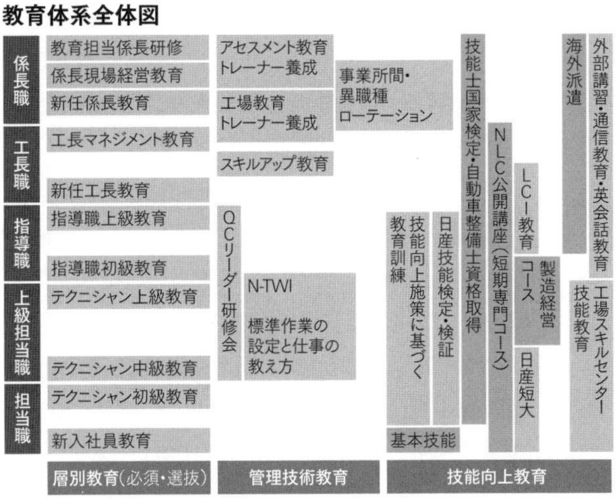

教育体系全体図

係長職
教育担当係長研修
係長現場経営教育
新任係長教育
工長職
工長マネジメント教育
新任工長教育
指導職
指導職上級教育
指導職初級教育
上級担当職
テクニシャン上級教育
テクニシャン中級教育
担当職
テクニシャン初級教育
新入社員教育
アセスメント教育トレーナー養成
工場教育トレーナー養成
スキルアップ教育
事業所間・異職種ローテーション
QCリーダー研修会
N-TWI
標準作業の設定と仕事の教え方
技能士国家検定・自動車整備士資格取得
NLC公開講座（短期専門コース）
LCI教育コース
海外派遣
外部講習・通信教育・英会話教育
技能向上施策に基づく教育訓練
日産技能検定・検証
製造経営
日産短大
工場スキルセンター技能教育
基本技能
層別教育（必須・選抜）
管理技術教育
技能向上教育

図4-4｜**日産の技能教育体系**

日産では，「係」の長は「係長」であり，「組」の長は「工長」である。工長の下に，「指導員（チームリーダー）」が存在し，こちらは公式の役職[11]である。

5　教育体系の全体図

日産の技能教育は，トヨタと同様，大きく二つに分けられる。「技能向上教育」と「層別教育」である。技能員は等級を上げていくのに伴い，より専門的な教育と管理者教育を受ける（教育体系は**図4-4**）。

❖**10**……現場労働者を対象としたキャリアモデルは，2004（平成16）年の人事制度改定により，名称が変わったり，区分が簡素化されて大括りになったりしたが，中身は，それまでの制度を引き継いだ点が多い。次章で紹介する人事評価は，「コンピテンシー」を中核に位置づけた制度に一新され，現場でも「厳密」になるといった変化がみられるが，教育体系には大幅な変更はない。

❖**11**……日産の指導員は，トヨタとは異なり，公式な役職である。「職場（組）のチームリーダーである。その役割は『工長の代行業務を行う』こと，つまり工長補佐である。任期は1年で，年齢制限がある。特別の手当ては支給されないが，賃金中の『成績給』が多いのでボーナスが高い。指導員は，会社側からの任命によって決定される。指導員は将来は工長へと出世していく可能性が高いが，中には指導員のままで終わる者や指導員から降格する者もいる。工長と指導員は，常に一体で動いている。職場の標準作業書は，彼らが作成する。彼らには，職場の定員を予算管理する権限がある。また彼らは，日常的にはラインから離れて自分の管理業務を行っているが，欠勤者などがある場合には，リリーフマンとしてライン作業に従事する」（嵯峨 1996，37頁）。

6 技能向上教育

[1] OJT

OJTには，「日常の作業指導」と「技能向上施策」が含まれる。日々の作業を遂行させるためのトレーニングと，将来を見越して技能を高めるための教育である。

各職場の作業編成をもとにして，一人分の作業（一人工）を決定する。それを遂行させる訓練が「日常の作業指導」である。そして，各職種に必要な技能を高めていく訓練が「技能向上施策」である。作業者一人ひとりを担当職種のプロフェッショナルに育てるために，職種内全域の作業を遂行できる技能を長期スパンで身につけさせる教育訓練であり，先述した「技能歴個人管理表」を用いて技能を管理する。

職場全体が保有する技能レベルは，「技能訓練計画表（ILUチャート）」で測られる。「ILUチャート」とは，職場構成員の技能レベルをＩ，L，Uの三段階で評価し，一目でわかるようにした図表である。Ｉレベルは「教えられれば作業ができる」，Lレベルは「一人前に仕事ができる」，Uレベルは「人に仕事が教えられる」。現場では各工程に対してこの基準で評価し，「今度はこいつをLレベルからUレベルへ引き上げよう」といった具合に技能育成を行っている。すべての職場がやっているわけではないが，「ILUチャート」を活用して技能レベルを高めている。

「日常の作業指導」と「技能向上施策」は「車の両輪」であり，生産条件の変動が大きく，技能に柔軟性が求められる現場では，両者を並行して進めることが不可欠であるという。

[2] Off-J-T――技能訓練・知識教育

技能や知識の習得には，OJTに加えてOff-J-Tを活用する。そして，受講修了時には，技能と知識が要求水準に達しているか確かめるために，「チャレンジ検定」（「日産技能検定」「日産技能検証」）を行う。PX2，PX1，PT3の「Cレベル」（詳しくは次章で説明するが，同じ等級の中でさらにA，C，Eの3段階で評価される）の予定者の技能・知識水準を確認するのが「技能検証」であり，PX1，PT3への昇格予定者の技能・知識水準を審査するのが「技能検定」である。「役割等級対応技能基準（期待レベル）」と「技能歴個人管理表（現保有レベルの期待値）」，そして後者と「個人実績管理表（現発揮レベル）」のギャップがなくなったときが，すなわち，発揮するレベルが要求基準に達したときが，技能検定・技能検証の合格である。そうなれば次のステップにあがり，再び同じサイクルで教育訓練を受ける。

手続き上の話をすると，工長が，当年度の検定・検証対象者を係長に「推薦」する。係長は，工長から推薦された候補者を「精査」する。課長が，人選を最終的に「承認」

する。工長が，当年度の具体的な訓練の内容と日程を決める。工長と係長が，技能訓練と知識講座を担当する。教育訓練後の仕事ぶりを把握・評価し，必要であれば追加訓練を行う。教育修了者は，検定・検証の試験を受ける。合格者に対して，所属先の課長が証書を授与する。発行は人事主管部署である。

「検定」は，8から9割が一発で合格する。万が一，不合格になったら，フォロー教育を受ける。年度内には受検者全員が合格している。[12]

[3] 保全の事例

技能向上教育を，保全の例で具体的にみてみよう。

日産の保全員は，ベテランになるまでに15年ほどかかっていた。しかし，ベテラン世代の大量退職，技術進歩への対応の遅れ，省人化に伴うOJTの機会の減少，日産生産方式を支える人材の不足，このような状況に直面し，より短期間で計画的に保全員を育成する必要性が生じた。そこで10年に短縮して一人前にする教育プログラムを作った。

1年目は，保全員早期育成の「基礎・入門」にあたる。入社年に基本的な作業をまとめて教わる。基礎科目(たがね作業，やすり作業，きさげ作業など16作業)，機械入門科目(締付部位修理作業，電動部位修理作業，シール修理作業など6作業)，電気入門科目(センサー基礎，リレーシーケンス制御，電気配線など12作業)を2ヵ月間かけて各工場で学ぶ。

2年目に「初級」にあがる。日産ラーニングセンターで5ヵ月間かけて機械・電気の初級理論を体系的に学び，故障解析フローを教わる。10月から翌年1月までの4ヵ月間は，機械系と電気系とに分かれて座学で教育を受ける。機械系は，機械要素，機械加工，溶接作業など合計222時間，電機系は，電機材料，電子理論，電気機器など合計312時間である。その他，情報系の講座(ウィンドウズ初級，ネットワーク入門，ネットワーク初級)を40時間，共通講座(設備管理II，安全衛生，故障解析手法，自職場改善の進め方)を36時間受ける。2月に入ると，実際にトラブルシューティングを行い，3月には自職場課題研究に取り組み，最後にその成果を発表する。これらの実習は合計331時間である。修了者は「PX2技能検証」の合格者になる。

3年目から4年目にかけて，車両系とパワートレイン系の推奨専門講座(中級)をそれぞれ7つずつ受講し，固有技能教育を各職場で受ける。「PX1技能検定」が合格となる。

5年目に保全員育成の「中級」を受講する。事前に日産ラーニングセンターの専門

❖12……中田(2003) 26-27頁。

講座を受けてから，訓練に臨む。専門講座とは，専門コース必須講座であり，電子センサー(3日)，通信サーボ保守初級(5日)，モータ制御(インバータ)(3日)，PC活用(MELSEC)(3日)，電機中級(5日)，空圧中級(3日)，NC保守中級(5日)，ロボット保守中級(4日)，これらの講座から職種に応じて7つを選択する。中級プログラムは集合教育であり，1ヵ月間(日数合計20日間)，故障解析に求められる原因究明力の強化に励む。

6年目から7年目にかけて，再び固有技能教育を各職場で受け，修了の暁には「PX1技能検証」が合格となる。

初級から中級にかけて，訓練主体の教育を受け，時代の要請に応じた知識を身に付け，10年目に晴れてベテラン保全員になる。

別途，短期専門コースを活用したり，「工場スキルセンター[13]」で技能教育を受けたりもする。短期専門コースは，全166講座あり，レベルは，体験／入門，初級，中級，中級実践の4段階に分かれている。

7 層別教育

技能向上教育が，担当業務の「専門能力」の形成を意図したものであるのに対して，層別教育は，等級が上がるにしたがい要求される「管理・監督者の能力」を身につけさせるための教育である(**表4-5**)。層別教育は，大別すると，6項目(安全衛生・品質・原価・作業・設備・労務)の管理技術を学ばせる教育と，監督者育成能力を形成させる教育とがある[14]。

これら以外にも様々な研修がある。トヨタにもあったが，Off-J-Tの教育を行うトレーナー育成のための講座がある(「層別教育トレーナー養成講座」，「N-TWI[日産の監督者向け研修]トレーナー養成講座」)。「N-TWI新規トレーナー養成講座」は8日間で，対象は係長(PT1)である。各事業所でN-TWI教育の講師を担当できるよ

❖13……横浜工場の「工場スキルセンター」は，「自分の設備は自分で守る」という思想(TPM[Total Productive Maintenance & Management]活動)に基づき，オペレータの設備管理技術を向上させる目的で1992(平成4)年に開設された。2005(平成17)年度は14講座(機械系基礎，電気系基礎，その他)を開設し，受講予定者は約350人である。実際の職場の設備や部品を活用し，日常業務の中で実践できるように意図している。設備保全部署の教育資料を用い，設備保全現場の指導層を専任トレーナーとして任用している(機械系2人，電気系2人)。

なお，初心者向けには「訓練道場」と名づけられた教育訓練の場が設けられており，新入社員・応援者・実習者がいち早く職場に慣れ，安全かつ確実に仕事ができるように教育指導する機会を提供している(日産自動車株式会社横浜工場 2005)。

❖14……日産自動車株式会社横浜工場(2005)19頁。

❖15……等級(PT2，PT1)に対応する職位は，部下ありが「工長」，「係長」であるのに対して，部下なしが「専門工長」，「専門係長」である。

うになる。

従業員の高齢化に伴うポスト不足は深刻な問題である。その対応策の一つとして，部下なしの職制が設けられた。それが「高度専門技能職[15]」である。彼らを対象とした

表4-5｜日産の層別教育の体系

等級	層別教育	教育の対象と趣旨	教育内容	教育時間
PT1 （係長職）	上級係長 教育	工長任命後3年目以降の全工長が対象。作業管理活動を正しく理解し，作業管理活動を通した問題解決力・管理スキルを習得する。	経営課題や人事課題に関する情報を提供する。意見交換を通して，現場経営者としての認識を共有化する。	2日間＋ 2ヵ月間実践活動
	係長現場経営 教育	係長任命後，3年目の全係長が対象。内部・外部の分析を通しての挑戦課題の設定とその達成を学ぶ。	現場監督者の長として，工長の育成・支援の役割，時間的・空間的な広がりを持った係長の職務機能を明確なメッセージとして伝える実践力を養う。	1泊2日 宿泊教育
	新任係長研修	定期および随時任命の係長が対象。企業として最も重要な財産である人材を，守り・育てるのに必要なノウハウや手法を学び自係の経営に役立てる。	係長の役割の認識，自らの気づきを踏まえた係長の行動を身につける。	1日間 （8時間程度）
PT2 （工長職）	工長マネジメント 教育 （係長候補）	係長任用候補者が対象。係長候補者（工長）を対象に選抜教育として実施され，係長として求められる役割やスキルを明確にさせ，保有する能力と照らしその不足スキルを習得させる。	係長候補の教育を行う。経営諸情報の提供と事業所の方針・課題の提示および達成方策の検討を行う。実践課題を通して，係長マネジメントのポイントを習得する。	1ヵ月と5日間。
		工長任命後3年目以降の全工長が対象。作業管理活動を正しく理解し，作業管理活動を通した問題解決力・管理スキルを習得する。	作業管理をツールに管理スキルと実践力を養う。工長の役割、心構えを認識し実践力のブラッシュアップを図る（工長職3年目）。	2日間＋ 2ヵ月間実践活動
	工長現場管理 スキルアップ教育	任用6ヵ月後の工長および高度専門技能職が対象。自己評価，他者評価を得て，自己分析を実施し，人の扱い，自己の行動を学ぶ。		2日間 （16時間程度）
	工長リーダーシップ研修	新任の工長・主任が対象。新人事制度の仕組みと評価の方法を学ぶ。	PCCプログラムを理解させる。コンピテンシー評価を理解させる。パフォーマンス（業績）評価を理解させる。	2日間 （16時間程度） （集合研修）
	新任工長・ 主任教育	新任の工長・主任（PT2）が対象。監督者として必要な人事制度，労務管理，安全衛生活動の進め方などの知識，コーチング法を学ぶ。	監督者としての職責と，役割を身につける。	2日間 （16時間程度）

研修が新設された。

「高度専門技能職研修」とは，PT3(指導職)にある「高度専門技能職」任用予定者を対象とする。25日間の研修であり，「高度専門技能職」のあるべき姿を理解し，「5ゲン主義(現場，現物，現実，原理，原則)」に徹した仕事の進め方を学び，コ

表4-5 つづき

PT3（指導職）	指導職教育上級	役割等級PT3（指導職工長候補者）が対象。工長候補者を対象に，必要な知識と現場管理を確実に実践できる能力を身につける	監督者の役割と現場管理実践力を習得する。組管理業務のあるべき姿と自職場管理実態の把握・改善活動を通じて実践力を養う。	30日間
	指導職教育初級	役割等級PT3（昇ランク者）で所属長の推薦者が対象。指導職として必要な生産技術に関わる実践的知識の習得。Q・C・T確保と部門・課目標達成のための中核として活躍できる。標準作業の設定，指導，管理ができ，N-TWI認定される。	現場管理の基本理解と実践力の養成。演習（YK04）を通じ，作業観察・作業指導・問題解決の実践的要領を学ぶ。	9日間（72時間程度）
PX1（上級担当職）	テクニシャン教育上級	役割等級PX1で所属長の推薦者が対象（Cレベル予定者）。上級担当職として必要な生産技術に関わる実践的知識の習得。Q・C・T確保とチームリーダーとして係・組の目標達成のための中核として活躍できる。	管理技術知識の習得と現場管理の進め方（P・D・C・A・標準化）の習得。	8日間（64時間程度）
	テクニシャン教育中級	役割等級PX1で所属長の推薦者が対象（昇ランク者）。上級担当職として必要な生産技術に関わる実践的知識の習得。Q・C・T確保と仕事の自己完結を達成するための改善。	管理（品質・作業・設備・安全衛生）の技術知識の習得。現場管理の基本的習得。	9日間（72時間程度）
PX2（担当職）	テクニシャン教育初級	役割等級PX2で所属長の推薦者が対象（Cレベル予定者）。担当職として必要な生産技術に関わる基本的知識の習得。Q・C・T確保の大切さを座学・演習から習得し，日常業務に反映させる。	管理（品質・作業・設備・安全衛生）の基礎技術知識の習得。仕事の進め方の基本の習得。	6日間（48時間程度）
	新入社員教育	新入社員を対象に，会社を理解し，社会人としての一般常識および仕事に必要な基礎技能を身につけさせ，スムーズに職場環境への適応を図る。		1.2ヵ月（164時間）程度の集合教育

ミュニケーションスキルを向上させることを目指す。講習修了後は，工長との役割分担や仕事の進め方を明確にし，職場の課題の解決に取り組む。

特定の等級に滞留する期間が長い者には，「ブラッシュアップ研修」を勧めている。「PX1ブラッシュアップ研修」は，PX2—PX1の役割等級で教育受講に意欲的な者（年齢の目安は50歳前後）を対象とし，層別教育「テクニシャン教育中級」程度の「品質管理」・「作業管理」のおさらいを行う。2日間の研修である。「PT3ブラッシュアップ研修」は，役割等級PT3で教育受講に意欲的な者（年齢の目安は50歳前後）を対象とし，これまでのキャリアを振り返らせ，自己の強み・弱み・価値観を整理させ，これからの自分を考えさせる。「PCCプログラム[16]」へ実行計画を織り込む。期間は1日間＋PCCプログラム活動である。

III 小括

本章は，長期雇用の技能員を対象とした教育制度を確認した。高校進学率の上昇という社会的背景をうけて，高卒入社の正規従業員が，数の上では現場労働者の多数派になった。彼らは，OJTを通して技能を高め，社内でキャリアを積み上げていると評されることが多い。しかし，本研究により，トヨタと日産はともにOff-J-Tを充実させていることがわかった。また，教育内容からも想像がつくように，キャリアの形成過程で身につけているものは「技能」だけではない。そこには会社に適合的な「規律」，「価値観」，「思考様式」などが含まれる。労働者は，長期間，同一組織に居続けるうちに，「組織人」としての生き方を身につけ，組織に固有な文化を体現するようになる。長期雇用の労働者は少しずつランクを上げていくうちに，「トヨタウェイ」，「日産ウェイ」を教え込まれ，それぞれ「トヨタマン」，「日産社員」になっていくのだ。とりわけ本書が注目したい点は，労働者は教育される側から教育する側にシフトする過程で，徐々に，そして知らず識らずのうちに，管理者側へと「軸足」を移動させていくことである[17]。両社とも，社内教育のインストラクターのほとんどは自社の社員が務める。OJT

❖16……PCCとは，P（パフォーマンス），C（コンピテンシー），C（キャリア）の頭文字からとったものである。次章で詳しくみるが，PCCは日産の新人事制度の根幹をなす。

❖17……会社は，自社で教育を行うことにより，「企業人」，「組織人」を作り上げる「独自のノウハウ」を社内に蓄積することができるのである。トヨタは1969（昭和44）年2月に「教育部」を新設した際，その点を強く意識していた。「トヨタの人材育成，従業員教育についての考え方は，取締役社長豊田英二の『人間がモノをつくるのだから，人をつくらねば仕事も始まらない』という言葉に端的に表されている。教育部は，階層別の教育を中心に各種の専門教育を次つぎに開設し，入社教育から部長研修までの教育体系を作り上げていった。その教育コースの開設にあたっては，できる限り社内で考え，社内にアドバイザーやトレーナーを養成して研修を行うやり方をとった。社内に貴重なノウハウを蓄積できるなどの効果が期待できるからである」（『トヨタ50年史』462-463頁）。

はもちろんのこと，Off-J-Tもそうである。教育センター(トヨタは保見研修センター，日産は日産ラーニングセンター)専属の教育係もいるが，現場から教育係を出す。教育係に指名された者は，教師を担当するたびに「モノづくり」の要点だけでなく，会社の管理体系や「会社人」としての心得を反芻することになる。つまり，キャリアの形成過程において，教育を受けるだけでなく，自らが教育を授けるようになることで，現場で求められる技能や知識を再確認し，会社の理念や経営方針を内面化し，自らが後輩たちに範を垂れるようになっていくのだ。かくして，「人材」を自社内で育て続ける効率的な仕組みができあがる。

トヨタと日産の教育制度には共通点が多いが，違いがないわけではない。トヨタは「インフォーマル教育」に熱心であり，会社や職場集団への「一体感」をとりわけ高めようとしてきた[18]。教育内容についても，細かく見れば相違点はあるだろうが，ここではそこには立ち入らず，両社とも長期展望の「人材育成」を通して社員を組織へ強く統合していることを前提とした上で，共通してみられるその「変化」と「阻害要因」について触れたい。

一つ目は，Off-J-Tの充実度の低下傾向である。トヨタも日産も教育制度を修正してきた。その変化を考慮せずに，時代を超えた特徴のごとく，長期スパンのキャリア形成を強調したならば，「人材」の再生産の構造の内部で進行する変化の兆しを見落としてしまう。ここでは，配属直後の教育の質・量の全般的な低下を指摘したい。

トヨタは，高卒技能員の採用を始めた当初，2週間の導入教育を終えて職場に配属した後，自動車製造科養成訓練を6ヵ月間行っていた。希望者にはさらに高等訓練課程を1年間履修させた。保全工，整備工，開発関係の熟練技能工にはそれらに加えて，別途教育を施していた[19]。

過去の研修の充実ぶりは，日産にもあてはまる。1969(昭和44)年10月1日に「新職業訓練法」が制定され，これを機に日産は翌年10月に「高等職業訓練校」を開設した。毎年多数入社する高卒技能員に対して新しい生産技術に対応できる能力を身につけさせることが目的であり，自動車関連の15科目を設け，技能到達目標は2級技能検定相当とした。技能検定合格者は技能士補の資格を得ることができ，2級技能検定の受検時に学科試験が免除され，技能士への道が容易になった。高卒技能員の全員入校が建前であり，横浜をはじめ，吉原，追浜，座間，村山，荻窪，栃木，本牧のそれぞれに高等職業訓練校が設置された。1973(昭和48)年3月時の在校生徒の総数は2,377人であり，翌74(昭和49)年3月末までにトータルで約3,600人が修了した[20]。

訓練期間は2年，総訓練時間は3,800時間，教育内容は学科，実技，応用実技からなる[21]。学科は，機械工学，電気工学，生産工学などの概論と自動車製造にかんする専門学科がある。学習方法は，集合教育，職場のOJT，自宅や寮での自習があり，テキストには，職業訓練法人「日本技能教育開発センター」の教材と自社教材を用いた。実技は，訓練科ごとに基本作業の一部を集合教育で実施する基本実技と，生産作業に従事しながらOJTで実施する応用実技とがある。教育時間の配分は，例えば鍛造科の場合，専門学科672時間，基本実技720時間，応用実技2,408時間となっている。

かつてのトヨタでは半年間（希望者にはプラス1年間），日産では2年間，高卒の新人技能員全員に教育を授けていた。現在の日産にも，職業訓練校は存続し，車体課などは板金の訓練に使っているという話を現役の労働者から聞いたが，新入社員全般にこれほどの教育を施しているわけではない。大方の人は，導入研修を受けた後は，数日程度のOff-J-Tが続き，あとはOJTに限られる。本章で紹介した教育制度の現状と比べると，過去の両社の方が，新人教育を充実させていたことは明白である。

最近の新人は，1，2ヵ月の教育を集中的に受けてから現場に送り込まれ，それぞれの持ち場で実践的なトレーニングを受ける。といわれれば，それらしく聞こえるが，そこには，教育コストの問題が絡んでいる。生産技術の変化と必要とされる技能の低下も無関係ではない。経営側の現実的な利害関心として，教育コストを削減すること，人件費を削減することがある。ただし，教育の「効果」は技能的な側面だけではないことは既に述べた。たとえ要求される技能レベルが下がったとしても，教育活動の低下は，会社に適合的な規律や行動規範の弱体化につながり，「職場秩序」に影響を及ぼすことになる。教育コスト削減の行き着くところは，非正規労働者の大量活用である。技能レベルで言えば，ライン作業はほとんど教育を受けない非正規労働者でもこなせるが，「職場秩序」という観点からみると，職場は回りにくくなる。この問題については，第3部で詳しくみる。

二つ目は，部署による教育の質と量の違いである。本書は，具体的なキャリア事例として保全を取り上げたが，すべての職場がそこまで充実した教育をしているわけではない。技能教育は，職場や担当業務によって大きく異なる点に留意しなければならない。[22]

三つ目は，人員の余裕のなさと教育の質の低下との関係についてである。両者は一見，関係がないように思われるかもしれないが，現場からすれば大いに関係がある。Off-J-Tが多ければ，受ける方も授ける方も形成能力が高まるが，そのつど，職場から人

❖18……従業員を組織に取り込む手法は教育や評価システムだけではない。トヨタの充実した「企業福祉」は有名である。その歴史と現状については，桜井（2005，2008）が詳しい。

❖19……隅谷・古賀編（1978）225頁。

❖20……『日産40年史』328-329頁。

❖21……以下，佐々木（1984）246-248頁。

❖22……島内（2004）も似たような指摘をしている。「『職能別教育』においては一般のライン労働と保全部門の労働者，そして職制に対して提供させている教育訓練プログラムの間には質的にも量的にも大きな差があることがわかる」（263頁）。

を‘抜かれる’ことになり，運営に支障がでてくる。トヨタの職制はこの点を率直に語っていた。「これは忙しい。職場はもろに影響を受ける。70(ナナマル)だぁ，60(ロクマル)だぁで抜けたら。なってからも教育があるからね。CLになったら，CLの新任研修。3日間とか泊まり込みでやったり。GL研修とかもある。だから，ほんと教育で抜けることになるね。同時に，トレーナーも抜けるからね」。人員に余裕がなければ，教育どころではなくなるのだ。

では，Off-J-TからOJTへシフトすれば，この問題は解消されるのか。OJTを中心とした技能形成論は，働きながら教え教わる，という効率的な教育を強調し，日常業務を通して技能が自然と身につくような印象を与えてきた。しかし，職場の人員に余裕がなければ，現場で教育する余力も，教育を受ける余裕もなくなる点は，Off-J-Tと変わらない。日常業務に忙殺されている労働者には教育が行き届かず，教育を授ける方にとっては，教育が大きな負担となる。職場構成員はノルマをこなすことで精一杯になり，長期的な視点での教育は疎かになる。つまり，Off-J-Tにせよ，OJTにせよ，ノルマが厳しく，人員に余裕がなければ，現場では教育どころではなくなるのだ。教育制度が置かれた文脈を考慮せずに，教育制度だけから推察すれば，形成能力を見誤ることになる。職場での人員のやりくりの大変さについても，第3部で触れる。

四つ目は，選別と教育機会についてである。「上」にいくほどに教育が多岐にわたり，充実する点は，両社に共通する。しかし，全員が同じように昇進・昇格できるわけではなく，必然的に，教育機会は限られてくる。長期展望の能力形成にとって，選別はその核心部分といえる。この点については，次章で詳しく検討する。

トヨタと日産は，OJTとOff-J-Tを充実させ，技能と「規律」を身につけさせる仕組みを築き上げてきた。この認識は間違いではない。しかし，「人材」を再生産させる構造の中に存在する，それを阻害する要素，変化の兆し，多様性を見落としてはならない。経営側は，労働市場，生産性，人件費，生産技術，労働組織，OJTとOff-J-Tの関係，階層構造など，複数の要素を考慮しながら「人材」を育て，同時に「人材」を再生産させる構造の内部に阻害要因を抱えているのだ。経営者は，一方でできるだけ人件費を削減したいと考えるが，他方で，できるだけ多くの労働者が組織に「コミット」することを期待する。一部の労働者の技能を低下させ，代替を容易にし，人件費を低くおさえたとしても，必要技能や教育コストが高まる層が出てくることもある。経営者は，このようなジレンマやトレードオフの関係を抱えて「人材」を育成しているのであり，単純に技能を高度化させることだけを念頭に置いて教育制度を設計しているわけではない。「人材」を再生産させる構造の内側における要素間の力学を丹念に読み解くことによって，各企業に固有な能力形成の実態が浮き彫りになるのである。

第5章

昇進と競争

全体の「底上げ」とリーダーの育成とのジレンマに注目して

前章は，トヨタと日産の教育制度を紹介した。それぞれの会社に入社した労働者たちは，OJTとOff-J-Tの両方を受けながら技能を高め，会社への「帰属意識」を強め，職場の「規律」を身につけ，「トヨタマン」，「日産社員」に育っていく。長期雇用の下，企業内部で「能力」を高めていくというキャリアモデルは共通して観察された。

しかし，当然のことながら，昇進・昇格[1]の仕方は従業員間で一律ではない。従業員は限られたポストを目指して同期と競い合う。反対に，出世の道を絶たれた者は，「モチベーション」が低下する。昇進スピードの差や従業員間の競争のあり方によって，所属先の会社や職場に対するスタンスが大きく変わってくる。キャリア研究は，日本企業が長期間にわたる競争を促して労働者の「モラール」を維持する面を強調してきた。

ところが，会社は，長期間にわたって多くの者から「やる気」を引き出すと同時に，一部の従業員を「中核層」に位置づけ，特別に目をかけ，各職場で「リーダーシップ」を発揮させ，彼らを通して「周辺部」を束ねようとする。ここで問題が生じる。全体の「底上げ」による組織への労働者統合と「中核層」の「求心力」による職場への労働者統合は，完全に相反するわけではないものの，相容れない面があるからだ。長期間の‘同等な扱い’は，「エリート社員」の育成を妨げることがあり，逆に，一部の労働者の‘特別扱い’は，他の労働者の「やる気」を削ぐことになりかねない。このように，統合にかんして反する面を持つ選別をいかに行うかは，長期間にわたって労働者から組織への「コミットメント」を引き出す際の要となるだけでなく，職場運営上も重要な課題であり，そこに企業の独自性が現れる。日本企業を対象としたキャリア論は，長期の競争を全体の「底上げ」という視点からは分析してきたが，職場の「求心力」の育成との関係から考察する視点が弱かったのである。

本章は，長期的な競争を介した全体の「底上げ」と「中核層」の選抜による「求心

❖1……昇進は「職位」が上がること，昇格（昇級）は「職能資格（等級）」が上がることを指す。本書は，とりたててそれらを区別する必要がない場合は，昇進のみ表記したり，「ランクが上がる」といった一般的な表現を用いたりする。

力」の調達との関係をトヨタと日産とで比べる。入社後，何年くらいまで「横並び」あるいは「横一線」で競わせているのか。いかなる方法で査定と選別を行っているのか。選別の内実を労働者は，いつ頃，どこまで知りえるのか。全体の「底上げ」と「求心力」の調達とのジレンマはどのような形で表面化しているのか。あるいは，表面化していないのか。査定制度および昇進構造とそれらにかんする労働者の認識に注目して，キャリア管理下における労働者統合の強さと質を読み解く。

I 査定

人事査定は昇進管理の中核をなす。査定の結果は当期の給与や賞与だけでなく，長期スパンの昇進に関わる。

1 トヨタ

[1] 査定の回数

年度の査定は1月に行う。当期の給与と昇進に関係する。これとは別に，年に2回，4月と10月にボーナス査定がある。

[2] 査定者

一般の労働者に対する査定の権限は，CL(工長)が持っている。CLが決めた結果を課長が確認し，最終的に部長が承認する。ただし，CLは部下のGL(組長)にも相談する。現場のことはGLが一番知っているからである。実作業は，CLがGLと確認し合いながら評価を決めて，自らパソコンに数字を打ち込む。職層別に評価シートが分かれており，それに点数を記入する。

SX級(役職はGLとSX)に対する査定はCL・課長・部長が，CX級(役職はCLとCX)に対しては，課長・部長が行う。[❖2]

[3] 絶対評価――評価基準

査定は，「絶対評価」と「相対評価」とに分かれていて，はじめに「絶対評価」を行う。

「絶対評価」は，「資格別職能要件」に基づいて点数制で行われる。職能要件は職種ごとに異なる。組立，型保全といった職種ごとに，「EX級ならこういうことができなければいけない」，「SX級ならこういうことができなければいけない」，と具体的に定められている。

要件は項目ごとに決められている。「原価」，「品質」，「生産」，「安全」，「コミュニケーション」，「TPS」，「生準(生産準備)」，「保全」がある。

全労働者の評価は点数化される。各項目の基準点は1.5点であり，それにプラスマイナスで評価する。1点(できない)，2点(できる)，3点(よくできる)を基準にして点数を付ける。

さらに，各項目の評価点に実作業を加える。部や資格により項目の重要度が異なる。各項目に規定の倍数を掛け，それらの合計がその人の点数になる。例えば，コミュニケーションは3倍，品質は1倍，安全は2倍といった具合にウェイトが決められている。トータルの最高点は65点であり，総点により，AからDで評価される。Aは65点，Bは64点から45点，Cは44点から39点，Dは38点以下である。以上の「絶対評価」は，係単位で行われる。

[4] 相対評価——ランク分け

次に，組単位・係単位で行った「絶対評価」を課単位でとりまとめ，相対的に評価し直す。ABCDEランクの調整である。「こっちの職場ではAだけど，こっちの職場ならBなんじゃないの」，「こっちの方が上だから，そっちから一人削ろう」という相談である。ABCDEの評価点の割り当て比率は全社共通である。Aが10%，BとCが40%ずつ，Dが10%，Eは例外者である。その比率に基づき，課員を割り振る。点数が同じなら，「三層会」や「ふれあい」の役員をやっているといったことが評価に加味される。[3]

課で帳尻を合わせ，最終的に部で「調整会議」を行う。資格ごと(CX級，SX級，EX級，中堅技能者，初級技能者・基礎技能者)に考課を行う。[4]

[5] ボーナス査定

査定には，年間の評価とは別に，賞与査定がある。4月から9月末までの評価と，10月から翌年3月末までを対象とした評価とがあり，それぞれ冬と夏の賞与に対応する。

部ごとに「原資」が決まっている。考課対象者1人につき1ポイント換算であり，構成員の人数により総ポイントが自動的に確定する。一人ひとりに1ポイントから3ポイント(1ポイント；期待どおりの成果・頑張りがあった，2ポイント；期待以上の成果があった，3ポイント；上位資格レベルの成果があった)を付与する。ただし，勤務状況が悪い者は，一律0ポイント(もう少し頑張って欲しい)とする。[5]

年間を通した成績は悪くても，限られた期

❖2……トヨタでは，職能資格(EX級，SX級，CX級)に対応する職位として，部下ありの管理監督職(EX，GL，CL)に，部下なしの専門技能職(EX，SX，CX)が加わった(鍋田 1992)。日産の部下なし職制については，第4章の注**15**を参照のこと。

❖3……「三層会」とは現場の職制会のこと。CX会，SX会，EX会。かつて，学歴，出身母体，入社形態の違いにより所属が異なる「インフォーマルグループ」があったが，今はなくなり，「ふれあい」活動にかわった。第1章第Ⅱ節第4項を参照のこと。

❖4……猿田(2007) 181頁。

❖5……同上，185-186頁。

間，限られた事に頑張った人もいる。そのような人に報いるのが賞与である。例えば，QCで全国大会に行った人が，それに該当する。

賞与の範囲は，85%から115%である。1ポイントあたりの加算金額は，CX級が7万円，SX級が5万円，EX級が3万円，一般はそれ以下という形で決められている。[6]

[6] 査定の結果と昇進・昇格のスピード

3点満点の評点で2点以上を6回連続でとらないと，一級上に上がれない。1回でも落としたらリセットされ，そこからまた6回連続でとらなければならない。ボーナス査定が年に2回，給与査定が年1回だから，最速で2年で一級あがることができる。はやければ入社10年，28歳前後でEX級になれる。

EX級までは大方の労働者が進める。昇級スピードも，EX級まではほとんど差がない。SX級には，最も早い人なら，34, 5歳でなる。CX級には41歳でなる人もいる。[7]少し前までは50歳くらいにならないとCX級にはなれなかったが，今は全社的に「どんどん若い人をあげていこう」という風潮に変わったようだ。課長になれるのは，通例51歳以上である。職場により昇進スピードは異なり，組立は早いという話を聞いた。

注目する点は，EX級までは労働者間で大差はないが，それ以上になると，労働者間で急に差が顕著になることである。定年時の資格は，大づかみに捉えると，EX級以下の人が5割，SX級やCX級以上にいく人が5割という比率であり，[8] EX級でとどまる人が多い。

2 日産

[1] 査定の仕組み

日産は，前章で詳しく説明したように，2004(平成16)年4月に人事制度を改定し，それに伴い，査定の仕組みも大幅に変えた。[9]「コンピテンシー」を査定の中心に位置づけた。

「コンピテンシー」の全体像は，「共通」，「役割等級別」，「専門スキル」の3領域からなり，それぞれの領域にかんして13のレベルで労働者は評価される。

3領域の「コンピテンシー」は下位の細目からなり，具体的に定義される。詳細は前章で明らかにしたので繰り返さないが，一例を挙げると，ある労働者の「コンピテンシー評価表」では，「共通コンピテンシー」の評価項目の中の「利益志向」が「コスト意識・プロフィット意識」と定義され，求められるレベルは「担当業務においてどのような行動が収益拡大やコスト削減につながるか考え，継続的に業務改善に取り組んでいる」と定められている。

三つの「コンピテンシー」の下位細目がすべて評価されるわけではない。それらのうち，作業者に「求められる評価項目」が，上司との話し合いで個別に決められる。さらに，それらの評価項目の中でも重点的に取り組むべき項目（「個別重点コンピテンシー項目」）が，面談を通して1，2個指定される。すべての細目には，各等級に要求される「標準レベル」が定義されており，その評価基準に基づき，個々の作業者に「求められるレベル」が設定される。それを基準にして業績が評価される。

査定は年に3回ある。査定の結果は，翌年度の賃金と当年度の一時金に反映される。6月と12月が一時金査定であり，翌年2月が賃金査定である。賃金査定は「コンピテンシー評価表」をもとに，一時金査定は「パフォーマンス（業績）評価シート」をもとに行われる。「パフォーマンス評価」とは，4，5個の具体的な課題が設定され，数値目標（「コミットメント」と「ターゲット」）が定められ，それらに対する達成度により評価されるものである。

「コミットメント」とは，当該年度の目標に対して「達成を約束している目標値」であり，「ターゲット」とは，当該年度の目標に対して「努力次第で達成できるかもしれないストレッチした目標値」である。上司と話し合って，「コミットメント」と「ターゲット」の数値が決められ，日常的な対話や個別の面談を通して進捗状況が相互に確認され，目標達成に向けて指導がなされる。対象期間終了後に両方の達成度が数字で出される。

[2] 実績の把握と評価

前章の「手続き」のところで触れたように，工長が部下一人ひとりについて「個人実績管理表」を作成し，日常の仕事の中で発揮している能力のレベルを記録する。この帳票が，日常業務のアウトプット実績（業績）を把握し，査定やコンピテンシーの評価を行うためのツールとなる。「期待値」と「現発揮レベル」との関係を整理し，評価の際の情報源にする。

[3] 総合評価

各職種の等級ごとに「個人実績管理表評価基準」が存在し，各人の能力が3段階（E，C，A）で評価される。

ある職場のPX1を例に説明しよう。「専門コンピテンシー」の「技能習熟力」は，「定型，非定型作業の習熟レベル」で評価される。「定型作業」は，「組，ラインで行う定常作業のできる範囲及び資格取得の範囲」に

❖6……野中（2004）57頁。
❖7……これらの年齢は，労働者から経験則として聞いたが，人事部も，同じような昇進モデルを提示している。「EX級に上がるのが一番早い人が28歳ぐらい。（中略）34歳ぐらいからでSX級ということになります」（同上，37頁）。
❖8……同上。
❖9……従来の賃金制度と査定については，山本（1981）73-99頁，畑（1991）が詳しい。

よりランクづけされる。Eは「組内作業がＩレベル，内70%がLレベル」，Cは「組内作業がLレベル」，Aは「組内作業がLレベル，内70%がUレベル」と定められている。[10]「非定型作業」に該当する「異常処理」は，「異常時の処理能力と行動範囲及び自職場にない付帯的な作業の習得レベル」に応じてランクづけされる。Eは「工程内の異常判断ができ，異常処理手順に従い処理をしている」。Cは「組内の異常判断ができ，異常処理手順に従い処理をしている」。Aは「組内の異常判断ができ，発生要因の意見具申をしている」。

工長は，各項目を月単位で評価し，半期ごとに集計する。この「実績管理表」から「コンピテンシー評価表」と「パフォーマンスシート」を作成し，作業者と面談する際の基礎資料にする。ただし，「実績管理表」は技能的側面（「専門コンピテンシー」）しか扱っておらず，査定のベースのすべてではない。

「コンピテンシー」の各項目を評価する基準や視点は，等級ごとに細かく定められている。「専門コンピテンシー」だけでなく，3領域の「コンピテンシー」の項目が，それに基づいて3段階（◎：求められるレベルを上回っている，○：求められるレベルである，△：求められるレベルに達していない）で評価される。細目を3段階で評価した後，「共通」，「役割等級別」，「専門スキル」の各領域にかんして大括りの評価をAからEの5段階（A：◎がほとんど，B：◎と○が混在，C：○がほとんど，D：○と△が混在，E：△がほとんど）で行う。それらに対してコメント（評価の理由）を付ける。最終的に，三つの「コンピテンシー」の評価を総合的に勘案し，AからEの5段階で総合評価をくだす。

総合評価の際，等級により，三つの「コンピテンシー」に対する評価のウェイトが異なる。ランクが低いほど「専門スキル」の比重が大きく，ランクが上がるにつれて，「役割等級」と「共通」の「コンピテンシー」の重要度が高まる。先述した「個別重点コンピテンシー項目」は，総合評価の際にウェイトをつけて評価される。

経営者は，これらの評価を「絶対評価」と謳う。人事担当常務によれば，「これまでの評価は，能力・業績などを総合的に判断した相対評価でした。そのため，評価結果が自分たちの賃金や報酬にどのようにつながるのかが分かりにくかったと思います。そこで，『評価』という視点と『育成』という視点を結ぶ『コンピテンシー』を導入することにしました」（『NISSAN NEWS』2003年12月号 5頁[11]）。

[4] 昇進・昇格スピードの差

昇進・昇格は，「コンピテンシー評価」と「検定」の両方から検討される。

「コンピテンシー評価」と昇進・昇格との直接的な関係については明らかにならな

かった。昇級するにはB以上を連続何回とらねばならないといった，トヨタのような厳密なルールの存在はわからなかった。

昇級モデルは，トヨタとほとんど変わらない。新入社員から3年間はPX2であり，完全に同一評価である。PX1にもほぼ自動的に上がっていく。労働者の話では，よほど仕事ができない人でなければ，PX2に滞留することはなく，PX1まで上がっていく。入社年次や職場により多少のばらつきはあるものの，入社10年前後までは昇級スピードに大差はない。

ところが，そこから「上」になると，滞留する人が多くなる。PX3になると「指導職」になり，ポストに限りがある。実質的にはもう少し前から差がついているが，入社10年前後から，傍目にもわかる差が出てくる。技能員の昇進モデルである一般的な「技能員人財育成イメージ」によれば，30代半ばで指導職，40代初めに工長，40代半ばで係長になる。

なお，以前に比べると，昇進スピードは遅くなっている。「石油ショック以降の昇進の停滞はA社(日産―伊原)においてもあらわれている。職能段階でみれば2B(2級内の中位ランク)もしくは2A(同，上位ランク)まではとくに成績等が悪くなければ自動昇進しているのだが，それ以上の職級が昇進問題に直面してきている。会社のモデルとしての昇進年齢は，85年度の場合，指導員32歳，組長35歳，係長40歳である」(畑 1991，100頁)。

当時の職能段階は，技能員の場合，1級，2級，3級，3上(3J)級，4級の5段階であり，職級ごとに，A，B，Cの三つの能力段階が設定されていた。職能段階と役職との対応関係は，3Aが指導員，3上級が組長，4級が係長であった。

ただし，第1章で紹介したように，最近，若手工長を増やそうとしている。1997(平成9)年に「製造経営コース」を新設した。「早期抜擢につなげる若くてチャレンジャブルな監督者候補育成のための集中訓練コース」と唱い，20代後半から30代前半を対象とした8ヵ月間の監督者候補育成コースを設けた。

「製造経営コース」を受講した者は，「指導職教育初級」をパスして「上級」を受けることができる。したがって，従来よりも早く，工長になれる。具体的には，27～34歳でこのコースを受講し，30代半ば過ぎで工長になり，40代前半に係長になるというイメージである。

加えて，2004(平成16)年から，「短大コー

❖10……ILUとは，Iレベルが「教えられれば作業できる」，Lレベルは「一人前に仕事ができる」，Uレベルは「人に仕事が教えられる」と定義されている。第4章の日産のOJTのところで説明した。

❖11……実際には，課内会議で調整されており，「絶対評価」とは言い難い。労働者の話によれば，ポストと「予算」との関係で，全員をA評価にするわけにはいかない。AからEの評価には割り振りがあり，第一段階で工長が評価し，係で調整し，課内会議で「手心」を加える。

ス」の受講者をより早く昇進させるようになった。日産テクニカルカレッジは，当初から職場の「中核」を育てる目的もあったが，ME化への対応という趣旨で設立された経緯があり，新しい技能・技術を形成させることに注力してきた。テクニカルカレッジ出の人からしても，出世頭というエリート意識よりも，仕事に対するこだわりの方が強いようである。ところが，新短大卒の「人財育成イメージ」によれば，20代初めから中頃にかけて短大へ，20代後半には指導職，30歳前後で工長，30代後半には係長，という昇進モデルである。「製造経営コース」受講者よりも，昇進の年齢がさらに若い[12]。

このような改革を進める理由は二つある。一つは，「実力主義」の方針を鮮明に打ち出して，「年齢主義」の処遇を弱めるためであり，もう一つは，労働者構成の偏りと労務費高騰化へ対応するためである。

日産は，1995(平成7)年からの3年間，ほとんど新卒を採用していない。98(平成10)年からの2年間は採ったが，「ゴーン改革」の下では，再び新卒採用がなくなった。再開されたのは，2002(平成14)年，03(平成15)年であり，それから後は一定数雇用している。が，その数はかつてに比べると少ない。このような変動の大きい採用状況により，労働者構成に偏りが生じ，労働者が高齢化しているのである。正規雇用の現場労働者の半数近くが50代であり[13]，指導職の若年化を進めているのだ。ただし，労働者構成の偏りや労務費高騰への対策は，「多様な人財」の活用を通しても行われる。女性技能員の採用を増やし，専門学校・短大・大卒の技能員を採用し，派遣社員を積極的に活用し，「役職定年」(後述)に柔軟性をもたせ，定年嘱託員を利用する。それらに加えて，若手管理者の育成が掲げられているのである。

いずれにせよ，「製造経営コース」と「短大コース」を持つ日産テクニカルカレッジは，若手管理者の育成を念頭に置いて運営されるようになり，「実力主義」の旗印の下で労働者間の差が早めにつくようになったのである。

II リーダーの指名——現場と人事部

1 トヨタ

トヨタの労働者の昇級は，EX級まではほとんど差がないが，そこから「上」になると，「出世」のスピードにあからさまな違いが出てくる。ここで注目したい点は，現場からなれる上級管理職は，学園卒がほとんどを占めていることである[14]。

話を聞いたある労働者の職場では，現場あがりの課長は例外なく学園卒であった。それは昔から変わらないようである。「(勤務先の)工場のGLは40人ほどいるが，その8割は学園卒。SXは高卒が多い。高卒や中途であがってきた人は，（同じ等級でも）部下なしの役職が多い。原価，安全，生産性，新車の立ち上げの試作とか，そういうプロジェクトとかにSXが出る。今回のレクサスの立ち上げの中には25人くらいが関わり，SXが半分くらいを占めるが，全員，高卒。課長は『鍵っ子』（学園卒のことを指す社内の隠語。おそらく「科技高」とかけていると思われる）。例外はまずない。ここに来るのは全部，学園卒。それは昔から変わらない。」

他の労働者の職場でも，CLは全員，学園卒である。「CX級が6人いるが，全部，学園卒。ウチの職場の課長も学園卒。部長，次長も学園卒のみ。本社工場では現場出身の部長は一人だけだが，彼もそう。」

EX級までは，労働者間でほとんど差がない。入社後，10年くらいはほぼ同じペースで昇格を続ける。しかし，そこからは労働者間で顕著な違いがでてくる。さらに「上」の管理者に上りつめる者とEX級にとどまる者とで大きく分かれる。そして，学園卒が上位管理者のポストのほとんどを占める。高卒の課長職もいないわけではないが，高卒と学園卒の構成比から考えて，なれる確率は極めて小さい。[15]

❖12……なお，入社2，3年での選抜は，かつて行っていたことがある。「当社は工手学校教育から監督者教育にいたる系統的な訓練体系の一環として，近代産業の進歩に対応する熟練技能者を養成するため，毎年工手学校卒業生のなかから優秀者を選抜し，必要な教育，知識，技能などをあたえる目的で，昭和34年10月，熟練技能者養成基礎教育制度を新設した。受講資格者は，入社後2〜3年をへた工手学校卒業生のなかから毎年度計画で定める人員を，工手学校在学中の成績，所属長のおこなう考課，および選抜試験にもとづいて人事部長が選抜するものであった。第1回は工手学校第1期から第3期までの卒業生のなかから14名が選抜され，昭和34年10月から昭和36年4月までの間，毎週3回各2時間ずつ教育がおこなわれ，第2回以降もひきつづき実施されている。」（『日産30年史』395頁）。

❖13……どこの会社も高齢化傾向にあると思われるが，日産はとりわけ平均年齢が高い。全従業員の比較であるが，トヨタ（平均39.1歳）と比べて日産（平均42.7歳）の方が，3歳半ほど高い（2015［平成27］年3月31日現在，『有価証券報告書（2014年度）』より）。

❖14……なお，トヨタにはかつて，「トヨタ技能専修コース」（技専）というものがあり，一般職1級〜準指導職までを対象とした指名教育（職場選抜）が行われていた。一部の労働者に重点的な教育を施すエリート教育であった。若年層の中核として活躍できる能力を養い，将来いろいろな場でリーダーシップを発揮できる素地を養うことをねらいとしていた。年齢で言えば，24〜25歳，勤続5〜6年層が対象であった。組長・工長・課長の推薦を受け，試験に合格した者が毎年200人（1回100人で年2回）3ヵ月間，籍を教育部に移してそこで教育を受けた（湯本 1985，295頁）。教育内容は，視野拡大のための各種講話，QC，トヨタ生産方式などの講義と，販売店フロント自習，工場実習，基本技能，基礎技能，専門技能の実習であり，75日間の集中教育である。このコースの受講者はエリート意識が強い。コース修了者は1981（昭和56）年の時点で約2,700人に及び，その後の昇格率は非常に高く，自他共にエリートであることを認めていた。ただし，現在は中断して数年になる。「今はいろいろな教育があるからではないか。」と修了者は述べていた。技専があった頃は，リーダーの指名がわかりやすかったが，現在はなくなっている。ちなみに，その技専に選ばれる人も，学園卒が高卒よりも多かった。技専に「選抜・指名される比率は学園卒の方が高卒者よりも1.5倍から2.0倍高い」（木村 2005b，27頁）。

ここから突っ込んで検証する点は，「上」へ進む人と「下」にとどまる人，「中核」を形成する層と「周辺」に位置づけられる層に分けられるのは，あくまで競争の‘結果’なのか，それとも，育成計画によるのか，という点である。職場リーダーやEX級までは「公平な競争」を行い，結果的に，10年くらいが経つと差が出てくるのか。あるいは，それまでに現場の指導者候補を見極めており，もっと前から「目星」をつけているのか。高卒と学園卒の職制にそのあたりの実情を聞いた。

高卒｜　学園卒には「第一選抜」，「第二選抜」，「第三選抜」まであり，学園を卒業し，入社の時点で決められてくる。入社して現場配属されるときに，お前は「第一選抜」ということは本人に知らされている。だから「頑張れよ」と。

伊原｜　それは学園のときの成績によるのか。

高卒｜　どうかはわからない。学園の中でいろいろやりとりがあると思う。

しかし，学園卒の人によれば，この「選抜」は，早い時点では‘確定的’ではないようだ。「選抜」はあるようだが，先に見たように，その指名は10年ほどは流動的であり，現場と人事部との‘すりあわせ’で決められると言う。

学園卒｜　最初からは難しい。若いうちに決めちゃうと，やっぱり，頑張れんとかいろいろある。人によってもいろいろ。途中でのびる人もいるし，EXは早いけど，SXは遅いという人もいる。それは千差万別だと思う。

伊原｜　ならば，入社何年くらいで「第一選抜」，「第二選抜」と決められるのか。

学園卒｜「第一」，「第二」というのは，僕はよくわからないが(言い渋る)，EXになる頃ではないか。28歳くらい。それくらいのときに，「あいつはある程度のところまで行きそうだね」という合意が現場でできる。はじめからリーダーを決めるのではなく，10年くらいは様子を見て，選別を行う。そして，この人は「第一選抜」と決めたら，順調にレールの上に乗っかったように，上に行く。早くなった人は，大きなミスを犯さない限り，ずっと「第一選抜」でいくという形になるでしょうね。

高卒の人の話からも，選抜の指名後は順当に昇進していく様子がうかがえる。

高卒｜　「第一選抜」の子の場合は，査定は自動的につく。よっぽど悪いことをせん限り。2とか2.5とか，基準点よりも上の査定がつく。2以上を6回続けてとらないと，上にあげられないので。例えば，この子が，今EXで，次にGLにしようというときには，無条件に査定の6回分は，よっぽどのことがない限り，2以上をつける[16]。1回でも落としたら，そこからまた6回必要になるので。例えば「第一選抜」に1.5をつけると，人事から返ってきてしまう。「第一選抜」の子は副課長[17]候補になる。（副）課長には，学園卒でも「第一選抜」くらいでないとなれない。途中でよっぽどのことをやらない限り，まず上がっていく[18]。

では，「選抜」は誰が決めるのか。人事部か，それとも職場推薦か。

学園卒｜僕らはよくわからないけど（言いにくそうにする），人事から決めていくのでは。ただし，職場である程度，推薦してという形になるかもしれない。職場の方でも，CLと課長が「こいつをリーダーとして育てていこう」ということで，人事の方にあげていく。人事と職場とのやりとりを通して「選抜」を決めていく。現場でも「何年か先にはこの人を」というのがある。将来，これをCLにさせて，SXにさせてというのを長期計画で立てなければいけない。ある程度前もって，誰をCLにさせるということを決めて，その前に教育をさせなければいけないから。例えば，5年先を見て。そうじゃないと，職場を継続していけない。その時々の（思いつきの）指名だと，運営が成り立たなくなる。例えば，職場に同期が5人くらいいても，2人くらいしか上げられない。あとは下（の代）から選ぶ。だいたい均等に選ぶ。5人もいっぺんに選んだら，（役なしが）いなくなっちゃうじゃないですか。そうすると，困っちゃいますよね。

伊原｜　もし「第一選抜」の人の査定を悪くつけたら，人事から「物言い」が来るのか？

学園卒｜「第一選抜」のような人が，できが悪くなったら，「どうしたんだ」ということが上のほうからあるかもしれない。ただ，僕もよくわから

❖15……小松（2001）の聞き取り調査（1999～2001年）によれば，「班長以上の職制に占める学園卒業者の構成比率は6割程度であった。トヨタ自動車全体での技能系課長職に占める学園卒の割合は276名中114名であり，構成比率は41％であった。その上の次長級の技能系昇格者に占める学園卒の割合は，29名中22名であり，構成比率は76％であった。また，1998（平成10）年度から，技能系から部長へ昇進することが可能なキャリアが新設され，1999（平成11）年度時点で，3名の技能系昇進の部長が存在し，その全員が学園卒であった」（120頁）。

❖16……他の研究者による聞き取りでも，この点が確認されている。「次期に昇格する人はだいたい分かってくる。そしてこの人を将来昇格させないといけないという場合，もちろんそれなりの実力を持っている人だが，それなりに査定点を付け，また昇格のための手順を踏ませる。だから昇格させるために，『少なくとも3.5は付けないといけないよ』と指示をする。人事の方からも全体のバランスを考え，次期昇格候補者を考慮しながら査定するように指示が来る」（清水 2005，208頁）。「また年数が経って昇格の時期が近づくと，その1～2年前から昇格やボーナスを良くしておかないと，成績の悪い奴をどうして昇格させるのかという文句が来るから，現場で上げれるわけがないと思う人間でも昇格させるために意図的に査定を高くすることになる。この指示は，課長から来る」（同上，217頁）。

❖17……「副課長」とは，現場労働者が就く課長職のことである。のちほど詳しく説明する。

❖18……樋口（2008）によると，養成工の選抜率は，「入社後，第2ステップ・班長への選抜率は，（中略）他の採用区分層（事務・技術—伊原）に比べて低いものの，第3ステップ・組長，第4ステップ・工長への選抜率は80％を越えて（ママ）おり，比較的高い」（70頁）。つまり，データからも，役職が「上」になるほど，ふるいにかけられにくいことがわかる。

ないですけど，学園の「第一選抜」，高卒の「第一選抜」というのがあると思う。高卒の中でも選んでいかなければいけないし，学園の中でも選んでいかなければいけない。

高卒の人も，「選抜」は人事部が決めることを前提に，現場からも意見を出していると言う。

高卒｜ 人事部と職場(副課長)の推薦。現場の人が職場推薦を出す。ただ，学園生を上げるのが現場では「暗黙の了解」になっていると思う。学園卒を上げるのは，代々受け継がれてきた。

トヨタは，現場労働者を二つの次元で「選抜」していることが分かった。一つは，学園卒に対する全般的な期待であり，もう一つは，各入社形態内部の選別である。

では，その「選抜」は誰が行うのか。人事部かそれとも現場か。かつては，「現場の職制が，自分と同じ『出自』の人を上げたいということになりがちであったが，今は人事が決める。昔は『豊八会[19]』というのがあって，上司は，自分の会に属する後輩を上げたいという気持ちが強かったのかもしれない。でも今は，人事が全体で決めてしまうから，個人の意見の『ごり押し』みたいなものはない」(学園卒)。とはいえ，現場が意見を全く言えないわけではないようだ。現場での評価は当然，「上」にあがっている。話を聞いた印象では，人事部の方が力が強いようだが，現場の意見が全く考慮されないわけではなく，両方で「すりあわせ」がなされている。

田中(1982c)が，元人事担当取締役を務めた山本恵明に行ったインタビューからも，人事部による昇進・昇格にかんする「強力な調整権限」と「中央集権的な管理方式」がうかがえる。

「準班長以上の従業員約2万人については，人事考課の結果について人事部が変更を指示することがある」(37頁)。現場からの「申請」に対する人事部の「承認」とは，どの程度の介入を意味するのか，ニュアンスを伝えるのは難しい，と山本自らが述べているが，「あえてそれに答えるとすれば，人事部がノーという場合がありうるということであろう。現場では，いろいろな点について検討を行った上で，もっとも優秀な従業員を候補として申請してくるであろう。そのことのもつ意味は人事部としても決して軽視してはいけないだろう。しかし，現場の日常の生産活動の中で優秀な能力をもっていると判断されても，例えば部下の統率力などの点について人事部が問題ありと考えれば，ラインの長とするわけにはいかないので，ダメを押すことがありうるのである」(同上)と答えている。

2 日産

前章で明らかにしたように，日産の労働者は「検定」を合格すると「上」のランクへ進むことができる。しかし，希望者は誰でも「検定」を受けられるわけではない。上司の推薦があってはじめて受けることができる。

組の構成員の実績は，工長が日常的に把握しており，次に上げる候補者は工長が決めている。一定のレベルに達した者に対して，上げることを念頭において教育を施し，検定試験を受けさせ，合格させる。業績をあげた者を昇進・昇格させるのが建て前であるが，選抜した者を上げるために必要な能力を形成させている面もある。

では，人選に際して実質的に人事部の意向がどれほど反映されているのか。日産も，人事部が昇格候補をきちんと管理し，現場に提示してきた。年齢，「職能段階」，「資格」，養成学校「期別」，高卒年次を考慮し，「やや長期的な見通しに立って」，役付工の任命案を現場に提案してきた[20]。同時に，第3章で明らかにしたように，かつては，労働組合による職場の規制力が強く，役職への昇進人事に組合も「介入」していた。当時の問題の焦点は，人事部と現場との力関係ではなく，会社と組合とのそれであった。ところが，自動車労連の会長が退任に追い込まれ，労使のトップ対決に決着がつくと，組合による規制力は形式的にも実質的にも失われ[21]，組合は人事に関わらなくなった。では，一連の経緯の後，人事部による職場介入は強まったのであろうか。その点について，人事担当であった森山元副社長に聞いた。

森山｜　わたしはずっと，組合とか人事(部)とかいうのが，人事権を持ちすぎていると思っていた。もっと現場に渡すべきだというのが，わたしの，人事部長になった当時の考えであった。だから，かなり積極的に，人事による人事介入権を捨てた。具体的には，例えば，ボーナスの査定がでてくると，それを人事部がみて，「なんでこいつ，こんなよい点をとってんだ」と口を出していた。「それはおかしい」と。職場に有無を言わさず切り下げてみたり，人事異動についても，昇進についても，人事が徹底的に調べあげて，介入したりしていたが，そういうことは，かなりやめたつもり。なるべく現場の意見を尊重しようとしたつもりである。だから，組合の件の前後で，人事の役割が大きく変わったということはないように思う。むしろ，現場からすると，組合と人

❖19……第1章の「インフォーマルグループ」の箇所を参照のこと。

❖20……山本(1981) 269頁。

❖21……「役職昇進の部面でも変化がおきている。86年12月に締結された包括労働条約第24条には『会社は人事に関する決定権を有する』と明言された。第29条では役職任免は会社が行なうとされ，組合には通知するのみとの規定が定められた。ここに，かつての人事『提案』折衝の一掃が確認された。組合は末端職制の支持の確保にとって重要な手段を失ったといえる。逆に経営側は，すでに述べた能力主義をおしすすめた賃金体系とともに末端職制をみずからの側に統合しようとする制度を強化・確立したのである」(畑 1991，118頁)。

事は同じように見られていたから，人事や組合の口出しが減ったというふうに映ったであろう。

伊原｜ トヨタでは，「第一選抜」，「第二選抜」といった具合に，同期の中で昇進管理がなされているが，日産はどうであろうか。

森山｜ 大卒は，基本的に「卒年管理」というのがやられていた。何年卒の同期入社の集団のうちで，今，どういう昇進具合になっているのかを調べて，「なんでこいつは遅れているんだ」とか，そういう層別管理がかなり綿密に行われていたが，それ以外については，そんなに行っていなかった。だから，実力次第みたいになっており，落ちこぼれていく人はどんどん落ちこぼれていく。現場もあったとは思うが，大卒ほど，明確ではない。

今はさらにチェックしていないのではないか。かなり欧米的になったから，ラインの言うことがそのまま通っているのではないか。現場でもって評価されるということだ[22]。それの良いところと悪いところの両面あるが，僕は，基本的には現場が評価するものと思っている。ただ，それには，「ヒラメ人間[23]」ばっかりになるという弊害があるから，一種の人事の役割というのを残しといた方が「安全弁」としてはよいのかなと思う。

人事部による「介入」について，塩路会長の退任前後の変化を元現場監督者に聞くと，「とくに変化はなく，いずれのときも人事部からの口出しはなかった」という。「工長（組長）昇進については，係長が課長に推薦するが，その前に，候補者に昇進のための教育を受けさせる。それが工長教育。それ以前に，昇給と賞与を決める際に（労働者間の）序列が決まるが，教育の人選のときにだいたい決まってしまう。そこでも上からの指示は私の知る限りではなかった。係長クラスの昇進はとりわけ課長・部長の好みが大きい。ただ，工場によって風土が違う。村山（旧プリンスの工場）は‘くせ’が強い。人脈，親分子分の関係が残っていた。横浜も，塩路時代は（‘くせ’が）強かった。その他の工場はいろいろな人が混合されているから，（人脈や親分子分の関係は）薄まっている。人事部からの横やりはなかったが，同期間での配慮が全くなかったわけではない。工場の人事課では‘OB’がアドバイスする。係長だった人で役職を解かれて3年くらい経った人がアドバイスする。」

元人事部トップの話から，会社側が職場の統制権を掌握した後も，現場の人事に細かく口出しするようなことはせず，現場に任せている様子がうかがえる。もちろん先に見たように，「キャリアモデル」は提示し，現場に任せっきりにしているわけではないが，現場監督経験者の話からも，人選にまで事細かに関与している事実はつかめなかった。

人事部と現場との力関係について付言すると，本書は，どちらが力を持った方が，組織運営上，望ましいかを検討しているわけではないし，それは一義的に決まるわけでもない。かりに人事部の方が広い視野で「人材育成」を構想していたとしても，人事部の設計は現場の実情に合致していないこともある。現場の方が各労働者の個別事情をきちんと把握した上で，長期的展望を持って職場運営をすることもありうる。逆に，現場に任せれば，職場構成員の合意の下，おのずと適切な人員が選別されるというわけでもない。自分の職場のことだけを考えて「人材」を抱え込んだり，職場の実力者が露骨なえこひいきをしたりすることも考えられる。ここで問題にしたいことは，どちらが力を持った方がより望ましい「人材育成」や「人選」になるかではなく，キャリア形成とは現場を起点とした様々な力関係の中で行われているのであり，とりわけ人事部と現場との力関係により，加えて，労働者がその実態をどこまで認識しているかによって，「中核層」の形成と全体の「底上げ」の関係は大きく変わってくるということである。そこで次に，後者の点について明らかにしよう。

III 査定，選別の仕組みにかんする労働者の認識

トヨタと日産において，それぞれ査定の制度および昇進のスピードと選別を表すキャリアツリーが‘客観的に’存在する。しかし，全社的・長期的な視点で「中核層」を形成し，同時に全体を「底上げ」するという点でいえば，‘その背後で’人事部がどこまで人選に関与しているかが要点となり，そのような仕組みや構造を，一般の労働者がいつ頃気づき，どの程度まで知っているのかが，重要な点になる。

1 トヨタ

結論から先に言うと，一般の労働者は，選別の仕組みや実態を知らされていない。査定の細かな仕組みはもちろんのこと，入社してしばらくの間は，労働者間の格差の実態も把握していない。入社後，10年間くらいは，表面的には労働者間でほとんど差がつかず，「自分の成績」しか通知されず，各人の「努力目標」に向かって仕事に打ち込む。その「無知」により，多くの労働者は「やる気」をもって働く。

ただし，職場には「話し合い制度」があり，査定やキャリアについて，上司と話し合

❖22……「日産では部門人事に力を入れ，新制度の運用主体も各部門の人事機能が担当している。たとえばPCC面談では実施状況や所要時間，面談内容，フィードバックなどについて各部門の人事担当者が毎回サーベイを実施する。現場に近いところに運用主体を置き，きちんと運用されているかは定量的にもモニターされている」（伊田 2005，17頁）。PCC面談については，後述する。

❖23……ヒラメの目は，二つとも上についていることから，上司の顔色ばかりを気にする社員のことを指す。

う機会が設けられている。「話し合いシート」には，「原価」，「安全」，「品質」などの項目ごとに，去年と今年の評価が併記されている。SX級はCLが，EX級と一般はGLが書く。この制度を通して，自分に対する上司の評価を知ることができる。以前は，それもわからなかったようだが，現在は，個人の年間の評価はわかる。しかし，1, 2, 3の「絶対評価点」はフィードバックされるものの，ABCDEの考課点は明らかにされない。ある工長は次のように語っていた。

「僕はCL(CX級)になって3年目だが，やっと，査定のことがわかってきた。GL(SX級)のときはほとんどわからなかった。パソコンに打ち込んだりする権限は，CX級がもたされている。CLと課長とで，課の会議を行う。課長会議でそれを持ち寄り『誰を次のステップで上げるか』という話を行う。極秘会議で，情報は漏らさない。誰が上がるだのどうなのというのは，一切，漏れないようにしている。

GLは課長の会議には出席しないが，GLが，一番，現場をみているから，CLはGLと話し合って一般の労働者を査定する。とくに職場を移ってきたばかりのCLの場合，GLが主になって話し合いで決めていく。したがって，GLは，自分の部下のことはわかる。

GLくらいになれば，昇進に差があるなとうすうすわかっているけど，どういう仕組みで動いているのか，その詳細や全体像はあまりわからない。GLにも『話し合いシート』がある。自分の点数はわかる。ただ，全体の，自分の同期のはわからない。同期の人の査定とかは一切わからない。

CLが言ったりしたらあれだが，『一覧表調査』は作業者に渡しちゃいかんって言われている。あるんですよね，点数を出したやつが，何点何点というのが。『話し合い制度』は結果のみ。もろに点数が書かれているやつを渡すのはダメっていわれている」。

なお，この査定結果に対して，異議申し立てをすることはできるのか。

「それは，『話し合い』でやる。GLが，『これは低すぎる』と言われれば，職能要件を出して，『こうなってますよ』と。印象で評価しているわけではなく，きちんと職能要件に基づいて評価していると言えるようにしてある。納得させなければいけない。評価の細かい項目があるのであって，『えいやー』でつけているわけではない。そういう人(異議申し立てする人)がいればの話だけどね。まぁ，僕の職場ではいない」。

人事部と現場とで密な調整をしながら労働者の「選抜」を行っているが，10年間ほどは‘表だっては’やらない。現場労働者は，GLくらいになればうすうすはわかってくるが，その仕組みの詳細はわからない。

2 日産

日産の一般従業員も査定の仕組みはわからない。1984(昭和59)年に調査した研究は，そもそも自分の職級すら把握していない者が多いことを明らかにしている。

「決定後の職級は，本人が課長あるいは係長・組長に聞きにいけば教えてもらえるという職場が一般的である。ただし若年労働者からの聞き取りによれば，自分の職級をたずねにいく人はほとんどいない。なお，職能段階が上がったときに，意欲づけのために係長のほうから本人に個人的に職級を教えている職場も一部ある」(畑 1991，97頁)。

ところが，2004(平成16)年の抜本的な人事改革により，「PCC面談制度」ができ，評価のフィードバックが行われるようになった。

「PCC面談とは業績評価，コンピテンシー評価結果のフィードバック，キャリア開発に関する上司・部下間における面談の名称であり，PCCとは，P(パフォーマンス)，C(コンピテンシー)，C(キャリア)の頭文字を組み合わせたものである。上司・部下の質の高いコミュニケーションは，今後とも変わらない最重要課題のひとつと位置づけている。それは，評価結果の正しいフィードバックによる透明性，納得性の醸成を通したモチベーション向上のみならず，キャリア開発に関する非常に重要な話し合いの機会だからである。この面談は，全員を対象に年2回(60分：回)実施しており，前回の面談の実施率は約98%にのぼっている」(西沢 2006，120頁)。

では，この面談により，労働者はどこまで知ることができるのか。個々人の絶対評価は「透明化」され，目標とその達成度は知らされているが，他者との比較でどの「位置」にいるかはわからない。「個人実績管理表」は，工長の手元資料であり，基本的には部下への提示や上司への提出を意図したものではない。

選別と昇進の「現実」は，入社してから10年ほどはわからない。PT3に‘滞留する’労働者は多い。そこにとどまるか，先に進めるかによって，同期内の自分の位置づけにうすうす気づき始める。

ところが，「製造経営コース」の新設と「短大コース」卒の新たな位置づけにより，状況が変わる可能性がでてきた。選抜の結果は誰の目にも明らかになり，自分の「位置」が早期にわかるようになる。選抜された者が「出世コース」に乗るという理解が広まれば，早い段階での「決着」が皆に知られることになる。現場監督者は当然，「出世コース」の存在を知っているが，一般の労働者は，現時点では，それらのコース選抜者の昇進モデルは知らされていない。今後，現場の人たちがこれらの制度をどのように受けとめるかは検証課題である。

トヨタの労働者は，入社10年ほどの間は，表向きは「横一線」で昇進していく。経営側はその間は「評価期間」とみなし，同期の労働者間であからさまな差は設けない。査定と選別の仕組みを知らない労働者たちは，誰にでも昇進のチャンスがあると思い，競争心をもって働く。しかし，その背後では，人事部が主導となってリーダーを指名し，計画的に「中核層」を育成している。学園卒は，学校時からリーダーとしての意識を植え付けられており，露骨に優遇されずとも，リーダーとしての自覚を持っている。その他の労働者も，彼らがリーダーであることを半ば認めている。だが，学園卒にも「落ちこぼれ」はいる。この事実から，勝負は完全には決まっていないと思い込む。競争のルールおよび客観的な構造とその他大勢の労働者のそれらに対する認識との「ズレ」が，そして，とりたてて優遇されずともリーダーとしての自覚を持つ学園卒の存在が，全体の「底上げ」と計画的なリーダーの育成との両立を容易にするのである。

日産の労働者も，入社10年ほどは昇進にほとんど差がない。そして，建前上，「絶対評価」ということになっており，同期の間の相対的な位置づけはわからない。成果主義に則った厳密な目標管理が行われるようになり，今後は，労働者間の競争がさらに激しくなる可能性はある。加えて，経営側が若手監督者の育成を意図して，一部の労働者の昇進スピードを速くしたため，「中核層」の「やる気」が高まることも考えられる。

ところが，若手管理者の速成は，昇進競争の決着を早い段階でつけ，その他大勢の労働者から早期に「やる気」を削ぐことになりかねない。そして，早い段階で選ばれたリーダーが現場で受け入れられない可能性も出てくる。長期間の評価期間を経たからといって，リーダーが民主的に選ばれることを必ずしも意味するわけではないが，それでも「職場の合意」を形成しやすい。

日産のような「明確なルール」に基づく評価制度や全体が整合的な人事評価体系は，一方で競争のあり方が‘公平に’なり，労働者から「やる気」を引き出す面がある。しかし他方で，競争の仕組みが単純になるために，勝敗を‘うやむやの状態’のまま先延ばしにして「やる気」を持続させることが難しくなる面もある。[24] 査定と選別の制度改革の現場への影響は今後の検証課題であるが，リーダーの育成と全体の「底上げ」を両立させる仕組みを意図的に定着させることは難しいのである。

IV 昇進の上限と制限

全体の「底上げ」にとって，現場労働者は実質的に何歳まで働けるのか，現場からどこまで昇進できるのか，いったん労働者間で差が生じたら「逆転」はないのか，昇進に「年齢制限」はあるのか，といった点が大きな意味を持つ。本節は，昇進の「上限」および「制限」と，それらを受け止める労働者の意識について両社を比較する。

1 トヨタ

定年は60歳である。[25] かつては，「職位解任制度」があり，55歳で役職を解かれたが，1997（平成9）年に全廃された。[26] トヨタのブルーカラーには，転籍や出向がほとんどない。最後まで働いた人のうち「大多数（94.8%）が定年退職である」（平尾2008，88頁）。つまり，自己都合退社した者を除けば，ほとんどの人は，定年まで働き続けている。再雇用制度があり，定年後も継続して働く人もいる。トヨタの現場から上がれる役職の「上限」は，現在のところ専務役員である。[27]

工長以下が組合員であり，課長以上は非組合員であるが，現場から課長になる人が増えてきた。[28] すべての職場ではないが，課の中には「正課長」と「副課長」とがいて，二人制になっている。前者は，技術部門から送られてくる若手の大卒ホワイトカラーであり，現場の課長として経験を積む。後者は現場の「たたき上げ」である。現場の人事権は，規定では「正課長」にあるが，実質的には「副課長」が掌握している。ホワイト

❖24……現場からも批判の声が聞こえた。「現場に成果主義を厳密に適用しちゃうと，チームワークが崩れちゃうじゃん。『俺だけがよければいいんだ』ということになると，痛し痒しだね」，「だいたいラインについている人間をどうやって評価するんだよ。開発部門とかは当てはまるかもしれないけど，現場には当てはまらないじゃねえかという意見はあるよ。現場でね，1分そこらの仕事を毎日続けている奴らに，成果主義なんてあるのかって。せいぜいミスをしないくらいしかないじゃん。やる気だのなんだのっていってもさぁー，ラインは，同じような仕事ばっかりだからさぁー，そんな格差なんてつけられないでしょ。」

❖25……55歳から60歳への定年制の移行は1973（昭和48）年であり，5年間の移行期間をおいて，1978（昭和53）年に定着した。「近年，平均寿命の伸びが大きく，55歳の定年を迎えても，健康で勤労意欲十分な人が多いことを考慮，42年（1967年―伊原）に定年後3年間の再雇用制度を導入，43年には60歳までの再雇用制度を実施した。つづいて，再雇用ではなく，定年を60歳にするため，48年11月に満55歳に到達した者から，毎年1年ずつ定年を延長，5年間で60歳定年制の実現を図ることになった」（『トヨタ40年史』368頁）。

❖26……1973（昭和48）年に60歳への段階的な定年延長が導入されてから，旧定年の55歳をもって一律に職位を解く「職位解任制度」が採用された。55歳で職位が解かれ，職層も一般職（嘱託）になった。90年代初頭から徐々に廃止に向かい，97（平成9）年4月1日付で全廃になった（湯本2007b）。なお，職位解任制度は，労働者の評判が悪かったようである。村上（2004）が調査した人の中には，「昇格したときの喜びの反対ですからね，裏返しですからね。そりゃあ大変ですよね」と語る者や「プライドが許さない」，「私は，絶対に同じ職場ではだめだと課長に」と率直に述べる者がいる。

❖27……「養成工一期生では初めて，部長級に抜擢された。入社から43年目，1981年のことである」（『トヨタ伝』127頁）。養成校出身者が，2013（平成25）年に技術職トップの「技監」になり，2015（平成27）年に「現場のたたき上げ」として初めて専務役員に就任した。

❖28……辻（2007b）によれば，1965（昭和40）年～2000（平成12）年の間，課長級に就く技能員は常に増加傾向にあり，全技能員の増加率を上回る。

カラーの課長は頻繁に変わる。2年くらいの周期で，よその部署に移ったり，本社に戻ったり，何年かしたら部長に昇進したりする。したがって，正課長とは，現場からすると「おかざり」であり，形式的に最終決定を下す人物にすぎない。

昇進の「逆転」と「年齢制限」については，先述したように，「第一」，「第二」，「第三」という「選抜」が決まったら，その後はほぼそのままいくようである。ただし，辻（2007c）の調査によれば，入社年の「追い越し」の昇進や途中の「逆転」も見られる。[29]

先行研究が明らかにした断片的な事実によれば，工長になる年齢には「制限」があるようだ。湯本（2007a）が聞き取り調査した労働者は，「それでも，（年齢の点では）ぎりぎりだった。工長になるには年齢がダメです。工長になる人は40代くらいでなります」（116頁）と述べている。清水（2005）が聞き取りした労働者も同様のことを指摘する。「昇格には年齢制限もある。50歳までにだいたい工長になる」（清水 2005，209頁）。

ただし，‘温情’で工長に上げることもあるようだ。「工長になれるのは定年の3年までだが，それをすぎても論功を考えてお情けで工長にすることもある」（同上）。「最終的には，時間をかけてでも『平均的に』組長以上に昇進させる年功のしくみ，それは長期勤続へのご褒美であるのかもしれないし，年齢を考慮してのことなのかもしれない。職場の特性が反映されたこれら双方の思惑が，モラールダウンの抑止効果のしくみとして機能している」（樋口 2008，71頁）。

つまり，昇進・昇格に年齢の「制限」はあるものの，それは厳密に決められているわけではない。実質的には大きな逆転は難しいが，[30]定年間近まで昇進の可能性を持たせることで，「モラール」の低下をできるかぎり防ごうとしている。

2 日産

日産の場合は，現場から上りつめられる役職は，係長までである。一時，現場あがりの課長を積極的につくった時期もあったようだが，現在は原則として，課長は大卒である。ただし，日産の課長も「おかざり」という面があり，現場の実権は係長が掌握している。労働者の話では「大卒は1年や2年で変わっていく。何やっているのかといったら，（現場からすると）何もやらない。古参の補佐する人がいる。課付きといって。課長になれない，課長の一歩手前の人が，新任の課長を補佐する。生産計画なりなんなり，細かいことも含めて，人事関係は，係長が全部，掌握している」。日産も，課長以上が非組合員である。ただし，組合員と非組合員の線引きが，現場労働者の昇進の「上限」と一致している点が，トヨタとは異なる。

日産では，工長は52歳で，係長は54歳で「役職定年」になる。[31]定年前に社外に出される者も少なくない。現場の労働者は，この慣行をどのように感じているのか。90年代の前半に52歳で出向に出された元工長は，次のように語っている。

「日産の場合は，係長止まり。特例はあるにせよ，係長どまりで，55歳の直前でポイされてしまう。工長であってもそう。監督者の頭打ち。出向，出向。私もそれで販売の方に。90年代頭に販売に出され，2年間の出向を終えて，転籍になった。私のときも今もそうなんだけど，55までいられる人はわずか。52，3歳で出されてしまう。というのは，55歳になってから出ると，受け入れ先がない。だから，そういう人は，結局，そのまま60歳まで，条件も含めて下がった状態で居続ける。半分もいなかった。3分の1くらい。出し頃なんだよ。受け入れる方も含めてね。それ以上いっちゃうと，受け入れる方は困るわけで。」

この慣行は，今も続いているようである。現役の労働者も同じことを述べていた。「55歳じゃないかな。でも，その前に異動させるんだよね。『何でですか』って(上司に)聞いたことがある。そしたら『その方が高く売れる』と(言われた)。係長のままで異動させる。役職が付いたまま異動させた方が，本人にもプラスになる。本人も損しないわけだよ。そういうことを言っていた。」

大卒のホワイトカラーは，定年前に外に出される。それはトヨタも日産も変わらない。[32]しかし，トヨタの現場の労働者は，原則60歳まで働ける。その後に，定年延長制度もある。[33]日産の現場労働者は55歳で外に出される。出なくても，賃金が減らされる。[34]定

❖29……辻(2007c)は，同期昇進集団ごとに，トップ選抜，昇進待機年数，ラスト昇進などの昇進構造を把握し，いくつかの興味深い人事の原則を明らかにしている。しかし，そこで用いられているデータは，ホワイトカラーが中心である点，さらには職場の違いを考慮していない点で限界がある。昇進スピードは，部署や部門により違いがあるため，全体の同期管理の流れ図だけでは昇進構造を間違って解釈する可能性が出てくる。

❖30……樋口(2008)によれば，同じ「競合集団」から「脱落」する者は多く，「敗者復活」できる者は少ない。復活した者も，大幅に取り戻せるわけではなく，1年先に昇進したグループへの復活にとどまっている。ただし，中途採用の登用社員の場合は個人差が大きいようである(79頁)。

❖31……本島(2008)より。

❖32……「終身雇用」を労働慣行とする日本の大企業でも，定年まで同じ会社で働き続けられる正社員は，実は少ない。1960(昭和35)年から2005(平成17)年にかけての排出の辞令(出向，転籍，定年退職，CC制度[チャレンジキャリア支援制度：従業員の転身を会社が支援する制度])を調査した研究によれば，トヨタのホワイトカラーは，出向・転籍が約80%を占める(平尾 2008，88頁)。日産の学卒も，48歳くらいから「出される」という話であった。

❖33……トヨタは，1991(平成3)年度に再雇用制度「スキルド・パートナー制度」を導入し，2001(平成13)年4月に抜本的に見直した。再雇用期間は，63歳まで(『週刊労働ニュース』2000年10月9日付)。2006(平成18)年4月から，その再雇用制度を更に拡大し，対象は全社員，雇用期間は段階的に65歳まで引き上げた。「『職場の模範者を限定して選ぶ』とする現行の選定基準を改め，55歳以降の健康状態や勤務実態などを数値化し基準を満たした希望者を原則再雇用する。人数は未定だが，今年再雇用した180人を大幅に上回る見通し」(『日本経済新聞』2005年7月30日付，朝刊，11面)。

年延長の制度はあるが，働き続けられるのは非常に限られた人だけである。[35]

日産では，出世の遅い者は，「平」のままに据え置かれる。定年間近に工長になれることはまずない。明文化されているわけではないが，現場の人は，昔から「40歳前後」がそのリミットであることを「暗黙のルール」として知っている。

以上，昇進の「上限」と「制限」をトヨタと日産とで比べた。トヨタでは，定年まで働くことができるため，会社に対する「帰属意識」が高くなる。トヨタの労働者の方が，上位の役職まで昇進可能であり，働き続ける「モチベーション」を維持しやすい。[36]もちろん，課長になるのは大変であるし，ましてや部長ともなれば，何万人といる現場労働者のうち，今のところ数人にすぎない。その確率は実質的にはゼロに等しいが，[37]そうであっても，あるとないとの違いは大きい。労働者は，「自分にも可能性はある」と思って熱心に働く，というほど単純ではないが，ホワイトカラーとの格差を意識しにくくなる。

現場からの出世の「上限」は，経営側と現場との'線引き'に影響を与える。トヨタでは，「末端」の職制といえばGL（日産の工長職）を指す。GLやCLは組合員でありながら，管理者でもある。労働者が現場から非組合員へと「出世」できるだけでなく，反対に職制が現場に入り込んでいることになるが，現場にはその意識はない。それ対して日産の現場では，課長以上を職制と呼んでいる。労働者側と経営者側，組合員と非組合員の線引きが，現場労働者の昇進の「上限」と一致している。労働者側と経営者側との線引きがはっきりしていると，経営側の指令が現場にまでは届きにくい。現場は，経営側に対する対抗意識を強く持ち，「上」からの合理化に対して「歯止め」をきかせようとする。トヨタとの相対比較ではあるが，日産では，昇進可能性という点で，そして職場文化という点で，「上下」間で断絶がある。塩路労連会長の失脚前は露骨であっ

❖34……土屋（1989）によれば，日産の新賃金体系は従来よりも勤続の影響を弱め，能力主義的傾向を強めた。この体系に改定することで，経営側は，30代前半の中堅層や，標準昇進者に仕事のレベルが並んだ中途入社者の賃金を引き上げるとともに，仕事のレベルに比べて勤続積み上げ分が多い長期勤続者の賃金を引き下げ，生涯賃金のピークを60歳定年退職時から50〜55歳の間へと変更した。本給の昇給は，55歳以降，停止する（394-397頁）。現役の労働者の話でも「56歳から減っている」とのことだった。ただし，人員構成の変化に応じて微細の修正が頻繁に行われている。

❖35……労働者の話では，「高齢者の活用は，活用できる技能がある人に限られる。定年延長は，法律で決まっちゃっているから，一応，日産にも定年延長制度というのがあるんですよ。あるけれども，会社が必要とした人間，評価がC以上でないと，そして仕事があるときじゃないと，雇ってもらえない。今は仕事がないからね。残った人でも，60で辞めていっちゃいます。」

❖36……ただし，辻（2011）の第17章によれば，現役のトヨタ社員の死亡者は，製造現場で働く者が圧倒的に多く，その中でも課長職が突出してい

たが，現在の職場にもそのような文化は残っている。[38]

競争の「逆転」の可能性や昇進の「年齢制限」にかんしても，トヨタと日産とで違いがあった。トヨタの場合は，「逆転」の可能性は皆無ではなく，定年間際で昇進する人もいる。それらの確率は高いとはいえないものの，働く「意欲」や「組織コミットメント」の持続という点で意味がある。「サラリーマン人生」としての「限界」がみえても，「そこそこの結果」は出しておこうという意欲を維持させる。日産にかんしては，「逆転」の可能性についてはわからなかったが，昇進の「年齢制限」の存在は，労働者の共通認識である。前章で紹介した「ブラッシュアップ研修」の存在は，‘停滞した労働者’のモラールの低さが深刻であることを裏づける。

V
トヨタの労働者統合の強さと限界
――学園卒と高卒の「壁」

前節までは，査定の実態と選別・昇進の構造，そして労働者によるそれらの受け止め方を明らかにした。労働者間の長期間の競争を介した全体の「底上げ」と「中核層」のリーダーの育成との関係をトヨタと日産とで比べた。

る。この事実から推測すると，トヨタの労働者が出世をしたがっているのか疑問の余地がある。現場管理者の負担と出世意欲の低さについては，第3部で触れる。

❖37……辻(2007c)によれば，1937(昭和12)年～1974(昭和49)年までにトヨタに入社し，1955(昭和30)年～2004(平成16)年の期間に班長などの役職昇進を報道された技能系社員は1万5,067人であり，そのうち最高到達地位が部長級の者は7人，次長級は55人，課長級は396人である。それぞれの地位にたどり着けた確率は，0.0465%，0.365%，2.63%であり，現場から部長になれる確率は，天文学的といっていいほど小さい。しかし，可能性は「ゼロではない」という事実が現場(労働者)に与える影響――出世への意欲をかき立てられるというよりも，「同じ会社の従業員」として「一体感」を持つ――は軽視できない。

第1部で，養成工の「求心力」について検証したが，一般的には，養成工は現場の中ではリーダーであっても，組織全体の中では「周辺」という意識を持つことは十分に考えられる。大企業11社＋1工場の養成工(有効回答者1,640人)に意識調査を行った泉(1978)によれば，大企業中堅技能員のうち，自らの位置に対して「威信」を感じている者は，4分の1にすぎない。彼らは「学歴社会」の中で強い「差別感」を抱いている。学校時代の「後輩に進路相談されたら」という設定の問いに対して，「大企業の訓練生」になるよりは，「できるだけ上級学校進学へ方針を変更する」ように勧めると答えた者は，およそ半数を占める。つまり，養成工は，「中核層」とはいえ現業部門に限定された話であり，出世の道が閉ざされ，社会的な評価が低いことに大きな不満を感じているのである。トヨタは独自の労使関係の形成過程を経て，彼らが「組織全体」のリーダーであることを自他共に認めさせた。さらには「現場主義」を掲げ，現場を‘重んじる’という実質とイデオロギーにより，現場の，とりわけ養成工の「威信」を維持してきた。それらに加えて，現場から昇進できるランクを高くして，ホワイトカラーとブルーカラーとの断絶を曖昧にしている。トヨタは，養成工制度だけでなく，独自の歴史的背景，労務管理，経営イデオロギーなどが相まって，養成工から強い「忠誠心」とリーダーシップを引き出してきたのであり，現場を含めた組織の「一体感」を調達してきたのである。

トヨタは，人事部がリーダー層の人選に積極的に関わり，「中核層」の指名と育成を入社の早い段階から行っている。あからさまな早期選抜は，他の労働者の「やる気」を減退させる可能性が高いが，その他の労働者は，その仕組みをはっきりとはうかがい知ることができないために，表面的には「公平なルール」の下で(日産と比較してより)上位ポストを巡る出世競争を繰り広げることになる。トヨタは，学園卒を主とした「中核層」を育成し，同時に，労働者全体の「底上げ」を行う。言うなれば，両方の「いいとこ取り」をしている。それを可能にしている主たる要因は，学園卒のリーダーとしての自覚である。学園卒は露骨に優遇されずとも，トヨタを背負うという気概をもって働く。その自覚は，第1部で明らかにしたように，歴史を通して育まれ，学園で教え込まれ，そして働き出してからも促される。

しかし，トヨタの労働者は，すべてがこの「図式」にすんなりと納まっているわけではない。皆が処遇に納得しているわけではない。とりわけ，卒業生が最も多かった時代の学園卒が職制になっている現在，学園卒は少数精鋭ではなくなり，彼らの「実力」に対する疑問が高まっている。学園卒を「中核」とした現場の「求心力」の調達と全体の「底上げ」の両立を認めた上で，本節は，その構図の内側で抱える葛藤の側面に注目したい。トヨタ学園卒と高卒とを隔てる「壁」に焦点をあてて，「中核層」の「選抜」と長期スパンの競争を介した「底上げ」とが矛盾する側面を当事者の語りから明らかにする。[❖39]

1 高卒からみた学園卒‘像’
──「求心力」の有効性と限界

高卒｜僕からみても，トヨタがこれだけ大きくなったのは学園のおかげが大きい。それは昔から変わらない。(高卒の)僕らも，トヨタを強くした一番の要因は学園卒だと思っている。

学園卒は，上には絶対に逆らわない。服従だね。学園の中でそう教育をされている。トヨタの仕事ははっきり言ってきつい。秒単位で仕事している。それだから，文句を言うヤツはダメなんだよ。やらにゃいかんのだよ。僕らなら「これではできないから，こういうのではどうか」ということを言うが，学園卒は言えない。上から言われたことを100%やる。

僕は良い制度だと思う。現場を統括するという意味では良い制度だと思う。それで，良い面をずっと引き継いでくれればいい。今までは，そうやって成長し続けてきたのだろうけど，今のやり方はちょっと「露骨」という気がしている。学園卒を上げるために，「付加価値」をつけさせるのが。「原資」は決まっているから，この子を上げようとしたら，同じように頑張る子がいても，そっちかから(点数を)とらにゃぁいかん。

ここ何年かみていると，仕事がそうできなくても，あげることが既定路線で，無理やりあげる人の存在が目立つようになった。そうなると，下の者の指導がきちんとできない。そういう悪い面が強くなり，トヨタが一番大切にする「モノづくり」が段々低下してきたというところに表れているのではないか。僕の「偏見」もあるかもしれないけど。僕は高卒なので。

伊原｜　高卒は，「実力」があっても「上」には行けないのか。

高卒｜　現場の場合は，課長，次長，部長までは，すごい人はなれる。だけど，僕ら高卒とか，途中入社の人とか，自衛隊(OB)とかはね，ここに行くとなると，業績プラス組合に行ってなんかやったとかね，そういうほんとに大きな「付加価値」がある者以外はまずなれない。学園卒が実権を握っている。一部，高卒や途中入社の人でも，ある程度のところまでは早くあがっていくけど，QCがずば抜けているとか，仕事でよっぽど名とか功績と

❖38……「Z支部の組合役員についている組長たちは，組合に強い愛着をもっているように思われた。会社の職制機構上は末端の管理者と位置づけられる立場にありながら，当時会社と対立的な関係にあった組合に強い愛着をもつ，というのはなぜだろうか。そのひとつの理由は，現場労働者とホワイトカラーの管理者とのあいだの心理的な溝にあるように思われた。A社(日産—伊原)の昇進ルートは，一般に，現場労働者については係長どまりになっている。組長，係長は通常の現場労働者の昇進の頂点であるのである。他方，工場の課長以上の管理者はほぼすべて，大卒の技術者か事務系統のホワイトカラーである。組長，係長などと直接接触する課長は，しかも，3年くらいでポストを移動しているといわれていた。組長層の末端管理者を含めた現場労働者にとってホワイトカラーの管理者は馴染みの薄い存在になっていたといってよいのである。末端職制の組長たちが『職制』とよぶのは，こうした課長にほかならなかった。

職場委員長，副職場長，代議員は，『職場三役』とよばれる職場の組合組織のリーダーである。これらの職場委員は，ランク・アンド・ファイルの組合員にたいする権威をもって職場組織を統括すると同時に，課長以上のホワイトカラーと一線を画した独自の集団的連帯性を職場労働者と共有していたといいうるのである。このような職場役員のブルーカラー的な意識は強調されておいてよい。それは，さらにZ支部の性格，ひいてはA労組(日産労組—伊原)の性格を決定するうえで重要な意味をもっているからである」(田端 1991，207-208頁)。

当時を知る労働者も次のように語る。「一時期，ポストをすごく削減しましたよね。昔は，製造部門なんかは，それこそ，今の倍くらい課があって，課長がいて，課長補佐がいて。課長の下に課付きの課長というのもいたんですけど，それは本当に『風鈴』で権限も持たない口も出さない。役職としてそこにいただけで。窓際で。15年から20年くらい前の話ですけどね。毎日，机に座っているだけ。本を読んでいるだけ。そういう人がいっぱいいたんだから。それが一転して，ポスト半減で。それで課長1人になった。でも課長はなんにもできないですね。50歳近くの古株の係長に牛耳られて，『何がえらいだ』(係長)，『はいそうです』(課長)って。そんな職場実態だった。横浜はとりわけひどかったと思いますよ。それはね，昭和28年闘争のときの功労者。あの人たちが，ほとんど係長になったんですよ。現場出身だから，課長にはなれないでしょ。それがみんな，現場の係長クラスになって，職場を牛耳っていた。それが，『塩路天皇』の号令一下，そういうのが隅々まで浸透してしまうんです。そういうのは，平成になる直前ぐらいで，終わりになった。」

❖39……ここからは，同年代の二人の労働者の話を対比させて載せる。一人は高卒(普通高校新卒)，調査時(2006［平成18］年2月12日) 50代前半，役職はSX。もう一人は学園卒，調査時(2006［平成18］年3月26日) 40代後半，役職はCL。

❖40……第1章で解説した学園の「卒業生の会」(「翔養」)のことを指している。

かをあげないとあがっていけない。

トヨタの社内組織に，「インフォーマル」というのがある。「三層会」といって，EX会，SX会，CX会といったのや，課長会とか，いろいろある。それらに，本部や地域の支部があり，その役員をやらせたりする。支部長や本部長とか。人事と職場(副課長)の推薦で決めるが，その役員はまず「豊養会」の会員。そういうのも学園卒が役員をやっている。

現在，高卒出身者のグループである「豊生会」などはなくなったが，学園卒のインフォーマルグループである「豊養会」だけは残っている。形式的にはすべてなくなったが，実質的に「豊養会」だけは残っている。[40]

伊原｜　このような「仕組み」がわかったのはいつ頃か。「やる気」が萎えることはないのか。

高卒｜　最初は露骨な競争意識があったけどね，僕も。「この実態」を知ってからなくなった。「この実態」がわかったのは，組長になる頃。班長くらいはまだ同じ。若い頃は，学園卒の人とかと給料を見比べていた。でも，GLくらいになると，見せたくなくなってくる。僕と同じ歳の人で課長がいる。その人らとも，班長，組長くらいまでは一緒だった。その頃から，「頑張ってもしゃーないんだ」という諦めがでてきた。その前から，うすうすは感じ取っていたけどね。

僕が班長になったのは33歳。家を建てるちょっと前。組長になったのは41歳。高卒の人らは，周りの人も，組長くらいになると「現実はこうだから」ってことで，もう諦めている。

そんなこんなで，やっぱ辞めていく。今，高卒で残っているのは，周りの職場では4，5人しかいない。5分の1くらいになっている。同期は3,000人ほどだったかな? 全社レベルはわからない。

伊原｜　それは，ラインがきついからではないのか?

高卒｜　いや，そうじゃなくて，全然上にあげてもらえないとか，そういう不満とか。もちろん仕事がきついというのもあるけど。僕の友だちの中でも，EXやGLになる直前に辞めた人間がいる。それだからきついという理由だけではないと思う。20年も働いて辞めるというのはよっぽどの理由だと思うが，そのへんの詳しい事情はわからない。

伊原｜　会社側からすると，「選抜」の事実は作業者に知られたくないのでは。

高卒｜　でしょうね。露骨には言わない。人事がそれを知らない。というか，知らないようなことを言う。仕組みを知らないのか，知らないふりをしているのか……。

伊原｜　組織レベルの問題にはなっていないのか?

高卒｜　その「つけ」が今回ってきている。「仕事」ができなくても，上に行けてしまう。「第一選抜」は，途中でよっぽどのことがない限り，上へ行く。「仕事」ができなくても，上にあがっていってしまう。そうすると，みんなから反感を買う。で，その子に「仕事」をやらせるために，見かけ上でも何でもよいから，「結果」を残させる機会をつくる。「業績」を無理やりつくらせる。いろんな発表会に行かせるとか。それにうまいこと乗せれば，「よい課長」とかにできる。僕は，学園卒を否定はしてない。先ほど言ったように，トヨタが急激に大きくなった原因として。トヨタの一番強いところはどこかと，友だちと話をしても，やっぱりそこだろうと。昔の人は優秀だった。でも，ここにきて，頭打ちになってきている[41]。下の者をきちんと指導できない者もいる。そういう路線に乗って，実力がある人間があがっているケースもある。そういうのは僕らも認めるけど，そうではないのが結構いる，最近は。

2 ‘見切る’能力と折衝能力

「仕事ができない」，「能力が劣る」にもかかわらず，学園卒が優先的に「上」へあがる。高卒の労働者は不満を感じていることが，前項から明らかになった。では，「仕事ができない」というときの「仕事」とは何を指すのか。具体的にいかなる「能力」が欠けることを問題視しているのか。

現場管理者に求められる能力は多岐にわたる。前章で紹介した教育制度から明らかなように，手工的な技能だけでなく，職場を運営する能力，工程をカイゼンする能力，労働者を教育する能力などが含まれる。ここでは，それらの能力の中身を具体的に聞いてみた。

高卒｜　現場管理の一番は能率。表向きは能率重視ではなく，総費用で評価しましょうと言われるが，生産能率[42]。

現場は，モノを何時間で作ったかだけで評価されるわけでない。例えば，手袋の使

❖41……学園卒が大量入社した時代は，高卒入社も多く，全技能員に占める学園卒の比率が大きく変わったわけではない。しかし，学園卒は，絶対数が多くなったことにより，「少数精鋭」ではなくなり，「求心力」は弱まる傾向にある。さらには，優秀だが，経済的な理由で進学できず，養成学校に通う人が多かった時代と，高校進学が当たり前になった時代とでは，同じ養成工でも「質」が違うことが想像される。先に取り上げた泉(1978（上))の調査によれば，「養成工ないし訓練生として採用された時点でどのような期待意識をもっていたか」という問いに対して，昭和30年～35年，昭和36年～41年，昭和42年～49年の採用年次で比較すると，すべての期間を通して「会社が安定して将来性があるから」という動機が一番多く，半数近くが入学理由としてそれを第1位に挙げている。ところが，「働きながら勉強できるから」という理由が，最も若い年次入学者では急激に少なくなり，代わりに「学校の先生にすすめられたから」が4分の1程度を，「ほかに適当な就職口がなかったから」が8分の1以上を占めるようになる。「勉強がきらいだから就職する」ようなタイプが増え，消極的な理由で入学する生徒が多くなった。昭和40年代に入ると，養成学校は深刻な募集難に陥り，入学倍率も入学者の成績も大幅に低下した(泉 1978（下))。もちろん地域差や企業差はあるだろうが，1968（昭和43)年に生徒の採用地域を拡大したトヨタにも，このような事情があったものと思われる。

❖42……能率管理の制度については，野村(1993b) 55-71頁，石田(1997) 42-97頁。90年代初頭の能率管理の制度改革については，清水(1995・Ⅰ) 12-16頁が詳しい。

用量とか，そういうのを予備品というが，掃除する洗剤とか，機械の油の量とか，修理にかかった費用とか，そういうのを全部ひっくるめた「総費用」で組を評価する。その「総費用をとにかく減らしていきましょう」。そういう風に言われているが，根本にあるのは生産能率。

「不良品を作ると，1個あたり何千円の損失ですよ。能率が悪くても，そういうものを減らして，総費用を減らせばよいですよ」という動きを，ここ2，3年していたが，ある程度まですると限界が来たので，また，生産能率に戻った。張さん（元社長，現名誉会長—伊原）のときは，生産能率はあまり言われなかったが，今の社長さん，渡辺さん（前社長，現相談役—伊原）になってから，生産能率にうるさくなった。

製品を1個作る「基準時間」というのが決められている。それに対して，実際，どれほどの時間で作ったのかが問題となる。トップテンに入ると，「基準時間」をカットされる。僕らのときは，5%のときもあったし，3%のときもあった。その分，きつくなる。でも，その月の給料に反映される。能率が給料に直接くる（生産手当のこと—伊原）[43]。5%カットで1人あたり月に7千円だったか。係か，組か，今はどういう単位かちょっとわからないが，僕らのときは，組で，全社でトップテンに入ると，5%カット[44]。だから，例えばそれまで100台を10人でやっていたのを9人でやらないと，能率が落ちたということになってしまう。月ごとだけでなく，年間の指標もある。それが達成されると，次の年は当然カット。

伊原｜　能率をあげるための会議はあるか。

高卒｜　頻繁にある。原価の大元の会議は月に1回，部で集まるやつ。課でやるやつは週1くらい。あとは，CLさんが，状況に応じてその都度GLさんを集める。それは，CLさんの判断で決める。月曜日と水曜日の昼に1時間集まるとか，そういうふうに決めてやっている方もいるし，部として月に何日か集まりを不定期にもっているところもある。各部によって異なる[45]。

伊原｜　会議の雰囲気はどのような感じか。

高卒｜　結構，言う人は言うし，協力する人は協力するけど，上からくるのを受けるという感じが強いかな。例えば，「ここの部署は達成されているけど，ここは達成していない，どうしてだ」と聞かれたら，それはもう，資料をもとにして説明せんといかん。反対直との比較はもうすごい。トヨタの強いところは，競争させているところ。同じ仕事を二つに分けてやっているのは，競争させるためだから。能率にしても，何でも。例えば，反対直が能率をこれだけでやった，不良も出さずにやったとしたら，「何でお前ら同じことがやれないんだ。お前らのやり方が悪いんじゃないか。見直せ」といわれることになる。このプレッシャーの中で，生産能率に対してどれだけやれるかが，GLさんの「手腕」。

伊原｜　組の生産台数や作業者数はどうやって決めているのか。

高卒｜ 生産台数は，1年前に長期計画がでる。半年前，2ヵ月前，ひと月前にもでる。人数調整は2ヵ月後の生産を見こして行う。「じゃあ，何人で生産できるのか」，というのをGLが計算する。第一段階はGLが計算する。例えば，今月100台のやつが，極端な例で言えば，今度200台になる。200台だと倍になる。今，10人でやっている，単純にいえば，倍の人間がいるわけだが，機械を増やすわけにはいかない。10人で今の機械で100台やって，20人で今の機械で200台でるかというとそうではない。例えば，150台しかでないということもある。そうしたら，作業者にムダがでる。遊んでしまう。ならば，今，定時でやっているのを，毎日2時間残業で10人でやりましょうと。そういうシミュレーションをやる。それでも人がいるとなると，「2人増員でお願いします」，という申請をする。「生産能率」の絡みもあって，残業をやった方が「もうかる」場合もあれば，人員を増やした方が「能率的になる」場合もある。（人員増で対応か残業増で対応かの）どっちをとるかという判断は，組長さんの裁量である。

伊原｜ 工程内の人員管理はどのように行うのか。

高卒｜ 一つの工程が，半人分，コンマ5の仕事しかない場合，コンマ5の分，作業者が遊んでしまう。もし次の工程が1.5の場合は，コンマ5の分を丸々もってくればいい。かりにコンマ7の場合は，足りない部分はコンマ3。だが，人はコンマ3にならない。じゃあ，残業をやり，コンマ3を埋めるとかする。人はコンマで持ってくるわけにはいかないじゃないですか。そこらを「見切る」能力が低いと，能率が低くなる。「見切る能力」が低いGLさんが運営しているから，モノづくりが段々成り立っていかなくなっている。「見切る能力」の低下は，品質悪化にもつながる。最近，リコール（不良）が多く起きている。難しい問題だが，僕らが思うには，管理職の能力の低下とも関わっているのではないか。

❖**43**……技能系賃金体系は，「職能基準給」，「生産性給」，「職能個人給」，「年齢給」からなり，それらは全体の30%，20%，30%，20%を占める。細かな説明は省くが，トヨタに独自の生産性給にかんしてだけ説明すると，賃金等級別にテーブルがあり，それに課ごとに異なる毎月の支給率を乗じて，生産性給が決まる。この部分は能率をベースとしており，給料が課単位の生産性に応じて月ごとに上下する。なお，張さんの時代は「総費用」で評価しようとしたが，再び「能率」が重視されるようになったと述べた件があったが，明確な管理指標を掲げ，給料とリンクさせると，目標達成への動機づけが強まるものの，その反面，特定の指標のみを追求するようになり，その他の指標が疎かになったり，場合によっては悪化したりすることがある。指標間でバランスをとることが難しい。「能率は能率で大事ですけれども，社内の取り組みとしてコスト低減だとか，あるいは品質向上だとか，能率以外の取り組みを行っています。ところが，月によってはコスト低減で相当効果を出したけれども，ふたを開けてみると能率が下がって給料は下がってしまい，頑張った分が給料に結びついていないということも起きています」（野中 2004，37-38頁）。

❖**44**……職種により，歩合がカットされる職場の数は異なる。清水（2005）の調査では，「A部門の生産歩合は，上位20位ぐらいまでの組の生産歩合が次の時期にはカットされる」（清水　2005，214頁）。

❖**45**……少し古いが，トヨタの原価管理と組織形態については，宮崎（1985）57-61頁。

現場がどのような仕事をして，どういう状態になっているのかがみえている，把握できていることを「見切っている」と言う。能力がない人があがっていくと，やっぱ「見切ってない」。だから，悪いところがわからない。ということで，不良がでてくる。

ただ，現場の組長からすると，能率向上に邁進しないといけない反面，あんまりにもやりすぎると，自分の首をしめるだけでなく，部下からも反感を買う。そこらへんの「さじ加減」が難しい。そういう(ことがわかる)人が，人望もある。管理する側の事情もあるけど，現場の事情もある。いつか限界が来る。それが怖い。だから，トップテンに入らないように，うまいこと調整する。反対直と相談しながら，というのもやる。「ちょっと，お前のところあげすぎだろ，何とかならんのか」と(笑)。俺はいかんのよ。実際苦しいから，こういうことをやるんだけど。

伊原｜ その点，学園卒はどうなのか。

高卒｜ あまりぶつからない。言われた通りにやる。僕らが一番ぶつかるのは，そういうところですよ。僕らは作業者のことを思ってしまうので。「それじゃあできないよ」とか(上に)言ってしまう。(言われた通りにやる)学園卒のGLさんは，目標を達成できないときは，自分が犠牲になってしまう。自分の残業を付けないとかね。組合にいえば，怒られるだろうが，過去はそういうふうにして調整していた。自分の残業を削ってまで，帳尻あわせをしていた。僕らはそういうことは一切しないけどね。悪ければ悪いで怒られるで終わるんだから。でも，これくらいやらないと，片田舎の企業がここまで大きくならないよ。これだけ大きくなるということは，締め付けがすごいです。

トヨタでキャリアを積んできた現場職制に形成されている能力として，手工的熟練，人間関係調整能力，カイゼン能力の存在はすでに指摘されているが，ここでは新たに，「見切る能力」と「上」との「折衝能力」[46]の重要性が明らかになった。管理者とて，経営側の意向を全面的に受け入れているわけではない。現場の一員として，「上」からの圧力を‘適当に’「かわす能力」も必要である。「上」から要求される管理能力と現場で求められる管理能力は完全には一致しない。両面を含む「管理力」の低下の指摘は興味深い。

3 学園卒の自己評価

高卒入社の中には，学園卒の「選抜」を否定的に捉える人がいることがわかった。では，学園卒は，自分たちは優遇されていると感じているのか。それとも，「実力」があるから結果的に「上」にあがったと思っているのか。

学園卒｜(配属先の職場では)CX級は学園卒ばかり。次に控えている人も学園卒。ただ，ウチの職場は特別。単に高卒の人がいなかっただけ。組み立ての方は，「豊養会」だの「豊生会」だのっていうのはない(区別はない—伊原)と思う。冷静に評価して，優秀なのをどんどん引き上げていく。えこひいきをやると，組織がダメになってしまう。高卒でも優秀な人を引き上げる。今はそういうふうになっている。

学園を出ていても，ダメな人はダメ。そういう人もいっぱいいる。学園卒の同期にも，「落ちこぼれ」がけっこういる。全員が全員，順当にあがっているわけではない。今，僕はCL(工長)だが，現場ではなれない人も多い。学園卒でも。同期の中にはCLだけでなくGLもいる。CLは結構少ない。詳しくはわからないが，10%〜20%くらいか。もう少し多いか。SX級だと50%くらいいると思う。EX級はあんまり聞かないけど，いることはいる。SX級以上にはみんななっているという感覚はある。EX級はよっぽど少ないと思うが，僕らの先輩にもいる。

学園の同期で同じ部に配属された人は17人で，現在，そのまま残っているのは3人。11人が辞めてしまい，3人は別の部署へ行った。正確には，6人が会社に残っている。辞めた理由は，会社に合わなかったり，家の事情であったり，トラブルがあったり。あと，成績が悪い人も，辞めざるをえない。[47]

辞めた人は，どこに行ったかはわからない。トヨタにはもちろん再就職できないし，協力グループとかには入れないと聞いている。実質的に入りづらい。

高卒入社の人も，学園卒の「落ちこぼれ」の存在を指摘していた。「学園卒の統率力はすごい。ただ『落ちこぼれ』は放っておく。『みんなで助け合おう』ということはないようだ。だから，学園卒の『落ちこぼれ』の人もたくさんいる。そういう人たちは，僕らについてくる。僕らと考えが似ているから，話されるのではないか。そういう『落ちこぼれ』の中には，仕事ができなくて落ちこぼれる人もいるけど，上に刃向かって，外されたという人も多い。学園生だからといって，100%服従というわけではなく，なかには変わった子もいる。」

筆者が聞き取りした他の学園卒の中に，そのタイプの人がいた。仕事はできるが，「上」に刃向かったため，出世の道を閉ざさ

❖**46**……他の現場管理者も次のように述べている。「実力のある工長なら課長からうまいこと金を引き出せる。そうできないところはいつまでたってもしんどい思いをしなければならない」(清水 2005，221頁)。

❖**47**……辻(2005)の1960(昭和35)年入社の事例をみると，15年目，20年目，25年目の「生存率(%)」は，現場の登用社員が85.8，85.3，79.4，養成工が66.9，64.9，62.9である。資料の関係で30年目のデータはないようだが，56年〜61年(60年を除く)入社の30年後の「生存率」は，登用社員が63.3，養成工が78.2である。年度によりばらつきがあるようだが，養成工は一概に「手厚く守られている」とは言えないようだ。しかも，第1章で示したように，1960年はまだ養成工が「少数精鋭」の時代である。その後の「生存率」はもっと低いと思われる。

れた。もっとも，本人は，出世のことなど，端から気にもかけていなかったが。

「学園の入学時は優秀だった。木型（鋳物）に配属された。当時は人気がある部署だった。入社後，五輪オリンピックの選手に選ばれた。だが，五輪オリンピックがちょうど始まったときで，年齢制限で結局出られず。

最終的には，班長どまりだった。それは，工長ににらまれたから。その理由として二つ考えられる。一つは，卒業後，学園のバレー部の監督をしていたので，定時で4時に帰っていた。当時は，5，6，7時まで働くのが当たり前だった。それが気にくわなかったんだろう。もう一つは，職場委員への立候補。決まった人がいたが，自分は立候補した。選挙に出たのは，自分の知らないところで全部決められてしまうのがイヤだったから。投票の結果，7対7だったが，投票用紙に書かれた名前が間違っているという理由をこじつけられて1票無効になり，なれなかった。

それ以来，目を付けられた。『お前は新左翼か』とののしられたことを思い出す。昇進は最低ランクにはり付けられた。学園の同期は300人くらいいたが，そういうのは，知る範囲では自分だけ。ちなみに，組合の前委員長は学園時の同期。

でも，仕事はできたよ。自分で言うのも何だけど，腕は確かだった。F1のエンジンの木型（クレー）を作ったこともある。木型のリサイクルを提案した。もったいないからね。でも，受け入れられなかった。そういうのはムダじゃないって考えているんだよ。

自分は，『モノづくりの自信』が重要だと思う。そして『皮膚感覚』が。どんなにマニュアル化されても，これだけは伝えられない。だけど，今のトヨタにはこれらが失われている。出世する奴は管理ができるやつ。『モノづくり』が大切だと会社は言うけど，金を多くもらうのはそういう奴ら。

『上』には気に入られなかったけど，仲間とは楽しくやってたよ。仕事はできたし，運動神経抜群だったから，（組の）ソフトボール大会でも活躍したよ。

去年（2008年）の6月に定年。今は，木工を人に教えている。後輩（高卒）にもまかせて，教える場を広げたい。畑もやっている。

金のかからない生活をしたい。実際には年金をもらっているけど。GNPとかじゃ，幸せは計れない。今は楽しいよ。自分のところに人が（頼って）来てくれるから。」

高卒が露骨に冷遇されているわけではない。学園卒の中にもトヨタになじめない人はいる。しかし，「基本的には，トヨタ学園を中核に据えているという構図は変わらずある」ことを，出世街道をひた走る学園卒の人も認めている。

学園卒｜たしかに，学園卒は，ちょっと違う目で見られる。高卒と同じように入社しても，やはり2年なり2年半なり，職場で実習をやっているから，スタートラインがすでに違う。差が出るのは当然。その差を高卒の方が埋めるには，相当の努力が必要。「ハンディ」があるのはしょうがない。逆に，僕らは学園卒に対して見方が厳しい。「やれて当たり前」，そういうふうにみてしまう。

伊原｜ 組合の役員についてはどうであろうか。組合の要職は，学園卒に偏るということはないか。

学園卒｜今はそういうことはない。若い人にどんどんやらせている。僕は，代議員を1回やった。評議員はやっていない。職場委員，代議員，評議員，職場委員長，あと工場の支部長がいる。

伊原｜ それらはどうやって選ばれるのか。

学園卒 人事からの推薦。それ「相応の人」がやる。そもそも(会社に)敵対する人は出さない。いつも組合の選挙で共産党系の人が立候補してるけど，まず通らない。職場推薦というのがあるから。共産党系の人は自薦で，いつも出てくる人は一緒だけど，その人はまず通らない[48]。職場委員は，組の中で誰かが選ばれる。評議員とか職場委員長とか工場の支部長とかは，選挙で選ばれる。10月くらいにある。職場で順番で回しているので，「今回はあんたのところで選びなさい」と。

職場委員長は大変。みんなやりたがらない。僕も次，順番が回ってくる。「仕事」が増えるだけ。「仕事」を抜けて，評議会とかにいかなければならないから。僕の職場は，カバハウス[49]が近くていいけど，他の人は，田原とかから来るから，（総会に間に合うためには）3時頃にでて行かねばならない。自分の「仕事」＋α，それに加えて，いろいろ教育とかもある。「仕事」をかかえてしまう。どんどん増えてしまう。

高卒の人は，学園卒が優遇されていると感じているが(厳密に言えば，感じるようになったが)，学園卒の人は，結果としての差の妥当性を主張する。学園での教育のアドバンテージがあり，学園卒どうしの厳しい競争があり，多くの「脱落者」がでる。組合の要職は，人事部による指名で「それ相応の人」がなるように決まっている。話を聞いた高卒の人は，学園卒に占有されていると感じ，学園卒の人は，新たな「仕事」くらいにしか思っていない。ここで注目する点は，どちらの見方が正しいかではなく，彼らの認識の違いであり，両者の間の「溝」である。高卒側の不満が高くなれば，組織体の統合力

❖**48**…1970年頃までは，組合員であれば自由に組合三役に立候補することができた。しかし，自薦で委員長に立候補した人が，6,000票あまり，総得票の30％以上を獲得することがあり，このことに驚愕した執行部が即座に規約を改定し，役員選挙には評議会推薦がなければ，あるいは，50人の署名を集めなければ立候補できないようにした。事実上，自薦の人は当選できない仕組みになっている(桜井 2009，176-181頁)。

❖**49**……「カバハウス」とは，トヨタ自動車労働組合の組合会館の通称。5階建ての巨大な建物であり，多数の会議室，プール，ジム，サウナなどを完備する。

は弱まる。

高卒は，学園卒の「優遇」の仕組みを知ると，出世の意欲が失せていく。学園卒は，激しい競争に加わり，生き残りをかけている。しかし，だからといって，前者は，働く気が全くなくなるわけではなく，後者は，出世競争に駆り立てられ続けるわけでもないようだ。

4 吹っ切れなさ

高卒｜ 「愛社精神」はある。それは当然。何かあれば，「俺はトヨタの人間」ということを意識する。車は当然，トヨタの車以外，買う気はないとか，新聞でも，トヨタにかんする記事があれば，絶対，読むし。「愛社精神」はある，非常に。だからといって，なんでもかんでも受け入れるというわけではない。上司とぶつかることもある。ただし，トヨタに対してではない。「トヨタにとって何がベストなのか」という考えに則って，それと上司の言うことが合っていれば，それは受け入れる。それが，「トヨタが言っていることとあなたが言っていることが違うでしょう。トップが言っていることと」，そういうときは刃向かう。刃向かうといっちゃあいかん(笑)。意見を具申する。

伊原｜ お子さんはトヨタに入れたいか。

高卒｜ 思ったけど，入れてくれなかった。娘が二人，下の妹は，トヨタに入れたかったが，採ってくれなかった。ただ，男の子なら入れようとは思わない。大卒なら入れようと思うが，高卒なら入れようと思わない。はっきり言って。

伊原｜ 組合員としての意識はあるか。

高卒｜ 組合にかんしては，去年まで評議員をやっていた。月に1回かな，評議会という組合の最高決定機関があるんですけど，そういうところに，評議員以上が行く。課で両直だから二人。本社全部で集まると，800人くらいかな。600人くらいかな。カバハウスというところがあるんだけど，あそこがまんぱんになるくらい。それをやっていたときはいろいろやっていたけど，そこを離れたらまた無関心になった。あんなもん決めてもという気もあるし。あんなもん，組合であって組合ではないといったところもあるし。正直言って。勝手に上が決めているというのもあるし。

伊原｜ 仕事に対するこだわりはあるか。満足を感じているのか。そうであれば，どこに満足を感じるのか。

高卒｜ それは，俺の個人的な……。僕らね，下の者を育てていくときに，「仕事はみな，同じだ」というポリシーを持ってやってきた。「トヨタの仕事はみなきついから，好きでやっているんじゃないと。だから，楽しくやろうやー」という方針でやっているもんで。

自分でいっちゃぁなんですが，僕らの仕事のデフ(デファレンシャルという部品)というヤツは難しいんですよ。技術を持っている自負がある。課長さんがいるんだけど，僕らが本当に邪魔だったらよそに出すはず。だけどね，僕らが出たらね，たぶんラインが回らなくなる。僕だけじゃなくて，周りの人も含めて。だから，近くにおいておく。

仕事は面白い。レクサスの立ち上げをやっている。半分満足，半分不満足。よくわからない(笑)。未だに「現場の仕事」をやりたいという気持ちはある。半分くらいは心の中に残っている。

現場の仕事のおもしろさは，達成感。単純なことを言えば，与えられた生産台数に対して，自分たちが作る，品質を確保する。それは，形としてでる。ものすごく単純だが，それが達成感。

伊原｜ トヨタで働き続けた理由は何か。

高卒｜ 本当は辞めたかった。何回も辞めたいと思った。でも，辞めなかったのは，家族がいたからだろうな。こんなところにいたって，俺はこんなに頑張っているのになんであいつらが優遇されるのかって思ったことは正直あった。でも，今辞めると，家族がどうなるかと。

伊原｜ 会社の外の活動は？

高卒｜ トップは「地域活動」ということを公に言う。トヨタも地域の中の一員だから，地域活動をしなさいと言っている。でも，課長から上でとまっている。逆に地域活動をやって業務に支障を来す人ははねられていく。ここではね。経営者の人，社長さん，会長さんあたりは言ってくれるけど，下まで，末端までは来ない。

余談として言えば，僕らの地域でも「地域活動」というのがある。僕も，地域の方でPTAとかやったし，今は「まちづくり」をやっているのだが，そこのメンバーにトヨタ自動車の人間もいる。[❖50] ただ，学園卒はいない。PTAも学園卒がやるということは少ない。

伊原｜ 生き甲斐は？

高卒｜ うーん，家族かな。趣味はいろいろある。ゴルフ，スキー，スポーツ系はいろいろやる。今，一番好きなのはモータースポーツかな。職場の人とやることが多い。

話を聞いた高卒労働者は，出世競争からは半ば「降りている」。しかし，「愛社精神」や仕事に対する「こだわり」は依然として強く持っている様子がうかがえる。

反対に，学園卒だからといって，是が非で

❖50……丹辺(2010)は，豊田市の地域コミュニティとまちづくり活動にかんする調査を行っている。調査結果によると，トヨタ自動車従業員は，外から豊田市に移り住んだ人が多いが，地域交流に活発であり，まちづくり活動に積極的に参加している。トヨタ自動車本体の従業員の8割近くの者が，まちづくり活動に一つ以上参加した経験を持つ。地域における社員どうしの紐帯により参加を促され，個人単位でもまちづくりに関わっている。「仕事への愛着」は，それらの活動への参加とプラスの相関関係があるようだ。この調査結果からは，トヨタ社員の「地域コミュニティ」への関与の強さがうかがえる。

も出世をしたいと思っているわけではない。少なくとも表面的には，控えめな受け答えをしていた。

学園卒｜学園卒の同期の昇進は，気にならないっていえば，嘘になるけど，来年，再来年くらいには，課長になる人がぼちぼち出てくるが，僕はそこまでは望んでいない。たいへんだから，あまり上にいくと。CLは「仕事」を一切しない，現場の仕事をやらない。デスクワークや資料作成，管理業務のみ。だから，昔の工長と，今のCLとは全然違う。課長になるとさらに大変。昔は，大学出の課長さんと現場上がりの課長さんがいて，管理業務は大学出の課長にまかせて，副課長は現場のことだけをみとけばいいというイメージがあったが，今は大学出じゃなくて，自分たちがみなければいけないから。

極端なことを言うと，現場で上にあがりたいという人はあまりいない。出世したいという人とそうでない人とで，はっきり別れる。GLとかCLとかみていると大変だから，そういうのがあるのでは。今の若い人は，(そういう人が)けっこう多いと思う。人事もそのことを気にして，アンケートをとったりしている。「今のEXとかSXに魅力を感じますか」。そういうアンケートをとっている。やっぱり，魅力のあるものにしないとダメ。なりたいと思うような。大変だから嫌だという人はいる。そこまでしなくても給料はもらえているから。僕もそれが一部ある(笑)。

学園卒の人の出世に対する控えめな意見は，出世した者のある種の「余裕」と解釈することもできなくはない。また，「エリート意識」を表に出してはいけないという「自制心」が，聞き取り調査中に感じられた。いずれにせよ，是が非でも出世したがっている様子はうかがえなかった。

学園卒と高卒との間には「壁」がある。トヨタの労務管理研究は，トヨタが全従業員を「トヨタマン」として組織に取り込み，同時に出身別職位別に個別管理する「巧みさ」を力説してきた。トヨタのキャリア研究は，結局のところ，「幸せなサラリーマン人生」を描いてきた。[51] しかし，組織への統合力が強いトヨタにも，従業員の一体化と「多様化」の使い分けがうまくいかない部分がある。[52]

ただし，組織内の衝突や心理的な葛藤の側面を過度に強調することも慎まねばならない。当然，学園卒に対する印象には個人差がある。筆者が話を聞いた別の高卒者の中には，学園卒の「優秀さ」を素直に認める人はいた。本書の第1部では，養成工の「優秀さ」と「貢献」が高く評価されてきた経緯を明らかにしたし，調査対象者も，養成工のこれまでの「貢献」までも否定しているわけではない。むしろ，そのイメージが強いがために，優秀とは思えない(一部の)学園卒の「特別扱い」がとりわけ目につくようになったといえよう。長い期間，強い競争意識を持ち続けてきたからこそ，「現実」を知ったときの落胆ぶりは大きい。組織内の衝突や心理的な葛藤は，統合力が強いことの裏返しと捉えることができる。

調査対象の高卒者は，トヨタでのキャリアに「先」が見え，「自分らしさ」や「生きがい」を見いだす場を職場から家族や趣味に移しつつあるが，それでも依然として仕事への「こだわり」を強く持っている。出世意欲はすっかり弱くなったとはいえ，会社への「忠誠心」は変わらず持ち続けている。「トヨタへのコミットメント」とひと言で表される中にも，会社，経営者，職場，上司，同僚，部下，出世，賃金，仕事などに対する多様なスタンスが含まれ，「トヨタマン」といえども割り切れない気持ちを抱いているのであり，サラリーマン人生の中でそれらは変化するのである。

VI 小括

本章は，労働者全体の「底上げ」と「中核層」の育成とのジレンマに注目して，キャリア管理と組織への労働者統合のあり方を両社で比較した。選別・競争の結果を跡づけるだけでなく，査定の手続き，選別の内実，労働者の認識にまで踏み込んで，統合の実態を丹念に読み解いた。

両社では，入社後10年ほどは，ほとんどの労働者は同じスピードで昇進し，労働者間で目立った差は生じない。大きな「不祥事」でも起こさない限り，そのままランクを上げていく。このような昇進のあり方は，先行研究が明らかにした日本企業と共通する。しかし，選別と昇進の内実に迫ると，両社の間にはいくつかの興味深い相違点があることが分かった。

トヨタでは，GLくらいまでは，選別のメカニズムははっきりとはわからないために，みんなが一様に競争しているようなイメージを持って働く。しかし，職場のリーダーは公然とは確定しないものの，その背後で，人事部が中心となって学園卒と高卒とに分けて，それぞれ「第一選抜」から「第三選抜」までをランクづけし，選抜者の「意識」を高め，計画的にリーダーを育てている。表にはでない中央集権的な強い現場コントロールが，競争による「底上げ」とリーダーの育成との両立を容易にするのである。その際に鍵を握るのが，「中核層」の大部を占める学園卒であ

❖51……辻(2004)は，トヨタに入社し，退職まで勤め上げた，昭和一ケタ世代の人生行路をライフヒストリーの形で描いている。調査対象者には大卒技術者や女性事務職も含まれるが，彼(彼女)らを「幸運をつかんだままで逃げ切った」世代と位置づけている。

❖52……ここでは，学園卒と高卒(新卒入社)との関係をみたが，その他の区分として，高卒と登用社員，男性と女性がある。それらの間にも明確な隔たりがあり，それぞれ後者の競争心は相対的に低い(伊原2003，197-205頁)。

る。第1部でみたように，彼らは学園での教育や会社組織内での評価を背景に，露骨に優遇されなくてもリーダーとしての自覚を持って働く。それ故に，このジレンマが問題となって表面化しにくいのである。

そして，入社10年ほどで「選抜」が確定すると，ほぼそのままいくが，「逆転」や「温情」が全くないわけではない。また，現場から到達できるランクの「天井」が高い。「専門技能職」が設定されて‘多様な働き方’も選択可能である。これらの制度と慣行の下で労働者はトヨタへの「忠誠心」や仕事への「こだわり」を高く持ち続ける。

このような仕組みでもって，労働者を長期スパンで企業や職場に強く統合し，現場を管理してきたトヨタではあるが，葛藤の現象が全くないわけではない。本研究は，高卒と学園卒との関係に注目し，学園卒の「優秀さ」に対する「説得性」が低くなっている現状を明らかにした。

学園時の教育のアドバンテージはたしかに大きい。しかし，高卒採用が始まり，その数が大幅に増え，彼らが現場の「多数派」になると，学園卒に対する「遠慮」は弱まった。もっとも，学園卒の数も増えたわけであり，彼らの声が小さくなったわけではないが，そうなると今度は学園卒が「大衆化」し，全員が「優秀」というわけにはいかなくなった。現在，職制として現場を支える50歳前後の学園卒は，生徒数が最も多い時期に入学した人たちである。彼らよりも前の世代は，もっとエリート的な存在として扱われ，現場での評価も高かった。このことは，現役で働く学園卒の人たちも認めている。[53]トヨタは，同期間の競争を介した全体の「底上げ」とリーダーの育成による「求心力」の確保とのジレンマを上手に解消してきたが，その中で葛藤も抱えていることが，本研究により明らかになった。見方を変えると，高校新卒は出世競争に興じるが故に「現実」を知ったときに落胆や反発を感じやすいのであり，そのような葛藤の側面は労働者の出世意欲の強さの証と捉えられなくはない。

日産の労働者も，入社10年ほどはほぼ順当にあがっていき，その過程で「絶対評価」を受ける。ポストの数と予算には限りがあるから，相対評価をやっていないはずはないが，少なくとも労働者にはその内実はわからない。この点は，基本的にトヨタと変わらない。ただし，40歳を過ぎても役職に就かない者は，その後も一般のままに据え置かれる。55歳になると役職を解かれ，人によっては日産の外に出される。これらは労働者の共通認識である。現場から到達できる最高位の役職は相対的に低い。これらの事実上の慣行は，多くの労働者の「気持ちを切らさない」という点からいえば，明らかに制約となり，組織全体の統合という点からいえば，管理部門と現場との間に明確な「分断線」を引くことになる。

最近になって，「製造経営コース」や「短大コース」への選抜が早い段階で行われ，計画的に若手管理者を育てようとしている。その主たる理由は，いびつな労働者構成の修正にある。90年代後半や「ゴーン改革」のとき，新規採用が見送られたために，人員構成が逆ピラミッド型になり，現場を支える若い者の層が小さい。そこで，成果主義を導入し，若手の管理者を早期に抜擢するようになった。現段階では，短大卒の昇進モデルは，一般の労働者には知られていない。しかし，傍目からもわかりやすいため，おいおい早期選抜と現場エリートの育成の事実は知られることになるだろう。露骨な抜擢は他の労働者の「やる気」を削ぐかもしれない。世代により昇進の有利不利の差が大きくなり，不満が募る世代がでてくるかもしれない。また，業績評価は現場にはむかないという声も聞かれる。あからさまな早期選抜は全体の「底上げ」を阻害し，職場集団の凝集性を弱める可能性が高い。

ドラスティックな制度改革は，旧来の「悪弊」を一掃させたいと考える経営側にとって，魅力的である。トップダウンの「一貫したメッセージ」は訴求力があり，「数字」に基づく評価は働く者に対して説得力を持ち，フォーマルな選考は「透明性」と「公平さ」

❖53……「15期とかの先輩はすごい少人数でレベルが高い。人数が多くなると，レベルが下がる。大量に採って……，会社もでかくなったからね。」「学園卒も，17期くらいまではエリートという感じがする。今の課長さんくらいの方。今，現場で部長さんもいる。学園卒で。その人が最高位」。恒川（2003）が聞き取りした人事部の社員は，「第1-14期までは50名程度の採用で質が高く，部長・次長クラスまで昇進した人が多かった」と語っている（63頁）。具体的にいつ頃までが「エリート」といえるのかははっきりしないが，人事部でも，現場でも，「初期の頃は優秀だった」という認識は共通して持っている。

なお，学園の教育にかかわる人からも，次のような興味深い話が聞けた。「高卒と比べて学園卒が有能であるかは，実のところ，担当者の中にも疑問を持つ者はいる。高卒の入社試験が難しくなった。優秀な人材がとれる。この状況で，学園卒はどこまで優秀なのかはわからない。10年くらい前にも，このような話がでたことがあった。しかし，結論をいえば，『学園卒は必要』という話で終わった。しかし，データの裏づけはない。現場へのヒヤリングをやり，一般の人（学園卒ではない技能系―伊原）にも聞いてみないとわからない。昇進のスピードの違いは，データとしては持っている。EXまではたしかに学園卒がはやい。当初は能力的に開きがある。しかし，それが能力をきちんと反映しているのか定かでないし，10年くらい経つと，よりいっそう能力の差はわからない。技能というものは，様々な部署を担当して高まるものだからだ。つまり，社内での経験が大きくものをいうようになる。学園卒の優位性を調べようという動きは今もある。ただ，OBが学園を否定するようなことはないだろう。」

「学園卒の役割は終わった」という声は，社員の中からも聞こえる（池崎2008）。それは，教育コストや期待の高さに比して，彼らの「能力」の優位性に疑問がでてきたからである。そして，その点とも関連するが，労働そのものの変化を指摘したい。旧来の熟練が解体傾向にあり，「新しい能力」，例えば，リーダーシップや人間関係調整能力が重要視されるようになった。手工的熟練の場合は，学校での教育のアドバンテージは大きいが，「新しい能力」は学校で集中的に教育したからといって必ずしも身につく類いのものではない。個人差によるところが大きいし，実地で鍛えられるものでもある。学園卒への評価の低下は，労働の質の変化とも無関係ではない。

トヨタの現場の「強み」の源泉として養成工の存在がまず挙げられる。それは，社内外で周知の事実とされてきたし，本書も基本的にその説を支持する。しかし，組織内の率直な意見として，「能力」や経済性の観点から疑問が出ていることにも触れておく。

という点から受け入れられやすいこともある。しかし，現場は入り組んだ利害や矛盾を抱えたまま運営されていることが常であり，場に根づいた文化は容易には変わらず，新たな制度と不整合を起こすことが多い。[54] 若手監督者の抜擢はいかなる形で現場に定着するのか。その評価が定まるには，もう少し時間がかかるであろう。

[54]……人事制度改定に携わった人事労務担当部長も，現場レベルの「骨抜き」と制度の破綻を懸念している。「ストレッチと見せかけた目標を立て，報酬だけ獲得するような形になりだす，こうしたことが意外にありがちなのです。また，個人プレーで，自分の目標以外はやらなくなるという弊害も非常に大きくなる。一般層においてはチームワークという評価要素をかなり厳しく入れないといけないと思います」（北城 2005，48-49頁）。

結

第2部は，長期雇用者のキャリア管理と「組織コミットメント」をトヨタと日産とで比較した。経営者は，労働者をピラミッドの「下」から「上」へと昇進・昇格させる過程で，技能を高め，会社への「忠誠心」を涵養し，管理の対象から管理する側へと育てあげる。従来のキャリア研究は，長期雇用の下での昇進・昇格と「組織コミットメント」の高さ，教育の積み上げと技能の向上を評価した。本研究からも，両社にはそれらを促すキャリア制度があり，組織内に「人材」を再生産させる構造が存在することが明らかになった。

しかし，そのような管理制度や管理構造を捉えただけでは，働く場，働く者の実像を十二分に把握したことにはならない。その構造内における労働者統合の強さや質，そして限界にこそ，各企業の特徴が現れるからである。

同期入社者は，みんなが同じスピードで昇進し，同等の教育機会に恵まれるわけではない。「上」に行くほどにポストの数は少なくなり，労働者は厳しい選別にさらされる。その際，同期の間でどれほどの差をいつ頃設けるかが，労働者の「インセンティブシステム」として重要な意味を持つ。管理制度や競争の客観的な構造だけでなく，労働者がいつ頃，選別の実情に気づくかという主観的な側面が，「やる気」を持続させる上で鍵を握る。トヨタは，他の日本企業と同様，できるだけ多くの人から長い期間「やる気」を引き出すために，競争の決着は完全にはついていないと労働者に思わせている。しかしその背後で，人事部が主導となって職場リーダーを選別・育成し，しかも養成工は表だっては優遇されずとも，リーダーとしての自覚を持って働く点に特徴がある。これは，第1部で明らかにしたように，中学卒業直後からの徹底した教育やこれまでの歴史により築かれたものである。ここに，他社がまねしにくい特徴がある。「中核層」に鼻持ちならないエリート意識ではなく，控え目ではあるが会社を背負う確たる自覚を持たせることにより，決着がついていないかのような‘曖昧な状態’を長期間，引きずったまま，「求心力」を確保することができるのである。

ただし，キャリア管理を通した労働者の組織への統合は，トヨタとて，完璧ではない。「求心力」の形成と全体の「底上げ」との間の矛盾はなくなりはしない。90年代後半以降，トヨタは労働者の「多様化」と労働市場の流動化を前向きに捉え，年功的処遇を見直し，「一人ひとりの従業員を真剣に見つめてその能力を生かす」という表現を用いて，実質的に，従業員間の格差拡大の傾向を強めている[1]。にもかかわらず，長期的視野に立って人材を育成する，いわゆる「日本的経営」を堅持するともいう[2]。労働者を組織に統合する力が強いトヨタといえども，制度間で不整合を抱え，競争と協調，一体化と「多様化」，個人主義とチームワークの間の矛盾が強まっている。高度経済成長期には相対的に安定したピラミッド型の人員構成と社内昇進制度が完成されたが，従来型の人員構成は維持されにくくなり，「人材」の再生産のメカニズムに「ひずみ」が生じている。[❖3]

もっとも，これはトヨタに限った話ではない。日産の事例を挙げるまでもなく，おそらく，成長力に乏しい他の日本企業はもっとひどい状況になっているであろう。同じランクに足止めされ，なかなか「上」にあがれない人が多くなり，昇進・昇格を通して「やる気」を引き出す方法の限界が指摘される。だからこそ，「複線型のキャリアコース」を新設し，働き方の「多様な選択肢」を提示する企業が増えたわけだが，それとて，経営側の思い通りに労働者を誘導できるわけではない。労働者の中には，もちろん自ら進んで従来とは異なるキャリアを選択する者もいるが，経営側の想定を超えて，昇進に伴う責任や負担の増加を厭い，現状維持で満足する者もいる。管理者の負担増と出世意欲の減退については，第9章でも触れるが，ほとんどの労働者は，経営側が意図した通りに動くわけではなく，かといって露骨に抵抗するわけでもない。「現状」を巧みに読み替え，組織内で‘生き残る方法’を自ら編み出し，アイデンティティを再構成してプライドを保とうとする。

トヨタのキャリア管理の構造内における葛藤の中でとりわけ興味深かった点は，昇進を通した組織上部への統合が現場からの乖離を，それも心理的な面だけでなく能力的な面でも招いていることである。現場からの‘たたき上げ’の監督者たちは，現場で培った技能に管理者としての知識を融合させた高度な能力を順次形成していくとみなされてきた。監督者が現場から順当に選ばれるという事実(「内部労働市場」)をもって，技能の連続性と高度化が想定されてきたわけであるが，その中身はブラックボックスのままであった。留意すべき点は，経営側が求める能力と現場が必要とし評価する能力とは必ずしも一致するわけではないことである。早い段階でリーダーと目され，ゆくゆく高い役職に到達する者たちは，Off-J-Tを中心にして計画的に管理能力を身につけていく。経営者からすれば，管理能力も現場を運営する上で欠かせない能力であり，「モノづくり」に必要な能力の一つであるが，一般の労働者の中には，効率的に身に付けた管理能力を「モノづくり」の能力として評価しない者がいる。経営者は昇進の上限を高くすることにより，一方で，一般の労働者から「やる気」を引き出し，徐々に管理者としての能力や経営者と同じモノの見方を身につけさせ，労働者を組織に強く統合させてきたが，他方で，昇進した管理者は現場の「実情」から疎くなり，現場から反発を招くこともある。その結果，管理する者とされる者との衝突という人間関係上の問題が顕在化するだけでなく，現場の実態に即した運営が難しくなるという技術的な問題が生じるのである。

もちろん，リーダーが早期に抜擢されるケースや職場外から管理者が送り込まれるケースよりは，長期スパンで現場から管理者を育て上げるケースの方が，リーダーへの「賛同」を得やすく，多くの労働者から「やる気」を引き出しやすく，現場の「事情」を汲んだ管理者が育ちやすい。ここで言いたいことは，労働者を組織へ統合する力が強いトヨタですら，このような問題を内側に抱えていることであり，加えて，一つの制度だけを取り出して——例えば，現場から到達できる最高位の役職——，「組織コミットメント」や形成能力を評価することはできないということである。同じ制度であっても，いかに機能するかは置かれた状況による。管理制度の定着の仕方は，企業内外の無数の要素，場に蓄積された文化，労働者の捉え方(受容，抵抗，読み替え)により変わってくる。[4] また，その他の制度との関係も重要である。経営者たちは，能力形成や「やる気」を考慮して，管理制度を設計するが，現場の規制力剥奪やコスト削減なども主要な検討事項であり，それらの間で矛盾が生じることも珍しくない。したがって，キャリア管理を単体で取り上げ，管理制度や競争の構造だけから労働者統合のあり方を推測すれば，読み間違えや過大(過小)評価，過度の単純化の危険性が生じるのである。

宗教団体ならいざ知らず，ミクロの場で葛藤や衝突のない組織など存在しない。どこの企業内にも統合に反するベクトルは存在する。むろん，その深刻度が問題になるわけだが，労働者を統合する力が強いと思われてきたトヨタとて，現場には不安定な要素，矛盾，ジレンマがあることがわかった。しかし，筆者

❖1……1996(平成8)年7月から組織・人事制度を総合的に改革し，「CHALLENGE プログラム」を実施してきた。従来の組織で求められた人材像は，「問題意識を共有し，同じ思想と言葉で問題解決に取り組むことのできる均質性あるいは同質性の高さをこれまで重要視してきたと考えております。『決められたことを全社をあげてやりぬく』という風土が求められ，かつ存在したわけであります。(中略)こうした人材を育成し，処遇する方法は何かということです，一言で言うとOJTによる育成です」(上田 1998，2頁)。このような人物像に基づく人事制度や教育制度を改革しようとしたのである。

❖2……上田(1998)，笛田(1999)などを参照。

❖3……辻(2007b)は，トヨタの全従業員を対象とした昇格率を推計している。1960年代には「実質残留数累計(昇格可能性がある人の総数)」の半分以上が昇格できていたが，2000年代になると10％ほどに大きく下落している。辻自身が指摘しているように，2段階昇進の可能性など，現実にはあり得ない数字も累計に含まれてしまうが，昇格が非常に難しくなったという全体的な傾向は摑んでいる。

❖4……米国自動車産業では，1980年代以降，現場上がりの職長が激減し，ホワイトカラーの職長が増えた。こうなると，職場の構成員と職長との間には明確な分断線が引かれる。しかし，興味深いことに，従来の現場上がりの職長は，職場のことを細部まで知り尽くし，高いパフォーマンスを発揮するものの，古いタイプの権威主義的な態度で接するため，労働者にとっては煙たい存在であった。それに対して，大卒の職長は，現場のことは無知であるが，それ故に，労働者の自主性を尊重せざるを得ず，労働者にとってはかえって好都合という面もあるようだ(金 2010)。現場における力学は，場に築かれた文化に大きく左右され，昇進可能性といった単なる「線引き」だけで決まるわけではないことを，米国企業の事例も示す。

が注目したいことは，その事実ではない。トヨタは，現場レベルでそれらの葛藤を把握し，「上」にその情報を伝え，制度を変革する力が強いことであり，そして，各現場でカイゼンを怠らず，場合によっては葛藤を抱え込み，矛盾を表面化させない力が強いことである。この点を第3部で確認しよう。

第3部

「末端」への管理の浸透と非正規労働者の働きぶり

第1部は，現場リーダーの「求心力」と「軸足」を労使関係の歴史の転機から読み解き，第2部は，長期雇用者のキャリア管理と組織への統合のあり方を検証した。両社の現場を創設以来支えてきたのは養成工であり，1960年代以降は高卒の長期雇用者たちが数の上では多数派になった。

ところが，20世紀末から，非正規労働者[1]が急激に増えている。1995(平成7)年に日経連が発表した「新時代の『日本的経営』」にならうように，非正規雇用者の数が社会全体で急増した。全雇用者の中で非正規労働者(パート，アルバイト，派遣，契約，嘱託など)が占める割合は，1985(昭和60)年の16.3%から2005(平成17)年の32.6%へ，20年間で倍増した。その後も微増が続き，2014(平成26年)年には37.4%を占める(総務省「労働力調査」)。

自動車産業でも，非正規労働者の増加傾向がみられる。自動車総連の調査によると，自動車の完成品メーカー15社の正規労働者数は，1994(平成6)年の30万7,064人をピークに，2003(平成15)年には25万5,773人まで減少した[2]。正規労働者の減少傾向に対応する形で，非正規労働者数は急増している。2003(平成15)年の非正規労働者の総数は3万4,070人にのぼり，バブル経済の頃の水準を超えた。被雇用者全体に占める非正規労働者の比率は15%である。2015(平成27)年3月31日現在，トヨタの連結会社の従業員総数は34万4,109人，うち臨時従業員(期間従業員，パートタイマーおよび派遣社員)が8万5,848人で24.9%を占める。トヨタ本体は7万37人のうち9,947人の14.2%である。日産の連結会社は14万9,388人のうち2万381人の13.6%，日産本体は2万2,614人のうち2,704人の12.0%である(両社『有価証券報告書(2015年度)』より)。

もっとも，自動車企業の非正規労働者の活用は今に始まった話ではない。トヨタも日産も，第1部で明らかにしたように，戦後しばらくは高小卒・中卒の養成工が主力となって現場を運営し，高度経済成長とともに高卒社員を大量採用するようになったが，常に臨時工を併用してきたのである[3]。はじめに，両社の非正規雇用制度の歴史を簡単に振り返っておこう。

トヨタは，1956(昭和31)年の6月に臨時工の採用を本格的に開始した。契約期間は2ヵ月で，生産量の増減に応じて契約期間の更新を決める形にした[4]。1959(昭和34)年12月には，臨時工が全従業員の3割を占めるまでになった。昭和30年代から40年代にかけて，全技能員の採用のうち新卒採用比率は20〜30%にすぎない年が多かった[5]。

1959(昭和34)年に，臨時工の本工への登用を始めた[6]。臨時工として1年以上働き続けた者の中から成績優秀な者を選考して本工に登用した。翌60(昭和35)年に，勤続3年以上の臨時工を選考の上「準社員」に登用する制度を設けた。準社員とは，身分は臨時工であるが，雇用期間の定めがなく，6ヶ月ごとに雇用契約が自動的に更新される労働者である。臨時工は3年以上勤めあげると，形式的な試験を受けるだけで，全員が準社員に登用されたのである[7]。

1965(昭和40)年に，「臨時工」の名称は「見習工」に改められ，登用されるまでの期間は，準社員には1年，本工には2年になった。67(昭和42)年には，本工登用までの期間は1年になり，準社員制度は廃止された。臨時工制度は，事実上，中途採用制度になったのである。そして，従来の臨時工制度の役割を果たす制度が新たに設けられた。周辺農村から季節労働力を一定期間利用する制度であり，64(昭和39)年から「期間工」(「季節工」)制度が始まった。65(昭和40)年から74(昭和49)年にかけての10年間に2万1,224人もの期間工が採用された。同時期の新規高卒者の採用者数は1万7,528人であり，期間工の採用者数が上回ったのである。

日産の臨時工制度も似たような経緯をたどる[8]。戦後，臨時工を採用し始めたのは1950(昭和25)年であり，朝鮮戦争による特需に対応するためであった[9]。雇用契約は

❖1……本研究は，「正規労働者」を，特定の雇用期間が定められていない，フルタイムで働く労働者と定義し，「非正規労働者」を正規労働者以外の労働者とする。

❖2……以下，加藤(2004) 6-9頁。

❖3……日本の臨時工の歴史は，戦前にまでさかのぼる。佐口(1990)によれば，1920年代に入る頃から，高小卒の養成工制度が登場し，長期定着層が形成されつつあったが，それと同時に，臨時工制度が生まれた。ただし，当時の臨時工は「熟練工」であり，戦後の「季節工」や「期間工」とは労働者の質が異なる。

トヨタの社史には，戦前に養成工とは異なる「見習工」を活用していたことを示す記述がある。「昭和15 (1940)年には，第2期養成工120名，見習工330名が入校しています。法令の定める義務人員を養成工として正規の教育の対象とし，その他のものは，見習工として2〜3ヵ月間の教育をたてまえとしました。だいたいこの行き方を，終戦まで続けた」(『トヨタ20年史』214頁)。日産は，高等小学校卒と中学校卒の養成工のみならず，試用工を時々活用していたことを，第1章の「従業員養成所」の箇所で触れた。

❖4……『トヨタ20年史』495頁。

❖5……田中(1982b) 66-69頁。

❖6……以下，トヨタの臨時工の制度と数の変遷については，伊達(2005)より。

❖7……労働組合も，登用制度を後押しした。「臨時工や転換嘱託の問題については，まだ人数が少なかったものの(臨時工92人，転換嘱託48人)，昭和27年頃から組合の内部でも問題として取り上げるようになっていた。労使間の問題としては昭和32年から取り上げられた。昭和31年に増産体制に対処する臨時工の採用を承認していたが，組合員数に対する比率が昭和33年の12%から昭和36年には68%へと急増した。労働者全体の雇用・福祉の向上の視点だけでなく，組合の交渉力を弱めるものであったので，社員登用制度を進めていった」(中部産業・労働政策研究会 1998，32頁)。

❖8……以下，日産の臨時工制度にかんしては『日産40年史』314-319頁。

❖9……ただし，それ以前にも，組合員から除外された「臨時工的労働者」はいた(吉田 2013)。

「2か月で満了，更新」であったが，53(昭和28)年にはわずかな「不適格者」を除いて，すべての在籍臨時雇用者を本工に登用した。[10] 56(昭和31)年にはおりからの神武景気による増産に対応するために，改めて臨時工を募集した。「臨時雇労務者制度」と名称は変更したが，実質は変わらない。臨時工は一定の年数を経たのち，順次，本工に登用された。

会社は，1957(昭和32)年5月に「準社員制度」を労働組合に提案した。原則，正規従業員に登用することを前提として，臨時雇労務者を採用する制度である。臨時雇用者の立場で1年を経過した労働者は，所属長の推薦をもらい簡単な試験に合格すれば準社員に登用され，期間の定めのない雇用契約のもとで正規従業員に準じた身分となった。以後2年間の勤務を経て，晴れて正規従業員になる。準社員登用は同年10月1日付で始まり，以後6ヵ月ごとに登用が行われた。

1959(昭和34)年12月初め，労働組合が「臨時雇労務者制度」の改善の要求書を会社に出した。翌60(昭和35)年1月1日をもってこの制度は廃止され，雇用契約期間が2ヵ月から6ヵ月に延長され，名称が「現務員制度」に変更された。[11] 64(昭和39)年4月に準社員期間が2年から1年に短縮され，66(昭和41)年10月に6ヵ月になり，技能員として中途入社した労働者は最短1年で正規従業員に登用されるようになった。

1967(昭和42)年4月1日，旧制度が全面的に改められた。登用試験は廃止され，「見習従業員制度」に改称された。年度途中に見習従業員として入社した技能員は，とりたてて問題がなければ，半年後には全員が正規従業員として登用されるようになった。そして，トヨタと同様，それまでの臨時工制度の代わりとなる「季節従業員制度」が考案された。主として農業に従事する者が農閑期を利用して出稼就労の形で入社する制度であり，67(昭和42)年秋から本格的に導入された。72(昭和47)年までの5年間に，5,349人，8,776人，9,657人，9,361人，9,727人，7,944人が採用された。

1970(昭和45)年11月，この制度を一歩すすめて，通年雇用の「定期従業員制度」を導入した。これは，出稼労働者として日産で働く農業従事者を長期雇用従業員として採用し，農繁期には特別休暇を与えて帰農させ，給与，賞与，退職金などは正規従業員の体系に準じて支給する制度である。73(昭和48)年6月までに約340人が入社した。入社者はすべて工場近郊の農業従事者であり，8割以上が世帯主であった。

以上，トヨタと日産の非正規雇用制度の歴史を簡単にふりかえった。両社とも，終戦後しばらくして臨時工制度を創設し，臨時工から本工へ登用する制度を設け，[12] やがて生産量の大幅な変動には期間従業員制度で対応するようになった。数多くの非正規労働者が，両社の現場の「末端」を長いこと支えてきたのである。

競争力が強い日本の自動車産業は「強い現場」により支えられてきたと言われる。では，その現場の「末端」に位置する非正規労働者は，いかなる働き方を求められ，実際にどのような働き方をしているのか。第3部は，以下の4点から，「末端」への管理の浸透と労働者の働きぶりを両社で比較する。[❖13]

1点目は労務管理である。「日本的経営」は従業員を組織に抱え込む管理として知られる。第2部でも言及したように，採用段階の徹底した選考から始まり，入社後は社内でキャリアを積み重ねていく。社宅や企業年金制度など，豊富な福利厚生も用意されている。会社は社員を「会社人」として扱い，社員は会社に対して「愛社精神」を抱いてきた。しかし，先行研究が想定してきたそのような労働者像は，大企業でも男性の正社員に限られる。では，非正規労働者を対象とした労務管理はどうなのか。本書は，一非正規労働者の立場から，就職から退社までの経緯を辿り，トヨタと日産で働く「末端」の労働者の会社組織への統合のあり方を比較する。

2点目は労働管理である。トヨタ研究では，「現場労働」の‘質’が主要な論点になっていた。筆者は，前著(伊原 2003)にて，トヨタのライン作業者が担う労働の質の限界を示した。本書は，日産の労働実態と対比させて，トヨタの「末端」の労働の質を改めて評価する。

もちろん，労働にまつわる問題は‘質’だけではない。一ライン労働者の立場からすれば，‘量’も深刻な問題である。前著にて明らかにしたように，トヨタのライン労働は，耐え難いほどにきつい。では，それは，トヨタの労働がきついのか。それとも，日本企業のライン作業全般がきついのか。トヨタと日産のライン労働を比較して，その点を確認したい。

そして小括にて，質と量の両面をあわせもつ労働に対する「満足度」を一ライン労働者の立場から評価する。労働そのものの「魅力」による労働者の統合の程度を，トヨタと日産とで比べる。

3点目は職場管理である。日本企業に固有な職場管理の手法として，「チーム・コンセプト」と「監視システム」が注目されてきた。現場はチーム単位で運営され，あらゆる場が「可視化」されている。このような環境下で働く労働者は，同僚の(無言の)圧力を感じ，管理者の眼差しを意識して，「自己規律的」に働く。このような議論が，とりわけ海外研究者の間で展開されてきた。しかし，この分

❖10……「日産で臨時工がほとんど全員(657名)本工になれたのは1952年秋の賃上げ闘争のときだった」(益田 1954, 7頁)。

❖11……「臨時工という名称も聞こえがよくないのでこれも変えたいと言って，事務員に対する『現務員』としました」(塩路 2004, 16頁)。

❖12……50年代後半から60年代前半にかけて，自動車産業における本工と臨時工の労働者構成比率や賃金格差については，隅谷(1965)が分析している。

❖13……トヨタの調査結果は，既に発表している(伊原 2003)。本書は，トヨタと日産の実態を対比させるが，トヨタにかんする記述は，重複を避けるために，必要最小限にとどめる。詳細は，前著の該当箇所を参照のこと。

析は非正規労働者にもあてはまるのか。本研究は，両社のチーム・コンセプトと監視システムの実態を把握し，工場のフロアに行き渡る管理の眼差しおよび職場レベルの労働者統合のあり方を比較する。

以上の3点は，トヨタあるいは日本企業に固有な管理手法として取り上げられてきた点であるが，4点目はこれまでの研究が見落としてきた点である。それは，労働過程の「直接的な管理」である。トヨタ研究にせよ，「日本的経営」論にせよ，直接的な管理という極めて古典的な管理手法には，言及することさえまれであった。上記の3点からも明らかのように，労働者から「やる気」を引き出す管理や労働者を取り込む管理など，手の込んだ巧妙な管理を特徴とみなしたからである。しかし，筆者は，トヨタの後に日産の現場で働く中で，直接的な管理の「重要性」に気づかされた。これまでの研究では，この管理の把握が欠けていたために，管理と労働者の微細なやりとりがブラックボックスのままであり，両者の関係が過度に単純化されていたように思われる。本書は，現場の「末端」にまで入り込む管理と「末端」で働く者へのその影響を明らかにする。

第3部は，これらの4点から，非正規労働者が会社組織に「末端」から統合されている様子をトヨタと日産とで比べる。調査手法は，参与観察である。筆者自らがトヨタと日産の工場で非正規労働者の立場で働き，両社の労働者に対する管理実態をフロアから観察した。調査期間は，トヨタの工場が2001（平成13）年7月24日から11月7日までの3ヵ月半，日産の工場が2004（平成16）年2月13日から3月14日までの1ヵ月間である。調査当時，筆者は大学院生であった。

第6章

労務管理の実態比較

切り捨てと抱え込み

日本企業の労務管理は，とりわけトヨタの労務管理は，きめ細かさと泥臭さで有名である。第2部でも触れたが，トヨタは，従業員の一体化と選別を併用させた手の込んだ管理手法を駆使して，労働者を組織に取り込み，労働者から「やる気」を引き出してきた。

ところが，そのトヨタも，数多くの非正規労働者を雇っている。非正規労働者は，一般的に，景気変動の「調整弁」として扱われ，人員構成上，「周辺」に位置づけられる。では，トヨタの非正規雇用者を対象とした労務管理は，臨時雇用者の管理としての色合いが強いのか。それとも，正規労働者に対する管理と同様，組織や職場への「コミットメント」を引き出す特徴が顕著に見られるのか。

以下，採用面接，導入研修，賃金制度，寮生活などの管理実態を紹介しながら，自らがトヨタと日産で非正規労働者として働いたときの心理過程を克明に描く。両社の非正規労働者を対象とした労務管理を企業組織への統合という観点から比較検証する。

I 非正規雇用の概況——雇用形態と雇用者数

第3部の冒頭で指摘したように，自動車産業における非正規労働者の活用は，今に始まった話ではない。ただし，同じように非正規労働者を活用するにしても，時代により異なる点がある。かつての臨時工は，原則として，準社員，社員に登用され，季節工は，農閑期を利用して働く農業従事者であった。現在は，正社員になれない(ならない)人の方が圧倒的に多く，他に主たる仕事を持っているわけでもない。

加えて，ここ最近の非正規雇用の特徴は，その制度の多様性にある。同じ非正規雇用の中にも様々な雇用形態がある。2004(平成16)年の3月に，「改正労働者派遣法」が施行され，製造現場への直接派遣が解禁された。会社は，期間従業員，請負労働者，派遣労働者などを使い分ける。

「期間従業員」は，働く先の企業に'直接'雇用される労働者であり，働く先の企業と雇用契約を結ぶ。「派遣労働者」や「請負労働者」は，派遣会社（派遣元）や請負会社（請負元）と雇用関係にあり，それぞれ派遣先と請負先で働く形となる。派遣と請負も異なる。働き方に直接かかわる重要な違いは，「指揮命令権」である。派遣労働者は「派遣先」の指揮命令下に入るのに対して，請負労働者は「請負元」の指揮命令下に置かれる。

非正規労働者を活用するにしても，いかなる雇用形態を選択するかにより，働き方・働かせ方は大きく違ってくる。以下，非正規労働者の労務管理の実態を検証する前に，トヨタと日産の非正規労働者の雇用形態および数の増減を確認しておこう。「バブル景気」にわく80年代末から，筆者の調査時点であり，自動車工場の非正規労働者の採用がピークを迎える2000年代半ばにかけてみる。

1 トヨタ

1980年代末から90年代初頭にかけて，トヨタは期間従業員の雇用を大量に増やした。大幅な需要増加に対応するために，正規労働者に月2日の休日出勤を命じたが，それでも生産が追いつかず，期間従業員を大量募集した。91（平成3）年には，およそ2,800人の期間従業員がトヨタで働いていた。[❖1]

しかし，バブル経済が崩壊すると，期間従業員の雇用を差し控えるようになる。1993（平成5）年3月に採用を中止し，94（平成6）年の2月から雇用数ゼロが続く。96（平成8）年の6月，採用を再開し，翌97（平成9）年の初めには「バブル期」を上回るおよそ3,300人を雇うが，98（平成10）年の3月から再び新規採用を中止した。4月末には1,500人まで減り，その年の秋，雇用数がゼロになった。[❖2] 99（平成11）年の6月，募集を再開したものの，8月までの採用数は500人にとどまり，[❖3] 同年の10月，再び新規採用を見合わせた。

ところが，2000（平成12）年に入ると，新規採用を再開し，次々と最高記録を塗り替えていく。同年の夏，1,500人程度から始まり，10月には，過去最高だった97（平成9）年7月と同水準の約3,200人に急拡大した。[❖4] 翌01（平成13）年，雇用数を小刻みに増やしていく。7月およそ3,300人，8月3,500人，9月3,900人，12月4,100人である。その後，さらに雇用を拡大する。03（平成15）年に6,000人を超え，04（平成16）年の4月に8,500人，同年10月に9,200人，[❖5] 05（平成17）年には初めて1万人を突破した。06（平成18）年に入っても，1万人超の高止まり状態が続いた。同年5月現在，トヨタの単独ベースの非正規労働者数は1万300人に達し，現場労働者の3割から4割を占めるまでになった。[❖6]

2004(平成16)年4月，トヨタは手始めに500人ほど派遣労働者を受け入れた[7]。同年10月には，およそ1,000人の派遣労働者が働く[8]。ただし，請負労働者の活用には消極的である。

2 日産

日産もトヨタと同様，「バブル期」には大量の期間従業員を採用した。その数は，トヨタを凌ぐほどであった。1988(昭和63)年の下期から大量に採用し始め，89(平成元)年に4,000人，90(平成2)年11月には5,800人に達した。

ところが，バブル経済崩壊後，これまたトヨタと同じく，雇用数を急激に減らす。1991(平成3)年末，製造工程の機械化を推し進め，3,500人強まで削減する。さらに，新車販売の低迷と相まって，92(平成4)年末までに3,000人以下に減らす予定であったが[9]，当初の削減計画を大幅に上回り，7月末には1,600人になる[10]。日産の経営陣は，労働時間の短縮計画を予定通り進めるためには，期間従業員の急激な減少は避けるべきだと判断し，92(平成4)年8月，一時的に期間従業員の採用を再開したが，翌年1月から再び採用を辞めた。97(平成9)年3月，4年ぶりに採用を再開し，500人ほど募集する[11]。同年9月，1,200人程度を維持するものの，国内販売の不振が深刻になったため，翌年の4月，およそ500人まで減らす[12]。99(平成11)年春には，日産グループ全体で，期間従業員を順次減らしていき，ほぼゼロになった[13]。

2000(平成12)年に入ると，トヨタと同様，期間従業員の雇用を再開した。同年11月，1年9ヵ月ぶりに，期間従業員を採用する。雇用者数は，2000(平成12)年の12月から翌年の3月まで，最多で500人である。日産リバイバルプラン(NRP)のもとで工場を集約し，新しい生産体制へ人員を補充することが目的であった[14]。

❖1……それでもまだ十分に対応しきれないため，90(平成2)年の夏休み期間中，学生アルバイトを募集した。大学・短大・高専・専門学校に在学中の男子学生が，1ヵ月あるいは2ヵ月間，トヨタの臨時従業員として生産現場で働いた(『日本経済新聞』1990[平成2]年7月14日付，朝刊，10面)。
❖2……『朝日新聞』1998(平成10)年4月24日付，朝刊，1面。
❖3……『日本経済新聞』1999(平成11)年8月31日付，朝刊，1面。
❖4……同上，2000(平成12)年10月14日付，朝刊，11面。
❖5……同上，2004(平成16)年11月2日付，朝刊，中部版，7面。
❖6……同上，2006(平成18)年5月11日付，朝刊(中部版)，7面。
❖7……同上，2004(平成16)年4月1日付，朝刊，1面。
❖8……同上，2004(平成16)年11月2日付，朝刊，中部版，7面。
❖9……同上，1992(平成4)年2月22日付，朝刊，8面。
❖10……同上，1992(平成4)年8月22日付，朝刊，9面。
❖11……『朝日新聞』1997(平成9)年3月1日付，朝刊，13面。
❖12……『日本経済新聞』1998(平成10)年4月30日付，朝刊，9面。
❖13……同上，1999(平成11)年8月31日付，朝刊，1面。

ここまでの期間従業員数の増減傾向は，トヨタと似通っている。ところが，その後の経過はトヨタと大きく異なる。ゴーン主導の改革の下，2000(平成12)年度を最後に，期間従業員の雇用制度そのものを廃止したのである。

経営再建策として，座間工場，村山工場，日産車体の京都工場などの車体工場を相次いで閉鎖する際に，従業員の安定的な雇用に'苦労させられた'ゴーンは，直接雇用の期間従業員制度をなくした[15]。生産変動には，関連会社からの応援や外部の請負で対応する仕組みに切り替えたのである[16]。2006(平成18)年現在，日産は，非正規労働者として請負労働者と派遣労働者を活用している。

なお，日産の工場で働く請負労働者の数はわからない。参考までに，調査当時[17]，筆者が働いた日産Y工場の工程を請け負っていた会社名を挙げておく。日総工産，日研総業，高木工業，リライアンス[18]などの大手人材サービス会社のほか，多数の中小規模の請負会社が工場に入っていた。Y工場で働く請負労働者数は，筆者が所属していた請負会社Nが一番多く，155人であった。

II 非正規労働者の労務管理の実態

1 採用に至るまで

[1] トヨタ

書店やコンビニで普通に目にするアルバイト情報誌に，トヨタの期間従業員の募集情報が掲載されていた。それを見て，東京の会場で面接を受けた。応募の条件はとくにない。18歳～45歳の年齢制限があるだけで，経験や学歴は全く問われなかった[19]。

面接では，トヨタで働きたい理由，大きなローンの有無，入れ墨の有無など，ごく簡単な質問を受けた。さらに，指が10本あり，きちんと曲がるかどうかを確認され，トヨタのラインで働く際に注意すべき点を二つほど指摘された。一つは，ライン労働は単調できついから，慣れるまでの間，しばらく辛抱が必要である。もう一つは，職場ではチーム単位で働くため「協調性」が求められる。最後に，面接官から入社日の候補を3つ提示され，勤務期間を3～6ヵ月の間で選択するように促された[20]。私は「2001年7月24日入社，3ヵ月勤務」を選んだ。

面接は滞りなく終わった。その日の夜に，内定の電話をもらった。

[2] 日産

トヨタは「直」の採用をしていたが，当時の日産は非正規労働者の自社募集をしていなかった[21]。私は，請負会社に登録し，請負先として日産の工場で働く道を探った。

2004（平成16）年2月3日（火）　募集探し

トヨタの現場を相対的に捉え直すために，日産で働きたいと考えている。ここ長らく，アルバイト情報誌に目を通す日が続くが，「TOYOTA 期間従業員募集」は頻繁に目にするものの，日産の募集はみあたらない。トヨタに比べて景気が悪いからなのか。半ばあきらめの心境で，数ヵ月間，日産の募集を探し続けた。

そんな折，日産の募集について知り合いに相談すると，「日産は‘直’では採用していないのでは」というアドバイスをもらった。請負会社の募集内容をアルバイト情報誌で見直すと，そこには，「給与」，「勤務条件」，簡単な「仕事内容」，大まかな「勤務地」しか記されていない。請負会社のホームページにも，請負先の企業名は書かれていない。

気を取り直して，インターネットで情報を渉猟すると，「自動車工場の期間従業員」についての書き込みに出くわした。日産工場に人材を送り込んでいる「派遣会社」（正確には「請負会社」）の情報が書かれている。それらの請負会社のホームページを検索し，「自動車関連の仕事」を調べると，「京浜急行O駅から徒歩約20分の自動車工場」という情報にたどり着いた。おそらく日産のO工場だろう。やっと目星がついた。明日にでもすぐ，この請負会社に連絡をとってみよう。

2月4日（水）　請負会社Tでの面接

午前11時，Tという請負会社に電話をした。単刀直入に「日産の自動車工場で働かせてくれませんか」と聞くと，「では，面接にきて下さい」という。「今日でも大丈夫ですか」とうかがうと，「4時半頃までやっている

❖14……同上，2000（平成12）年11月17日付，朝刊，13面。

❖15……『日刊工業新聞』2003（平成15）年11月13日付，1面。

❖16……同上，2002（平成14）年10月8日付，12面。

❖17……2004（平成16）年2月13日現在。請負会社の正社員の話による。

❖18……派遣・請負の大手企業であるクリスタル・グループの主力子会社であった。2005（平成17）年7月1日，他の5つのグループ子会社（アクティス，タイアップ，ダイテック，クリスタルコントラクト，クリスタルプロトラッド）と合併し，コラボレートになった。なお，コラボレートは，「偽装請負」を繰り返していたとして，2006（平成18）年の10月3日，厚生労働省大阪労働局から事業停止命令および事業改善命令を受けた（『朝日新聞』2006［平成18］年10月4日付，朝刊，1面）。その後，クリスタル・グループは，2006（平成18）年11月17日，人材サービス会社のグッドウィル・グループに買収された。

❖19……初出論文の執筆時（2006［平成18］年11月8日現在）の応募資格は，「18〜59歳迄の方。ただし，50歳以上の方は当社期間従業員満了者または，フォークリフト（1t以上）運転技能講習修了者で実務経験のある方に限ります」。本書執筆時（2014［平成26］年4月25日現在）は，「3ヶ月勤務可能な満18歳以上の方」。以下，参考までに，雇用条件の変化を註に載せておく。トヨタのホームページに掲載されている期間従業員の採用情報を参照した（http://www.t-kikan.jp/index.html）。

❖20……2006（平成18）年時は，4〜6ヵ月の間で契約する。2014（平成26）年時は，初回契約3ヵ月。

❖21……グループ企業の日産車体は，期間従業員の募集をしていた。

ので，それまでにC事務所に来て欲しい」との返答である。

履歴書を携え，電車を乗り継ぎ，午後4時前にC事業所に到着した。エレベーターを降りると，目の前に「Kグループの一覧」が掲載されている。Tが，コマーシャルで有名な人材紹介会社Kのグループ会社であることをここに来て初めて知った。

7階の一室に入ると，かなり広い部屋の中で複数の社員が働いている。ほとんどの人はこちらを見ようともせず，おしゃべりをしたまま，パソコンの打ち込み作業をしている。10分ほど待たされた後，1階下の一室で面接が始まった。

面接官は履歴書を見ながら，これまでの職歴を尋ねる。次に，希望の職種を聞かれたので，「自動車関連の仕事です。O駅近くの自動車工場の情報がネットに掲載されていたのですが，あれは日産ですよね。電話でもお伝えしましたが，日産で働きたいです」と告げると，日産とカルソニックにかんする情報ファイルを私に見せながら，「今，日産はほとんど空きがないんですよ。カルソニックなら急募なので，すぐに働けます。カルソニックは日産の関連会社だから，仕事内容は同じですよ」と言う。私は，「できれば日産で働きたい」と答えた。

履歴や希望職種について一通り聞かれた後，イエス・ノー形式の質問に答えた。「外で遊ぶのが好きか」(Yes, No)といった簡単な質問が50ほど並ぶ。「あまり深く考えずに答えて下さい」と言われ，5分ほどですべての問いに答え終えた。

以上で面接は終わりである。面接官が「では，終わりです」と言ったので，私はちょっと慌てて「これからの手続きは?」と聞くと，彼女も慌てて「もし仕事が決まるようでしたら，11日までに連絡します。採用が決まらないようでしたら，連絡はありません」と述べた。

駅前の商店街やデパートを見て回ってから，帰途に着く。おそらく，仕事は回ってこないだろう。徒労に終わった。

帰宅した夜，気持ちをすぐに切り替えて他の請負会社のホームページを検索し，登録を行った。

▒2月10日(火)　請負会社Nでの面接

人材登録した翌日，N社からすぐに連絡があった。「希望の面接日をお知らせ下さい」。「10日の午後3時」に予約を入れた。

今日の午後3時前，営業所が入っているビルに到着した。ビルの6階という話だったが，なかなか見つからない。こぢんまりとした一室に社員が1人しかいない。想像していたよりも小さな営業所であった。

ついたてで仕切られた2区画のうち，奥のほうに座った。挨拶を交わし，履歴書を手渡す。持参した履歴書に書いてあることと同じ内容を会社のシートに転記した。これまでの職歴を説明し，健康にかんする質問表に記入した。「頭痛はするか」（はい，いいえ），といったごく簡単な質問に対する答えである。「まあ，問題ないよね。適当に書いといて。あと，身長はだいたいでいいよ。ミリ単位は必要ない。それと，180センチ以上あるとよくないよ」と言う。その理由は，「背の高い人は腰を痛めやすいから，‘はじかれる’ことがあるんですよ」と親切に教えてくれた。

次に，算数の問題を解いた。小学生にも解ける簡単な算数である。そして，小中高のときにやった記憶のある色覚検査をし，握力を測定し，指にサックをはめて血圧を測った。

希望職種を聞かれたので，「自動車関連の仕事」と伝えると，「最近は入ってこない。厳しいですね。電子部品の組立ならあるんですけど。伊原さんなら大丈夫ですよ」と言う。「普段は見せないんだけど」とつぶやきながら，「企業名」，「地域」，「仕事内容」，「条件」などの詳細な情報が書かれた，社内用の募集企業一覧表を見せてくれた。話の途中に他の面接者が来たので，面接官は席を立ち，「一覧をみといて」と告げ，私に話したことと同じことを彼に話し始めた。その間に，その一覧の中身に目を通した。

T織機の組立工の欄には，「身長，175センチ以下」と書かれている。のちほどその理由を面接官に尋ねると，「先ほど言ったことですよ。こういった条件を課すところもあるんです」。他にも，表だっては公表していない「条件」があるようだ。例えば，ウエストのサイズに条件をつける会社がある。貸与する制服のサイズに限りがあるからだろうか。すべての募集が，「一般作業」と「軽作業」とに大きく区分けされている点が気になった。その理由を聞くと，「『一般作業』は男性募集で，『軽作業』は女性募集。両者を区別しているのだが，表だっては男女の差を設けてはいけないので，わからないように表記してある」。話ついでに「もし，『一般』の仕事に女性が応募してきたら，どうするんですか」と聞くと，「きつい肉体労働だからといって，やんわりとお断りするんですよ。でもね，以前，女子プロレスラー志望のすごい体をした女性が応募してきて，断るのに一苦労だったよ」と苦笑いしていた。

自動車の仕事はほぼ埋まっている。現時点で空きがあるのは，日野自動車のK工場（12人募集ですべて空き）と，マツダ自動車のH工場（7人募集で既に6人埋まっている）だけである。「自動車関連の仕事はすぐに埋まる。1月の初めなら，空きがあったんですけどね」。しばらくの間，「マツダでもいいかな，それとも今回はあきらめて帰ろうかな」と悩んでいると，営業所の電話のベルが鳴った。どうやら，他の営業所に自動車関連の仕事の空き情報があったらしい。「Yの営業所に，日産とホンダの‘空き’があったよ」。

「日産のY工場，あさって12日から」で，即決。「仕事内容は，エンジン部品の機械加工あるいは溶接。資格は，18歳から45歳まで。40歳以上は工場経験が必要。条件は，生産業務に耐え得る健康な体力・精神力を有する者。握力40以上。尿検査をクリアしていること」。

ファックスで送られてきた詳細な資料をみせてもらった。請負会社Tでもそうだったが，「ファイル情報は，コピーしてお渡しすることができないので，必要な情報は手書きで写して下さい」と言われた。すべての内容を手写しし，入社前の手続きや住まいなどの説明を受けた。

私が営業所にいる間に来た他の面接者は3人だった。電話も頻繁にかかってくる。面接官は，忙しそうに一人でさばいていた。

午後6時前に営業所を出る。明日11日，市役所に住民票をとりに行く。あさって12日，10時半に再度ここの営業所に立ち寄り，13時までに請負会社NのY営業所へ向かう予定である。

トヨタの非正規労働者の大半は，アルバイト情報誌や新聞の求人欄をみてトヨタに応募し，「直」で採用された期間従業員である。言うなれば，「銘柄指定」してトヨタで働いている。日産の非正規労働者は，請負会社を通して働いている人たちである。請負会社の人材募集欄には，具体的な請負先は書かれていない。請負労働者は，大括りの業種の希望はあるかもしれないが，請負会社に足を運んでから，企業の候補をいくつか提示され，それらの中から請負先を選ぶ。したがって，日産で働く請負労働者の多くは，筆者のように「どうしても日産で働きたい」という強い希望を持っているわけではないだろう。

トヨタと日産の工場で働いている非正規労働者は，働く前の段階ですでに，それぞれの会社に対する‘こだわり’が違うと思われる。

2 教育
——導入研修，作業指導，その他の教育

[1] トヨタ

内定をもらった期間従業員は，入社前日に名古屋駅に集合し，バスで研修所へ移動する。7月24日入社の同期は，292人であった。

導入研修は4日間である。初日は健康診断，2日目はトヨタにかんする教育（会社概要・会社生活など）と入社手続き，3日目は前日に引き続き会社関連の教育（会社規則・トヨタ用語など）と配属先工場への移動，4日目は各工場での導入教育と配属先職場の上司との引き合わせである。

初日の健康診断では，体の隅々まで検査された。身長，体重，体脂肪率，視力，聴力，握力，背筋力，レントゲン撮影，尿検査，血液検査，心電図，問診，指の動き，バランス感覚，足の裏まで調べ上げられた。なんらかの問題が発見された者は，正式の入社を許可されない。同期の約1割が，工場に足を踏み入れる前に地元に帰された。

トヨタにかんする教育は，会社概要の説明から始まる。配布冊子に基づき，会社規模，生産・販売・輸出状況，製造工程の流れ，職制，会社の沿革などの解説を受ける。次に，「創意くふう提案制度」，品質管理(QC)，安全全般についての説明があり，トヨタ生産方式，在庫，ライン・ストップ，ポカヨケ，誤品・欠品，平準化などの「トヨタ用語」の簡単な解説が行われた。

会社規則にかんしては，「期間従業員就業規則」(人事部企画室)が配られ，指導係がそれを読み上げていく。第1章「総則」から始まり，第2章「雇用，退職および解雇等」，第3章「勤務」(「規律」や「就業時間」など)，第4章「賃金」，第5章「安全および衛生」と続いた。

入寮時には，「入寮のしおり」と，翌日の出社初日のスケジュール表が手渡された。しおりには，寮生活をおくる上で守らなければならない規則や注意事項，寮生活の手助けとなるアドバイスや近隣の地図などが記されている。

配属先のK工場では，工場の概要，工場内の製造工程，勤務形態などが説明され，その後に，安全にかんする教育が重点的に行われた。「新入社員，社内応援，社外応援，実習，他工場からの異動(期間従業員を含む)　工場受入れ安全衛生教育資料」(トヨタ自動車　K工場　安全衛生)が全員に配布され，工場内外の安全にかんする注意点を指導された。次に「期間従業員環境教育テキスト」(K工場　環境保全事務局)が配られた。時間の都合で詳しい解説は省かれたが，テキストには，K工場の環境方針から，雨水・汚水の処理方法，廃棄物の分別や投棄方法，さらには地球規模の温暖化防止のメカニズムまでが書かれている。

工場全体の研修が終わると，工場内の待合室で，期間従業員は一人ひとり配属先の組長に引き合わされた。新人は，組長に手引きされながら，配属先の職場に向かう。着替え用と職場内のロッカーをそれぞれ割り当てられ，鍵を手渡された。一連の流れはスムーズである。

職場では，組長が工程や作業にかんする概要を説明してくれた。仕事を割り振られる前に，この組の全体像，ラインの特徴，危険な箇所などを教えてもらった。持ち場が決まると，班長からつきっきりの作業指導を受ける。配属直後の指導は，洗浄周りの運搬は半日，組付補助は1時間ほどで終わった。後日，わからないことや疑問点があれば，そのつど，班長や職場リーダーに教えてもらった。

教育履歴が記入された「個人記録表」を手渡された。私の記録表をみると，「2001年7月27日，K工場受入れ安全衛生教育。同日，現場受入れ教育。7月30日，出荷前洗浄作業。同日，洗浄前後品運搬作業」，と書かれている。いつ，どのような教育を，誰から受けたのかが，一目でわかるようになっている。「休務カード」ももたされた。いつ，いかなる理由で休暇をとったのか，遅刻・早退・離業をしたのかを記録しておく用紙である。それらに該当する場合には，各自が用紙に記入し，所属長の確認印をもらう。これらの書類は，職場の詰め所の裏にあるロッカーに入れておくように指示された。

セクハラ教育も受けた。「セクシュアル・ハラスメントの防止について」のリーフレットが全員に配られた。「セクシュアル・ハラスメントとは何か」，「今なぜ，セクシュアル・ハラスメントが問題なのか」，「どのような発言や行為がセクハラに該当するのか」，具体的な事例をあげて解説している。

安全を喚起する印刷物は，月一の頻度で配られた。「8月22日（水）は『安全日』です　7月8月と連続して止めず挟まれ災害発生！！　まさにK緊急事態，これ以上災害を出さない為に『止めず挟まれ』をテーマとして全員参加でミーティングを実施して下さい」（工務部　安全衛生）。「10月3日（水）は『安全日』です。10月のヒヤリ提案テーマは@労働疾病」（同上）。それらのリーフレットは，危険な作業例を取り上げ，それらに対するカイゼン策を図入りで紹介している。9月28日には，作業時間前に，反対直の労働者と一緒にプレハブに集まり，安全を徹底するための話し合いがもたれた。

その他にも，災害教育が行われた。「地震への心得」（全社災害対策本部　ブロック災害対策本部）を常時携帯するように指示された。それには，従業員の行動基準，緊急要員の行動基準，緊急連絡網，緊急連絡先，日常の心構えなどが書かれている。これは，形式的なものにすぎないが，地震を想定した避難訓練も実施された。通常業務中にサイレンが工場内に鳴り響き，全従業員が工場の外に避難して，点呼の練習を行った。緊急時における組内の連絡順序が決められている。非正規労働者を含めた全組員に，連絡網が配布された。

契約期間満了時には，「満了の手続き」（工務部　人事）にしたがって諸手続きを行う。満了直前に，「退職願」を組長に提出し，満了日に，従業員証，健康保険証，ロッカーの鍵を組長に返却する。それらを紛失している場合の対応まで，事細かく決められている。例えば，従業員証をなくした人は1,000円を徴収される。さらに，「退職後の手続き」（人事部）が配布された。健康保険，国民年金，雇用保険の手続きの仕方（提出先，提出書類，期限），退職後にトヨタから送付されてくる物の一覧（最終賃金明細，満了金明細，離職表，源泉徴収票，退職証明書，雇用保険被保険者証，健康保険資格喪失証明書）が記載されている。退職後は，それにしたがって諸手続きを行えばよい。

[2] 日産

導入研修は，初勤務の前日に請負会社Nで，勤務初日に日産で行われた。

2月12日（木）　初勤務の前日

請負会社NのY営業所[22]に，13時ちょうどに到着した。大きな鞄を抱えた4人の男性が，既に待っている。20代中頃が2人，30代が2人，そして私を加えた5人が，無言で椅子に座っている。今日一緒に日産のY工場を見学するのは6人と聞いている。残り1人を待っているのだが，どうやら来ないようだ。

13時20分，請負会社の管理スタッフと対面する。賃金と作業時間帯について，面接時の説明に間違いはないか，確認を求められた。13時50分，会社のバンに管理スタッフ1人とわれわれ5人が乗り込む。途中で作業服屋に立ち寄り，管理スタッフがわれわれの作業着を購入し，14時30分過ぎ，Y工場に到着する。工場の敷地内にある請負会社Nの詰所に荷物を置き，第3地区→第1地区→第2地区の順に工場見学を行う。工場に一歩，足を踏み入れると，グリスの臭いが鼻を突く。トヨタのきつい労働の記憶が，瞬時によみがえった。

第3地区では，鍛造工程を見学した。1本の鉄棒からクランクシャフトを作り上げている。傍から見た感じでは忙しそうではないが，汚れる職場である。ここが配属先の第一候補である。

第1地区では，機械加工と検査の職場を見学した。トヨタの配属先と似たような工程である。第3地区の鍛造工程の方が楽そうであるが，比較研究のためには，この職場を選んだ方がいいだろう。配属先の第二候補である。その他にも，フォークリフトの仕事，溶接工程，塗装工程を見て回った。

最後に，第2地区を見学した。エンジンの組付工程である。「今回は空きがないが，全体の流れを把握するために，一応，見て回る」とのことである。

さらにいくつかの職場を見て回った後，「そもそも自動車工場で働くか決めて下さい。もし働く気があれば，どの職場で働くか決めて下さい」，と管理スタッフの人が言う。勤務は，明日からでも始められるが，希望する職場に空きがない場合は，少しの間なら待ってくれるそうだ。トヨタでは，配属先にかんして労働者に選択の余地はなかっ

❖22……2004（平成16）年4月，Y営業所からY事業所に格上げされる。

た。私は，トヨタの配属先と似ている第1地区の職場を希望し，その場で決まった。

17時すぎ，詰所に戻り，契約手続を行う。誓約書，給与振込用紙などの書類に名前を書き入れ，印鑑を押す。ひき続き，「初期導入教育」に入る。作業内容，安全衛生，服務規程などを流しながら説明しているが，次の2点だけは最重要事項として強調していた。

一点目は，休む場合は必ず連絡をする。無断欠勤だけは絶対にしない。二点目は，安全に注意を払う。工場作業は危険なので，言われたことしかやらない。万が一トラブルが発生したら，「止める」，「呼ぶ」，「待つ」のルールを守る。

初期導入教育は，配布書類には2時間と書かれていたが，10分程度で終了した。今日はこれで終わりである。請負会社のバンで寮まで送ってもらった。明日以降は，各自，電車で工場に通うことになる。

2月13日（金）　勤務初日

午前8時20分，第2地区の事務本館内のロビーで同期の魚住さん（23歳）[23]と待ち合わせてから，工場内の詰所に移動した。同期で今日の一直から働くのは，この2人だけである。シャツ，ジャンパー，作業ズボン，安全靴，帽子，ヘルメットを手渡される。詰所で着替えをしてから，工場に向かった。

9時少し前に，工場内のプレハブに到着した。配属先の工長は不在である。私の配属先（A組）は，どうやら夜勤のようだ。プレハブに置き去りにされたまま，10時45分まで待たされた。ロッカーもどこが空いているのかわからないという。トヨタでは，職制との引き合わせ，ロッカーの割り当てなどが事務的に進められていたが，日産の工場では，新人の受け入れ態勢はかなり大雑把である。

反対直のB組の指導員に，耳栓，ゴーグルマスク，腕貫（腕を保護し，汚れを防ぐための布）をもらう。とりあえず，今週だけはB組のお世話になり，来週からA組で働くことになった。

日産の管理者から「導入教育」を受けた。B組の指導員による一対一の研修である。ここでも安全が強調された。

①保護具（腕貫，安全靴，ヘルメット，耳栓）を必ず身につけること。②工場内では，フォークリフトが優先。歩行者は近くに寄らないこと。③プレスは危険。プレスされた部品もあぶない。切り口は刃物と同じ。素手では絶対に触らないこと。その他にも，労働災害を起こさないこと，指示されていない作業は絶対にしないこと，自分の判断で行動しないこと，何かあったら必ず指導員に報告すること，等々の諸注意を受けた。詰所の壁には，「止める」，「呼ぶ」，「待つ」と大書された張り紙が貼られている。

導入教育は15分程度で終わり，早速，持ち場に赴いた。私の担当作業は最終検査工程である。作業の説明はほとんどなく，すぐにバリ取り作業に取りかかった。

▒2月16日(月)　B組からA組へ

A組の工長から，改めて導入教育があった。

工長は，「標準作業指導票」に則り，作業上の注意事項を説明する。大きな柱は2つある。「安全上のポイント」と「品質上のポイント」である。前者は，指示されたことだけをやり，言われていないことは絶対にやらないこと。後者は，不良品を絶対に流さないこと。導入教育は20分ほどで終わった。

▒2月19日(木)　機械加工の作業指導

A組で一緒になった同期の渥美さん(28歳)は第1号機，私は第2号機の担当になった。工作機械の操作を教えてもらう。1時間ほど，教育と実践指導を受けた。前半の30分，指導員の太田さん(40代前半，日産の正社員)が自分で作業を行いながら，手足の動きを一つひとつ説明し，後半の30分，私が実際に作業をやりながら，指導員のアドバイスを受けた。まだ動きはぎこちないが，すぐに一人で作業を行えるようになった。機械加工の職場を取り仕切っている日産社員の井手(28歳)さんは，「急がなくていいです。あとは慣れるだけですから」と言ってくれる。

▒2月20日(金)　品質検査の作業指導

第3クールのとき，前工程から部品が入ってこなくなり，最終検査工程はやることがなくなった。「機械加工工程へ行くように」と指示された。私のペアは松山君(18歳，非正規労働者)である。機械加工の仕事は，機械操作(オペレーション)と品質検査とがあるが，私は後者の仕事を割り振られた。指導員の太田さんが，ゲージの使い方と検査すべき箇所を30分ほどつきっきりで教えてくれた。

半年に一度，健康診断を受けることを義務づけられている。請負会社の詰め所で定期検診を受けた。

▒2月26日(木)　健康診断

今日は，年2回の健康診断の日。仕事前に検診を受けるため，いつもより早めに起きて，工場に向かった。検診はごく簡単なもの

❖23……本書に出てくる労働者の名前は，伊原以外すべて仮名である。年齢，所属，肩書きは，当時のものである。

である。レントゲン，尿検査，身長・体重，視力検査，血圧測定，問診の順に受けていく。35歳以上の人は，血液検査も受けなければならない。部署によっては，聴力検査と肺機能の検査を義務づけられている。私はいたって健康。健康診断はすぐに終わった。

以上，トヨタと日産における導入研修，作業指導，その他の教育の実態を見比べた。両社の教育には，共通点もあるが，顕著な違いがある。

トヨタは，期間従業員を定期的に大量採用し，導入段階で相対的に充実した教育を施し，各職場へ送り込む。職場でも，様々な教育をこまめに行っている。期間従業員は，順序立てて行われる教育を受けながら，現場に定着していく。むろん，トヨタの労働者も，それらの教育をすべて「内面化」しているわけではない。印刷物は頻繁に配られたものの，それらの多くはゴミ箱に直行する。教育は形式的と言えるだろう。しかし，たとえそれが形式的であれ，むしろ形式的であるからこそ，期間従業員はシステマチックな教育の流れに乗り，'スムーズに'「大量生産」されていくのである。

それに対して，日産の工場は，請負会社ごとに請負労働者を少人数単位で受け入れている。請負元の教育も請負先のそれも，トヨタほどには充実しておらず，制度も整っていなかった。ただし，見方を変えれば，請負労働者は，配属先の希望を考慮してもらったり，一対一で導入研修を受けたりして，個別に対応してもらいながら職場に定着していったのである。

なお，トヨタの導入研修にかんして注目すべき点は，教育制度の体系的な整備に加えて，「選別」の機能の強さである。トヨタも請負会社Nも，面接の段階ではさほど厳しい選別をしている様子はみられなかった。ほとんど条件を課していない。ところが，トヨタの期間従業員の内定者は，導入研修時の精密な健康診断をパスしなければ，正式な入社を許可されない。ライン労働に耐えられる頑強な体かどうかを厳しく精査されるのである。日産は，請負労働者の選別に，直接的には関与していなかった。背後のやりとりについては分からないが，請負元が送り込む労働者をただ受け入れるのみであった。[24]

3　非正規労働者に対する細かな「ケア」

[1] トヨタ

労働災害防止のための活動を例にみてみよう。

すべての期間従業員に「ゼロ災ノート」が配布される。「ゼロ災ノート」とは，新入社員，実習者，他工場からの異動者，期間従業員などの新人に，安全や健康にかんして注意を促すためのノートであり，新人と組長との間でやりとりされるノートである。

週のはじめに，「今週の安全目標」を各自が設定し，週末，その目標に対する実行の度合いを自己点検する。次週のはじめの朝，組長にノートを提出する。2，3日以内に，組長のコメント付きのノートが返却される。私のノートを見ると，第1週目の上司のコメントは，「不慣れな作業や仕事中の熱気で大変かと思います。だんだんと身体が慣れてくると思いますので，安全に作業して下さい。わからないことがありましたら，何でも結構ですので言って下さい」。このようなやりとりが8週間続く。期間従業員の中には，途中でノートを出さなくなる者もいるが，きちんと出し続ければ，直接的にはあまり話す機会がない組長と「つながり」を持つことができる。

しかし，安全に対する注意を強く促されても，ケガはなくならない。私も，勤務中にケガをしたことがある。そのときは，組長から工長へ，さらには課長へと，即座に報告が伝わり，安全衛生室に連れて行かれた。後日，安全衛生課の人が回復の度合いを確認しにきた。災害が起きたときの対応の手順も，マニュアル化されている。

[2] 日産

日産では，請負会社の管理スタッフが現場で働く請負労働者の「ケア」をしている。

工場には，第1地区に1人，第2，3地区を合わせて1人，計2人の管理スタッフが常駐している。彼らは，作業時間中に職場を回り，「どんな感じですか，何か問題はありませんか」などとひと言ふた言，声をかけてくれる。

管理スタッフの話では，現場のプレハブにも定期的に顔を出すそうである。一種の「営業活動」である。より多くの労働者を割り当ててもらうために，現場監督者との関係を良好に保っておく。経営情報を聞き出す意図もあるようだ。請負会社は，直近の生産情報を手に入れて，契約スタッフの採用数を見誤らないようにしたいのである。

昼休みの時間帯には，食堂の隣にある休憩室にスタッフの人が待機している。世間話をしたり，困ったことがあれば相談に乗ったりしてくれる。

同僚の話では，遅刻した際には，管理スタッフの人が「フォロー」をしてくれるとのことだ。この点について，管理スタッフに実態を聞いてみた。

❖24……日産の場合，請負労働者を活用しているのであるから，日産が労働者の選定に関与しない(してはいけない)のは当然であるが，ここで注目する点は，日産と請負会社との利害の違いである。日産からすれば，当然，「優秀な人」に働いてもらいたい。しかし，請負会社からすれば，日産に送り込む人材の「質」よりも，「量」に関心がある。もちろん，以下にみるように，あまりにも勤務態度が悪い人を働かせると，日産から「クレーム」がきて，請負会社全体の評価を下げることになりかねないが，請負会社からすれば，是が非でも「質の高い」労働者を送り込もうという動機は弱いのである。

▦3月3日(水)　退職手続き

昼休みの時間帯に，(2週間後の)退職の手続きを行った。その際，管理スタッフの有田さん(30歳)に，遅刻した際の「フォロー」の仕方についてうかがった。

「フォローというか，8時前に連絡をくれたら，その人の現場に行って，工長に遅れる旨を伝えるだけですよ。2時間遅れで，10時に来るとか。そうすると，現場管理者も，その間は他の人にそいつの作業をやらせるとかして，現場運営の‘めど’がたつじゃないですか。それだけですよ。ただ，『2時間遅れ』と連絡しておきながら，その日，休んじゃうヤツもいてね。そうなると，工長に平謝りですね。『10時に来るって言ったじゃねぇか。嘘つくんじゃねぇぞ，ゴラァ』ってどなられたりして，ほんと嫌になる。

契約スタッフが工場に来なくなり，電話連絡もつかなくなると，寮へ確認しに行きます。これもつらい。死んでないだろうかと不安に思う。でも，実際に行ってみると，平気で寝ていたりする。しかも，起こすと怒られることもある。そういうこともあれば，荷物をそのまま置きっぱなしにして，‘もぬけの殻’になっていることもありますね。通帳とか，印鑑とか，大事な物だけを持ち去って。その場合には，仕方がないので，保証人宛に本人名義の着払いで送ります。でもねぇ，入社の時に書いてもらった保証人の住所は適当なことが多いんですよ。『それなりの過去』がある人も多そうですから。そうすると，行き場のない荷物がさまようことになる。困るのは運送屋ですよ。おそらく，運送屋には，そういった荷物を保管しておく専用の倉庫とかがあるんじゃないですか[25]。」

両社において細かな「ケア」を施す主体が異なる理由は，‘直’か‘請負を通して’かという雇用形態の違いによるところが大きい。

4　賃金

[1]トヨタ

賃金は，基本日給と諸手当からなる。

基本日給は就労回数により異なる。1回目は9,000円，2回目は9,500円，3回目以上は9,800円である[26]。

諸手当は，「雇入通知書」によると，

時間外勤務手当	1時間につき	日額÷7.58×1.30
休日勤務手当	1時間につき	日額÷7.58×1.45
深夜勤務手当	1時間につき	日額÷7.58×0.30
時間帯手当	1時間につき	日額÷7.58×0.25

1日の就業時間（残業なし）は7時間35分であるから，1時間当たりの基本給は，日額を7.58時間で割った値である。1時間当たりの諸手当は，その金額に各係数をかけて算出される。

手取りは，基本日給と諸手当から，雇用保険料，健康保険料，年金保険料，基金掛金などの社会保険料と所得税が引かれ，さらに食事代が天引きされた額である。[27]

給与の締めは毎月末日，支払いは翌月25日である。就労回数が1回目であった私の「賃金支払明細表」をみると，ひと月フルに働いた8月分の手取り（支払日は9月25日）は16万2千円（出勤18日，超過勤務15時間30分，時間帯手当勤務65時間50分，深夜勤務25時間），9月分の手取り（支払日は10月25日）は17万1千円（出勤19日，超過勤務12時間30分，時間帯手当勤務67時間25分，深夜勤務24時間）であった。

これだけなら，金額はさして高くない。ところが，トヨタでは，期間を満了すると，「満了慰労金」と「満了報奨金」が支給される。その額が大きい。

満了慰労金とは，契約期間を満了した者に，契約期間に応じて支給される手当てのことである。3ヵ月以上には1日あたり500円，4ヵ月以上には700円，5ヵ月以上には1,000円，6ヵ月には1,500円である。この金額×出勤日が，満了慰労金として支払われる。おおよその総支払額は，3ヵ月以上で3万円，4ヵ月以上で5万6千円，5ヵ月以上で10万円，6ヵ月以上で18万円である。[28]

満了報奨金とは，契約期間を満了し，かつ，欠勤・遅刻・早退のない期間従業員に支給される手当のことである。1日につき1,000円であり，月に20日間働くと，2万円が支払われる。ただし，注意すべきは，1日でも欠勤・遅刻・早退があった場合には，その「日」だけでなく，その「月」の報奨金が全く支払われないという点である。風邪などの「正当な理由」があっても，欠勤扱いである。労働者からすれば報奨金を手

❖25……請負会社による「ケア」の仕方は，会社によっても異なる。筆者が属した請負会社Nは，「フォローが手厚い」との評判であったが，職場の同僚が属していた請負会社Tは，「‘ケア’をあまりしてくれない」らしい。彼は，ことあるごとに愚痴をこぼしていた。

❖26……2014（平成26）年時は，1回目9,200円，2回目9,700円，3回目以上10,000円。のちほど，期間延長制度のところで触れるが，2006（平成18）年時は，最長で2年11ヵ月まで働き続けることが可能になり，2年目，3年目と進むにしたがい，基本日給もアップする。2年目は10,000円，3年目は10,300円である。2014（平成26）年時は，2年目以降の日給は表示されていない。

❖27……当時は，期間従業員の食事代は全額自己負担であったが，2006（平成18）年は2万円，2014（平成16）年は1万円，食費補助をもらえる。

❖28……2006（平成18）年時は，6ヵ月よりも長く働いた場合には，基本額はさらに増える。9ヵ月は1,800円（189日で340,200円），10ヵ月は1,900円（210日で399,000円），11ヵ月は2,000円（231日で462,000円）。それ以降は，11ヵ月と基本額は変わらない。12ヵ月は244日で488,000円，2年目も244日で488,000円，3年目は231日で462,000円。2014（平成26）年時は，3ヵ月は500円で変わらず，6ヵ月と12ヵ月は1,700円，18ヵ月以上が2,000円。

に入れられる条件は非常に厳しい。

契約期間を満了すれば，月ごとの賃金に加えて慰労金と報奨金がもらえ，それなりの金額を手にすることができる。私は，面接時において，「33万7,000円～31万2,000円」と書かれた資料をみせてもらった。しかし，この金額は，様々な条件を満たし，期間を満了した場合にのみ手に入れられる総額を月で割った額である。[29] 期間を満了できれば，30万円以上も夢ではないが，途中退社すれば，さして条件が良いとはいえない。

その他にも，全員に赴任旅費が，初回の賃金支払日まで在籍している者には赴任手当が，満了者には帰任旅費が支払われる。帽子，作業服，安全靴などの制服一式は支給される。寮費も無料である。[30]

[2] 日産

賃金は，請負会社から支給される。以下，私が属していたN社の事例を記す。

働き始めて1ヵ月間は見習い期間であり，その間の基本給は6,000円／日である。ただし，1ヵ月以上勤務した場合には，働き始めた日までさかのぼって，1日につき1,500円が加算される。実質的な基本給は7,500円／日になる。

残業代は1,329円／時間，休日出勤手当は1,329円／時間，深夜手当は266円／時間である。

その他の諸手当は，食事補助が平日定時間勤務者に限り1日1,000円，通勤交通費が月10,000円を上限に実費で支給される。赴任旅費は3ヵ月以上勤務した者に支給される。

請負会社が提示した賃金モデルをみてみよう。ひと月当たり21日勤務，残業時間は20時間，休日出勤は7.67時間，深夜労働は60時間として月当たりの賃金を計算すると，231,234円になる。

基本給	7,500円×21日＝157,500円
残業手当	1,329円×20時間＝26,580円
休出手当	1,329円×7.67時間＝10,194円
深夜手当	266円×60時間＝15,960円
食事補助	1,000円×21日＝21,000円
合計	231,234円

ただし，請負労働者は上記の合計額を丸々受け取れるわけではない。税金や社

会保険料を差し引かれるだけでなく，諸費用を負担しなければならない。

寮費は自己負担である。2DKのアパートに2人住まいの場合，ひと月当たり1人38,000円，日割り計算で1,266円である。別途，備品・光熱費が引かれる。1日当たり120円，エアコン付き個室の場合はプラス150円／日（エアコン付き料金が請求されるのは，6月〜9月，12月〜3月の8ヵ月間），エアコン付き相部屋の場合はプラス100円／日である。ガス・水道・電気は使い放題ではない。以下の料金分を超過した場合には，さらに，超過分を同居人数で割った料金を払わなければならない。電気料金は8,000円／月，エアコン付きの場合は12,000円／月，ガス料金は7,000円／月，水道料金は3,000円／月である。退寮時には，備品洗濯代として2,000円を請求される。これらの負担はかなりの額にのぼる。

作業服や安全靴など，作業時に身につける制服も有料である。上衣，夏用1,890円，冬用2,142円，下衣1,071円，安全靴2,000円，帽子315円，ヘルメットのみ無償貸与である。

給与は毎月末日締めで，翌月20日に支払われる。私のおよそひと月分の手取り（2月分と3月分の明細を合計した金額）をみてみよう。基本給172,500円（23日分），食事補助23,000円，通勤手当10,580円，平常残業手当77,082円（58時間分），深夜割増手当12,768円（48時間分），それらから，遅刻早退控除（初日は全員が1時間遅刻扱い）として937円引かれて，合計294,993円である。この金額から，雇用保険料と所得税10,554円，寮費43,044円（34日分），備品光熱費6,780円，作業着代5,528円，クリーニング代2,000円を引かれて，最終的な手取りの金額は227,087円であった。

なお，賃金の前借りも可能である。火曜日までに頼めば，その週の金曜日に手渡ししてくれる。前借りの金額には上限がある。その週の労働日×3,000円が限度であり，週5日勤務であれば，1万5千円まで借りられる。私も，夜勤の週，郵便局からお金をおろせなかったことがあり，そのときに前借りをした。[31]

❖29……2006（平成18）年時や2014（平成26）年時には，「安定的な月収」，「頑張りに応える手当」（満了慰労金＋満了報奨金），「節目の手当」（食費補助，赴任手当，経験者手当，6ヵ月在籍手当）が分けて提示されている。

❖30……2006（平成18）年時は，赴任手当が3万円，経験者手当（就労回数2回目以上の認定者に支給される手当）が2万円，6ヵ月在籍手当が5万円，もらえるようになった。2014（平成26）年時は，赴任手当が2万円に，経験者手当が1万円に減額されている。

❖31……当然，請負会社により，賃金や諸費用の額は異なる。例えば，T社の請負労働者は，「N社に比べて基本給は高いが，家賃＋シーツ代がかなり高い」という話をしていた。なお，他社と比較されては困るからか，請負会社からは，「他社の人とお金の話はしないように」と釘を刺されていた。

日産の工場で働いていたときは，ほぼ毎日3時間の残業をしていた。その点を考慮すれば，トヨタで働いていたときの方が，‘割が良かった’と言える。日産の場合は，間に請負会社が入るのだから，当然であろう。しかし，トヨタの場合は，遅刻・早退・欠勤をせずに働き，期間を満了してはじめて掲げられた金額を手にすることができる。両社の賃金にかんして注目すべき違いは，最終的に手にした金額の大きさよりも，トヨタの賃金制度の巧妙さである。トヨタの賃金制度の下で働いていたときは，「絶対に休まない」，「絶対に期間を満了する」といった「意欲」をかきたてられていた。

次章で明らかにするが，トヨタのライン労働は過酷である。それでも，労働者はどうにか耐えて働き続けようとする主たる要因は，この巧妙な賃金制度にあると考えられる。

5 正社員への登用

[1] トヨタ

導入研修時の説明によれば，6ヵ月以上の勤務者を対象として，職場推薦がある場合に，「準社員試験」を受けることができる。準社員試験は，面接試験と筆記試験（一般常識）からなる。準社員期間（3ヵ月間）中に登用試験（面接）を受け，合格すれば正式に正社員になる。ただし，景気の動向により，登用制度がなくなることがある。つまり，会社が人材を必要としていることが，登用の大前提である。

試験の合格率は非常に低い。受験者のうちの1割から1割5分であり，厳しい競争になるという話であった。合格者の平均年齢は23歳くらいである。

[2] 日産

日産の工場でも，正社員への登用の話はあった。しかしそれは，‘日産社員’への登用ではなく，‘請負会社の正社員’への登用である。

私と入れ替わりで働くことになった佐伯さん（24歳）は，契約スタッフから正社員に登用された人である。彼は，半年間，契約スタッフとして複数の自動車関連企業の現場で働き，1年半，非正規社員の身分のまま管理スタッフを任された後，正社員に登用された。

彼の話によれば，N社の正社員に登用されるには，管理スタッフを経験する必要がある。契約スタッフの身分のまま管理業務を任され，管理者としての能力や適性を試されるとのことである。

日産のY工場を担当するN社の管理スタッフは5人いた。所長（40代前半），契約スタッフの世話係（40歳），第一地区担当者（30歳），第二・第三地区担当者（25歳），事務員（20代前半）である。彼らのうち，Y営業所配属の正社員は2人だけである。所長は，Y営業所の専属社員ではない。第二・第三地区担当者と事務員は，契約スタッフである。

正社員に登用される人数は，事業所ごとに決まっている。契約スタッフ数に対する登用社員の割合が定められている。

トヨタの期間従業員は，愛知県外から働きに来る人が多い。K工場に配属された同期43人のうち3分の1以上は，沖縄・九州出身者であった[❖32]。彼らは，「地元には職がない」としばしば口にしていた。そのような人たちの中には，「世界のトヨタ」に憧れを抱き，正社員の登用情報に敏感に反応を示す人も少なくない。一部の若い期間従業員は，登用率の低さから半ば諦めつつも，正社員への登用を強く意識しながら働いていた。

日産の工場で働く請負労働者は，雇用関係にない日産の正社員になることはもちろんのこと，請負会社の正社員登用にも全く興味がない様子であった。登用にまつわる話は，請負会社の管理スタッフとの世間話の際にたまたま耳にしただけであり，研修などの公式の場で聞いたわけではない。おそらく，正社員が「優秀である」と見こんだ契約スタッフに，個別に社員登用の話を持ちかけるのであろう。大方の契約スタッフは，正社員への登用の有無すら知らない。

直で雇われているトヨタの期間従業員には，確率は低いものの，正社員への道が開かれている。日産の工場で働く請負労働者には，日産社員への道は完全に閉ざされている。登用制度の有無の違いは，働く先の会社に対する意識や勤務態度に影響を与えるであろう。

6　イベント

[1]トヨタ

トヨタでは，工場や寮で会社主催のイベントがあった。寮の敷地内で地域ぐるみの盆踊り大会が開かれ(7月28日)，「Kフェスタ」というお祭りがK工場で開催され(9月30日)，寮の従業員を対象とした「焼き肉食い放題」のイベントが催された(10月13日)。それらのイベントには，正社員だけでなく期間従業員も参加を促された。

[2] 日産

日産では，そもそもそのようなイベントがあったのかどうかも知らない。日産社員を対

❖32……2006(平成18)年7月現在，期間従業員1万人のうちの約8割は，北海道と東北，九州南部の出身者である(『日本経済新聞』，2006[平成18]年7月7日，中部版，7面)。

象としたイベントはあるのかもしれないが，請負労働者は話を持ちかけられなかった。請負会社によるイベントもなかった。

トヨタでは，非正規労働者も会社のイベントに「参加」するが，日産では，全く関わりがなかった。両社の違いは，非正規労働者の会社意識にいかなる違いを生むのか。

トヨタの非正規労働者は，会社主催のイベントに「参加」したからといって，「トヨタの一員」であると急に意識し始めるわけではない。トヨタと一体化している非正規労働者は，筆者の周りでは見受けられなかった。しかし，休日にイベントに「参加」するようになると，「仕事」とプライベートの境界が曖昧になる。プライベートの時間にトヨタのことを意識する者は少なくなかった。日産の工場で働いていたときは，会社の外に出ると，私は日産のことをほとんど意識しなかった。

7 寮生活

[1] トヨタ

K工場で働く期間従業員のほとんどは，K寮に住んでいた。住まいが工場に近い者のみ，自宅からの通いが許された。

K寮の建物は，5階建てが2棟と7階建てが2棟，計4棟である。およそ700人の正社員と期間従業員が寝泊まりしている。

部屋は，6畳一間，冷暖房完備，テレビとポットが備え付けられている。

工場の行き帰りは，会社専用のバスで片道5分である。寮の近辺には，ご飯を食べられるところがほとんどない。食事は，寮と工場の食堂ですませる人が多い。深夜は寮の食堂がやっていないので，私は，休日に買い置きしておいたカップラーメンですませていた。寮から最も近いコンビニまで，歩いて片道15分以上かかる。期間従業員は，寮内への車やバイクの持ち込みを禁止されている。労働日の生活は，寮と工場だけである。

寮の玄関口に置かれたボードには，寮の全従業員のネームプレートが掛けられ，「在寮」か「外出」かがひと目でわかるようになっている。お盆や正月などの長期休暇の際に寮に残る人は，健康チェックの用紙を毎日提出しなければならない。3日連続してその用紙を提出しなかった場合には，管理人が該当者の部屋に確認しに入る旨，玄関口の張り紙に書かれていた。また，火災報知器の検査という目的で，不在時に管理人が全部屋に入るという通知があった。

[2] 日産

日産の工場で働いたときは，請負会社の寮に入ることも，自宅から通うことも可能であった。

▒2月12日(木)　入寮

「自宅から通ってもいいし，会社の寮に入ることもできる。とりあえずは自宅から通い，しばらく様子を見てから，寮に入ることもできますよ」。採用面接時，どちらにしようか決めかねていると，面接官がそう言ってくれた。そのときは「通い」にしたのだが，N社の導入研修のとき，残業時間が長い職場に配属されることがわかったので，急遽，「寮」への変更を申し出た。管理スタッフがすぐに寮の手配をしてくれて，その日から入寮した。

もっとも，寮とは名ばかりであり，ごく普通のアパートである。会社所有の寮もあるが，2DKか3DKの民間アパートの借り上げがほとんどであり，複数人でシェアする形となる。個室の場合もあれば，相部屋の場合もある。私は，2DKのアパートの個室である。6畳一間，エアコン，こたつ，テレビ，ふとん一式が具わっている。冷蔵庫，洗濯機，風呂は同居人と共同利用である。

個人的には，アパート暮らしにとりたてて不満を感じなかったが，同僚の話を聞くと，少なからずトラブルが発生していたようだ。ほとんどの人は，全く面識のない他人と共同生活をおくらなければならない。我慢しなければならないことも多いだろう。

一例を挙げると，共同使用場所の掃除の問題である。会社所有の寮と違って借り上げのアパートでは，自分たちでトイレや風呂を掃除しなければならない。それらの使い方や掃除の仕方で不満が生じることは容易に想像できる。

私が入寮するとき，トイレや風呂や台所といった共用場所が非常に汚かった。管理スタッフもあきれるほどであった。「もし希望するなら，部屋を変えてあげてもいいけど，とりあえず，同居人に注意しておくよ」と言ってくれた。すぐに同居人がきれいにしてくれたので，退職までその寮で過ごした。

借り上げの寮は，ごく普通のアパートであるため，部屋ごとに鍵がついていない。貴重品の保管には気を遣う。もし何かがなくなれば，真っ先に同居人を疑うことになり，人間関係が気まずくなる。

▒3月6日(土)　寮でのトラブル

職場の同僚の松山君(18歳)は憤慨していた。先週の金曜日，仕事で外出している間に，部屋に置いておいた20万円から6万円が抜かれていたそうだ。「部屋のドアの上部には，小さな紙切れを挟んでいる。外出中に他人が勝手に入室したら，わかるようにしてある。同居人はオレ以外2人だが，犯人の‘目星’はついている」。先日，会社のロッカーにいたずら書きをされたばかりである。災難続きである。

私は，両社とも寮に入ったが，同じ寮生活にも明らかな違いがあった。トヨタの場合は，会社専用の寮であり，会社と寮の往復から，食事，トイレや風呂の掃除まで，すべて会社がやってくれる。朝，寝過ごしそうなときには，管理人が起こしに来てくれることもあるようだ。言ってみれば，「丸抱え」である。日産で働いた際は，寮とは言うものの，普通の借り上げアパートである。工場の行き帰りは，自分で切符を買い電車に乗らなければならず，寮の生活は，すべて自分で律しなければならない。

それぞれの寮生活をいかに感じるかは，各人各様であろう。トヨタの寮生活は，一方で，最低限，生きていくには困らず，自分でやらなくてはならないことが少ないから楽だと感じる人もいるかもしれない。他方で，がんじがらめで窮屈な生活と感じる人もいるだろう。しかし，どのように感じるにせよ，トヨタで寮生活をおくるにつれて，「外の世界」との接点を失い，「トヨタ内部」で生活が完結していくことは確かである。興味関心は会社や職場のことだけに限られていく。日産で働いた際には，工場から一歩外に出れば，そこには，「会社」とは異なる「社会」があった。トヨタの寮生活に比べれば，日産で働いたときの寮生活の方が，会社や職場の存在を相対化しやすい環境に置かれていたといえよう。

8　雇用期間

[1] トヨタ

採用面接時に，3ヵ月から6ヵ月の間，月単位で雇用期間を選択した。原則，期間満了と同時に退社となるが，「期間延長」をする者もいる。期間を延長する場合には，以下の条件を満たさなければならない。

会社の業績が順調であり，会社が人材を必要としていること。会社の景気が悪いときは，そもそも，期間延長制度がなくなることがある。この制度があることを前提として，期間従業員本人が希望し，上司に認められること。上司に認められるためには，最低限，無断欠勤や遅刻をしないこと，職場で仲良くやることが求められる。

初めの契約期間が6ヵ月未満の人は，いったん6ヵ月間働く。6ヵ月間働いた者が，3～5ヵ月間の延長を希望できる。当時は，通算で1年を超える契約は不可であった。[33]

[2] 日産

請負会社Nの雇用契約によれば，雇用期間は6ヵ月間である。しかし，私は，6ヵ月契約ということを退職手続きの際にはじめて知ったくらいであり，実質的には，雇用期間という概念はなきに等しかった。本人が辞めると言い出さない限り，雇用期間は延長され，請負先の工場で働き続けることができる。当時同じ工場で働く非正規労働者に勤続期間を聞くと，大久保君（25歳）は3年目，森君（23歳）は6ヵ月目，望月君（19歳）と松山君（18歳）は5ヵ月目であった。

しかし，本人の意に反して「辞めさせられる」こともあった。ひとつは，請負先の事情で，業務請負が不要になったときである。「もう必要ない」といわれれば，辞めざるを得なかった。もっともこの場合は，請負先を変えれば，働き続けることはできた。もうひとつは，「くび」のときである。請負先から「差し替え」を要求された場合には，そこで働き続けることはもちろんのこと，請負会社の契約スタッフであり続けることも難しかった。

退職手続きをする際，管理スタッフの人から退職にまつわる実情を聞いた。

▒3月3日（水）　退職手続き

「日産のY工場で働く当社の請負社員のうち，25人が2月末に退職しました。そのほとんどが自己都合退職です。そのうちの約半分が‘正当な理由’のない自己都合退職で，残り半分は‘身内の看病’だと言う」。全員が全員，本当に看病なのか。有田さん（30歳）は，「ありえないとは思うが，それ以上は聞けない。人間不信になりますよ」とあきれ顔であった。

2月末に退職した中には，「くび」の人もいる。3日連続で休むと，実質的に「くび」になる。たとえ病気などの「真っ当な理由」があっても，日産の人から「差し替えてくれ」と言われるそうだ。3日も連続して休まれると，職場運営に支障を来すというのが，日産側の言い分である。「日産からそう言われれば，われわれも『辞めてくれ』としか言いようがない。2月末に退社する人の中にも，『くび』が数人いますよ」。

2月末に退職した者の中にはいなかったが，請負先から「依願退職[34]」を求められるケースもあるそうだ。生産量は頻繁に変化する。その変化に応じて，請負労働者の出入りも激しい。「3月いっぱいは3組2交替制で

❖33……労働基準法が改正され（2003［平成15］年6月27日成立，2004［平成16］年1月施行），有期労働契約の契約期間の上限が，それまで1年だったのが3年に延長された。この改正をうけて，最長2年11ヵ月まで，延長が可能になった。期間延長は，初回の契約が6ヵ月未満の場合は，いったん6ヵ月働き，その後，3ヵ月から6ヵ月の間（通算9ヵ月～1年）の契約をし，さらに，1年契約（通算2年），11ヵ月契約（通算2年11ヵ月契約）となる。2014（平成26）年現在，初回契約は3ヵ月，1回目の契約更新は3ヵ月，その後は6ヵ月ごとの更新となり，6回目の契約更新（5ヵ月）により通算2年11ヵ月になる。

❖34……請負労働者は，日産とは雇用関係がないわけだから，「依願退職」という表現はおかしいが，管理スタッフはこのような表現を用いていた。

やっていくが，もし2組に戻れば，『依願退職』してもらわなければならない。その際，真っ先に切られるのは，ここ最近，働き始めた人たちです」。

トヨタは，雇用期間を明確に定めており，面接の段階で期間を自分で決めさせている。雇用期間を延長させることもあるが，その場合にも，「更に何ヵ月」といった具合に，延長期間を明示していた。そして，後述するように，職場リーダーは，労働者に対して細かな「ケア」をして，契約期間をどうにか満了させようと努めていた。労働者側からすれば，その期間を「全うする」ことに少なからず価値を感じており，人により程度の差はあるものの，期間の途中で辞めることに「恥」の意識を感じていた。それでも，実際には，過酷なライン労働に耐えかねて，期間途中で辞めていく人も少なくないが，もし，満了日が決まっておらず，管理者の「ケア」がなければ，より多くの人がもっと早めに辞めているであろう。筆者も「辞めたい」と思ったことが何度もあった。しかし，バスに乗り工場で働き始めると，どうにかその日を辛抱してしまう。そうこうするうちに，満了日が見えてくる。「あと，何日で期間満了」と指を折りながら，最後まで働き続けた。あれほど過酷なライン労働に耐えられる一因は，最終日＝目標がはっきりしていることにあると考えられる。

それに対して，日産で働いたときは，そもそも「期間」という概念はなきに等しかった。もちろん，契約の上では，雇用期間は定められているが，労働者からすると，期間の区切りは曖昧である。日産は，請負労働者を必要としなくなればドライに切るし，労働者も，とくに期間にこだわって働き通すということはない。同じ職場で働いていた佐藤さん（30代後半，非正規労働者）は，二組二交替制から三組二交替制に変わったとたん，すぐに日産で働くことを辞めてしまった。その理由は，「土日出勤が多くなると，競馬ができなくなるから」である。

トヨタの期間従業員と日産で働く請負労働者とでは，期間満了まで働き通すことに対する「こだわり」が明らかに違っていた。

III 小括
――「末端」の抱え込み

本章は，トヨタと日産の工場の「末端」で働く非正規労働者を対象とした労務管理の実態を比較した。採用面接，賃金制度，社員登用，寮生活などを比べると，両社の管理のあり方には共通点もみられたが，顕著な違いがあることがわかった。最後に，日産との比較を通して明らかになったトヨタの非正規労働者に対する労務管理の特徴を，企業組織への労働者統合という観点からまとめたい。

トヨタは全労働者を一元的に管理し，管理を「末端」まで貫徹させている。非正規労働者を管理するための手続きやルールをフォーマルな形で作り上げ，現場もそれに則ってシステマチックに管理を執り行っていた。綿密な計画に基づき導入研修を行い，現場職制が新人を配属先へ引率し，仕事を割り当て，作業指導を行う。会社専用のバスが期間従業員を寮から工場に運び，仕事が終われば，定刻通りに工場から寮に運ぶ。食事の時間，風呂に入る時間，洗濯機を利用できる時間など，寮の生活ルールも細かく定められている。体系化された管理が現場の「末端」まで覆い尽くしているのである。

トヨタは，非正規労働者の「やる気」を高めるために，手の込んだ管理制度を作り上げている。その最たる例が，賃金制度である。非正規労働者にとって，トヨタの賃金の相対的な高さは魅力的であるが，労働者の組織への統合という点で言えば，金額の高さだけでなく，制度の巧みさが注目に値する。期間従業員は，期間満了まで働き通さなければ，その金額を手にすることができない仕組みになっている。次章で明らかにするが，トヨタの労働は過酷である。それにもかかわらず，期間従業員が簡単には会社を辞めない主たる要因は，この賃金制度にあると考えられる。

トヨタと日産の労務管理の違いは，採用している雇用形態の違いによるところが大きい。トヨタは，非正規労働者の多くを「直」で雇うため，直接的かつ一元的な管理が可能となる。日産もかつては期間従業員を採用し，トヨタと同様，手の込んだ管理を行っていたが[❖35]，工場閉鎖の際に人員削減に苦労したゴーンは，請負労働者など外部の労働者のみを活用するようになった。その結果，労働者との間に他社が入り，非正規労働者に対する管理は間接的になり，現場管理の系統は，日産と請負会社の両方が併存する形となった[❖36]。

トヨタの非正規労働者は，緻密な管理の下に置かれ，トヨタのことを強く意識し，期間を満了することに「こだわり」を持ち，出社に駆り立てられていた。他方で，意識的に生活スタイルを決めなくても，会社の指示に従い，規則から逸脱しない限り，トヨタの労働生活を‘無難に’おくることができる。日産は，非正規労働者を必要なときに外部から調達し，必要がなくなったり3日以上遅刻したりすれば‘ドライに’切る。日産で働く請負労働者からすれば，日産にこだわる理由は乏しい。また，請負先の日産も請負元の会社も，仕事以外のことにはほとんど関与しない。日産で働く非正規労働者は，両社からさほど干渉を受けることなく，会社外では比較的「自由」な労働者生活をおくっていた[❖37]。

以上より，日産との比較を通して，トヨタの労務管理による非正規労働者の統合の強さが浮き彫りになった。トヨタの労働者は，正規・非正規ともに，会社組織に強く統合されている。この事実を確認した上ではあるが，トヨタの労務管理が非正規労働者から敬遠されている面について最後に付言したい。

労働者にとって，微に入り細にわたる管理は，時として煩わしくもある。トヨタの手の込んだ労務管理は，組織の「末端」に位置する労働者の意識も会社や職場に向けさせるが，とはいえ，正社員と同じ「トヨタマン」と括られることに違和感を抱き，プライベートにまで踏み込まれることに嫌悪感を示す期間従業員は少なくなかった。職場や寮では，抱え込み型の管理に対する否定的な雰囲気が感じられた。露骨に反発するというよりは，「苦手とする」という雰囲気が漂っていたのである。

筆者と共に働いた非正規労働者の中には，大学や高校の中退者がかなり含まれ

❖35……参考までに，1989（平成元）年7月3日作成の「期間従業員勤務のしおり」（日産自動車株式会社，村山工場）を紹介すると，就業は昼夜二交代制（昼勤 8:00〜18:00，夜勤 22:00〜8:00，残業1時間を含む），休日は日産カレンダーによる。正当な理由なくして3日以上の無断欠勤を行った場合は，退職扱いにすることがある。作業衣・帽子は一着無償貸与。賃金（時給）は，初赴任が1,065円，再赴任が1,110円，3回目以上が1,170円である。作業によっては作業手当がつく。超過勤務手当は，残業が1時間につき時給×1.3倍，休出が時給×1.4倍，その他，交替手当，深夜業手当がある。皆勤手当は，月の出勤率が100%（1日でも休むと支給されない）の場合，翌月の給与で30,000円を支給する。3ヵ月以上の勤務者には，勤務状況，出勤率に応じて精励慰労金が支給される。3ヵ月以上の勤務者は，95%以上が135,000円，90%以上が125,000円，90%未満だと不支給。同様に，4ヵ月以上の勤務者は，180,000円，170,000円，不支給。5ヵ月以上の勤務者は，225,000円，210,000円，不支給。6ヵ月以上の勤務者は，300,000円，285,000円，不支給。精励慰労金は退職時に一括して支給される。赴任手当は20,000円（ただし，入社翌月の給与支給日に在籍している者）。盆正月手当は，夏期休暇，年末年始休暇の「盆正月手当」支給日に在籍し，かつ月々の出勤率が90%以上の場合に，30,000円を支給する。その他，赴任・帰任旅費が交通費及び荷造り運送費の実費で支給される。食券補助が入社時に10,000円。契約延長制度がある。職場推薦があり会社が認めた者のみ原則として1回可能。時給は1,065円から1,110円へアップする。準社員への応募制度がある。社会保険（健康保険・厚生年金保険・雇用保険・労災保険）に加入する。寮は強制であるかどうかはわからないが，存在する。寮費は，8,291円／月である。

❖36……ただし，職場の実態は制度により一義的に規定されるわけではない。同じ雇用制度を採用しても，その運営の仕方は企業により異なるからである。日産の工場で働く請負労働者は，制度上は，請負会社の指揮命令下にあるが，実質的には，日産の管理者の教育・指示を受けていた。厳密に言えば，「偽装請負」ということになるだろう。請負会社の管理スタッフの話によれば，他の請負先であるいすゞでは，比較的厳密に「請負工程」として運営されていた。つまり，同じ制度を採用しても，運営の仕方には幅があるのだ。

なお，日産では，2008（平成20）年11月にはおよそ2,000人の非正規社員が働いていたが，翌年3月末までにゼロにし，他社の応援要員で対応していた。ところが，新車販売が回復基調にあるため，同年12月から期間従業員を150人採用することにした。雇用期間は6ヵ月間である。製造業への派遣に対する社会的批判が強まり，日産も派遣から直接雇用に切り替えた（『朝日新聞』2009［平成21］年10月17日，朝刊，東京，10面）。

❖37……本書は，労務管理を一企業内に限定してみてきたが，企業グループの管理環境もその受け入れ方に影響を与える。本章でも若干触れたが，トヨタ周辺の地域社会と日産のそれとは大きく異なる。会社から一歩外に出れば，日産は，その他多くの大企業のひとつにすぎないが，トヨタは，取引関係のヒエラルキーの「頂点」に君臨する。トヨタの労働者

ていた。[38] 工場現場で働く直前まで，ニートや引きこもりだった人もいる。現代社会においては，いわゆる「企業社会」的な抱え込み管理にそぐわない傾向が全般的に見られるが，その中でもとりわけその性向が強いと思われる人たちが現場で増えているのである。

からすれば，労働条件は，控えめに言っても「トヨタの方がまし」という感覚を持ち，非正規の労働者であっても，「大トヨタ」で働くことに誇りを感じる者がいる。また，地方の「企業城下町」では，会社と全く接点のない場所を見つけることは難しい。その点で言えば，人口が多く，様々な人たちが独自の活動を行い，多様な文化を受けいれる土壌がある首都圏では，会社とは全く別の生活の場を持つことは比較的容易であり，勤め先の存在を相対化しやすい。もちろん，トヨタにも地域社会の独自の文化がないわけではないし(鶴本ほか 2008)，情報機器が場の制約を小さくする。しかし，利用できる社会的インフラ，文化の多様性，社外のつながりを持つ機会には限りがあり，会社と完全に関わり合いのない生活を営むことは相対的に難しいと考えられる。

❖38……トヨタで一緒に働いた非正規労働者の経歴にかんしては，伊原(2003)の258-261頁を参照のこと。日産で働いた請負労働者の同僚の経歴も，幾人か挙げておこう。

渥美さん(28歳)。東京出身。工業高校中退。通信制高校に通うも途中で挫折。25〜27歳まで，ジャマイカに行って音楽に没頭する。これまでの仕事は，輸送，宅配，冷蔵庫内の作業など。

大森さん(35歳)。福井出身。大卒。請負会社のスタッフになる前は，マクドナルドで働き，バイトから正社員になった。日産に来る前は，いすゞで7ヵ月間働いた。「今は，いろんな仕事をしてみたいと思っている。様々な仕事を経験できて楽しい」。

魚住さん(23歳)。北海道出身。高校中退。バンドに熱中。「どうにかしてプロのミュージシャンになりたい。最後のチャンスだと思っている」。

新田さん(21歳)。沖縄出身。専門学校卒。1年近く，携帯電話会社で働いていたが，「やりたいことがあるので辞めた」。金を貯めるために請負で働く。彼の夢は，プロ野球の審判になることである。そのために，「海外の学校で学びたい。でも，親にお金を頼りたくない。ひと月に5万円，2年で140万円を貯めるのが目標である」。名門高校の野球部でピッチャーをやっていた。

森さん(23歳)。青森出身。中卒。「他に出来ることがない。パソコンか何かを学びたいと思っているが，何から手をつければいいのか全くわからない」。

松山さん(18歳)。秋田出身。工業高校中退。学校でトラブルを起こし，先生から「辞めろ」と言われた。退学後，宅配の仕分けと事務機器の組立・梱包と，2つの職に就くが，「やっぱり高校は出ておいた方がいい」と思い直し，通信で高校に通う。しかし続かず，そこも中退。9月から日産で働くが，「こんなに苦労するなら高校を出ておけばよかった」と少し後悔していた。「高校を再チャレンジしたい」。

南野さん(48歳)。日産に来る前は，倉庫の仕事をしていたが，リストラにあう。高1，中3，小6のお子さんがいる。できるだけ残業の多い職場を希望した。「高1の子は，『バイトをして助ける』といってくれている」。そう話したときだけ，元気なく笑っていた。

佐伯さん(24歳)。北海道出身。高専を中退後，いくつかバイトをし，請負会社Nの契約社員になる。4年半勤めている。いすゞや日産車体などの現場を経験した後，管理スタッフになり，正社員に登用されたが，「人間関係などがきつかったので，無理をいって現場に戻してもらった」。

第7章

労働管理の実態比較

労働の質と量

トヨタのライン労働は過酷である。鎌田(1971)がはじめて克明に記録したトヨタの現場は，まさに「自動車絶望工場」であった。ところが，トヨタの国際競争力が揺るぎないものになると，労働の負担の大きさよりも質の豊富さに関心が寄せられるようになる。[1] 経営側の視点に立つ研究者のほとんどは，労働負担の大きさ，管理統制の厳しさなど，「搾取」という分析視座ではトヨタの「成功」の理由を説明しきれないと批判し，競争優位の源泉として現場労働の質の豊富さや現場労働者の技能の高さを力説した。[2] 労働者側の視点に立つ研究者の多くも，ライン労働のきつさを認めながらも，現状を「受容」する理由の一要因として単純な反復作業以外の労働の存在に着目した。[3] 労働の質や技能水準の限界を指摘する研究者もいなかったわけではないが[4]，彼らも含めて，関心は労働の量よりも質にシフトしたのである。

たしかに，トヨタのライン労働者の中には，企業内のランクを上り，ゆくゆくラインから外れて，単調な反復作業から逃れられる人もいる。第2部で明らかにした通りである。しかし，非正規雇用者のほとんどは，更新を何回繰り返そうと，ラインに据え置かれる。自動車工場にはこのような人たちが一定数，存在するのである。そして，ライン労働を自ら経験した研究者によれば，トヨタの労働は依然として過酷である。[5]「絶望工場」の時代に比べれば，無理な体勢の作業や過重な負荷はカイゼンされているものの[6]，労働密度はむしろ高くなり，労働者は精神的に追い込まれている。[7]

では，他の日本企業のライン労働はどうなのか。トヨタの労働がとりわけきついのか。それとも，日本企業に共通する特徴なのか。本章は，トヨタと日産のライン労働の量的側面に焦点をあてて，比較検証する。具体的には，外延量―労働時間の長さと，内包量―労働密度の高さを両社で比べる。

ただし，先行研究が指摘する通り，ライン作業の担当者も，単純な反復作業だけを行っているわけではない。ライン内の「異常処理」に関わり，QCサークルや「提案」といったライン外のカイゼン活動にも参加し，ローテーションを通して「多能工」化している可能性はある。本章は，トヨタと日産のライン作業者が担う労働の質的側面も改めて検証する。

そして小括にて，質と量の両面を併せ持つ労働を一ライン作業者の立場から，「満足度」という点で評価する。労働そのものの魅力が満足感を引き出し，工場の「末端」で働く労働者を組織にとどめているのか。それとも労働の負担の大きさや内容の貧困さが不満をくすぶらせているのか。職務満足と組織への統合という観点から，トヨタと日産の非正規労働者の働きぶりをまとめる。

I 配属先

1 製造工程の流れ

筆者が担当した労働を検証する前に，自動車製造工程の流れをごく簡単に解説し，配属先の工場，組，担当作業，勤務形態の概要を説明しておこう。

自動車の生産は，1つひとつの部品をつくるところから始まる[❖8]。自動車の部品総数は，車種により異なるが，2～3万点である。部品の原型は，「鋳造」，「鍛造」，「焼結」の工程で作られる。

①鋳造……炉で溶かした金属を鋳型に流し込み，シリンダーブロック，シリンダーヘッド，クランクシャフト，トランスミッションケースなどを作る。
②鍛造……加熱した金属や常温の鋼材をハンマーやプレスで打ち延ばしたり加圧したりして，歯車やシャフトなどを形作る。
③焼結……金属粉と炭素粉を混ぜ合わせて加圧成型し，焼き固めて，エンジンやトランスミッションなどに用いる部品を作る。

❖1……トヨタの労働にかんする研究動向を「熟練」の観点からまとめたものとして，伊原（2003）の補論を参照のこと。
❖2……このような視点に立つ代表的な研究者が小池和男である。氏のトヨタにかんする労働調査研究は，小池（2000），中部産政研（2000），小池ほか（2001）。
❖3……トヨタの労働にかんする代表的な総合調査研究は，課題設定あるいは総括にて，このような分析枠組みを提示している。小山編（1985），野原ほか編（1988），戸塚ほか編（1991）。
❖4……例えば，野村（1993b，1995，2001）。
❖5……大野（2003），伊原（2003）。
❖6……「バブル期」，きついライン作業を忌避する若者が多くなり，人手不足が深刻になる。この問題を解決するために，90年代前半以降，トヨタは，ライン作業を大幅に変えた。一連の改革の詳細については，浅生ほか（1999）を参照のこと。
❖7……トヨタ生産システム下における労働の負担の大きさついては，千田（2003）が詳しく検討している。
❖8……自動車製造工程の概要は，自動車技術会編（1997）による。

それらの部品を熱処理し，工作機械を用いて加工し，互いに組み付ける。

④熱処理……部品の耐摩耗性の強化や錆防止のために，加熱と冷却を繰り返す。
⑤機械加工……旋盤，フライス盤，研削盤などの工作機械を用いて，ねじきりや切削などの加工を施し，より精巧に部品を形作っていく。
⑥組付……加工後の部品を組み合わせて，エンジン，駆動，制動などの「ユニット（部品群）」を作り上げる。

ここまでの工程はユニットの製造ラインであるが，それとは別に，「ボディ（車体）」のラインが存在する。「プレス」，「溶接」，「塗装」の諸工程である。

⑦プレス……プレス機械で鋼板を打ち抜き，曲げや絞りなどの加工を施し，フレーム，ルーフ，フェンダー，ドアなどのボディ部品を作る。
⑧溶接……プレス加工したボディ部品を溶接機で接合し，ボディの形を作っていく。
⑨塗装……ボディの表面に塗料をぬり，色彩や光沢を与え，錆を防ぐ。

ボディにユニットを組み込み，内外装を飾り付け，最終検査を行い，自動車の完成となる。

⑩組立……エンジンや駆動などのユニット部品，シート，ウィンドガラス，計器盤，バンパーなどの内外装をボディに組み付ける。
⑪最終検査……車両を細部にわたりくまなく検査する。
⑫出荷……完成した車を国内外の販売店に配送する。

2 工場

調査対象の工場は，両社とも，ユニット工場であった。前項の説明でいえば，①鋳造から⑥組付までの工程が該当する。

[1] トヨタ[9]

愛知県内のK工場。粗形材の生産から加工品の組付までを一貫して行う工場である。主要生産品目は，トランスミッションなどの駆動部品。主要工程は，鋳造，鍛造，焼結，加工，熱処理，組付。従業員数は，2001（平成13）年7月現在，およそ2,500人。

[2] 日産[10]

首都圏のY工場。日産の中核的な工場として設立され，国内ではじめて車両の一貫生産ラインを持つ自動車量産工場である。主要生産品目は，エンジンやアクスル部品。工場内は4つの地区に分かれている。第1地区は圧造と溶接，第2地区は機械加工とエンジン組立，第3地区は鍛造，鋳造，触媒，機械加工など，第4地区は成形技術部である。従業員数は，2004(平成16)年3月現在，およそ2,400人(開発部門等を合わせると，およそ3,800人)。

3 組——担当工程と人員構成

配属先の組の担当工程は，両社ともにユニット部品の生産の最終工程であった。比較という点で言えば，好都合である。先述の工程の流れで説明すると，⑤機械加工と⑥組付が該当する。

以下，組の担当工程と人員構成の詳細を示す。

[1] トヨタ

トランスアクスルやトランスミッションの部品を製造するラインの最終工程にあたり，①組付工程と②検査・梱包工程からなる(**図7-1**)。

前工程の機械加工職場で生産された部品を組付工程で組み付けて，検査・梱包ラインへ運ぶ。部品によっては，前工程から直接，検査・梱包ラインに運び込まれる。

検査・梱包ラインでは，洗浄周りの運搬係が部品入りの箱を洗浄機にかけ，検査・梱包前のシュート[11]に運び入れる。検査・梱包係が良品・不良品を選り分け，不良を手直しし，良品を段ボールに梱包する。運搬係が段ボールをラックに積み，搬出場まで運ぶ。最終検査係が，ラックの種類と数を確認し，搬出を待つ。

入社時の組の構成員数は20人であり，うち職制が4人，非正規労働者が4人，女性労働者(正規)が2人，他組や他工場からの

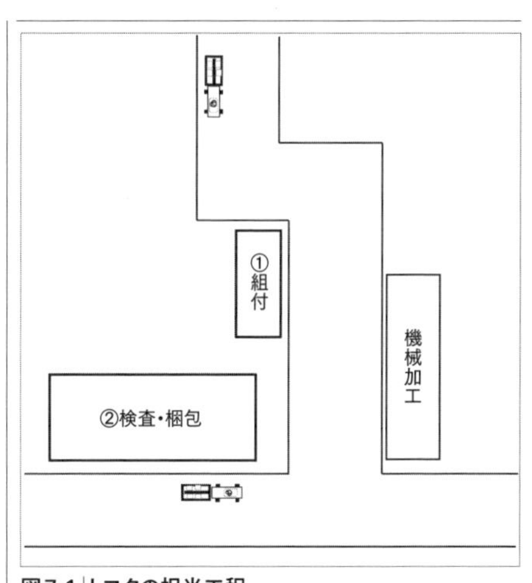

図7-1｜トヨタの担当工程

❖9……以下の説明は導入研修時に配られた印刷物による。記載データは，配属時のものである。
❖10……Y工場ゲストホール及び日産のホームページより。
❖11……シュートとは，箱を搬入しやすいように，内側の床面に「箱滑らし」を付けてある棚のこと。

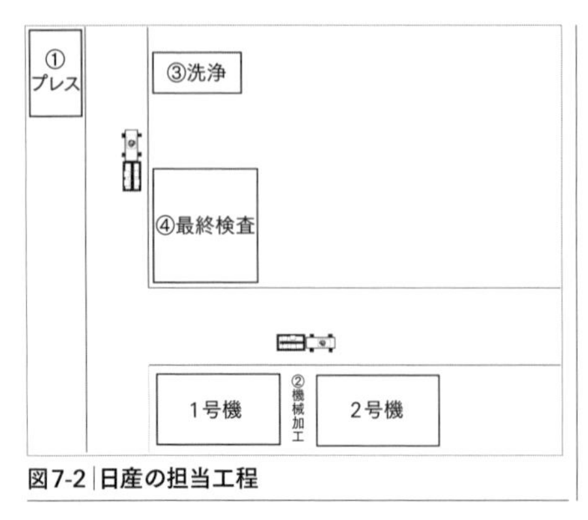

図7-2 日産の担当工程

「応援」が2人である。

職制の構成は，組長が1人(30代後半)，班長が3人(40代半ば，40代前半，30代後半)である。

3ヵ月半の間に，人員構成は頻繁に変わった。人員の出入りは激しい。退社時は，総数21人であり，うち，非正規労働者は8人に増えた。

[2] 日産

トルクコンバーター[12]に使われる桶型の部品を製造するラインの最終工程にあたり，大きく分けて，機械加工工程と検査工程からなる(**図7-2**)。

①プレス工程にて，薄くて長い鉄板から円盤を自動機でくり抜く。円盤は，直径40センチほど，薄さ1センチほどである。円盤の山が，1日に2，3回，フォークリフトで，②機械加工職場に運び込まれる。加工場では，円盤状の金属板を桶型に加工する。1号機と2号機があり，同じ部品を生産している。加工済みの部品は，③洗浄エリアに運ばれ，部品に付着した汚れを落とす。この工程は，他組が担当している。洗浄後，④最終検査工程に運ばれる。品質を検査し，良品・不良品の選別を行う。検査済みの部品を，再度，隣で品質保証部が検査する(ダブルチェック)。ダブルチェックを通過した部品は，他社に出荷される。

入社時における組の構成員数は20人であり，うち非正規労働者が9人，全員男性である。工長が1人(40代半ば)，職場リーダーが1人(40代前半)である。

日産の職場も，非正規労働者の入れ替わりが激しい。その動きを把握しきれないほどであった。

4 担当作業

次に，筆者の担当作業を説明する。

[1] トヨタ

トヨタでは，洗浄周りの運搬を主に担当し(**図7-3**)，時々，組付作業の補助にかり出された(**図7-4**)。

〈洗浄周りの運搬〉

検査・梱包係からシュートに返却された空き箱を拾い，台車に積む(①)。シュートは，20種類弱の部品ごとに異なり，横一列に設置されている。運搬係は，空き箱を返却用シュートまで運搬し，返却する(②)。同時に，返却したのと同じ種類の新しい部品(箱)を同じ数だけ台車に載せる。ここのシュートも，部品ごとに場所が決まっている。台車に載せた新しい箱を洗浄機にかけ，洗浄機から出てきた箱(前回に洗浄機にかけた箱)を台車に積む(③)。洗浄済みの箱を検査・梱包前のシュートに入れ，再び検査・梱包係から返却された空き箱を拾う(①)。

タクトタイムは指示されていなかったが，ワンサイクルの実測値は3分ほどであった。このサイクルを1日8時間労働で160回くらい，繰り返す計算になる。

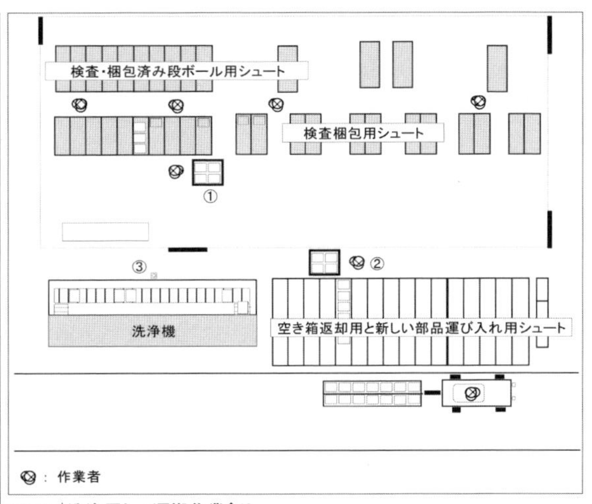

図7-3｜洗浄周りの運搬作業❖13

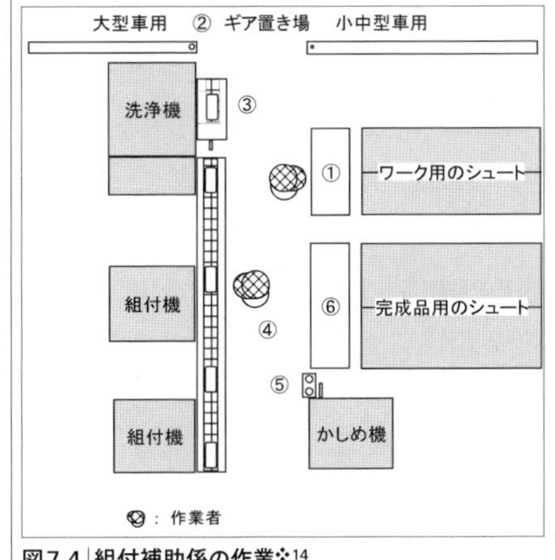

図7-4｜組付補助係の作業❖14

〈組付補助作業〉

組付補助係は，ワーク(部品の本体)(①)と，ワークに組み付けるギアを3つ手に取る(②)。部品の種類は，小中型車用と大型車用の2つある。それらの生産比率は2対1。ワークとギアを洗浄機前の台座に固定し，レバーを押すと，台座が洗浄機の中

❖12……トルクコンバーター(トルコン)とは，自動変速機油という作動流体を介して，エンジンの回転力を出力軸に伝える(流体継手の役割)と同時に，出力軸に伝えた回転力を運転状況に応じて無段階に変速させてトルクを増幅させる，変速装置である。

❖13……伊原(2003)の33頁の**図4**に手を加えて再掲した。

❖14……伊原(2003)の31頁の**図3**に手を加えて再掲した。

に入っていく(③)。組付係から，ギア，ワッシャー(座金)，ピンを組み付けたワークを手渡される(④)。なお，組付係は，組付補助係と同じタクト・タイムで，組付作業を行う。かしめ機を用いて，ワークの底をかしめる[15](⑤)。かしめ終わったワンサイクル前のワークを手に取り，指定の3ヵ所をチェックし，良品を箱につめる(⑥)。箱が6つの完成品でいっぱいになったら，シュートに流す。

以上のサイクルを30秒ほどでこなす。なお，生産ノルマが少ないときは，組付と組付補助の両作業を1人で行う。その際のタクト・タイムはおよそ1分である。生産ノルマは頻繁に増減し，その変化に応じて作業人数も頻繁に変わる。

[2] 日産

日産では，機械加工(2号機)(**図7-5**)と最終検査を主に担当した。

〈機械加工〉

機械加工の職務は，2人で分担する。1人が機械操作を行い，もう1人が品質検査と機械周りの雑用を行う。

品質検査・機械周りの作業者は，台の上に積み上げられた円盤状の鉄板(タマ)をスピニングマシン[16]に投入する(①)。機械に備え付けられたレーンにタマを投入すると，自動的に機械の中に入り，桶型に加工されて出てくる。部品の種類は1つである。

次に，機械操作者(オペレーター)が，桶型の部品を工作機械で加工する。旋盤[17]1(②)，旋盤2(③)，スロッター[18](④)の順に行う。生産個数は旋盤の上に設置されたカウンターで計測され，指定の個数(加工部位によって異なり，200〜500)に達すると，バイトを交換する。これも，オペレーターの仕事である。加工し終わった部品は，洗浄液につける(⑤)。

品質検査・機械周りの作業者は，洗浄済みの部品をノギス[19]やマイクロメーター[20]などのゲージ(測定用の計器)を用いて品質検査する(⑥)。加工部品の内径・外径を測定したり，部品のゆがみや加工不良をチェックしたりする。溝がきちんと空いているか，部品にキズがついていないか，

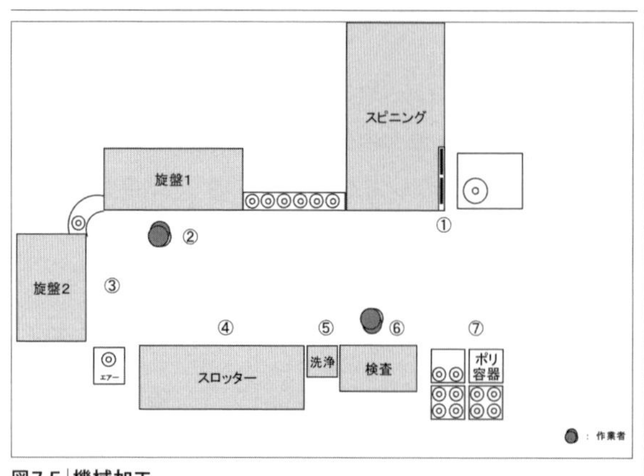

図7-5｜**機械加工**

部品全体を目視でも検査する。異常がなければポリ容器(ポリ)につめる(⑦)。異常を発見したら，異常の種類を指定の用紙に書き，不良品をどけておく。ポリが6個の完成品でいっぱいになると，日付と累積生産個数を記入した紙切れをポリに挟み，パレット(パレ)に積む。パレが24個のポリでいっぱいになると，伝票に印字されたバーコードを読み，その伝票をパレに添える。しばらくすると，他組の人がフォークリフトでパレを後工程へ運ぶ。

タクトタイムは指示されていない。機械加工のワンサイクルの実測値は75秒前後である。検査の作業時間は一定ではないが，機械加工に比べると，作業にかなり余裕があった。

〈最終検査〉

ポリ容器からワークを1つ手に取り，加工部位に残っているバリ[21]を鉄ヤスリで削りとる。次に，プレスの加工穴のずれを目視で確認し，部品の内径・外径など，前工程の品質検査と同じ箇所を再度，ゲージを用いて測定する。加工不良があれば，グラインダー(研磨機)や紙ヤスリで磨いて手直しする。修復不可能であれば，「おしゃか」にする。最後に，部品の汚れをぼろきれでぬぐい取り，完成品をポリに納める。以上の作業を作業人数に応じて分担する。

5 勤務形態

以下，配属先の勤務形態である(**表7-1**)。

[1]トヨタ

勤務形態は，二交替制である。1週間ごとに「直」がかわる。

同一工程を担当する組が2つ(A組とB組)あり，ある週，A組が一直(昼勤)を担当し，B組が二直(夜勤)を担当する。土日休みをはさんで，翌週，B組が一直を担当し，

❖**15**……かしめとは，気密や水密を保つために，金属板などの端を潰したり，パッキン材を板の間に詰めたりすること。コーキング。

❖**16**……スピニングとは，金属素材を金型に固定し，その金型を回転させて金属素材にローラーやへらを押しあて，徐々に金属素材を金型に近づけて成形する塑性加工の一手法である。

❖**17**……旋盤とは，工作物に回転運動を与え，往復台上のバイト(工作機械に取り付けた刃物)を左右前後に動かして切削する工作機械である。外丸削り，表面削り，端面削り，中ぐり，ねじ切り，孔あけなどを行う。

❖**18**……スロッターとは，工作機械のひとつであり，バイトを取りつけた台が上下に動いて切削を行う立て削り盤である。溝や軸穴の加工に用いる。

❖**19**……ノギスとは，副尺つきの金属製物差し。

❖**20**……マイクロメーターとは，ねじの回転と進みとの関係を利用して微小な長さを測定する器具。

❖**21**……バリとは，部品を加工した際に，加工部位の縁から出るささくれ。

表7-1｜工場の1日のスケジュール

	昼勤		夜勤	
	トヨタ	日産	トヨタ	日産
第1クール	6:25〜8:30	8:00〜10:30	16:00〜18:05	20:00〜22:30
小休憩	8:30〜8:40	10:30〜10:40	18:05〜18:15	22:30〜22:40
第2クール	8:40〜10:40	10:40〜12:30	18:15〜20:15	22:40〜1:00
昼休み	10:40〜11:25	12:30〜13:30	20:15〜21:00	1:00〜2:00
第3クール	11:25〜13:25	13:30〜15:30	21:00〜23:00	2:00〜4:00
小休憩	13:25〜13:35	15:30〜15:40	23:00〜23:10	4:00〜4:10
第4クール	13:35〜15:05	15:40〜17:00	23:10〜0:40	4:10〜6:00
残業	15:05〜	17:00〜	0:40〜	6:10〜

A組が二直を担当する。労働者からすれば，1週間ごと昼勤と夜勤を交互に行う。

作業時間は4つのクールに分かれている。各クールの間，3回の休憩時間がある。2回の小休憩は10分間，昼休みは45分間，定時内の勤務時間は7時間35分である。

[2] 日産

日産の勤務形態も，二交替制である。1日の勤務スケジュールも，基本的にはトヨタと同じである。4つのクールに分かれており，各クールの間に小休憩が2回，昼休みが1回，定時内の勤務時間もほぼ同じで7時間40分である。

ただし，若干異なる点があった。それは，二交替制の‘種類’と昼休みの時間の‘長さ’である。トヨタは，‘連続’二交替制であるのに対し，日産は，‘昼夜’二交替制である。[22] 前者は，一直と二直の間にほとんど空き時間がなく，二直も深夜に終えるが，後者は，一直と二直が完全に昼と夜とで入れ替わり，二直の終了は翌朝になる。昼休みの長さは，トヨタは45分間であり，日産は1時間である。たった15分の差と思われるかもしれないが，ラインで働く者にとってその差は大きい。

II 労働の質

本節は，はじめに，ライン内の標準化された作業の動きを確認する。日産の工場で働いた際の手足の動きを忠実に再現し，どの程度まで「定型化」された作業を行っているのかを明らかにする。次に，労働の質や技能の高さの根拠として取り上げられてきた，ライン作業中の「異常」の処理，QCサークルや「提案」といったライン外労働，そしてローテーションの実態を把握する。

1 標準化された作業

両社には，「標準作業書(標準作業要領)」が存在し，管理者は，それに基づいて作業を労働者に行わせている。筆者には「標準作業書」の提示はなかったが，現場管理者はそれに則って作業動作を教えていた。

[1]トヨタ[23]

組付の職場に配属されると，班長に「手足の動かし方」を教えてもらった。部品を持つ手から足の運び方まで，すべてが詳細に決められていた。

[2] 日産

トヨタと同様，日産の機械加工作業も，動きが厳密に決まっていた。以下，オペレーターの手足の動きを再現する(**図7-6**)。

〈旋盤1〉

①エアガンを右手に持った状態で旋盤1の前に立ち，ワンサイクル前の加工作業の終了を待つ。②旋盤のドアが開く。③旋盤内の2つのバイトに付着している切粉(切りくず)をエアガンで吹く。④旋盤内にある加工済みのワークの側面をエアガンで吹き，切粉を落とす。⑤ワークの着脱ボタンを押して，チャック[24]を開け，加工済みのワークを左手で受ける。⑥ワークの内側をエアガンで吹き，再度，切粉をとばす。⑦ワークを，旋盤2に繋がる左側のレーンに流す。⑧ワークを固定するチャックをエアガンで吹く。⑨スピニングマシンから出てきた新しいワークを右手に持つ。⑩ワークをチャックに押しつける。⑪圧力計の値が適正値以上であれば，ワークの着脱ボタンを押し，チャックを閉める。適正値以下であれば，リトライする。⑫旋盤のドアを開閉するレバーを右手で押す。⑬ドアが自動的に閉まり，切削作業が始まる。作業者は旋盤2へ向かう。

〈旋盤2〉

①エアガンを右手に持った状態で旋盤2の前に立ち，ワンサイクル前の加工作業が終わるのを待つ。②旋盤のドアが開く。③旋盤内の2つのバイトをエアガンで吹き，切粉を落とす。④旋盤内の加工済みのワークの内側をエアガンで吹く。⑤ワークを右手で押さえながら，ワークの脱着ボタンを左手で押す(手で押さえないと，ボタンを押した瞬間，ワークが落下する)。⑥チャックが緩み，ワークを右手でつかむ。⑦ワークを左手に持ちかえて，立ち位置の左側にある所定のエリアに置く(ワークの重さでエアーのボタンが自動的

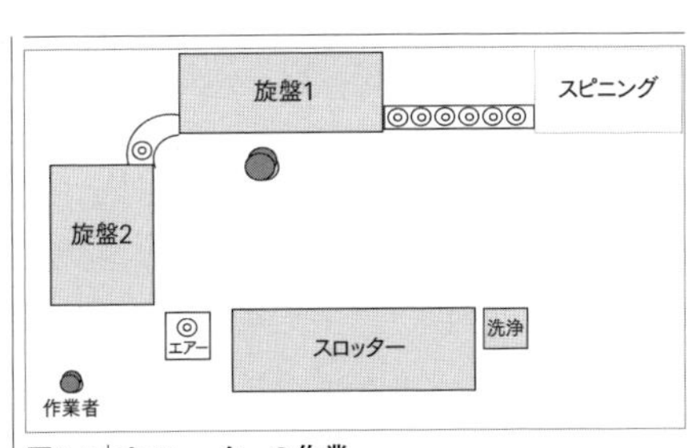

図7-6｜オペレーターの作業

[22]……ただし，トヨタと日産の中には，それらとは異なる勤務形態が採用されている職場もある。

[23]……トヨタの事例の詳細は，伊原(2003) 29-36頁を参照のこと。

[24]……チャックとは，旋盤内で加工物を固定する万力のこと。

に押され，切粉を吹きとばす仕組みになっている)。⑧チャックをエアガンで吹く。⑨旋盤1の作業⑦でレーンに流した新しいワークを右手でとり，チャックに押しつける。⑩圧力計の数値が適正値以上であれば，ワークの脱着ボタンを押し，チャックを閉じる。適正値以下であれば，リトライする。⑪旋盤のドアを開閉するレバーを右手で押す。⑫ドアが自動的に閉まり，切削作業が開始する。作業者はスロッターの前へ向かう。

〈スロッター〉

①旋盤2の作業⑦で所定のエリアにおいたワークを右手に持つ。②スロッターが止まる。作業完了のランプを確認し，第1段階の加工が終わったワークをスロッター内から左手でつかむ(スロッター内の加工作業は2段階に分かれている)。③右手に持ったワークをスロッター内の第1段階の加工エリアに置き，左手に持ったワークをスロッター前の所定の場所に置く。④所定の場所に置いたワークを右手に持ち，第2段階の加工が終わったワークを左手に持つ。⑤右手のワークを第2段階の加工エリアへ，左手のワークを洗浄エリアへ置く。⑥加工開始のレバーを右手で触れる。プレス作業が開始する。⑦洗浄前のレバーを右手で触れる。洗浄作業が開始する。作業者は旋盤1の前へ向かう。

両社で担当したライン作業は，組付と機械加工であり，種類は異なるものの，共通して1つひとつの動きまで定型化されていた。作業の手順はもちろんのこと，レバーを押す手まで，事細かに決められていた。

2 「異常」の処理

ライン労働者は，基本的には，標準化された作業を指示通りに遂行することだけを求められている。それが，ライン労働者の「仕事」である。

しかし，スムーズに流れているようにみえるラインにも少なからず「異常」が発生しており，それらを処理しなければならない。ラインの「異常」とは，不良品の発生や機械の故障などである。ここで問題になるのが，それらの「異常」を誰が処理するかである。ライン労働者か，ライン外労働者か，修理保全の専門工か，あるいは技術者か[25]。どの程度の「異常」を誰が処理しているのか。この点が，トヨタの労働の質や熟練にまつわる研究で一大論点になってきた。

本項は，労働者間の分業関係に焦点をあてて，労働者が対処している「異常」のレベルを明らかにしたい。ライン労働者とライン外労働者，ライン外労働者と専門工，それらの分業関係に注目して，現場が対処している「品質不具合」と「機械設備不具合」

のレベルを検証する。

[1] トヨタ[26]

ライン作業者による品質不具合への対処とは，端的に言えば，不良品を見つけ出すことであり，後工程に不良品を流さないことである。ライン労働者は，見つけた不具合を直すことまでは要求されていない。検査・梱包係に限っては，品質不具合の手直しも仕事に含まれるため，簡単な手直しを行っていたが，それでもバリをヤスリで削る，といったレベルである。大がかりな不具合の手直しや不良原因の追究は，組内ではライン外の職制と職場リーダーだけが携わっていた。

機械設備不具合への対処は，なおのことライン労働者は関わっていない。異常処置の資格がなければ，機械に触ることさえ許されていない。その資格は，在職3年目以上の正規労働者は取得できるが，資格取得者も，機械の再起動程度のことしかやっていなかった。機械がストップすると，「異常処理中」と大書されたプラスチックのカードを所定の場所にかけて，赤いボタンを押すだけである。再起動の作業は，機械が頻繁に停止する組付職場や洗浄周りでは，ルーティンワークと化していた。故障の原因を究明したり，機械の内部を開けて修理を行ったりといった本格的な異常処置は，他組に属する専門工が単独で行っていた。

[2] 日産

日産では，品質不具合と機械設備不具合の両方とも，ライン労働者が対処できる余地があった。不良品が生み出される原因の追究や問題の解決も自ら行おうとしていた。正規労働者だけでなく，非正規労働者も機械の復帰を試みていた。1ヵ月間しか働かなかった筆者は，機械の再起動程度のことしかできなかったが，半年近く，同じ職場で働いていたペアの松山君(非正規労働者，18歳)は，旋盤に取り付けられているコンピュータに触れながら，復帰作業を行っていた。そして，自力での復帰は無理と判断すると，ライン外労働者を呼びに行く。現場に駆けつけたライン外労働者(日産社員)は，自前の工

❖25……両社の部門編成を説明すると，トヨタでは，「技能系」と「事務技術系」とに大きく分けられる。前者は，工場所属のP部門と本社所属のE部門からなり，後者は，S部門と呼ばれる。P部門はさらに，区分A（号口作業：販売車両の生産およびそのための部品生産のこと)，区分B（改善作業)，区分C（保全・品質管理部・原動力運転など）からなり，E部門は，研究開発や生産技術工機などを担当する。日産の部門編成は，「事務技術職で占められる間接部門を除けば直接部門と準直接部門とに別れ，プログラム作成・修正など新たに出現した作業は直接部門の所属となり，保守・保全作業は準直接部門の管轄に含まれる」(永田 2005，68頁)。本稿は労働者の区分を用いることとし，ライン労働者，同じ組に所属するライン外労働者，保全や修理を専門に担当する他組の専門工，技術者，という大括りの分け方を用いる。

❖26……詳細は，伊原(2003) 53-58頁。

具を用いて機械の内部を開けて微調整したり，機械に備え付けられたコンピュータを再設定したりしていた。ライン外労働者も，自分の力ではどうにもならないと判断すると，後日，専門工と一緒になって機械の復旧作業に取り組んでいた。以下，現場における異常処置の実態を紹介する。

▒2004（平成16）年2月23日（月）　スロッターの故障

松山君と2号機を担当。スロッターが頻繁に故障する。安全センサーにひっかかったわけでもないのに，機械が勝手に止まる。そのたびに，松山君が機械のスイッチをひねり，機械を再起動させていた。しばらく機械と‘格闘’して，自力では再起動不可能と判断すると，ライン外労働者の井手さん（日産社員，28歳）を呼びに行く。現場に配属されたばかりの私には，井手さんが何をやっているのかわからないが，工具を使って機械を開け，スパナを用いて機械内のボルトの締め具合を調整していた。今日は4回，井手さんを呼んだ。そのうちの1回は，機械の調整に30分ほどかかった。

▒2月26日（木）　トラブル対処法の習得段階

働きだしてから10日ほど経つ。ちょっとしたトラブルの対処法は，少しずつ身につけ始めたが，覚えなければならないことはまだまだたくさんある。品質不具合を発見したら，不良の種類と部位を記録しなければならない。不具合の種類は多く，覚えきれない。井手さんや松山君は，「ビビリ，かじり，まくれ，アラメ，圧痕，板厚」といった不具合の「専門用語」を口にするが，私にはほとんど理解できない。また，どの程度の不具合なら，手直しして‘使える’か，修復不可能で‘おしゃか’にするか，その選別の基準もよくわかっていない。この職場で6ヵ月目になる松山君は，それらの不具合をほとんど理解しているようだ。

▒2月29日（日）　日常化した「異常」と予期せぬ「異常」

スロッターの再起動は，私一人でもできるようになった。松山君のやり方を見よう見まねで覚えた。スイッチを「自動」から「単独」に変え，「異常リセット」と「原点復帰」のボタンを順番に押し，最後に再び「単独」から「自動」にスイッチを戻す。ボタンを押し，スイッチを切り替えるタイミングに少々コツが必要だが，操作自体は単純である。松山君は，このような日常化した「異常」だけでなく，新規の「異常」にも対処しようとしていた。

今日，旋盤1の機械が止まったとき，旋盤のディスプレイを見ると，「オイルの不足」と表示されていた。彼は，1号機の森君（非正規労働者，23歳）のところへ行き，オイルをもらい，注ぎ足していた。「井手さんに教えてもらったの？」と尋ねると，「教えてもらってない。ここに表示されているから，なんとなくそうかなと思って」という答えだった。

設備不具合の種類は多い。「異常モニターコード一覧表」には49種類もの不具合の事例が記載されているが，それらをすべて頭に入れているわけではない。その都度，臨機応変に対応している。

先日，複数の完成部品に同じような傷がついていた。松山君は，不具合の発生原因を「バイトの取り付け方にあるのではないか」と推測し，私にバイトの取り付け方が適切か確認させた。私は，バイト（の先に取り付けてあるチップ）を取り付け直した。もう一度，機械を回すと，依然として同じ箇所に似たような傷がついている。次に，通常よりも早めにチップを交換したが，それでもダメだった。試しに旋盤内をきれいに掃除すると，傷はなくなった。おそらく，旋盤内に切粉が残っていて，それが部品に当たっていたのだろう。試行錯誤の末，不良発生原因を取り除くことができた。

▒3月3日（水）　ライン外労働者と専門工

旋盤2のトラブル。井手さんは，専門工と一緒に旋盤のコンピュータをいじっていた。コンピュータの数値を打ち直ししては，1回だけ機械をまわし，機械から出てきた部品を手にとってチェックし，再びコンピュータの数値を変えていた。詳しいことはよくわからないが，部品の切断面をみながら，バイトの角度を微調整していた。

▒3月12日（金）　品質不具合の種類

今日は大がかりな故障。1号機はほとんど稼働しなかった。井手さんと専門工が一緒になって対応している。今日の生産個数は，1号機は29ポリ，2号機は80ポリ。

「不適合理由検査」の一覧表が現場に配られた。今日の時点で27種類の品質不具合が記されている。新たな不具合が発見されるたびに，不具合の種類は追加される。井手さんはもっと細かくチェックしなければならないようだ。彼の一覧表には，54種類もの不具合が記載されていた。

▒3月15日（月）　大がかりな故障

今日は，1号機も2号機も故障。井手さんと専門工がスピニングと格闘している。機械の背面にあるディスプレイをいじっていた。プログラミングを修正しているようだ。大がかりな故障であり，機械加工作業は完全に休止状態。1号機と2号機の作業者は全員，最終検査へ回された。

以上，トヨタと日産の異常処置の実態を紹介した。トヨタ研究では，現場労働者の異常処置のレベルが大きな争点になってきたが，両社の実態を付き合わせてみると，トヨタよりも日産のライン労働者の方が，より複雑な異常処置に関わっていることがわかる。トヨタではライン外労働者が担当している異常処置の一部を，日産ではライン労働者が，しかも非正規の労働者も行っていた。

もっとも，調査対象の工程，機械，部品が異なるので，2つの職場を単純に比べることはできないが，この実態比較から，トヨタのライン労働者がとりたててレベルの高い異常に対処しているわけではない，ということはいえよう。

3 カイゼン活動 —QCサークルと「提案」

結論から先に言えば，カイゼン活動は，トヨタの非正規労働者は「参加」していたが，日産のそれは全く関わっていなかった。以下，それらの概要について説明しておく。

[1] トヨタ[27]

QCサークルと「創意くふう提案」には，すべての労働者が「参加」する。

QCサークルの結成開始年は1964(昭和39)年である。発足当初は，班長を中心とした自主性の高い活動であったが，1971(昭和46)年12月，QCサークルを全社的に支援・推進する機関として「不良撲滅運動推進委員会」(79[昭和54]年に「QCサークル活動推進委員会」と改称)を立ち上げ，以後，会社主導でQC活動を推し進めてきた。[28]

2004(平成16)年度の実績は，全社のQCサークルの数がおよそ7千，年間のテーマ解決件数が1サークルあたり平均3件である。[29] QCサークルは，実質的に「仕事」であり，全員強制参加である。正規労働者はもちろんのこと，非正規労働者も「参加」する。ひと月に2回，1時間程度，通常業務の後に開かれる。残業代は支給される。

サークルの組織形態は，班長が「サークルリーダー」を務め，テーマごとに「テーマリーダー」が指名される。その他の労働者は，「サークルメンバー」として加わる。工長と組長は，サークルには参加しないが，それぞれ「アドバイザー」，「サブアドバイザー」として，活動の相談役を務める。

筆者が所属していたQCサークルの参加状態を簡単に紹介すると，サークルリーダーとテーマリーダーだけが会話をし，他のメンバーはほとんど黙って下を向いている。話をふられると，時折，ぼそぼそと答えるが，積極的な参加とはほど遠い。とりわけライン労働者は，口を開くことはまれであり，非正規労働者は全く話さなかった。通常業務で疲れきっているライン労働者たちは，QCサークルが終わるのをひたすら待っている様子であった。

「創意くふう提案」制度の発足は，1951(昭和26)年である。フォード社の「サゼッションシステム」を参考にして，立ち上げた。「参加率」と1人あたりの平均「提案件数」の推移をみると[30]，発足から10年後の1960(昭和35)年は20%，0.6件であり，まだ浸透しているとはいえない。1970(昭和45)年になると，54%，1.3件に増え，社員の半数が「参加」するようになった。その後，にわかに活発になる。1980(昭和55)年は92%で19.2件，1985(昭和60)年は45.6件に達する。ただし，その後は「量」よりも「質」を重視するようになり，件数は減少する。1人あたり月平均1件のペースに落ち着く。2004(平成16)年度の実績は総計54万件，1人あたり平均13件／年である。「提案」の採用率は，近年ほぼ100%に達している。

「提案」は，月に1回，提出を義務づけられている。QCと同様，非正規も含めた全労働者が対象である。退社後，家や寮でカイゼンすべき点を考えてくる。「創意くふう提案シート」が配布され，そのシートに，現状と問題点，カイゼン案，その効果(具体的な数値)，投資額(カイゼンに要する費用・工数)を具体的に記入する。貢献度に応じて賞金がもらえる。最低で500円，最高で20万円である。

「提案」の参加状況をみると，これまた積極的な参加にはほど遠い。ほとんどの労働者は，提出期限が過ぎた頃，組長から催促されて，しぶしぶ「提案シート」を提出していた。

[2] 日産

QCサークルの開始年は1966(昭和41)年である。座間工場の係長・組長(当時)が中心となった有志がサークルを結成したのが始まりである。その後，数年の間に他工場に広まる。69(昭和44)年以降，各工場で独自に進めてきたQCサークル活動を全社で組織化し，サークル数，参加率，解決テーマ数が飛躍的に上昇した。70年代中頃には，「参加率」はほぼ100%になる。

2005(平成17)年度の実績[31]をみると，QCサークルの数は全社で約1,100である。活動時間は，ひと月に2時間であり，それ以上は「自主活動」になる。定時内に活動が行われることもある。定時外であれば，残業手当が支給される。QCサークル活動は，基本的には「全員参加」であるが，強制ではないとのことである。ただし，サークルは工長主導で編成されており，一般労働者が勝手に立ち上げることはできない。非正規労働者は

❖27……詳細は，伊原(2003) 68-80頁。
❖28……トヨタと日産のQCの発展経緯は，宇田川(1995)を参照のこと。トヨタのQC立ち上げ期の活動にかんしては，片渕(2000)が詳しい。
❖29……2004(平成16)年度のQCサークルと「創意くふう提案」の実績は，トヨタの工場見学の際に聞いた。
❖30……入社研修時のパンフレットより。
❖31……以下，日産のQCサークル事務局への聞き取りより。

参加しない。1サークルあたりの年平均提案数は約10件である。提案内容に応じてランク付けされ，その等級に応じて1,500円から30万円が支給される。別途，個人の「提案」もある。

全社のQC大会は，年に4回開かれている。そのうち，カイゼン事例が年に2回，運営事例が1回，推進事例が1回である。日産グループのQC大会は，年に1回開催される。QC関連の教育も行われている。第4章で触れたが，階層教育(新入社員，初級，中級，上級)の一環として，品質管理やQCサークルにかんする教育を実施している。

サークルの運営は組単位であり，構成員が20人ほどいる組では，2つのグループに分けられる。サークルの組織形態は，「リーダー」と「サブリーダー」がいて，残りが「サークルメンバー」である。各サークルのトップには，形式的に「サークル長」(工長)が，その上に，サークルを統括する役として，「アドバイザー」(係長)がいる。さらに「副世話人」(課長)，「世話人」(部長)がいて，サークル全体の運営を司る組織が「QCサークル推進会議」である。

Y工場のQCサークル数は166であった。メンバー数は1,614人，経済的効果は全体で15.0億円，1サークルあたり904万円，1人あたり95.9万円，テーマ解決件数は1,181件，1サークルあたり平均7.1件である。[32]

非正規労働者はQCサークルにかかわっていないので，活動内部の状況は全くわからないが，一度，工場内のQCサークルの発表会を見学したことがある。そのときの様子は以下の通りであった。

2月18日(水)　QCサークルの発表会

昼休みの時間帯，13時から30分間ほど，工場内のQCサークルの発表会があった。このような発表会は，定期的に開催されているようだ。昼食の後に休む広間で開かれたので，休憩ついでに様子を眺めていた。今日は，2つのグループが発表した。傍聴者は60人ほどである。

1つめのグループのテーマは「工数削減」である。「特性要因図」を用いて，工数を規定している要因を分析している。次に，「工数を減らすためにはどうすればいいか」を検討する。5W1H(いつ，どこで，誰が，何を，なぜ，どのように)のフォーマットに則り，カイゼン方法を説明していた。カイゼンの成果は「工数59.2%減」である。

グループ代表者による発表時間は7分ほどである。発表後，傍聴者に質問や感想を求めたが，会場からの反応は全くない。

2つめのグループも同じ流れで発表を行う。サークルの課題を掲げ，現状を把握し，現状分析(特性要因図)を行う。5W1Hのフォーマットに則ってカイゼン方法を説明し，カイゼン効果を具体的な数字で示す。2つめのグループによる経済的な効果は「12万6千円減」である。最後に，反省点と今後の課題を提示し，質疑応答を行い，発表を締めくくった。

表7-2｜サイクル・タイムのカイゼン結果

	第1号機	第2号機
2月8日	88.3秒	88秒
9日	78秒	91～93秒
10日	75秒(目標達成)	89～91秒　(夜)目標未達成
11日		86.7～88秒
12日	75秒	85.6秒

工場内に設置されているボードには，「小改善シート」が貼られている。カイゼンのテーマ・内容・結果が記されている。機械加工職場には，「サイクル・タイム削減対策」が掲示され，カイゼンによる成果が壁紙に書かれていた(**表7-2**)。

活動実態については全くわからなかったが[33]，活動の「成果」を見る限り，合理化のためのカイゼン活動である。事務局は「強制ではない」とは言うものの，実質的には強制であり，「仕事」である。

なお，このような「上」からの活動推進は，NRP(日産リバイバルプラン)以降，強まったようだ。日産の品質保証部によれば，「企業活動の低迷にともない，QCサークル活動も，日常の職場の身近な問題を自主的に解決するだけではなく，各職場で上位から下りてくる職場の重要課題に取り組み，企業業績に貢献しようという考え方を導入し，従来の活動を大きく変化させてきた。これが2000年度から新たに開始した『New QC サークル活動』である。この活動の特徴は，従来あまり明確でなかった活動の目標と，目標(値)を明確にしたことである。(中略)業績に直結し，企業貢献に軸足を移すことをねらいに，全員が日産リバイバルプランに参画する活動をめざした[34]」。日産は，NRP以降，QCサークルを合理化推進のための一手段として，より明確に位置づけるようになったのである[35]。

32……2001(平成13)年度の活動実績。Y工場ゲストホールより。

33……嵯峨(1996)によると，QC活動や「提案」などへの「参加について，職場からの声はあまり聞かれない。疲れている人が多いし，嫌々やらされているという感じさえあるようだ。(中略)むしろ職場労働者にとって，『仕事のきつさ』の方が切実な問題のようである」(46頁)と印象を語っている。

34……佐藤(2003) 30頁。

35……日産は，「日産復興」に貢献する活動への変革を求めて，「New QCサークル活動」を発足させた。2000(平成12)年度から04(平成16)年度にかけて，「NRP」と「日産180」に対応させて，「企業貢献と人材育成」の二本柱をQCサークルの目標に掲げた。ひきつづき05(平成17)年度から始まった「日産バリューアップ」に対応させて，「G-up QCサークル活動」に着手し，これまで以上に「人財育成」に注力した活動に変革することを目標としたのである(『QCサークル活動 40周年のあゆみ』日産自動車株式会社，全社QCサークル事務局，工場・部門　QCサークル事務局)。

4 ローテーション

ローテーションとは，配置の転換や持ち場の交替のことであり，大きく分けて，3つのパターンがある。1つ目は，組を横断する長期的なスパンの職場異動であり，2つ目は，組内の配置の転換であり，3つ目は，数時間単位の持ち場の交替である。

[1]トヨタ[36]

配属先では，非正規労働者の中にも工場をまたがって異動してきた者がいた。彼らは共通して，異動前後の仕事の関連性が乏しい。異動の主目的は，人手の柔軟な調整である。

組内の配置転換はどうであろうか。朝の会議のとき，「組内の仕事をすべてこなせるように」と組長が話していたことがある。実際，前工程の機械の故障で部品が入ってこないときやノルマを完遂した後に，他の仕事を覚えさせていたことがあった。しかし，通常の現場では，その日のノルマをこなすことで精一杯であり，新しい仕事を身につけさせる余裕はない。ライン作業は単純であり，特別な技能は必要ないが，新人がラインに入ると，生産スピードは遅くなる。新人に仕事を教える教育係も必要となる。その程度のタイムロスや負担にすら耐えられないのが，職場の現状である。

ただし，例外はある。将来を嘱望された職場リーダーは，組付ラインと検査・梱包ラインの仕事を意識的に学んでいた。

非正規労働者の配置は基本的には固定である。管理する側にとって，短期間しか働かない非正規労働者を動かすメリットは乏しいのであろう。しかし，頻繁に不良品を流し，「仕事が向かない」と判断された者に限っては，担当を替えさせられていた。

数時間単位の持ち場の交替は，頻繁に行っていた。他の職場の生産量が増えて人手が欲しい場合，逆に，自工程の生産量が減って人手が余る場合に，持ち場を替えていた。筆者は，一貫して洗浄周りの仕事を担当していたが，一時期，組付の生産増への対応要員として，組付補助を任されたことがある。クールごと交互に，洗浄周りの運搬と組付補助とを受け持った。また，同じ持ち場内でも，クールごとに作業を交替していた。例えば，組付作業と組付補助作業との交替である。このような持ち場の交替は，気分転換になることはある。

その目的は，それぞれのローテーションにより多少は異なるが，基本的には，生産量の増減に対する労働者‘数’の柔軟な調整である。ローテーションを通した人材育成という‘理念’がないわけではない。しかし，正規労働者を含めて，「仕事習得一覧表[37]」などに基づき，計画的に技能を習得させているわけではなかった。現段階では，職場の中心的な人物を除き，「少人化[38]」の原理に則った労働者の量的なやりくりの側面が強い。

[2] 日産

筆者の持ち場の変化を記すと，はじめに配属された職場は最終検査である。1週間ほど経つと，機械加工のやり方を教わり，最終検査と機械加工の両方の作業を任された。その後，退職までの期間，主に機械加工を担当した。

この組では，最終検査工程をやってから機械加工へ回すのが慣例になっていた。すべての非正規労働者が，この順序で作業を担当してきた。管理者の話によると，「最終検査工程を先にやると，どのあたりにどのような不良が発生するのか，わかるようになる」からである。たしかに，この順序で作業を行うと，「ここに傷を付けると，最終検査の人が手直しでたいへんになる」，「最終検査の際，ここに加工不良が頻発していたから，気をつけてチェックしよう」といったことを自然と意識するようになる。日産の職場では，このような意図もあり，最終検査工程から機械加工工程へという順序で作業を担当させていたのである。

ただし，トヨタと同様，「仕事習得表」などがきちんと整備されていたわけではない。ローテーションを通した技能形成を全く意識していないわけではないが，現状では，積極的に取り組んでいるとまではいえない。

数時間単位の持ち場の交替は，トヨタ同様，行っている。機械加工職場では，クールごとに，オペレーション係と検査係とが入れ替わっていた。

なお，筆者は請負労働者であったが，2，3日ほどの短期間，他組の仕事を任されたことがあった。組内の人手が余ったとき，隣の組の洗浄工程に回された。反対に，自工程が急な増産を要求されたとき，近隣の組から請負らしき労働者が手伝いに来たことがあった。

III 労働の量

前節は，トヨタと日産の労働の「質」を比較した。ただし，労働にはもうひとつの側面がある。労働の「量」である。本節は，工場の「末端」を支える者の労働負担を両社で比べる。

❖36……詳細は，伊原(2003) 80-85頁。

❖37……筆者が調査したトヨタ系列の下請会社は，「技能習得状況一覧表」(**図7-7**)を作成し，組内の仕事を計画的に習得させていた(伊原　2006a, 109-110頁)。このような一覧表は，トヨタの配属先には存在しなかった。

	作業1	作業2	作業3	作業4
aさん	●	●	●	×
bさん	●	×	×	×
cさん	●	×	●	×
dさん	●	●	×	×
eさん	●	●	●	●

●＝習得済み
×＝未習得

図7-7｜技能習得状況一覧表

❖38……「高性能の大型機械を導入すると，人間の力を省く，つまり『省力化』は実現できる。しかし，より重要なのは，その機械によって人を減らし，必要な部署に回してやることである。(中略)生産必要数に応じて何人でも生産できるラインをつくり上げるよう，知恵をしぼる必要がある。これが『少人化』の狙いである」(大野 1978, 220頁)。

同じ会社であっても，職場や生産部品の違いにより，労働者の負担は異なる可能性がある。したがって，両社の労働の量的比較として，たまたま配属された先を比べることは適切ではないかもしれない。しかし，同一企業内の職場には，制度上の共通点がある。企業単位の管理制度や生産システムである。本書はそれらに規定される側面に注目し，労働の外延量である労働時間の長さと，労働の内包量である労働密度の高さに限定して，トヨタと日産の労働負担を比較することにする。

1 労働時間

「勤務形態」のところで確認したように，定時内の労働時間の長さは，トヨタと日産とで大差ない。違いが生じるのは，定時後の残業時間の長さである。

残業時間の長さは，各工程の生産の進捗状況によるところが大きい。生産量の変動によっても大きく変わる。本項は，会社単位の共通の規定要因となる，残業時間に対する制度上の制約をみていく。

[1] トヨタ

トヨタの勤務形態は‘連続’二交替制であり，制度上，一直は最長でも1時間しか残業ができない。二直は，そのような制約を受けない。配属先では，一直二直を問わず，残業時間は毎日30分から1時間であった。職場によっては，二直のみ，毎日2，3時間の残業をこなしている忙しい部署もあった。[39]

[2] 日産

日産の場合は‘昼夜’二交替制であり，制度上，一直でも二直でも最長3時間の残業が可能である。機械加工職場は，フル稼働を求められており，3時間残業が続いた。

連日の3時間残業はきつい。残業代は多くなるが，その「代償」は大きい。

▒2月26日（木）　3時間残業

定時までは順調。とくに問題はない。だが，最後の3時間がきつい。目がかすむ。眠くなる。意識が薄らぐ。この状態での3時間はきつい。

日産では，工場内の拘束時間が12時間強である。8時〜20時，あるいは，20時〜8時。行き帰りの通勤時間が片道1時間弱であり，その時間も加えると，14時間近い拘束となる。

▦2月23日(月)　14時間の拘束

残業3時間。寮に帰ったら，すぐ風呂に入り，ご飯をかっ込み，布団にもぐる。起きたらすぐ工場へ。あっという間に1日が過ぎていく。疲れがとれる間もない。

なお，日産の労働生活がきつかったのは，たんに残業時間が長かったからだけではない。労働時間の長さに加えて，‘変則的’な勤務形態であったからだ。

直は，1週間ごとに交替する。本来，寝ている時間に働かなければならない夜勤が負担となることはもちろんだが，昼勤と夜勤の1週間ごとの交替がきつい。生活のリズムが作りにくく，体のバイオリズムが崩れる。

▦同日

仕事前に，反対直の労働者に会い，帰り際，再び彼らに会う。この繰り返しが続く。何か不思議な感じがする。彼らが寝ていないような印象を受けるからか。あるいは，「無限ループ」の中に取り込まれているような恐怖を感じるからか。

工場内は常にうす暗い。昼勤も夜勤も変わらない。残業時間に入る頃，気温が急激に下がり，体が冷えてくる。頭がぼうっとしてくる。同僚の声が聞こえにくくなる。そうなると，「あぁ，夜勤だったな」と気づかされる。

仕事が終わり，工場から一歩，外へ出ると，朝日が眩しい。だが，気持ちは晴れない。徹夜明けのけだるさである。同僚と一緒に，最寄りの駅に向かう。駅の方からは，颯爽と仕事に向かう人たちの波。その人波に逆らいながら，家路に向かう。

▦3月9日(火)　夜勤

最近，働き始めた南野さん(非正規労働者，48歳)は，「昨日全く寝られなかった」と言う。私も，夜勤明けだと，寝てもたびたび目を覚ます。遮光カーテンから光がかすかに漏れ入る。自動車のクラクションやエンジン音が睡眠を妨げる。

体調がよろしくない。体が重く，ほてっている。ずっと風邪をひいているような感じである。

もっとも，週ごとに昼勤と夜勤が変わり，直の交替が負担になるのは，トヨタもかわらない。[❖40] しかし，トヨタの場合は，昼と夜が完全には逆転しない。「定時あがり」なら，夜勤でも24時35分までである。昼勤のときは，起床は5時，始業は6時25分と，朝早くて大変だが，そのかわり，夜勤のときも「同一日に働いている」という感覚を持っていた。

❖39……トヨタは，1995(平成7)年5月より「連続二交替制」を導入した。導入の経緯にかんしては，猿田(1998)を参照のこと。

❖40……トヨタの事例は，伊原(2003)217-226頁。

ところが，日産の場合は，8時から20時，20時から8時と昼夜が完全に逆転するため，夜勤になると，日付や時間の感覚がすっかり狂ってしまうのである。[41]

しかも，日産の職場では，雇用期間中に更なる生産増を求められ，「二組交替の5勤2休」から「三組交替の4勤2休」に勤務形態が変わった。これがきつさに拍車をかけた。以下，新しい勤務形態について説明する。

三組交替の4勤2休体制とは，4日勤務して2日休む，昼夜を交替して再び4日勤務して2日休む。三つの組が2日ずらしで，この勤務パターンで働く。このような変則的な勤務形態を採用することにより，ラインはフル稼働が可能となる。実際に使用していた担当表をみながら，もう少し詳しく説明しよう(**図7-8**)。

A組の予定は，2月23日から26日までの4日間が夜勤で，27，28日の2日間が休み。29日から3月3日までの4日間が昼勤で，3月4日，5日の2日間が休み。そして再び夜勤に戻る。この繰り返しである。

他組との関係をみると，A組が，2月23日から26日の4日間，夜勤を担当しているとき，前半の2日間，C組が昼勤を受け持ち，B組は休み。後半の2日間，B組が昼勤を担当し，C組は休み。そして次の2日間，27日と28日，A組が休みのとき，B組がひき続き昼勤を担当し，C組が夜勤を受け持つ。

つまり，昼勤と夜勤と休みをあたかも‘輪唱’のごとくずらすことにより，必ずどこかの組が昼勤，夜勤，休みに該当し，しかも，ほかの組と重なることはない。土日も含めてフル稼働が可能になるのだ。

では，なぜ，このような勤務体制が労働者にとってきついかと言うと，「6日単位」で，昼型と夜型の生活を切り換えなければならないからだ。5勤2休に比べると，サイクルは1日短いだけであるが，労働者にとってその‘1日’が持つ意味は大きい。1日でも長ければ，生活のリズムを立て直すことが容易になるからだ。見方を変えると，その1日が切実に感じるくらい，昼夜の交替は心身ともに堪えるのである。しかも，4勤2休になると，社会的存在としても厳しい生活を強いられる。

4勤2休の場合，土日も関係なく出勤しなければならないし，2日間の休日も，特定の曜日ではない。1週7日単位で回っている「一般社会」の生活リズムから完全にずれてしまうのである。トヨタの場合も，「トヨタカレンダー」というトヨタ固有の年間勤務表が存在し，祝日も出勤日であり，筆者は「社会」からの疎外を感じていた。しかし，それでも，土日は休日出勤などの例外を除いて休みであり，日産に比べればまだ‘まし’であった。

2月29日(日)　日曜出勤

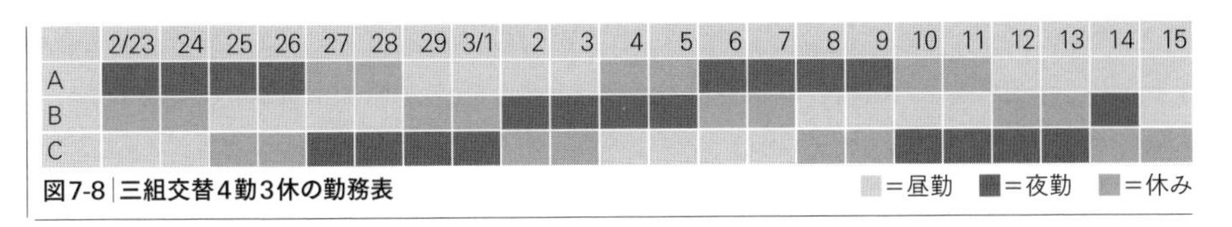

図7-8｜三組交替4勤3休の勤務表

駅から工場へ向かう大通りには，ほとんど人がいない。平日は，日産の労働者だけでなく，近辺の会社の労働者でごった返す。工場内も寂しい。私らの他に，ほとんど人がいない。工場の食堂も休みなので，駅前のコンビニで弁当を買っていく。

▦3月15日(月)　最終日

今日で終わり。1ヵ月間だから，トヨタの時に比べれば短い。が，4勤2休の勤務体制と連日の3時間残業はきつかった。生活のリズムが一般社会のそれから完全にずれてしまい，時間の感覚が希薄になっている。トヨタのときと同様，あるいはそれ以上に生活のリズムが崩れた。もう勘弁である。

日産では，残業時間が長い，昼と夜が完全に逆転する，しかも昼夜が6日単位で替わる。比較の問題ではあるが，トヨタで働いたときよりも，労働時間の長さ[42]と直の交替が負担になっていた[43]。

2　労働密度

労働の量を規定するもうひとつの要素である労働密度を検証しよう。作業スピードに慣れるまでの期間や作業中の待ち時間に注目して，両社のライン作業の密度を比較する。

[1] トヨタ

労働の質のところで明らかにしたように，ライン労働は単調な繰り返し作業である。担当作業を「理解する」には，ほとんど時間を要さない。

運搬作業の場合，一通りの作業パターンを覚えるのに半日もかからなかった。細かな点まですべてを理解するにはもう少し時間が

❖41……昼夜の二交替制は心身ともに大きな負担になる。医学的にみても，交替制の負担の大きさは明らかである。

「工場や鉄道，ホテルなど昼夜を問わず稼働する職場に交代制で勤務する男性は，主に昼間だけ働く男性に比べ，3.5倍も前立腺がんになりやすいことが，文部科学省大規模疫学研究班（運営委員長・玉腰暁子名古屋大助教授）の調べで分かった。（中略）日勤グループと夜勤グループの間では，前立腺がんのなりやすさに統計的な違いはなかった。夜勤のみの場合，夜型リズムに体が比較的順応しやすいためとみられる。これまでの研究によると，不規則な勤務で体内時計が乱れ，前立腺がん細胞の増殖を抑えるホルモンの一種，メラトニンの分泌量が落ちるとされている」（『毎日新聞』2005［平成17］年9月16日付，朝刊，29面）。昼夜の二交替制は，たんなる「慣れ」の問題として片付けられないのである。

かかったが，それでも，現場に配属されて3日目から，基本的には1人で作業をこなした。組付作業の場合は，さらに時間を要さない。部品の流れと手足の動きを理解し，なんとか1人で作業をこなせるようになるまでに，1時間もかからなかった。

トヨタのライン作業は，誰にでもできる簡単な作業である。ところが，簡単な作業であっても，尋常でない作業スピードを要求されると，話は違ってくる。そのスピードに「慣れる」までには，かなりの時間がかかったのである。

運搬係の場合，ラインの流れを妨げずに作業をこなせるようになるまでに，ひと月ほどの期間を要した。常時，手足を動かしている。運搬中は足を動かし，足が止まっているときは，重い部品を上げ下げしている。3ヵ月半後の契約期間満了間近でも，体が止まっている時間はほとんどなかった。

組付作業の場合は，筆者が担当した2週間では，求められるスピードについていけなかった。筆者が担当したのは組付の補助係であり，組付作業よりも簡単である。にもかかわらず，この有り様である。このような実態は筆者だけではない。組付作業を担当している他の非正規労働者も，求められるスピードに‘自然に’体がついていくまでに，最短でもひと月はかかっている。

トヨタのライン作業は，理解するだけであればごく短期間しかかからない。しかし，要求される作業スピードについていけるようになるには，かなりの時間を要する。この事実が，トヨタが求めるライン労働の密度の高さを如実に示している。

[2] 日産

日産のライン作業も極めて簡単である。トヨタと同様，「最低限の仕事」の手順を覚えるのに，ほとんど時間を要さなかった。最終検査は，配属後すぐに，機械加工も，1時間程度の指導のみで，作業にとりかかった。

ところが，要求される作業スピードについていけるようになるまでの期間にかんしては，トヨタと日産とで顕著な違いがみられた。

日産の場合は，配属の初日から，作業に余裕があった。最終検査は，特段スピードを意識することなく，自分のペースで作業をすることができた。1個あたりの検査時間は指示されておらず，作業者当人からすれば，タクトタイムはなきに等しかった。機械加工は，スピニングや旋盤などの機械に作業者の動きが制約されるため，ラインの流れを意識させられるが，それでも，求められる作業スピードはトヨタに比べるとかなりゆっくりであった。配属後すぐに，待ち時間が生じるほどであった。

▒2月14日(土)　最終検査作業

同じ最終検査作業でも，トヨタと日産とでは，作業スピードが全く異なる。トヨタでは，検査する部品の順序までランプで指示され，1個あたり8秒で検査と梱包をするように命じられていた。日産では，仕事を始めたばかりだが，とくに問題なく作業をこなせる。

同期の魚住さん（非正規労働者，23歳）は，フォークリフトを任されたが，1日でいやになったそうである。彼の話を聞くと，前後工程の進行状況に気を配らなければならず，私の仕事よりもたいへんそうである。故郷の北海道の友人に慰められ，「ひと月はがんばる」といっているが。ちなみに，トヨタでは，フォークや運搬車の仕事は「おいしい仕事」，「最も楽な仕事」と言われ，羨ましがられていた。

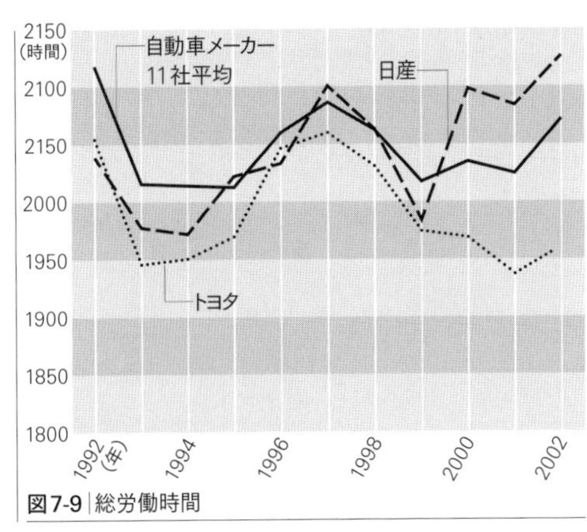

図7-9｜総労働時間

2月20日（金）　機械加工作業

今日で働きだしてから1週間が経った。「楽な仕事」といったら言い過ぎであろうが，トヨタのときのように，「苦痛で苦痛で仕方ない」という感じではない。あのきつさはいったいなんだったのだろうか。

トヨタの作業と比べて明らかに異なる点は，「労働密度」である。オペレーターの待ち時間は長い。はやくやれば，ワンサイクルの中で15秒～20秒近い待ち時間を生み出すことができる。機械にあおられることもない。ある程度，自分のペースで作業を行

❖42……参考までに，会社単位の総労働時間を比べると，トヨタの方が日産に比べて短時間の傾向にある。自動車総連の「雇用動向調査」によると，**図7-9**のようになっている（加藤 2004）。ここで言う「総労働時間」とは，「所定労働時間＋所定外労働時間－年休取得」という公式から算出された値である。2011（平成23）年度の実績は，トヨタの組合員平均が1,860時間，生産部門が1,821時間，日産は，それぞれ1,980時間，2,068時間である。

トヨタは，1997（平成9）年に「働き方・労働時間に関する小委員会」を設け，労使が一体となって「総労働時間1800時間台実現」に向けて取り組んできた。その成果が実り，90年代後半から減少傾向にある。

ただし，トヨタは所定内労働時間の短縮に力を注いできたものの，所定外労働時間は依然として長く（残業の依存度が高い賃金体系），それを規制する仕組み（36協定や連続二交替制における労働時間制限）がホンダと比べると弱いという指摘もある（浅野 2004, 2008, 2009）。指標として表れるトータルの時間数だけでなく，休日出勤の半ば「強制」，年休の「計画的取得」，「サービス残業」，さらには以下にみる労働密度の問題にまで踏み込んで検討しなければ，労働負担の実態は見えてこない。

❖43……トヨタにも，三組二交替制が導入されていたことがある。ただし，この職場の制度とは異なる。3週間（21日）を1サイクルとし，12勤9休，暦週で4勤3休，日曜日は休日。詳細は，小西（1991）を参照のこと。

うことができる。

トヨタの方が給料(時給)は高かった。しかし，この労働密度の差からすると，実質的にどちらの方が高いのか，考えさせられてしまう。それくらい，作業負担が違う。

▦3月3日(水)　機械加工作業

機械操作にも慣れた。この作業を始めてから2週間しか経っていないが，既に他のことを考えながら作業をすることができる。トヨタの組付補助のときは，作業を始めてから2週間では，他のことを考える余裕など全くなかった。それどころか，求められる作業スピードに間に合っていなかった。

▦3月15(月)　機械加工作業

作業中に待ち時間があるので，機械が加工するワンサイクルの時間と私が実質的に手足を動かしている時間を計測してみた。

旋盤1のワンサイクル(旋盤1のドアが開いてから，オペレーターが作業を行い，ドアが閉まり，機械が自動的に加工し，そして再びドアが開くまで)の時間は60秒前後である。私が手足を動かしている時間は35秒から40秒だから，20秒から25秒は，なにもしていない待ち時間という計算になる。しかも，スピニングが1つの部品を加工する時間は82秒から85秒であるため，60秒前後のサイクルで作業をしていると，「タマ」を切らす。スピニングマシンは休憩時間にも稼働させ，タマは作りだめしてあるが，順調に生産が進めば，その「貯金」はすぐに底をつく。そうなると，機械加工職場のサイクルタイムは，機械の中で最も加工時間が長いスピニングに合わせなければならず，よりいっそう待ち時間が長くなる。

トヨタのライン作業では，常時，手か足のどちらかは動かしており，体が完全に止まっている状態はほとんどなかった。日産の場合は，配属初日から待ち時間があり，作業中にかなりの余裕があった。両社の労働密度の違いは明らかである。[44]

IV 小括——職務‘不満足’度

本章は，トヨタと日産の労働の質と量を比較検証した。小括は，一人の非正規労働者の視点から両社の「職務満足」度を評価したい。

トヨタの非正規労働者は，「異常処置」は全くやっていない。日産のそれは，自分から動ける余地が多少はあった。筆者は，不具合の見分け方やそれへの対処法を身につけていく過程で，若干とはいえ，向上心が満たされることがあった。

QCサークルや「提案」といったライン外活動は，トヨタでは非正規労働者も「参加」していたが，日産では全く関わりがなかった。では，「参加」の有無は，労働者の職務満足度にいかなる差をもたらすのか。結論を端的にいうと，それらへの「参加」による満足度は高くない。むしろ，筆者の周りの非正規労働者にとっては苦痛の種であり，更なる負担でしかなかった。なぜなら，8時間以上もラインで働いた後のQCサークルであり，家に帰ってからの「お仕事」としての「提案」であるからだ。それぞれの活動への参加の報酬として，前者に対しては残業代が支払われ，後者に対しては「貢献」に応じた賞金がもらえるが，非正規労働者が「参加」したのは，事実上，「仕事」だからであり，強制であったからである。

ただし，それらの活動への参加は，経営側に自分をアピールする機会にはなりうる。したがって，参加を促す誘因もないわけではないが，しかしそれは，労働そのものの魅力とは異なる。

ローテーションから得られる満足度も，両社ともに知れている。新たな仕事を覚える「喜び」を感じたことはある。気分転換の効果もなくはない。しかし，両社とも，「仕事習得表」などに基づき計画的にローテーションを運営していたわけではなかった。とりわけトヨタでは，突発的に，しかも，関連性のない持ち場に交替させられることが多かった。計画的なローテーションであれば，心の準備ができる。それが，当日いきなり持ち場の交替を告げられると，あたふたしてしまう。新たな仕事を覚える満足感よりも，新しい作業のスピードに適応しなければならない身体的な負担や，新しい職場の人間関係になじまねばならない精神的な負担の方がはるかに大きい。両社ともに，ローテーションがライン労働者の満足度を特段高めているわけではない。[45]

❖44……生産管理制度の研究によれば，トヨタと日産とでは，「標準作業」の作成と「標準時間」の算定の方法が異なり，制度上，トヨタの労働密度の方が高いことが推察されている。トヨタでは，（最も有能な）班長の作業スピードを基にして，標準作業と「基準時間」が設定される。標準時間は，正味時間＋余裕率からなるが，トヨタが採用している基準時間には，余裕率は見込まれていない。一方，日産では，IEグループや技術サイドが現場監督者とやりとりしながら標準作業を決定し，その標準作業に基づいて，自動的に，正味時間と余裕率が定められる（野村 1993b）。しかし，その後，日産は生産管理制度を改定した。労働組合の力が弱まり，余裕率は会社主導で決定されるようになった経緯を第3章で触れた。「作業者の余裕率は一貫して15%と変わらないが，ライン余裕率は5%（84年）から現在は0.5%へと短縮されている」（嵯峨 1996, 43頁）。さらに現在は，トヨタと同様，標準時間から余裕時間が除かれ，人員削減や作業組織のカイゼンを通して，作業の高密度化が推し進められている。詳しい原理については，山田（1997）を参照のこと。

ただし，第9章で明らかにするが，トヨタに比べると，日産は現場に入り込んだムダの削減を徹底できていない。制度上の異同はさておき，現場の運営レベルでは，両社の労働密度にはまだ差がある。なお，一緒に働いた非正規労働者の中にも，複数の自動車企業で働いた経験のある者が何人かいたが，彼らも一様に「トヨタが一番きつい」と漏らしていた。

トヨタと日産の比較により，トヨタの労働の質的側面から得られる満足度が，とりたてて高いわけではないことがわかった[46]。日産の方がまだ'まし'であるが，それも，あえて強調するほどの差ではない。むしろ，一ライン労働者からすれば，労働の量による職務「不満足」への影響の方がはるかに大きかった。

労働の量にまつわる不満の主要因は，両社で異なる。トヨタは，労働密度の高さであり，日産は，労働時間の長さと勤務形態の不規則さである。

トヨタのライン労働の密度は極めて高い。トヨタのライン労働に魅力を感じる人がいるとすれば，その人は，大概の労働に魅力を感じるであろう。そうとでも言いたくなるくらい，トヨタのライン労働は「しんどかった」。

それ対して，日産のライン労働の密度はさほど高くなかった。勤務初日から，求められるスピードに対応できるほどであった。しかし，連日の3時間残業と6日単位の昼夜の完全な交替は，体調に変調を来すほどつらかった。

では，トヨタと日産のどちらの労働がきついか。これは，完全に主観的な評価になるが，トヨタの労働である[47]。直の交替と長時間労働による負担は，程度の差こそあれ，トヨタにも該当する。しかし，トヨタにおける労働の密度の高さは，日産とは比較にならなかったからである[48]。

組織の「末端」に位置する労働者に割り当てられた労働そのものの魅力は乏しい。両社の労働から，非正規労働者が満足を感じる質的要素を見いだすことは難しい。ト

❖45……ただし，前章の註33で言及したように，期間従業員の雇用期間が長期化し，そうなれば，期間従業員に割り当てられる労働や彼(彼女)らが形成する技能にも変化が生じる可能性はある。木下光男副社長は，「労働法制の改正で期間従業員の採用年数が延びて熟練度が高まっている」(『日本経済新聞社』2006［平成18］年5月11日付，中部，7面)と述べている。したがって，非正規雇用者の職務満足度にも，多少の変化はあるかもしれないが，非正規労働者の雇用期間の長期化は，正規従業員の雇用抑制を伴う。その点を考慮に入れて，技能や満足度の「向上」の側面を評価しなければならない。

❖46……トヨタ自動車労働組合による「組合員の働きがい調査」の結果を紹介すると(6万人の組合員の1割，約6,000人をサンプルとして抽出し，回答してもらう。技能職が約6割，事務職・技術職が約4割)，「今の仕事が楽しい」38%，「今の仕事にとても生きがいを感じる」26%，「今の仕事を続けたい」47%，「トヨタ自動車にずっと勤めたい」63%，という結果が出た。トヨタ労組は，「仕事の中味よりも，『トヨタの社員であること』に意義を見出している人が多いからではないか」と分析している(日本機械工業連合会機械工業展望調査ワーキンググループ 2004)。この調査結果からも，トヨタで働き続けられる可能性が低い者たちの満足度の低さは想像がつく。

❖47……筆者の体重の推移を記すと，トヨタで働いた時は，入社時に比べて，1週間後3キロ減，10日あまりで5キロ減，期間終了時の3ヵ月半後には7キロ以上，痩せていた。日産で働いた時は，1ヵ月後，体重は減るどころか，逆に増えていた。

❖48……しかも，6日単位の直の交替は，日産のすべての職場に当てはまるわけではない。しかし，トヨタの労働の高密度は，生産システムの原理とその運営実態から推測するに，トヨタ全社に共通する特徴である。その点から言っても，トヨタにおける労働の密度の高さを強調すべきである。

ヨタにせよ，日産によせ，ライン作業者の労働をトータルに評価すれば，労働者の不満を著しく高めている量的側面にこそ注目すべきであろう。なかでも，トヨタにおけるライン労働の密度の高さは改めて強調すべきである。

第8章

職場管理の実態比較

チーム・コンセプトと可視化

第3部の課題は，企業組織の「末端」に焦点をあてて，管理の浸透と労働者の働きぶりをトヨタと日産で比較することにある。前章と前々章は，「労務管理」と「労働管理」を取り上げた。本章は「職場管理」に注目し，「チーム・コンセプト」と「可視化」による監視システムの運営実態を把握・分析する。

冒頭は簡単な説明にとどめるが，チーム・コンセプトとは，チームに職場運営を委ねる管理方法であり，可視化による監視システムとは，職場環境や作業状況を外側から見えやすくし，管理者の眼差しを工場のフロアにくまなく行き届かせ，その眼差しを労働者に意識させて働かせる管理システムのことを指す。これらの管理手法は，次のような共通の特徴を帯びる。

かつての欧米企業の現場では，管理する側とされる側との間には厳然たる対立関係が存在し，管理者が労働者を一方的に統制してきた。それに対して日本企業で働く労働者は，逐一動きを指示されたり，厳しく監視されたりしなくても，運営する側の視点に立って，自発的に働く。

2つの管理コンセプトは，日本(日系)企業対欧米企業という対比の議論で取り上げられることが多く，日本企業が現場から積極性を調達できるひとつの根拠にされてきたのである。

しかし，これらの管理コンセプトは，管理の眼差しを一様に工場に行き渡らせ，労働者を自律的に動かすのだろうか。導入の仕方と眼差しの浸透の度合いはどこの現場でも同じなのか。本章は，先行研究を検討して論点を整理した上で，2つの管理コンセプトの運営実態を企業組織の「末端」からトヨタと日産とで見比べる。

I チーム・コンセプト

従来の欧米企業では，現場で働く‘労働者’はあくまで管理の対象であり，厳しい監視の下で行動を細かく指図された。管理する側とされる側とが厳然と分かれており，両者の対立は激しい。

それに対して，日本企業が採用するチーム・コンセプト[❖1]の下では，両者の区分は曖昧であり，すべての‘従業員’がチームの一員として現場の運営に携わる。序章における先行研究の整理のところで明らかにしたように，70年代後半から80年代にかけて，日本企業のチーム・コンセプトが取り上げられ，職場のチームは労働者から参加を引き出し，民主的に運営されているとして評価されたのである。その特徴付けや評価は時期や論者により異なるが，高度成長期からバブル景気にかけた日本経済の「高揚」に牽引される形で，日本企業に独自な集団やチームが脚光を浴び[❖2]，なかでも海外で強い関心を集めた。

日本企業の台頭に焦りを感じた海外企業は，チーム・コンセプトを技術的な管理手法として受けとめ，積極的に導入するようになる[❖3]。「日本的経営」の影響力が増すにつれて，海外企業の「日本化」(「ジャパナイゼーション」)をいかに評価するかが研究者の一大テーマとなり，以下で紹介するように，国内外の多くの研究者がチーム・コンセ

❖1……職場を自律的に運営する集団や活動を意味する用語として，「(準)自律的集団」，「自主的活動」，「労働者参加」など，様々な言葉があるが，本書は，「チーム・コンセプト」という用語を統一して用いる。チーム・コンセプトという用語は，明確な定義なしに使われることが多く，対象も多様である。企業組織全体をひとつの「チーム」あるいは「ファミリー」とみなす議論もあれば，QCサークルに限定した議論もある。本書は，QCサークルを含む職場運営の最小単位をチームとみなす。

❖2……序章で示したように，日本企業のチーム(あるいは集団)にまつわる議論は，いわゆる「日本的経営」論の嚆矢であるAbegglen (1958)から百出の感がある。しかし，当初は，日本企業(あるいは日本社会)における集団(主義)の文化的・社会的側面が議論の対象であった。代表的な研究を挙げると，間(1963, 1964, 1971)の「経営家族主義」や「経営福祉主義」，津田(1973, 1976, 1977)が提唱する，経済的合理性と結びついた「共同体」の原理，岩田(1977, 1978)が考察した，日本人「心理特性」が基層にある「日本的経営」の編成原理，村上ほか(1979)の「イエ社会」，浜口(1982)の「間人主義」，三戸(1981, 1991a, 1991b)の「イエ」の論理などがある。ところが，日本企業が国際市場で優位性を示し，海外でも注目されるようになると，チームを「テクニカル」な管理手法や制度として捉える研究が主流になる。その代表的な議論が小池(1976)と仁田(1988)である。

小池(1976)は，日米の職場慣行を比較し，日本企業の職場に固有な特色のひとつとして「準自律的な職場集団」とそれに基づく「配置の柔構造」を挙げる。「たしかに組合の発言は弱い。だが，他方職場の配置について経営がすべてをきめているともいえない。どうやら，労働者の職場集団が，職長をリーダーに慣行をつくりあげているようにもみえる。自分達の仕事のやり方や配置を自分達できめるのは，参加の『最高の形態』といわれる。わが国の職場集団は，幾分かこの機能をもっているように思われる」(はしがき iv)。

仁田(1988)は，労使協議を通した「労働者参加」の検証を主たる課題とし，第1章で，「自主管理活動」と「職場作業者集団」を取り上げている。氏によれば，「それらの活動の『拡大』『定着』『効果』が，実際に現場作業者の労働に対する能力と意欲を動員することによって達成されてきた点が重視されなければならない」。「そうした現場作業者の能力と意欲を組織化する方法として，上からの『強制』，イデオロギー的『統合』，外部からの『刺激』を無視することはできないが，むしろ，現場作業者の『自発性』を引き出す上で，活動それ自体に内在する現場作業者にとっての意義，たとえば『職務拡大』としての意義，『教育訓練』としての意義などが重要な役割を果たした」(79頁)。

プトの導入先の現地工場を調査した。

チーム・コンセプトにかんする評価は，注目されだした頃は，肯定的なものが大勢を占めた。しかし，ブームが落ち着くと，労働者の「自主性」や「助け合い」の内実の限界を指摘する研究が目立つようになる。チームには自発の側面がないわけではないが，あくまで強制の枠組みの中の「自発性」であり，また，労働者どうしの助け合いの面よりも，相互監視の面の方が強い[4]。過労死やワーカホリックを引き起こす「企業社会」の構造の解明を課題とした研究からも，このような否定的な側面に光を当てる議論が出てきた[5]。日本の生産システムはフォーディズムを超えたシステムであるか否かが争点となり，「ポスト・フォーディズム」論争が巻き起こり，その文脈でも，チーム・コンセプトの「先進性」をめぐり広範な議論が繰り広げられた[6]。多くの論者が多様な議論を展開する中で，ポジとネガの関係を丹念に読み解く論者が現れ，チームにかんする研究は進展した[7]。

しかし，個々のチームが置かれた状況とチーム内部の運営構造により，チーム内の力学は変わってくるであろう。それらの研究は一般論の域を出ない。本書は，分析枠組を整理した上で，トヨタと日産のチーム内の力学を現場の「末端」の実態に基づいて比較する。

以下，分析上，チームを2つの関係に分けて考える。ひとつは「タテ」の関係であり，管理者と一般労働者との関係である。もうひとつは「ヨコ」の関係であり，一般労働者どうしの関係である。それぞれの関係から労働者統合の実態を把握し，最後に，タテとヨコの関係が交差・融合する場としてチームを捉え直し，労働者統合のあり方を総合的に考察する。

1　タテの関係——一般労働者への権限委譲，管理者と一般労働者の人間関係

はじめに，日本(日系)の自動車企業とチーム・コンセプトにかんする代表的な議論を2つ取り上げ，タテの関係と労働者統合にかんする論点を整理しよう。

日本(日系)の自動車企業のチーム・コンセプトが海外で注目され始めた80年代，タテの関係にかんする評価は，肯定的なものが主流であった。日本の自動車会社の経営者は労働者を信頼し，現場のチームに権限を委譲し，企業や職場や仕事へのコミットメントを労働者から引き出している。こうした議論や評価が国内外で広まった。世界に君臨してきた米国自動車産業が日本企業の台頭に脅かされるようになると，日本企業のチーム・コンセプトを好意的に評価する言説は説得力を持ったのである。

このような説を唱える代表的な研究が，「リーン生産方式」を広く世に知らしめたWomack, Jones and Roos, *The Machine that Changed the World* (Rawson Associates, 1990)である。彼らは，日本の自動車企業の生産システムを，贅肉がそぎ落とされたという意の「リーン」と形容し，「リーンな工場の真髄はダイナミックなチームワークにある」との認識を示す。互恵的な労使関係の下，労働者は大きな権限を委譲され，責任を自覚して，チーム単位で現場の運営にあたっていると理解する。

「本物のリーンな工場には組織上の大きな特徴が2つある。『最大数の作業内容と責任を実際に車に価値を付加する作業員に委譲すること。そして欠陥を発見したらその原因を徹底的に究明するシステムを持つこと』である。これはつまり，ライン作業員同士のチームワークがあり，工場にいる全員が問題に迅速に対処し，全体状況を把握できる単純だが総括的な情報表示システムがあるということである」

❖**3**……「1988年3月までに，チーム方式が導入されたところ，あるいは導入を計画中のところは相当な数に上っている。ゼネラル・モーターズ（GM）の少なくとも17の組立工場，クライスラーの6工場，フォードのルージュ鉄鋼，ロメオのエンジン工場，それから日産，ホンダ，マツダ，ダイアモンドスター，NUMMI（ニュー・ユナイテッド・モーターズ・マニュファクチャリング・インコーポレイティッド。トヨタとGMの合弁会社―伊原）など，日系工場のすべてがそうである。1987年秋のフォードやGMとの全国協約交渉では，全米自動車労組（UAW）ははっきりとチーム方式を支持した。チーム方式は，他産業にも広がっており，電子工学，化学，石油精製，重機，電話，自動車，複写機，ハイテク企業等がすべてチーム実験を行っている。それはまた，パブリック・セクターにも広がっている」（Parker and Slaughter 1988, p.4, 邦訳69頁）。

ただし，外国企業に導入されているチーム・コンセプトは，「日本的経営」にのみ影響を受けたわけではない。本章の註**1**でも指摘したように，その定義は統一的ではなく，名称も様々であるが，チームを職場における複数人単位の作業集団と大づかみに定義するならば，外国でもかなり昔から検討され，導入が試みられてきた。1950年代から始まるタヴィストック派のSTS（Socio-Technical Systems：社会・技術システム論）の流れや，1970年代から80年代にかけてのQWL（Quality of Working Life：労働生活の質）のプログラムの流れが有名である。チーム作業方式の歴史的な変遷および多様性にかんしては，倉田（1985），森田（1998），奥林（1999）などを参照のこと。また，欧米企業の「半自律的な作業集団」は，いわゆる「日本的経営」のチーム・コンセプトと同じではない。欧米の自動車産業の中には，日本企業のチームよりも権限が大きい「自主管理チーム（self-managed team or self-managing team）」や「自主率先的チーム（self-leading team）」を採用する企業もあり，日本企業のチーム・コンセプトとは異なる形で発展を遂げているケースもある（倉田 1998，大橋・藤本 2000）。

したがって，海外で導入されたチーム・コンセプト＝「日本的経営」と，短絡的に捉えてはならないが，前者が後者の影響を少なからず受けてきたことはたしかである。

❖**4**……代表的な論者は，熊沢誠である。熊沢（1993）などを参照のこと。

❖**5**……十名（1993）は，日本固有の「企業社会」には，「労働者支配のインフォーマル性と結合したフレキシビリティ」の特性があり，それが，過労死などの「負の側面」をもたらしていると分析する。

❖**6**……「ポスト・フォーディズム」論の論点は多岐にわたるが，チーム・コンセプトを含む「日本的経営」全般の評価にかんしては，加藤ほか（1993）を参照のこと。

❖**7**……京谷（1993），鈴木（1994），丸山（1995）。

（Womack et al. 1990，p. 99，邦訳124頁）。

チーム・コンセプトが持ち上げられ，その導入が煽られる中で[8]，そのような論調に真っ向から異を唱える論者が現れた。その代表的な著書が，Parker and Slaughter, *Choosing Sides: Unions and the Team Concept*（South End Press, 1988）である。彼らが描いた，米国に進出した日系自動車企業およびチーム・コンセプトを導入した米国企業の現場は，Womack et al.（1990）が高く評価したリーン生産方式の導入現場と悉く食い違う。

彼らによれば，チームは自律的・民主的に運営されているわけではなく，そもそも十分に機能していない。「チームはしばしば，長期間にわたって会合せず，チームとしてあまり機能していない。チームは多くの場合，管理運営の単位以上のものではない」（Parker and Slaughter 1988, 日本語版への序論17頁）。チーム・コンセプトに熱狂する職場もないわけではないが，ラインが正常に稼働するようになると，大方の労働者は「自分の職務」に専念し，チームの運営には関わらない。チームは，あくまで管理単位として現場に導入されているのであり，むしろ導入を機に，労働者に対する管理・統制が強まっていると捉えている[9]。

チームにかんする2つの代表的な議論は，完全にすれ違っている。その理由のひとつは，立場の違いである。チーム・コンセプトを経営側からみるか，労働者側からみるかにより，同じ現象でも解釈が異なる。しかし，議論の詳細を丹念に読み比べると，検証すべき論点と事実が明確になる。Womack et al.（1990）は，権限が‘チーム’に委譲され，チームの構成員は協力し合って職場運営に取り組んでいると理解しているのに対して，Parker and Slaughter（1988）は，権限は‘一般の労働者’にまでは下ろされず，にもかかわらず，彼（彼女）らはチームに「参加」させられるために，チームを通して密に管理・統制されていると考えるのである。

両者の議論のすれ違いをこのように整理すると，チーム内の「権限関係」と「人間関係」を分けて考えなければならないことがわかる。そして，それぞれの内実とそれらの組み合わせにより，タテの関係を通した統合のあり方は大きく異なることが推察される。一般労働者への権限委譲の大小と，管理者と一般労働者との人間関係の密度の高低により，統合のあり方は，大別して4つのタイプが考えられる（**図8-1**）。

タイプ1は，一般の労働者にも大きな権限が与えられ，管理者と一般労働者との人間関係の密度が高いタイプである。チームは一体となり，民主的に運営される。経営側と労働者側の両方の意向が反映される可能性があり，どちらの意向が強くなるかは，チームが置かれた状況による。

タイプ2は，同じく，一般の労働者にも大きな権限が付与されるが，労働者と管理

	権限委譲が大	権限委譲が小
タテの人間関係が密	**タイプ1**……民主的な職場運営。労働者の意向はフォーマルに取り入れられる。ただし，管理者側との意思疎通を通して，その論理に取り込まれる可能性はある。	**タイプ3**……労働者は権限をほとんど与えられないにもかかわらず，管理者側と密なコミュニケーションをとらされ，チームに取り込まれる。
タテの人間関係が疎	**タイプ2**……労働者の自主管理的な職場運営。フォーマルな形で労働者の意向が職場運営に反映される。ただし，労働者主導のチームであっても，市場の論理からは逃れられない。	**タイプ4**……労働者には権限がほとんど与えられないが，管理者と接する機会も少ないため，インフォーマルな形で非生産的行為を働きやすい。労使間で露骨に対立する場合もある。

図8-1｜タテの関係から見た統合の4つのタイプ

者がはっきりと分かれているタイプである。職場は，労働者の意向が優先され，場合によっては，経営側の意向に反する形で運営される。労働者による「自主管理的」な職場運営である。

タイプ3は，委譲される権限は小さいが，両者の「距離」が近いタイプである。経営者は，労働者に実質的な権限は与えずに，タテの密な人間関係を通して労働者をチームに統合する。タイプ4は，付与される権限が小さく，人間関係も密ではないタイプである。チーム内には明確な「分断線」が引かれる。一般の労働者は，独自な文化を築き，場合によっては，経営に対して露骨に反発することもある。フォーマルには職場運営に関われないが，インフォーマルに職場に手を加えることはある。

以下，管理者と一般労働者との権限関係および人間関係を把握し，タテの関係を

❖8……チーム・コンセプトを好意的に伝えるその他の研究として，トヨタ生産システムをいち早く海外に紹介したMonden (1983)，日本の自動車産業の優位性を「全員参加型」の品質管理と部門や企業をまたがる「情報共有」に求めたCole (1981)，チームを通して「全員参加」する英国日産を高く評価したWickens (1987)，NUMMI，ホンダのアメリカ工場であるHAM (ホンダ・オブ・アメリカ・マニュファクチュアリング) など，北米へ進出した日系企業と，チーム・コンセプトを導入した米国自動車企業とを取り上げ，その「強み」を，ハードウェアでもソフトウェアでもなく，「ヒューマンウェア」(人間の技術・知識・経験) から説明した島田 (1988) などがある。

❖9……Parker and Slaughter (1988) が出版された後，日本(日系)自動車企業のチーム・コンセプトを否定的に捉える実証研究が，数多く出てきた。ミシガン州のフラットロックに進出したマツダの単独出資工場であるMMUC (マツダ・モーターマニュファクチャリング・コーポレーション。なお，1992年，フォードとの均等出資会社になり，オート・アライアンス・インターナショナル(AAI)に名称変更) の工場内外の人間模様を克明に描いたFucini and Fucini (1990)，同じくMMUCのチームを扱ったBabson (1995)，英国の日産工場を調査したGarrahan and Stewart (1992)，米国のスバル-イスズ・オートモーティヴ(SIA)の工場を参与観察したGraham (1995)，トヨタ自動車のケンタッキー州ジョージタウン工場で働く従業員に面接調査を行ったBesser (1996)，スズキとGMの合弁会社であるCAMMIの包括的な調査レポートであるCAW-CANADA Research Group on CAMI (1993)，同Rinehart et al. (1995, 1997)，国内の2つの自動車工場を参与観察した大野 (2003)，そしてトヨタの職場運営やQCサークルを内側から克明に描いた伊原 (2003) などがある。もちろん，会社や工場が異なれば，運営実態にも相違点があるが，これらの研究には，Parker and Slaughter (1988) の指摘と類似点が多い。

通した労働者統合のあり方を4つのタイプに照らしてトヨタと日産とで比較する。

[1] 一般の労働者に委譲される権限の大きさ

トヨタの期間従業員も，日産の請負労働者も，勤務先の工場のチーム(組)に入れられた。

職場運営にかんする一般労働者への権限委譲の実態は，トヨタと日産とで大差ない。組の長である，トヨタの組長や日産の工長ともなれば，組内のやりくりに頭を悩ませることになるが，役職がない労働者たちは，職場運営に携わるフォーマルな権限は全く与えられていない。もちろん，ラインの立ち上げにも関わらない。

[2] 管理者と労働者との距離

ただし，管理者と一般労働者との人間関係にかんしては，両社の間で顕著な違いがみられた。トヨタの方が，管理者と一般労働者との'距離'が近く，管理者が密な関係を築こうとしていた。管理者は会えば声をかける。管理者の個人的な資質や性格にもよるだろうが，職場になじめない期間従業員の面倒もみていた。職場の人間関係がうまくいかない人，当日に休む人，不良品をしばしば流す人には，特段，注意を払っていた。

ここで注目したい存在は，「チーム・リーダー」である。組の長は，「上」と現場との間に入り，「上」から与えられたノルマを各人に遂行させる役割を担う。その際，「下」の不満を解消したり，「下」の要望を「上」に上げたりする可能性もなくはないが，一般の労働者は組の長に気軽には話しかけにくい。チーム・リーダーは，その両者の間に入り，職場の雰囲気を'和やか'にし，職場の運営を'スムーズ'にする。立場上も，年齢的にも，一般の労働者に近いため，組の長よりも親しみを感じやすい。そのチーム・リーダーのあり方に，両社で明らかな違いがあった。

トヨタの現場でリーダーの役目を果たす人は，「職場リーダー」である。公式的な役職ではないが，組内のサブ・グループをとりまとめる役割を担う。組長は，通常業務中，ラインに顔を出すことはまれである。組長の下には複数の班長がいるが，肩書きだけの班長も少なくなく，彼らよりも，職場リーダーの方が，実質的に職場運営を司り，個々の構成員に具体的な指示を与えていた。職場リーダーは，平の労働者であり，一般の労働者と'同じ立場'でとりまとめを行う。所属先の組には，2人のリーダーがいた。1人は，サブ組付ラインのリーダーであり，もう1人は，検査・梱包ラインのリーダーである。彼らの年齢は28歳と32歳であり，反対直には20代前半のリーダーもいた。別称が「若手リーダー」であることからも想像がつくように，職場リーダーは若い。

日産にも，同様の役割を担う人が存在する。組の長である工長の下に位置する「指導員」である。しかし，トヨタのそれとは大きく異なる点があった。日産のそれは公式の役職であり，それに就く人の年齢は高い。配属先の組の指導員は40代前半であった。第2部で，日産の現場監督者の高齢化問題を取り上げたが，筆者が働いた職場にも該当した。一般の労働者にとって，彼らはまごうことなき現場監督者である。

現場監督者と一般労働者との間に入るチーム・リーダーのあり方に，両社で顕著な違いがみられたのである。

[3] タテの関係からみた労働者統合のあり方

以上，管理者と一般労働者との権限関係および人間関係の実態を把握した。タテの関係を通した労働者統合のあり方を考察しよう。

トヨタの一般の労働者は，職場運営のフォーマルな権限を与えられていない。権限にかんしては，同じチーム内に明確な分断線が引かれている。ところが，人間関係については，管理者と一般労働者の距離は比較的近く，両者を隔てる分断線は曖昧である。職場リーダーが，職制と一般の労働者とを橋渡しする役割を果たし，一般の労働者を巧妙にチームに取り込んでいる。労働者の中には，管理・統制されているとは感じていない者もいるかもしれない。それくらい，権限がある人とない人，指示を出す人と出される人，管理する側とされる側との間を隔てる壁ははっきりしない。職場リーダーと世間話をするうちに，管理する側の意向や眼差しが無自覚のうちにすり込まれていく。トヨタは，はじめに示したタイプで言えば，3番目に該当する。

ただし，強い「統合」の内実にかんして一言付け加えておくと，トヨタの労働者も，管理者の眼差しを完全に内面化しているわけではない。労働者の多くは，職場運営に関わる意思決定から外され，過酷なライン労働に専念する。それにもかかわらず，形の上だけ，同じチームの「一員」として管理者やリーダーと行動を共にしなければならない。この不自然さを完全には拭い去ることはできない。ある者は，管理者と「親しげ」に振る舞い，またある者は，「恭順さ」を示すものの，管理者に本音を話すわけではない。表面的にはおとなしくしている労働者が多いものの，それぞれのやり方で内心では管理者から距離をとっているのである。

日産も，権限関係にかんしては，トヨタと似ている。一般労働者には，職場運営の権限は与えられていない。ところが，人間関係については，両社で際だった相違点が見られた。トヨタに比べると，管理者と現場の「末端」に位置する非正規労働者との距離が大きい。両者の間には物理的・心理的な壁が存在し，「オレら」と「ヤツら」の間で棲み分けができている。筆者の職場近辺では，管理者に対して露骨に反抗的な姿勢を示す人はいなかったが，「自分たちの世界」に閉じこもる傾向が強かった。先ほどのタイプで言えば，トヨタに比べると4番目に近い。

2 ヨコの関係——労働者どうしの凝集性の高さと利害関係の深さ

日本企業のチーム内の「ヨコ」の関係については，実態に基づいて検討されてこなかった。それは，集団主義という日本人の「本質」により不問にされてきたからであり，あるいは管理制度から演繹的に導き出されてきたからである。しかし，ヨコの関係も自明ではない。さらには，昨今，非正規労働者という新たな要素がチームに加わることにより，複雑になっているものと想像される。

本項は，チーム内の労働者どうしの結びつきの強さを把握する。具体的には，労働者どうしの凝集性の高さと利害関係の深さとを検証し，ヨコの関係を介した労働者統合のあり方を分析する。

[1] 労働者どうしの凝集性の高さ

以下，職場配属時，朝のミーティング，作業分担，休憩時間と昼休み，組単位の集まり（QCサークル，集会，イベント，組合関連），退職時，それぞれの時に見られたチーム単位の行動を日記から明らかにし，労働者どうしの凝集性の高さをトヨタと日産とで比べる。

(a) トヨタ

職場に配属された初日の朝，組の詰め所であるプレハブの中で組長による紹介があった。「今日からこの組で一緒に働く伊原さんと長沼くんです」。私たちは簡単な挨拶を交わし，組の全構成員が自己紹介をした。自分の名前を述べる程度のごく簡単なものであったが，「同じ組の一員」ということを互いに確認し合った。

一日の「仕事」は，体操から始まる。始業の5分前に，工場内に音楽が響き渡る。全労働者は，各組のプレハブの前に集まり，音楽に合わせて体操を始める。それが終わると，組単位で「安全唱和」を行い，プレハブの中に入り，朝のミーティングに移る。反対直からの申し送り，当日の生産目標の指示，欠勤者の確認，作業の割り振りと，滞りなく進む。組長が話を進めながら，職場リーダーが具体的な指示を出す。朝礼が終わると，各自，プレハブから持ち場へ向かう。

正規と非正規の労働者で，担当エリアが厳密に区分けされているわけではない。非正規労働者と入社年次が若い正規労働者がライン内作業を担当し，職場リーダーやベテラン従業員がライン外作業を担う。私の勤務期間中，続々と非正規労働者が職場に送り込まれ，雇用期間満了間近には，ライン内の持ち場は非正規労働者で固められた。

始業前と終業後，作業時間の合間の小休憩，昼休みの時間帯，組のほとんどの従業員はプレハブの中で休んでいた。プレハブ内で休まなければならないという明文化されたルールがあるわけではないが，大方の従業員は，各組のプレハブの中で休憩をとっていた。仕事が終わっても，しばらくの間，プレハブの中で一服していく人が多い。一端，腰を落ち着かせてしまうと，すぐには帰りにくい雰囲気がある。

月に2回，QC活動がある。先述したように，QCは「全員参加」であるが，みんなが活発に議論し合うわけではない。ほとんどの人は，終わりの時間になるのをひたすら待っている。しかし，他者に対する関心の喚起という点でいえば，「参加」の効果は無視できない。同じ空間を共有するだけでも，労働者どうしは意識し合う。親睦を深めているとまでは言い難いが，長い時間，見知らぬ人どうしが狭い空間を共有することは不自然であり，QCに何回か出席するうちに，他の労働者に対する関心が自然と芽生えてくる。

組単位のイベントについても既に紹介した。「Kフェスタ」というお祭りの際に開催される，工場の駅伝大会に組単位で「参加」した。非正規労働者の中にも，選手として走った者がいる。通常業務の後に，従業員の健康維持の一環として開催されたバレー大会も，「全員参加」であった。聞いた話によれば，泊まりがけの忘年会もあるようだ。

労働組合の集会は，昼休みの休憩時間に，朝のミーティングなどで使用するプレハブの中で組単位で行われた。私たち非正規労働者は組合員ではなかったが，全員，プレハブの中に入り，組合の機関誌をもらい，組合の方針を聞いていた。司会は職場リーダーである。

退社日の昼休みに，組の全員が集まって，お別れ会を開いてくれた。そのほかにも，いくつかのグループが文字通り自主的に送別会を開いてくれた。

(b) 日産

日産も，組単位で新人を受け入れる。勤務初日，配属先のA組が夜勤であったため，一時的にB組に加わった。翌週の月曜日から，晴れてA組の一員になった。

2月16日(月)　A組に配属

始業前，詰め所の前に労働者が集合した。工長が新入りの私を他の労働者に紹介する。「今日から一緒に働く伊原さんです」。紹介といっても，名前を述べただけであり，私も軽く会釈するだけであった。他の労働者からの反応もなし。すぐに業務連絡に移り，それぞれの持ち場に散った。

始業時間の10分前までに，詰め所の前に集合する。組のメンバーは，プレハブの前に扇状に集合し，工場内に流れる音楽に合わせて体操を始める。それが終わると，扇の中心部に集まり，立ったままミーティングを行う。反対直からの申し送りが伝達され，他工場の事故が報告される。昼休みに開催されるQCの発表会や組合関連の集まりなどの予定も伝えられる。次に，指導員が組のメンバーの一人を指名し，「安全確認」をやらせる。指名された者は，作業中に注意すべき事を宣言し，その他の労働者は，指さし確認のポーズをとりながら，同じセリフを復唱する。一例を挙げると，指名された者が，「加工部位を素手で触らない。よし！」と言えば，その後に続いてその他の人たちが，「加工部位を素手で触らない。よし！」と繰り返す。朝のミーティングが終わると，各自がバラバラに持ち場へ向かう。

「安全唱和」のかけ声から指さし確認のポーズまで，両社は全く同じである。「よくもまぁ，ここまで同じだな」と感心したほどに，始業前のチーム単位の行動は似通っていた。

私が勤務していた当時は，非正規雇用者は請負労働者だけであり，請負会社が「請負工程」を単独で運営しなければならない。しかし，実際には，請負労働者も日産の管理者の指揮下にあり，日産社員と一緒になって働いていた。つまり，日産と請負会社の工程が完全に分かれているわけではなく，「混合ライン」[✣10]として運営されていたのである。ただし，組内のほとんどの非正規労働者は，機械加工（スピニング）工程と最終検査工程を担当し，日産に所属するライン労働者の多くは，プレス工程で働いていた。また，異なる請負会社に属する非正規労働者どうしが，同じラインで働いていた。請負会社の名が明記されている工程も，職場近辺に1つだけあったが，他社に属する私が，手すきの際，そのラインの手伝いに行かされたことがあった。

作業時間の合間の小休憩は10分間である。各持ち場の近辺には休憩場所が設けられており，長椅子が設置されている。しかし，便所の近くで休む者もいれば，親しい人の持ち場に出向く者もいる。トヨタと同じようなプレハブの詰め所もあるが，それは，複数の組から構成される係単位の事務所であり，現場監督者の仕事場である。日産では，組単位で休憩を取る場所も慣習もなく，それを強要する雰囲気もなかった。

昼食は工場の食堂でとる人が多い。工場の外にはコンビニや定食屋があり，外で食べてもかまわない。

食堂の隣は，ロッカー部屋である。その隣に大広間があり，昼休みの時間帯，非正規労働者の多くはそこで休憩をとっていた。[11]たばこを吸いながら談笑する者もいれば，横いすの上に寝そべっている者もいる。日産社員は，各自の持ち場近くで休憩しているのであろう。正規と非正規とは分かれて行動する傾向があるが，それぞれも，みんなで同一行動をとっているわけではない。組の構成員は一緒に行動すべきだという明示的な規則も暗黙のルールも，日産にはなかった。

仕事が終われば，プレハブに寄ることなく，すぐにロッカーへ向かい，帰り支度をする。

QCサークルには，日産社員だけが参加し，非正規労働者は関わらない。勤務期間中，組単位の集会もなかった。もしかすると，日産社員だけの集りはあるのかもしれないが，私たち非正規労働者には全く声がかからなかった。なお，工場単位で「課集会」が開かれたことがある。工場長による月初めの挨拶がビデオで流され，前月の生産状況や生産不良などの報告があった。この集会は，昼休みの後，大広間で行われたが，出席してもしなくてもよい。

組単位のイベントの話も耳にしなかった。ただし，日産社員だけの飲み会はあるようだ。請負会社のスタッフの話によれば，日産社員と仲が良い請負労働者の中には，個人的に一緒に飲みにいく人もいるようである。

組合関係の集まりは大広間で開かれた。そこにいる全員にビラが配られた。

退職の際，日産の職場でもお別れの挨拶はしたが，極めて事務的であった。

▒3月15日(月)　退職

朝礼のとき，私が辞めるという話があった。「今日で伊原さんが辞めて，かわりに佐伯さんが入ります」。ごく簡単な報告であった。勤務期間の1ヵ月間で，持ち場近辺の非正規労働者とはとても親しくなったが，日産社員とは全くと言っていいほど言葉を交わさなかった。ひと月近く経ったが，名前やプロフィールはおろか，顔すらおぼつかない。彼らに話しかけることが不自然に思われるほど，交流がなかった。

両社はともに，現場は組単位で編成され，非正規労働者はいずれかの組に配属される。その点では同じであるが，組という枠組みの強調の度合いに，顕著な違いが見られた。トヨタでは，あらゆる機会を通して組単位の行動を強いられるのに対して，日産では，集団行動を公式・非公式に強要されることはほとんどなかった。もちろん，正社員になれば，それなりの「付き合い」はあるだろうが，非正規労働者には，つねに一緒にい

❖10……請負会社Nの管理スタッフは，このような表現を用いていた。

❖11……日産の社員と非正規労働者との違いは，外見から判別できる。ヘルメットの色が，社員は白色，非正規労働者は緑色と，区別されていたからである。また，非正規労働者は，それぞれが属する請負会社の作業服を着ていた。

なければならないという雰囲気は全く感じられなかった。

[2] 他の労働者との利害関係

チーム内のヨコのつながりの強さは，人と人との物理的な「距離」の近さだけでなく，利害関係の深さにもよる。ここでは，不具合品の流出に対するチーム単位の対応をみてみよう。

(a) トヨタ

トヨタでは，不良品の発生原因の工程が特定できる場合でも，当事者だけの問題として片づけない。不具合が大量発生した際，検査・梱包ラインでは，通常業務の後に全員が集まった。「メンバーのミスは，グループ全体のミスと考えるように」と言われ，メンバー全員でミスの原因を追究し，再発防止の方法を考えた。

組の構成員どうしの密な利害関係は，工場内だけに限らない。組の誰かが交通違反を犯せば，所属先の組の全構成員が「罰」を受ける。勤務時間前に，工場の入り口付近で「交通安全」の旗を持ち，安全唱和をしなければならない。工場外の不祥事も，組の「連帯責任」となる。

(b) 日産

日産では，不良品を多量に出せば，朝のミーティングの際に「気をつけるように」くらいの報告があったように記憶しているが，それはあくまで担当者個人の問題である。少なくとも，非正規労働者の私にはそう感じられた。日産でも，不良品が大量に流れたことはあった。だからといって，トヨタのように非正規労働者も集まって再発防止を全員で検討するようなことはなかった。

[3] ヨコの関係からみた労働者の統合のあり方

以上，チーム単位の凝集性の高さと労働者どうしの利害関係の深さを実態に即して明らかにした。トヨタと日産とで共通点も見られるが，ヨコの結びつきの強さを大づかみに評価すれば，トヨタの方が，凝集性が高く，利害関係が深く，結束力が強い。

ヨコの関係が密であるトヨタでは，必然的に，労働者どうしが意識し合う。チーム構成員どうし，顔を付き合わす機会が多くなれば，一方で，仲のよいメンバーが増え，チームの中に自分の居場所を確保し，居心地のよさを感じることもあれば，他方で，働きぶりから，身につけているもの，噂話まで，他者の言動が事細かに気にかかり，自分に向けられる他者の視線に敏感になることもあるが，トヨタのように職場単位の責任を強調されると，構成員は「職場の規律」を維持する方向に他者に働きかける傾向が強まる。

わかりやすい例を挙げよう。「プレハブの中で休まなければならない」という明文化されたルールがあったわけではない。しかし，チーム単位で行動する労働者たちは，その慣行を守らない人を異端視する。プレハブで休まない人に対して，「なんであいつだけ外で休んでいるの?」と陰口をたたく者がいた。非正規労働者は，配属されたばかりの頃は，便所の前のソファーで休んでいる人が多かった。しかし，そのような「空気」を察してか，一人また一人と，プレハブの中で休むようになり，やがて，非正規労働者の中にも，プレハブの外で休息をとり続ける同僚に対して，否定的な感情を持つ者がでてきたのである。

チームの「和」を乱してはいけない。しかし，正規と非正規との間の壁が，すなわち，トヨタに居続ける人と遅かれ早かれトヨタから出て行く人との間に立ちはだかる壁がなくなることはない。「異質な者」どうしが空間を共有することの不自然さを誰もが感じている。チームの一体化圧力，異なる雇用形態の人たちに対する本音，さらにはグループ内の序列，このような入り組んだ力学の下に置かれた労働者たちは，職場の「空気」を読むことを強いられ，その微妙な「空気」を読めない人は「厄介者扱い」される。非正規労働者の同僚の中には，職場の人間関係を苦にして，契約期間の途中で辞めた人がいた。[❖12]

日産は，調査当時，現場の非正規労働者として主に請負労働者を活用していた。したがって，制度上，非正規労働者を日産の管理下には置けず，日産社員と一緒に働かせることは禁じられている。運営レベルでは，厳密に法が遵守されていたわけではないが，それでも，休憩時間やイベントなどの付き合いは，全くといっていいほどなかった。同じ組に「所属」していても，持ち場が異なれば，朝のミーティング以外，顔を合わすことはない。非正規労働者どうしであっても，近辺の人以外，ほとんど知らなかった。日産では，チームの一体化圧力が相対的に弱く，労働者どうしの利害関係は密ではない。おのずと同じチーム内で「棲み分け」が生じる。チームの一員であり，チームに守られているという安心感を抱くことはないが，与えられた仕事さえこなせば，あとは「自由」である。非正規労働者の中で，チーム内の複雑な人間関係に悩まされている人は見受けられなかった。

ただし，両社のチーム内の人間模様にか

❖12……集団の凝集性が高ければ高いほど，「異質な者」に対して排除の論理が働くことは容易に想像がつく。しかし，現場の実態をみると，同質化圧力の下で目立たないようにすることが負担になり，それができない者に対して「いじめ」が起きているというほど単純ではない。同質化圧力の下で複雑な力関係が形成されており，その微妙な力関係を読みながら職場内で「生き抜く」ことが負担になっているのである。

んして一言付け加えておくと，筆者の勤務期間の違いを考慮する必要がある。トヨタは3ヵ月半，日産は1ヵ月である。したがって，交友関係の広さや深さは単純には比較できないが，日産の工場ですでに長期間働いていた同僚の話からも，人と人とのつながりの希薄さはうかがえた。彼らも，日産社員はもちろんのこと，同じ非正規労働者にかんしても，持ち場近辺の人のことしか知らなかった。

3 タテとヨコの関係が融合する場 ──チームの統合力と内部の力学

第1項と第2項で，チームをタテとヨコの関係に分けて，労働者の統合の実態を明らかにした。最後に，2つの関係が融合する場としてチームを捉え直し，両社の「末端」における労働者統合のあり方をまとめよう。

権限関係を見ると，両社はともに，チーム内に明確な分断線が存在した。「末端」の労働者たちはチームの運営に関わる意思決定には関与できず，現場監督者やチーム・リーダーの指図に従うのみである。非正規労働者は，フォーマルに権限を委譲されて，職場運営に関わりながらチームに強くコミットしているわけではない。

ところが，人間関係にかんしては，両社で顕著な違いがみられた。トヨタは，タテとヨコの関係がともに密であり，集団の凝集性が高い。職制やリーダーは構成員を一体化するように働きかけ，チームの連帯責任を強調する。チームを介して労働者は互いに意識し，そこにチーム・リーダーが入り込み，チーム構成員は経営側の眼差しで緊縛し合う。「同僚」の眼差しが気にかかり，「同僚」のミスや手抜きに我慢ならない。「同僚」が‘へま’をやらかしたときは，つい，舌打ちがでてしまい，逆に，「同僚」に‘迷惑’をかけないように，必死でノルマを達成しようとする。

ただし，チームは一丸となって現場を支えている，といいきれるほど単純ではない。管理者側と労働者側は，わかりやすく分離しているわけではないが，考え方を完全に共有しているわけでもない。全員が仲よしというわけではないが，表だって反目し合っているわけでもない[13]。チーム構成員は，つかず離れずの関係を保ちながら，表面的に「和」を尊ぶ[14]。正規労働者に対して露骨に反発する非正規労働者はほとんどいない。数の上では半数近くを占めても，職場の運営上，「中核」ではないことは自他共に認めている。また，正規労働者の多くも，職場の変化を敏感に感じ取り，非正規労働者と「うまくやっていこう」としている。両者ともに気を遣っている。しかし，このような‘微妙な関係’をぎりぎりの状態で保持しているチームに，たとえ少数でも「空気」を読めない人が入り込むと，他の労働者も物理的・心理的に「やってられなくなり」，チーム全体の‘士気’が一気に下がるのである。

日産は，チームを介した一体化圧力は相対的に弱く，管理者と「末端」の労働者，正規と非正規の労働者の距離が遠かった。それ故に，管理の眼差しがチーム内に行き届きにくく，「非生産的行為」を見逃しやすかったが，筆者の周りでは，職場内の密な人間関係に起因するトラブルはほとんど見受けられなかった。接点のない人たちとは直接的なトラブルを起こしようがないのである。

II 可視化と監視システム

管理者は，離れた場所からでも働く場の内側まで見通すことができ，労働者の勤務態度を一目で評価することが可能である。このような環境に身を置く労働者たちは，身近で監視されていなくても，彼らの眼差しを意識して自発的に働く。これが，「可視化」による監視システムと「規律化」のメカニズムである。

この監視システムは，「統制—抵抗」という従来の管理と労働者の関係を乗り越えたシステムとして，とりわけ世界市場に躍り出た日本企業に特徴的な管理手法として注目された。[15] しかし，職場環境の可視化を中心テーマにした国内企業の実証研究は少ない。ましてや，「可視化—規律化」の‘程度’を比較した研究は，管見の限りでは存在しない。「トヨタ方式」の可視化を全面に打ち出した著書はいくつか出版されているが，[16] それらの経営書も「べき論」で終わっている。これまでの研究は，可視化の程度と規律の強度にまで踏み込んで，個別企業の実態を解明しているわけではないの

❖13……雇用形態の違いに加えて，「文化」の違いもある。非正規労働者の中には，もともと(大卒の)ホワイトカラーとして他社で働いていたが，リストラにあい，採用条件がゆるい工場現場で働いている人も少なくない。そのような人たちにとって，現場がきついのは，単にライン作業が身体的に過酷なだけでなく，自己表現の仕方，コミュニケーションのとり方，趣味趣向など，生活全般に関わる文化が異なるからである。身分制がしかれていた戦前に比べれば，その違いは大きくなく，また，見えにくくなっているかも知れないが，違いが全くないわけではない。

❖14……チーム内の力学にかんする先行研究は，上下の関係から左右の関係を演繹的に導き出したり，還元的に説明したりしてきた。しかし，相互に監視するにせよ，相互に助け合うにせよ，それらの現象は，労使関係や管理の構造に完全に規定されているわけではない。集団で行動する労働者たちは，「上」からの管理の有無にかかわらず，助け合うこともあれば，文字通り自発的に監視し合うこともある。人間には，同じ場を共有するだけで，他人の「あら探し」をするという「性」もある。その点にかんして言えば，大野(2005)は，ヨコの関係から息苦しい労働現場のあり方を読み解くという，新しい試みをしており，興味深い視点を提供している。しかし，反対に，ヨコの関係から現場の実態をすべて説明しつくせるわけでもない。今後の課題として，タテとヨコの接合関係を理論的に整理し直す必要がある。

❖15……90年代前後に，Michel Foucaultの「権力—主体化」の分析枠組みを労働過程に援用する研究が多く現れ，現場における「可視化—規律化」のメカニズムが注目されるようになった。労働現場研究へのFoucaultの影響については，Clegg et al. (2006)を参照のこと。フーコーディアンの労働過程分析にかんする理論的検討は，第4部で詳しく行う。

❖16……遠藤(2005)，若松(2007)など。

だ。製造現場には「外部」の労働者が多数入り込んでいるが，このような労働者構成の変化が，他者の眼差しを意識させることで成り立つ可視化―規律化のメカニズムにいかなる影響を及ぼしているのか，という素朴な疑問にも答えていない。

本節は，組織の「末端」における可視化の実態をトヨタと日産とで比較する。可視化の程度およびこの監視システムが置かれた状況から，労働者の規律の高さを検証し，非正規労働者の増加傾向が可視化―規律化のメカニズムに与えている影響を分析する。

1　可視化の程度
――職場環境，作業状況，作業結果

管理者と持ち場の位置関係，持ち場の外観，持ち場内の配置により，管理者からの持ち場の見え方は変わってくる。外側から見えやすい職場環境であれば，労働者は管理者の眼差しを意識し，「勤勉」に働く。逆に「死角」が多ければ，管理者の視線を盗んで「手を抜く」ことが容易である。

ただし，持ち場内が物理的に見えやすくても，可視化―規律化のメカニズムが十分に機能するとは限らない。なぜなら，外側の人が内側の作業状況を理解できなければ，労働者は働いているふりをして「さぼる」ことができるからだ。作業状況の可視化の程度も，規律化の強さにとって大きな意味をもつ。

さらには，作業結果の可視化も見落とせない点である。不具合品を製造した者が特定され，該当者が厳しい視線にさらされるのであれば，労働者の「責任感」は全般的に強まるであろう。

以下，職場環境，作業状況，作業結果の可視化の程度をトヨタと日産とで比較する。

[1] トヨタ

トヨタは，「視える化」という標語を掲げ，全社を挙げて職場の「可視化」に取り組んでいる。

職場を「視える化」する上で中核的な役割を担うものが，「視る側」の拠点となる「プレハブ」である。各組のエリア内には詰め所のプレハブがある。仕事の前後や休憩時間に，全員がそこに集まるが，業務時間中は，組長以上の管理者がその中で事務作業や会議を行っていることが多い。そのプレハブは，建築・土木現場で目にするものよりも，窓が大きく，外の状況が見えやすい構造になっている。工場のフロアに点在するプレハブは，職場の‘監視塔’の役割を果たしているといえる。

各持ち場には，「視られる側」に対する「工夫」が盛り込まれている。具体例をいく

つか挙げると，検査・梱包ラインでは，部品を塵やほこりから守るために，職場全体がビニールで覆われている。そのビニールを透明なものにすることで，持ち場の外からも，検査・梱包の作業態度や運搬の進捗状況が把握できる。

「自働化[17]」の装置およびブザーとランプは，持ち場内部の状況を外部の人に知らせる役割を果たす。危険箇所に体が入りかけたり，作業に遅れが生じたりすると，機械装置が「自働的」に停止し，ブザーが鳴り，ランプが灯る。その結果，作業の滞りや不適切な動きが持ち場の外にまで知られることになる。これらの装置を介して，周りの人に持ち場内の作業状況が伝わる。

作業状況を外から見えやすくする上で，整理整頓は欠かせない。「せいりせいとん」とは，幼少の頃から教え込まれてきたしつけである。あえて取り上げなくてもと思われるかもしれないが，この「基本」が徹底されるか否かにより，可視化の程度が全く違ってくる。トヨタは，「4S」という名称を用いて，「整理，整頓，清潔，清掃」を徹底させている。職場が整然となれば，持ち場内の状況が外からも一瞥で把握できる。逆に，フロアに部品や箱が乱雑に置かれていると，当人には「秩序」として理解できるかもしれないが，他者には作業状況を一瞬で把握することができない。

作業結果の可視化はどうであろうか。配属先は，K工場の最終工程にあたり，完成品は他工場へ輸送される。輸送先で不具合品が発見されると，その都度，不良品情報（部品番号，製造日時，不良原因など）が書かれた詳しい報告書と，デジタルカメラで撮影した不良品の写真とが，メールで送られてくる。これらの情報は，朝のミーティングで逐一報告される。不良品を流したからといって，担当者がみんなの前で叱責されることはほとんどない。しかし，該当者は誰なのか，みんながわかっている。組付部品の検査担当者は，チェック済みの部品に自分の名前を記入している。不良品の情報はすべてコンピュータに入力する。これらは一例にすぎないが，トヨタは，情報通信機器を駆使して，作業結果の「視える化」を推し進めている。

［2］日産

日産の工場内にもプレハブは存在する。係単位の管理者用のプレハブである。しかし，それらは，工場の隅に固めて建てられてあり，ほとんどの持ち場からは相当な距離がある。筆者たちの持ち場からも遠く離れており，プレハブから管理者に監視されている可能性を意識すらしていなかった。

各々の持ち場の間には仕切りがある。機

❖17……自働化とは，「ニンベンの付いたじどうか」と呼ばれるトヨタ用語であり，JIT（ジャスト・イン・タイム）と共に，トヨタ生産システムの二本柱の一つである。機械に‘人の知恵’を付けるがごとく，不良が発生した際に自動的に停止する仕組みを機械に組み込むことで，良品のみを後工程へ送らせるのである（大野 1978，216-7頁）。

械加工の第1号機と第2号機は，全く同じ部品を生産しているが，それぞれの持ち場は機械設備で周りを覆われており，隣の労働者の進捗状況や勤務態度は全くわからなかった。ましてや，道路を挟んで隔たった場所にある前工程のプレスや後工程の最終検査は，その存在すら気にならなかった。[18] 職場のレイアウトや機械設備の配置が入り込んでいるため，管理者の眼差しは持ち場の内側にまでは届きにくい。配属先では，職場環境の可視化が徹底されているわけではなかった。

作業状況の可視化の程度については，とりたててトヨタに劣るわけではない。トヨタと同様，危険なエリアに手を入れたり，作業に遅れが生じたりすれば，機械が「自働的」に止まり，ランプが点灯し，ブザーが鳴る。なにかトラブルが発生すれば，工程の外からも感知することができる。むろん，職場によって「自働化」の装置は異なるが，基本的な仕組みに両社で大きな差はなかった。

ただし，持ち場の整理整頓については，意識の差が感じられた。配属先の職場近辺は，雑然としているわけではなかったが，トヨタのように，フロアの隅々まで「神経が行き届いている」という印象は受けなかった。

作業結果の可視化の程度はどうであろうか。日産でも，不具合が流れた場合には，作業者を特定しようと思えばできるであろうし，日産の管理者はおそらくその情報を把握しているであろう。しかし，われわれ非正規労働者にはその事実を知らされていなかった。いかなる種類の不良品がどれくらいの頻度で流れているのか。それらにかんする細かな情報が，「末端」で働く非正規労働者にまではきちんと伝わっていなかった。朝のミーティングで，品質不良にまつわる注意事項をしばしば耳にしたが，具体的な話になると，請負工程の担当者にまでは下りて来にくかったのである。

2 可視化と自己規律化
——管理者の眼差し

以上，職場環境，作業状況，作業結果の可視化の実態をトヨタと日産とで比較した。両社の可視化の程度の差から，労働者の自己規律の強弱を考察しよう。

トヨタは，職場内外の環境の可視化を意識的に推し進めている。視線が行き渡る環境に置かれた労働者たちは，人目を盗んで「逸脱行為」を働かせることは容易ではない。持ち場の内側にまで入り込む管理者の眼差しを意識し，その意向に沿う形で「勤勉」に働く。

ただし，トヨタの労働者も，管理者の意向を完全に内面化しているわけではない。過酷なノルマを押しつけられているライン労働者は，「隙あらば，手を抜く」機会をうかがっている。しかし，職場には「死角」がほとんどないため，‘ばれる’危険性が高い。

つねに周りをうかがい，‘さぼる’機会をうかがっていると，精神的に疲弊する。労働者の多くは，職場に配属されてしばらくすると，自らが置かれている状況を悟り，やがて，管理者の動きをとくに意識することなく，管理者の意図した通りに働くようになる。

トヨタに比べると日産は，可視化の徹底度が見劣りし，労働者の自己規律の程度が低かった。監視塔から職場までの距離が相対的に大きく，また，その間には機械設備や他の持ち場が「邪魔」をして，持ち場の内側にまで管理の眼差しが届きにくい。非正規労働者は，機械設備の陰に隠れて，こっそり‘さぼる’こともさほど困難ではなく，自分のペースで生産することも比較的容易であった。もちろん，配属先には，工場や職場に固有な特徴もあるだろうから，両社の一般化には慎重にならなければならないが，知り合いの話を勘案しても，可視化のレベルと自己規律の強さには歴然たる差があった。

3 可視化を取り巻く環境と労働者どうしの規律化
――職場の眼差し

トヨタの方が，職場全体の可視化の程度が高く，労働者の自己規律が強いことが明らかになった。ただし，職場の眼差しとは，管理者のものだけではない。他の労働者のそれが加わることにより，規律が強化される。

トヨタは，JIT（ジャスト・イン・タイム）の原理に則り，工程間の在庫を最小限に減らし，各工程を緊密に結合している。配属先は，サブ組付ラインと検査・梱包ラインであり，コンベアラインではなかったが，各工程があたかも一本のラインのような‘流れ’になっていた。

前後工程が連結したトヨタの職場では，自工程が滞れば，後工程は，生産する部品が足りなくなり，前工程は，カンバンを介した生産の催促が来なくなる。つまり，前後工程の労働者に「迷惑」をかけることになり，他の労働者から厳しく追及される羽目になる。逆に，前後工程のミスは，直接，自分にも降りかかってくるので，寛容にはなれない。JIT＋可視化の環境下に置かれた労働者たちは，前後工程の存在を強く意識し，他者の働きぶりを気にかけ，自工程の進捗状況を気にして，互いに緊縛し合うのである。これは，チーム・コンセプトのところで考察した，相互監視を生み出すメカニズムと似ている。

日産の配属先である機械加工と最終検査の職場では，それぞれの工程が「離れ小島」のようになっており，前後工程からのプレッシャーはほとんど感じなかった。日産にも，「同期化」の管理手法が導入され，前後工程は無関係ではない。[❖19] しかし，非正規労

❖**18**……日産の職場のレイアウトは，第7章の**図7-2**を参照のこと。

働者は，前後工程の同期化の度合いを知らされていないため，前後工程に影響を与えるほど生産が遅れることがあっても，強いプレッシャーを感じることはなく，前工程から部品が届かなくても，彼らの「不手際」を責める気持ちにはならなかったのである。

職場の規律の強さは，可視化の程度だけに規定されるわけではない。ここでは，工程間の結合の強さを考慮に入れたが，チーム全体のノルマ達成の圧力など，その他の要素にも左右される。つまり，複数の管理制度が融合する場において，可視化―規律化が機能するのであり，日産は，ノルマ達成の圧力や工程間の結合の度合いがトヨタに比べて低いため，労働者がそのように認識しているため，労働者どうしが規律を求め合う力も相対的に弱いと考えられる。

4 非正規労働者の増大による可視化―規律化への影響 ――他者意識が希薄な労働者

以上の実態比較により，トヨタの職場では，工程間が緊密に結合され，可視化が徹底されているため，労働者の自己規律が高く，労働者どうしが規律を求める力が強いことが明らかになった。トヨタの持ち場では，可視化―規律化のメカニズムが十分に機能し，労働者が職場に強く統合されている。

ところが，このような現場に期間従業員が数多くおくり込まれると，職場の可視化―規律化のメカニズムが機能しにくくなる面が出てくる。

上述したように，トヨタは，中間在庫を最小限に減らし，工程間をきつく連結させている。工程間の「遊び」が小さいラインは，ちょっとしたトラブルでもすぐに止まってしまうという「弱み」を抱える。このようなラインに配置された労働者は，ライン内では，その「弱み」を表面化させないために，不良品を絶対に流さないように努め，ライン外では，その「弱み」をカイゼンにより修繕・補強する。このようなプロセスを経て，トヨタは「進化」し続けると評価されてきたのである。

しかし，部品や空き箱が足りなくなる程度の‘トラブル’は日常茶飯事であり，その都度，カイゼン活動を行っているわけではない。ライン労働者が，非公式に後工程に空き箱を取りに行ったり，前工程から部品を調達したりするなどの「機転」を働かせて，ラインの流れを止めないようにしている。だが，非正規労働者が著しく増加すると，このような「暗黙のルール」を前提とした職場運営に支障が出るのだ。

現代社会では，価値観や行動様式が多様化し，従来の「規範意識」が低下し，「常識」が通用しにくくなったといわれる。管理する側からすれば，とりわけ非正規労働者にその性向がみられる。正規労働者に比べると，入社前の教育過程や会社生活で植え付けられる規範から相対的に遠い存在であるからだ。学級崩壊，高校・大学の中退者の増大，ニートの増加などからも容易に想像がつくだろう。第6章の最後のところで触れたが，両社とも，一緒に働いた非正規労働者の中には，中退者が多く含まれ，なかには，働く直前まで引きこもり同然だった人もいる。そのような非正規労働者が数多く，現場で働くようになった結果，工程間が緊密に接合された職場の運営の「要件」が満たされなくなってきたのである。すなわち，品質に対する「こだわり」が低く，前後工程の進捗状況に「気を配らず」，ちょっとしたことにも「気が利かず」，言われなければ「動かない」労働者が増えているのだ。筆者がトヨタで働いていた当時，その「綻び」を感じたが，トヨタの非正規労働者の数は，その後，3倍以上に膨れ上がり，いっそう深刻な状況になったことが想像される。

また，非正規労働者の増加は，会社の規律や職場の「暗黙のルール」の伝承も困難にする。ちょっとした「機転」は，とりたてて意識することなく，労働者どうしで教え合う。ところが，非正規労働者の比率が高くなり，人の出入が激しくなると，そのような「当たり前のこと」ですら，伝えることが困難になる。非正規労働者の増大による経営問題として，技能伝承の困難さがしばしば指摘されるが，現場の運営を下支えする「暗黙のルール」といった些細な慣行ですら，自然と共有することが難しくなっているのである。

トヨタは，職場を可視化し，相互監視の場を作り，場を通して「勤勉」な労働者を生み出してきた。日産に比べると，トヨタの労働者は「逸脱行為」を試みにくい。全般的な傾向としていえば，この評価は妥当である。しかし，このような緊密な空間に，他者意識が希薄で，「気が利かず」，「責任感」が乏しく，職場の「行動規範」を端から読もうとしない(読めない)人が入り込み，しかも，短期間で職場を離れるようになると，職場を維持することは難しくなる。トヨタは，非正規労働者として，直接雇用の期間従業員を主に用いている。そして，ほとんどの期間従業員は，職場の「空気」を読んで行動しているし，正社員への登用を意識して，正規労働者よりも懸命に働く者もいる。だが，高い規律と強い規範意識を前提として運営されてきたトヨタの職場では，たとえ少数であっても，そのような人が入り込むと，途端に運営に支障が出るのである。労働者を統合する力が強いトヨタの現場も，このような新しい問題を抱えている。

❖19……日産は，1985(昭和60)年頃，「製造現場で問題解決やカイゼンを進めていく活動」をスタートさせ，1994(平成6)年，「日産生産方式(NPW)」という名称を使うようになった。現場を核として，販売を含めた全社で「同期化」を推し進めてきた。詳しくは，「V字回復のもう1つの秘密　日産のモノづくり革新を明かす!」『工場管理』Vol.49，No.13，2003年，1-61頁を参照のこと。

III 小括——眼差しの浸透の度合い

本章は，日本企業に固有な管理手法として注目されてきたチーム・コンセプトと可視化による監視システムの運営実態をトヨタと日産とで比較した。両社の職場管理と組織の「末端」で働く者たちの統合のあり方をまとめよう。

トヨタの現場では，職場環境や人間関係の中の‘垣根’が意識的に取り払われ，若手のリーダーを介して管理者と労働者の視線が織り合わさった「職場の眼差し」が，フロアの隅々にまで行き渡っている。労働者は，「同僚」の厳しい視線から逃れられず，同時に，「同僚」の言動を細部にわたりチェックする。他の労働者の「手抜き」や「怠慢」には我慢ならないし，自分も，露骨な「さぼり」や不具合の流出には気が引ける。親しい同僚と「共謀」してトイレで一服したり，作りだめをして「束の間の休息」をとる人も皆無ではないが，日産の職場と比べて，やりにくいことはたしかである。トヨタの労働者の多くは，あからさまに「手を抜く」ことを断念し，ノルマ達成へとエネルギーを向ける。「どうせやらなければならないのなら，とっとと終わらせよう」とする。そして，他の労働者にも同様の勤務態度を求める。

日産では，チームの人間関係の中に分断線が引かれ，職場環境の可視化の程度が低い。同じチーム内の職場空間と人間関係は，どことなく‘ウチ’と‘ソト’とに分けられ，労働者はソトの世界に対する意識が弱くなりがちであった。当然，管理者の動きには警戒するが，接する機会が乏しく，仕事上のつながりが（見え）ない他の持ち場の労働者に対しては，関心が向きにくい。ウチ側で一緒に働く労働者どうしも，ノルマに追われるようなことはなかったため，互いの行動を牽制し合うことはまれであった。

このような職場で働く労働者たちは，作業ペースを自分たちでコントロールすることが比較的容易である。「逸脱行為」を働くことも，さほど困難ではない。配属先の職場では，機械のトラブルで作業が中断した際，床の掃除をしているふりをして，1時間ほどブラブラしていたことがあった。もちろん，管理者に見つかれば，叱責の憂き目にあうだろうし，実際，そのような場面を目にしたこともあるが，それはたまたま見つかった「運が悪いケース」というのが，持ち場近辺の共通の認識であった。われわれ非正規労働者は「バイト感覚」で仕事をしていたと言えば，状況がわかりやすいであろう。

両社の現場を比較して，トヨタの方が，職場環境と人間関係の可視化が徹底され，従業員どうしの関係が密であり，非正規労働者も「職場の眼差し」を気にして，職場にきつく統合されていることが明らかになった。可視化—規律化にとって，可視化そのものの完成度だけが重要ではない。企業が置かれた社会環境や現場を取り巻く社会関係，その他の管理手法などが，重層的・相補的に織り合わさる場において，可視化—規律化のメカニズムが働く。トヨタは，工程間が緊密に結合され，他者の眼差しが行き渡り，労働者の規律が高い。ただし，どれほど精巧な管理システムを構築しようとも，むしろシステムが精巧につくり込まれているが故に，労働者の行動様式やメンタリティにわずかな変化が生じるだけで，完成度の高い管理システムとの「不整合」が目立つことがある。

トヨタのライン労働者は，不良品を絶対に流さないように集中し，工程間でちょっとした「気配り」や「助け合い」をすることを半ば強制される。しかし，非正規労働者が急増した結果，「堪え性のない」労働者やそのような「暗黙のルール」を読めない労働者が現場に入り込み，職場運営に支障が出てきた。雇用形態などの属性が異なる者どうしのコミュニケーションも深刻な問題になっている。トヨタの職場では，異なる属性の者が，明確に分かれているわけではないが，文字通り，一体化しているわけでもない。このような「微妙な空気」の中で生き抜かねばならない労働者たちは，精神的な消耗度が高く，人間関係にまつわる不満やトラブルが絶えなかった[20]。職場秩序の悪化や士気の低下は，深刻な経営問題に結びつく[21]。経営側も，「爆発寸前」の職場の危機的状況を認識していた[22]。

これまでのトヨタ研究は，自発性や助け合いといったポジの側面を評価するにせよ，強制や相互監視といったネガの側面を強調するにせよ，職場における労働者統合の強さを認めてきた点では共通する。本書も，その実態を確認した。しかし，非正規労働者の出入りが頻繁になってから，状況に変化が見られる。一体化を推し進め，規律化を促し，職場規範を求め，それらを前提として成り立ってきた職場運営に無理が出てきたのだ。日産は，相対比較で言えば，人間関係と職場環境の可視化が徹底されず，労働者は「逸脱行為」を働かせやすい。ここに，「ゴーン改革」の現場レベルの「限界」が，あ

❖20……本書は，組織の「末端」で働く労働者の統合を検証するために，非正規労働者に焦点をあてたが，女性労働者の増加にも注目すべきである。トヨタは，1998（平成10）年度，「女性技能職千人プロジェクト」に着手し，その目標を達成した（『日本経済新聞』2006［平成18］年1月19日付，中部版，7頁）。日産の女性技能員は，2005（平成17）年当時「全体でまだ1%。トヨタ自動車の3.6%などに比べて出遅れている」（同上，2005［平成17］年4月26日付，九州B版，14頁）。2011（平成23）年5月末現在，トヨタの女性比率は12.1%，日産は8.0%である（全社員が対象）。両社とも女性が1割前後を占めるにすぎず，依然として男性社会であるが，「男女混合職化」（首藤 2003）が進む現場を文化的な視点から解明することは，今後の重要な課題である。

❖21……その最たる例が，品質悪化である。トヨタはリコールを頻発し，社会的にも大きな関心を集めたが（『週刊東洋経済』2006［平成18］年7月29日号，28-39頁），この問題は，非正規労働者の増大とも無関係ではない。詳しい論考は，伊原（2006b, 2007）を参照のこと。

❖22……経営側も，どこまで行けば「爆発」するのか，手探りの状態のようだ。トヨタの工場見学の際，広報の担当者ですら，非正規労働者の急増にまつわる話の中で，「現場はぎりぎりの状態であり，爆発する限度を探っている。金は不足していない。問題は人材である。どのレベルまで行くと，プッツンするか分からない」と率直に述べていた。

るいは，「途上」が垣間見られるが，見方を変えれば，職場管理の不徹底さが，意図せざる結果として，労働者に「ガス抜き」をさせ，人間関係に「遊び」を設けていると捉えられなくはない。いずれにせよ，トヨタと日産の職場には，ともに，統合と葛藤の両面が存在し，各社の現場は固有な経営問題を抱えているのである。

第9章 労働過程の直接的な管理の実態比較
場のつくり込み

日本企業は，なかでもトヨタは，現場労働者から「やる気」や「積極性」を引き出し，彼(彼女)らを企業や職場に巧妙に統合しているとして評価されてきた。第3部はここまで，その‘巧みな管理’に焦点をあてて，「末端」で働く労働者の組織や職場への統合の実態を同じ日本の自動車企業である日産と比べた。

では，日本の会社は労働過程には直接的な管理を行わないのか。持ち場の内側にまでは入り込まないのか。

働く場の直接的な管理の実態は完全に見落とされてきた点である。本章は，組織の「末端」の運営過程を子細に観察し，直接的な管理と労働者の統合のあり方をトヨタと日産とで比較する。

I 作業の割り振り

生産計画が現場に下ろされる。それを実行に移すために，現場がはじめにすることは，組内の作業の割り振りである。両社とも，現場監督者かチーム・リーダーが構成員をライン内外に配置させるが，それは，いかなる形で命じるのか。どこまで労働者の希望を聞き入れるのか。作業の範囲や交替は，どこまで細かく指図をするのか。これらの点について，両社の実態を比べよう。

1 トヨタ

持ち場の割り振りに際して，期間従業員は希望先を聞かれることはない。現場管理者[1]の指図を受け入れるのみである。しかし，この事実は，現場の「事情」を

❖1……本章で用いる「現場管理者」や「管理する側」とは，実質的に管理業務を行っている者を指す。トヨタの職場リーダーは職制ではないが，各チームをとりまとめているので，ここで言う管理者に含める。トヨタの班長クラスの中には，管理業務を担う者もいれば，一般労働者と同じように反復作業に携わる者もいる。

全く考慮しないことを意味するわけではない。管理者は，労働者の作業の「適性」を検討し，労働者どうしの「相性」に気を配る。

新人は，ベテランと組ませたり，女性労働者は，比較的負担が軽い工程を担当させたりする。いつまで経っても不良品を流したり，タクト・タイムに間に合わなかったりする労働者は，担当作業を替える。人間関係でトラブルを抱える者は，ペアを替えたりもする。このような細かな調整を行う。

数時間単位の持ち場の交替にも，事細かに指示を出す。労働者どうしが非公式に担当を交替することも皆無ではないが，原則，管理者の指図を受けてから，あるいは許可を得てから動く。

工程内の作業配分も，細かく指示する。

筆者が運搬作業を担当した際，配属当初は，20種類近くある部品のうち，ペアのベテラン社員が多めに担当し，ペアが新人に変わると，今度は，私の方が多くの部品を扱うように命じられた。作業分担は厳密に決められている。扱う部品の種類と数まで具体的に指示される。検査・梱包作業や組付作業も同様である。作業者の組み合わせに応じて，各人の作業量が微調整され，どちらの作業者が部品を手渡すかといったことまで細かく指図される。

トヨタの現場では，ライン内のやりくりまで，あらゆることを管理者が把握し，取り仕切ろうとする。どれほど些細なことでも，一般の労働者だけで決めてはならない。労働者の「事情」が考慮されないわけではないが，あくまで管理者主導で決める。

2 日産

日産でも，管理者が労働者の持ち場を割り当てる。労務管理のところで言及したように，請負労働者は，働きだす前の時点では，請負会社の管理者が提示する複数の選択肢（会社や工場）から選べるが，勤務先が決まると，持ち場は日産の管理者から一方的に言い渡された。

ただし，作業の範囲や交替については，ほとんど「口出し」されなかった。機械加工工程では，2人の作業者が機械操作と品質検査とを分担し，クールごとに担当を交替するように指示されていた。しかし実際は，労働者は適当なときを見計らって作業を替えていた。

▦2004（平成16）年3月3日（水）

残業時間に入ると，体が急に重くなる。トヨタと比べると労働密度は低いが，3時間の残業は体にこたえる。とりわけ機械加工のオペレーターはきつい。歩きっぱなしで，足が棒になる。

今日は，ペアの松山君(非正規労働者，18歳)が足の痛みで顔をゆがめていた。最後の1時間は，15分ごとに交替した。この程度のことであれば，いちいち上に‘お伺い’を立てる必要はない。

最終検査工程は，複数人で分担する。第7章の担当作業のところで確認したように，バリ取り，目視による検査，ゲージを用いた品質検査，グラインダーや紙ヤスリでの手直し，部品の手拭きなどの諸作業があるが，これらのうち何を誰が担当するのかという具体的な指示はとくになかった。労働者が合議的に決めていたわけでもない。「今日は，オレ，これをやろう」という軽い感じで，担当人数に応じて，各人の作業の種類と範囲はなんとなしに決まっていた。

担当の持ち場は，両社とも，管理者が割り振る。フォーマルな形で労働者の希望が聞き入れられることはない。しかし，作業範囲や作業交替にかんしては，両社の間で多少の違いがみられた。トヨタは，職場リーダーや班長クラスが各工程の事情を把握し，逐一命令を出していたのに対し，日産の管理者は，トヨタほどには細かく関与していなかった。

それらの違いは，労働者が発揮できる自律性に著しい差をもたらすわけではない。しかし，労働者の意識に与える影響という点でいえば，その相違は無視できない。トヨタの労働者は，管理者の指図とは異なる作業を受けもつ場合には，必ず彼らの許可をとらなければならない。そのように厳命されていた。リーダーは持ち場に頻繁に入り，指示とは異なる作業をしているところを見つけると，その場で厳しく注意していた。労働者たちは，「必ず許可を取らなければ。ばれるとやばい」という意識を強く持ちながら働いていた。

トヨタと日産で働く非正規労働者を比べると，管理者の指示を忠実に守ることに対する意識に差があった。

II ノルマの指示

担当作業を割り振られたライン労働者は，ノルマの実行に移る。その際，生産量と生産時間の指示のされ方が問題になる。「その程度のこと」と思われるかもしれないが，それらの伝えられ方如何により，労働者がかき立てられる「達成意欲」と得られる「達成感」が大きく異なるのだ。

1 トヨタ

毎朝のミーティング時に，当日の生産量が言い渡される。大幅な生産増が要求される日は，とりわけノルマの厳しさが強調される。職場リーダーが各工程の生産個数を担当者に伝えていた。

ノルマは「定時内にこなすべき」と考えられている。実際には，定時でやり遂げることはほぼ不可能であるが，「定時内で終えるように努力する。やってみて無理なら，残業でカバーする」，という管理者の意向が作業者に伝わっている。残業が必要な場合は，定時終了の30分ほど前に，職場リーダーか班長が，進捗状況に応じて工程ごとに残業時間を告げに来る。

個々人に「いつまでに何個」という「課題」が具体的に明示され，職場全体に「定時内に終わらせよう」という雰囲気が漂う。労働者は，「目標達成」を強く意識して働いていた。

2 日産

トヨタと同様，朝のミーティング時に，全般的な生産状況の伝達はあったが，「今日はいくつ生産しなければならない」といった個別な指示はなかった。配属先の職場は，大幅な生産増という特殊事情があったからかもしれないが，「できるだけ多くの部品を生産してくれ」とだけ言われていた。作業時間にかんしては，働く前から「12時間労働(残業3時間)」が言い渡されていた。

具体的な数字を提示されない労働者たちは，「時間が来たら終わり」という感覚で働いていた。トヨタに比べると数字に追い立てられず，精神的にはかなり楽であった。また，初めから残業時間が告げられていたので，8時～20時，20時～8時の12時間労働を前提にして‘力の配分’を決めていた。「初めからとばすと，最後までもたない」から，力を‘セーブ’していたのである。つねに全力で働かないと(働いても)定時にノルマを達成できないトヨタとは，職場の雰囲気と個々の労働者が受けるプレッシャーの強さがまるで違っていた。

トヨタのライン労働はきつい。それは作業密度が高いからだけではない。厳しいノルマ――「いつまでに何個」――が，厳密に言い渡され，精神的にも追い込まれるからである。日産の配属先では，それらの指図が明確ではなかった。そのおかげで，さほど時間に追い立てられず，多少とも自分のペースで生産することができた。ノルマの指示の仕方など，些細なことと思われるかもしれないが，労働者の心理に与える影響は小さくない。

なお，トヨタのような具体的な「目標」の指示は，労働者にとって必ずしも否定的ではない。数字が提示されることにより，労働者は，一方で，いまみたように肉体的・精神的に追い詰められるが，他方で，気持ちに「はり」を持つことができるからである。働く者の受け止め方は単純ではない。

第7章の労働管理のところで検証したように，トヨタのライン労働者は，仕事そのものからはほとんど「満足感」を得ることができない。ライン作業は極めて過酷であり，日産と比べるとむしろ不満が大きい。

ところが，興味深いことに，筆者はトヨタで働いていたときの方が仕事の「達成感」を抱いていたのである。

その理由のひとつとして考えられるのは，厳しい目標をクリアし，「今日も1日やり遂げた」という「充実感」を得られることである。具体的な課題が，労働者の「チャレンジ精神」を引き出す。ゲーム感覚で同僚と競争に興じ，「新記録」の達成を目指す。日産では，ライン労働は相対的に密度が低く，周りからのプレッシャーは強くない。その点では居心地は悪くはなかったが，少々‘ダレ気味’であった。[❖2]

両社とも，ライン作業は，無内容と言って差し支えない。それだけに，適度な「緊張感」があった方が，作業に没頭し，単調さを紛らわすことができる。労働者としては甚だ皮肉であるが，張り詰めた精神状態でなければ「やってられない」という面もあるようだ。

いずれにせよ，両社の配属先は，ノルマの指示の仕方に違いがあり，その「些細な相違」により，ライン労働者のノルマ達成に対する「こだわり」に差が生じていたのである。

III
「標準作業」の徹底

次に，ライン内の作業過程に対する直接的な管理を比べてみよう。

経営側は，労働者の作業を標準化し，課業を設定することで，労働過程をコントロール下に置こうとする。テイラーの「科学的管理法の原理」は，依然として現場管理の基本であり，両社のラインにも適用されている。ところが，どれほど細かく「標準作業」を設定しても，労働過程を完全に統制できるわけではない。その原因は，大別すると2つあるように思われる。

ひとつは，労働現場の環境にある。全く同じ繰り返しに見えるラインの流れの中にも，日常的に大小様々な変化や異常が発生している。それらの現象は，事前にすべてを予測

❖2……なお，日産の配属先では，機械の故障が頻繁であった。このような「理不尽な妨げ」が多い職場では，「公平な競争条件」が整わないため，記録を競う意味がなくなり，「やる気」が失せてしまう。

することはできない。そこに，労働過程を統制しきれない余地が存在する。

もうひとつは，現場で働く労働者側にある。傍目からはライン労働者は勤勉に働いているように見えても，持ち場の内側では，「知恵」を総動員し，「さぼる」機会をうかがっている者もいる。ライン労働者は，標準化された反復作業を命じられ，機械設備に動きを制限されている。しかし，きつい制約を受けた状態でも，一息つく間を見つけ出し，人によっては「自分らしさ」を表現しようとするのである。

つまり，労働の客体側と主体側の両面から，ライン内でも労働者が自律性を発揮できる可能性があるわけだが，管理者の中には，そのわずかな余地ですら統制したいと欲する者がいる。たとえ同じような機械設備を用い，似たような「標準作業」を設定しても，作業過程に対する管理の仕方により，ライン労働者の働きぶりに差が生じるのだ。

以下，ライン作業中における管理者と労働者の「攻防」の実態を両社で比較しよう。はじめに，「標準作業」の遂行に対する管理からみていく。

1 トヨタ

トヨタの管理者は，新人に担当作業を割り振ると，作業手順を教える。1つひとつの手足の動きまで厳密に伝える。1人で作業ができるようになると，持ち場を離れる。しかし，それきり現場に顔を出さないわけではない。労働者が順調に作業をこなしているか，教えた通りに作業を行っているか，時々様子をうかがいに来る。なかでも職場リーダーは作業のやり方に厳しい。常時，監視しているわけではないが，工程内の事情に精通しているため，担当者が所定の方法と異なるやり方――危険なやり方，不良品を見逃しやすいやり方，ムダを増やすやり方――で作業をしていると，すぐに感づく。見つけしだい，即座に「正しいやり方」に直させる。

トヨタの職場リーダーは，持ち場に入り，ライン作業者に標準作業を徹底させている。労働者は，標準作業を守ることを強く意識して働いていた。

2 日産

日産の管理者も同様に，非正規労働者に持ち場を割り振ると，作業手順を手取り足取りして教える。しかし，労働者が1人で作業をこなせるようになると，機械の故障や，良品と不良品の区別ができないなどの理由で，ライン労働者が呼びに行かない限り，持ち場にはほとんど顔を出さなかった。そのことを知っているライン作業者は，多少，標準作業と違ったやり方をしても，「ばれないからいいや」という意識で働いていた。

一例を挙げよう。機械加工の検査係は，全部品の所定の箇所をチェックしなければならない。配属時，指導員にそのように教わった。しかし実際には，不良品に出くわす可能性が低かったので，「3個につき1回」というルールを作業者が勝手に決めていた。機械が原因の加工不良の場合は，連続して不良品が出るため，「不良品を見つけたときにさかのぼって検査すれば大丈夫」，と考えたのである。もちろん管理者に見つかれば怒られるだろうが，彼らは滅多に持ち場に足を運ばないので，その心配はほとんどない。後工程から「クレーム」がこない限り，「問題ない」のである。

トヨタの職場に比べると，標準作業を守らずに「手を抜く」ことが，比較的容易であった。

Ⅳ 「イレギュラー」への対処のさせ方

第7章の労働管理のところで検証したように，ライン労働者は異常処置をほとんど行っていない。両社の配属先を比べると，対処する異常のレベルに若干の差は認められたものの，どちらのライン労働者も，複雑な異常処置には関わっていない。

ところが，前章で言及したが，現場の日常では，深刻な品質不具合や機械設備不具合には至らない些細な「イレギュラー」が頻発している。それらを，誰に，いかなる教育を施して，対処させるかが，職場運営上の問題となる。

ここで言うイレギュラーとは，前工程から生産部品が定刻に届かない，完成部品を入れる空き箱が足りない，といった程度のことである。ラインの運営上，致命的なトラブルではないが，ラインの流れを滞らせる原因になる。そのようなイレギュラーは日常茶飯事であり，その都度，ライン外に控える職場リーダーや班長クラスが対応するとなると，彼らは常時，工程に張り付いていなければならない。それでは，職場運営上，効率が悪いので，現場管理者は，些細なイレギュラーの対処をできる限りライン労働者に任せたい。しかし，少しでも複雑な作業を彼（彼女）らに委ねると，安全面で不安が生じるだけでなく，「逸脱行為」をはたらかせる可能性が高まる。

管理する側からすれば，このような‘ジレンマ’を抱えているわけであるが，では，両社の現場では，イレギュラーに対して誰にどのような形で対処させているのか。

1 トヨタ

配属当初は，イレギュラーが生じると，その都度，ライン労働者は職場リーダーか班長を呼びに行き，彼らに対処してもらう。なにかあったら，すぐに管理者に伝える。このルールを遵守していた。

ところが，同じようなイレギュラーが何回か起こると，職場リーダーか班長クラスの人が，ライン労働者のそれまでの「勤務態度」から判断して，その対処を任せてよいかを決める。「大丈夫」という判断を下すと，管理者は，イレギュラーの状況と対処手順を説明しながら，労働者にその処理をやらせる。問題なくできるようであれば，「次からは自分でやって」と許可を与えていた。

イレギュラーへの対処を許されると，非常に限られた範囲ではあるが，労働者は管理者側の意向に反する行動をとりやすくなる。ラインの圧力から逃れて，一息入れることができる。しかし，管理者はそれを作業者に任せきりにはしない。職場リーダーが，時々，チェックに訪れる。指示通りにやっていなかったり，「逸脱行為」をはたらかせたりしている場面を目にすると，手厳しく注意する。あるいは，その程度の「裁量」の余地ですら取り上げて，文字通り「最低限の仕事」だけ，すなわち，標準化した反復作業のみを行わせるのである。

ライン作業者は，原則，標準化された反復労働だけを行う。それが「仕事」である。従順な労働者には，多少の「裁量」の余地を認めるが，許可した後も，その与奪の権限は管理する側が保持し，作業態度を精査し続ける。このような緻密な管理の下に置かれるライン労働者の多くは，「逸脱行為」をはたらけば見つかりやすいし，見つかればちょっとした「気晴らしの機会」すら奪われると考え，「逸脱行為」をはたらく気にはなりにくい。

2 日産

日産の配属先では，トヨタに比べると，非正規労働者が相対的に高いレベルの異常を処理していた。コンピュータのディスプレイボタンを押して機械を再稼働させる程度のことは，非正規労働者も行っていた。

しかし，本章が注目する点は，対処する異常やイレギュラーの‘複雑さ’ではない。対処の仕方にかんする指示の‘曖昧さ’である。

▦2月20日(金)

指導員は，配属時の教育が終わると，持ち場には顔を出さない。その後は，同じ請負労働者の松山君に，イレギュラーの対処の仕方を教わった。工作機械の数値が規定値以下になったり，箱が部品でいっぱいになったりすると，日産で働きだして6ヵ月目になる彼が対処法を教えてくれる。大きなトラブルが発生しない限り，持ち場内の日常的な運営はほとんど自分たちで行っている。

トヨタでは，職場リーダーが中心となって職場の状況と勤務者の態度をくまなく管理し，誰にいかなるイレギュラーを処理させるか，逐一指示を出していた。労働者の勤務態度から判断して，対処するイレギュラーの数を小刻みに増やしていく。イレギュラーの種類ととるべき行動の対応関係を把握しているので，労働者がその機会を「悪用」すれば，遠目からもすぐにわかる。もし見つければ叱責し，その機会を完全に奪うこともある。このような緻密な管理下に置かれた労働者たちは，イレギュラーが発生した際には，ラインの流れを止めないように，できるだけ迅速に処理しようとするのである。

また，「こいつは大丈夫」という管理者からの「お墨付き」は，職場仲間からの「承認」につながる。逆に，「こいつはダメだ」という判断が下されると，同僚もよそよそしい態度を示す。管理者の信頼を勝ち得ると，前章のチーム・コンセプトのところで指摘したように，「ヨコの関係」をとおしても，前後工程に対する「気配り」程度のことは伝承されていく。

日産では，ライン作業者が担う異常やイレギュラーの対処の範囲に曖昧なところがあった。やる気さえあれば，かなり高度な異常処置まで行うことができる。配属先では，「どんどんやって構わない」と言われていた。非正規労働者であっても，「腕」をあげることは可能であったが，その曖昧さを逆手にとり，「さぼる」ことも比較的容易であった。[3]

両社のイレギュラーの対処にかんする相違点は，対処の許可と対処方法の指示の厳密さであり，対処の遂行過程に対する管理の緻密さである。日産の方が，より大きな権限を非正規労働者に委譲しているわけではない。「末端」にまで管理が行き届かず，結果的に，労働者は高度な異常あるいはイレギュラーに対処することが可能であるが，同時に，「逸脱行為」が見つかりにくかったのである。

V ライン作業中のカイゼンの管理

「提案」とQCサークルというライン外のカイゼン活動にかんしては，第7章で詳しく取り上げたが，ここでは，ライン作業中のカイゼンに対する管理のあり方をみていく。

❖3……日産は「異常処置」の標準化を進めていないわけではない。日産の栃木工場における標準化の事例として，「異常処置を全社で標準化—自動車製造業の事例—日産自動車(株)栃木工場」『働く人の安全と健康』Vol.2 No.11，2001年，16-22頁を参照。本章が明らかにしたのは，異常処置のフォーマルな標準化ではなく，標準化しきれないイレギュラーの対処に対する管理実態である。

1　トヨタ

ライン労働者が「設備改善」を行うには，「提案」やQCといったフォーマルな制度をとおすか，職場リーダーに直接依頼するか，そのいずれかの方法しかない。非正規労働者や新人の正規労働者は，機械に手を加えることはおろか，手を触れることさえも厳禁である。ただし，「作業改善」にかんしては，もう少し管理がゆるい。

先述したように，ライン労働者は，原則，「標準作業」を守らなければならない。しかし，要求される作業スピードが尋常でないほど速いため，指示されたとおりに実直に行っていては，いつまで経ってもタクト・タイムに間に合わない。

そこで，ライン作業者は，タクト内で作業を完遂できるように，新たな作業方法を編み出していく。配属当初は，誰もが「ノルマ達成は無理」と思うのだが，不思議なことに，ひと月もすると，体がスピードに慣れてくる。単純に作業動作が速くなるだけでなく，自分なりの「テク」を編み出す。このような過程を経て，「作業改善」が搾り出されるのである。

ただし，自ら編み出したテクニックの採用には，現場管理者の許可が必要である。職場リーダーに，「新しいやり方が理に適っているか，安全性を損なっていないか」の判断をしてもらい，「大丈夫」という許可が下されれば，新しいやり方＝最善のやり方が他の労働者にも共有される。

「設備改善」にせよ「作業改善」にせよ，トヨタでは，労働者が仕事のやり方になんらかの変化を加える場合には，必ず管理者による精査を受ける。そして，カイゼンによる成果は，考え出した当事者だけが享受するのではなく，「職場全体」で共有することになる。

2　日産

日産では，非正規労働者はライン外のカイゼン活動には参加しないが，ライン作業中にカイゼンを行うことは不可能ではない。前述したように，管理者が持ち場にはめったに来ないため，独自のやり方で作業をしても見つかりにくい。そして，新しい方法により生まれる「余裕」は，自分だけのものになる。

「設備改善」にかんしても同様である。請負労働者は，「提案」やQCサークルの制度をとおさずとも，職場に手を加えることは可能である。公式的に持ち場に変更を加えたければ，日産の管理者から許可をもらえばよかったし，部品の配置を変える程度のことであれば，自分たちで勝手にやっていた。安全性を損ねたり品質を悪化させたりするようなカイゼンでない限り，見つかっても怒られることはなかった。

カイゼンを広義に捉えた場合，両社の非正規労働者によるカイゼンの違いとして注目する点は，管理者の許可を得るか得ないか，成果を他の労働者と共有するかしないか，である。トヨタでは，非正規を含む全従業員が，ライン外のカイゼン活動への「参加」を義務づけられ，ライン作業中のカイゼンの過程と成果が厳しい管理の下に置かれている。その結果，働く場はフォーマルな空間であり続ける。日産の場合は，非正規労働者はライン外のカイゼン活動には参加しないが，職場に全く手を加えられないわけではない。小さいものであれば，個人的に試みることができる。そして，カイゼンにより生じた「余裕」は，自分(たち)だけのものになる。

どちらの会社も，非正規労働者が職場を変えられる余地は限られるが，日産で働いていたときの方が，多少とも職場に「自分の色」を出しやすかった。

VI
作業中の合理化をめぐる攻防

1 トヨタ

いまみたように，トヨタのライン労働者は，カイゼン活動を通してフォーマルに仕事を楽にすることができる。しかし，「余裕」が生まれたからといって，少しでも暇そうにしていると，すぐに新たな仕事を押しつけられる。あるいは，人を減らされる。それは，部品をもうひとつ多く摑むといった程度の追加にすぎないときもあるが，それでも，ノルマを達成することは困難になる。

機械が故障したり，生産部品が底をついたりして，一時的にやることがなくなったときにも，すぐに他の仕事を言いつけられる。「フロアを掃除しろ」，「ゴミを捨ててきて」といった具合に，細かく指図され，休みは一時も与えられない。

もっとも，労働者もその辺の「事情」は知り抜いている。仕事が幾分楽になったり，手が空いたりしても，暇そうにはしていない。仕事をしているふりをして，負担を増やされたり，用事を言い付けられたりするのを未然に防ぐ。

トヨタのラインは‘ぎりぎりの状態’にあるが，その中のごくわずかな「余裕」を巡り，管理者と労働者とが微細な「攻防」を繰り広げているのである。

2 日産

日産のラインでは，「余裕」に対する合理化圧力は相対的に弱く，たとえ手持ちぶさたなところを管理者に見られても，すぐに新たな仕事を命じられるようなことはなかった。手足を動かすことに駆り立てられていた，トヨタで働いていたときとは大違いであった。

■2月20日(金)

機械加工のオペレーターを担当しているとき,「トヨタだったら,人を減らされるな」と思った。機械の前で20秒間もぼうっと立っていることなど,トヨタではありえないからだ。トヨタなら,機械操作と検査の両方を1人で担当させ,もう1人をラインから抜くであろう。トヨタでは,少しでも暇そうにしていると,すぐに新たな仕事を押し付けられるか,人を削られる。それを防ぐために,つねに手足を動かしていなければならない。このプレッシャーを絶えず感じていた。日産の場合は,管理者に見られる機会が少ないということもあるが,たとえそのような状態を見られても一向に構わない。合理化圧力がまるで違う。

機械の故障などにより,一時的にやることがなくなったときの対応も,トヨタとは異なった。日産の現場では,「手すき」になったときに何をすべきかの判断は,労働者の「自主性」に任されていた。言い換えれば,そのような'些細なこと'にまで,管理者がいちいち口を出すことはまれであった。

機械加工の職場では,頻繁に機械が故障し,'タマ切れ'になる。そうなると,ライン労働者は,管理者から指図をされなくても,職場のフロアを掃除するなり,他の持ち場に出向くなりしていた。「自分から動いて」。配属時,日産の管理者からそのように言われていた。

■3月7日(日)

夜中の3時までは順調に生産していたが,突如,スピニングが動かなくなった。やることがないので,最終検査の職場にペアの松山君と出向く。この職場は,故障が多い。日産社員の井手さん(28歳)も大変そうだ。スピニングのプログラムをいじっていたが,なかなか直らないようだ。

手が空いたときの行動は,労働者により異なる。すぐに他の持ち場へ行く者もいれば,その場で時間を潰している者もいる。

■3月10日(水)

生産開始後,すぐにスロッターの調整が必要になる。12時から1時まで,スピニングが故障する。'タマ'はすぐに底をついた。やることがないので,最終検査のWチェックに出向く。機械加工の第1号機も,おととい,故障でストップしていた。担当者の渥美さん(非正規労働者,28歳)は,1時間くらい作業をやっているふりをして,時間をつぶしていたという。第2号機で私とペアを組んでいる松山君はマジメである。手が空くと，すぐに他の職場に手伝いに行く。

VII 検査過程への介入

ライン労働者は，決められた時間内に指定された数の部品を作らなければならない。しかし，彼(彼女)らに要求されるのはスピードだけではない。たとえ作業スピードが速くても，品質が悪ければ，ノルマを達成したことにはならない。両現場とも，速さよりも品質の方が，優先順位として上である。

ライン労働者が高品質の部品を生産することとは，部品の種類と数を間違えず，不良品をはじいて良品のみを後工程に流すこと，これだけである。高度な技能は必要とされない。

ところが，作業者当人からすれば，簡単な作業とは言い切れない。なぜなら，ライン作業中の部品の選別には，異常なほど速いスピードを要求されるからである。しかも，良・不良の判断基準には曖昧な部分があり，最終的には本人の感覚に頼らざるをえず，瞬時に「流すか，はじくか」の判断を迫られる。適当に検査をすれば不良品を見逃しやすいし，慎重にチェックをすれば作業が遅くなる。品質と生産スピードは往々にしてトレードオフの関係にある。それらを両立させるためには，不良を瞬時に見抜く「目」を鍛えなければならない。

トヨタと日産とでは，チーム単位の責任の追及や他者の眼差しの厳しさが異なることを，前章のチーム・コンセプトと可視化のところで明らかにした。しかし，不良品流出に対する防止の圧力は，間接的なものだけではない。管理者が部品の検査過程に入り，労働者を直接指導したり，場合によっては叱責したりすることもある。

1 トヨタ

配属先では，いつまで経っても「誤品・欠品」や不良品を流す労働者に対しては，職場リーダーと組長が付きっきりで監視したり指導したりしていた。これは極端な例であろうが，わざと「誤品」を流して，労働者が気づくかどうかを「試していた」こともあった。

第3，4クールに入ると，体力が落ち，気力が萎え，目がしょぼつく。「不良品が流れたらやばい」という「責任感」が勝つか，「どうでもいいや」と開き直るか，その危うい境界線上でライン作業者は働いている。他者の眼差しを意識して，どうにか集中力を保つ。しかし，ふと我に返り，ぼんやりと部品をみていたことに気づく。その間に不良品が流れていることがある。そうなると，管理者から苦言を呈され，職場リーダーが中心となって再発防止の対策を練る。現場はこの繰り返しである。

作業者は，注意すべき不良の種類や箇所は教わっていたが，そこだけしか見なければ，おのずとそれ以外の不良は見落としてしまう。そこで，職場リーダーは，部品全体をくまなくみるようにと労働者を指導し，品質に対する意識を高めようとしていた。

2 日産

トヨタの管理者は，「器具に頼りすぎず，部品全体をみるように」と口酸っぱく指導していたが，日産の方は，もう少し機械的である。最終検査だけでなく，前工程の機械加工のライン労働者にも，検査箇所を指示し，器具で検査をさせていた。ライン労働者は，指定の箇所をゲージや目視で事務的にチェックしていた。

3月2日(火)

機械加工工程の品質検査係は，ゲージを用いて指定の箇所をチェックする。内小径，外径，面とりキズ，面とりかじり，シール面キズ，ビビリ，……。しかし，あまりにもチェックすべき点が多くて，いいかげんになることがある。

ライン作業は標準化されており，「さぼれる」余地は限られている。その中で，品質検査は，「手抜き」しやすい数少ない作業である。きちんと検査をしなくても，「結果オーライ」という面があるからだ。「標準作業の徹底」のところで検査係の例を挙げたが，このことは他の工程の検査にもあてはまる。作業者からすれば，不良品に出くわす確率は低い[4]。チェックしているふりをして，実際には何もしていなくても，不良品がでなければ問題はない。そして多少とはいえ，「空き時間」を手にし，力を温存することができる。

トヨタの管理者は，品質に対する意識を高めることを重要視し，不良流出に対するチームの「連帯責任」を強調し，加えて，工程内に入り込んで，個々人に流出防止の「責任感」を植え付けていた。職場全体に「不良品を絶対に流さないように」という雰囲気が漂い，労働者は自分のところから不良品が流れたら「恥」であるという意識を強く持っていた。

日産では，不良品の流出防止を求める同僚からの圧力と管理者による個々人への不良防止の意識づけは，トヨタほどには厳しくなかった。検査工程以外のライン労働者にもゲージが与えられ，指定の箇所を機械的にチェックしていた。作業者は，やるべきことが決まっており，「そこだけを見逃さなければいい」という安心感があった。

トヨタと日産の配属先は，両方とも，部品(あるいはユニット)の最終検査工程とその前工程であったが，扱う部品の種類が異なるため，検査手法に違いがあったのかもしれない。しかし，ここで注目する点は，不良品流出を防ぐための管理者の姿勢の違いである。両社とも，検査作業を標準化しているが，最終的に，担当者の意識を高めることに注力するか，検査箇所を限定して見落とさせないようにするか，その違いである。トヨタの場合は，速い作業スピードと高い品質とを両立させるために，管理者が，個々のライン労働者にプレッシャーを強くかけ，彼(彼女)らから自工程から不良を流出させない「責任感」と不良品を瞬時に見抜く「能力」を引きだそうとしていたのである。[5]

VIII
小括―場に蓄えられたコントロール欲求

トヨタをはじめとする日本企業の現場にかんする研究は，労働者を巧みに取り込む管理手法に強い関心を寄せ，直接的な管理には言及することすらなかった。しかし，本章の実態比較により，トヨタは，日産に比べて組織の「末端」にまで入り込み，職場をそして人を‘つくり込み’続けている姿が浮き彫りになった。

現場監督者かチーム・リーダーが，組の構成員に作業を割り振り，ラインにはり付け，ノルマを達成させる。職場運営の日常の流れは，トヨタも日産も変わらない。ところが，その過程を子細に観察すると，管理者の各持ち場への入り込みの度合いが異なり，その差がライン労働者の行動や心理に大きな違いをもたらしていることが明らかになった。

トヨタの管理者は，作業の種類，作業範囲，作業交替，作業量，作業時間を逐一指図する。すべての工程の状況を細かく把握し，労働者の適性を考慮し，仕事と人，人と人との関係を組内で「最適化」しようとする。労働者たちは，非常にきついが無理にはならないぎりぎりのノルマを与えられ，具体的な「目標」に向かって自らを追い込む。

しかし，作業時間や作業量を明示し，労働者をラインにはり付けるだけで，ノルマは順調に達成されていくわけではない。生産状況や作業環境は不変ではなく，小さなイレ

❖4……もちろん，その確率の高低の基準は，評価する者による。トヨタの配属先の検査・梱包係は，1日に数千個の部品をみて，品質が怪しい部品にはたった10個ほどしかでくわさなかったが，10万個につき1つ2つの不良の流出防止を問われる管理者からすれば，その確率は高いということになる。

❖5……本書の課題からはずれるが，どちらの方法が品質維持にとって望ましいかは分からない。トヨタのやり方だと，「すべてをみる」ように心がける人もいれば，結局，「すべてがいい加減」になる人もでてくる。日産のやり方だと，指定箇所には気を付けるが，指定箇所以外の不具合には無関心になる。また，当然のことながら，品質の高さは，現場だけで決まるわけではない。参考までに，「J. D. パワー・アンド・アソシエイツ2015年米国自動車初期品質調査」によると，100台当たりの不具合指摘件数は，日産の高級車ブランドであるインフィニティが98，トヨタのそれであるレクサスが104，トヨタブランドが104，日産ブランドが121である。

ギュラーが日常的に生じている。

トヨタの管理者は，原則，ライン労働者にはそれらの対処を禁じている。しかし，小さなイレギュラーは頻繁に起こるため，その都度，管理者が自ら処理するとなると，それに付きっきりになってしまう。そこで，職場リーダーが中心になって，労働者の「勤務態度」を評価し，信頼できそうな人に限って，ごく簡単なイレギュラーの対処を認める。

管理者は，イレギュラーの状況と労働者がとるべき行動を一つずつ対応させながら教え，その後も，対処の仕方に目を光らす。反抗的な態度をとったり，管理者の意図したとおりに動か（動け）なかったりする労働者からは，その程度の「裁量」ですら奪い返す。反対に，従順な労働者には，小刻みに対応パターンを増やしていく。労働者は，持ち場でこのような緻密な選別と指導を受けるため，「裁量」の余地を「悪用」しにくい。

管理者の持ち場への入り込みと労働者の「自己規律」の強化との関係は，ライン作業中の検査にもみられる。トヨタは，職場管理のところで触れたように，職場の可視化を徹底し，他者の眼差しを浸透させて，労働者の「規律」を強化し，「不良品を絶対に流さない」という「責任感」を植え付ける。それに加えて，管理者が持ち場に入り込み，労働者に直に接して，品質に対する意識を高めている。

持ち場内の管理を中心的に担うのは，職場リーダーである。若手の職場リーダーが，ライン全体を見渡し，各工程に頻繁に足を運ぶ。持ち場の特性と労働者の「事情」を緻密に把握し，少しでも「余裕」がある労働者にはより多くの動作を求め，いつまでたってもタクト・タイム内に作業を終えられない人は担当を替える。不良品を流す労働者には品質に対する意識を高める。職場リーダーが中心になって，ラインの隅々まで管理の目を届かせ，きめ細かな選別と教育とを行い，労働者の行動規範を細かく作り上げているのである。

日産でも，導入研修時，請負会社の管理スタッフや工長に「言われたことしかやるな」と指示され，職場を取り仕切っている日産の社員には，「何かあったら呼んでくれ」と言われていた。しかし，イレギュラーが発生した際，ライン労働者は，できる限り自分たちで解決しようとしていた。トヨタと異なる点は，ライン作業者の権限の大きさではない。その曖昧さである。非正規労働者であっても，相対的に自由に立ち回ることができ，勝手に「息抜き」しやすかった[6]。

本研究により，トヨタの現場では，管理者が持ち場の内側にまで足を踏み入れ，職場環境をそして労働者の行動規範をつくり込んでいる実態が明らかになった。リーダーの強力な指導力，職場をくまなく把握する能力，ぎりぎりの状態でやり抜く調整能力，細かい点まで指図する教育能力が，そしてそれらの能力の発揮を駆り立てる強いコントロール欲求が，トヨタの「末端」のつくり込みを支えているのである。しかし現在，そこに「無理」が出てきている点について，最後に触れておきたい。

前章と前々章の小括でも触れたが，労働者構成の「多様化」が進み，職場が不安定になっている。それにもかかわらず，団塊の世代が大量退社し，多くの職制が海外工場に派遣され，現場の「求心力」は弱まる傾向にある。このような状況で，依然として職場に全労働者を強く統合することが求められており，現場職制や職場リーダーには大きな負担がかかっている。これまでの研究は，管理者の負荷には目を向けてこなかったが，ライン労働者だけでなく管理する側も，過酷な状況に追い込まれているのである。[7]

現場の人たちは，変化に敏感である。このような現状を知り，出世したくない人が増えている。現場管理者になれば，単調で高密度なライン作業からは逃れられるものの，煩瑣な管理業務に追われるようになる。「ほどよいところ」でとどまっていた方が，管理責任も負わなくてすむ。このように考える現場の人が増えているのだ。[8]トヨタのモノづくりとは，一般従業員の「高い技能」や「参加」だけで成り立ってきたわけではない。高い管理能力とその根底にある強い管理欲求に，そして重い管理負担によるところが大きいのであり，そこに危うさもはらんでいるのである。

❖6……筆者が働いた職場では，日産の方が「息抜き」，「手抜き」をしやすかったが，持ち場への「入り込み」が「甘い」という事実だけをもって，即座にそのような職場の方が楽であるとはいえない。トヨタの職場では，持ち場の内側にまで管理の手や眼差しが入り込み，ムダがぎりぎりまで削られているが，現場の内情が把握されているために，「爆発寸前」ではあっても「理不尽な要求」はされにくいともいえる。対して現場に疎い会社では，「上」からの合理化が限度を超えて現場に押しつけられることがあるからだ。下請会社の事例であるが，筆者が調査したトヨタ関連の企業は，たしかに厳しい品質や納期を課せられるが，不具合がラインから流れると，納入先から査察があり，すぐにカイゼンを促され，その報告書を提出させられ，細かな指導を受けることもある（伊原 2006a）。しかし，日産の下請切りとコスト削減は，「机上の計算」という不満がでており，それが現場の弱体化や日産離れにつながっている（近岡 2007）。「下」にまで入り込まない管理は，現場での「手抜き」を見逃しやすく，「ガス抜き」しやすいこともあるが，現場の実情を無視したドライな管理になることもあり，一概に，楽であるとはいえない。

❖7……2002（平成14）年2月，トヨタのエキスパート（班長クラス）の資格にあった労働者（当時30歳）が勤務中に倒れて，そのまま亡くなった。当初，豊田労働基準監督署は，業務上の災害と認定しなかったが，残された妻が裁判で争い，2007（平成19）年11月30日，名古屋地裁は，過重な仕事による過労死であることを認める判決を下した。この裁判では，「自主的活動」を仕事とみなすかどうかが争点になった。それにより，残業時間の算定が大きく変わってくるからである。名古屋地裁は「自主的活動」も実質的には仕事であるとみなし，彼が亡くなる直前1ヵ月の残業時間を106時間45分と算出した（『判例時報』1996号，143頁）。筆者の配属先の職場リーダーも，QCサークルの準備や検査・梱包作業の手順書の作成などを「自発的」に行っていた。この過労死事件は，個人的な特殊事情でかたづけられる問題ではない。トヨタの構造的な問題から生じたと考えられる。

❖8……出世意欲の低下の傾向については，第5章でも触れた。湯本(2007a)は，「複線型のキャリア」を自発的に選ぶ人の事例を紹介している。また，愛知県経営者協会による，トヨタを含む中部企業8社の社員に実施したアンケート調査によると，「現役の現場リーダーを含む4人に1人の社員が現場のリーダーにはなりたくないと回答。その理由として業務が多忙であることや給料の安さなどを挙げた」(『日本経済新聞』2006［平成18］年5月9日，地方経済面，7面)。

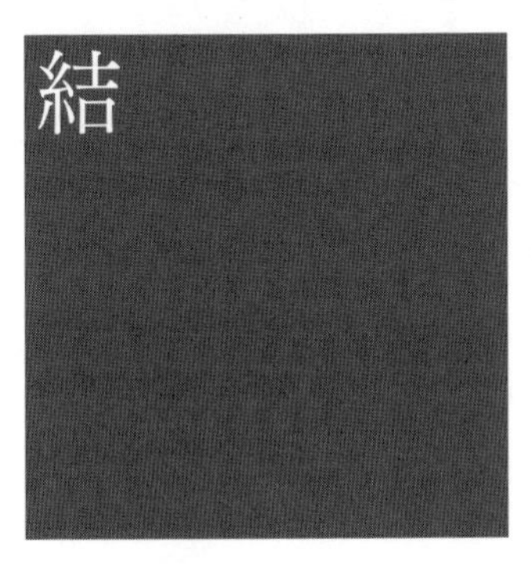

結

第3部は，企業組織の「末端」に焦点を当てて，管理の浸透と労働者統合のあり方をトヨタと日産とで比較した。労務管理，労働管理，職場管理，労働過程の直接的な管理と，それぞれに対応する労働者の働きぶりを観察した。結びでは，日産との比較で浮き彫りになったトヨタの特徴を整理する。

はじめに指摘したい点は，体系的な管理と現場での細かな管理との併用である。トヨタは，一方で，管理制度を整えて，現場の「末端」まで一元的かつ網羅的に抱え込もうとしているが，他方で，ミクロの場において生産方法，職場空間，働きぶりを微修正・微調整し，個別に対応している。

トヨタは現場の非正規労働者のほとんどを直で雇う。期間従業員は，同時期に大量に採用され，研修所で一律に導入教育を受け，健康診断で身体を精査され，巨大な建物の寮で寝泊まりし，会社の循環バスで寮から工場に通い，担当工程を割り振られ，毎朝ノルマを言い渡され，可視化された空間で働き，休憩時間は組単位でプレハブの中で休み，指定の食堂で昼飯を食べ，仕事が終わると再びバスで寮へ帰る。些細なことまで――例えば，ロッカーの割り振り一つとっても――，きちんとルールに則って運営され，指図に曖昧なところが少ない。

しかし，どれほど念入りに管理制度を設計しても，不確定な部分は残り，運営の際に思いがけないことが起こり，制度間で矛盾が生じる。それらに対して，現場で細かに対応する点が，そして現場を‘つくり込み’続ける点が，トヨタに固有な特徴である。

Braverman（1974）によれば，テイラーリズムの管理の本質は，「熟練の解体」を通して労働者から職場規制力を奪う点にあったが，トヨタは，テイラーリズムと比して，特段変わったことをやっているわけではない。現場管理の基本に極めて忠実である。むしろ，解体による統制の原理をあらゆる面に適用し，「末端」にまで徹底しようとしている点に特徴がある。現場レベルで解体を巧妙にかつ多面的に――作業，機械設備，職場環境に，そして人間関係にまで――推し進め，労働者から職場の規制力を奪い，その上で職場を再構成し続けることにより，労働者にきついノルマを達成させ，「逸脱」をさせずに標準化された作業プラスαの「仕事」をさせることができるのである。

トヨタが強力に推進している「視える化」は，職場の解体そのものである。この管理手法は，世間的にも注目させ，その導入はトヨタに限らない。トヨタに固有な特徴は，可視化**された**空間を持っている点ではなく，空間を可視化**し続け**る点にある。徹底的に可視化された工場のフロアにも，不安定・不確定な要素は必ず存在する。労働者はその「盲点」をつき，他者の眼差しをかいくぐり，つかの間の休息を得ようとする。ところが，トヨタの管理者は持ち場内にまで入り，「死角」を取り除き，作業動作を新たに標準化する。職場の実情はさらに外から見えやすくなり，ムダが露わになり，労働者の‘不適切な’作業方法や‘好ましくない’勤務態度が目立つようになる。再びそれらを取り除く。このサイクルを作り上げている。チームの一体化も同様である。人間関係論的な管理手法の採用はトヨタだけではない。しかし，チーム・コンセプトを導入さえすれば，おのずと労働者をチームに取り込めるわけではない。トヨタのチームも内側では問題を抱えており，職場リーダーが中心になって問題点を洗い出し，解決に関与し，労働者間の「壁」を取り払い続けることにより，管理の眼差しがチーム内に浸透するのである。

しかし，職場のあらゆる面が解体され，管理の眼差しが持ち場の内側にまで浸透したとしても，それだけでは，労働者は「逸脱行為」を働かせないとしても，経営側の意向を汲んで積極的に働くようになるわけではない。経営側が求める「積極的な行為」は一義的に決まっているわけではないからだ。そこでトヨタは，管理者主導で行動規範や労働者をつくり込む。労働者に「やるべきこと」，「やってもいいこと」，「やってはいけないこと」の違いを明示し，従順な労働者には，徐々に「裁量」を増やし，期待通りに動けない労働者からは，ごくわずかな「裁量」ですら取り上げる。この終わりなき微調整が，「逸脱行為」の可能性を極力排除した上で，労働者を積極的に動かすことを可能にする。

ライン作業とは，いわゆるモノづくりから想像される創造的な労働ではない。かといって，誰が担当しても全く同じ結果になるわけでもない。基本的には，標準化された反復作業であるが，それでも個人差が生じる。部品を流すかはじくかといった判断にさえ，労働者間で違いが生じる。トヨタの管理は，ライン労働に付随するごくわずかな曖昧な部分にも，直接・間接に関与して，行動規範をつくり込み，「逸脱行為」を防ぎ，労働者からある種の「能動性」を引き出そうとする。イレギュラーのパターンとそれへの対応の仕方を一つひとつ教え，多少複雑な規範を「身体化」させる。速い生産スピードと高い品質の両立を要求し，良品・不良品を瞬時に見抜く能力を形成させ，「我慢強さ」を促す。そして，ここまで規範をつくり込んでようやく，チームのヨコの関係をとおしても経営側が望む規範が正確に伝わっていくのである。

ここで筆者が注目した点は，つくり込みを支える管理能力と管理欲求である。現場管理者は，「上」から課せられた厳しいノルマをライン労働者に遂行させるために，工程内にまで頻繁に足を運び，職場のあらゆる側面を解体し，労働者をもつくり込み，現場の‘ほころび’を修正し続けるわけであるが，このような職場の解体と再構成は，カイゼンなどの管理制度を導入さえすれば自動的に進行していくわけではない。このシステムを持続的に回していくには，強力な管理欲求と管理能力が欠かせないのであり，それらはどこの現場にも自然に具わっているものではない。日産だけでなく，おそらく大方の企業も，トヨタほどには現場に入らないし，入りたくてもできないのが実情であろう。ライン労働者からすれば，他人が「自分の領域」にズカズカと入って来れば不快に感じるし，管理する側からすれば，現場に足を運ぶのは「面倒」だと思う人も少なくないだろう。ところが，トヨタの管理者は，遠慮なく，精力的に工程内に踏み込む。現場のあらゆる側面を統制下に置きたいと欲し，「よりよく」することを望み，実際にそれをやり続けてきたのがトヨタである。この強い管理欲求と管理力──「高さ」や「きつさ」よりも，「しつこさ」や「ねちっこさ」──があって，トヨタの現場は本研究でみたようにつくり込まれ続けるのである。

現場の管理欲求と管理力を語る上で外せないのが，それらを体現する職場リーダーの存在である。若手のリーダーがフロアに常駐し，「底辺」に位置する非正規労働者に対しても，緻密な管理とまめな‘ケア’を施す。労働者からすれば，‘身近な存在’である職場リーダーとの「意思疎通」を通して，統制的な面をあまり意識することなく，「職場のルール」を──管理側のモノの見方や考え方を──すり込まれていく。リーダーの微妙な「さじ加減」により，「末端」で働く労働者たちは，きついノルマを投げ出さずに「何とかしよう」と思いとどまり，職場は「爆発寸前」でどうにか持ちこたえるのである。職制ではない若手のリーダーが，トヨタの「末端」をとりまとめる支柱になっている。

トヨタとの相対比較でいえば，日産は，管理が「末端」にまでは届きにくく，非正規労働者は自分の裁量で働きやすいし，同時に自分のペースで「息抜き」をしやすい。両社の差をいかに評価するかという課題は残されるが，筆者が働いた先では，トヨタの方が，持ち場内にまで管理の手と眼差しが入り込み，非正規労働者は自主的には動けず，「逸脱行為」をはたらきにくかったのであり，その差は歴然であった。[❖1]

しかし，そのトヨタの現場にも統合に反する現象がなかったわけではない。労働者の多くは，どれほど密に管理されても，管理の網の目に即して管理者と微細な‘攻防’を繰り広げ，限られた範囲であれ，「オレたちの世界」を見いだそうとする。しかもここ最近，誰かが意図したわけではない葛藤の側面が目につくようになった。

❖1……なお，日産も，かつてカンバン方式と同じような機能を持つAPM（アクション・プレート・メソッド）方式を導入したが，当時の生産担当の最高責任者自身，「正直いって，うちのAPM方式というのはトヨタさんほど徹底しておりません。残念かって？いやむしろ誇りに思っているわけでして……」（梶原1980，161頁），と定着しなかったことを認めている。もっともその真意は，「日産は人間尊重主義だから，トヨタのような非人間的な方式はとらない，というわけである」（同上，162頁）。両社とも「人間尊重」を謳ってきたが，その意味するところは異なるようだ。

21世紀に入り，非正規労働者の雇用増大が慢性化し，現場構成員が「多様化」し，不安定要素が増えている。にもかかわらず，トヨタは依然として強力な統合を現場に求め，それを前提とした運営を行っている。経営側は，不確実性，人間の非合理性，想定外の出来事，そして労働者の「自発性」をも制御し尽くしたいと思い，現場管理者層はその要望に懸命に応えようとしてきた。しかし，企業規模の急拡大やベテラン社員の一斉退社などにより，統合する側の力は弱まり，現場を束ねきれなくなっている[2]。管理能力の強さに依拠した職場運営のあり方に無理が出ているのだ[3]。

本研究の調査時点では，非正規労働者の数は増える一方であった。ところが，その後，非正規雇用をめぐる経営環境はめまぐるしく変わった。この点について，最後に触れておきたい。

2008(平成20)年の後半，くすぶっていた「金融不安」が世界規模で表面化し，一挙に「非正規切り」が行われ，「雇い止め」が社会問題になった。世界トップの座を射止めたトヨタも，大幅な生産縮小を余儀なくされた。そこで初めに着手したのが期間従業員の削減である。同年の初頭には9,000人前後働いていたが，6月から新規採用をとりやめ，10月末には約6,000人にまで減らした。次年の3月までに，約3,000人と半減させる予定を組み，夏までにゼロにする方向で調整に入った。

ところが，翌09(平成21)年10月，期間従業員の募集を再開した。エコカーの需要が好調であり，トヨタは800人を新規に採用した。2011(平成23)年の7月中旬から，全国で最大4千人を募集している[4]。12(平成24)年12月に2,200人，13(平成25)年6月末に3,200人，同年12月には4,200人と，トヨタで働く期間従業員は増えていった。円安による生産増や増税前の駆け込み需要に対応するために，期間従業員をかき集め，会社どうしの「人材獲得競争」が激化した[5]。

2015(平成27)年3月期の決算で，売上高27兆2,345億円，最終利益2兆1,733億円とどちらも過去最高を更新した。トヨタは再び成長路線を突き進み，その「末端」を大量の期間従業員が支えているのである。

❖2……トヨタの現場で長年働いてきた者も，現場の管理力の弱体化を感じている。40年間，トヨタの現場で勤め上げ，「専門技能修得制度」のS級を獲得した高橋(2007)は，現場監督の力が弱まっている現状を懸念している。

❖3……もちろん経営側は，このような問題は認識しており，様々な手を打ってきた。いくつかの取り組みを列挙しておく。期間従業員の正社員への登用数を増やした。「05年度に登用した期間従業員は958人と04年度に比べ6割増えた。06年度も900人を計画する」(『日本経済新聞』2006年7月7日付，朝刊，中部版，7面)。2008年3月期には1,200人を予定している(『日本経済新聞』2007年3月28日付，朝刊，13頁)。期間従業員の現場比率を4割弱から3割程度に若干下げた(『日経産業新聞』2008年3月11日，23面)。系列メーカーへ期間従業員を正社員として紹介した(『日本経済新聞』

2006年12月16日，朝刊，11面）。現場を再強化するために，「チーム・リーダー制」を再導入した（『日経産業新聞』2007年2月15日，14面）。定年者の再雇用の比率を増やしたり（『日本経済新聞』2007年7月1日，1面），再雇用者を対象として一部工場で1日4時間や週2，3日の柔軟な勤務体系を導入したりした（『日本経済新聞』2008年2月5日，1面）。コミュニケーションの再徹底を全社規模の重要課題に位置づけた。このように，現場で対応しかねる問題が発生すると，トヨタは，トップ・ダウンですばやく制度の「改革」に乗り出す。

経営側だけでなく，労働組合も，非正規労働者の「問題」に取り組み始めた。「増加した非正社員と正社員の融合に配慮し『職場の一体感を高める』（鶴岡執行委員長）のが狙いで，08年4月以降，新たに勤続1年に達する期間従業員から組合員になる。生産現場の非正社員の比率が一時，4割近かったトヨタは『いろいろな課題が出てきた』（トヨタの木下光男副社長）ことに対応するために期間従業員の正社員化を加速。現在は3割の水準にまで減らしていた。経営と歩調を合わせ，現場を守るために組合が全面に立つのは新たな動きだ」（『日経産業新聞』2007年12月14日付，29頁）。なお，この背景には，新しい組合（「全トヨタ労働組合」（略称，全ト・ユニオン）の設立の動きもあると考えられる。新しい組合の結成と，それに対するトヨタ労組の反応については，猿田（2007）の第14章を参照のこと。

❖4……『朝日新聞』2011（平成23）年6月21日，夕刊，東京，1面。

❖5……『朝日新聞』2013（平成25）年7月31日，朝刊，7面。同　2014（平成26）年3月13日，朝刊，8面。同　2014（平成26）年5月2日，朝刊，3面。『日本経済新聞』2015（平成27）年8月14日，朝刊，3面。

第4部

働く場の力学の理論的整理

市場と組織の間で

序

同じ日本の企業にも多様性があり，トヨタと日産の職場にはそれぞれ独自性がある。両社は，似たような社会的背景を持ち，同じような管理制度を採用し，労働者を組織に統合する仕組みには共通点があるが，各現場には固有の力学が働いている。第1部から第3部までに明らかになった知見を簡単に整理しておこう。

第1部では，安定的な労使関係下における現場の「求心力」を検証した。トヨタの現場の「強さ」を支えてきた存在として「学園卒」は有名であるが，日産にも養成工を育成する学校が存在した。両社は共通して，会社創設直後に企業内学校を設立し，自前で熟練工を育ててきた。しかし，両社の養成工には違いもある。トヨタのそれは，第二次世界大戦直後，敵対的な労使関係を崩壊させる上で中心的な役割を果たし，その「貢献」が今もって社内で称えられ，組織の「求心力」の源泉であり続けている。現在に至るまで，現場管理者としてまた組合役員として「社内の重職」を担っている。日産でも，大争議の敗北を経て，経営側に対して断固たる対決姿勢を示す第一組合は消滅したが，その後は第二組合（のリーダー）が現場を実質的に掌握した。この事実はよく知られているが，この違いは現場の「中核層」への教育にも現れた。日産は，のちの自動車労連会長が中心となって，養成工や現場管理者を‘手塩にかけて’育てたのである。やがて組合トップが失脚し，トヨタと同様，日産の経営者は組合の「現場介入」を排除することに成功したわけだが，本研究がとりわけ注目した点はここからである。日産の経営陣は，とりわけ人事部は，同じ「過ち」を二度と繰り返さないために「功労者」を作らなかった。そうすることで，過去の「しがらみ」を断ち切ることに成功したわけだが，そのことは，現場から「全面的な協力」を得ることと同義ではなかった。「会社の危機」を救った人たちの重用，実力者の末路，そして彼らを取り巻いてきた人たちに対する処遇の変わりようをみてきた現場の人たちは，力を持つ者に対して露骨に反発するわけではないが，心の底から傾倒するわけでもなくなった。一時的には熱狂しても，いつかは変わるであろう（労使の）トップに振り回されないように，自己防衛的に「上」の趨勢をうかがうようになった。

日産では，1980年代の中頃には企業内学校がなくなり，「中核層」の育成機能はいっそう弱まった。80年代の後半に復活したが，入学対象者は高卒社員に変わり，トヨタのような中卒の‘たたき上げ’ではなくなった。「ゴーン改革」の際も，現場にはほとんど手が加えられていない。近年，若手監督者の養成が掲げられ，企業内短大を卒業した労働者の早期昇進が図られているが，リーダーを速成しようとすれば，全体の

「底上げ」と相いれないことになる。この点を第2部で明らかにした。

第2部では，長期間，同じ会社で働いてきた正規労働者に話を聞き，キャリア管理と組織への労働者統合の実態を把握した。キャリアには大きく分けて2つの側面がある。ひとつは教育と能力形成であり，もうひとつは昇進と競争である。前者にかんしては，日本企業のOJTの充実ぶりがつとに有名であるが，トヨタと日産はともにOff-J-Tの体系を整えている。それらの両方を通して「人材」を長期スパンで育成し，労働者に技能と規律を身につけさせてきたことが確認された。後者にかんしては，全体の「底上げ」と「求心力」の調達の両立とその限界に焦点をあてて検証した。

トヨタと日産はともに，入社10年ほどの期間は，同期間であからさまな差は設けず，「横一線」で労働者を競わせる。他の日本企業と同様，労働者の「モチベーション」を持続させる仕組みを持っている。しかし，トヨタは，長期的な競争を促すとともに人事部主導で「中核層」の育成を暗黙裏に行っており，全体の「底上げ」と「求心力」の形成とを意識的・計画的に両立させてきた点が特徴的である。第1部で明らかにした養成工の「活躍」と学園での教育により培われたリーダーとしての自覚が，「選抜」の結果を曖昧にしたままの状況で職場を牽引することを容易にしたのである。ただし，そのトヨタでも，「中核層」とその他の労働者との間に‘溝’がないわけではない。トヨタでは，現場から到達できるランクが高い。この労働慣行により，一方で，現場から「やる気」が引き出されるが，他方で，「中核層」が現場から遊離する問題が生じている。トヨタの統合力はたしかに強い。しかし，強いなりに，組織内で葛藤の側面を抱えているのである。

日産では，現場から上がれるポストが相対的に低く，現場の「やる気」を削ぐ要因になってきた。経営側と労働者側との「線引き」が比較的はっきりしている。しかし，昨今は第1部の最後に言及したように，経営者は若手監督者の育成に力を注ぐようになり，積極的に現場から「牽引力」を引き出そうとしている。ところが，現場のリーダーを速成しようとすれば，他の労働者は納得せず，リーダーが職場で浮いてしまう懸念がある。リーダーの選抜と意識的な育成は，現場を束ねる力を強めることもあれば，リーダーを他の労働者から分かつこともある。人事部と現場との力関係や職場のインフォーマルな文化などの他の要素により，どちらの面が強く作用するかは変わり，不確定である。経営側が意図した通りにリーダーシップを育み，職場に定着させることは難しい。

両社のキャリア管理の調査により，ともに高い技能と高い規律を持つ「人材」を再生産させ，組織に統合させてきたことが明らかになり，その管理構造の中で，両社の現場はそれぞれ固有の矛盾や葛藤を抱えている事実が発見された。日産は，ドラスティックな制度改革を行った。わかりやすく，一貫性のある経営理念は説得力を持ち，職場の「旧弊」を一新させる可能性を秘めている。しかし，トップダウンによる改革は，場に根づいてきた複雑な文化を無視し，それとの間に不整合を生みやすい。「上」からの制度改革がどのような形で現場に定着するのか，その評価にはもう少し時間がかかる。統合力が強いと理解されてきたトヨタとて，労働者を一面的に取り込んでいるわけではない。しかし，筆者が注目する点は，両社の現場には葛藤，曖昧さ，矛盾，不整合の側面が存在するという事実ではない。矛盾を抱えたまま表面化させなかったり，修正したりする力についてである。この力が，第3部で明らかになる。

第3部では，組織の「末端」への管理の浸透と非正規労働者の働きぶりを検証した。筆者は両社の現場で非正規労働者として働き，労務管理，労働管理，職場管理，直接的な管理を工場のフロアからつぶさに観察した。トヨタと日産が採用する管理手法には共通点がある。ともに多数の非正規労働者を活用し，ラインにはり付けて単純な反復作業を任せ，チームコンセプトと可視化の監視システムを用いて職場に統合している。しかし，両社には制度上の違いもあった。主たる相違点は，非正規労働者の雇用制度である。トヨタは直の採用が主であり，日産は調査当時，請負と派遣だけを活用していた。だが，この制度上の違いよりも，運営上の差を筆者は強調したい。トヨタの現場管理者は，目標数字の達成への「こだわり」，ルールを守ろうとする・守らせようとする「きまじめさ」，工場の隅々にまで神経を行き届かせる「徹底ぶり」が際立っていた。抑圧や統制という面は表には出さないものの，働く場を密にコントロールし尽くしたいという欲求がすこぶる強い。職場リーダーは，高い目標を掲げ，持ち場へ頻繁に足を運び，現場の状況を皮膚感覚でつかみ，人と人との接触を厭わずに，場をつくり込んでいく。高い品質基準は職場構成員間で共有（強要）され，「高い意識」として定着し，各人に身体化される。

ただし，組織の「末端」まで労働者を統合する力が強いトヨタでも，抱え込めない現象が目についた。明らかに処遇の異なる者どうしを「平等」に扱い，全従業員をチームに取り込もうとしているが，逆に，形だけという「嘘くささ」は隠しようがなかった。ライン労働の密度はすこぶる高く，ライン労働者は強いストレスを感じている。しかも，負荷が大きいのは管理される側だけではない。管理する側は，統制的な面を表に出さずして，コントロールを徹底しなければならない。先ほど述べたように，その欲求と能力は高いものの，それとて限界はある。コントロールの強さを前提とした「モノづくり」であるが故に，それが弱まったときに，システムの破綻が顕著に現れる。トヨタ流の「モノづくり」といえば，高い技能や参加ばかりに目が行くが，管理される側のみならず，管理する者にとっても消耗度が高い点を見落としてはならない。

以上，トヨタと日産の実態比較から，職場力学の異同が浮き彫りになった。同じ日本企業でも，働く場を「束ねる力」，現場から「底上げする力」，「末端」にまで管理を「貫徹させる力」には違いがあり，現場の労働者の働きぶりには異なる特徴がある。しかし，筆者がここまでの研究で強調したい点は，両社の現場の力学には違いがあるという'結論'ではない。力学の相違から読み取れる，歴史を通して組織の中に蓄えられてきた固有のコントロール欲求とその力であり，労働者が習得してきた組織を生き抜く独自の力であり，組織に取り込むことができない労働者の多様な生活文化である。

「日本的経営」にかんする議論の中にも，「現場の力」に注目した研究がなかったわけではない。序章で紹介したように，労働者のキャリアと技能形成，カイゼンへの「参加」，情報の「すりあわせ」と「知識創造」，創発的な「進化能力」が日本発の経営コンセプトとして提示されてきた。「現場力」や「組織能力」といった漠然とした表現が用いられることもある。しかし，本研究が明らかにした現場の「つくり込み」には，現場からモノや知識を生み出す力だけでなく，組織の「末端」にまでコントロールを浸透させる力が含まれる。いわゆる「現場主義」という表現からは，コントロールの側面はイメージしにくい。工房の職人技を連想させる「モノづくり」という表現も同様である。現代の大規模工場でも，高度な手工的技能を必要とする工程がないわけではないが，現場では，数値目標達成への「こだわり」，チーム構成員のわずかな不手際や不具合も見逃さない「細心さ」，人間関係を良好に保つ「気配り」，課題を提出し続ける「きまじめさ」が求められ，現場管理者の仕事の中で，生産工程の技術的な管理だけでなく，「ひとづくり」，「環境づくり」，そして「雰囲気づくり」が大きな比重を占める。「○○づくり」という表現からも想像がつくように，統制や抑圧という外観をとらずして，管理の手や眼差しを職場の隅々にまで行き渡らせるのである。そして，最も注目すべき点は，これらの力およびそれを支える欲求は，社内外の経済的・社会的・政治的・文化的な諸要素の影響を受け，場に根づいてきた歴史的な産物であるということである。それ故に，制度をまねすることはできても，現場における運営の仕方には，同じ日本企業でも顕著な違いが生まれるのだ。

ただし，現場の力として，管理者によるコントロールだけを強調するのも誤りである。労働者が発揮する力も無視してはならない。先行研究も一般の労働者の「高い能力」に注目してきた。しかし，それは，生産性向上に貢献する能力，経営側の意向に合致する形で習得し発揮する能力に限られていた。管理する側が求める能力と管理される側が形成する能力との間に区分がなかったのである。しかし，労働者が行使する力には，生産効率を高める力だけでなく，経営者や管理者に抵抗する力，目の細かい管理の網の中で巧みに生き抜く力，さらには，組織の外の生活文化に根ざした生きる力も含まれるのだ。[1]

組織構成員の行動は必ずしも明確な意思を持ったものではない。合理的に計算した上での行動とは限らない。職場では，結果的に，誰もが想定しない形で力学が形作られることもある。場に焦点化された，諸力が織りなす複雑な力学は，経営側の目論見通りに制度を機能させる「促進要因」になることもあれば，その通りには機能させない「阻害要因」になることもあり，さらには，全く想定外に機能させることもあるのだ。

日本企業が国際市場で確たる地位を築くと，「日本的経営」論は，管理制度の巧妙さや制度間の整合性の高さ，企業の成長を支える現場の高い技能や知識，経営と労働者を一体化させる組織文化，組織の進化能力の高さなどを想定し，'後付け'で説明してきた。たしかに，本研究でも，精巧な諸制度に囲まれた自動車の製造現場には露骨な抵抗はほとんど見られなかった。順調な運営の外観を持ち，組織内の葛藤や制度間の不整合の側面は外からは見えにくい。だがしかし，その見えにくい部分こそ，労働者が「生き抜く力」を発揮し，組織内に取り込まれながらも自分たちの生活空間を拡張する場となり，管理する側からすれば，それらの「攪乱要素」を取り除き，葛藤や不整合を修正することが求められる場である。露骨な抵抗による経済的損失やおおがかりなカイゼンによる経済的効果は誰の目にもわかりやすい。それに対して，地味な「つくり込み」による経済効果は，ましてやその'欠如'による生産性向上機会の逸失は見えにくい。しかしその部分にまで踏み込み，場をつくり込むことが，現場運営を司る者にとっての終わりなき課題であり，見方を変えれば，管理者の「手の抜きどころ」でもあるのだ。かくて，組織に統合された外観を持つ職場は，その内側で'微細なやりとり'が繰り広げられる。そのあり方は場に根づいた力に左右され，場の外から持ち込まれた文化の影響も受け，その複雑さ故に各場は独自な形をとるのである。従来の「日本的経営」論は，現場の力を一面的に捉え，その能力を本質的に備わったものとして想定してきた。場に蓄えられた独自の力，経営側にとって思い通りにならない力，想定外に作用する力を軽視してきた点で決定的な限界があったのだ。

ただし，他の研究分野では，場の複雑な力学に注目した研究がなかったわけではない。人間関係論は，産出量を制限するインフォーマルグループの存在を発見し，働く場で生産規制を行う慣行とその要因を研究対象にしてきた。組織の文化研究は，管理制度や組織構造を重視する研究者が切り捨ててきたインフォーマルな労働慣行やしきたりを中心テーマに据えた。なかでも労働過程論は，管理と労働者との関係をミクロの場から把握し，働く場における権力関係を理論化してきた。ところが，結論を先取りしていえば，管理と労働者との関係を考察した研究のほとんども，結局のところ，労働者を権力構造や管理体制に組み込まれた姿で描いてきたのだ。もちろん，労働者を機械的に組織や管理制度に統合された存在としてイメージしているわけではない。しかし，新しい管理制度が考案され，‘最先端’の手法として世に広まると，経営側の意向に沿って働く労働者像を想定しがちであった。その最たる例が「日本的経営」の下で働く労働者像であったのだ。この管理手法はフォード生産システムの限界を克服したと評され，労働者から抵抗を奪い，従順さを引き出し，やる気を調達する‘最善’の管理手法として一時代を築いた。働く場の力学を扱う理論研究も，序章で整理した「日本的経営」論と似たような問題を抱えてきたのである。

そこで第4部では，トヨタと日産の比較研究により得られた知見を踏まえて，職場の力関係を理論的に整理したいと思う。労働者を工場や組織に抱えてきた歴史的経緯を辿りながら，職場力学にかんする理論研究を紹介する。そして，先行研究の不十分な点を筆者なりに乗り越えたい。加えて，組織から市場へと労働者を排出し始めた最近の雇用管理の動向を追い，場の力学は変化するものの，働く場には管理イデオロギーや管理手法に取り込まれない労働者に固有な生活が一貫して存在することを示す。本研究は，管理制度の変遷を包括的・網羅的に提示することを目的としているわけではない。市場から組織へ，そして組織から市場へと変わってきた，管理思想や管理手法の大きな流れの中で，場の力学がいかなるフレームで捉えられてきたかを筆者なりに整理し，それらが把握し損ねてきた「場に生きる力」を再発見したいと思う。

なお，働く場の力学は，労資（労使）関係や管理制度だけでなく，法制度，社会政策，教育システム，消費生活，家族制度，労働運動，技術革新など，企業内外の無数の要素の影響を受ける。また，労働者は「真っ新な状態」で職場に入るわけではない。働く場の「主体」は，性別，人種，宗教，倫理感などとも無関係ではない。本研究は，随所でそれらの要素にも言及するが，市場から組織へ，組織から市場へという大きな労働者管理の流れを中心に据えて，職場力学がいかに形成され，職場運営上機能し，あるいは管理とは相容れずに軋轢を生じ，さらには誰もが意図せぬ結果を招いてきたのか，系統立てて示すことにする。

❖1……市場原理主義が強まり，組織に縛られない働き方が持ち上げられるようになった。その反動として，組織内の育成機能の弱体化を懸念し，あらためて組織内の一貫性のある「学習」の重要性が，とりわけ「職場での学習」（OJT）の重要性が指摘される（青島編 2008; 中原 2010）。しかし，市場を生き抜く能力にせよ，職場での学習を通して身に付ける能力にせよ，資本の論理に沿った能力に限られており，労働者が組織内外で生き抜く独自の能力については検討されていない。

第10章
工場への労働者の取り込み
統制に対する抵抗から「同意」の調達，「自己規律」へ

I 工場への「規律」の導入と労働者からの反発

工場に集められた賃労働者たちは，「針金を引き延ばす」，「まっすぐにする」，「切る」，「とがらす」，「みがく」といった，およそ18に分割された単純作業をそれぞれ担当する。Adam Smithが『諸国民の富』の冒頭で描いた，有名なピンの製造過程である。一人の職人がこなしていたピン作りの動作が細分化・単純化され，複数の労働者に割り振られる。この分業により，職人の技巧が改善され，仕事から仕事への移動時間が短縮され，多人数分の仕事を一人でこなせる機械が発明され，そして，同一人数でなし得る仕事量が飛躍的に増加したとSmithは分析する。

しかし，工場労働者たちは持ち場を固定され，作業方法を指示されれば，あとは担当作業をおとなしくこなしていたわけではなかった。当時の(大人の男性)労働者の中には，そもそも勤務時間に工場へ来ない者も珍しくなかった。とりわけ休日の翌日は「聖なる月曜日」と呼ばれ，勤務態度が好ましくなかった。飲酒，賭け事，興行，旅行などに興じて無断欠勤する者が多く，酩酊状態で工場に出てくる者もいた。このような勤務状況は，火曜日まで続くこともあった。そして，工場で働きだしてからも，依然として農村の自然時間に基づいた生活(task-orientation)から抜けきれず，近代的時間に対する意識が希薄であった(Thompson 1967)。

労働者の勤務態度に納得しない工場主たちは，工場内に「規律」を導入した。1700年のイングランドには，タイムシート，タイムキーパー，密告者，罰金などの制度を設けた工場が既に存在した。1770年になると，綿工場もそれらの制度を採用するようになる。しかし，規律の押しつけは，労働者から強い反発や抵抗を招いた。規律は労働過程にまでは入り込めず，労働者が身につけるまでには至らなかった。その証に，それを強要する者がいなくなれば，すぐさま元の勤務状態に戻ったのである(ibid.)。

産業革命期に入る頃には，企業家たちは近代的な管理の導入を図るようになる。英国では，労働者の募集，「訓練」と「規律」，「生産に対するコントロール」が制度と

して形を整え，それまではずさんであった，金銭・物品の出し入れ，売上，費用，利益などの経営状況の把握が，「会計管理」に則って厳密に計算されるようになった。産業，企業規模，立地場所などにより，管理制度の導入時期にはばらつきがあったが，近代的な管理技術は社会に広まりだしたのである（Pollard 1965）。

それと並行するように，月曜日に休んだり，平気で遅刻したりする風習は廃れていった。1850年代から60年代にかけて，転機となる出来事があった。機械化の普及と土曜日の半休である。それらが，「聖なる月曜日」の慣習を改めさせる上で，決定的な要因となった（Reid 1976）。労働者たちは機械の動きに従属して働かなければならなくなり，紡績機械自体がタイムキーパーの機能を果たすようになった。また，土曜の午後を休みにするのと引き替えに，月曜日はまじめに働くというある種の「取引」が成立した。労働者階級の娯楽も，飲酒や賭け事から品行方正な「分別のある娯楽」に変わり，労働者は消費と経済的な安定を求めて勤勉に働くようになった。

しかし，機械制大工業の時代に入っても，規律が完全に定着したわけではなかった。蒸気機関の導入は大規模工場に限られており，中小規模の工場では，19世紀の後半でも（場合によっては20世紀に入ってからも），「聖なる月曜日」の慣習が続いたところがあった。機械化された大工場でも，代替不可能な熟練工たちは，それまでの慣習をおいそれとは捨てようとしなかった（ibid., pp.93-94）。

さらには，機械は労働者を駆逐する「優勢な競争者」として立ちはだかり，労働者に敵対する力として相対するようになったため，労働者たちは労働手段に対して反逆を開始した。Karl Marxが指摘したように，資本と労働者の機械を介した闘いは絶えることなく続くのである。「資本家と賃金労働者との闘争は，資本関係そのものとともに始まる。それは，マニュファクチュア時代の全体をつうじて荒れつづける。しかし，機械が採用されてからはじめて労働者は労働手段そのものに，この資本の物質的存在様式に，挑戦するのである。彼は，資本主義的生産様式の物質的基礎としての，生産手段のこの特定の形態にたいして，反逆するのである」（Marx 1962, p.451, 邦訳559頁）。

工場経営者たちは，就業規則の制定や大規模機械の導入を通して，伝統的な生活に根ざした労働者の価値規範や行動様式を工場制度に適合的なものに変えようとした。しかし，労働者の心性を一変させることはできなかった。それどころか，労働者から激しい反発を招いた。熟練労働者はもちろんのこと，蒸気機関の下で働く単純労働者に対してさえ，動きを完全に統制することはできなかった。企業家たちは管理の必要性を強く意識し始め，独自の管理手法の開発に取りかかってはいたが，それらは，理論化され，体系化され，一般化されたという意味での「科学的な知」ではなかった（Pollard 1965, pp.270-271, 邦訳400頁）。なかでも現場管理は「科学」としての体裁を整えておらず，工場経営者は労働過程を掌握できていなかったのである。また，企業家とは異なる「企業管理者」の階層は，1830年以前はほとんど存在していなかった。このことも，労働過程を掌握しきれない大きな要因であった。

米国の工場管理も，英国と似たような経緯を辿る。工場経営者たちは，新しい労働，新しい生活様式，新しい価値観に労働者を適合させようとしたが，必ずしもうまくいかなかった。工場経営の近代化を推し進める過程で，経営者は労働者と激しくぶつかり合ったのである。

Gutman(1976)によれば，1843年以前は，都市部でも前近代的な社会の習慣が根強く残っており，工場内では従来の農村文化と近代化を志向する管理との間で緊張が生じていた。工場労働者たちは，規則的な労働に適さない文化――不規則な生活，飲酒，喫煙，賭け事，娯楽――を工場内に持ち込んだ。この状況に不満を抱く工場経営者は，アメとムチの両方を駆使して，労働者を工場の規則に従わせようとした。それらの行為を禁じ，違反者はクビにすると警告を発したり，規則を破った者に罰金を科したりした。反対に，勤勉に働く者には，「物質的報酬」で報いることもあった。しかし，それらの方策を用いても，労働者の勤務態度を改めさせることはできなかった。

1843年から1893年にかけて，「蒸気機関」と「機械」が米国の経済構造を一変させた。しかし，工場で働く職人と熟練労働者たちは，依然として昔ながらの慣習を捨てようとはしなかった。伝統的な職能的技量と職人の文化を守り，新しい文化と衝突した。工場外では騒擾，機械打ち壊し，食糧暴動を起こし，工場内では近代的な規則や新しい労働規範に不服従な態度を示した。

1894年には，米国の工業生産高は英，仏，独の合計にほぼ匹敵するまでに拡大した。「しかしこのような激烈な経済的変化も，アメリカの旧来の社会構造，またアメリカ生まれの職人ならびに移民の職人の前近代的な根強い文化を，全面的にうちくだくことはなかったのである[❖1]」(Gutman 1976, p.33, 邦訳52頁)。ちなみに，その後も，前近代的な集団的行動様式は工場内で存続し，文化的な衝突や緊張はより複雑化した形で続いた。大量の移民が米国に流入し，多様な人種・民族が工場で働きだしたからである。

このようにして，英米の工場経営者は，近代的な管理や大型の機械設備の導入を通して，工場内に規律を植え付けようとしてきたが，労働者の従来の働きぶりや生活態度を完全に打ち砕くまでには至らなかったのである[❖2]。それには，「科学的管理法」の登場を待たなければならなかった。

II

テイラーリズム(「科学的管理法」)による現場の統制と労働者からの抵抗

1 「科学的管理法」による現場の掌握と統制

現場管理の手法の中で避けて通れないのが,「科学的管理法」である。Frederick W. Taylorの名を冠するこの管理法の原理は,今なお,世界中の職場に適用されている。彼以前にも,労働現場の「科学的な管理」のようなものを開発した者はいたが,体系立て,「経営思想」にまで高め,社会に広めたのはTaylorであった。彼および彼の協力者や弟子たちが,そして1913年に発足した「経営管理科学促進協会(テイラー協会)」などの経営技師の団体が,テイラーシステムの普及・宣伝役を果たした(Nadworny 1955)。

Taylor(1911a)によれば,旧来の現場では,運営は工員に委ねられており,工員は各自のやり方で生産を行い,自分たちで生産量を決定していた。しかし,工場経営者は,工員の「生来の能力」の許す範囲で「最高級の仕事」を「最高能率」で行わせるべきであり,そのためには,自らが現場を「科学的」に管理し,「公正な一日の作業量」を定め,工員に「最善の方法」を指導すべきである。Taylorは,現場管理者に,作業者の動きをストップウォッチで計測し,現場の情報や知識を吸い上げ,最速に生産可能な課業を設定することを求めた。

ただし,Taylorは工員に単純作業さえさせておけばよいと考えていたわけではなかった。管理者は工員たちと「親密な協力」関係を築き,「工場体制内で各個人を訓練し成長させ」る(p.12, 邦訳7頁)。「高度な熟練を持ち,より高い知能を有する機械工たちは,職能的職長たちや教師になっていく。そのようにして昇進していくのである」(p.127, 邦訳80頁)。彼は,「工員が方法と道具類の両方において改善を提案することは,大いに奨励するべきである」(p.128, 邦訳80頁)と述べている。

「科学的管理法」の要諦は,現場の管理を経営者側が握る点にある。管理部門が,作業の時間と動作を研究し,課業を設定し,工員を選別し,組織内で育てる。加えて,「刺激的賃金支払制度」を設計し,労働者から最高能率を引き出す。この管理法は,

❖1……工場長による労働過程の統制が貫徹しなかった理由として,「クラフト的生産」が残存し,職長が絶大な権限を握っていたからだけでなく,「内部請負制度」が広範に普及し,請負人が作業過程の監督にかんして全面的な権限と責任を持っていたことが挙げられる(Clawson 1980, pp.71-125, 邦訳71-129頁)。

❖2……国によって,産業化の社会的な背景や過程が異なり,規律化の社会的な意味や規律に対する労働者側の適応の度合いには違いがあるものの,英米以外の欧米諸国でも,工場体制に適合的な規律の導入に際して労働者側との間で衝突やせめぎ合いが起きた。工場の規律化を社会史的な視点から検証する学問系譜は,独・仏にもある(田中 1984, 遠藤 1989)。

賃金を手にする一人ひとりの工員に幸福をもたらし，国全体の発展にも寄与する，と彼は考えた。「科学的管理法」の背後には，このような「経営思想」と「経済人仮説」があったのである。「生活の必需品と贅沢品の両方の増加について考えると，労働時間が望み通りに短くなり，その結果として教育・文化・レクリエーションの機会も多くなる可能性があり，それらを国全体で享受できるようになる」(p.142，邦訳89頁)。

「科学的管理法」の適用先の分析を行った代表的な論者がBraverman(1974)である。現場の知識を計画部門に集約させ，管理部門が作業の時間と手法を設定し，労働者にそれらを実行させる。そうすることで，労働過程を熟練や伝統的知識に依存させず，全面的に経営者側の管理下に置く。彼は，「科学的管理法」の管理の本質をこのように整理し，「科学」という名を冠した管理手法のイデオロギー性を暴露した(pp.77-83，邦訳126-136頁)。彼の議論は，忘れ去られていた労働過程に再び光をあてたとして，労働研究者から賞賛を受けた[3]。しかしそれと同時に，いくつかの厳しい批判を受けることにもなった。その主たるもののひとつが，階級の「主体的側面」の欠如である。彼は，序論にて，分析対象を階級の「客観的側面」に限定し，労働者の階級意識，組織，活動を取り上げることは企図していないと断りを入れているが(pp.18-19，邦訳28-29頁)，いずれにせよ，彼の分析では労働者の主体的な側面は切り捨てられた。この「失われた主体(missing subject)」(Thompson 1990)をいかに捉え，理論に組み入れるかが，彼以降(post Braverman)の労働過程論における一大論点になったのである(Knights 1990; Willmott 1990)。

2　単純な反復作業と労働者の抵抗

「科学的管理法」の社会的影響は計り知れなかった。テクニカルな管理手法が広範囲に普及し，働く者に「精神革命」をもたらした。Taylorは，労働組合のストライキや生産量規制に対して強い嫌悪感を抱いていたのだが(Taylor 1911b，pp.182-195，邦訳201-215頁)，その本音は，労使協調による経済発展，「最善の方法」による経済的報酬の増大という経営イデオロギーによって覆い隠されていたのである。

しかし，「科学的管理法」はすんなりと労働組合に受け入れられたわけではなかった。それへの批判は，1910年の前からくすぶりはじめ，米国労使関係委員会に「科学的管理法」の実施状況の調査(『ホクシー報告書』1915年)を促すことになり，全国的に広がりと高まりをみせた。「非人間化」，「スピードアップ」，「反組合」に対する労働組合の「敵意の時代」は1920年まで続く。経営側は第一次大戦の戦中から戦後にかけて，力をつけた組合の「協力」や「同意」を無視できなくなり，「科学的管理法」の指導者の中でも，組合に歩み寄りをみせる「修正主義者」が力を持つようになった。他方で，労働組合（とりわけアメリカ労働総同盟）も「科学的管理法」に一定の意義を認めるようになり，20年代になると，「科学的管理法」と労働組合は「協調の時代」を迎えるのである（Nadworny 1955）。

では，「科学的管理法」は，働く場にいかに浸透していったのか。「科学的管理法」の原理の援用例として有名なのは，フォード生産システムである。Henry Fordは，作業工程を細かく分解し，製造部品と作業動作を標準化し，細切れの動作をひとまとめにして課業を設定し，コンベアラインで生産工程に連続的な流れを作り，定位置に着かせたオペレーターに単純な反復作業を行わせた。このような生産技術と労働組織からなるフォード生産システムは，生産性を飛躍的に向上させた。フォード社は，1914年，平均賃金2ドル40セントから最低賃金5ドル日給制へと，大幅に賃金を引き上げ，10時間が普通であった労働時間を8時間に短縮し，単調な労働に対して経済的に報いたのである（Meyer 1981）。Henry Fordは，労働者を経済的に動機づけられる「経済人」として想定していた。労働と余暇とのバランスの重要性は念頭にあったものの，労働内容にはとりたてて関心を払わなかった。次の言葉がそのことを端的に示す。「個々の労働者の仕事が反復的なものになるのはやむをえない。そうでなければ，低価格と高賃金を生み出す作業を無理のないスピードで行うことは不可能であ

❖3……なお，Drucker（1950, 1954）は，Braverman（1974）よりも前に，似たような視点から「科学的管理法」を批判している。労働者が担当する仕事を細かな要素動作に限定した点に，そして分解そのものに携わる人と携わらない人とに分けた点に対する批判である。

「確かに，個々の作業は分解し，研究し，改善しなければならない。しかし人的資源は，それらの要素動作を『仕事』として再び統合し，人間に固有な能力を活用するものとしなければ，生産的たりえない」（Drucker 1954, pp.283-284，邦訳（下）150頁）。つまり，仕事を要素作業に分解したからといって，その分解後の最小単位で労働者に仕事をやらせなければならない必然性はない。分解した要素を「再統合」し，もっと大きな括りで仕事を任せて，「人間の能力」を有効に活用すべきである，とDruckerは考えたのである（Drucker 1950，pp.168-182，邦訳193-208頁）。「実行からの計画の分離」を「科学的管理法」の基本的な信条のひとつにしている点についても，「分析の原理」は正しいが，それをそのまま「行動の原理」にしている点が誤りであるとみなす。なぜなら，仕事の機能を実行と計画とに分け（divorce of planning from doing），それらを別々の作業として分解はするが，「計画と実行の分離は，計画する者と実行する者とは別の人でなければならないということを意味はしない」からである（Drucker 1954，p.284，邦訳（下）151頁）。そして，これら2つの欠点を持つがゆえに，「科学的管理法」は「人に特有な能力」を十分には活用できず，生産的ではない，と彼は否定的な評価を下したのである。

もっとも，Druckerは，Taylorや「科学的管理法」を評価していなかったわけではない。このような限界があるにせよ，むしろ高く評価していた。その点が，Bravermanとは異なる。以下にみるように，科学的管理法は，労働者を疎外させ，労働者から抵抗や反発を招いたとして批判にさらされるが，Druckerは，それはTayor自身の責任ではないとして彼を擁護した。そして，Taylorが最善の作業方法を見つけ，生産性を高め，賃金を上昇させ，「ゆたかな社会」をもたらしたとして好意的に評価したのであり，Druckerは働く場における統制の問題には関心を持っていなかったのである（Drucker 1973, p.181, 202, 邦訳（上）230，256頁）。

る。『わが人生と仕事[4]』の中であらましを書いたように，わが社の作業のうちには，極端に単調なものもある。しかしながら，多くの人々の心もまた，単調であり，多くの者は考えることなくして生計の糧を稼ぎたいと思っている。そして，そのような人々にとって，頭を使わない仕事とはありがたいものである[5]」(Ford 1926, p.160, 邦訳144-145頁)。

マクロの次元では，大量生産・大量消費を通して堅調な経済発展が見込まれるようになり，ミクロの次元では，相対的に高い賃金の保障を条件として単純な反復作業が受け入れられた。新しい生産方式に適合的な身体と精神は，経営側が無理やり調達できるわけではない。経営側が，筋肉と神経の多大なエネルギー消費を要する新しい労働にふさわしい「生活水準」を高額賃金により保障し，労働者側は，経済的な報酬と引き替えに新しい働き方を受容する。かくして，新しい生産方式への労働者の適合は，経営側による「強制」，「説得」および労働者側の「同意」がうまく組み合わされて達成されたのである(Gramsci 1971)。

しかし，労働者たちはコンベアラインの流れに一挙に組み入れられたわけではなかった点に注意を要する。Gartman(1986)は，自動車工場の生産現場の歴史を丹念に跡づけ，働く場は，経営者と労働者との衝突を経て，「弁証法的」に発展を遂げてきたことを示す。

自動車産業の草創期のデトロイト周辺には，様々な既存産業——馬車，家具，ストーブ製造，鉄道，機械工場など——が集積していた。自動車工場はそれらの産業から職人を引き抜き，他の産業と同様，熟練工が現場を掌握していた。労働者には強力な職種別組合(craft union)があり，資本側は経営者協会(Employer Association)をデトロイトで結成して組合対策を十全に図り，両者は激しく対立した。20世紀初頭，資本側が組合に対して優位な立場にはあったものの，熟練労働者の不足と賃金の高騰により，労働者は頻繁に勤め先を変え，労働過程をコントロールし続けたのである(pp.35-38)。

資本側は，大衆向けの自動車市場の拡大という好機を迎えるにあたって，熟練工を生産拡大を妨げる存在として忌避した。そこで，自動車資本と経営者は，製造部品と作業(者)の「標準化(standardization)」を行い，「互換性(interchangeability)」を確保し，分業を推し進めていった(pp.49-59)。機能を特化した機械と専用の生産ラインを導入し，熟練労働者を半熟練・未熟練労働者に代え，予測不可能で反抗的な「人間的要素(human element)」を排除して，「抑圧的な統制」システムを確立しようとした。労働者の抵抗を押し切ってこのような工場を作り，終には現場を掌握した(p.72)。

ただし，フォードの経営者はいきなり労働現場にコンベアラインを導入したわけではない。ワークスライド(work slide)，滑車方式(rollyways)，スライド方式(slideways)と順次改良を重ね，1912年の末に鋳造工場に動力コンベア（power conveyance）を設置した。そして，他の会社に続いて，1913年，自動的に動く最終組立ライン（moving final assembly line）を導入したのである。しかも，この段階では，導入工程は限られており，自動車工場のすべての現場でコンベアラインが設置されたわけではなかった。機械職場では1930年代まで導入されておらず，トラックなど，特殊なカスタムメイドの車種も熟練工に頼らざるをえなかった。それらの工程や車種では，依然として熟練労働者が作業方法や作業スピードをコントロールしていたのである。しかし，そのような職場にも徐々に自動化を進め，資本側は熟練工を駆逐し，労働者の裁量の余地を削っていった（pp.83-101）。

熟練の定義は曖昧であり，熟練工の比率は捉え方にもよるが，1910年の時点で自動車工場労働者のうち60%は熟練工で構成されていた，とGartmanは諸資料から推計する。それが，フォードの社内資料によると，1913年には全労働者のうちたった28%しか熟練工は残っていない。熟練工の減少傾向はフォードに限らない。同時期におけるクリーブランドのいくつかの自動車工場でも，技能習得に1年以上を要する熟練工は，多く見積もっても13%にすぎなかった。Bureau of Labor Staisticsのデータによれば，その後，1922年から1950年にかけて，多少の上下はあるものの，自動車工場の労働力に占める熟練工の割合は，11%弱で推移している。各工程が緊密に連結されたラインでは，安定的に同じ部品を作らなければ，流れは止まってしまい，ライン全体に迷惑をかけることになる。数が増えたオペレーターには，熟練ではなく，ワークへの「注意力」が必要とされ，ラインの流れを滞らせない手先の「器用さ」が要求されるようになった。

ただし，新しい機械の導入により，新しい技能や知識が必要になるという議論（upgrade thesis）がある。一方で，旧来の熟練は解体され，もはやほとんど必要とされなくなったが，他方で，新しい能力が求められるようになったという主張である[6]。しかし，Gartmanは，新しい技能や知識が必要とされる職種は組

❖4……Henry Fordの自伝，*My Life and Work*. Garden City, N.Y.: Garden City Publishing, 1922.

❖5……ただし，多少の注釈が必要である。というのは，Henry Fordは，金融界（とりわけ投機家）を念頭に置いてこのような考え方を述べたのであり，彼らから会社を守るという意図がこの発言の背景にあったからである。すなわち，資本家への配当を高めるために，労働者の賃金を低くし，車の価格を上げて消費者への「サービス」を低下させるのではなく，消費者でもある労働者に高い賃金を払い，消費という形で会社に「投資」させるようにし，また，労働者を企業内で「成長」させることで会社への貢献を引き出して，会社を発展させるという考えを，同じ自伝で語っている（Ford 1926, pp.24-35）。会社を拡大・成長させて，会社にかかわる利害関係者――経営者，技術者，労働者，外部の取引先，消費者，さらには投資家――に，バランスよく報酬を支払うべきであると主張したのである。このような経営理念・労働者観は，次章で取り上げる，大規模組織に労働者を統合する労務政策につながる。

❖6……Braverman（1974）の熟練解体のテーゼに対するその後の議論については，Wood ed.（1982）が詳しい。

織内で増えているわけではないという事実を示し，このような議論をきっぱりと退ける。単純な反復作業は増加傾向にあり，移民やマイノリティにあてがわれるようになった。自動車工業は，産業の最初期の段階では英国からの移住者の子孫あるいは欧州北部の移民を熟練労働者として受け入れていたが，労働者不足への対策から，次第に南部や東部からの欧州移民やその子孫に採用を広げ，やがて米国の黒人や女性に拡充していった(pp.128-141)。

以上，Gartman(1986)の研究を詳細にみたが，彼は，経営者と労働者との衝突の歴史を通して，新しい生産技術と生産システムが導入され，熟練を要する労働は減らされ，単調作業を担う労働者が増えてきた経緯を明らかにした。自動車工場で働く労働者たちは，細分化された反復作業をあてがわれ，完成品をイメージすることも，他者と関わり合いを持つこともなく，いわゆる「疎外された」労働者になったのである。

しかし，工場労働者たちは，時間がかかったとはいえ，新しい生産システムに組み入れられ，経営側の意図した通りにおとなしく働くようになった，と単純に結論づけるわけにはいかない。マクロレベルでは，産業別労働組合主義(industrial unionism)が台頭し，ストライキが頻発した。労働市場が逼迫した時期に，なかでも第一次・第二次大戦時に，労働者側と経営者側との衝突は最高潮に達した。労働者は無内容の反復作業を厭い，計画的欠勤(absenteeism)が増え，労働者の移動率は高くなった。つまり，一方で，熟練の解体が労働者の団結と抵抗の基盤を弱体化し，ボーナスシステムが個人主義化を促して労働者の連帯を弱めたが，他方で，労働の標準化と単純化は，労働者の不満を募らせ，熟練工だけでなく非熟練工も，米国白人男性だけでなく移民・女性・黒人の労働者も巻き込んで反発を強めたのである。「標準化をめぐる熾烈な闘い」が絶えることはなかった(Montgomery 1979)。

ミクロの場に目を転じると，反発や「生産制限(restriction of output)」——経営側からみて，労働者が技能を最大限に発揮せず，身体的能力を限界まで使い切っていないという意味——は日常的な行為であり，ライン作業中のきわめて限られた範囲ではあれ，労働者たちは自律性を発揮してきた(Mathewson 1931; Collins et al. 1946; Roy 1952, 1954)[❖7]。職場での労働者どうしのつながりも，完全に断ち切られたわけではなかった。有名なホーソン実験は，インフォーマルな人間関係が生産制限の基盤になっていることを明らかにした(Mayo 1933; Roethlisberger and Dickson 1939)。抵抗や生産制限のよりどころとなる労働者に固有な文化は，工程間が緊密に結合され，動作の制約がきつい自動車工場の生産ラインでもなくならなかったのである。

Beynon(1973)は，1967年から5年間，英国のリバプールにあるフォードのヘイルウッド組立工場で職場活動家と共に過ごし，工場内の労働者の生活をヴィヴィッドに描いた。その中で，職場における抵抗についても触れている。「この当時に獲得された規制のうちには，率直な服従の拒否—反抗によるものが多い。仕事の規制をめぐって交渉による合意が行なわれるようになる以前には，このような事例は一般的にみられた。また，個別的な抵抗行動も，この当時には，日常茶飯事であった。労働者は非常紐を引っ張っては，ラインを止めた。これらの行為は，仕事規制をめざす全般的な運動の一環となっており，実態としては，先にふれたような手続きを踏んだ反抗行動とほとんど変わるところがない」(p.139，邦訳185頁)。「仕事量の決定は交渉事項に属さないとする会社側の立場——これは，会社と各労働組合が交わした協約において正式に認められた原則である——を考えると，定員比率が変動するなかで，スピード・アップに対する労働者側の規制を実現することが難しいのは明らかだ。だが，それにもかかわらず，いくつかの班では，さまざまなライン速度での定員比率について，成文によらない協定を確立していた」(p.142，邦訳189頁)。

Hamper(1991)は，70年代から80年代にかけて，米国のミシガンのフリントにあるGM工場内の単調なラインの日常を一労働者の立場から報告する。タバコ，ドラッグ，アルコールは欠かさず，ロックミュージックを大音量でかけ，性的な意味を含むスラングを交わし，仕事時間中に工場外に「ふける」。攻撃的でありながら仲間意識が強く，シニカルでありながらユーモアに富んだ世界を描いている。

ただし，フォード生産方式の導入先であれば，抵抗のあり方はどこでも同じというわけではない。資本主義の発達の歴史や労使関係の相違により，現場の管理と抵抗の仕方には違いがある。職場における抵抗を中心テーマにした研究はほとんどないが，Edwards et al.(1995)は，西ヨーロッパ(仏，伊，西独)の労働者たちが示してきた抵抗の軌跡をたどり，時代区分(初期の産業化の段階，フォーディズム，ポストフォーディズム)ごとにスケッチする。

彼らの研究によれば，19世紀から20世紀の前半にかけては，各国労働者の抵抗の仕方は比較的似かよっていたが，それ以降，独自性がみられる。第二次大戦後から70年代，80年代にかけてのフォーディズムの時代，仏国は英国ほどには職場レベルの交渉力が強くなく，職場外のストライキという形で反発を表明した。それに対して伊国は，仏国ほどには組合が中央集権的ではなかったため，各職場で柔軟な対応が可能であった。

❖7……ただし，生産制限の動機や原因は一つではない。Mathewson (1931)は，様々な理由がある中で，とりわけ経済後退期における失業や賃金の切り下げに対する心配が大きいと指摘する。それに対して，Collins et al. (1946)は，1940-45年の好景気にも生産制限が続いた事実から，「頭」を使う管理部門と「体」を使う現場との分業に起因する衝突，インセンティブ制度を設計した技師に対する反感にその理由を求める。そして，労働者と技師との対立の根底には，経営と労働の相いれない関係，経営側による労働者操作への反発，労働者の強い団結力があることを読み取る。

独国や北欧諸国は，制度化された労使関係を通して職場秩序が保たれていることになっており，そもそも職場の抵抗をテーマとして取り上げることがタブーであった。また，制度研究が中心ということもあり，職場における抵抗の実態はほとんど表に出てこない。しかし，フォルクスワーゲンの高い欠勤率から想像して(会長の見解によれば，当時の平均的な日本企業が2%から3%であったのに対してVWはおよそ9%)，また，生産の合理化に対するスウェーデンの広範囲におよぶ欠勤サボから推測して，職場で不満がなかったとは思えないと指摘する。

さらには，同じ国であっても，業種，市場状況，企業規模，生産品の種類，労働組合，労働市場といった外的要因，賃金システム，生産システム(大量生産・中ロット・個別生産，1個あたりの生産サイクル，ダウンタイムなど)，生産者の属性などの企業内要因により，職場のあり方は変わる。企業内外の無数の要素が複雑に組み合わさり，独自の職場グループが形成され，生産制限のやり方のみならず，労働者の行動パターンには多様性が生まれる(Lupton 1963)。

労働者の中には，経営側が設計した管理システムに対して抵抗する者だけでなく，労働者間で共有された「職場のルール」に従わない者もいる。労働者の結束力が強い職場では，生産制限のルールが設定されていたことは上述したが，それを破る人(rate buster)も存在した。そのような行為を働くかどうかは，労働者の社会的背景(出身地，民族，宗教，教育水準，家族など)によるところが大きいが，誰もが多かれ少なかれ職場のルールに従い，同時にそれを破るという両面性を備えている(Dalton 1948)。コンベアラインの単純作業の世界であっても，経営者対労働者という単純な対立図式だけでは職場の実態は捉えきれないのである。

「科学的管理法」の下で働く労働者たちは，旧来の熟練を解体され，職場の規制力を発揮する基盤を弱体化された。しかし，完全に新しい管理システムに統合されたわけではなかった。それぞれの職場の物理的な環境と行動規範に即して独自のやり方で抵抗や反発を試み，自律性を発揮してきたのである。

3 「同意」の調達と職場秩序の再生産の論理

フォード生産方式のラインで働く人たちは，単純作業の繰り返しに不満を持ち，生産量を制限し，様々な形で抵抗を示してきた事実が確認された。では，ライン作業をこなす中で発揮する抵抗や自律的な側面は，管理体制や社会体制の中でどのように位置づけられたのか。結論から先に言えば，労働者はフォード生産システムの管理体系を完全に内面化しているわけではなかったが，結局のところ，このシステムを「受容している」という論理展開が，

Braverman以降の労働過程論の主流になった。ライン作業中にも「主体性」を発揮する余地があり，労働者はラインの流れに完全に同化しているわけではない。しかし当人たちの意図はさておき，結果的には，ライン作業をこなし，職場秩序は維持され，既存の経済体制は再生産されるという主張である。

ではなぜ，労働者たちは，高密度で内容の乏しい労働を引き受けようとするのか。結果的にではあれ，現状の生産体制の維持に加担することになるのか。

まず考えられたのは，Henry Ford自身が管理制度の設計の際に想定していたことだが，経済的な動機である。失職を恐れる労働者たちは，仕事が単調であり，退屈であるからといって，おいそれとライン作業を投げ出すわけにはいかない。他社に比べて金銭的に好条件であれば，なおのことである。

また，コンベアラインは，経営者や管理者だけでなく，労働者にとってもメリットがないわけではなく，それも「受容」の一因とみなされた。すなわち，重い部品の運搬といったムダな動きや過重労働をなくし，熟練工が長期間かけた技能習得の「負担」を軽減する。ルーティン・ワークは面白味がないとはいえ，作業時間を計算可能なものに，人生を設計可能なものに変えたという捉え方もある。[❖8]

ライン労働者は，安定した収入，身体的負担の軽減，将来設計の可能性といった経済的・物理的なメリットにより，現状を引き受けてきた。このような労働者の「受動的な面」に加えて，労働者が自ら現状に働きかけてライン労働をこなしてきた「積極的な面」にも留意が必要である。ライン労働者たちは，単調で退屈な労働の時間がはやく経つように感じたいがために，空想をたくましくし，職場仲間と戯れながら働く。しかし，現状に変化を求めようとする姿勢は，本人の意図にかかわらず，現状を受け入れることにつながるのである。

既出のBeynon（1973）の観察によれば，「『頭を空っぽにして』，完全な『精神的空白状態』を作り出したり，クロスワード・パズルを考えたりするのだ。完全に自分だけの世界にこもることが一つの『解決法』だろうが，多くの組立工は，それに耐えられない。そこで，仕事仲間となんとか交流しようといろいろ努

❖8……Adam Smithによる分業にかんする分析以降，単純労働批判が連綿と続いてきた。Sennett（1998）もその線で労働論を展開するが，Denis Diderotの「リズム」，Anthony Giddensの「習慣」にかんする考察に言及し，ルーティンワークは必ずしも人をおとしめるわけではない，という考え方を紹介する。「いまのわれわれは普通，ルーティン化した時間を個人の『成果』とは考えないが，産業資本主義時代の重圧，好不況の波に翻弄されていた当時は，しばしばそう考えられていたのである。このことは，フォードのハイランド・パーク工場で開始され，GMのウィロー・ラン工場で完成の域に達した，ルーティン時間のエンジニアリングの意味を複雑なものにする。（中略）ルーティンワークは人を陥れもするし，守りもする。それは労働を分裂させることもできるし，人生を組み立てることもできるのである。」（p.43，邦訳45-46頁）。ルーティン化された作業は，労働や生活全般の時間を計算可能なものにし，自分たちの権益を守る橋頭堡になりうる面がある，と指摘する。

力するが，まず，騒音の問題がある。『ここでは，しゃべることはできても，会話は無理だ』。そこで，手真似による会話法が発達し，ラインの定位置に戻る数分を利用して，ひたすら『笑い合ったり，ジョークをとばす。それがなければ，とうてい仕事をやっていけない』」(p.117，邦訳156頁)。自分(たち)の中だけの「読み替え」は，客観的な職場環境を変化させるわけではなく，当人(たち)からすれば皮肉なことに，きついライン作業の受け入れにつながる。

Burawoy(1979)は，より速くよりうまく部品を作る「ゲーム」をライン労働者たちが自ら設定し，互いに競い合っている現象に注目する。経営側がそこまで計算しているわけではないという点で，労働者は管理体制に組み込まれているわけではない。しかし，このような形での「主体性」の発揮は，資本主義体制の「受容」につながり，さらには資本の蓄積の維持強化に寄与することになる，と彼は分析する。そして，この現象と社会体制との関係から，既存の社会関係に対する労働者の無自覚な「同意」を読み取るのである。

Burawoyが分析した労働現場における「主体性」の発揮と社会体制の維持との‘ねじれた関係’は，Willis(1977)が浮き彫りにした労働者階級の文化の「パラドックス」に似ている。すなわち，労働者階級の「野郎ども」は，学校では教師に反抗し，まじめな生徒をからかい，教育体制を揺るがす存在のようにもみえるが，このような生活態度は労働現場におけるマッチョな労働者階級の文化と親和的であり，マクロレベルでみれば階級社会の再生産に結びつくという考察である。

Burawoyは，機械的に管理体制に組み入れられているわけではないが，そこから完全に自由になっているわけでもない労働者の働きぶりと社会体制との関係をうまく捉えている。労働者の「主体性」の発揮と資本主義体制の維持との間に‘ひとひねり’を入れる，独創的な研究として評価されよう。しかし，彼の現場モデルもまだ単純すぎる。経営側は現場を完全にコントロールしているわけではないが，労働者が自らこのようなゲームを考案し，夢中になる「お膳立て」はしている。競争を促す給与体系の導入はわかりやすい例である。労働者の「主体的行為」と想定されるものにも，経営側は直接・間接に影響を与えているわけだ。そして，経営側の意図に敏感な労働者たちは，多様な反応を示す可能性がある。彼が把握したように，生産競争に向かう場合もあれば，反対に，生産制限に向かう場合もありうる。どちらに向かうかは，職場の人間関係によるところが大きく，状況依存的である。彼の議論は，ミクロの場の労働慣行とマクロの資本主義体制との間に「ワンクッション」を入れてはいるものの，管理手法の選択の幅，働く場の複雑さや偶発的要素，資本主義体制の多様性を見落としており，働く者の「主体性」の発揮とマクロの経済体制の維持との理論的接合が拙速である感は否めない。

Cockburn(1983)は，従来の労働過程論の研究対象が階級関係に限定されていることの問題点を指摘する。働く場は階級関係のみならず，人種，民族，宗教，性／ジェンダーなど，様々な社会関係から構成されている。彼女は，階級関係に性／ジェンダー関係の視点を加えて労働過程を捉え直そうとする。

彼女の議論によれば，ジェンダーの視点を持った労働研究がなかったわけではないが，ジェンダー関係はあくまで階級関係の‘従属変数’として位置づけられ，適切な扱いを受けてこなかった。ジェンダー関係は，階級関係の影響を受けるものの，反対にそれに影響を及ぼすこともある。階級関係という枠組みの中にジェンダー関係を位置づけるのではなく，階級と家父長制との相互関係を明らかにすべきである。彼女はこのように問題を提起し，ロンドンの新聞社で働く植字工の事例を取り上げて，両者の入り組んだ関係を実例に基づいて読み解いた。

調査結果によれば，従来の植字工は高い技能を持ち，それが経済的に安定した生活を保障するのみならず，男性の排他的な世界を築く文化的な基盤にもなってきた。しかし，コンピュータ化された写真植字の登場により，植字工はその経済的・文化的な基盤を切り崩され，失業の不安にさらされ，新しい仕事を覚えなければならなくなり，家族や女性に対する「優越性」が弱まった。技術革新と労働現場の変化は，ジェンダー関係を，そして男性労働者どうしの関係――職人と労働者，肉体労働者と頭脳労働者――を変える契機になり，性差別を撤廃させる法制度の制定や改革を促す。階級関係とジェンダー関係，そして両者の関係には，それぞれ矛盾やコンフリクトが内在し，彼女はそこに諸関係の変化の兆しを読み取る。

ところが，植字工の資本に抗する力の弱化は，そのまま男性性の弱体化に直結したわけではなかった。なぜなら，ジェンダー関係は男女間の賃金格差や分業を介して構造的に再生産され，「本質的」で「相補的」な関係というイデオロギーとして広められてきたからであり，また，以前と比べれば弱まったとはいえ，男性性は依然として男性中心の職能別組合を通して維持されたからである。つまり，ジェンダー関係や男性性は，資本との力関係から従属的に導き出すことができない固有の論理を持つからである。資本に対する男性労働者の力の弱体化と劣等感は，逆に，家族や女性に対する力の誇示により慰められ，皮肉にも，ジェンダー関係を維持・強化させることになった(p.134)。

このようなジェンダー関係は，男性による女性に対する一方的な抑圧・統制により形成・維持されたわけではない。女性の側でも，男性側から要求される「女性性」の役割を自ら引き受ける者は少なくなく，女性の「同意」を得て，現在の役割にアイデンティファイする女性を介して，男性中心のヘゲモニーは維持されてきたのである，と彼女は考察する(p.206)。

Cockburnの分析によれば，階級関係にせよ，ジェンダー関係にせよ，決して固定的で安定した関係ではなく，矛盾，対立，葛藤，そして変化の契機を内包する。しかし，資本に対する男性労働者の力の弱化は，女性に「強さ」を見せつけることで慰められ，結果的に，資本に対する弱い立場は保たれる。かくして，労働者は資本に対していっそう劣勢に立たされるのである。

III 「ポスト・フォーディズム」と「自己規律」

1 労働者の社会的・文化的側面の管理と「ポスト・フォーディズム」

「科学的管理法」に基づくフォード生産方式は，生産性を向上させ，相対的に高い賃金を労働者に保障した。しかし，人間は，経済的にのみ動機づけられているわけではない。労働者は間断なく続く単調作業に強い不満を感じ，流れ作業の中で少しでもコントロールできる余地を探しだそうとした。資本に対して弱い立場に置かれた労働者といえども，コンベアラインに完全に組み込まれたわけではなかったのだ。

とはいえ，所与の環境の中で「自律性」を発揮する労働者たちは，既存の体制を変革したわけではない。むしろ，皮肉にも，資本主義体制の再生産に寄与したのである。このような解釈が労働過程論で影響力を持った。

しかし，労働者たちが発揮する「自律性」は，経営を安定させることもあれば，反対に不安定にすることもある。だからこそ，機械的に労働者を統制する方法を改め，制御が難しい労働者の行動をいかにして方向づけるかが，その後の労働者管理の主たるテーマになったのである。

本書は，それにかんする膨大な研究蓄積を追うだけの余裕はないが，端的に言えば，労働者の動きを物理的に制約し，経済的にのみ動機づける手法から労働者の社会的・文化的側面を考慮に入れて，経営側が望む方向に労働者を誘導する手法へ，「直接的なコントロール」から「責任ある自律性」へと，管理手法はシフトした。労働者にコントロールを意識させることなく管理体制に取り込み，より大きな貢献を引き出すことが労働者管理の課題となり，管理手法は労働者の統制から操作へと変わり，巧妙化したのである(Friedman 1977)。

そして，このような文脈において大いに注目されたのが，「日本的経営」であった。

労働者から不満や反発を招き，生産性の低下を引き起こしたフォード生産システムに対して，「日本的経営」は，労働者に複数の工程を経験させて「多能工」に育て，カイゼン活動に「参加」させて技能と知識を高め，チーム単位で職場を運営させて労働者から「やる気」を引き出すシステム（＝「ポスト・フォーディズム」）として脚光を浴びた。本書の序章や各章で詳しく紹介したので内容は繰り返さないが，協調的な労使関係と高度な人材が柔軟な生産システムと生産性向上にむけた協力体制を支えるとして持ち上げられ，「経営参加」や「多能工」化は労働者の視点からも好意的に評価された。「日本的経営」の管理手法は，国際競争の生き残りには不可欠であるとして，世界的なブームになった。

De Santis（2000）は，1990年代の初頭，日本企業をはじめとした外国企業との厳しい競争にさらされ，閉鎖を目前に控えたGMカナダのスカーバラ工場（オンタリオ）で働き，「日本的経営」が導入されつつある職場の状況と変化をジャーナリストの視点から描いている。

彼女は，93年に工場が閉鎖されるまでの18ヵ月間，時間給労働者としてバンのボディーショップで働いた。ホワイトカラー（サラリー）の世界（ジャーナリスト）と比較して，ブルーカラーの過酷な労働環境と劣悪な経済条件に驚かされ，強い仲間意識に惹かれていく。彼女が働いた製造現場には，Hamper（1991）が70年代から80年代にかけて描いたGM工場と似たような労働者の文化が色濃く残っている。例えば，50人ほどいる部署の中で，少なくともその3分の1は，「飲みながら」仕事をしている。もちろん公式には禁止されているが，アルコールを工場のフロアの下に隠したり，車のトランクに忍ばせたりして，上司の目を盗んで嗜む。しかし，両者が見た世界には違いもある。二人の社会的背景が投影された眼差しの違いも無視できないが，客観的な職場環境に明らかな変化が見られる。男性中心の職場であった自動車工場に女性が増え，なによりも，日本企業の経営スタイルが随所に導入されるようになった。職場はチーム単位で運営され，全員が安全眼鏡を装着しなければならないといった細かいルールが設けられ，勤務態度に厳しくなった。

日本企業の現場管理の手法を「ポスト・フォーディズム」と位置づけることにかんしては，疑問の余地がある。激しい論争が巻き起こったことは序章でも触れたが，ここで再確認しておきたい点は，日本企業の現場管理をいかに評価するにせよ，強い「組織コミットメント」や高い「自己規律」という労働者像をほとんどの論者が共有していたことである。そして，統制—抵抗，さらには既存体制内における「同意」の調達という従来の分析枠組みでは日本企業の現場は捉えきれないと考えられるようになった。労働過程論では，労と資の対立を前提として現場の力学を分析する研究はすたれ，

Michel Foucaultの理論を援用して，権力と主体との二元論(dualism)を乗り越えようとする研究が主流になった。

2 フーコーディアンの労働過程論

権力とは，少数の個人やグループが所有し，支配するためのものとして理解され，支配される側にかんしては，強制や抑圧を含意し，自由と対立する概念であった。しかし，Foucault (1975, 1982)の理論では，権力とは，特定の誰かが持つものではなく，構造として存在するものでもなく，諸要素の布置関係の中で行使されるものであり，局所的な関係の中に遍在するものである。そして，権力と主体は支配―被支配の対立的な関係ではなく，権力と自由は相いれない関係ではない。権力は自由を特定の経路に方向づけるのであり，主体は権力関係の中で自発的に規律に従い，成長を促されるのである。彼の理論において，人間に対する本質論的な見方や超越論的主体は否定される。権力の行使に際して，主体は社会関係の中から生み出されるのである。

David KnightsとHugh Willmottは，Foucaultの理論を労働過程の分析に援用する代表的な論者である。まずは，従来の労働過程論に対する彼らの批判からみていこう。

Knights and Willmott(1989)によれば，主体とは，本質主義的(essentialism)に規定されたものではない。人間(human nature)として普遍的な特質を持つわけではなく，資本主義体制下における階級関係やジェンダー関係などから導き出されるものでもない。この観点から，初期・後期Karl Marxの議論をはじめとして，Marxの労働過程分析を現代に蘇らせたHarry Bravermanの分析を，さらには労働の主体の側面に光をあてたポストBravermanの労働過程論も，ことごとく退ける。ポストBravermanの労働過程論の中でとりわけ影響力を持ったBurawoy(1979)とCockburn(1983)の議論を取り上げ，批判的に検討している。

彼ら曰く，Burawoy(1979)は，労働の客観的側面に限定したBravermanのアプローチを批判し，働く場から労働の主体の側面を拾い上げた点で労働過程論を進展させた。しかし，権力―主体の二元論を克服しておらず，主体の中に労働者の「本質」が残っている点でまだ不十分である。その「本質」が，意図しない結果ではあれ，資本の蓄積を曖昧にし，強化して，権力構造を補う機能を果たすという図式を提示した。似たような分析は，Cockburn(1983)にもみられる。家庭生活における男性性の誇示が労資関係における弱い立場の受容に結びつくのであり，家族に対する，とりわけ妻に対するマッチョな態度が，皮肉な結果として，資本に対する男性労働者の弱い立場を慰め，既存の権力構造を維持させる機能を果たすのである。Foucaultから強い影響を受けているKnightsとWillmottからすれば，主体とは本質的な特徴を持つものではなく，権力と主体とは二元論的に分かれた概念ではない。BurawoyとCockburnの議論は，主体が権力関係から単純に導き出される議論とは一線を画すが，労働者にせよ，男性・女性にせよ，主体の本質を想定し，主体を権力と分けて考えている点で，受け入れ難しいのである。

彼らのほかにも，Foucaultの権力論を理論的基盤として，ラディカルな反本質主義を唱える労働過程論者が多数おり，「権力の微視的物理学」(microphysics)の事例研究を行ってきた。

Foucault(1975)は，Jeremy Benthamが設計・考案したパノプティコン(一望監視施設)を取り上げて，施設の構造と配置から生み出される監視—自己規律のメカニズムを考察した。監視塔に監視員が常駐し，それを取り囲む形状で囚人の房が配列されている。中心部の塔からは囚人の動きを監視することができるが，囚人の方からは監視員の姿を見ることができない。このような建物の配列と仕組みを作ることで，監視コストを最小限に抑えながら，監視を有効に機能させることができる。この監視の仕組みは，監獄だけでなく，工場，学校，病院などにも適用されている，と彼は指摘する。そして，本書の第8章でも言及したように，このようなFoucaultの分析枠組みを労働現場に，とりわけ日本(日系)企業の現場に当てはめた研究が数多く行われたのである。以下，いくつかの研究を紹介しよう。

Sewell and Wilkinson(1992)，Sewell(1998)は，Foucaultの権力論をベースにして，JIT/TQCレジームに統合された監視システムを分析する。調査対象は，一般消費者向けの電子機器を製造している在英日本企業である。

この会社には，経営情報システムによる管理と同僚どうしの相互監視という2つのコントロールメカニズムが存在し，垂直的と水平的なコントロールがより合わさって，従業員に創造性を最大限に発揮させ，逸脱行為をできるだけ思いとどまらせている，と彼らは分析する。

管理部門がノルマを設定し，各人の業績を個別に評価することにより，管理部門から労働者に向けた垂直的なコントロールが機能する。それと同時に，ノルマをチーム単位(12人から40人)で遂行させることにより，チーム内で水平的なコントロールが働く。ノルマを達成できない者は，最終的には解雇になることもあるが，通常は，再教育を受け，再びラインに送り込まれる。その間，チームメイトが「穴」を埋める。ノルマを達成できない者には，同僚に迷惑をかけてはならないというプレッシャーがかかり，残りの者たちには，欠員時に職場運営を滞らせない工夫が求められる。チームからいきなり人を引き抜き，それでもノルマをこなせるように，半ば強制的にカイゼンを促すこともある。ノルマ以上にこなしたからといって，公式な「報酬」をもらえるわけではない。しかし，チーム内で大きな「裁量」を与えられるという形で報われ，「優秀である」という，同僚からのプラスの評価をもらえることになる。

チーム単位の運営に個人を対象とした業績評価が組み合わさり，チームを介して，垂直と水平のコントロールが混成される。「電子監視（電子機器による業績表示を介した監視—伊原）と同僚で構成されるグループによる監視の持続的で補完的な相互作用の下では，組織の目標と目的に適う形でチームが裁量を用いる可能性が高まるため，組織がチームにある程度の裁量の余地を与えることができるのである」（Sewell 1998, p.422）。大きな「裁量」はコントロールを前提として与えられているのであり，コントロールが確保されているからこその「裁量」の付与である。ただし，この論者は監視と「自己規律」を否定的に捉えているわけではない。「エンパワーメント（empowerment）」，「信頼（trust）」，「増大する裁量（increased discretion）」と特徴づけて，好意的に評価する。Sewell（1998）によれば，「名目的な自律性」と「実質的なコントロール」は潜在的には矛盾するが，両立しうるのである。

彼らの研究の特徴は，個人を対象とした監視（managerial surveillance）とチーム単位の相互監視（peer scrutiny）の接合の状態を探っている点にある。両者の混成状態を「キメラ（Chimera）」という用語で表現する。キメラとは，頭がライオン，体が山羊，しっぽが蛇の神話上の獣である。職場における管理の機能の仕方は，意図した結果であり，意図せざる結果でもあり，その混交という意味を持たせるためにこの言葉を用いている（Sewell 1998, p.414）。「垂直の次元と水平の次元の相互作用からキメリカルなコントロールの混成的な性質が生まれるのである」（ibid., p.415）。

Knights and Collinson（1987）も，Foucaultの分析フレームを用いて，大型自動車の製造業者の事例を検証する。調査対象の会社は，二つの異なる管理の戦略を採用して規律形成をはかる。ひとつは，人間関係論的な管理の戦略であり，コミュニケーションを通した心理的な規律の獲得である。もうひとつは，大規模な余剰人員を解雇するプログラムであり，財務状況の提示による規律の強化である。

結論から言えば，チームによるコントロールは不完全であったのに対して，財務状況の「数字」は労働者に説得力を持った。前者は，逆に労働者間の信頼関係を損ない，人間関係を悪化させ，ヨコ方向の意思疎通の不十分さを露呈した。また，労働者はチーム制を導入する経営側の意図を見抜いており，「オレらとヤツら」を隔てる壁を簡単には打ち破ろうとしない。しかし後者にかんしては，表だった抵抗はみられなかった。経営側との人員削減や賃金の交渉に際して「客観的な数字」で経営状態を示されると，現場の人たちは丸め込まれやすい。現場の人間は数字の作成過程には関わっていないため，数字の裏を読むことが難しいからである。また，数字の「わかりやすさ」は現場の文化（階級文化とジェンダー文化）である「率直な誠実さ」と親和的であり，悪い経営状況が現場の「不十分な働きぶり」と結びつけられると，現場の人たちは責任を感じて，合理化の提案を素直に受け入れようとするのである。このように彼らは分析する。財務状況を示す数字が単独で規律を促すわけではないが，2つの戦略を比べると，「心理的な方法ではSlavs（調査対象の会社の仮名―伊原）の職場の協力を得るのに劇的に成功したとは言い難いが，財務状況や会計の報告を通して正した規律は，個々人をばらばらにし，余剰人員の監査に対する潜在的な集団的抵抗を取り除く効果があった」（p.474）と結論づけている。

Townley（1994）によれば，HRM（Human Resource Management：人的資源管理）の分野では，処方的なテクニック志向の研究が多く，権力問題はほとんど扱われてこなかった。また，Karl Marxの議論を下敷きにした労働過程論では，HRMは一顧だにされず，経営イデオロギーとして退けられる傾向にあった（pp. 9-10）。彼女は，Foucaultの権力概念を用いてHRMを分析する。

従来の権力研究では，権力は所有物とみなされ，中央集権的な権力が資源を占有し，中央部から下に向かって影響を及ぼすと考えられてきた。そして，ミクロレベルの入り組んだ権力関係は見落とされていた。それに対してFoucaultの議論では，権力は所有されるものではなく，関係性の中で行使される。したがって，権力を「誰が」，「なぜ」持っているかではなく，権力が「いかに」行使されているかが，議論の焦点となる。Foucaultは，本質的に規定された人間の「主体性」を否定し，主体やアイデンティティは終わりなき形成過程にあるとみなし，それらの動態的なモデルを提示した。彼の議論を踏まえて，「フーコーディアンによる個々の主体の分析は，技能，能力，パーソナリティ特性からなる所与の本質的なアイデンティティを明らかにすることを想定していない。そうではなく，その焦点は，個々人を理解可能なモノにする過程にある」（p.12）。Townleyはこのように HRMにかんする自らの研究課題を設定する。

雇用関係からみていくと，契約の時点では，仕事の内容は細部までは決められない。それ故に，経営側が労働者に期待する働きと労働者が実際に遂行する働きとの間には，必ずやギャップが生じる。そこで，いかにして労働者に経営者の期待を上回る働きをさせるかがHRMの課題となり，管理者は労働者の抱え込み，区分け，ランクづけ，タイムテーブルの作成，試験，人事面談などの各テクニックを用いて，その課題に応えようとする。それらのテクニックを駆使する前提として，人事管理部門は労働（者）を知識化し，管理可能な形に変える。情報収集はそれ自体を目的化するのではなく，経営管理体系の中に位置づけることにより，人事情報は「情報パノプティコン」の基礎データになる。「HRMのテクニックとは，既知のそして計算可能な主体を生み出すミクロの技術であり，より管理可能で効率的な存在として個人を構築し，統治性(governmentality)を高めるのである」(p.139)。

Deetz(1992)によれば，主体やアイデンティティとは，具体的な場とかかわりなく独立して存在するものではない。職場空間は，様々な言説，経営慣行，機械設備などから構成されている。労働者にとっては，それは日常的な姿であり，中立的なものとして目に映るかもしれない。しかし，従業員間の差異化，職場慣行の設計，機械設備の配置には，社会関係が影響を及ぼし，経営側の意図や価値が組み入れられている。労務，能率，経理などを扱う管理部門が運営のための知識を標準化し，作業方法を決定し，運営方法を定め，統一した一貫性のある諸制度を構築し，働く者の主体やアイデンティティは，経営側により精巧に統御された場を通して作り出されるのである。ただし，従来のように，経営者と労働者との関係は権威主義的ではなく，前者は後者に対して抑圧的でもない。労働者は巧みな管理の下で「自由に」現状を受け入れているのであり，見方を変えれば，労働者の「自発性」と結びついた権力は強力であり，会社や職場で形成されるアイデンティティはすこぶる強いものになる。監視制度は巧妙である。チームは労働者に相互監視を促し，テスト／教育プログラムは労働者に「自己修正」を求める。かくして，「規律化された組織の構成員は，会社が望むことを自ら望むようになるのである」(p.42)。ただし，職場は整合性のとれた独立した空間ではない。必ずや矛盾や衝突を抱える。労働者は消費者でもあり，家に帰れば父親や母親などになり，主体は働く場でのみ形成されているわけではない。しかし，家庭に帰ってからも，会社がスポンサーとなったメディアイメージが垂れ流され，家電製品などを介して監視が続き，自己規律権力が働いている。会社に適合的なアイデンティティは，不完全でありながらも，職場を中心にして強化され続け，会社外に拡張されるのである。

Foucaultの理論を用いた労働(者)研究は数多く存在する。本書が紹介した研究はごく一部にすぎないが，可視化され，かつ，管理可能な形に情報化された空間で働く人たちは，「自己規律」を高め，相互に監視し，経営側の求める働き方に沿う形で「自発的」に動く，という分析が，職場研究の主流になったのである。

IV 小括

本章は，工場管理の発展の歴史と現場の力学にかんする研究を整理した。

工場主は労働者を農村から都市部に呼び寄せ，近代的な工場の運営に必要な規律や行動様式を身につけさせた。やがて，「科学的管理法」を開発・導入し，労働過程にまで入り込んで労働者を管理するようになった。「科学的管理法」は，熟練の解体を通して，気難しい熟練工を低賃金の半・非熟練工に代え，労働者から現場の規制力を奪っていった。「科学的管理法」およびその原理を援用したフォード生産システムの影響力はすこぶる大きかった。世界規模で広まった。しかし，労働者たちは，コンベアラインが強要するままに単純な作業に励んだわけではなかった。高密度な反復作業に対して抵抗や反発を示したのである。ここから，いかにして労働者を働く場に取り込むかが，労働者管理の課題になった。

その一つの「到達点」が，「日本的経営」である。日本企業の国際競争力が揺るぎないものになると，「日本的経営」の下で働く労働者の技能の高さと職場運営への参加が評価されだした[❖9]。そして，管理と労働者の関係を捉える分析枠組は，統制―抵抗から，「同意」の調達へ，さらには「自己規律」へと変化し，Michel Foucaultの議論をベースにした研究が労働過程論の主流になったのである。

フーコーディアンの労働過程論は，ミクロの場における微細な力学を拾い上げることに成功し，現場研究を大いに前進させた。それまでの研究のように，マクロの次元に権力関係を措定し，そこからミクロの場の力関係を演繹的に導き出すのではなく，権力関係はミクロの次元に遍在するとみなし，管理装置の布置関係から働く場の力学を読み解いた。とりわけ特筆すべき点は，労働者の参加や技能向上と労働者に対するコントロールの強化とは矛盾しないと想定していることである。権力とは統制や抑圧を意味するわけではなく，権力と自由は正反対の概念ではない。経営者は労働者を生産性向上に貢献させるために，労働者の能力を高め，労働者の自由を方向づける。労働者は，単純な反復作業だけをあてがわれるわけではなく，充実した教育を受け，複雑な労働を任され，可視化された職場空間で自発的に行動し，チーム単位で協力して働くと分析されたので

❖9……ただし，「日本的経営」に対する肯定的な見解にも多様性がある。論者により強調点が異なり，評価には幅がある。Kenney and Florida (1988)は，現場にカイゼンを行わせる「日本型生産システム」は，開発と生産の分業が明確であり，現場には単純な反復作業だけしかやらせないフォーディズムとは異なるとして，それを「ポストフォーディズム」と位置づけた。Coriat (1991)は，日本企業は「内部労働市場」と年功賃金制度を前提として，「人的資源」に多額な資金を投じ，「カンバン」方式や「自働化」を支える「多能工」を育成していると理解する。しかし，労働者の「参加のマネジメント」は会社との一体化を強要し，会社の目的を自分のものとして受け入れない者を排除し，「村八分(ostracism)」を正当化しているという問題点を指摘する。Adler (1993)は，官僚制組織や作業の標準化を前提としている点では従来の管理手法と変わらないが，労働者の「モチベーション」や「エンパワーメント」の面では異なるとみなし，NUMMIの管理組織を硬直性や労働者疎外を克服する「学習する官僚制(learning bureaucracy or learning oriented bureaucracy)」と特徴づけた。Piore and Sabel (1984)は，危機的状況にあるフォーディズムの大量生産体制に対して，「柔軟な専門化」を特徴とする日本のクラフト的生産を対置させ，中小企業のネットワークとフレキシビリティを評価する。

ある。

ただし，「日本的経営」を代表とする「参加のマネジメント」には，否定的な評価もある。労働者はチームを通してエンパワーメントしているわけではなく，チームを介して管理統制されている。QC活動は組合つぶしのために使われることもある（Dohse et al. 1985; Grenier 1988; Parker and Slaughter 1988; Delbridge and Turnbull 1992; Parker and Slaughter with Larry Adams et al. 1994; Skorstad 1994; Graham 1995など[10]）。「日本的経営」は，生産性の向上には効果があるとしても，「労働生活の質」を高めるわけではない[11]。労働者は権力や資源を与えられておらず，「参加」，「成長」，「自律性」はレトリックにすぎない。労働の質にも限界がある。誰もが高い技能を形成しているわけではない。技能の高さや労働の魅力よりも，労働者が規制できない「柔軟な労働慣行」，ムダの削り取りと高い労働密度，労働者どうしの激しい競争など，労働環境の悪化の側面にも目を向けるべきである。本書の実態調査が示したように，とりわけ，組織の「末端」を担う労働者にそのことがあてはまる。しかし，「参加のマネジメント」を肯定的に捉える論者は，「中核層」以外の労働者の分析を怠ってきたのであり，そして次章でみるように，長期雇用という労働慣行が，組織に強くコミットする労働者像をより強固なものにしたのである。

❖10……チームコンセプトの評価にかんしては，本書の第8章で取り上げた文献も参照のこと。

❖11……なお，「参加」の管理手法の経済的効果についても，実は，確実なことはいえない。Steel and Lloyd（1988）は，米国空軍で働く軍人と非戦闘員225人を対象として，QCへの「参加」による心理的・経済的効果を調査し，「有能感（sense of competence）」，「相互の信頼（interpersonal trust）」，「組織への帰属感（attachment to the organization）」が高まり，退職欲求が低下する影響を明らかにしている。しかし，業績向上への影響については，強い正の相関関係は見いだせなかった。もちろん，それらの心理的効果が，回り回ってプラスに作用することも考えられなくはないが，無条件にそして一律に「参加」のマネジメント手法は経済的に効果があるとは言い切れないのである。

第11章 大規模組織の抱え込みと「オーガニゼーションマン」

工場主は労働者を農村から都市部へ呼び込み，工場の規則的な生産に従わせ，「科学的管理法」を導入して働く場を掌握しようとしてきた。しかし，高密度な反復作業は労働者から反発や生産制限を招き，働く場は工場主の意のままにはならなかった。そこで工場経営者たちは，労働者の動きを細かに統制するのではなく，労働者から「能力」や「やる気」を引き出す方向へと管理方針の転換を図った。前章は，管理と労働者の関係を捉える分析フレームが，統制―抵抗から「同意」の調達へ，さらには「自己規律的」に働く労働者へと変わってきたことを示した。

しかし，労働者の不満は，働く場における抵抗や反発という形で表面化しただけではなかった。労働移動率の上昇という形でも現れた。有能な労働者に去られては困る経営者たちは，労働者を自社に囲い込み，この問題に対処しようとしたのである。組織内に職務階層を設け，昇給制度を考案し，福利厚生を充実させて，熟練工を企業内にとどめ，急進的な労働運動を防いできた（Jacoby 2004）。加えて，組織が大規模化するのに合わせて，また，主たる産業が第二次から第三次産業へとシフトするのに伴い，大量のホワイトカラー層が出現し，特権的な雇用保障を与えられた（壽里 1996）。このようにして，大規模組織は大量のブルーカラーとホワイトカラーを抱え，体系的な規則や指揮命令系統を備え，細分化された業務を「専門家」に遂行させ，機械のような技術的卓越性を発揮し，高い効率性を誇るとして評価されたのである（Weber 1922）。

もっとも，組織の大規模化は，従業員の抱え込みだけが目的ではない。規模の経済性を確保して市場競争力を高めたり，独占や寡占を図り市場価格をコントロールしたりする。大規模の独占企業は，資本主義の発展の本質である「創造的破壊」を行い，「経済進歩，とりわけ総生産量の長期的増大のもっとも強力なエンジンとなってきた」として，イノベーションの観点からも評価された（Schumpeter 1942, p.106, 邦訳164頁）。Marris（1964）は，経営者の行動原理を「利潤極大化」と想定する伝統的な経済理論に対して異を唱え，自分たちの「満足化」にあるとの仮説を打ち出し，経営者は企業の乗っ取りを防ぐために「企業成長の最大化」を追求するとの結論を理論的に導きだした。Chandler(1977)は，大規模組織が規模の経済性や加工処理の速度の経済性の観点から秀でていると主張する。そして，ひとたび階層的な組織が形成され，管理的調整機能ができあがると，それ自体が企業の存続や活力，そして持続的成長の原動力になるという。

経営組織の大規模化は従業員の抱え込みだけを目的としたわけではなく，大規模化した組織が結果として従業員を抱え込んできた面はあるが，いずれにせよ，経営者は，市場から随時労働者を調達し，短期間で組織から排出するのではなく，自社で従業員を長期間抱え，企業内でキャリアを積ませ，従業員どうしを競わせ，「わが社」への「忠誠心」を高めてきたのである。このような働かせ方・働き方は，まさに「日本的経営」そのものである，と読者は思われたかもしれない。しかし，資本主義先進国である英米は市場原理主義に基づく働かせ方を一貫して追求してきたわけではなく，従業員を組織に抱え込んできた歴史を持つのであり，それは「日本的経営」だけの特徴ではなかったのである。本章は，企業組織による従業員の抱え込みと長期雇用者の働きぶりにかんする研究をみていく。

I 大規模組織と長期雇用

1 「経営者資本主義」の時代

資本主義と経営組織の発達の歴史をひもとくと，労働者を組織に取り込んできたことがわかるが，それと併行して，組織が大規模化するのに伴い「所有と経営の分離」が進み，組織を運営する専門の経営者層が出現した。組織の運営を実質的に司る人物が会社の所有者から専門の経営者に変わったのである。はじめにその経緯と経済合理性を考察した研究を紹介しよう。

Pollard(1965)によると，資本家は企業経営者のことを好意的にはみていなかった。なぜなら，会社の所有者は，経営者の「無能さ」や「不誠実さ」が会社を潰すと考えていたからであり，彼らを信用していなかったからである。少なくとも18世紀の終わりまでは，資本家の間ではこのような意見が支配的であった。1840年代までは会社の所有者が自ら管理を行い，管理の専門家は存在しなかったのである(p.23, 邦訳32頁)。

ところが，第一次大戦が勃発する頃には，支配的な企業制度は，「俸給経営者」により運営される「複数単位制企業」になった。経済の中心は農村から都市部へ移り，生産と消費そして流通の規模が大きくなるにつれて，企業組織も大規模化し，複数の事業を内部化し，富と経済力の集中が進んだ。そして，大規模組織を運営する経営の専門家が必要とされるようになったのである(Chandler 1977)。

組織が巨大化すると，組織内部の運営を司る経営者の力が強まった。それに反して，所有者の会社に対する支配力は弱まった。資本主義が発達し，株主の数が増加すると，最大株主の株式所有率が低下し，株主の「分散化」が生じるからでもある。「所有と経営の分離」が進み，実質的な企業支配力は経営者にシフトした(Berle and Means 1932)。

こうして，北米および西欧の経済体制は，会社の所有者が経営に直接携わっていた時代から，経営幹部が巨大組織をマネジメントする「経営者資本主義」の時代に変わったとされる。そして，経営の専門家が組織をマネジメントすることの合理性が主張されるようになる。

Penrose(1959)は，生産資源の組み合わせ方，束ね方に各企業の独自性があり，大規模組織はそのやり方にかんして有用なノウハウを蓄積し，内部育成の経営者はそのノウハウを知悉するとして，それぞれ高く評価した。Chandler(1977)は，組織にコミットする「俸給経営者」は，一時点の利潤の極大化ではなく，長期的な視野で利益増大を目指して組織の舵取りを行ってきた事実を巨大企業の成立史から示し，市場(「見えざる手」)による調整よりも，組織内の専門的な管理者(「見える手」)による調整の方が効率的であり，企業組織を安定的成長に導くとの考察を述べる。

もっとも，経営者の支配力の強化は，経営者の専制を招く恐れがあり，経済合理性を損なうという批判もある。しかし，Berle and Means(1932)は，経営者は複数の利害関係者の調整役を担い，「社会の大きな利害関係」のために意思決定を行うことにより，その弊害は防げるとして反論した。「大会社の『支配』は，会社の種々な集団の多様な請求権を平準化しながら，その各々に，私的貪欲よりもむしろ公的政策の立場から，所得の流れの一部分を割当てる純粋に中立的な技術体に発達すべきである」(p.356，邦訳450頁)。

2　従業員の内部化の経済合理性

組織が大規模化するに伴い，組織の実質的な運営者は，所有者から経営者に移った。しかし，巨大化し，複雑化した組織を経営者個人が細部にわたって運営することはできない。経営者は管理者と従業員を各部署に配置し，彼らに日常的な運営を任せることになる。

Galbraith(1967)によれば，組織は経営者個人の支配力により運営されているわけではなく，集団による意思決定の仕組みを持っている。彼はこのような経済体制を「テクノストラクチュア」と命名した。大企業が「計画化体制」を築き，先進技術に莫大な資本を投資し，専門的知識を持つ技術者を多数抱え，才能を持った労働者を組織化し，消費市場を従属させ，軍事・政治・教育などの経済外の領域にまで支配力を広げる。資本家に対する経営者の力が強まったことはたしかだが，組織内外で支配力を強めたのは，経営者個人ではなく，高度に組織化された集団としての企業体である，と彼は分析する。

では，一般の従業員を組織に抱え込むことの経済合理性はどのように説明されているのか。Galbraith（1967）は，長期雇用者の「組織コミットメント」の高さに注目する。成熟した法人企業では，かつての封建的領主のような強制はみられず，資本家による金銭的動機づけも弱くなり，組織との「一体感」や「適合」が働く誘因として非常に重要な意味を持つ（Ch.12, 13）。組織内の階層が高くなるほど，組織と個人の目標の相違が不明瞭になり，従業員は自ら進んで組織の目標を達成しようとする。「一体感（identification）――自分の目標をもっと立派な組織の目標と進んで交換すること――および適合（adaptation）――組織の目標を自分の目標にもっとよく一致させようと望んで組織に参加すること――は，いずれもテクノストラクチュアにおける強烈な動機であり，法人企業のイメージである同心円で，内側の輪になるほどこれがますます強まってゆく」（pp.157-158，邦訳252頁）。

Doeringer and Piore（1971）は，働く者を組織内に取り込むことの経済合理性を「企業特殊性技能」という視点から説明する。

彼らの議論によれば，各企業は独自の技能に支えられており，企業に固有な技能の形成と蓄積が競争力を大きく左右する。経営者の労務にかんする仕事は，「外部労働市場」から有能な人材を獲得して終わりではなく，安定した雇用および収入を保障し，「企業特殊的技能」の訓練に投資し，従業員を社内で育成することである。このような人材の管理は，「外部市場」でのやりとりとは異なるが，組織内の「擬似的な市場」での取引とみなすことが可能であり，彼らは「内部労働市場」と名づけた。そして，「これらの市場がひとたび広まると，労働者と経営者は労使関係を安定化させ，内部労働市場をさらに強化しようとする」。すなわち，現職労働者は自らの雇用保障を維持し，昇進機会を高めようとし，労働組合は先任権，内部昇進，職務規制，公正な処遇といった既存の雇用慣行を守ろうとし，経営者は，労使の安定した関係を維持しながら，労働者に「企業特殊的技能」を形成させて，競争力を高めようとするのである。もっとも，安定した雇用は組織を硬直化させる懸念が生じるが，組織内に競争原理と労働力の柔軟な調整機能を組み入れることで，組織の安定性と柔軟性・成長の両方を手にすることができる，と彼らは主張する（p.40，邦訳45-46頁）。

Williamson(1975)は，被雇用者を組織に内部化することの合理性を「取引コスト」の視点から説明する。取引の不確実性が高い状況下で反復的に取引を行う場合には，市場で取引するよりも取引先を組織に内部化した方が経済合理的であるとの持論を唱える。

人間の特性には，自己の利益を「悪がしこいやり方」で追求し，「機会主義的」な行動をとる面がある。しかし，われわれの「計算能力」および「コミュニケーション能力」には限界があり，情報には偏りがあり(「限定された合理性」)，その「ずる賢さ」を完全には見抜けない。このような状況で市場取引を行えば，「粗悪品」をつかまされるリスクが高い。かといって，そのリスクを下げようとすれば，取引先の情報を密に収集するなどの費用(「取引コスト」)が高くかかる。そこで，取引先を組織に内部化すれば，リスクと「取引コスト」の問題は両方とも避けられる，とWilliamsonは考察するのである。

彼は，この論理を，中間生産物市場だけでなく，労働市場の取引にも適用する(pp.57-81)。職務の遂行は，それぞれの職場の特殊性――独自の設備，作業工程，チーム内のインフォーマルなやりとり，コミュニケーションの仕方など――に依存するため，労働契約は，内容を予め詳細に決めることができない(「不完備契約」)。そこに，働く者が利己的な行動をとる余地があり，経営者からすれば，働く者の機会主義的な行動を抑える必要に迫られる。組織内部で昇進させ，実地でトレーニングを積ませ，学習を促し，「うわべだけの協力」ではなく「完全な協力」を引き出し，仕事に対して「肯定的な態度」をとらせて，組織内の不確定な要素や変化に対して経営側の意向に沿う形で適宜対応させる。さらには，賃金率を属人的要素で決めるのではなく，職務によって変えることにより，「やる気」を引き出す。Williamsonは，このような形で労働者を組織に内部化することにより，機会主義的な行動を自制させ，会社にとって利益になるように働かせることができると分析する。

Hirschman(1970)によれば，経済学の分野では，保守的な自由主義が主流な経済思想であり，組織分析にかんしても，競争と合理性が鍵となる概念である。すなわち，組織が互いに競い合うことで，労働条件や商品の質が改善され，それらに不満を抱く労働者や消費者が組織から「退出」することで，それが組織衰退の「シグナル」になり，組織に改善を促すという。しかし実際には，組織が衰退し始めるや，最も優秀な者から組織から「退出」し，多くの者が流出した後には，もはや組織には改善する力は残されておらず，組織は衰退の一途をたどることもある。Hirschmanは，経済学の分析フレームに政治学の分析ツールを組み入れ，組織からの「退出」に組織内に留まっての「発言」を組み合わせて，組織が有効に改善される可能性を検討した。

では，組織に優秀な人を留めて，組織内で「発言」させ，組織の「回復メカニズム」を機能させるにはどうしたらよいか。それには，「退出」する人に経済的な「ペナルティ」を課すだけでは不十分である。組織内に「信頼」を醸成し，「退出」には「代償」が伴うと感じさせ，「退出」の「精神的なコスト」を高めることであるという。

彼の分析フレームは，長期雇用（終身雇用）の経済合理性の理論的根拠にされることがある。しかし，彼自身は，長期雇用と組織内の「発言」だけを評価したわけではない。「時間を超えて安定しているような，二つのメカニズム（「退出」と「発言」—伊原）の非常に効率的な組み合わせを特定できるなどということはありえない」（p.124，邦訳140頁）と指摘し，「退出」か「発言」かのどちらか一方だけを持ち上げたり，批判したりしたわけではない。「救済策にはさまざまなものがあり，いろいろな組み合わせのあること」（p.123，邦訳138頁）を認めているが，組織に留まっての「発言」の重要性が看過されてきた経済学の研究動向を鑑み，その有効性に光を当てたのである。

以上，大規模組織が従業員を抱え込むことの経済合理性を理論的に考察した議論のいくつかを紹介した。そして，同一会社における雇用の継続期間を実際に検証してみると，「終身雇用」が独自な管理手法として脚光を浴びた日本だけでなく，市場志向とみなされることが多い英米社会でも長かったことが確認できる。

Hall（1982）は，Bureau of the Census and Bureau of Laborのデータを用いて，およそ10万人の米国労働者を対象として（全労働者の8.4%を占める自営業者を含む），同一雇用主による雇用の継続期間を集計した（30日未満の病欠，ストライキ，レイオフは雇用中断に含まれない）。彼の推計によると，1970年代において，40歳から69歳までの4割前後が20年以上同じ会社に勤めている。男性に限ってみれば，初職から2，3回の転職を経て，半数近くが生涯同じ仕事（lifetime job）に就いている。

Main（1982）は，New Earnings Survey（1968年と79年）のデータを用いて，英国労働者の雇用継続期間を推計した。集計結果によれば，フルタイムで働く21歳以上の男性の勤続年数は，68年の時点で平均おおよそ20年である（1979年以降も定着率が変わらないという想定で統計処理）。彼はこの調査結果から「内部労働市場」の存在を指摘する。

3　協調的な労使関係と安定的な経済発展

「終身雇用」で有名な日本企業だけでなく，労働市場の流動性が高いと言われる英米の会社にも，労働者を組織に抱える慣行が存在したのである。経営者は労働者を組織に取り込み，協調的な労使関係を築き，組織を安定的に成長・拡大させる。労と資の敵対的な階級関係はなくなり，雇用者と被雇用者が協力し合って企業競争力を高め，国全体の経済発展に寄与する。労使関係の現状および未来は，このような展望で描かれることが多くなった。

Kerr et. al.(1960)は，工業化には共通する内的論理が存在し，全世界が同じ目標である「インダストリアリズム」(「完全に工業化された社会」を意味する概念」)に向かって進むと主張する。各国の工業化のあり方は，エリートのタイプや文化的・歴史的・経済的背景の違いにより多様な形態をとる。また，最終的な均衡状態に辿り着くことはない。しかし，各国は多様性を持ちながらも同じ方向に進んでいるのであり，その過程で，経営者・労働者・政府は利害をすり合わせ，規則や規範を体系化し，安定的な労使関係を構築・維持する。かくして，Karl Marxが強調した労働者の抗議や抵抗は減退し，企業内では協調と服従が確保されるようになる，と結論づける。

他方で，労使関係の多様性に注目する論者がいる。Jacoby(1997)によれば，日本の大企業の労働者は雇用が慣行として守られているのに対して，米国の現場労働者は，労使間で確立した先任権制度に基づいてレイオフに一定の規制をかけてきた。米国の大企業の中にも，ノンユニオンの会社がないわけではないが，多くの大会社では労働組合がレイオフにかんするルールをフォーマルに設け，職務規制(ジョブコントロール)を行い，労働者間の競争を抑制し，同一労働同一賃金の原則を守ってきた。

Koike(1978)は，日米の重工業の労働慣行を比較し，相違点を列挙する。日本の労働者の方が，職場内外にまたがって複数の仕事を経験し，「キャリアの幅」が広い。先任権に基づいて労働者が処遇される米国に比べて，配置転換が柔軟であり，その頻度が高い。現場管理者への昇進が容易であり，その背景には組合員のまま昇進できることがある。ただし，正規労働者と非正規労働者とのキャリア格差は日本の方が大きい。しかも，正規労働者の長期雇用(と再雇用)は，日本では，経営側の恣意的な「配慮」や労働市場の動向に左右されるのに対して，米国では労使間の明確なルールに基づいて保障されている。労働者の異動にも，日本では組合による介入はほとんどみられない。しかし，日本企業の職場では監督者が日常的な意思決定を行い，実質的に「平等主義的な労働慣行」が根づいている，と小池は解釈する。

Dore(1973)は，日英の大企業を比較して，前者の労働組合は企業内組合であり，ブルーカラーとホワイトカラーとが一緒に所属するのに対して，後者の組合は産業別組合であり，それぞれが異なる組織に所属するあるいはホワイトカラーは未組織である，という相違点を指摘する。そして，両国は，経営者や現場管理者に対する労働者の抵抗の激しさや経営に対する規制力の強さが異なることを明らかにした。

このように，労使関係や労働慣行の細部までみれば，国ごとに違いがあるわけだが[❖1]，世界規模の歴史的趨勢をみると，経済発展の中心的な役割を担う大企業，経営に協力的な労働組合，社会保障制度を整備した国家，これらの間で安定的な関係が築かれ，持続的な資本蓄積，長期雇用，右肩上がりの賃金上昇，そして労働者の（量的な）生活水準の向上が期待されるようになり，大量生産・大量消費の拡大循環ができあがった（Aglietta 1976）。この，第二次大戦後の米国の成長体制（フォーディズム）が，資本主義社会の共通モデルになったのである。そして，「ゆたかな社会」の到来とともに，労資間の階級闘争を通した社会変革は否定され，イデオロギーは「終焉」したと宣告された（Bell 1960）。

4　制度化の過程と闘争の歴史

国ごとに相違点はあるにせよ，巨大企業は協調的な労使関係を築き，労働者を抱え込み，経済合理性を高め，安定した成長を遂げるようになった，という企業像が広まった。ただし，それらの組織形態や労働慣行の定着は，必ずしも経営側が合理的に計算した結果ではない点に留意が必要である。組織論研究者は，官僚制組織をその技術的優位性により必然的に社会に浸透したものとみなし，制度学派や労働経済学者は，「内部労働市場」の経済合理性をエレガントに説明する。しかし，それらの研究は，それらが広まるまでの経緯を切り捨て，また，国ごとの特異性を説明することができない。大戦後のアメリカ企業の経営慣行を「事後的に合理化」したにすぎないのである。ラディカル派は，経営側による統制という視点から説明する点でそれらの研究者とは異なるが，経営者だけが組織や制度の定着に関わってきたかのように描いている点では同じ問題を抱える。Jacoby（2004）は，このように先行研究を批判的に検討した上で，19世紀後半から第二次大戦にかけて，企業が労働市場を内部化していく過程を丹念に追い，これらの制度は，「市場志向の雇用システムが生み出した不安定と不公平を克服する長期にわたる闘争の所産」（p.3，邦訳34頁）として捉え直す。「先任権」ひとつとってみても，1930年代以前にはほとんどみられなかった労働慣行であり，労働者が経営側との闘争の末に獲得した権利なのである（Montgomery 1979, pp.139-152）。

Fairris（1997）は，19世紀の末から現代にかけて，アメリカ製造業の職場規制にかんする制度化の歴史を跡づける。

20世紀の初頭までは，労働者は会社に不満を持つと，会社から「退出」することでその不満を解消しようとした。雇い主からすれば，労働者の「退出」はコスト高につながる。大量生産方式の普及により，代替容易な半熟練工が増大したものの，それでも新たな設備を操作させるには教育が必要であり，彼らが辞めると，その費用はすべて無駄になる。この問題を解決するために，経営者側は企業福祉を充実させ，「内部労働市場」を整備して，労働者を会社に定着させようとした。労働者側からすれば，会社から「退出」する「コスト」が高まり，企業内にとどまる誘因が強まった。1920年代に入ると，企業内組合（company union）が増加し，労と使はそれぞれのメリット――前者は「発言」の機会の増大とけがの減少，後者は生産性の向上――を享受した。30年代は労働者の集団としての力が強まり，職場のインフォーマルグループの存在が会社側に職場環境の改善を迫る圧力になった。もっとも，労働者の発言力の強弱は，政府の労働政策，移民政策，戦争，景気と労働力の需給関係など，労働者や経営側がコントロールしきれない要素や歴史の偶然によるところが大きい。第二次大戦後しばらく経つと，多くの企業で「労働協約」が締結され，労使間の苦情処理手続きが公式のルールに則るようになり，安定した労使関係が構築されるようになった。ところが，「契約主義」が過度に進むと，生産性は向上したものの，職場環境（生産スピードやけが）が悪化し，労働者の不満が高まった。Fairrisによれば，会社は労働者を取り込むことに完全に成功したわけではない。

Edwards（1979）は，労働過程における経営者側と労働者側との闘争の歴史を段階的に描く。資本主義体制では，労働者は賃金と引き替えに労働力を雇い主に提供する。雇用契約を結ぶ時点では，労働力とはあくまで「潜在的な能力」である。労働者が労働過程に入り，機械設備や労働組織，そして職場を組織化する管理者の下に置かれてはじめて労働が形をなす。労働者との力関係において圧倒的に優位に立つ経営側が，職場環境や働かせ方を決める。しかし，労働者を思いのままに動かしたい経営側と，意思や感情を持つ労働者との間には衝突が絶えず，職場は「闘争の場（battlefield, contested terrain）」であり続ける。管理制度の「転換は，会社経営の中で高まりをみせる衝突や矛盾の解決として生じたのである。」（p.18）。

具体的にみていくと，19世紀の工場や小規模な家族経営の会社の現場は，直接的な監視の下におかれ，「単純な統制（simple control）」を敷かれていた。それが，前章で詳しくみたように，コンベアラインに代表される連続的な流れ生産にシフトし，「技術的な統制（technical control）」に変わる。統制が物理的な機械設備に埋め込まれたのである。続いて，「官僚制による統制（bureaucratic control）」が主流となり，労働者は大規模組織の中で公式的な規則と手続きに則って働くようになった。権力は制度化され，従業員は「法により支配」され，「会社の方針」に基づいて働く。ただしEdwardsによれ

❖1……本書の序章で，英米の「市場志向型」対日独の「福祉型」や「利害調整型」の資本主義という対立・多様性を紹介した。しかし，論者により，タイプ分けの仕方は異なる。Jacoby（1997, 2004）は日本語版の序文で，日米の雇用慣行には相違点があることを認めた上で，類似性を強調する。ヨーロッパ諸国の「福祉国家化」に対して，日米は企業主導で福祉を充実してきた。また，労働者の組合組織率が低い日米と，労働運動の長い歴史がある英国とでは，経営者と労働者との力関係が異なると指摘する。

ば，管理制度の移行は単線的ではなく，それらを併用している企業も珍しくない。主流の管理手法は一様に広まっているわけではなく，企業規模や産業により多様性がある。

組織が大規模化し，安定的な労使関係が制度化され，長期雇用が保障され，企業福祉が充実し，管理システムが整備されてきたわけだが，これらの制度や慣行の定着は，すべてが技術的な要求から説明できるわけではない。労働者と経営者との格闘の末に根づいたのであり，政治的なコントロール欲求に駆り立てられて社会に普及していった経緯もある。管理の技術的な必要性，労資間の闘争，政治的なコントロール欲求などが複雑に絡まり合いながら，官僚制組織は拡張したのである（Dandeker 1990）。

労働者は，闘争の歴史を経て，大規模組織に抱え込まれ，長期雇用を保障され，充実した福利厚生を享受し，緻密な監視システムの下に置かれるようになったわけだが，では職場においていかなる姿勢で働いていたのか。次節は，ミクロの場から大企業で働く労働者像を捉えた著名な文献をいくつかみてみよう。

II ミクロの場の管理と「オーガニゼーションマン」の働きぶり

1 労働者から「オーガニゼーションマン」へ

ひとたび完成された官僚制組織の中では，労働者は強固な「支配関係形式」の下に置かれ，「周到に秩序づけられかつ統制され」，専門の仕事を担う「歯車の一つ」として機能し，進路を組織内部の機構により方向づけられ，そして「規律」に自ら従う。かくして，官僚制組織の中で働く者は「憤激も偏見もない」冷徹な原理に支配され，「非人間化」された制度は永続するのである。このような人間像は，Max Weberに始まり，他の論者が後に続いた。

Mills（1951）は，ホワイトカラーという新しく台頭しつつある階級（「新中流階級」）に注目し，個人主義的な開拓者精神に富んだかつての企業家とも，職人や労働者とも異なり，大規模組織内で「歯車」になって働く者の姿を批判的に描く。

ホワイトカラーには，生活の基盤となる支えもなければ，絶対の信頼を寄せて忠誠を尽くす対象もない。集団として組織化されておらず，様々な分野に分裂し，統一性を欠き，政治的には「麻痺状態」にある。その存在と生活は「大衆社会」に一方的に規定され，「大衆文化」に染まっている。このような人たちは，官僚制組織の規則に忠実であり，序列に従って昇進していく。ホワイトカラーは，生産物からも「自我」からも「疎外された存在」であり，無力感を漂わせるが，収入，権力，地位のごとき労働の「付随的側面」に意義を見いだすのである。

Whyte(1956)も同様に，個人の時代から組織の時代へと移りゆく中で，個人と組織の相克は克服されるという思想が広がり，科学の進歩がそれを実現すると喧伝され，それを支える社会制度が構築されたとの認識が浸透し，実際に組織に対して「自発的に服従する」人たちが増えている様子をジャーナリスティックな筆致で描写する。

「人間は社会の一単位として存在する。自分一人だけでは，彼は孤立し，無意味である。人間は他人と協力するとき，はじめて価値あるものとなる。なぜなら，集団のなかで自分を昇華させることによって，部分の総和よりはもっと偉大な全体を生み出す助けを果たすからだ。そこでは，個人と社会との間に，なんらの相克もあるはずがない。相克と考えられるものは，誤解であり，コミュニケーションの障害である。人間関係に科学的方法を適用すれば，意見不一致をきたすこれらの障害は除かれ，社会と個人の双方の要求は一つであり，等しいという調和と平衡の状態が創造される。」(p.7, 邦訳9-10頁)。著書が世に出た当時，このような考え方が米国社会に急速に浸透していた。米国社会の支配的倫理がプロテスタントの倫理から「集団の倫理」(「組織の倫理」,「官僚機構の倫理」)に変わり，会社員をはじめとして，知識人，医者，弁護士など，あらゆる産業あらゆる職種で，組織に全幅の信頼を寄せる人たちが増加していた。彼はそのような人たちを指して「オーガニゼーションマン」と命名した。

「オーガニゼーションマン」は，組織に忠誠を尽くす見返りとして安定や報酬などの「恩恵」に与り，組織を崇敬するまでになった。彼(彼女)たちは「組織に適応する微細にわたる技術」を学び，流行の「パーソナリティテスト」をくぐり抜け，組織内および地域社会で規律正しい生活をおくる。所属組織では「集団的作業」に勤しみ，ゆくゆく幹部職員になることを期待する。Whyteは，組織に対する「物神化」を批判し，組織と個人の調和という欺瞞を厳しく糾弾した。

Packard(1962)は，1960年代に大企業のピラミッド型の階層を昇りつめ，エグゼクティブ(管理職)になった「成功者たち」の生態を活写する。管理職になれば，高い報酬だけでなく，運転手付きの車，社用機，エグゼクティブクラブの会員権，序列に応じて大きくなる部屋など，諸々の「特典」を手にすることができる。それらを自分のものにするには，何よりも「従順さ」と「適応性」が求められる。組織内の階梯の各段階で「心理テスト」を無難にこなし，「親密な人間関係」に加わり，会社への「忠誠心」を進んで示す。会社には「パターナリズム」に基づく親分子分の関係が存在し，部下は上司への「忠誠」をわかりやすく表現しなければならず，会社の求めとあれば，家族共々喜んで引っ越しをする。プライベートな生活においても，「良き社員」であることが要求され，妻も含めて家族ぐるみで「献身的な態度」をみせる。彼女も会社に対して「忠誠」を尽くし，会社のしきたりに高い「順応性」を示すものの，目立たぬように「謙虚」であらねばならない。これらが，「エグゼクティブ」になるためのルールである。同僚に対しては，競争者でありながら協力者であらねばならない。社内会議が多く，あらゆることが「合議的」に決定される。学歴による差別は存在するが，出世は運にも左右される。したがって，「協調性」や「世渡りのうまさ」が欠かせない。こうして，大企業の社員は，独創性が蔑ろにされ，個人の権利が軽んじられ個人の尊厳が冒され，独立独歩の精神が弱まり，リスクを回避し，同調主義的で消極的な生き方をするようになる，とPackardは分析している。

米国と日本の会社の仕組みや働き方は対照的に捉えられることが多い。前者で働く人たちは独立心が強く，仕事とプライベートを厳密に分けているのに対して，後者の従業員は会社組織や集団に依存的であり，プライベートを犠牲にしてまで仕事を優先すると。しかし，Packardが描写した大規模組織で働く米国人たちは，ステレオタイプな日本の「サラリーマン」，いわゆる「会社人間」となんら変わらないことに驚かされる。[2]

三人の著者は共通して，大規模組織で働く人たちを，社内の規則や規範に自ら従い，昇進競争に挑み，権威に対して「自発的に服従」している姿で描いている。彼らは組織に従属する人間に否定的であるが，組織で働く人たちは規範や権威に「自発的」に従っているため，Weberと同様，この状況は容易には変えられないものとして受けとめている。[3]

ただし，組織への服従のあり方は一様ではない。Etzioni(1961)は，大規模組織における「権力」(「構造的側面」)と行為者が組織によせる「忠誠」(「動機的側面」)との多様な関係に注目し，服従のあり方を類型化する。大きく分けて，「強制的権力」に対する「疎外的関与」，「報酬的権力」に対する「打算的関与」，「規範的権力」に対する「道徳的関与」が実際の組織には多くみられ，収容所，ブルーカラー，ホワイトカラー，宗教組織，大学，病院，組合など，組織の種類によってどの「服従関係」が優勢であるかは異なるという。そして，それぞれの組織における服従関係は，他の変数——組織目標，エリート，合意形成やコミュニケーションのあり方，組織を取り巻く環境——によっても変わってくると指摘する。

Blauner(1964)は，産業によって，生産技術，分業，労働組織，昇進機会，技能構成など，職場の客観的側面は多様であり，働き方や人間関係に対する労働者の「受け止め方」という主観的側面にも違いが生じ，労働者の「疎外」は資本主義体制下において同質的にもたらされるわけではない，と論じる。

彼らの分析から，大規模組織で働く人間を「オーガニゼーションマン」として一律に扱うことには問題があることがわかる。しかし，組織内の服従や疎外のあり方を多様なタイプに類型化するにせよ，労働者が組織に組み込まれる傾向にあることを想定している点では，他の論者と同じである。

2 官僚制組織の限界とその克服 ——柔軟性と自律性

組織が大規模化・官僚制化する中で，従業員は，体系だった規定に従い，互いに出世競争を繰り広げ，従順にかつ効率的に働くとみなされるようになった。

ところが，正確さ，安定性，信頼性，計算可能性，効率性の観点から官僚制組織を評価するWeber(1922)にたいして，組織の「逆機能」の存在を明らかにし，異論を唱えた研究があることはよく知られている(Merton 1949; Selznick 1949; Blau 1955など)。組織で働く者は，自己保身に走り，責任を回避し，指示されたことしかやらず，学習や成長を望まず，組織全体よりも所属部署の利害を追求しがちである。縄張り意識を持つ部署間で衝突が生じることもある。規則を守ることが目的化し，形式主義，儀礼主義に陥りやすい。既存のルールに従うことに慣れきった人たちは，大規模な組織変更を拒絶する。消費者や受益者の要望に応えようとはせず，市場の変化に適応しない。といった諸問題が考えられる。このような働き方をする人たちは，官僚制組織内で露骨な抵抗や反発を示すわけではないが，経営側に積極的に協力しているとも言い難い。

官僚制組織は，構成員がフォーマルな規則に従わなければ機能しないが，規則にあまりにも杓子定規に従えば機能不全の面が強まる，というジレンマを抱える。もちろん，経営者や経営学者は，官僚制組織の非合理的な側面を見落としてきたわけではない。それらの限界を克服するために，「人間的側面」や柔軟性を取り入れた新しい管理組織を考案してきたのであり，官僚制組織にインフォーマルな意思伝達や情報共有の仕組みを組み入れて，フォーマルな制度を補完しようとしてきたのである。現場管理の主流となった「科学的管理法」を具体化させたフォード生産システムに付随する問

❖2……日本に生まれ，米国の大学院で学んだハロラン(1985)も，日本人と同じように「会社人間」として生きる米国ホワイトカラーの実態を描き，米国の「能力主義」，「個人主義」に対する日本の「年功主義」，「組織人間」というステレオタイプな対比に疑問を呈す。

❖3……Mills (1951)は，三者の中でも組織に従属する人たちに対して辛辣であるが，組織への「服従」からは容易には逃れにくいことを理解している。「権威への服従という力関係の問題は，匿名の力がその威力をふるう操縦の領域に移った。とくに特定の個人間に行われるのでない操縦は，力がかくされた形で行使されるために，強制よりはるかに巧妙に進められ，その対象になる人も敵の所在を発見して戦いを宣することができない。攻撃目標が曖昧で攻撃が確実性を欠いたものとなる」(p.110，邦訳95頁)。

題点を解決しようとする意欲が，その後の現場管理(論)の大きな潮流を作ってきたように，官僚制組織の欠陥を乗り越えようとする貪欲さが，組織(論)の発展に貢献してきた。

数多くの研究者や実務家が，官僚制組織の限界を修正し，あるいは補完する組織モデルを提示してきた。代表的な論者を挙げると，Barnard(1938)は，フォーマルな管理構造だけでなくインフォーマルな文化も含めて組織を捉え直し，「道徳的な価値」を基盤に持つ協働体系の総合的な理論化を試みた。永続的な協働を維持するための主たる要素として，労働者に「積極的な協働」を促す誘因，権威に自ら従う労働者の「主観的側面」，協働を支える組織道徳を創造する「リーダーシップ」の役割を重視した。March and Simon(1958)は，人間の認知と意思決定に焦点をあてた新しい組織モデルを提示した。それまでの組織研究は，組織の中の人間を，限られた生理学的属性と単純な心理学的属性からなる「器械」としてモデル化してきた。人間関係論は，行為者を感性や感情を持つ存在として認識してきたが，それらの研究も含めて，人間を適応的で理性的な存在として想定しており，組織メンバーの欲求，動機，意欲の側面にはほとんど注意を払ってこなかった。彼らは先行研究の欠点をこのように整理した上で，組織内における知識習得，学習，問題解決の側面を組織理論に組み入れる。彼らの理論の核となる，人間の合理性の限界(「限定合理性」)という概念は，先にとり上げたOliver Williamsonをはじめとして，他の研究者に多大な影響を与えた。

彼らの後にも，官僚制モデルの限界を乗り越えるために，数多くの論者が，組織で働く人間の非合理的な側面を考慮した新しい組織モデルを打ち立てたり，あるいは非合理的な要素を従来の組織理論に組み入れたりした。そして，人間を機械的に組織に取り込もうとするのではなく，いかにして組織で働く者を誘導し，「内発的」に動機づけ，潜在能力を開花させるかが，組織運営者の実務的な課題となったわけである。本書は，それらの膨大な研究史を跡づけることはできないが，構成員に「自律性」を付与して「やる気」を引き出し，リーダーシップを発揮させて構成員を引っ張らせ，情報の共有と知識の創造を促し，組織全体の学習を促進させようとする多数の研究が，組織論を発展させてきたことを確認できればよい。

80年代に入ると，なかでも「日本的経営」に触発された「チームコンセプト」と「企業文化論」が，組織論の中で大きな研究の潮流をつくる。それらについては既に詳しく紹介したので繰り返さないが，チームコンセプトを組織に導入すれば，官僚制組織の硬直性を補う柔軟な職場運営が可能になり，企業全体の統一した目標やメッセージを従業員に共有させる強い文化は，組織との「一体感」を醸成し，組織の目標と個人の目標を一致させ，組織への「忠誠心」と「コミットメント」を高めるとして，それぞれ評価されたのである。

さらには，従来の欧米中心の経営学で強調されてきた強固なヒエラルキーの構造に対して，「現場」を起点とした学習や知識の創造による組織のダイナミズムが，日本発の経営モデルとして発信された。伊丹（1984，2005）は，場を通してヨコの連携が築かれ，有用な情報が蓄積・共有され，心理的エネルギーが育まれ，学習が促進され，それらの「見えざる資産」が経営の成功要因として鍵を握ると主張する。野中（1985）は，現場で生成された「暗黙知」が「形式知」に変換され，組織の末端から上部にかけて「知」が創発されて，企業体に新しい「知」が共有されていくことにより，組織がダイナミックに「進化」するというモデルを打ち出し，知識の創造過程をいかにマネジメントするかが競争力を左右するという。

これらの管理手法や組織モデルを教え広めようとする論者の多くは，組織管理者の視点からチームや企業文化の有効性を指摘するにとどまり，働く者の視点から管理コンセプトの運営実態を検証しているわけではない。次項は，それらの管理コンセプトが適用された職場を労働者の視点から把握・分析した研究をみてみよう。

3　職場からみたチームと組織文化

先述したように，Edwards（1979）は，統制戦略の推移を三つのタイプ（「単純な統制」，「技術的な統制」，「官僚制による統制」）に分けて提示した。Tompkins and Cheney（1985）は，この議論を踏まえて，官僚制組織の欠点を克服する4番目の管理形態として「協調的な統制（concertive control）」という概念を打ち出した。統制システムの主流は，階層と規則を特徴にもつ「官僚制による統制」から，自己管理（self-managing or self-directing）のチーム形態をとる「協調的な統制」に変化しているという。Barker（1993）は，この議論を基にして，新しい統制モデルの有効性を具体的な事例で検証する。ISE Communicationsという150人ほどの製造会社を調査対象として，1988年に導入された自主管理チームの定着・運営の過程を詳細に観察した。

チーム構成員は，職場の規範を自分たちで作り，同僚と共有する。チームに入れば，他者の眼差しにさらされ，規範に従うことを求められる。やがてチームの一員として受け入れられるようになると，チームに所属している感覚を抱き，チームにアイデンティファイする。その過程で，規範を内面化し，同時にその規範を他者に強要するようになる。本人にはその意識がなくても，他の構成員はそのように感じる。こうして，「チームの規範」を強いる眼差しは，チームの内側から生み出され続けるのであり，チーム構成員は，自分たちの行動が従来の管理システムの下よりも強くそして完全に，しかもあからさまな形をとらずして統制されるのである（pp.434-435）。

Barkerは，ISEの事例はWeberの分析よりもFoucaultのそれにあてはまるという。そして，Weberが名づけた「鉄の格子」を乗り越えるための新しい管理手法が，より強力な「鉄格子」になるという「皮肉な逆説」を指摘する。

Ray(1986)も，「官僚制による統制」の限界に注目するが，それを補うものとして，社会的分業と統合にかんするÉmile Durkheimの理論(Durkheim 1933, 1965, 1973)を用いて「文化による統制(cultural control)」の有効性を考察する。企業文化とは，従業員に組織への帰属意識を抱かせ，従業員を経営目標に直接的に向かわせて組織に統合し，官僚制組織のコントロールの限界を補完する役割を果たす。そして，「企業文化の操作が，最新の最も強力なコントロールの形態」であり，「最後に残された領域(last frontier)」であると言い切る(p.290)。

彼の分析によれば，現代社会では，コミュニティや教会を通じた人と人とのつながりが弱まり，生活の意味が消失したが，「つながり」を持つ場を企業が新たに提供するようになった。「企業は聖なる場となる。企業内のあらゆるレベルの従業員は，擬似的な教区民(quasi-parishioners)になる。」(p.290)。儀式，儀礼，式典そして象徴が，感情や感動を引き出すのに貢献し，すべての参加者を同じ目標に向かわせ，同じ信条を抱かせる。従業員は個人の尊重と集団主義とのジレンマに陥ると考えられがちであるが，組織内では誰もが「勝者」になりうることを強調することにより，そのジレンマは解消されるのだという(pp.290-291)。

Barker(1993)は，小集団グループ内の統制の強さと緊密さに着目したが，Ray(1986)は，チームを介した統制よりも，文化による統合の方が，トップからボトムを直に束ねることが可能であるかゆえに有効であると主張する。「人間的側面の統制(humanistic control)は，小集団の作業グループの中でより協調的にやりとりし合うように従業員たちを促すかもしれない。しかし，支配的な『エリート層』の目標や価値と直接的に，間を介さずに結びつくために，一人ひとりが会社の垂直方向の分断を埋めるあるいは突き崩す方法はまだ存在しないのである」(p.294)。それに対して，「トップマネジメントのチームが，個々人の感情や心情に働きかけて会社への献身，忠誠，参加を引きだし，一人ひとりを支配的な『エリート層』の価値や目標と直接結びつけるように，最新の統制戦略は目論んでいる」のであり，「この管理手法が，労働者を支配的なシステムに究極的に強く取り込む可能性を秘めているようにみえる」(p.294-295)と結論づけている。

Kunda(1992)は，人気ハイテク製品を扱う大企業のテック(仮名)のエンジニアリング部門を対象に，エスノグラフィー調査を行った。調査対象の企業は，大学や軍で研究に携わっていた技術者集団によって設立され，創業から30年で最先端技術を誇る大企業に成長し，その成功はモデルケースにされるほどであった。技術志向が強い会社であり，斬新な着想にあふれ，数々の革新的な製品を世に送り出してきた。それと同時に，会社の社会的側面の将来像についても，勝るとも劣らず革新的であった（と社員の目には映った）。経営陣は，当時人気があった‘お気に入り’の「日本的経営」から学び，強い企業文化を創ろうとした（pp.4-8, 邦訳20-26頁）。「テックは，賢明な利己心と雇用保障に根ざした，思いやりのある人間的な環境を提供する『人間中心の会社』であるべきだ。これがおそらく従業員の積極的な参加と努力を引き出し，創造力も解き放つはずだ，と考えたのである」（pp.26-27, 邦訳53頁）。

テックは，社員を「資産」として扱い，「人間中心」の経営を謳い，従業員から「コミットメント」を引き出そうとする。そして，経営方針を「社会に貢献する」というより高次の目標に合致させて，自由と責任・義務，個人と集団の目標，これらの間の矛盾をなくし，従業員を「近代社会の憂鬱」から解放する。このようなテックの経営思想は，経営幹部のスピーチ，講演，会議，パーティ，研修ワークショップなどの幾多の機会に，ドラマチックに生き生きと表現される。テックの日常生活は儀礼，標語，比喩にあふれ，規則，規定，勧告が埋め込まれ，従業員自身が会社の思想を体現する存在になる。学者，コンサルタント，ジャーナリストなどの外部者の仕事の成果も広範に利用して，テック文化を体系的に築きあげた。

「テックの操作された文化は，象徴的権力（symbolic power）の行使にもとづいた，広く浸透し，包括的で，要求のきつい規範的統制（normative control）システムのように見える」（p.219, 邦訳333頁）。しかし，注意を要することは，従来の官僚制による統制（bureaucratic control）がなくなったわけではないという点である。操作された文化はあくまで官僚制による統制を「補完する役割」を果たすにすぎない，とKundaはみている。「官僚制による統制の本質，すなわち，形式化，成文化，規則や規制の遵守は，規範的統制のもとでも基本的には変わらない。ただ単に焦点を，組織構造から組織文化へ，従業員の行動から経験へと，経営者の裁量で移しているだけなのだ」（p.220, 邦訳334頁）。強固な官僚制による統制が文化的操作に取って代わられたわけではなく，前者に後者が加えられて，社員は会社により強く「コミットする」ようになったのである。

4　組織への過剰適応

「日本的経営」論では，一方で，社員の熱心な働きぶりが肯定的に評価されたが，他方で，働き過ぎといった組織への‘過剰適応’が問題視された。「サラリーマン」は長時間労働，不払い残業を厭わず，有給休暇もほとんど取得せず，「モーレツ社員」，「働き蜂」として働く。「Karoshi」はオックスフォード英語辞典に登録され，世界共通語になった。しかし，そのような働きぶりは，日本企業の会社員に限らない。前項で詳しくみたKunda (1992)にも登場する。長期雇用を保障され，組織内で巧妙に操作された社員たちは，「上」へあがるほどに会社組織に強く統合されていく。もっとも，会社と単純に一体化して，過労に至るわけではない。危ういところで心の「バランス」を保っているが，そのバランスをわずかでも崩すと「燃え尽き」が待っているのである。❖4

巨大組織で長期間働く社員は，半ば自発的に組織体制に適応する。加えて，強力な組織文化が官僚制組織に注入されると，「最後の領域」にまで経営者の意向が入り込み，もはや逃げ場を失った「オーガニゼーションマン」の中には，組織に過剰適応する者が現れるのである(Labier 1986)。

III 小括

経営者は，有能な人材を逃さないために，また，会社への「忠誠心」を高めて「やる気」を引き出すために，社員を組織に抱え込んできた。日本企業の「終身雇用」や充実した企業福祉は有名であるが，個人主義が強く，好条件の職場を渡り歩くイメージがある米国社会でも，従業員を組織に取り込んできた歴史がある。

同じ会社で働き続ける従業員たちは，雇用を保障され，長期展望の下で教育を受け，恵まれた企業福祉を享受する。そして，指揮命令系統と業務規定が整い，秩序立った組織の中で，権威と規範に自ら従い，ヒエラルキーの「上」を目指して競争に励み，従順に働く。人は直接的な統制・抑圧には反発しやすいが，非人格的な管理の網の中では抵抗しにくい。

しかし，経営者は，社員を組織に抱え込んだからといって，ミクロの場で意のままに操れるようになったわけではない。「オーガニゼーションマン」の中には，規則・規定や上司の指示を忠実に守ろうとして，それが目的化し，それ以外の「仕事」をしない者がいる。大規模組織は，変化の激しい商品市場に対応するためには，構成員から「自発性」や「積極性」を調達し，環境の変化に柔軟に対応させなければならない。

官僚制組織の硬直性を補完する管理手法として，「企業文化」と「チーム」が脚光を浴びるようになった。強力な企業文化に浸った従業員は内面から組織と一体化し，自律的なチームのメンバーはチームを通して会社に統合されるという。最も合理的な「最先端」の統制は，組織や職場への全人格的な包摂であり，統制を感じさせない統制である。

前章では，「日本的経営」を，フォード生産システムの限界を乗り越えたシステムとして評価した研究を紹介した。本章は，官僚制組織の限界を補う管理手法として，「日本的経営」からヒントを得た企業文化と自律的なチームに強い関心が寄せられたことを示した。「日本的経営」とは，生産現場で明確な分業と作業の標準化を進める「科学的管理法」の限界を，組織全体で細かな階層化と職務の専門化を進める官僚制の限界を，それぞれ乗り越える管理モデルとして持ち上げられたのであり，西洋近代の合理的な管理手法や組織モデルの限界を解決する手法として脚光を浴びたのである。日本企業が欧米企業に追いつき追い越す中で，「日本的経営」は死角のない経営モデルとして世界規模で称揚されるようになった。もっとも，このような管理手法は，構成員を組織へ過剰に適応させることもあり，全面的に評価されたわけではないが，‘やりすぎ’という問題を抱えているにせよ，従業員から強い「組織コミットメント」を引き出す手法として受けとられたのである。

しかし，ここで疑問が生じる。巨大組織はすべての社員を一様に処遇し，取り込んできたのか。そもそも大企業で働けない人たちが多くいたのではないか。

日本の「企業社会」では，大企業と中小企業，男性と女性，大卒と高卒・中卒，ホワイトカラーとブルーカラー，日本人と外国人，正規雇用者と非正規雇用者などの間に歴然とした格差が存在したことは，序章で言及した。それぞれ後者の労働者も，社会の「全体的な発展」による「恩恵」から完全に排除されていたわけではないが，景気が後退するや，真っ先に雇用調整の対象にされた(McCormick and Marshall 1987)。このような労働市場の分断は，米国社会にも存在する。性別，学歴，人種，民族により，差別や格差がある。[5] もちろん格差のあり方は，国によって固有な特徴がある。人種や民族の構成は

❖4……Kunda (1992)は，組織への強い「コミットメント」と「燃え尽き」との複雑な関係を巧みに描写している。文化が操作された組織で働く社員たちは熱心な働きぶりを示す。しかし，積極的な働き方がそのまま燃え尽きに直結するわけではない。精力的な働きぶりには「演技」も含まれており，演技により「本当の自己」を守ろうとする。組織への文字通りのコミットメントと演技との間には，言い換えれば，役割を積極的に引き受けようとするスタンスと役割から距離をとろうとするスタンスとの間には，常にジレンマがつきまとい(p.107, 邦訳167頁; p.159, 邦訳244頁)，「自己」を再構成し続ける「支離滅裂な不断の努力」は続くことになる(pp.215-216, 邦訳327頁)。しかし，演技と「本当の自己」との間でバランスがうまくとれない者たちがおり，彼(彼女)らが，燃え尽きといったテック社員によくみられる「病気」を発症させるのだという(p.204, 邦訳301頁)。組織文化が強いからといって，単純に組織にのめり込み，摩耗するわけではない。強い文化の下では心理的バランスを崩しやすいため，燃え尽きやすいのである。

❖5……「内部労働市場」論を打ち立てたDoeringer and Piore (1971)も，「内部労働市場」が「二重労働市場」と密接な関係にあることに気づいていなかったわけではない。雇用保障やキャリア形成の機会を与えられる「一次労働市場」は，低賃金で社会的地位の低い階層——女性，若年層，人種的または民族的なマイノリティーからなる市場(「二次労働市場」)——との関係において存在すると指摘している。ただし「本書においては，市場分断(segmentation)および労働市場の二重構造(labor market dualism)に関わる概念は，内部労働市場の働きの副産物であると位置づけている。市場分断が独立した分析概念として発展したのはかなり後のことである。したがって，ここでは内部労働市場に関連した研究の展開に焦点を当てることにする」と述べている(Doeringer and Piore 1985, New Introduction xi, 邦訳2, 3頁　傍点伊原)。

同じではないし，マイノリティの権利を尊重する歴史は異なり，男女格差の程度と働く女性の権利に対する意識には違いがある。米国では，同じ大企業の正規労働者といえども，現場労働者とエンジニアとの間には，処遇に露骨な差がある(Zussman 1985)。日本では，労働市場の流動性は相対的に低く，学校から企業への「間断のない移動」が制度化され，大企業ではブルーカラーも含めて「就社」させてきた点が特徴的であり(菅山 2011)，ブルーカラーにも産業化の初期段階から定期昇給制度が適用されていたのである(小池 2012)。

このように，歴史的・社会的な背景の違いから，組織に包摂される階層の範囲や雇用保障のあり方は国によって異なるものの[6]，いずれの国においても，すべての労働者が大規模組織の「恩恵」に与ったわけではなかったのだ。

では，巨大組織から排除された者たちは，あるいは巨大組織の中で冷遇された者たちは，大企業中心の社会体制に対して不満や抵抗を示さなかったのか。

米国の事例をみると，60年代には，公民権運動やベトナム戦争反対運動が盛り上がりをみせ，若者の間には全体主義的な管理への「対抗文化」が開花した(Roszak 1969)。官僚制組織，巨大権力，管理システム，科学技術，合理主義に対する批判的な精神が社会に渦巻いた。Marcuse(1964)は科学技術の合理性が一面的に行き渡った産業社会を「一次元的社会」と，批判精神をなくしてそのような社会をそのまま受け入れる人たちを「一次元的人間」と名づけ，否定的思惟を持って現体制を変革すべきであり，なによりも「管理された自由」に満足し，「非合理性をもたらす合理性」を受容している自分自身を解放すべきであると，若者たちに訴えかけた。このような対抗文化は，巨大組織の内部にも影響を与えた。Terkel(1972)に出てくる自動車工場の若い労働者たちは，長髪やアフロヘアーであり，数珠玉の飾りを首に巻き，麻薬を吸いながら働く。嫌なことがあればすぐに辞めてしまい，月曜日には休む者が後を絶たない。監督は威厳を保とうとして威圧的な態度で労働者に接し，労働者は監督を敵対視し，監督(テキ)と自分たちとの間に明確な線引きをする。現場のトラブルは組合の代表がケリをつけることもあれば，労働者が労務課に送られることもある。不満が高じてストを起こすことも珍しくなかった(pp.159-194，邦訳231-268頁)。

巨大企業や管理体制に対して抵抗を露わにする運動や文化がなかったわけではない。ところが，抵抗文化は権力者やマスメディアの巧妙な操作に絡め取られ，安楽な消費と「自由」で「合理的」な生活の中で弱められた。生産が至上命題となり，消費欲求が果てしなく駆り立てられ，有史以来の「ゆたかな社会」が到来する(Galbraith 1958)。大衆消費文化が行き渡り，科学技術への信仰が強まり，批判的精神を失わせる素地ができあがった。「オーガニゼーションマン」はもとより，マイノリティも，大衆消費社会の享楽的な生活を楽しんだ。もっとも，ビートニクやヒッピーのような対抗文化は完全に消え失せたわけではない。それなりの社会的影響力を持った。しかし，一方で，反体制をアイコンとして体現するラディカルな人たちは，巨大な管理体制から隔離した場へと「離脱」し，体制側と反体制側，ヤツらオレらといった具合に，単純に色分けされた。他方で，既存の体制や文化に対する抵抗を表現することが多いロック・ミュージックが商業化したように，対抗文化も大衆消費文化の中に溶け込んでいった。

Ehrenreich(1989)によれば，米国が「ゆたかな社会」になると，「総中流階級化」という社会像が世に広まり，それに該当しない人たちの存在は視野の外に置かれたが，実際には，それ以外の層の方が大きかった。「中流階級専門職」は，高度な教育を受けて知識を駆使して働くエリートであり，全人口の20%を構成するにすぎない「マイノリティ」である。にもかかわらず，彼らの言説や理念が社会の「主流」として広まり，社会が安定的に発展していずれや労働者階級はすべて「中流階級」になるだろうという楽観的な見通しが行き渡った。もっとも，忘れられた「貧困」と「労働者階級」はことあるごとに「再発見」されてきたが，そのたびに，「中流階級」の「スポークスマン」からの「巻き返し」があり，「サイレントマジョリティ」の貧者や労働者階級は都合のよい像を押しつけられ，あたかも社会全体が「中流階級化」したかのごとく幻想が広められてきたのである。

「ゆたかな社会」と言われた時代にあっても，誰もが「中流階級」に仲間入りしたわけではなかった。労働者の所得は増え，経済的格差は縮小傾向にあったにせよ，貧困問題がなくなったわけではない(Harrington 1962)。しかし，社会体制に対する抵抗文化は権力，マスコミ，そして大衆消費文化に絡め取られ，貧困や格差の問題は‘いずれは’解決されるであろうという楽観的な見通しの下，見えにくくされていたのである。

体制側への抵抗運動の低調ぶりは，労働者側にも原因があったという指摘がある(Aronowitz 1991)。官僚制の階層組織の中で個人主義的な競争を促され，アトム化されたホワイトカラー層が増加傾向にあり，労働者としての一体感は醸成されにくくなった。ホワイトカラーの職種は多様化し，労働者としての共通の基盤が築かれにくくなった。ブルーカラーの労働者も，性別・人種・民族・年齢・熟練の違いにより労働市場が細かく分断され，労働者階級内で衝突が生じた。女性や

❖6……長期雇用と組織への包摂の相違という点で言えば，「企業社会」の「ボトム」だけでなく，「トップ」にかんしても国により違いがある。日本企業は，管理職の内部昇進率が相対的に高く，組織外からの登用は珍しい。ただし，Roomkin ed. (1989)の国際比較によれば，市場原理主義が強いと思われている英国，米国，オーストラリアでも，慣例として内部から登用されていた歴史があり，それが，徐々に外部から調達する方向にシフトしていったのであり，この傾向は日本も変わらない(同国内でも，産業により，また男女間で，登用のあり方は異なるが)。したがって，国の相違を強調するだけではなく，「組織志向」から「市場志向」へというグローバル規模の動向も見落としてはならない。

黒人は，会社組織だけでなく，組合組織の中でも「周辺部」に追いやられていたのである。既得権益を守ろうとする白人男性組合員が，高い技能を要する専門職から女性労働者を排除したり，黒人労働者を差別したりしてきた。さらには女性労働者の中にも人種差別はあり，同じヨーロッパからの男性移民の中にも出身地域によって扱いに差があった。東部や南部の出身者は1960年代まではほとんど組合リーダーになれなかった。労働者間にも細かな分断があり，職種の多様化が進み，労働者としての統一した動きにはなりにくかったのである。もちろん，労働者は組合を通して団体交渉を重ね，（山猫）ストライキを起こす者もおり，労働条件の改善を地道に獲得し，労働者保護の立法化にこぎ着け，レイオフを阻止する運動を続けてきた歴史は見落としてはならない。しかし，米国では，ヨーロッパに比べて職能別の組合が弱く，増大するサービス労働者層の組合組織率が低く，労働者としての共通の基盤は形成されにくかった。加えて，労働者の抵抗の基盤は働く場にあるにもかかわらず，企業組織のみならず全国組合組織も官僚制化し，執行部が支部そして一般組合員から乖離するという問題を労働組合は抱えるようになったのである。

「ゆたかな社会」が到来したからといって，貧困問題や経済格差がなくなったわけではない。しかし，雇用が安定せず，労働条件が劣悪であり，昇進機会が閉ざされている「第二次労働市場」にしか参入できない者たちは，大規模組織の「下層」や中小企業といった「周辺部」に追いやられ，視野の外に置かれた。そして，優遇された一部の層だけが取り上げられて，官僚制組織の強固な機構に守られ，強い企業文化を身に纏い，チーム単位でまとまり，経営側の意を汲んで自発的に働く姿で従業員・労働者はイメージされたのだ。

だがしかし，「周辺部」に置かれた労働者はむろんのこと[7]，巨大組織で働く者たちも，抵抗の意志を完全に失ったのであろうか。また，処遇が異なる者は棲み分けて働き，職場内では構成員が協力し合い，職場秩序は整然と保たれていたのであろうか[8]。この点について，次章で詳しく検討しよう。

❖7……中小企業は，大企業ほどには管理制度が整備されておらず，機械化が進まず，整然と運営された世界とはほど遠い「カオス」であることは，容易に想像がつく（Juravich 1985）。

❖8……大企業が資本主義の中心を占めるようになると，一方で，大規模組織内で階層化が進み，組織の「下層」を支える者が生まれ，他方で，中小企業が経済社会の「周辺部分」を担い，そこで多くの者が働く。経済体制の「中心部」と「下層」・「周辺部」に対応した労働市場の二重構造ができあがり，労働市場の分断は，それ以前から存在する性や人種の差別と結びつく。そして，労働市場の二重構造と働く場の棲み分けが対応するものとして捉えられ，安定した格差の構造が提示されるのである（Edwards et al. eds. 1975, Introduction）。

第12章

組織内の攻防

多様な「抵抗」と職場の「つくり込み」

前章と前々章は，管理と労働者の関係を捉える分析フレームが，直接的な統制や強圧的な管理に対して抵抗や反発を露わにする労働者から，体系化された非人格的な管理や参加を促す巧妙な管理の下で「自発的」に働く従業員へとシフトしたことを示した。大規模組織で働く者たちは，統制的な面を表に出さない管理装置に組み込まれ，管理部門が設計したキャリアプランに則って昇進競争に勤しみ，操作された組織文化に染まった，従順な「オーガニゼーションマン」として，あるいは，組織に強くコミットする「カンパニーマン」として描かれるようになった。そして，このような働かせ方・働き方をしている経営・労働慣行としてとりわけ話題にのぼったのが，「日本的経営」であった。職場を捉える分析フレームから，なかでも「日本的経営」論では，抵抗の可能性が消え失せたのである。

では，実際のところ，大規模組織で働く人たちは，抵抗を全く企てないのか。誰もが規則に忠実であり，規律を内面化し，経営側の意向に沿って積極的に働いているのか。職場は規定に基づき機械的に運営され，職場秩序は安定しているのか。

結論から先に言えば，決してそうではない。露骨な抵抗はほとんどみられなくなったとしても，「手抜き」や「非生産的行為」はなくならない。管理制度が精巧になるのに応じて，「抵抗」も手の込んだものに‘進化’する。また，労働者どうしの関係が複雑化し，経営・管理対労働者という図式だけでは，働く場の入り組んだ人間関係の実態は捉えきれなくなった。

ただし，「些細な抵抗」や入り組んだ人間関係の領域も‘不可侵’ではない。この点を先行研究は完全に見落としてきたが，その領域にまで管理が踏み込めるかどうかによって，管理空間の緊密度に顕著な違いが生じるのである。「抵抗」や衝突を（潜在的に）抱える職場をどこまで「つくり込む」かにより，組織への労働者統合のあり方は大いに変わってくるのだ。

本章は，従業員が経営側にあからさまに抗しない形で「抵抗」を企て，場合によっては働く場を変革していることを示す。大規模化した組織では，露骨な抵抗はみられなくなったが，場の統制を巡る‘微細な攻防’が続いていることを明らかにする。

I 消えた「抵抗」

フーコーディアンの研究が労働過程論の主流になり，いまや労働者たちは経営側の意向に沿う形で自己規律的に働く者として想定されるようになった。しかし，労働者には抵抗の可能性が全く残されていないのか。ごく少数ではあるが，このような素朴な疑問を持ち，主流派の研究に異を唱える論者たちがいる。そして，その批判に対して主流派から反論が出された。以下，働く場の抵抗に再び光をあてる研究者たちの議論をみていこう。

1 フーコーディアン批判

Ackroyd and Thompson (1999)によれば，主流派の労働現場研究は，資本主義の生産関係という分析枠組は用いず，Foucaultやポスト構造主義のパースペクティブに基づき，労働過程を「規律権力」が行使される場として分析するようになった。眼差しが行き渡る場で作用する権力を浮き彫りにし，さらには，規律権力はもはや眼差しすら必要としなくなり，経営側の言説を通して作用する権力を読み解くようになった。前々章で明らかにしたように，フーコーディアンにとって，権力と主体とは別々の概念ではなくなった。

しかし，権力―主体の二元論(dualism)を克服しようとすると，主体が権力に対峙することは困難になる。こうして，労働過程論では「不正行為(misbehavior)」や「異議(dissent)」にかんする関心が失われていった。「たしかに，実際のところ，権力あるいは管理と抵抗とは，機械的に互いを生み出しているわけではなく，相互に浸透し合っている。しかし，労働過程論では，相互補完的な行動を『可視化』させる発見的装置として，それらを分離させることが必要である」(Ackroyd and Thompson 1999, p.158)。現在の経営組織はいまだ「権威の構造」からなり，「規則」に縛られて運営され，「懲罰的」である。労働者側に目を向ければ，抵抗や敵対的策略は依然として存在する。主流派の議論の大きな問題は，経営管理の「意図」と「結果」とを混同している点にあり，それらの装置の技術的な「ポテンシャル」とそれらの「行使のあり方」とを同一視してはならない，と彼らは戒める。

2 マルキストとフーコーディアンの「抵抗」をめぐる論争

AckroydとThompsonの主流派批判は手厳しいが，それに対する反論も出された。フーコーディアンからすれば，権力関係と管理構造を硬直的に捉えている，ネオ・マルキストの理論的枠組み(Core Theory)の方が，抵抗の可能性を閉ざしている。自分たちは，権力論一般の中に労働過程を位置づけようとしているのであり，「批判的経営研究(Critical Management Studies)」というより広い枠組みを用いて労働者の「解放」と「実践」の理論を追究しているという。Foucault自身，中期と後期とでは議論が異なり，権力論から主体性論へとシフトし，抵抗の可能性を否定しているわけではない(Foucault 1982)。彼の議論を援用する現場研究者たちも，Foucaultの権力論をベースとして監視と自己規律のメカニズムを明らかにする研究から，彼の主体性論をよりどころにして組織内の「ひずみ」を拾い上げ，「変革」の可能性を探る研究にシフトしたのである。

Thompson and O'Doherty(2009)は，それぞれネオ・マルキスト(構造主義)の立場とフーコーディアン(ポスト構造主義)の立場から他方の労働過程論を批判している共著論文であり，理論的立場の違いと議論のすれ違いが鮮明になる点で興味深い論文である。フーコーディアンが主流となった労働過程論の現状を批判するPaul Thompsonたちの主張点は上で触れたので，ここでは，フーコーディアンの立場からネオ・マルキストを批判するO'Dohertyの議論をみてみよう。

フーコーディアンの代表的なグループは「マンチェスター学派」であり，D. Collinson, A. Contu, C. Grey, Kerfoot, D. Knights, McCabe, D. O'Doherty, Sturdy, H. Willmott, Worthington, Wray-Blissらが含まれる。彼らは当初，「労働過程における様々な対立や闘争が，実際には，保守的で支配的な組織の経営管理を補完することに寄与し，現に支えてきたことを示し，職場における抵抗の理想主義的な解釈に対して異を唱えてきた」(p.109)。前章，前々章で紹介した諸議論と同様，労働者は管理制度に完全には組み込まれていないとしても，彼(彼女)らの「抵抗」は(当人らの意図せざる結果として)管理体制を補完し，時には強化する機能を果たしていると解釈していたのである。O'Dohertyによれば，「錯覚とも言える，現場レベルのアイデンティティの追求とその確立は，複雑で逆説的な特徴を持つ労働現場の抵抗を説明する糸口になり，このアプローチの鍵となる分析モチーフである。しかし，マンチェスター学派のアプローチは，近年，中期から後期にかけてのMichel Foucault, Derridaの脱構築の文献，LaclauやMouffeのポスト構造主義，そして，Henriques et al.(1984)，Judith Butler(1990)，Ann Game(1991)といったフェミニストの分析などを含む，広範囲にわたるポスト実存主義(post-existential)やポスト二元論(post-dualistic)

の文献に目配りし，『失われた主体（missing subject）』を取り戻す方向でこれらの議論を発展させ，コア理論の伝統では接近しにくい組織内の気まぐれさや無秩序の根源をこじ開けるのを手助けしようとしている」（p.109）。

「主体性の発揮やアイデンティティの形成と結びつく，これらの職場の特徴に細心の注意を払うと，労働過程とは組織が現在進行形で生成される要の場であり，そこでは，物事は状況依存的であり一時停止状態でもあり，それゆえに変容可能な場であることがわかる」（p.115）。労働現場の現実は，資本主義の権力関係によって本質的に固定的に規定されているわけではなく，矛盾や曖昧さを多分に含み，O'Dohertyはそこに労働者の「抵抗」と「解放」の可能性を見て取るわけである。そして，研究者がそれらの現象を顕在化させることで，組織変化の可能性を見いだすことができると主張する。それに対して，「資本主義的組織の'脱構築'は，社会的行為者の構成的かつ再帰的な行為を機械的に制限する奥深い構造や基底に横たわる存在論的な現実から権力や不平等が生じるとみなす，コア理論には不可能である」（ibid.）。つまり，O'Dohertyからすると，コア理論は，労働過程に内在する変化の兆しをみすみす見逃しており，変化の可能性を端から切り捨てているのである[❖1]。

二人の論者はともに，他方の議論には「抵抗」の可能性が失われていると批判しており，この論争は全くかみ合っていない。Thompsonは規律権力を批判の対象にしているが，O'Dohertyらの研究はそこから先に進み，組織構造の曖昧さをつくアイデンティティ形成の策略を検討している。O'Dohertyは，もはや権力と主体とを一体化させて捉えているわけではなく，曖昧さや不整合を見逃さない主体の側からの「抵抗」の潜在性に注目する。しかし，Thompsonはその点についても批判を加える。フーコーディアンが指摘する組織構造の「曖昧さ」をつく「抵抗」とは主体側の「捉え方」によるところが大きく，厳然として存在する権力構造'そのもの'に変化を与えるわけではない。現象学的分析は相対主義に後退する。

O'Dohertyからすれば，Thompsonらは，本質的な権力関係から働く場のあり方を導き出しているため，不安定で流動的な現実を捉えられない。しかし，Thompsonは，労働現場のあり方は資本主義の生産関係から演繹的に導き出せると言っているわけではなく，'極端な'本質主義の立場をとっているわけではない。資本主義体制という権力構造を前提として，「抵抗」の可能性を模索しているのであり，厳として存在する社会関係を踏まえた上で，その下でいかに「抵抗」を試みるかを検討しているのである。

3 組織(観)の多様性
——構造, 解釈, 構築

この論争のすれ違いの理由はいくつか考えられる。ひとつは彼らが用いている権力概念の違いである。Thompsonは, マクロの権力関係を想定し, 「上」から「下」へと統制する権力の存在を前提として, 「下」から「上」に向かって権力構造に変化を加える「抵抗」の可能性を考える。それに対してO'Dohertyは, 権力をミクロの場に遍在し, 各場で行使されるものとして理解し, 曖昧さや矛盾を抱える職場の内側から権力への「抵抗」を企てる。

しかし, ここで注目したい点は, 権力概念だけでなく, 管理組織や管理制度の捉え方の違いである。Thompsonは客観的に存在するリジッドな組織構造を念頭に置き, それに変化を与える可能性を検討しているが, O'Dohertyは, 組織構造とは曖昧なものであり, ミクロの場における主体側からの働きかけにより, 比較的容易に職場環境に変化を与えることができると考えている。

組織の捉え方はひとつではない。組織や制度を客観的に存在するものとして想定するアプローチもあれば, それらの構造を認めながらも, 解釈する人によって変わってくるものとみなすアプローチもある。さらには, 組織とは客観的に存在するものではなく, 組織の構成員が作り出すものであると考える, 極端な構築主義的なアプローチもある。結論のみいえば, あらゆる組織に有効な, 普遍的なアプローチなどはない。なぜなら, 時代, 産業, 企業, 職種, 階層により, 採用される組織や制度は異なり, それに応じて, 「実態」をより適切に捉えられるアプローチも変わってくるからである。そして筆者が指摘したい点は, アプローチの多様性は「抵抗」の仕方の多様性を示唆するということである。様々な管理制度, 職場組織, 機械設備が採用されており, それらの違いに応じて「抵抗」の仕方も変わってくるのではないだろうか。

例えば, 製造現場のライン作業の場合は,

❖1……フーコーディアンによる, 抵抗の可能性を探ったその他の論考は, Knights and Vurdubakis (1994)。なお, 本書は職場管理や労働者管理を中心に取り上げるが, フーコーディアンやポストモダンの研究者たちは, 労働研究だけでなく, 戦略論, 組織論, 技術論, 会計学なども含めて, 客観主義的アプローチの経営学を全般的に再検討し, 労働者の抵抗の契機を見いだそうとする。Ezzamel and Willmott (2008)によれば, 従来の研究は, 「客観的」, 「合理的」な戦略論を展開し, 経験主義的な実在論の立場から戦略を分析してきた。それに対して彼らは, フーコーの権力／知のフレームワークを用いて, ディスコースとしての戦略の過程を読み解く。とりとめなく知が構成されていく経営戦略と組織の世界を分析対象とし, 経営側は言説を労働者にいかにして受け入れさせているのか, そして抵抗と反発を受け, 戦略がなぜ受け入れられなくなったのか, という「戦略化の過程」を明らかにする。組織, 戦略, 戦略化とは, 「継起する政治的な構成の過程であり, 潜在的な変化の中に組み入れられている」(p.221)わけであり, ディスコースとしての戦略は権力関係の中で絶えず更新されている。労働者側からすれば, その過程の中に戦略を変化させる契機があるというわけだ。経営学の中でもとりわけ客観的で技術的であると思われがちな会計学の分野でも, マルクス主義会計学, 解釈会計学, フーコー主義会計学とに分かれて, 活発な論争が繰り広げられてきた。それらの議論の包括的な整理として, 新谷(2011)を参照のこと。

労働者は機械設備に動きを直接的に制約されるため，「自分たちの世界」を確保できる‘物理的な余地’は限られる。Thompsonがイメージするように，職場は権力構造や管理制度に強く規定されていると想定する方が「現実」に合致している。ただし，現場労働者は，経営者との隔たりが相対的に大きいため，精神的には経営イデオロギーから「自由」になりやすい。ごく限られた「裁量の余地」をついて，「手を抜く」方法を巧みに探し出しているかもしれない。

それに対して，ホワイトカラーの場合は，前章で明らかにしたように，経営側の思想や文化と親和的であり，組織内の限られたポストを巡って熾烈な競争を繰り広げながら，経営側の論理に取り込まれていく。しかし，ホワイトカラーは，なかでも管理職は，仕事内容を細部までは決められていないため，「手抜き」をしやすいとも考えられる。業務内容や分業関係が曖昧な職場では，働き方は働き手の裁量によるところが大きく，構成員どうしで決められる余地がある。社会構造が転換し，第二次から第三次産業へ，肉体労働から知識労働へと主たる産業や労働がシフトすると，組織の「曖昧さ」や「ゆらぎ」を強調するフーコーディアンの分析枠組みの方が，職場の「実態」を捉えやすい。相対的に「自由」に職場組織を組み替えることができ，自分たちで職場環境を作りやすいからである。

そこで次節は，組織内の多様な「抵抗」のあり方について，そして職場内の複雑な葛藤について論考を深め，ミクロの場を起点とした「変革」の可能性を考えてみたい。

II 多様化する「抵抗」と複雑化する葛藤

はじめに，管理体制に対する「抵抗」と「変革」の可能性を理論的に検討した，Certeau (1980) とFeenberg (1999) の議論からみていこう。

1 管理に対する「抵抗」と「変革」の一般理論

Certeau (1980) は，民衆が，既存の体制や監視の網に絡め取られ，押しつけられた「エリート」の文化に受動的に同化するだけでなく，それらを読み替えたり，ずらしたりして「創造性」を発揮している側面に光を当てる。そこに「生活の知恵」や「民衆の策略」，生活空間を再び「わがものにする技芸」を見て取る。彼は，それらを，権力側の総合的な「戦略」に対する民衆側の局地的な「戦術」と位置づけ，「臨機応変のかけひき」，「変幻自在の擬態」，「あっといわせるひらめき」，「即興」といった多彩な言葉で表現する。

「戦略とは，ある権力の場所(固有の所有地)をそなえ，その公準に助けを借りつつ，さまざまな理論的場（システムや全体主義的ディスクール）を築きあげ，その理論的場をとおして，諸力が配分されるもろもろの場所全体を分節化しようとするような作戦のことである。（中略）かたや戦術は，時間にかかわってはじめて力を発揮する手続きのことである――それは，なにかが起こるまさにその瞬間に好機にかわる情況をとらえ，一瞬のうちに空間的配置をかえる迅速さをそなえており，『打つ手』のあとさきに気をくばり，種々雑多なものについてそれぞれの持続とリズムが交差しているのに注意をこらす。そうしたことをしてはじめて戦術は力を発揮するのである」（pp.62-63，邦訳104-105頁）。Certeauによれば，「戦術」は「日常的実践の政治化」に結びつき，権力側の「戦略」を「ひっくりかえす」可能性を秘める。

Feenberg（1999）は，Certeauの「戦略」と「戦術」のメタファーを用いて，「技術のヘゲモニー」を相対化し，「テクノクラシーを内側から掘り崩す民主的な合理化」の方向性を探る。FeenbergはHerbert Marcuseに師事し，フランクフルト学派に連なる技術哲学者であるが，社会構築主義の技術社会学の成果を積極的に取り入れて，「技術の民主化」の可能性を模索する。

彼曰く，権力の戦略プランは完璧ではない。その遂行には「策略の周縁（margin of maneuver）」と彼が名づけたローカルな場における想定外の出来事が避けられないからである。産業システムは「緊張関係」を内包しており，ローカルな場は「支配的な技術的合理性」の下で抑圧されながらも，その「内側」から産業システムを揺るがす起点になりえる。

もっとも，「周辺」に位置する人たちの「戦術」がそのまま民主的な技術の設計や使用に結びつくわけではない。管理する側もそのあたりのことは警戒しており，被支配者の「自律性」をも操作しようとする。「現代のすぐれた統治とは，操作的自律性を保持しつつ，こうした危険な可能性を抑圧することにある」。しかし，技術とは両義的である。技術には既存の権力関係が組み込まれているのと同時に，その土台を揺るがす契機が必ずや含まれている。従属する側の人たちは「戦略」を受け入れたうえで，その内側から「戦術的な反応」を示し，技術の土台を修正することが可能であり，「分業や技術にコード化された戦略」に変化を与えうる。Feenbergは「技術先進社会における内在的な潜在力」を見いだし，それに基づく変革を「ディープな民主化」と呼ぶ（p.112-114，邦訳167頁）。

二人の論者は，民衆や被支配者が権力に対して正面からぶつかるのではなく，権力による「戦略」に絡め取られながらも，その内側に抵抗の足がかりを見つけ，ローカルな場から管理システムに揺さぶりをかけている面を明るみに出した。非常に興味深い論考である。しかし，両者が取り上げた事例は，権力側の「戦略」の影響が間接的であり，被支配者が「自律性」を比較的発揮しやすい分野である。Certeauは，民衆の消費や使用のプロセスに注目し，自ら「生産する」余地を発見する。工学的に設計された都市を自分のスタイルで歩いて再構成したり，ジャーナリズムが垂れ流す物語や伝聞をそのまま受け取らずに読み替えたりする，といった具合にである。Feenbergは，コンピュータ，環境技術，医療技術の利用例を主に紹介する。労働者に対する雇用者・管理者の力に比べると，使用者・消費者に対する設計者・生産者の力は相対的に弱く，「下」からの改革は比較的容易である。職場で密に管理される労働者の場合は，変革の可能性が格段に小さいと思われるが，どうであろうか。

2 組織の「末端」で働く者たちの文化 ——「受容」と「抵抗」のはざま

では，作業内容が厳密に決められ，手足の動かし方まで指示されるライン労働者の「抵抗」から考えてみよう。

ライン労働者には自律性を発揮できる余地がほとんどない。働く場は，精巧な機械設備や緻密な管理システムに取り囲まれ，労働者が「手を抜いたり」，指令通りに動かなかったりすることは難しい。持ち場を離れれば，すぐに監督者や同僚に見つかり，叱責や注意を受けることになるだろう。筆者が参与観察したトヨタのラインでは，作業中に息つく余裕はほんの2，3秒であり，便所に行くこともままならなかった。

しかし，作業中に「手を抜いたり」，持ち場に手を加えたりすることが難しい職場であっても，完全に不可能ではない。多少とはいえ，管理する側から「譲歩」を引き出すことができる。

ライン労働者のやるべきことは，基本的には，与えられたノルマを達成することだけである。しかし，それは，「指定の数をこなす」と一言で片づけられるほどに，単純なことではない。なぜなら，市場競争が激しい現代社会では，価格(コスト)のみならず，品質が市場での生き残りを大きく左右するため，ライン労働者一人ひとりにまで，質の高い製品を作ること，すなわち，不良品を絶対に流さないことや誤品・欠品を完全になくすことが要求されるからである。また，消費者の欲求がエスカレートし，ますます多品種の製品をジャストインタイムに作ることが求められている。価格，品質に加えて納期が，消費者や取引先を獲得し，つなぎ止める最重要課題になった。そして，消費者の要望に素早く対応するには，経営管理者は臨機応変に，労働組織を変更したり，労働者に残業させたり，休日出勤をさせたりしなければならない。ここで問題になる点は，管理者は，職場運営の権限を持ってはいるが，しかしそれを嵩にかけて威圧的な態度をとれば，労働者は表面的には従順な態度を示したとしても，内心では「やる気」を失い，不良品を是が非でも探しだそうという意欲は失せ，「助け合い」に消極的になり，ラインは滞り，納期に間に合わなくなる，ということである。したがって，管理者は労働者に「積極的な姿勢」や柔軟な対応を「お願い」しなければならないのであり，労働者からすれば，そこに管理者から「譲歩」をひきだせる余地があるのだ。

労働者たちは，ノルマを拒否することはできないが，嫌味な管理者を茶化したり，無理強いするリーダーを小バカにしたりして，管理者と労働者との間の「線引き」を明確にし，労働者の団結力を高め，「自分たちの世界」を守ろうとすることはできる。力を持つ者に対して一途に従順さを示すわけではないが，反抗心をむき出しにするわけでもない。叱責されない'程度'にユーモアを表すことで，管理者に対する「優越さ」を誇示し，場における文脈を変え，管理者から「譲歩」を引き出すこともできなくはない（Nghiem 2007）。

もっとも，第10章で取り上げた，Burawoy（1979）が描いた労働者に固有な文化――男性性のアイデンティティと結びついた現場文化――のように，職場のユーモアやジョークは，冷遇されている者の不満をガス抜きしたり，組織運営の「潤滑油」として機能したりする面もある。しかし，職場の文化は曖昧であり，その機能ともなれば，なおのこと不確定である（Collinson 1992）。ユーモア一つとっても，職場秩序を維持させることもあれば，揺るがすこともある（Linstead 1985; Westwood and Rhodes eds. 2007）。

事務職，技術職，管理職のみならず，現場労働者も，露骨な抵抗をほとんどみせない。いわゆる職人文化は薄まっている。しかし，だからといって，誰もが経営側に積極的に協力しているわけではない。現状を「渋々受け入れる」ことと，「積極的に働く」こととの間には大きな隔たりがある。市場からの要求は高まる一方であり，働く者からいかに「協力」を引き出すかが，会社の生き残りを大きく左右する。また，複雑な電子機器や微調整を必要とする生産システムにより構成される職場では，生産者のちょっとした「工夫」や「気遣い」が生産性に大きな影響を及ぼす。したがって，経営者からすれば，そこに労働者から「協力」を調達せねばならない理由があり，労働者からすれば，管理者から「譲歩」を引き出せる余地がある。

管理する側とされる側との関係は微妙である。両者は微細な「駆け引き」を繰り広げ，その「駆け引き」に興じる者がでてくる。ライン労働者という動きを厳しく制約された人たちですら，「積極性」と「消極性」とのはざまで，管理者に対して「交渉」する余地があり，直接・間接に労働環境に変化を及ぼすことができるのである[❖2]。

3　格差付けと統合のジレンマ

経営者は，一方で，労働者間に格差を付けて，労務コストを下げたり，競争を促そうとしてきたが，他方で，職場を円滑に運営するために，職場構成員の一体感を高めようとしてきた。しかし，意図した通りにはいかないことが多いのだ。

マルキストが主たる構成メンバーであった初期の労働過程論では，ジェンダーの視点が欠けていた。労働過程論を主導的に牽引してきたUMIST-ASTON(英国のマンチェスター工科大学とアストン大学を中心とした研究グループ)はこの点を問題視し，2回目の年次カンファレンスで，労働過程論とジェンダー研究をいかに融合させるかという課題を掲げ，「労働におけるジェンダー」をメインテーマに設定した(Knights and Willmott 1986)。そこで発表された諸論考は，管理制度を設計する者には男女間の相違が念頭にあり，労働市場は男女間で分断され，労働組合の幹部は男性中心であり，分業関係，昇進機会，賃金にかんして労働がジェンダー化されている実態を明らかにした。カンファレンスの全体を通して，「資本および(あるいは)家父長制の力が，ジェンダー化された仕事格差を再生産する役割を担っている」点に焦点があてられた(Knights and Willmott 1986, p.10)。

ただし，格差の構造を再生産する要因は，資本や家父長制の力だけではない。マイノリティ側のメンタリティが，格差の構造を補強し，維持させる面がある。Kanter(1977)によれば，組織内で権力を持たず，キャリア展望を閉ざされ，構成人数に偏りがあるという点でマイノリティに位置づけられる人たちは，男性であろうと，白人であろうと，誰もがその‘制約の中で’生き残りを図ろうとし，そのことが結果的に，格差構造の再生産につながる。彼女はこれを「自己防衛のわな(self-defeating trap)」と呼び，格差の構造を組織内部から変革することは難しいと指摘する。

しかし，組織構成上のマイノリティは，与えられた制約の中で「最善を尽くす」だけではない。男女が共に働く職場の実態を見ると，資本の論理や家父長制から距離をとり，それらに組み込まれない女性労働者たちも存在することがわかる。序章で紹介したが，日本企業の職場における女性労働者の「抵抗文化」を観察した研究が，そのことを証明している。それらの文化も，結果的には，ジェンダー化された管理システムの維持に結びつくという「逆説的な結論」に落ち着くこともあるが(Ogasawara 1998)，長期的な視点でみれば，職場の権力構造は想定されるほどには固定的ではなく，変革の契機を内包しているのである。会社の「周辺部」に位置する女性労働者のアイデンティティは相対的に不安定であり，職場の内側から「自己」を問い直す形で管理構造に揺さぶりをかけている(Kondo 1990)。

また，男性だけで構成される職場であっても，一枚岩ではない。Collinson(1988)

は，1979年から83年にかけて，イングランドのノースウェストに立地する貨物自動車の製造会社を調査し，男性労働者の強い凝集力と，職場の内側で垣間見られる労働者間の分裂の両面を明らかにした。マッチョな独立独歩の文化と，労働者でまとまる集団主義的な文化との間には矛盾がある。世代別のサブグループが存在する。工場の内と外とで「文化」をあからさまに使い分けている者もいる。労働者文化は一面的，同質的ではなく，工場内外で一貫性を持つわけでもない。なかでも興味深い点は，インフォーマルな労働者の文化とフォーマルなボーナスシステムが要求する労働者の態度との間の矛盾であり，そこから生じる労働者間の亀裂である。労働者は，経営者や管理者に対して反抗心を持つことで，労働者としての矜持を守ろうとするが，ボーナスシステムを通してたくさんの稼ぎを得ることで，職場で「有能性」を証明し，家庭で父親としての「威厳」を示したいとも考えている。この矛盾は一個人の問題にとどまらない。職場グループ内の「腕」の差を露わにし，労働者間の対立を隠しようのないものにする(p.194)。

経営者は，労働者の間に格差を付けてきたが，この労務施策は，時として，労働者間に激しい対立を引き起こした。あるいは，冷遇された労働者グループのモラールを著しく低下させた。経営対労働の対立から労対労の対立への変化である。労働者間の衝突があまりにも激しくなったり，「やる気」を失う者が多くなったりすれば，職場を運営する者にとっても見過ごせない。だからこそ，経営側は組織を一体化させる文化や職場の凝集性を高めるチームコンセプトを導入し，「上」から労働者を再度，束ねようとしてきたわけであり，労働者間に格差をつけながら，労働者どうしの対立やモラールの低下は回避したいと目論んだわけであるが，本書の実証研究でも明らかになったように，その矛盾が完全に解消されることはない。かくして，経営者は，労働者の格差づけ・分断と統合とのジレンマに自ら入り込み，管理手法の「改革」に絶えず追われるのである。

4　多様な「キャリア」
——組織内での「生き残り方」

では，組織の「中核層」の「抵抗」はどうであろうか。

会社が倒産すれば，従業員は職を失うこ

❖2……「一息つく暇」もない生産ラインや密な監視システムなどの物理的な環境が，働き方を，そして「抵抗」の可能性を一義的に規定するわけではない。働く主体側の変化や「学習」にも注目しなければならない。労働者は職場環境に‘慣れる’ことにより，やがて緻密な管理システムの中に「穴」を見つけ，「手を抜く」手法を考案することがある。さらには，しばらく職場で過ごすと，他者の眼差しを気にしなくなり，「逸脱」することに‘鈍感になる’こともある。時間の経過に伴い，管理制度の受け止め方が変わることもある。例えば，チームコンセプトは相互監視の場として機能していたが，管理に対する抵抗の起点に変わるケースもある(Mckinlay and Taylor 1996)。客観的な職場環境は働き方を規定する条件ではあるが，それを一義的に決定するわけではないのである。

とになる。勤め先が成長・発展を遂げれば，経営者や株主だけでなく，従業員もその「分け前」に与れる。この実質と経営イデオロギーにより，長期雇用者は「わが社」に「貢献」しようとする。正社員（男性・白人・大卒などの限定あり）は昇進の道が開かれ，互いに競争を繰り広げ，官僚制組織の中で階梯を上り，企業文化を身にまとい，「組織コミットメント」を高めていく。終身雇用を主たる特徴とする「日本的経営」下の働きぶりも，この論理で説明された。

しかし，雇用を保障された者たちは，誰もが「組織全体」のことを考えて行動するわけではない。「出世」の途を絶たれて，早々に会社中心の生活に見切りをつける者もいるだろう。しかし，ここで注目したい人たちは，「出世コース」から降りた人たちや，経営側が用意した「複線型キャリア」に則って「多様な働き方・生き方」をおくる人たちではない。出世街道に留まりながらも，「多様なキャリア」を自ら形成している人たちである。

社内のキャリア形成とは，経営側が用意したレールに沿って昇進・昇格し，高い技能・技術・知識を獲得することであると，一般的には思われている。しかし，組織で働く人は，インフォーマルな組織の文化を体得し，人間関係を自ら構築し，仕事量を自分で調節し，組織の中で「潰れない術」，「生き抜く術」を独自に開発している。これまで見落とされてきたが，それも「キャリア形成」の一側面である。

会社と従業員との利害の相違は，出世した者ですらなくならない。ポストが高くなればなるほど，より積極的に働くことが求められるが，仕事のやり方には，行為に対する正当化の仕方にも，幅が出てくる。そこに「手を抜く」余地が生まれる。しかも，ことを複雑にしているのは，各人の行動規範は，理念はさておき，実行レベルでは，必ずや矛盾を抱えている点である。会社の利潤を（短期・長期で）追求すること，与えられた目標を達成すること，組織や上司に従うこと，法律を遵守すること，「公益」に奉仕すること，「社会正義」を守ること，そして自分の利益を求めること，これらは必ずしも一致しない。「キャリア」を形成する過程で，それらを‘適当に’使い分け，自らの行動を正当化できる者が，「サラリーマン人生」を‘全うする’ことができるのである。

以下，組織内で仕事量を調整しながら「潰れない生き方」をする方法と，社内で働きかけを行いながら「積極的に生き抜く」方法について，もう少し詳しく説明しよう。

5 仕事量の調整
——「フリーライダー」，「やり過ごし」，「要領の良さ」

前章で明らかにしたように，理念型の官僚制組織では，指揮命令系統が整い，権限と責任の所在が明確であり，業務内容が厳密に定められている。しかし，組織を実際に運営していく際には，想定外の事態への対応が求められ，部署や職場の内外で協力し合い，新しい業務を誰かが担わねばならない。自分から新しい仕事を請け負い，新規な仕事に楽しさを見いだす者もいるかもしれないが，そのような柔軟な対応は，すべての社員に期待できるわけではない。前例がないとして新たな仕事を拒んだり，分担が曖昧な仕事を他者にふったりして，負担増から身を守ろうとする人が必ずいるからだ。同じ組織で働く人であっても，働き方は多様である。

Rothlin and Werder(2007)は，「燃え尽き」を意味する「バーンアウト(Burnout)」にひっかけて，仕事に退屈しきっている状態を「ボーアウト(Boreout)」という造語で表現し，職に就いていながらいわば「ニート」のような状態で組織に寄生する人たちのことを「社内ニート症候群」と名づける。

ギャラップ社の調査によれば，ドイツで働いている人の87%は，会社に帰属意識を持っていない。その原因は，10人中7人が，本当に自分に向いている職についていないことにあると自己分析している。この著者は，組織の中には能力以下の仕事しか担当せず，仕事に対する関心を失い，退屈している人がたくさんいると推測している。

「社内ニート症候群」の人たちは，「裏技」を使って，働いているふりをする。新たな仕事をふられないようにして「自由時間」を確保し，その時間を好きなことに使うのである。具体例をいくつか挙げている。

机の上に書類を置き，パソコン画面に資料を広げ，さも仕事をやっているかのようにカモフラージュをする。「とにかく会社にいる」ことで，忙しそうなふりをする。できるだけ早く仕事を片づけ，期限よりはるか前に仕上げる。ただし，上司には終わったことを黙っている。普段はてきぱき仕事をして上司や同僚の信頼を得た上で，実際にかかる以上の期間を設定した長期プロジェクトを行う。同僚の足をひっぱる。仕事を家に持ち帰り，忙しさをアピールする。「私はバーンアウト」と自己申告する。意味もなくガタガタと物音をたてて，仕事をやっているふりをする(Ch.2)。

仕事のやり過ぎによる「バーンアウト」が深刻な社会問題としてしばしば取り上げられるが，この本は，「ボーアウト」という真逆の勤務態度が組織に蔓延している問題を訴えている。この現象は，会社にとっても，また当人にとってもよいことではなく，いかにして克服すべきかという視点からこの本は書かれている。反対に，会社で勤勉に働かないことを肯定的に評価する者もいる。

Maier(2004)は，労働者はこれまでは会社に利用されてきたが，これからは会社を利用する番であると主張し，仕事ができないふりをすることを勧め，仕事が回ってこないような会社内での働き方を提唱する。「会社が押しつけてくる様々な要求に対して，あなたは主体的な撤退という，慎ましくも頑とした抵抗をもって応戦すべきである。つまり，徹底的に会社に寄生するのだ。あえて，役立たず，くず，平均以下の不適応者，煮ても焼いても食えない人間，ベルトコンベアに紛れ込んだ一粒の砂になろう。それによってあなたは，ひたすら会社にすべてを捧げる日常，上っ面だけの『社員全体の利益』のために働く運命から，逃れることができる。どうせ，そんなものが人間を幸せにしたことはないのだから。ホワイトカラーたちよ，立ち上がれ！　そして，自らを会社から解放せよ！」(pp.107-108，邦訳121頁)。

「勤勉に働くこと」への反発は，今に始まったことではない。思想家，哲学者，宗教家，経営者(団体)などが「職業倫理」を掲げ，「禁欲的な労働」を奨励してきた歴史があるが，それらに対抗するかのように，「勤勉」や「出世」を批判する思想や冷笑する文化が生まれてきた[3]。労働者たちは「勤勉の美徳」を相対化し，また，特権階級の人たちは自由や創造性を守るという名目で労働を忌み嫌い――労働蔑視は身分差別と結びついていたわけであるが――，様々な社会的文脈で，「勤勉さ」や働くことは忌避されてきたわけだ[4]。にもかかわらず，「ゆたかさ」を揺るぎない価値として信奉する現代社会では，「経済発展」と「社会進歩」を支える「勤勉さ」は無条件に肯定される。「進歩」や「発展」への批判は新たなラッダイトとして非難され，労働や「勤勉さ」を厭う者は「わがまま」，「無能」，「変わり者」と蔑まれる。組織内部では，労働者を取り込む管理が巧妙であり，管理イデオロギーが浸透し，従業員どうしの同調圧力が強い。露骨に「手を抜け」ば，管理者からは叱責を食らい，同僚からは「迷惑だ」と咎められ，職場全体から「ダメ社員」のレッテルを貼られる。組織の構成員は，そのような辱めを避けるために，あからさまな「サボリ」は慎む。しかし，組織で働く者の多くは，「勤勉さ」を肯定するイデオロギーからは逃れられないとしても，それを全面的に‘実行’しているわけではない。組織の秩序や文化を受け入れながらも，日常的に「手を抜いて」いる。「手を抜きたい」と思っている。だからこそ，上に挙げたような本が多くの人に読まれ，共感を得ているあるいは反感を買っているわけだ。Rothlin and Werder(2007)は，ドイツのビジネスブック賞にノミネートされ，Maier(2004)の日本語訳の帯には，「フランスで50万部のベストセラー」とある。もちろん，各国，各企業により，社会制度や管理制度が異なるので，「手の抜き方」やその受け止め方は全く同じではないだろうが，いずれの官僚制組織も，文字通り勤勉に働く人で埋め尽くされているわけではないことはたしかである。

「会社人間」，「モーレツ社員」，「働き蜂」を抱え，「過労死」に至らしめることもある日本企業でも，組織の「フリーライダー」がいないわけではない(河合・渡部 2010)。高橋(2002)によれば，「日本的な組織」では，「できる社員」は上司からの「理不尽な要求」をすべて受け止めるのではなく，適当に「やり過ごす」術を当たり前のように身につけている。彼の分析のユニークな点は，この現象を「日本的組織」の非合理的な面として解釈するのではなく，組織運営上，必要な機能を果たしているとみなすところである。できの悪い上司からの理不尽な命令に対して，「優秀な社員」は，重要度に応じて優先順位を設け，仕事を選択し，要領よく仕事をこなし，潰れないようにしているのだという。

組織の中には必ず指令や要求に矛盾があり，そこを‘つく’ことで，仕事量を規制することも行われている。例えば，品質とコスト，安全性と効率性は，大方の組織で優先順位の高い指標であり，それらを両立させる努力がなされているが，現実問題として矛盾することがある。品質を徹底的に追求すれば，その分，コストと時間がかかる（Knights and McCabe 2000）。したがって，ある程度のところで妥協せざるをえない。組織で働く者は，それらの間の矛盾を表面化させ，指標間の‘バランス’をとる形で，過度な経営目標から身を守ることができる。

このような仕事量の‘調整’は，働いた経験がある者なら，合点がいくだろう。上級管理職といえども，例外ではない。会社に行けば，山のような郵便物，たまりに貯まった書類，矢継ぎ早にかかってくる電話を処理しなければならない。定期・不定期の会議に頻繁に顔を出す。他部署や社外の人との折衝や説得に追われる。製造・販売の現場にも足を運ぶ（Mintzberg 1973）。上級管理者は，「生産的，創造的な仕事に集中する」という名目で，気の進まない仕事を後回しにすることを普通に行っている。

官僚制組織の中には，持ち場に閉じこもったり，「最低限のこと」しかしなかったり，要領よく仕事をさばいたりして，業務内容の曖昧さに起因する負担増から自分を守ろうとする者がいる。そして，以下にみるように，部署や部門の壁を越えたり業務内容の曖昧さを‘積極的に’利用したりして，仕事量を‘能動的に’コントロールする者もいる。

6　社内政治

ランクの低い人は，行使できる権限が限られているが，フォーマルな組織構造や命令系統に縛られずに，職場内外から「希少な資源」を調達し，協力者や支持者を集い，自分の提案を受け入れてもらうための説得工作を行うことは不可能ではない。そして，ランクが上がるにつれてそれが容易になる。部下を引っ張り，上司を説得し，他部署の人員を巻き込み，組織全体に影響を及ぼすことができる。すなわち，「正しいこと」を周りに実行させることが可能なのだ（Kotter 1985，Pfeffer 1992）。それはなにも一方的に力を振りかざすことを意味するわけではない。働く者どうしで「互恵的」な関係

❖3……Lafargue（1883），Russell（1935），Lacroix（1956）など。

❖4……それらの歴史については，Rybczynski（1991），Ciulla（2000），Lutz（2006）。

を構築し，魅力的なビジョンを共有し，相手の信用を勝ち得ることにより，自身の影響力を強めていくわけである(Cohen and Bradford 2005)。

このようなインフォーマルな行動は，そしてそれらを評価し，それらに報いる事実上の仕組みは，構造的な矛盾，形式主義，硬直性の問題を抱える官僚制組織を維持する上で必要不可欠である(Dalton 1959)。しかし，社内の働きかけは，いわゆる「社内政治」にもなりうる。「もっともらしい理由」を掲げては，上司に取り入り，組織内で勢力を拡大し，重要なポストへの出世を目論む。

Jackall(1988)は，このような組織人のメンタリティを「官僚的エーソス(bureaucratic ethos)」と名づけた。組織に生きる管理者たちは，上司の気を引こうとし，上司が中心に居座る社会的なネットワークに入り込もうとする。上司や同僚のフレームを共有すること，すなわち，「'この世界'が動いている仕組み」を理解し，「この世界」の行動規範を身につけることが大切であり，普遍的な人類の理想や価値に基づいて行動するわけでも，会社の利益を最大化することを念頭に置いて働いているわけでもない。端的に言えば，上司に気に入られるために自分を売り，強力な後援者を見つけることに精力を傾ける。

組織内外で積極的に働きかけているからといって，それらの行動は，必ずしも会社の業績の向上に結びつくわけではない。組織で働く者たちは，組織内で生き残りを図るために，上司に取り入り，同僚の足を引っ張り，部下を自陣に取り込み，他部署を味方につけるといった，政治的な動きをすることは珍しくない。政治的な働きかけは，組織の硬直性をインフォーマルに補うこともあるが，経営効率とはかけ離れた文化や行動様式を組織に根づかせ，組織を疲弊させ，腐敗させることもある。

王(2003)は，日本のスーパーマーケットの香港支社で，駐在員どうしが泥臭いパワーポリティックスを繰り広げる日常を組織の内側から描く。傍目には「ひとつの家族」のようであり，同じ組織で働く現地採用の社員にすら，「日本人駐在員は非常に統括されていて，ロボットのように社内規則に従う」ように見える(241頁)。なによりも，日本人駐在員自らが，いわゆる「日本人論」が示すステレオタイプな日本人像と同じであることを強調し，調和を重んじ規律正しい社員として「振る舞う」のである。しかしその内実は，現地社員が「家族」から排除されているだけでなく，日本人駐在員の中にも派閥が形成され，出世を巡る熾烈なポリティックスが展開されている。日本人社員は会社を辞めない限り，クビになることはないが，誰もが出世を保証されているわけではない。それぞれ独自のスタンスをとりながら，組織内で生き残りを図る。ライバルどうしが反目し，足を引っ張り合う。スパイじみた情報収集にいそしみ，自分の派閥の拡張にエネルギーを注ぐ。社内外のネットワークや「資源」を用いてライバルからの「攻撃」を防ぐ。このような「積極型」の社員だけでなく，社内政治から距離を置く「消極型」の者もいれば，社外に活躍の場を求める者もいる。ポリティックスの手法や激しさには個人差や職場差があるだろうが，多くの組織で日常的にみられる光景であろう。

誤解のないように付言すると，筆者は，組織の大規模化と長期雇用が必然的に組織の衰退を招くといいたいわけではない。大規模組織の経済合理性が自明視されていた時代には，組織行動も経済合理的に解釈されがちであったが，その内部では，それに反する行為も存在したことを指摘しているのである。組織を巻き込む力は，業績を高めることもあれば，自己保身に用いられ，組織を衰退させることもある。ある行為が，どちらであるのか，その判断は難しい。現在進行中の時点では，それぞれが自分の立場を正当化し，自分の行為を合理化し，反する立場の人を批判する。さらに言えば，たとえ心から誠実に会社のためを思って行動したとしても，それがいかなる結果をもたらすかは又別の話である。意図せずして良い結果がでることもあれば，悪い結果を招くこともあり，社内政治に対する評価は難しい。往々にして，力を持つ人の解釈が「正解」となり，結果が出た後に評価し直されるのである。いずれにせよ，社内のインフォーマルなネットワークの構築は，会社に対していわゆる抵抗の外観をとらずして，また，フォーマルな職制に縛られずに，自己の「活動領域」を拡大し，仕事の質を変え，仕事の量を調整することを可能にする。

7　ホワイトカラーの「不正」

本節は，組織内人生を歩みながら，職場環境を各自が作り替えていくやり方の一端を紹介した。最後に，組織に長期間とどまりながら，内部で「不正」を働かせる人たちを取り上げよう。

職場の仲間内の「不正」は，半ば文化として定着してきた歴史がある。業種や職種によってやり方は異なるが，経済的に冷遇された労働者たちは，「詐取する(fiddle)」，「くすねる(pilfering)」，「かすめとる(skimming)」，「ペテンにかける(gypping)」ことで，トータルな所得を補塡し(total reward system)，職場を「わがもの」にして自尊心を守り，ゲーム感覚を持ちながら退屈な重労働に耐えてきた(Mars 1982)。それらは，フォーマルな経済システムを破壊する面もあれば，安定化させる「補完的機能」を果たしてきた面もある。「詐取」の量ややり方にはそれぞれの企業や職場に固有な「暗黙のルール」があり，無秩序に行われてきたわけではない。組織内の「不正」には職場秩序を保つ機能もあるため，管理者の中には，見て見ぬふりをしてきた者もいる。

社内の「不正」は，不遇をかこつ労働者だけが行ってきたわけではない。ホワイトカラーの「不正行為」は長らく見落とされてきたが，ホワイトカラーの誕生と共に存在したのである（Sutherland 1949）。

田中（2008）は，日本の職場における「反社会的行為」に注目し，仕事に満足を感じている人ほど，「怠業」を行う傾向があることを明らかにした。普通に考えれば，満足度が高ければ，会社の意向に沿う形で働くものと思われるが，彼の調査ではそうではなかった。その理由を次のように考察する。「職務満足度と対人的公正が怠業に対して先行研究とは逆の効果を示した原因として考えられることは，怠業が（組織における反社会的行動としては）職場でかなりの頻度で見受けられる行動から構成されており，こうした行動がある意味で多くの従業員によって『共有』され，比較的あたりまえに行われていたことが考えられる」（149頁）。

巨大組織で働く者たちは，安定した雇用と所得が保障され，「社会的な居場所」が確保されている。これらの事実と経営イデオロギーにより，従業員は従順にあるいは積極的に働く姿で想定されてきた。しかし，すべての構成員が経営者や管理者に同調し，企業組織と一体化していたわけではない。大方の者は，あからさまに反発するわけではないが，組織の意向を体現する存在でもない。一所懸命働いているふりをして「手を抜いたり」，従順に働く姿勢をみせながら仕事量を調節したり，社内政治に力を注いで仕事環境を自ら「改善」したりしてきた。当人は必ずしも自覚的ではないが，組織で「潰れない生き方」を開発し，人によっては「積極的」に生き残りを図ってきた。組織で働く人の多くは，「抵抗」か「従順」かのどちらか一方をわかりやすく選択しているわけではない。両面を含むアンビバレントな行動をとり，経営側の意向に外観上は逆らわない形で，組織で「生き残る術」を自分なりに身につけてきたのである。

前章で明らかにしたように，経営側は，規定や権限体系を整備し，業務内容を厳密に定め，経済合理性の高い組織を作り上げてきた。加えて，官僚制組織に強い文化と柔軟性を取り入れ，従業員を組織に強くコミットさせようとしてきた。しかし，規則の遵守と柔軟な対応との「いいとこ取り」は難しい[5]。運営上，必ずや矛盾や曖昧な領域が生まれる。長期雇用者はそこをついて「多様な働き方」をしてきたことを，そして職場環境を自分なりに変えてきたことを本節は明らかにした。

III 管理者主導の場の「つくり込み」——曖昧さ，多義性，矛盾，衝突を低減し続ける力

長期雇用者は，露骨な「逸脱」をせずに「手を抜く術」を開発し，限られた範囲ではあるものの独自な職場空間を編み出している。画一的な姿でイメージされがちな官僚制組織で働く者たちも「多様な働き方」をしているが，傍目には職場は

「順調に回っている」ため，これらの「問題」は露見しにくい。

ところが，企業によっては，管理者が持ち場にまで足を運び，働く場をカイゼンし，行動規範を締め直し，雰囲気をもり立て，このような問題を抱える職場を内側から作り直している。本節は，組織内の矛盾や葛藤，行動規範の曖昧さや多義性を縮減する力，組織の「末端」にまでコントロールを貫徹する力に注目したい。

労働過程論の研究者はこれらの力を見落としてきた。精巧な管理空間を想定する論者たちは，前節でみたように，組織内の「生き残りの術」を看過したが，同時に，不完全な管理空間を修正する力にも気づかなかった。とりわけフーコーディアンの批判的経営研究者は，ミクロの場で行使される非人格化された「権力」の解読に注力してきたため，職場をつくり込む具体的な管理力を捉え損ねた。また，経営学者も，職場レベルのコントロールには目を向けてこなかった。もちろん，職場における人のマネジメントに関心を寄せる論者もいなかったわけではないが，管理，統制，強制，抑圧といった表現をやめて，コーディネート，影響，コミュニケーション，サポート，リーダーシップ，学習などと‘穏やかな表現’や‘中立的な表現’に言い換えるようになったため，コントロールの実態を自ら覆い隠すようになった。

各職場の管理空間は完璧とはほど遠い。本節は，トヨタのカイゼン活動の事例から，「多様な働き方」をしている領域にまで入り込み，職場を「つくり込み」続ける力を取り上げる。トヨタのカイゼンは，完成度の高い生産システムや高い技能だけで継続的に行われるわけではない。強い管理力や管理欲求にも支えられているのだ。見方を変えると，ほとんどの企業は，たとえ似たような生産システムやカイゼン制度を導入しても，そのような力や欲求が相対的に弱いため，トヨタのようなシステムが職場に根づかず，組織細部の「問題」は放置されたままなのである。管理者の力の発揮の仕方により，管理空間と労働者の働きぶりは大きく変わってくるのだ。

1　トヨタの「現場観」の独自性

「科学的管理法」の要諦は，「唯一最善の生産方法」を現場で実行することにあり，フォード生産システムはその原理をコンベアラインの形で具体化したものである。官僚制組織の技術的優位性の根拠として考えられ

❖5……前章では，組織文化を労働者の強い統合に結びつけて評価する研究を紹介したが，組織や職場に定着した強い文化は，長期スパンでみれば，組織や職場の慣行に考えることなく従わせ，現状のやり方に固執させ，変化への「抵抗」の基盤にもなりうる。強い企業文化は，必ずしも労働者から積極性を引き出すわけではなく，無条件に企業の業績を高めるわけでもないのだ。その後，環境変化が激しい時代になると，強い組織文化よりも，トップマネジメントのリーダーシップの方が重要であるといった批判がでてきたが（Kotter and Heskett 1992），いかなる時代，あらゆる産業に通用する「ベストプラクティス」な管理手法など存在しない。しかし，業績が秀でた企業の管理手法は普遍的なものとして評価され，企業やそれを取り巻く環境の特殊性は見落とされるのである。

ている特徴のひとつは，「永続性」である。それらに対してトヨタは，現状を「ベストプラクティス」とはみなさず，常に変化を求める。現時点の職場環境は「問題がある状態」と従業員に言い聞かせ，カイゼンの余地は必ずあると思わせる。この現状認識の「転換」こそが，カイゼン活動の出発点であり，管理空間の緊密性を高める第一歩である。

目の緻密な管理の網が張り巡らされたトヨタの職場では，「逸脱行為」を働かせることは難しい。第8章で明らかにしたように，トヨタの現場には「眼差し」をフロアに行き渡らせる工夫が随所にちりばめられている。労働者は支配や統制を感じることなく，経営側の意向を「自発的」に汲んで働く。数多くの研究が，トヨタには効果的な管理システムが存在していることを指摘し，労働者統合のメカニズムを分析してきた。しかし，筆者が着目する点は，トヨタの管理システムの‘完成度の高さ’ではない。不完全であることを前提として，職場空間を修正し続ける力である。

2 システムに組み込まれた持続的なカイゼン

トヨタは，経営システムや生産システムにカイゼンを持続的に促す仕組みを組み入れ，自律的・創発的に進化し続けるとして評価されてきた[❖6]。製造現場を例に，そのメカニズムを簡単に説明しよう。

TPSの導入先の職場では，市場を起点にして後工程から前工程へと遡る形で，カンバンを介して生産部品の種類と数量が指示される。JIT（必要なモノを必要な時に必要なだけ）の原理に則って生産が行われる。管理部門は，生産量のバラツキをできるだけなくし（「平準化」），各工程の継ぎ目にある「中間在庫」を最小限まで削り，生産のピーク時に要する人・モノ・生産設備を減らす。しかし，それらのムダが極限まで削減されると，ラインの接続部などの弱い部分にムリがかかりやすくなり，ラインがストップすることがある。その「弱点」を各現場でカイゼンすることで，贅肉がそぎ落とされたという意味の‘リーンな’ラインへと「進化」を遂げるのである。そして，ラインの流れを維持するにはTQMが求められ，高い「能力」を持つ「人材」が必要となる。能率管理や査定制度が品質やカイゼンへの意識を高め，充実した従業員教育が高い「能力」を形成させる。

現場のカイゼンはこのようなメカニズムを通して促されるのであり，ラインは自律的に「進化」するという主張は，一面では正しい。しかし，このメカニズムが機能するまでには，様々な「障害」に出くわし，実際のところ，カイゼン活動が定着することの方がまれである。たくさんの企業がTPSを導入してきたが，その定着率は低く，トヨタほどには成果が上がっていない（Spear and Bowen 1999）。導入はしたものの，かえって生産性が低下した企業も少なくない。

そもそもこのシステムは，導入前に反対にあうことがある。現場あるいは労働組合からの抵抗は珍しくなく,[7] 経営者や管理者ですら乗り気でないケースがある。[8] トップによる全面的なバックアップがなければ，TPSは絶対に成功しないが，たとえこの制度の導入に積極的であっても十全に機能するとは限らない。

TPSは，メンテナンスをきちんとしなければすぐに機能不全に陥る繊細なシステムである。基本的にはラインはスムーズに流れているが，時々ラインの「穴」が顕在化し，そこに修正を施す。そのレベルにまでつくり込んではじめてラインは「進化」する。そこかしこでラインがストップしている段階では，「進化」どころか，日常の運営に支障をきたす。[9]

つまり，TPSとは，定着が一定レベルに達してはじめてその「効果」が現れるシステムであり，先にみた「半自律的」なカイゼンのサイクルが回っていくのだ。全体像のイメージの構想と地道なカイゼン作業のすり合わせから始め，しばらくの間，現場はラインの不安定さに耐えなければならない。しかし実際には，そのレベルに達する前に，多くの企業は活動を辞めてしまうのである。[10]

❖6……榊原(1988)は，生産システムの中に組み込まれた「進化のメカニズム」を明らかにし，藤本(1997)は，表には見えにくい組織の「進化能力」を浮き彫りにした。

❖7……経済のグローバル化が進み，資本の移動が相対的に容易になると，労働組合は，‘先進的な’管理制度の導入に反対することが難しくなった。しかし，リーン生産方式という名を冠したシステムの導入に際して，阻むことは困難でも，受け入れる側の反応や姿勢は様々であった(Waddington ed. 1999)。英国でも「日本的経営」が人気を博し，導入が進められてきたが，労働争議や下請企業(の労働者)からの反発が起こり，ラインが止まることもあった(Turnbull 1988)。

❖8……はやりの経営手法という理由で，気軽にカイゼン制度の導入を決めたものの，定着・運営に指導力を発揮しない経営者は少なくない。トップのサポートや理解が不十分であると，「日本的経営」の現地化に際して現場の労働者が抵抗を示すだけでなく，管理者の中にも「労働者参加型」の経営に難色を示す者が出てくる(Broad 1994)。

❖9……筆者はカイゼン制度の導入企業をいくつか調査し，ひと月ほど導入工場を参与観察した。その研究成果は近日中に刊行する予定であるが，調査結果の一部をかいつまんで紹介すると，管理部門が現場にカイゼンを口で促すだけでは，現場はカイゼンが「できない理由」を挙げることに終始する。トップが率先してカイゼンに取り組み，専門のカイゼン部隊を育成し，自ら現場に手をつけ，「(つべこべ言わずに)とりあえずやれ」と言わんばかりにかなり強引に‘発破をかけ’，外部者を招いて「刺激」を与え，ここまでしてようやくカイゼンが回りだす。しかも，放っておけば，すぐにカイゼン活動は機能しなくなり，職場は混乱する。カイゼンの定着と運営の過程には，かなり強い「力」が介在するのだ。野中(1985)は，現場のカイゼン活動を念頭に置き，混沌や「ゆらぎ」の中から情報が「主体的」に創造される「自己組織化」の進化論的なモデルを提示するが，そこで描かれる図式には力関係は存在しないかのごとくである。もし場を統制する力が介在しなければ，「ゆらぎ」から新たな「知」が創発的に生み出されるのではなく，場は混乱を来たし，生産性は低下するであろう。

❖10……現場を合理化する方法は，なにもTPSだけに限らないし，TPSが唯一無二の方法というわけでもない。TPSにせよ，他の手法にせよ，何を用いるかという選択よりも，一つの手法を徹底してやり抜くことの方が，合理化にとっては重要である，とTPSの導入先企業が語っていた。しかし，トヨタ以外の会社は，TPSを導入してからうまくいかないことに出くわすと，TPSにその原因を求め，他の方法に「目移り」しやすい。その点でいえば，トヨタにとっては，TPSしか選択の道がなく，TPSへのこだわりが他社とは異なる。

3 職場をつくり込む人
——管理能力と管理欲求

TPSは根づく困難さを内在的に抱えたシステムであり，TPSを定着させるためには，その難しさを現場で引き受け，日常的に解決し，突破する人が必要となる。

システムの導入や大がかりなカイゼンは管理部門・技術者・専門工が携わり，日常的な活動は現場管理者が中心となって取り組んでいる。ライン労働者も，導入初期は物珍しさもあり，提案活動に加わることもあるが，放っておけば，自然とフェードアウトする。「トップ」と「ボトム」を媒介し，職場のヨコの関係を調整する現場管理者が，継続的なカイゼン活動の鍵を握る。彼らが細かなカイゼンを主導し，職場構成員を巻き込むのだ。

職場をつくり込む「能力」として，手工的な熟練である「テクニカルスキル」だけでなく，統率力を発揮し，人間関係を調整する「ヒューマンスキル」，経営の目標や方針，生産管理，能率管理，カイゼン方法など，職場管理全般に必要な知識を使いこなし，戦略的な構想を練る「コンセプチュアルスキル」などが要求される。ランクが上がるのに伴い必要とされる「スキル」が変わってくることは——名称は論者により異なるが——，多くの研究者が指摘してきた(Katz 1974など)。その具体的な中身についてはほとんど検討されてこなかったが，第2，3部で詳しくみたので繰り返さない。ここでは，それらの能力を発揮したいと思うコントロール欲求の強さの違いを強調したい。現場では，制度間の不整合や矛盾，「可視化」が不徹底な部分，ムダな作業が散見されるが，大方の職場では放置される。それらをとことん低減しようとする欲求は，そしてそれらの低減を現場でシステム化しようとする意欲は，企業や職場により大きな差がある。[❖11]

対面的な抑圧は少なくなり，労働者は緻密に構成された管理空間の中で「従順」に働く。しかし，前節で明らかにしたように，手の込んだ管理制度の下では，‘洗練された’「手抜き」や「働き方」が生まれている。このことは，あらゆる職場にあてはまる。事務・技術・管理の部門でも，自分の「城」を築き，「非生産的行為」を行っている。あるいは，自分の仕事ぶりを正当化することにエネルギーを注ぎ，社内政治がはびこる。しかしそれでも組織は「回っている」。仕事にムダがあるとわかっていても，同僚や部下を巻き込んでやり方を変えるのは面倒だからである。大方の社員は，自分の職場をカイゼンすることにエネルギーを注ぐのではなく，カイゼンが「できない理由」を上司に説明することに頭を使うのであり，それは管理者とて同じである。

4 場に固有な蓄え

では，なぜ，企業によって，現場管理者の管理力や管理欲求の強さが大きく異なるのか。

現場管理者は，経営者や上級管理者と平の労働者の「結節点」に位置し，「上下」の間の連続と断絶の矛盾を体現する人たちである。彼らの「軸足」がどちら側にあるかにより，現場管理のあり方は大きく変わってくる。

彼らの「軸足」は労使間の力関係によるところが大きい。労使のどちら側につくかによって，現場管理者の「軸足」は大きく変わる。加えて，企業内教育や労務管理を通して管理者の「能力」や意識が形づくられる。

ただし，それらは，特定の制度によって一義的に決まるわけではないし，現時点の制度によってのみ規定されるわけでもない。トヨタと日産の事例から明らかであろう。歴史的な経緯によるところが大きい[12]。歴史の段階を経て形成されたコントロール欲求は，現制度の影響も受け，形を変えながら組織内で受け継がれていくのである。

コントロール欲求は，職場により一定の水準がある。人や製品に要求する精度は，フォーマルな管理制度とインフォーマルな人間関係を通して伝わっていく。職場に入ったばかりの人にはその水準がわかりづらく，‘許容範囲’を超えたときに，上司や先輩からの指導や叱責を受けて学び，職場経験を積む中で身体感覚として身につけていく。職場で一人前として認められるようになると，それらの暗黙の水準を他の構成員に教えるようになり，許容範囲を超えた人の行動を咎める側に回る。このようにして，コントロールの水準は職場で受け継がれていく。

場の力学は，コントロールする力だけでな

❖11……TPSの生みの親である大野耐一自身，現場の管理や教育について，次のように述べていたという。「管理」ではなく「監督」であり，「教育」ではなく「訓練」であると。その含意は，実地で，体で覚えさせろ，ということであろう。そして，生産管理でいうところの「管理(control)」とは，本来，「統制」であるべきであると指摘している。監督者の役割とは，「関係者の話を聞いて，なんとか皆がまとまるように辻褄を合わせることではない。かくあるべしということを決めたら，全力で関係者を説得し，引っ張って，それを実現することだ」と力説していたという（岩月 2010, 103-106頁）。大野耐一をはじめ，カイゼン部隊の人たちは，決してスマートにカイゼン活動を広めたわけではなかった。宗教じみた熱意，口の悪さ，泥臭さ，威圧的な態度は，今なお「伝説」として語り継がれている。第1部の結の注**5**も参照のこと。

また，筆者が聞き取りしたトヨタの現場管理者も次のように述べていた。「服従関係で成り立っている。従業員に徹底させなければいけない。組長さんが，上のヤツが考えていることが，ピタッとそろう。たとえ悪い結果がでても，全員がそろうから，一つの形として現れる。それがダメだったら，上もバカじゃないから，修正をかける。はっきりした答えがでると，上の人も，良いか悪いかの判断ができる。例えば，指示を出して，みんなを動かして，ある方向にドーと動く。結果をみたら，良い結果が出なかった。そしたら，このやり方では『ダメ』だと。統率がとれていると，そういう結果がすぐにわかる。それは，どこの職場でも同じ。下のヤツを管理する時，統率がとれていないと，結果がみえてこない。」

❖12……ある時点の意思決定とは，経済合理性に基づくだけでなく，それまでの歴史段階を踏まえたひとつのステージとして行われるのであり，利害関係者の協力，対立，交渉を経た政治的な産物である（Pettigrew 2001）。

く，無数の要素から構成される。グローバル規模の経済・政治・社会の動向，国レベルの政策，経営層と労働者団体との力関係，労働力の需給関係などが働く場に影響を与え，逆に，ミクロの力学がマクロの次元に作用し，両者は相互に影響を及ぼし合う。企業内外の要素が複雑に作用し合い，流動的なネットワークを形成し，それぞれの場に集約され，各場に固有な力学が生まれる(Clegg 1989)。場の力学は，一定の慣性を持ちながらも，刹那的，流動的でもある。ちょっとしたことで変化が生じることもある。労と使の力関係，管理制度，機械装置，そしてミクロの場をコントロールする力など，職場内外の無数の要素が介在し，偶然な要素も多分に含み，それぞれの場には，一定の慣性を持ちながらも，移ろいやすい独自な力学が形成されているのである。[✣13]

トヨタ以外の企業でも，カイゼン活動が定着しないわけではない。しかし，持続的な活動は，カイゼンを促す制度の導入のみならず，それを回していこうとする欲求と回していく力——徹底ぶり，執念，細かさ，こだわり，しぶとさなど——および管理を受け入れる側の姿勢によるところが大きい。各場に蓄えられたコントロールの欲求および力は組織によって異なり，それらの差により，似たような制度やシステムであっても運営のされ方は大きく違ってくるのだ。そして，場の力学は，コントロール欲求を主として，企業の歴史を通して根づいた文化的な要素を含み，かつ，企業内外の無数の要素により規定されるため，各社独自の形をなすのである。

IV 小括

労働者管理のあり方が統制・抑圧から組織や職場への抱え込みに変わり，働く者は労働者から従業員になり，そして「オーガニゼーションマン」として描かれるようになった。管理と働く者との関係を捉える分析フレームは，統制—抵抗から「同意」の調達へ，さらには「自己規律」へと変化した。しかし，ミクロの働く場を子細に観察すると，「抵抗」がなくなったわけではないことがわかる。本章は，管理手法の変化に即して「抵抗」のあり方が変わってきたことを明らかにした。[✣14]

労働者は，露骨な統制に対しては，自分たちの働き方，文化，矜持を守ろうと頑なな態度をとるが，精巧で緻密な管理の網をかけられると，あからさまな反発はみせなくなった。経営側は，労働者の熟練を解体し，労働者の代替を容易にし，労働市場での交渉力を高め，労務コストを低減し，働く場の統制力を掌握したいという欲求を持つ。しかし，それと同時に，働く者から「やる気」，「コミットメント」，「協力」を引き出し，生産効率を高めたいとも思っている。労働者側からしても，経営側に対してひたすら反発するのではなく，組織の発展により拡大したパイの「分け前」を享受し，大きな権限が伴う複雑な仕事を遂行する中で「自己実現」を図りたいという欲求を抱く。両者は，組織の維持拡大という共通の利害を持つようになったわけだ（Cressey and MacInnes 1980）。だが，そのことは，経営側とは異なる労働者に固有な利害がなくなったことを意味するわけではない。にもかかわらず，もはや利害の相違の側面は忘れられ，一致のみが強調されるようになり，このような一面的なものの見方が，働く場の実態を過度に単純化し，見誤らせてきたのである。

従業員たちは，雇用を保障されるだけで，おのずと「組織コミットメント」を高めるわけではない。経営文化の浸透，社員どうしの競争，カイゼン活動への「参加」，職場環境の「視える化」など，「やる気」を引き出す仕組みも完璧ではない。労働者は，抱え込む管理には露骨な反発は示さないものの，その網の中で「自分たちの世界」を見いだし，それを編み直す。「逸脱」はせずして「手を抜く術」を考案する者もいれば，社内政治に精を出して「自由な領域」を拡張しようとする者もいる。経営側が管理を精緻化するのに対応させて，労働者の方も「オーガニゼーションマン」として「生きる知恵」を絞り出す。規範や権威を「受容」しつつもそれらから距離をとったり，「手抜き」の余地を探ったりする。つまり，組織で働く者の多くは，「反発」か「受容」かの二者択一を迫られているわけではなく，それらを器用に両立させながら組織で「生き残り」を図るのである。そこに労働者間の格差付けと対立が加わる。企業がどれほど労働者を巧みに取り込んでいるようにみえても，統合しきれない領域は必ず残る。

そうなると，その領域にまで入り込み，「生産的行為」と「非生産的行為」を峻別し，より

❖13……働く場の権力関係を本質主義的に捉える論者たちは，力関係の多様性や変化を軽視してきた。それに対して，フーコーディアンは，変化の可能性を過度に強調する傾向があった。どちらのアプローチも，職場の実像を十分には捉えきれていない。働く場の力学には，変わりやすい面もあれば，容易には変わりにくい面もある。その両面を踏まえなければ，適切に描写することができないのである。

❖14……主体は権力と分かちがたく結びついているため，「抵抗」の仕方は管理のあり方と密接な関係にある（Collinson 1994）。したがって，いかなる「抵抗の戦略」が採られるかは，管理制度や働く場の環境によって変わってくる。Hodson（1995）も，労働過程の組織形態の変遷に応じて変化する「抵抗」のあり方を仮説的に提示する。直接的な統制に対して最も典型的にみられるのがあからさまな悪態であり，技術的な統制には労働の量と強度の規制，官僚制による統制には自律性の保持，そして最近の「労働参加」のスキームには参加機会の自らの操作・規制であるとして，「抵抗」のあり方は管理手法に応じて変化してきたことを示す。ただし，同じ管理手法に対しても，労働者は画一的な反応をみせるわけではない（Clegg 1994）。「抵抗」の変化とは，あくまで顕著にみられる傾向であり，実際の現場では，それらが併用されていることが多い。労働者は，古典的な抵抗，「手抜き」，シニシズム，積極的な協力など，時と場合に応じて多様な「戦術」を使い分けては「尊厳」を守ろうとしてきたのである（Hodson 2001）。ましてや，男女比率やマイノリティの多寡など，職場構成が異なれば，反応にも多様性が生じる（ibid., pp.193-195）。管理と働く主体との関係は一対一の単純な対応関係ではないが（Henry 1987），管理手法は職場での「抵抗」の仕方に制約を課す主要な要素であることはたしかであり，労働者は管理手法や職場環境と無関係に「抵抗」できるわけではない。

生産効率が高い職場に「進化」させることが，経営者・管理者の課題になる。現状は「ベストではない」との見方を「末端」にまで浸透させ，作業量を平準化した上で職場にまんべんなくムリをかけ，半ばむりやり「弱点」を顕在化させてカイゼンしていく。その結果，インフォーマルな領域がフォーマルなそれに変換され，職場は解体され，可視化され，行動規範がより密につくり込まれるのである。[15]

ところが，組織の「末端」をとりまとめることは，現場にまで頻繁に足を運び，それらの多岐にわたる管理を行うことは，誰にでもできることではない。他者を統制したり，操作したり，サポートしたり，教育したりすることに喜びを感じる人もいないわけではないが，誰もが好きこのんで行っているわけではない。部下の動きにムダや「手抜き」があるとうすうすわかっていても，見て見ぬ振りをする人は少なくない。

その点にかんして言えば，トヨタは，組織の「末端」にまで経営側の意向を浸透させようとする欲求と浸透させる力が際立って強い。そこには‘凄み’すら感じられた。トヨタは，「モノづくり」とは「ひとづくり」と標榜し，現場を尊重してきた（「現場主義」）といわれるが，現場のつくり込みに必要な要素は権限委譲と技能だけではない。現場レベルの貪欲な管理欲求と多彩な管理能力である。[16] 目標数字への‘こだわり’，その達成に向けた‘徹底ぶり’や‘妥協しない態度’，全従業員の‘動員’，モノ・ひと・環境・雰囲気を細部までつくり込む‘まめさ’や‘きまじめさ’，不満を表面化させない‘気配り’である。そして，それらは，経営側が意図的に身につけさせてきたわけだが，筆者は，各主体の闘いの歴史とそこに介在する多様な要素を強調したい。コントロールの欲求と力の蓄えは，すべてが特定な人たちによって計算された結果ではない。職場内外の無数の要素が複雑に作用し合い，働く場に独自な力学が形成されてきた。だからこそ，TPSと似たような制度を導入したとしても，必ずしもトヨタのようになれるわけではないのだ。トヨタは日本企業の「代表例」のごとく扱われることが多いが，場のつくり込みに徹底的にこだわり，すこぶる強い管理力に依拠した職場運営をしているという点では，特異な存在といえる。[17]

日本の「企業社会」では，過労死や働きすぎが社会問題になり，身も心も会社に捧げる「モーレツ社員」がいたことはたしかである。所属組織に過度にアイデンティファイし，組織から「適度な距離」をとれず，精神的・身体的に余裕を失った人たちが存在した。しかし他方で，「企業社会」下における激しい競争と組織への労働者の統合という外観を持ちながらも，ほとんどの企業は，その内側ではムダを削り取ることはせず（できず），「従順」でありさえすれば「仲間」として認め，‘多少の’「手抜き」や「不正」は見逃してきた。組織の中に「閑職」や「窓際」を意図的に設け，「先」の見えた人に出向先を用意した。組織内やグループ企業全体で「できの悪い社員」を‘食わせる余裕'がまだあった。職場では「お約束」の経営・労働・取引の慣行がまかり通り，一定の力関係を内包した秩序が形成されていたのだ。それらのインフォーマルな慣行は，組織に「不正」をはびこらせる一因になったと同時に，組織内の「安全弁」の機能を果たしていたのである。[18]

❖15……なお，フォード生産方式の下で働くライン労働者たちは，標準化された定型労働しか行えない。それに対して，TPSの下では，定型作業に加えて，「異常」や「不具合」への対応やQCサールなどの「高度」で「自律的」な労働も担当できると指摘されることが多い。たしかに，前者に比べて後者の方が，仕事の幅は広がったかもしれない。しかし，前者の場合は，管理者側の目の届かないところで文字通りの自律性を発揮しやすいのに対して，後者の場合は，インフォーマルな領域がフォーマルな空間へと変換され続けるために，労働者の「自律性」ですら管理下に置かれるようになり，経営側が意図した方向に誘導されやすい。その観点からいえば，TPSの下で働く労働者の方が，自律性が高いと一概にはいえないのである。

❖16……「末端」にまでコントロールを貫徹した上での「権限付与」という分析フレームは，下請企業との関係にもあてはまる。最終製造メーカーは，取引先と協力的な関係を築き，持続的な技術革新を行わせ，同時に複数の取引先どうしを競わせて，信頼関係の中に「緊張感」を持たせてきたという（浅沼1997）。しかし，取引先の現場や取引企業間関係の中に最終組立メーカーが入り込まなければ，そのような関係は成り立たないのである。

❖17……もちろん，カイゼンを根づかせるためには，細かな工夫や仕掛け，カイゼンにかんする知識や技能，充実した教育制度，現場を牽引するリーダーシップ，現場での学習が必要であり，カイゼンを従業員に浸透させる文化が重要である。これらは多くの論者が部分的に取り上げ，最近では，Jeffrey K. Likerが「強いトヨタ」の経営システムと経営文化を包括的・体系的にまとめ，実践書を出している（Liker 2003; Liker and Meier 2005; Liker and Meier 2007; Liker and Hoseus 2008; Liker and Convis 2011）。筆者は，それらの特徴を否定するわけではないし，本書の実証研究でも随所で似たような特徴に触れたが，'きれいに'解説している印象がぬぐえないのである。トヨタの企業体制を支えているのは，制度や文化だけでなく，コントロールの力であり，それが現場をそして組織全体を回していく原動力になっている点を，本書は強調したい。ここでいうコントロールというのは強制や統制だけでなく，多様な内容を持つ。巨大組織を束ね，現場の「末端」にまで管理を浸透させ続けるには，それなりのコントロールの力が必要であり，コントロールの視点が欠けたハウツー本は，「絵に描いた餅」なのである。

なお，トヨタの「強さ」を「進化論」的に捉えた研究は，矛盾や対立を無視してきたわけではない。大薗ほか（2008）は，現状をあえて不均衡な状況に置き，組織の中に「健康な緊張感と不安定」を創り出し，矛盾，対立，パラドックスを企業発展の「ダイナミズム」に変えてきた点を，トヨタの競争優位の源泉とみなす。たしかに，「成功企業」であるトヨタには，そのような側面がないわけではない。組織内で矛盾を抱え，活かし，ぶつかり合いから新たな知を創造し，たゆまぬ発展を遂げてきた。しかし，このような進化論的モデルにおいても，矛盾を取り込むコントロールの側面は看過され，トヨタが切り捨てようとしたり，隠そうとしてきた矛盾には目をつむる。例えば，国内では，現場管理者の「過労死事件」がそうであり，国外では，フィリピントヨタの労働争議が該当する（遠野・金子 2008）。地域社会にまで目を向ければ，被雇用者の自殺者数（2004〜2006年，計2万4,208人）は豊田署管内が93人で全国最多である（『自殺実態白書 2008』413-415頁）。自殺とトヨタとの因果関係や自殺者と自殺率との違いなどから，このありがたくない1位には異論もあるだろうが，トヨタの下請企業に対する影響力の強さから鑑みて，無関係とは言い切れないだろう。これらの「問題」の事実確認や細かな検証は別途求められるにせよ，それらは「ダイナミズム」を生み出す「健康な緊張感と不安定」には含まれていない。進化論モデルは，コントロールの'えぐさ'やトヨタの経営者が切り捨ててきた側面は捨象しているのである。

ところが，1970年代に入ると，市場原理主義が英米で強まり，やがて他国にも広がりをみせる。大規模組織での安定的な長期雇用という働き方は劇的な変化を遂げる。競争力を高める要因として，組織内の効率的な業務運営よりも新しい市場を切り開く大胆な企業戦略に，製造業の現場よりも「高付加価値」型の業種，職種，階層に関心が向けられるようになった。そして，職場の「余裕」やムダは放置されたりカイゼンを介して‘漸減’されたりするのではなく，ドラスティックな組織変革や大幅な人員削減により‘一掃’されるようになり，一定の力学を保ってきた職場秩序は不安定になるのである。

❖18……ただし，「お約束」の慣行に従わず，「従順」さを演じきれない者は，集団から排除されたり，悪質な「いじめ」にあったりした。日産のように，少数派組合に対する苛烈きわまる排除といったわかりやすい事例だけではなく，多くの職場で「異質な者」に対する「いじめ」は珍しくなかったと思われる。「職場のルール」を守らない者は他人に迷惑をかけるという理由で，「いじめ」は正当化されてきたのである。

第13章 組織から再び市場へ
場に根づいた文化の一掃と職場の弱体化

I 大規模組織を取り巻く環境の変化と「新しい働き方」

1 市場原理主義，ICT，グローバリゼーションと組織の再編成

第二次大戦以降，市場コントロール力を強めた大企業，経営側と協調的な労働組合，社会保障制度を整備した福祉国家が調整し合い，互恵的な関係を構築し，相対的に安定した社会システムが形成された。

このような社会像に対して批判がなかったわけではない。誰もが大企業に勤め，雇用を保障され，収入の心配がなくなり，将来の見通しを持ち，「家族主義的」な職場で働き，穏やかな家庭生活をおくっていたわけではなかった。しかし，米国を例に挙げれば，統計が利用可能な期間でみると，1945年から石油危機の75年にかけてが，所得格差が最小の時代であり，程度の差こそあれ，「周辺」に位置する人たちも物質的な「ゆたかさ」を享受していたのである（Reich 2007, Ch.1, Krugman 2007）。

「福祉国家の時代」と一括りにするのは乱暴であり，福祉国家の発展の仕方はひとつではないという議論もある（Esping-Andersen 1990）。労使関係，取引関係，昇進システム，企業福祉などの企業諸制度を細かく検証すればなおのこと，国ごとに多様性があり，変化がある。したがって，過去を画一的に捉えたり，各国や各地域の歴史，文化，社会，政治を背景に持つ経済システムの独自性を無視したりしてはならないが，政府が計画的な経済体制化を進め，民間に積極的に介入するようになったとの共通認識はあり，その体制を基盤として持続的な繁栄が期待されたのである（Shonfield 1965）。

強固な社会体制そのものを批判する者もいた（Noble 1977）。大企業と政府と軍が密な関係を持ち，軍産複合体が築かれ，官僚制組織に適した「人材」が育成され，巨大企業の利害に即して科学技術が「進歩」したという批判である。しかし，この体制を

いかに評価するにせよ，大企業を中心とした経済・政治・教育・社会システムは盤石のようにみえたのである。

ところが，1980年前後から，企業を取り巻く環境の‘根本的な変化’を強調し，このような大企業体制の変革を促す言説が目立つようになった。「福祉国家」の限界が指摘されるようになり（Gilbert 1983），「大きな政府」への批判が強まり，英国ではサッチャーが，米国ではレーガンが，新自由主義に基づく経済政策を前面に打ち出した。人・モノ・金・情報は地球規模でめまぐるしく行き交い，市場は24時間開かれ，経営活動に国境はなくなる。真のグローバル企業は本社主導型から現地市場主導型に変わり，各経済圏が連結し合うようになった。もはや「母国」や「国益」といった概念は時代遅れとみなされ，それを支える官僚や政治家たちは批判の対象になった（Ohmae 1990）。経済の原則はかつてないほどに「消費者主導」，「投資家主導」になり，彼（彼女）らの意向や膨張する欲望にいかに応えるかが，経営者にとって市場で生き残る指針になった。労働組合は弱体化し，市民としての「共通の価値」や「公共の利益」を支えた制度は崩壊したとみなされた（Cappelli 1999; Reich 2007）。

変化の激しい市場を生き抜く鍵は，「俊敏性」と「柔軟性」である。市場を統制してきた巨大組織は，絶滅した恐竜のごとく，時代の「大転換」に適応できずに死に絶えるという予言めいた発言が多くなる。自動車産業は米国産業の象徴であり，GMの発展は米国の繁栄と同列に扱われてきたが，米国自動車企業は日本やドイツに追い抜かれ，軒並み「大企業病」に冒されていると酷評される[❖1]。旧来の官僚制組織は，商品が多様化し，流行がめまぐるしく変わる「ファッションの時代」にそぐわない（Peters 1992）。大規模組織の停滞に危機感を抱いた経営者，経営コンサルタント，経営学者たちは，組織のダウンサイジング，組織階層のフラット化，成果主義の賃金制度，周辺業務のアウトソーシング，非正規雇用の活用，組織の吸収合併，公的機関の民営化など，大規模組織の再編成を提唱し始めた（Hammer and Champy 1993; Champy 1995）。

市場原理主義の浸透と大規模組織の解体・再編は，米国外にも広がりをみせる（Lash and Urry 1987）。もちろん，「組織の時代」に資本主義の形態が多様であったのと同様，大規模組織の解体も一様ではない。社会を構成する諸制度の補完性（「制度補完性」）の高さにより‘各モデルの’合理性が決まるのであり，資本主義は「福祉型」から「市場型」へと単純に収斂しているわけではない（Hall and Soskice eds. 2001; Amable 2003; Boyer 2004）。しかしそれらはあくまで，市場原理に基づく資本主義こそが「グローバルスタンダード」と称される風潮が強いことを前提とした批判であった。

組織の再編成は，情報通信技術（ICT）の普及を介して加速した。ICTの発展が製造業中心の産業社会から知識やサービスが基盤となる「知識社会」,「脱工業化社会」へと転換させる契機になり,大量生産・大量消費の画一的な社会から「創造性」や「個性」が重視される多様な社会に変わるという,未来学的な予想が広まった(Drucker 1969; Bell 1973; Toffler 1980)。社会全般が硬直的な階層を持つ強固な構造から,人と人とが流動的につながるネットワーク状に変容し(Castells 1996),会社では,社内のタテの関係,取引企業との関係,顧客との関係が,直接的かつフラットになる。小型の高性能なコンピュータの出現が各職場での情報処理を可能にし,組織を中央集権型から権限委譲型に変える。企業内の階層数が削減され,「上下」の意思伝達はよりダイレクトになる。社内外がネットワークでつながれ,他部署,顧客,取引先の情報がリアルタイムで入手でき,情報の共有が容易になる。国境を越えた取引や連絡も,瞬時の出来事になった。こうして,安価で高機能のICTの活用は意思決定のスピードを格段に上げ,めまぐるしく変わる消費欲求に応え,それが,商品サイクルの更なる短命化をもたらし,いっそう身軽な組織,新しい知識の動員,新規顧客の創造を要求するようになった(Goldman et al. 1995)。先行きが不透明な市場では,重要な変化の「シグナル」を素早く察知する能力が生き残りの鍵となり,市場の主流や中心部ではなく「周辺部」から生じる変化の兆しを見落としてはならない(Day and Schoemaker 2006)。変化やスピードへの対応が重視される時代にあって,小規模な企業の活躍の場が広がる。むしろ,機動性や可動性に優れる小規模組織の方が優位に立つとの主張も出てきた。

大規模な「優良企業」は,製品やサービスに逐次改善・改良を施し,機能や質を漸次的に向上させて,市場の「最上位」に昇りつめた。このような「持続的技術」が高かった。しかし,過去の「成功体験」に縛られ,新たな価値基準に依拠する「破壊的技術」には投資しない傾向があり,やがて行き場を失うという「ジレンマ」を抱える。それに対して,組織からスピンアウトした起業家たちは,ベンチャーキャピタルから資金を調達し,小さい企業を立ち上げ,新たな市場を開拓し,自ら生き残りの場を確保する。もっとも,大企業は,消滅を運命づけられているわけではない。組織内で新規事業を立ち上げ,

❖1……他のわかりやすい企業の例がIBMである。序章の「企業文化」の箇所で触れたように,IBMは1990年代初頭までは,事実上,終身雇用を保障した家族主義的な会社として有名であり,社歌や服装規定があり,社員は「IBMマン」として誇りを感じていた——厳密にいえば,昔から臨時雇用者を活用しており,レイオフしないという話は一面的ではあったが(Hayes 1989, p.51)。これらの慣行は,初代社長であるThomas John Watson, Sr.の考えに基づくものであり,家父長的で温情主義的な精神が反映されていた。ところが,1993年にLouis V.Gerstner, Jr.がCEOに着任すると,大規模な人員削減を断行し,それまでの企業体質——官僚的,保守的,顧客の軽視——をIBMが時代の変化から取り残された原因とみなし,企業文化の「刷新」に着手したのである(Gerstner 2002, pp.181-215, 邦訳240-286頁)。

人材と資源をそこに配分する。当初は低い利益率しか見込めないが，新規市場へ参入し，市場を拡大させていずれや投資を回収し，組織を存続させることができる。Christensen（2000）は，このようなダイナミズムこそが米国経済の強みであるという。

こうした躍動感に満ちた経済発展は，とりわけICT産業にあてはまる。この分野は，産業構造が分権化され，企業が頻繁に参入と退出を繰り返し，予測不可能な形で進化を遂げてきた。Baldwin and Clark（2000）によれば，設計指針はシステムのアーキテクトにより厳密に示されるが，設計の細部は「モジュール化」されており，非集権的な小集団がイノベーションの推進主体である。野心的な人たちが高額な報酬を求めて市場に参入し，この産業は活力ある企業や人材を多数引き寄せ，一大集積を形成するまでに発展した（「モジュールクラスター」）。このような活気のある産業は，ベンチャー企業を支えるファイナンス，優秀な人材を素早くかき集められる労働市場，権利の範囲を明確にする契約といった社会諸制度によって支えられているという。

2 「新しい働き方」

大規模組織の再編成や縮小は時代の要請となり，「会社人間」，「オーガニゼーションマン」は終焉を宣告された（Bennett 1990; Sampson 1995）。大企業に守られ，組織に依存した働き方は過去の話になり，あらゆる人が組織を渡り歩く時代になったという。

もはや雇用保障と引き換えに，信頼を組織に絡め取られることはない。企業内で昇進を重ね，キャリアを積む時代は終わり，出世のために上司におもねるようなこともない。会社内の人間関係よりも，会社の枠を超えた「ヨコのつながり」を大切にする。自分の能力を頼りに働き，顧客に直接評価され，企業とは対等に渡り合う。このような独立心や自尊心が高い個人主義的な働き方が褒め称えられるようになった。経営思想の「グル」たちは，優秀な者はキャリアを従来のように大規模な製造業ではなく，小規模の企業家精神に富んだ会社，コンサルタント業，サービス業，金融業で積めと叱咤激励する（Kotter 1995）。いまや，大企業の経営者ではなく，情報を収集・分析・操作し，新たな知識を創造する「知識労働者」が世界経済の主役である（Reich 1991; Drucker 1993）。知識を駆使する「スペシャリスト」，高い目標を掲げ，強い意志を持ち，たゆまぬ努力を重ね，自らをマネジメントする「プロフェッショナル」たれ（Drucker 1988，1999）。自分を「ブランド」として市場で高く売り，会社に囚われていた「自分を取り戻せ」（Peters 1999）。現代社会は，企業組織やジョブの枠にこだわらず，序列や階層の壁を壊し，キャリアを自分で主体的に積み上げなければ生き残れない時代になり（Bridges 1994），プロスポーツ選手のように「フリーエージェント」として活動できる時代になった(Pink 2001)。

組織に縛られない働き方とは，より好条件な待遇を求めて，働く場を頻繁に変える形だけではない。自ら会社(ベンチャー企業)を興す人もいる。起業家たちは，もはや「無能な上司」に煩わされず，被雇用者には考えられないほどの大金を手にすることができる。しかも，汗水垂らして仕事をするのではなく，「遊び」の延長で「働く」のだという。

Brooks(2000)によれば，「遊び」が「仕事」になり，「仕事」が「遊び」になり，「クリエイティビティ」が大金を生む時代になった。第11章の小括で触れたが，「組織の時代」には体制側(内側)と反体制側(外側)とがわかりやすく二分され，60年代にはブルジョアの価値観とカウンターカルチャーとが露骨に対立していた。それらの相反する価値観や文化がいまや起業家という形で融合し，彼(彼女)らが資本主義社会の新たな旗手になった。すなわち，自由な精神を持った「反逆者」としての生き方を体現しながら，経済的な成功を楽しむ人たち(「ボボズ[Bourgeois and Bohemians]」)が，「ニューエコノミー」(ICT関連産業を中心とする経済)時代の新しい「上流階級」，「支配階級」に君臨する。[❖2]

Florida(2002)も似たような議論を展開する。「知性」，「知識」，「クリエイティビティ」といった「無限の資源」を活かして働く新しい社会階層を「クリエイティブクラス」と呼び，彼(彼女)らが経済発展を牽引するようになったと，新しい資本主義時代の到来を告げる。芸術家，科学者，技術者，デザイナー，建築家たちが中心に位置し，教育・医療・法律などの知識集約型産業に働く人たちがその周辺を取り囲み，これらの「知識労働者層」は米国の労働人口の3割以上を占めると見積もる。働き方の制約は小さい。情報通信の「技術(Technology)」が「自由な働き方」を支え，ゲイやボヘミアン，多様な人種を受け入れる「寛容性(Tolerance)」が創造的な「能力(Talent)」を育み，革新性を高め，競争力を強化する(3つの‘T’)。

Floridaの主張は，「ニューエコノミー」の議論と類似点があり，一時期熱狂的に歓迎

❖2……ボボズは，1980年代にはやったヤッピーと似たような特徴を持つが，両者には相違点がある。ヤッピーは，ボボズと同様，60年代の文化の影響を受けた世代であり，20代後半から30代の若手，高学歴，都市部に住む専門職であった点も共通する。しかし，高級ブランド品を愛好し，お金持ちであることを見せびらかす点で，ボボズとは異なる。「ヤッピーは，政治的な保守主義にもかかわらず，若者たちが激しく主張した時代，すなわち60年代にどういうわけか関係をもっている，と誰もが感じていた。あるコメンテイターは彼らを，60年代の遺産を受け継ぎながら80年代の企業のネズミ競争のなかに生まれついた，成人したラディカルたちであると述べた。実際，ジェリー・ルービンが反抗者からネットワークのプロデューサーへと転身したことにも示されているように，はじめの10数年はラディカルであり，次には自己中心的な敏腕家であることは，可能なことだった。ルービンは『イッピー(ルービンとアビー・ホフマンによって組織された，無政府主義的ヒッピー，ユース・インターナショナル・パーティの頭文字)』から都市の専門職の若者の模範へと1983年に転身したが，『ヤッピー』という言葉はもともと，彼のこの転身を指すものだった」(Ehrenreich 1989, pp.197-198, 邦訳225頁)。

された「ドットコム企業」での働き方を彷彿とさせる。ただし，彼は，大企業を時代遅れとして否定するわけではなく，ICTの普及が必然的に創造的な仕事を増やすとみなす技術決定論者でもない。知識労働者の比率が高い都市で経済成長が見込まれるデータを示し，知識労働者を呼び込む環境をいかにして整えるかが地域の活性化にとって重要であると，経済政策的な提言を行う（Florida 2005）。

組織内の働き方にかんしても，従来とは異なるモデルが提示されるようになった。

Kanter（1989）は，「会社人間」としての生き方を退けるが，遙か昔の「カウボーイ」のごとき「一匹狼の生き方」に戻ることを勧めるわけでもない。企業内で自動的に昇進し続ける「企業官僚的」なキャリアモデルはなくなりつつある。しかし，昇進先のポストが削られれば，働く者のモチベーションは下がる。そこで，ポスト不足を補うために，「専門職キャリア」を創設する。加えて，プロジェクトごとに人材を集める「起業家的キャリア」を設けて，大規模会社に「ベンチャー精神」を注入する。彼女は，既存組織内に新しいキャリアモデルを追加して，働く者からやる気を引き出し，硬直化した大規模組織を再活性化させようとする。

Lipnack and Stamps（1997）は，インターネットなどの多様なコミュニケーションツールを駆使して，時間・空間・組織の制約を乗り越える働き方を勧める。目的および目標を明確に提示し，そのつど，「専門知識」を持つ独立したメンバーを集い，すべての者に「リーダーシップ」を発揮させ，「信頼」をベースにした相互依存的なチームを機能させる。従来のような上下関係がはっきりした固定的なチームではなく，全員がネットワークの結節点になり，人間関係が自生的に広がるチームである。彼らはこのような新しい協働のスタイルを「バーチャル・チーム」と命名する。

II 「多様な働き方」の実態

組織に縛られない「自由な働き方」が歓迎されるようになった。大規模組織に依存した生き方ではなく，自分の力でお金を稼ぐ，たくましい生き方・創造的な生き方が奨励されるようになった[3]。

たしかに，自ら会社を興し，巨万の富を稼ぐ人たちがいる。Frank（2007）によれば，親の資産を受け継いだ資産家ではなく，ミドルクラスから「ニューリッチ（新しい富裕層）」にのし上がった人たちの層が拡大している。米国で100万ドル以上（ミリオネア）の世帯は，1995年から2004年の10年間に倍増し，900万世帯を超えた。しかし，「リッチスタン」（富裕層が形成する独立国家の意味）の住人の中でも「上層」に位置づけられる人は限られている。ごく一部の最富裕層が世界の富を独占し，それ以外の人たちとの格差は広がっている。米国では「1％の層が総資産の33％以上を所有し，その資産総額は下位90%の資産総額を上回っている[4]」(p.242, 邦訳252頁)。

実際には，市場原理に基づく「改革」が広まったからといって，大規模組織が一挙に解体したわけではないし，誰もが起業家や「スペシャリスト」になったわけでもない[5]。層の厚さには変化があるものの，企業組織には長期間働く「中核層」が依然として存在する。また，雇い主は，専門家の範疇には入らない短期雇用者を活用し，雇用量の柔軟性を高め，人件費を下げる。組織は一定の「中核層(core group)」を抱えて「機能的柔軟性(functional flexibility)」を維持し，「周辺層(peripheral group)」を新たに雇い入れて「数量的柔軟性(numerical flexibility)」を確保する(Atkinson 1985)。

ここで留意したい点は，当初，「新しい働き方」を求める言説の多くは，この流れを不可避とみなし，肯定的な意味を込めていたことである。多様化した価値観やライフスタイルに合わせて，働き方を自ら選ぶといった具合に，働く者にとっても積極的な文脈で語られていた(Handy 1989, 1990[6])。ところが，実際には，望まぬ雇用形態への転換を迫られ，労働条件が悪化した者は少なくない。

❖3……本章は，市場原理に基づく「組織改革」と「新しい働き方」を先導してきた英米の事例を中心にみていくが，日本でも少し遅れて同じような言説が広まった。日本の事例については，伊原(2014a)を参照のこと。

❖4……富の格差の拡大は，世界規模で進んでいる。ボストンコンサルタントグループの調査によれば，ミリオネア世帯(家，贅沢品，自社の所有権を除く投資資産がミリオン以上の世帯)は，米国520万，それに続いて日本150万，中国110万，英国57万である。ミリオネアは世界人口の0.9%を占めるにすぎないが，世界の富の39%を占有し，富を支配する割合は増加傾向にある。Robert Frankのブログhttp://blogs.wsj.com/wealth/2011/05/31/millionaires-control-39-of-the-worlds-wealth/より(2011年5月31日)。

❖5……ベンチャービジネスには，野心家の若者がハイテク企業を起こし，巨万の富を手にするというイメージがあり，米国のたゆまぬ発展は失敗を恐れぬ起業家によるところが大きいという議論がある。しかし，Shane (2008)は，それは「神話」にすぎないことを諸データから説得的に論じている。現在がとりたてて「起業の時代」というわけではなく，1980年代から90年代に比べて，さらには1910年に遡って比べても，自営業者の比率が高まっているわけではない。OECD加盟国の中で，米国は自営業者の比率が高いわけではなく，むしろ下から数えた方がはやい。起業した者の特徴をみると，若い人よりも，40代の既婚男性が多く，ハイテクを駆使した仕事よりも，建設や販売など，それまでの職業経験を活かした事業に着手する人が多い。起業家の平均的な像は，ベンチャーキャピタルに投資してもらって事業を開始するのではなく，2万5,000ドルの貯金と個人による銀行借入を元手に一人で始める。自営業を始めた理由は，大金を手にしたいからではなく，人に使われるのが嫌だからであり，生活費を稼ぐためである。被雇用者よりも働く時間が長く，被雇用者として働いていたときよりも稼ぎが少ない。起業家には商売にかんして楽観的な人が多いが，大金を稼げるのはごく少数にすぎない。女性や黒人は，起業する人が少ないだけでなく，業績も男性・白人に比べて相対的に悪い。

なお，この著者は，起業家育成の政策の効果には懐疑的であり，起業への公的支援には否定的であるが，ごく少数の成功企業がもたらす大きな経済的効果は認めており，それなりの教育を受け，商才があり，ビジネスの構想をきちんと練った人に限って，ベンチャーキャピタルは集中的に投資すべきであると提言している。

これまでにも厳しい経済環境と大規模な人員削減がなかったわけではない。しかし，70年代後半くらいから，「一時解雇」では収まらず，恒常的な雇用減や工場閉鎖が当たり前になった。二度と同じ工場の門をくぐれない者が増えたのである（Milkman 1997）。そして，レイオフといえば，ブルーカラーが対象であったが，相対的に優遇されてきたホワイトカラーにまで解雇が及ぶ点がこれまでとは異なる（The New York Times 1996）。

人員削減の新たなターゲット層は，「ミドルマネジメント」である。雇用と高い収入を保障され，自律的に働き，組織内で長期スパンのキャリア展望を描けた人たちが，80年代に入ると，人件費削減の標的になった。この事実を，いくつものデータが裏づける。[7]

その対象は衰退産業だけではない。拡大する第三次産業も例外ではない。サービス部門は，高い成長率を誇り，新たな雇用を創出し，他産業の失業者の受け皿として，さらには「新しい働き方」が実現できる産業として期待されている。しかし，この分野でも，高賃金の人員が削減されている。「雇用なき景気回復」が現実である（Rifkin 1995）。

組織に縛られない働き方という積極的な意味づけの背後で，「オーガニゼーションマン」として安定した人生をおくっていた層の大量削減が進行し，新しい産業では非正規雇用の活用が常態化している。企業の吸収・合併，社内階層のフラット化，ICT化，経営のグローバル化を契機として，労務費のさらなる削減が目論まれ，不本意に組織から外に出され，低賃金の短期雇用者として働かされる人が増えている。

では，このような厳しい雇用環境に置かれた者たちは，いかなる職場環境で働いているのか。以下，「プロフェッショナル」としてイメージされがちなICT分野で働く「専門職」，従来のように組織で働き続ける正規の長期雇用者，サービス産業やICTの分野を「末端」から支える単純労働者，これら3つの雇用形態に分けて，「改革」が進む職場の実態を詳しくみていこう。

1 「プロフェッショナル」な働き手

自分の「腕」で稼げる「プロフェッショナリズム」に魅了される人が増えている。とりわけ新興のICT業界は，旧来の「オーガニゼーションマン」としての働き方を好まない若者たちを引き寄せている。Barley and Kunda（2004）は，ICT業界で契約社員（contractor）として働く「専門職」の実態を調査した。1997年から2年間かけて，ICT業界で働く契約社員71人，派遣先企業10社，人材紹介会社3社に聞き取りを行い，組織に縛られずに働く「専門職」の実像に迫った。

80年代から臨時雇用者(contingent worker)の数が増え，90年代後半には，第二次大戦後，初めて白人ホワイトカラーの平均勤続年数が短くなった。会社は，労務コストを削減し，景気動向に合わせて人員を柔軟に増減するために，臨時雇用者を多用し始めた。なかには，雇用形態を正社員から契約社員に変更させて，同じ人をそのまま働かせている会社もある。彼らが調査を開始した1997年には，米国の雇用者の3割を臨時雇用者が占めるまでになっていた。なお，パートは短時間働く常勤であり，そこには含まれない。同年，契約社員のおよそ20%が「専門職」あるいは「技術職」として働いている。情報源によって数字に幅があるが，90年代の後半，シリコンバレーで働く「技術労働者(technical workers)」のうち，15%から30%を契約社員が占める(pp.16-18)。

著者らによれば，調査対象者は「フリーエージェント」の唱道者たちが思い描く，単純な「成功物語」を生きているわけではないが，制度学者たちが指摘する，これまでの安定的な社会制度を破綻させる存在という捉え方も一面的である。たしかに契約社員は働く場に縛られない。技術職の契約社員(「コンサルタント」と名乗る者もいる)は，派遣先の会社名ではなく，ソフトウェア・ディベロッパー，テクニカル・ライター，マルチメディア・ディベロッパー，システム・プログラマーといった職種名で，自分のことを紹介する。しかし，彼(彼女)らは組織から市場へと一足飛びに移り住んだわけではない。市場と働き先の会社との間に介在する人材紹介会社を利用し，独自の職業ネットワークや同業者のコミュニティを形成し，市場と組織のどちらにも属さない領域を持っている。❖8

契約社員は，働くに際して，派遣の依頼元にかんする情報の海から自分にあった企業の情報を収集し，選り分け，秩序立てるという「情報ゲーム」から着手する。さらには，知り合いの契約社員から有用な情報をもらい，人材紹介会社のパッケージ化された情報も活用し，企業情報の精度を高める。

❖6……経営思想家のCharles Handyは，多様な働き方・生き方の可能性を能天気に宣伝し続けたわけではない。Handy(1994)以降は，楽観的すぎたことを反省し，雇用が不安定になった働き手や組織にも目を向けている。しかし，多様な生き方を主体的に組み合わせ，自ら設計する，「ポートフォリオ人間」という魅力的な彼の考え方は，市場の原理に基づく合理化に絡め取られやすいのである。

❖7……「1980年の初めから87年の終わりにかけての8年の間に，フォーチュン500(米国のビジネス誌『フォーチュン』が総収入に基づいてランキングした全米上位500社―伊原)で310万人の職が失われた。79年末の1,620万人から87年の1,310万人へと。米国経営協会によれば，1987年の会計年度末にあたる6月末，調査企業の45%がスタッフを削減し，88年には，35%がダウンサイズを行い，89年には39%が行った」。そして，「ほとんどの企業で，職を失った3分の1から半分はミドルマネジメントであると見積もっている」(Bennett 1990, p.15)。米国経営協会によるその後の年次調査でも同じ傾向が続く。会員企業の3分の2が1988年から93年の間にダウンサイジングを行い，削減対象の19%が，社員全体に占める割合が8%にすぎない中間管理職であった(Heckscher 1995, p.3，邦訳2頁)。

彼(彼女)らは，自分を売り込む交渉に苦労する。持っているスキルを証明することは容易ではない。「社会的スキル」を身につけ，人脈を大切にし，自分という「曖昧な商品」を売る。

働き出してからも苦労は続く。派遣先では正社員と協力関係を築かねばならない。派遣先の正社員たちは，契約社員のスキルを頼りにし，同じチームの一員として迎えようとするが，契約社員の「自由な働きぶり」に嫉妬を覚える人もいる。契約社員からすれば，どれほど高く能力を評価され，職場で受け入れられようとも，「アウトサイダー」であることには変わりない。「セカンドクラスシチズン」という意識は，常に不安，不満，いらつきの原因となる。もちろん，同じ契約社員であっても，チーム内の役割の演じ方は人それぞれであるが，遅かれ早かれ他の仕事を求めて市場に戻ることは共通する(pp. 287-288)。

契約社員は，その他諸々の負担が大きい。年金や健康保険の掛け金は自分で支払い，税金の計算も全部自分でやらなければならない。つねにスキルを上げていかねばならず，それにもコストと時間がかかる。スキルの陳腐化が激しい業界であり，先が読みにくいため，「自己投資」のリスクが大きい。就業できない期間を最小限にするためには不断の努力が求められ，主観的な感覚としての「自由」とは裏腹に，労働時間は正社員として働いていたときよりも長くなる。生活の総てが仕事に巻き込まれ，仕事と無関係な時間はほとんどなくなる(pp.241-243)。

契約社員には，自分で仕事をこなしていく「個人事業主」，「請負業」という面と，市場をさまよう「労働者」という面とがあり，上司の支配から逃れられたからといって，文字通りの自由を享受できるわけではない。著者らはこの調査結果を踏まえて，契約社員としての働き方を次のように結論づける。「フリーエージェンシーや独立独歩は，社会的な拘束からの自由や他者への依存の消失を意味するわけではない。それは単に，契約社員の社会的依存がコンテクストを変えたにすぎないのである」(p.291)。すなわち，契約社員は組織の拘束から逃れられたとしても，市場からの圧力を直接に受けることになるのだ。もちろん「成功者」がいないわけではない。しかし，「高度な専門知識」を持つと思われている技術職の派遣社員であっても，その多くは，自由を享受する「プロ」とはほど遠い働き方をしているのである。[9]

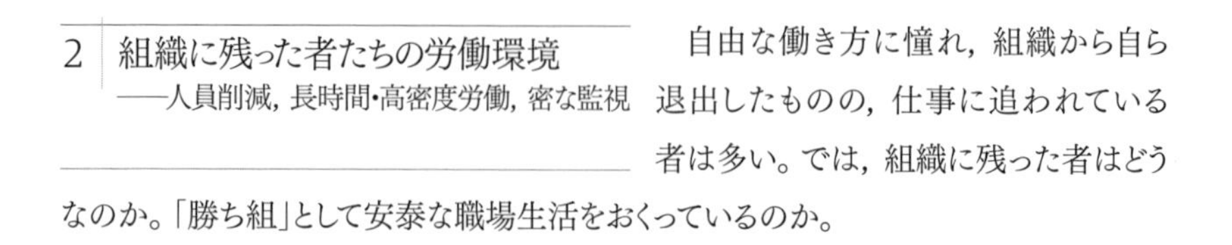

2 組織に残った者たちの労働環境
──人員削減，長時間・高密度労働，密な監視

自由な働き方に憧れ，組織から自ら退出したものの，仕事に追われている者は多い。では，組織に残った者はどうなのか。「勝ち組」として安泰な職場生活をおくっているのか。

人員が削減された職場では，より少ない人数で業務をこなさなければならなくなった。組織に残った人たちも，仕事に追い立てられている。各国の「一人あたりの平均年間総実労働時間」の推移をみると，1980年代以降，スウェーデンを除いて，ほとんどの国で減少あるいは横ばいである(JILL 2011，187-190頁)。しかし，このデータには，フルタイムだけでなく，パートタイムの労働者が含まれている。非正規雇用者の増大が，平均総実労働時間の減少を招いている可能性はある。そこで各国の「長時間労働者」の割合をILOのデータで確認すると，全労働者のうち週49時間以上働く人の割合(1995年，2000年，2004-05年)は，日本は30%前後(男性は40%前後)，米国は20%弱(男性は30%弱)，英国(2000年と2003年)は25%ほど(男性は35%程度)，オーストラリアとニュージーランドは20%強(男性は30%強)であり，大陸ヨーロッパの国々に比べて高い(同上，191頁)。アングロサクソン諸国と日本では，労働時間の「二極化」が生じていると考えられる[❖10]。正規雇用者は，労働時間が長くなり，加えて，労働密度や職場の緊張度が高まり，作業のペースを自分でコントロールすることが難しくなった(Burchell et. al eds. 2002)。

従業員間の競争も激化している。組織のフラット化によりポストの数が削減され，ポストを巡る競争は激しくなった。成果主義の人事制度の導入と従業員間の明確な格差づけが，いっそう競争心を煽る。もちろん，これまでにも「能力給」の賃金制度は存在した。ここにきて急に仕事ぶりが評価されて，賃金に反映されるようになったわけ

❖8……市場原理の下での「公正な競争」が強調される米国でも，就職に際してインフォーマルなつながりが重要な意味を持つという指摘は興味深い。このようなネットワークやコミュニティの存在は，この業界や現在に限られた話ではない。Granovetter(1974)の有名な研究は，転職の際にそれらが重要な役割を果たすことを明らかにした。彼は，1972年に，白人男性のホワイトカラー(専門職，技術職，管理職)を対象として，転職機会に際した情報の伝播について調査し，新聞や仲介サービスなどの「フォーマルな方法」，応募者が直接会社に問い合わせる「直接応募」，個人的な知り合いである「人的つながり」の中で，3番目によるケースが最も多く，しかも情報が有用であること――高い満足，高い収入，自分にあった仕事を見つけるという意味で――を見いだし，さほど親密ではない「弱い紐帯」から得られる情報がとりわけ重要であることを明らかにした。その後20年の研究蓄積は彼の議論を深化させ，人種，ジェンダー，民族，教育程度，国などにより多様性があり，フォーマルとインフォーマルの混合形態の存在があることを示すが，基本的には彼の研究成果を支持する。「近代化，技術，そして，目が眩むようなペースの社会変動にもかかわらず，世界で変わらぬことは，ほとんどの成人にとって生活の最大部分である労働時間を我々がどこで，どのように過ごすかは，我々がコンタクトのソーシャル・ネットワーク――親類，友人，そして知り合い――にどのように埋め込まれているのかによって決まるということである」(Granovetter 1995, p.141, 邦訳141頁)。

❖9……労働条件は，労働市場における需給関係だけで決まるわけではない。ICTのような新興の産業は，労働者の団体による保護・育成の伝統が乏しく，業界による政府への交渉力が弱いため，労働条件は低く抑えられがちなのである(Grugulis and Lloyd 2010)。

❖10……平均年間総労働時間が依然として2,000時間を超える韓国では，「二極化」ではなく，全般的に長時間労働である。

ではない。しかし，かつては，「管理職は部下の仕事ぶりの評価にはっきりとした格差をつけるのを拒否し，大半の人に平均以上の評価を与えてしまうのが普通だ」った。「管理職は部下の評価に格差をつけるのに抵抗」していたのだ。それが今や，「経営トップが，一部の社員は必ず低い評価になるような『強制的なカーブ』によって部下を評価することを管理職に義務づけることが多くなっている」(Heckscher 1995, p.17, 邦訳23頁)。[❖11]

しかも，勤務評定は上司から部下へと一方向に行われるだけではない。評価内容をフィードバックする人材アセスメント制度を導入する企業や，同僚どうしで評価し合ったり部下から上司を評価したりする企業がでてきた。これらの制度は，一方で，上司が評価の権限と情報を一手に握れなくなり，職場運営を民主的にする可能性を秘めているが，他方で，職場に身を置く者をあらゆる方向からの視線にさらし，相互監視を強化するかもしれない。どちらの側面がより強く機能するかは，企業を取り巻く環境，経営状態，他の管理制度との整合性，企業文化，職場の雰囲気，個々の人間関係などにより異なるが，大幅な人員削減・雇用条件の悪化・雇用形態の「多様化」は，職場から物理的・経済的な余裕を奪い，人間関係を不安定にするため，全般的な傾向としていえば，後者の側面が強まっている。「組織の時代」には，社員を取り込む強い文化が醸成され，「家族主義的」な雰囲気が漂っていた。官僚制の無機質で機械的な運営の下にあって，文字通りの信頼関係が育まれていたかどうかは怪しいが，職場に「自律的」なチームが導入され，組織に従業員を「一体化」させる文化が注がれ，擬似的ではあるにせよ，安定した人間関係を保っていた。ところが，雇用の流動化と成果主義の導入により，個人主義的な競争が煽られ，労働者としての共通の基盤は脆弱になり，職場構成員の協力的な関係は弱まった。直属の部下といえども，仕事を教えれば，ポストや職を奪われる危険が出てきた。職場では構成員をライバル視したり，敵対視したりする雰囲気が強まっている。同じ「チーム」の構成員であっても，相互の助け合いよりも相互監視が，さらには足の引っ張り合いが目立つようになった。

組織の外からも厳しい評価を突きつけられるようになった。企業は株主の「道具」であり，「企業経営者の使命は株主利益の最大化である」(Friedman 1962)。新自由主義は，労働者や労働組合ではなく，株主や消費者(公的機関や非営利組織の場合は住民，サービス受益者，支持者など)を資本主義の‘主役’の座に据え，それらの人たちの厳しい眼差しが経営実績や勤務態度に注がれるのである(「360度評価」)。

「お客様」の購入実績が従業員の成績に直結し，感想はがき，電話，ネットを通して，顧客や支持者の満足度・苦情・要望が組織に伝えられ，解析され，勤務評点に変換される。消費者評価のフィードバックは，新商品の開発などに活かされてきたが，いまや，従業員の勤務評価にも活用されるようになった。そして，「勤務態度」の綿密な把握と評価は，従業員にある程度の「裁量」を持たせて，「顧客」の要望に「自律的」に対応させることを可能にする。こうして，経営側のコントロールと労働者側の裁量の間で生じてきた「古典的なジレンマ」は，完全にとまでは言わないまでも，幾分かは解消される。管理者自身も，上級の管理職に職場単位の業績一覧を突きつけられて，更なる従業員指導を迫られる(Fuller and Smith 1991)。

働く者にとって，消費者の要望に応え，満足度を高めることが至上命令になった。際限なく膨張する消費欲求――消費量の増加，多品種化，高い品質，きめ細かなアフターサービス――への対応は負担である。サービス業などで働く「感情労働者」は，とりわけその負担が大きい。細かな気配り，密なコミュニケーション，個別対応を要求され，身体と知識に加えて感情も駆使せねばならなくなった(Hochschild 1983)。

「顧客による管理」という管理手法および管理イデオロギーは，サービス業，営業，販売，テレフォンサポートの仕事はもとより，他の産業や職種にも広がっている。TPSでは，ライン労働者は後工程を「顧客」とみなすように指示され，質の高い部品を作り，工程間を滞りなく部品が流れるように求められている。

業務負担の増加は，「ホワイトカラーの成功と安定の象徴である医者・弁護士・会計士」も例外ではない。専門知識や高度な技能・技術を駆使して働く者であっても，経費削減と顧客へのサービス対応から逃れられず，事務処理作業が格段に増え，働く時間が長くなっている。「今日のアメリカのホワイトカラー社会において給与を押さえつける圧力から本当に免れているのは，CEOの階層だけである」(Fraser 2001, pp.45-46, 邦訳50頁)。

人員削減，労働密度の強化，人事制度の成果主義化，360度の監視の傾向は，ICTの導入を介して強められている。

工場にICTが導入され，監視が強まっていることは，第10章で明らかにしたが，ホワイトカラーの職場では，ライン労働のように定型化し定量化して評価することが難しいとされてきた。営業や販売などの仕事以外は，プロセスはもとより，結果も定量的に評価することは困難であった。ところが，低価格で高性能な情報通信機器が普及したことにより，業務の過程と結果が情報化されるよう

❖11……後述するが，GE(ゼネラル・エレクトリック)の元会長のJack Welchは，従業員間に明確な格差をつけ，ダメ社員には去ってもらうと公言し，それこそが人材の育成と有効活用であるという信念を持つ。そのGEも，彼が1981年にCEOになる前は，実質的には査定制度が機能していなかったと彼は回顧する。「きちんと仕事をできない人たちを守ろうとしていた。それが評価の仕組みだった。悪い報告をしたいと思う人はいない。そのころは，少なくとも自分の上司のポストがキャリアの目標だと自己申告票に書くのが普通だった。それに対する上司の評価は，『一段上のポストに就くだけの十分な能力がある』。たとえ，上司も部下もそれが本当ではないとわかっていても，こんな具合だった」(Welch with Byrne 2001, p.58, 邦訳(上) 100頁)。

になり，状況は一変した。一人ひとりの社員にIDカードが配られ，出退社時刻や部屋の出入り時間が記録される。セキュリティという名目で監視カメラが至る所に設置される。パソコンには監視ソフトがインストールされ，パソコンの起動時間，閲覧したサイト，検索キーワード，メール内容までもが事細かに把握される。それらのデータは評価の基礎材料になり，評価基準に則して解析される。「エレクトロニック・パノプティコン」(Poster 1990)が機能する環境は着実に整備されている。Garson(1998)は，ホワイトカラーの仕事のオートメーション化に警鐘を鳴らす。「今や，20世紀の技術が19世紀の科学的管理法と融合し，未来のオフィスは昔の工場に立ち返る。これは，はじめに事務員と電話交換手に，それから銀行の金銭出納係，サービス労働者に及ぶ。現下の主たるターゲットは，専門職と管理職である」(p.10)。タイピストが打ち込みした数やコールセンターが対応した人数と時間が計測され，サービス業務がマニュアル化され，感情の表出の仕方さえも標準化される。管理業務や専門職も例外ではない。かつて職人が職工に代わられたように，ホワイトカラーの専門職は，技能が低く，教育コストが安く，低賃金であり，「特別な存在ではない人たち」に取って代わられる。

労働者にかんする情報の収集と分析は，入社前から始まっている。採用時には，インターネットを用いて政治活動歴や思想信条を洗い出し，ブログやSNS(ソーシャル・ネットワーキング・サービス)から日常的な発言を拾い集め，企業の意に沿わない応募者は事前にはじく(Lyon 1994, ch.7)。

ただし，ICT自体が必然的に人員を削減し，労働時間を長くし，作業を単純化させ，労働密度を高め，相互監視を強化するわけではない。利用の仕方には幅がある。[12]情報通信機器を活用することで，働く場所や時間の制約が小さくなり，仕事の負担が軽減されることもある。わざわざ会社にいかなくても家で書類を作成し，送付することが可能になった。しかし，そのような「人間的な職場環境」は長続きしにくいのが現状のようだ。組織の縮小や人員の削減などの合理化傾向が強まり，そして「ITバブル」が崩壊したことにより，負担の軽減や自由の確保といった積極的な側面よりも，場所や時間にかかわらず無限定に働かされる否定的な側面の方が強まったからである(Ross 2003)。市場での生き残り競争が加速する一方にあって，自分のペースで都合のよい場所と時間で仕事ができるという「利便性」よりも，いつも仕事から逃れられないという「拘束性」の方が強い。

3 厚みを増す「下層」

組織から飛び出た者の多くには，厳しい現実が待ち受けていた。自分のペースで働けるのではなく，仕事に追われるようになった。かといって，組織で働き続けている者も安泰ではない。少ない人員で職場を回さなければならなくなり，労働時間が長くなり，労働密度が高まり，監視が厳しくなった。しかし，それでもまだ，両者は働けるという点で「恵まれている」ともいえる。不安定な身分で働く低賃金労働者が，その他大勢，存在するのである。

世界経済を国際分業の観点からみると，「先進国」の企業は，「開発途上国」から低価格な材料や商品を仕入れる。あるいは，「開発途上国」に工場やオフィスを進出させて，相対的に安い労働力を活用する。海外工場における低賃金の単純労働は，「先進国」の高付加価値労働と対置される。しかし，「先進国」内でも，多くの労働者が——女性，移民，有色人種，若者が主に含まれる——，劣悪な条件や環境で働いている。最低賃金以下で働かされる違法労働も少なくない[13]。華やかなイメージがあるICTの業界も，「開発途上国」でそして「先進国」内で，悪条件で働く人たちが「底辺」を支えているのである[14]。

企業は，労働力の質を高めてサービスや商品の質を向上させようとするが，同時に，グローバルな規模で，業界内で，そして企業内で労働者間に格差を設け，労働条件を切り詰める。各次元で統合と格差のベクトルが交差する動的かつ重層的な経済体制ができあがっている[15](Taylor 2010)。人件費の削減，パートタイムジョブの増加，労働の標準化・単純化という合理化は，製造業だけでなく，ICT産業，サービス業，教育業界など，あらゆる産業に広がりをみせる。

Ritzer(1993，1998)は，このような合理化が行き渡った社会を『マクドナルド化する

❖12……新しい生産技術の導入にかんする研究書をひもとけば，常に技術決定論の問題を抱えてきたことがわかる。一方で，新しい生産技術は新しい技能や知識を必要とするという，技能の(再)高度化論が出てきた(Hirschhorn 1984)。他方で，熟練工への依存度を低くし，ひいては熟練工を排除することを目的に開発され，職場に導入されてきた経緯がある(Noble 1984; Shaiken 1985)。しかし，職場レベルの活用の仕方は，技術が一義的に決定するわけではない。経営側による選択には幅があり，他の管理制度——労務管理や労働組織など——との関係によるところが大きい(Zuboff 1988)。したがって，ICTに限らず，いかなる技術でも，「決定論」は避けなければならないが，ここで注意を要することは，技術決定論を避けるということは，技術は利用の仕方によって「いかようにでもなる」こと，すなわち技術が「中立である」ことを意味するわけではないということだ。新しい技術の設計，導入，使用の各段階において，経営者，技術者，労働者などの各アクターは政治を繰り広げ，それらの過程が新しい技術に反映されてきたのである(Wilkinson 1983; Clark et al. 1988; Thomas 1994)。これらの詳しい論考については，伊原(2006c)を参照のこと。

❖13……Hayes (1989)によれば，80年代のハイテクカンパニーの労働力のうち，10%から15%が臨時労働者であることは共通理解であり，なかには30%占める企業もある。1984年に移民帰化局(Immigration and Naturalization Service)がシリコンバレーに特別支局(special branch office)を開設し，労働力の25%，およそ20万人が違法で働き，そのような労働者は増加傾向にあることを明らかにした。10%から20%という控えめな数字を発表する新聞もあり，数字には幅はあるが，合法的な移民も含めれば，その数は確実に増え，多くの移民がICT業界の「末端」を支えているのである(Hayes 1989, pp.50-57)。

社会』として提示する。職場，学校・教育・研究，病院，レストラン，（テレビ・サイバー）ショッピングモール，決済，アミューズメントパークなど，あらゆる場が合理化にさらされていると認識し，「マクドナルド」という現代社会を象徴するファーストフード店の名を用いてこれらの現象を概念化する。そして，「合理性の非合理性」が世界規模で広がっている現状に警鐘を鳴らす。「脱人格化」と「画一化」が進み，人間の技能が人間に頼らない技術体系へ置き換えられ，規則・規定・マニュアルに基づく「マックジョブ（Mac Job）」が増え，人間がロボットやオートメーションの一部のように機能することへの批判である。「マックジョブ」化した労働はより大きな価値体系の一部になり，客・クライアントも含めて「マクドナルド化」された体系に包摂される。労働者は，機械体系に則った指示に従い，期待された動きをする。客は，自分がなすべきことを理解しており，食べた後に片づけをし，逐一指図されずとも「無給で動く」。

見方によっては，「マクドナルド化」された社会は否定的な面だけではない。効率性，予測可能性，計算可能性が高まるなど，数多くの「利点」が存在する。管理する側からすれば，労務コストを下げ，誰が担当しても同じサービスを供給できるようになる。顧客からすれば，サービスの標準化による型どおりの対応に不満を感じることはあるものの，どこでも，手っ取り早く，同じ商品を低価格で手に入れることができる。[16] しかし，「マックジョブ」に従事する者の数が増えており，低賃金の生活を強いられ，将来的にスキルアップを望めない層が厚くなっている事実は看過できない。

Garson（1998）によると，マクドナルドに「一時点で50万人のティーンエイジャーが働き，その多くは長い期間は働かない。およそ800万人の米国人がマクドナルドで働いた経験があり，働く人は増え続けている」（p.19）。U. S. Bureau of Labor Statistics 1996

❖14……同じ業界内に階層があるだけでなく，一部の富裕層の生活をその他大勢の低所得者層が支える構図ができあがっている。「先進国」の都市部には，一方で，数は限られるものの，高い技術を持つ専門職層や管理職層が集まり，他方で，彼（彼女）らが享受するサービス――外食や家事育児など――を供給する低所得者が厚い層を成している。Sassen（1991，1998）の分析によれば，グローバル資本主義は国境や旧来の南北間の区分を取り払い，「先進国」の大都市部（「グローバルシティ」）において新たな「経済地理的力学」が生まれている。市場原理，規制緩和，自由貿易を掲げる新自由主義的経済観は，「後進国」にも外延的に広がりをみせ，世界規模で不平等を拡大させたが，同時に，「先進国」内の都市部の先端産業（で働く富裕層）を支える移民や女性の労働者を増加させており，両方向の格差拡大傾向は密接な関係にある。

❖15……ICT企業のオフショア生産として中国やインドが有名であるが，「新興国」には，都市部で働く若手の富裕層や新たに形成されつつある産業集積地で働く者もいれば，ハードウェアの製造に従事する，農村出身の低賃金（女性）労働者もいる。オフショア先にも階層があり，格差は拡大傾向にある。また，進出元の経営者は，進出先の人件費だけでなく，政治的安定，インフラ整備，教育の充実度と労働力の質，語学能力，為替などを考慮して工場移転やオフショア生産を決定し，中核技術をどこまで移管によれば，マクドナルドに限らず，飲食店か食料雑貨店に，米国の15歳～24歳までの労働人口の5分の1が働いている(Tannock 2001 p.14，邦訳17頁)。

北米の若者たちは，低賃金，不安定雇用，不規則な働き方，強いストレス，サービス残業，危険な職場環境として特徴づけられる劣悪な仕事を，サービス業や小売り業の「底辺」で担っている。しかし，「腰かけ仕事」は，若者というライフステージや若者文化と合致し，労働市場の需給関係に「はまり込んでいる」ように見えるため，若者層が搾取されている社会構造は認識されにくい。また，10代の人たちは，派手な消費文化の見せかけから，「ゆたかである」というステレオタイプな偏見を受けており，社会政策上，顧みられることがほとんどなかった。労働組合も若者の雇用・労働問題を真剣に扱おうとはしてこなかった。女性やマイノリティの発言力向上にかんしては，組合の取り組みは進んだ面があるが，若者問題については，組合はこれまでにほとんど関心を寄せてこなかった。Tannock(2001)は，若者を取り巻く労働環境と若者にか

するかを決める。企業内，国内，そして国家間でそれぞれ分業体制が組まれ，各次元で格差と同時に統合の論理がはたらき，各次元が相互に影響を及ぼし合う。したがって，「先進国」と「途上国」との格差拡大という図式は単純すぎるが，「途上国」の安い労働力は進出元企業にとって依然として大きな魅力であることはたしかであり，「途上国」の工場やオフィスでは，大量の低賃金労働者が単純な高密度作業に従事しているのである。

❖16……「マクドナルド化」する社会は，労働者にとっても，「メリット」が全くないわけではない。合理化と言えば，人員削減や，Max Weberの「鉄の檻」に代表される非人間的な管理の強化が思い浮かぶが，作業の標準化は，労働時間を計算容易な形に変え，将来設計を可能にした(第10章の注8を参照)。第11章で取り上げたように，官僚制組織は，権限と責任の範囲を明確にし，無限定な仕事増から労働者を守る。デジタル化されたデータは，働きぶりを評価・選別される情報源になると同時に，重複作業を省き，顧客情報の効率的な収集・加工・活用を可能にし，自らの働きぶりを「客観的」に評価してもらえる根拠にもなる(Lyon, 2001)。Leidner(1993)は，マクドナルドと保険会社を対象に，顧客との間でやりとりするサービス業の労働(「対話式のサービス労働[interactive service work]」)について参与観察と聞き取り調査を行い，「マックジョブ」の否定的な側面だけでなく，働く者にとっての「メリット」の側面も考察している。

「マックジョブ」は，見かけ，感情，雰囲気までもがマニュアル化され，労働者は自由を奪われ，プライバシーの領域にまで踏み込まれている。しかし，そのような労働者も，仕事がマニュアル化されているからこそ，技能の習得が短時間で可能であり，すぐに仕事をこなせるようになり，自信を持てるようになる者もいる。かといって，「マックジョブ」は，誰が担当しても全く同じサービスを供給できるわけではない。サービス労働には「気遣い」や「機転」が求められ，それらが顧客満足を大きく左右するからである。ちょっとしたバリエーションを駆使するところに，「腕の見せ所」の余地が残されている。加えて，労働者は，すべてが「自己裁量」に委ねられているわけではないことにより，仕事の中で感情をすべて絡め取られる危険性から逃れられる。顧客から無理難題を突きつけられても，杓子定規の受け答えをし，マニュアル通りの対応をしているだけと思うことで，「本当の自分」を守り，心理的なダメージを負わない。「マックジョブ」で働く者たちは，必ずしも疎外され，非人間的な扱いを受けているとは感じていないのである。

たしかに，彼らが分析したように，社会の「マクドナルド化」は，経営者や顧客だけでなく，働く者にとっても肯定的な面がないわけではない。しかし，以下にみるように，「マックジョブ」を担う層が拡大・定着している点が看過できないのである。

んする研究状況の問題をこのように捉え，1990年代後半の11ヵ月間，ファーストフードとスーパーマーケットで働く若い労働者を対象としたフィールドワークを行い，若さを売り物にされ，年齢差別を受け，低条件で働く若者たちの労働実態を明らかにした。もっとも，若者たちの中には，それらの仕事に喜びや価値を見いだす者もいないわけではない。また，このような短期間の労働は，将来の職業を見据えた労働教育の機会になっていることもある。しかし，彼(彼女)らが若い時に考えていた将来設計とは異なり，「腰かけ仕事」をそのまま担い続ける人が増えている点が問題なのである。[17]

若者，労働者階級出身者，マイノリティ，女性(なかでもシングルマザー)が多く含まれる低所得者層は，「繁栄」の中で見落とされ，「不可視」な存在にされてきた(Young 2007, p.90, 邦訳174頁)。彼(彼女)らは，ファーストフードでの接客をはじめとして，スーパーのレジ係，ベビーシッター，「掃除婦」，縫製業，運転手，食肉解体業などで糊口を凌いできた。Ehrenreich(2001)は，生物学の博士号を持っている身分を隠してそれらの仕事に挑戦し，これらの職では経済的・文化的に最低限の生活すらおくることは困難であることを，身をもって証明した。

この階層に位置づけられる人たちの多くは，この生活から抜け出せない。若者の時に一時的に「使い捨て」られているだけでなく，成人に達してからも不安定な職を転々とし，「働く貧困」層に加わり，やがて働くことすらままならなくなる(Shipler 2004)。Katherine Newmanの一連の調査は，「下層」の定着や社会階層の「下降移動」の実態をリアルに描いている興味深い研究である。

彼女は，90年代の前半，都市部のスラム街の人たちの労働・家庭生活に焦点をあてて，広範にわたるインテンシブな聞き取り調査を行った。教育が不十分であり，低賃金のファーストフード店で働き，家庭環境が離婚・薬物・犯罪などで荒廃した人たちの生活を活写した(Newman 1999)。しかし，90年代後半から21世紀前半にかけて，米国が未曾有の好景気に沸く時期に，「ワーキングプア」として生きてきた彼(彼女)らの中には，経済状況が好転した人が少なからずいたことをその後の追跡調査が示す(Newman 2006)。ただし，この事実は，労働条件，生活環境，教育システムの根本的な改善を意味するわけではなかった。景気が後退し，失業率が上昇すれば，再び貧困層に舞い戻る人が多いからである。その象徴的な出来事が，低所得者向けローン制度を利用した家や自動車などの高額商品の購入であり，ローン返済の破綻と貧困生活への逆戻りである。「サブプライムローン」の危機は，貧困層をも‘食いもの’にする資本主義の本質を露呈した。

さらに，「中流階級」と貧困層の間には，貧困間近(near poor)の分厚い層が存在する。世帯所得が2万ドル以下の貧困層は米国で3,700万人もおり，その存在はメディアでも頻繁に取り上げられてきたが，「中流」と「貧困」との間に位置する層（4人家族の世帯所得が2万〜4万ドル）は5,400万人にも達する。その多さにもかかわらず，世間的にも社会政策的にも注目されることがほとんどない。まさに「失われた階級（Missing Class）」である（Newman and Chen 2007）。

加えて，大規模組織の正規雇用が縮小する中で，「中流階級」からの下降移動が目につくようになった（Newman 1988）。「ゆたかな生活」を享受し，未来は必ず発展・進歩するものであると信じてきた者にとって，生活水準を落とすことは受け入れがたい現実である。しかも，彼（彼女）らは，単に経済的に厳しい状況に陥るだけではない。Newmanによれば，経済的には「低所得者層」に属するようになるものの，社会的意識や生活文化，知識を元手とした働き方は「中流」にとどまる。このどっちつかずの「股裂き状態」に苛まれることになるのだ。ベビーブーマーらが享受した「ゆたかな生活」は，彼（彼女）らの子ども世代には望み薄になったのである（Newman 1993）。

III 働く者の内面——「自己」の再形成と崩壊

以上，市場原理の浸透，経営のグローバル化とボーダレス化，ICTの普及といった経済環境や社会構造の転換の議論を踏まえて，組織の再編成に伴う雇用と職場・生活環境の悪化の実態を明らかにした。

では，このような厳しい雇用状況・労働環境の下に置かれた人たちは，いかなるスタンスで，どのようなメンタリティで働いているのか。本節は，「多様な働き方」の実態を働く者の内面から検証しよう。

1 市場に立ち向かう「強い個」

新時代の働き手として脚光を浴びた人たちの存在は，全くの幻想というわけではない。起業家のみならず，被雇用者の中にも，組織に縛られずに自由に働く者はいる。

アップル社のSteve Jobs，マイクロソフト社のBill Gates，フェイスブック株式会社のMark Zuckerbergなど，起業家の伝記は数多く出版され，世間の関心を集めてきた。それらをひもとけば，常識に囚われない，個性豊かな人物が会社を興したことがわかる。彼らのような独立心の強いメンタリティは，組織を渡り歩く人たちにもみられる。たとえば，Kidder（1981）が描いた「コンピュータ野郎」の

❖17……若者の非正規労働者の増加は「先進諸国」に共通する現象である。ただし，非正規雇用・フリーター・ニート・失業の実態とそれらの関係は，各国により違いもある。日本と英国の若者については，乾編（2006）を参照のこと。

ような‘タフな男たち’である。

コンピュータ産業は，短期間の急成長，将来性と発展性，そして「大もうけ」の可能性を感じさせる業界である。働く者の年齢は若く，職場は活気づいている。20代後半で「古参」になり，30代後半には早くも「おじいちゃん」扱いを受ける。生活は不規則であり，追い込みのときはほとんど寝ずに働くが，気にくわなければ引きこもってしまう人もいる。ドレスコードは緩く，職場には自由な雰囲気が漂う。プロジェクトチームは，企業内外から人材をかき集め，社内の資源獲得競争に興じる。有能な技術者たちが，お金よりも面白い仕事――この会社の表現では「セクシーな仕事」――にこだわり，「サイン・アップする」。すなわち，「プロジェクトを成功させるうえで必要なことは何でもやると同意する」のである（p.63, 邦訳82頁）。社員の持ち株制度やストックオプションによる金銭的な見返りもないわけではないが，なによりもコンピュータに魅了された人たちである。一人ひとりが「企業家精神」を持って働き，特別な手当をもらわずとも超過勤務に励む。彼らは，新しいコンピュータの発表会で表舞台に立つことはない。このプロジェクトから得たものは，報酬や名誉ではなく，「自己実現」，「達成感」，「自己充足」である（pp.272-273, 邦訳360-361頁）。

このような個性的なチームで働くには，我の強さが欠かせない。「オーガニゼーションマン」のように，会社に生活を保障してもらい，いつもと変わらぬ仲間と働くことに安心感を覚え，所属組織にアイデンティファイするのではなく，組織から自由たらんとし，上司にこびへつらうことなく，専門知識を元手に企業を渡り歩き，プロジェクトごとに集合離散し，自分のことは自分で責任を取る，といった個人主義に基づく強いメンタリティを持つ者が活躍できるのだ（Bennett 1990; Leinberger and Tucker 1991）。

2　市場を漂流する人たち，解雇不安におびえる人たち

しかし，大方の人は，もともと「強い個性」を持っているわけではないし，組織から外へ出た（追い出された）からといって，「強い個人」に一変するわけでもない。雇用は保障されず，職場の人間関係は流動的になり，将来展望は描けない。かといって，分断された労働者たちは連帯に向かうわけでもない。Bauman（2001）は，雇用不安に晒された人たちのことを次のように語る。

「雇用は短く不安定，将来への確実な展望は消滅し，雇用はエピソード的なものになった。そして，昇進と解雇をめぐるゲームの，ほとんどすべての規則は否定されるか，ゲームの途中で変更された。こうなると，相手にたいする忠誠心，献身が芽をだし，根をはる可能性はほとんどなくなる。長期的相互依存の時代と違って，新しい時代に

は，共同作業の叡智に真剣に興味をもつ動機はほとんどみあたらない。雇用の場は共生のための規則を，忍耐強く，苦労しながらさがす共同生活の場ではなくなった。それはむしろ，数日間をすごし，快適でなければ，あるいは，満足がいかなければいつでも出ていけるキャンプ場のようなものとなった」(pp.148-149, 邦訳192-193頁)。

Baumanは，場所や長期的な展望はもはや意味をもたなくなり，「柔軟性」と「今」が「生活戦略」のキーワードになったという。不安定性(身分，権利，生活)，不確実性(永続性と将来の安定)，危険性(身体，自己と財産，近隣，共同体)の中で，たったひとりで，恐怖，不安，不満に耐えねばならない(p.161, 邦訳211頁)。

不安定な精神状態は，程度の差こそあれ，組織に残った人にもあてはまる。大企業であっても，吸収合併や倒産は珍しくない。部署や部門ごとに切り売りされることもある。企業は急激に拡大しうるようになったが，そのことは，突然の衰退や消滅と裏腹である。その象徴的な出来事が「ITバブル」であった。企業体の破綻は，株主のみならず，働く者にも切実な問題として降りかかる。収入が途絶えるだけでなく，自分の居場所や共に働いてきた仲間を失うからだ(Sennett 1998)。

今現在働いている者も，かつてのような安心感は持てなくなった。そして，会社の一員というアイデンティティは揺らぎ，組織への「忠誠心」と仲間への「信頼感」は弱まった。盤石と思われた組織や気心の知れた人間関係の中で形成された「自己」は，危機にさらされている(Sennett 2006)。

組織に残れたとしても，「次は自分かもしれない」という不安がつねにつきまとう。実際には，大企業や行政組織の労働者が解雇される確率は，世間で言われるほどには高くないのかもしれない。しかし，その可能性におびえる時代になったのだ。

3 「自己」の再形成と働きすぎ

依って立つ場が心許なくなったからといって，誰もが「強い個」に一変したわけではない。先行き不透明な生活に耐えられず，「自己」は不安定になった。しかし，ここからが興味深い点であるが，それでもわれわれは，これまでと同様，組織の中で「確たる自己」を求め，不安を解消しようとするのである。そして，「自己」の再安定化を求めるメンタリティが，結果的に，過度な労働を受け入れることにつながるのである。

Casey(1995)は，「ポスト工業化」時代における「自己」の再構成と熱心な働きぶりとの関係について考察する。彼女によれば，現代社会は工業化から「ポスト工業化」の時代に移行し，職場環境が様変わりした。製造現場にはフレキシブルマニュファクチュアリングシステム(FMS)が設置され，オフィスにはコンピュータ統合システムが導入され，情報処理は脱中央化され，組織はフラット化し，チームが主体となって組織を運営するようになった。知識労働者たちは，ノートパソコンと携帯電話を使いこなし，場所に縛られずに働く。工業化時代は，専門性と分業がその特徴であったが，「ポスト工業化」時代になると，多様なスキルを身につけ(multi-skilling)，スキルアップすること(up-skilling)が重視される。かつての確たる「職業」があった時代と比して，彼女はこのような変化を特徴にもつ新しい時代を「職業の後(post-occupational)」の時代と呼ぶ。専門家としての職業意識は弱まり，職業を基盤とした労働組合の力は弱体化した。

彼女は，産業構造，職場環境，仕事の質の変化をこのように整理した上で，「ポスト工業化」時代に働く者の「自己(self)」のあり方を検証する。高機能の機械とシステムを開発製造する大企業で働く者を調査した。

雇用の保障がなくなり，従業員間競争が激しくなり，会社や職場への「忠誠心」は低下した。仕事はカテゴリー化しにくくなり，変わらぬ業務は期待できなくなった。ところがこの状況に，会社が「チーム」や「ファミリー」という「人為的な文化(designer culture)」を注入すると，従業員たちは，「チーム」を介して新しいスキルを習得し，「チーム」の中で多様な能力を発揮するとともに，「チーム」や「ファミリー」に，工業化時代に抱いていた「所属」や「依存」に似た感覚を持つようになった。彼女は，この心理現象を「代替的な自己同一化(compensatory identification)」と呼ぶ(p.158)。

経営者は，めまぐるしく変化する市場から会社がはじき出されないために，従業員に危機意識を持たせ，変化し続けることを求める。[18] それは，経営者が強いているわけではなく，市場が'不可避的'に要求しているのだという。こうして，経営者たちは，一方で，従業員に危機感を煽り，「向上心」を鼓舞するわけであるが，他方で，組織や職場において新たな「包まれ感」を演出し，依って立つ場を失いかけた従業員を再び会社に取り込もうとする。「自己」とは状況依存的であり，構成され続けるものである。[19] 先行き不安になり，「会社の一員」としてのアイデンティティが揺らぐ従業員たちは，伝説的なカリスマ経営者の「成功物語」を好み，「ありたい自分」と重ね合わせ，強い企業文化や単純明快な経営理念に引き寄せられる。経営者や人事部門が「上」で文化を設計し，職場の管理者が各現場において構成員の「自己」の形成を「手助け」する。チームリーダーは部下に命令を下す指揮官ではなく，サポート役を果たす「コーチ」に徹する。経営者や管理者が社員の理想像を押しつけることなく，従業員は自らそれに近づこうとして熱心に働く。[20]

新自由主義が支配的な思想潮流になり，個人主義に基づく競争が時代の要請とみなされるようになった。社会，地域コミュニティ，会社，そして他者との結びつきが希薄になり，組織はもはや労働者の生活を守ってくれる基盤ではなくなった。組織の発展に自分の将来を全面的に重ね合わせることはもはやできない。しかし，働く者は，

「オーガニゼーションマン」から「強い個」に一変したわけではない。多くの者は，組織の頼りなさと先行きの不透明さに不安を感じている。その心理状態に，経営者のカリスマ性，経営イデオロギー，企業文化といった「安定化装置」は忍び込みやすい。不安を解消するために，擬似的ではあれ，チームに「居場所」を確保し，新しい企業文化を受け入れ，カリスマ的な経営者に傾倒し，「確たる自己」を再び求めようとするのであり，そのことが，熱心な働きぶりに結びつくのである。❖21

4 否定的な反応と「自己防衛」

では，すべての人が，新しい労務政策に取り込まれ，必死に働くようになったのか。結論から先に言えば，決してそうではない。使い古された手法は将来への不安，組織への不信，職場での居心地の悪さを払拭しきれない。不満や怒りといった否定的な感情が芽生え，シニシズムが職場に蔓延することもあれば，新しいタイプの「不正行為」や「不法行為」，「いじめ」や精神的な「病」が生じることもある。以下，市場原理に基づく組織の再編成に伴う，これらの「非生産的」な職場現象をみていこう。

Noer(1993, 2000)は，組織の縮小や再編をくぐり抜けて生き残った者たちに生じる否定的な感情を「レイオフ・サバイバー・シックネス」と命名し，その感情が生まれる原因

❖18……インテルの元CEOであるAndrew S. Groveのモットーは「パラノイア(病的なまでの心配性)だけが生き残る」，である。市場の変化が速く，技術革新がかつてないスピードで進む時代において，経営者は，「戦略転換点」(企業が存続する期間に基礎的要因が変化しつつあるタイミング)を捉えることが重要であり，それをうまく摑むことができれば，ステップアップするチャンスを得ることができるが，逆にその機会を逸すれば，終焉の第一歩になるかもしない。このように，彼は自伝で述べている(Grove 1996)。

❖19……Casey (1995)は，職場において構成し，構成される「自己」を‘designer selves’と名づける。他の論者にも，似たような特徴を持つ「自己」に注目し，独自の言葉で表現する者がいる。‘crafting selves’ (Kondo 1990)，‘engineered self’ (Kunda 1992)，‘enterprise selves’ (du Gay 1996)。

❖20……「自己」の再構築の‘手助け’は，「キャリア設計」の際にわかりやすく行われる。われわれは，「オーガニゼーションマン」が期待できたような将来は見込めないとして不安を煽られる。にもかかわらず，‘首尾一貫した’キャリアプランを期待される。いくつかの選択肢を就職関連産業，教育機関，そして管理者により提示され，自らが「関与」して「ストーリー」を(むりやり)作り上げる。それは，過去から現在，そして未来へと続く，‘必然性’がある「ストーリー」である。半ばお膳立てされた，「キャリア」という名の「自己物語」を「主体的」に作成するように仕向けられているのだ。

❖21……熱心な働きぶりは，消費文化とも密接な関係にある。大企業で働いてきた者は，安定した収入を得て，「ゆたかな生活」を享受してきた。そして，生活水準は，「右肩上がり」であることを当然視してきた。しかし，企業の人員削減，人件費削減が進み，大企業で働く者であっても，収入減はまぬがれない。だが，いったん「ゆたかな生活」を楽しんだ者にとって，また，収入増を前提とした将来展望を持ってきた者にとって，生活水準を落とすことは甚だ苦痛である。最低でも現状を維持しようと思い，長時間労働にならざるをえないのだ(Schor 1992)。そして，過労から生じるストレスを浪費により発散するという悪循環ができあがる。「ゆたかな社会」を経験し，享楽的な消費文化に浸った世代は，消費欲求の充足という点からも，自ら長時間労働に励むのである。

を分析する。Noerの議論によれば，長期的な雇用に対する「心理的な契約」は，第二次大戦後の米国，西欧，そしてアジアの一部（とりわけ日本）で典型的にみられた。日本では，日本人男性の専門職あるいは管理職に限られていたが，その他の地域ではより広範囲にそのような文化が存在した。ところが，70年代後半から始まり，80年代に全面的に展開された組織の再編成は，従業員を「長期的な人的資産」から「短期的なコスト」に変え，働く者は「心理的な契約」を裏切られたと感じるようになった。また，企業の頻繁な吸収合併は，培われた組織文化をドラスティックに変え，「すべきこと」と「すべきではないこと」の職場の規範を根底から崩した。従業員からすれば，自分たちが共有してきた当然の行動様式，価値観，暗黙のルールが通用しなくなり，フラストレーションを強く感じる。そのマイナスな心理は，時として，不安定な雇用から生じる不安感よりも激しい。「怖れ，不安感，そして頼りなさ。フラストレーション，憤り，怒り。悲しみ，ふさぎ込み，そして自責の念。不正，裏切り，そして不信感」。これらの感情が職場に渦巻いているのである（Noer 2000，p.239）。

大手製造業8社（14組織）を対象として250人の労働者に面接調査を行ったHeckscher（1995）も，Noerの研究成果と似たような心理状態を把握し，興味深い職場の現象を見つけた。組織の再編下にある従業員たちは，組織への「忠誠心」が低下したわけではない。むしろそれを維持したままでいたために，組織の再編後に‘引きこもり’のような状態になったと指摘する。

調査対象は，ハネウェル，GM，ピツニー・ボウズ，ダウ・ケミカル，フィギー・インターナショナル，ワング，デュポン，AT&Tであり，かつて「エクセレント・カンパニー」と評された企業が多く含まれる。

彼の調査結果によれば，「伝統的な雇用関係の柱が崩れてしまったというのに，レイオフが始まって8年たった後でさえ，ほとんどの管理職はたとえ苦悩していたとしても会社に対する愛着を維持していた」（p.26, 邦訳38頁）。世間で持てはやされているような「フリーエージェント」の倫理は組織内に浸透せず，多くの従業員はむしろそれに対して強い拒否反応を示した。ところが，もはや会社への「愛着」が満たされないことがわかると，怒りやいらだちを隠せなくなり，「用心深い個人主義（cautious individualism）」に移行した（p.53, 邦訳81頁）。具体的な反応は2つある。ひとつは，会社への「忠誠心」は持ち続けるものの，「自分の世界に引きこもる（retreat to autonomy）」スタンスであり，もうひとつは，後ろ向きな「政治的駆け引き」に走り，会社を犠牲にして自分の立場を強めようとするスタンスである。

組織の再編成により生じる否定的な感情は，現場に近いほど強く抱いている。Worrall et al.（2000）は，組織の再編成と従業員意識にかんする大規模な調査を行った。UK Institute of Managementに所属する会員を対象として，1997年と98年に各5,000通の質問票を配り，1,362人と1,313人の回答を得た。およそ6割の人が過去12ヵ月に組織再編を経験し，とりわけ公共事業(88%)，公的機関(72%)，救急サービス(75%)，銀行などの金融機関(74%)，製造業(72%)でその比率が高い。公共性の高い機関が組織再編のターゲットになったことがわかる。この調査は，組織再編により改善すると思われている「アカウンタビリティ」，「意思決定の速さ」，「参加の増加」，「柔軟性の向上」，「鍵となる技能や知識の損失(この項目のみ悪化を想定)」，「生産性向上」，「収益性向上」について，役職(会長／CEO／マネージング・ディレクター，ディレクター，シニア・マネージャー，ミドル・マネージャー，ジュニア・マネージャー)ごとに聞いている。結果のみ言えば，全般的にみて評価は高くないが，とりわけヒエラルキーの「下」に位置する管理職ほど評価が低い。トップマネジメントは組織改革の「自己評価」が高いのに対して，現場に近づくほど，宣伝されたほどにはプラスの効果が現れていない現実を冷静に受けとめている。そして，「組織への忠誠心(loyalty)」，「動機づけ(motivation)」，「勤労意欲(morale)」，「雇用が保障されているという感覚(sense of job security)」に対する組織の再編成の影響(強化，変化なし，弱化)は，全般的に「変化なし」と「弱化」の比率が高く，とりわけジュニアとミドルのマネージャーの評価が低い。職場では，従業員の「組織コミットメント」の低下を肌身で感じているわけだ。

職場の不満増大は，興味深いことに，労働組合の弱体化とも無関係ではない。経営のグローバル化と新自由主義の浸透により，経営に対する株主の存在感が強まり，労働組合は「自由競争」を阻害する要因として批判の的になった。加えて，成果主義的人事施策の導入と従業員間の競争激化が，労働者の連帯を決定的に弱体化させた。その結果，経営者は誰に憚ることなく人員を削減できるようになった。しかし，労働組合は，形式的ではあっても，労使間のコミュニケーションの一端を担い，一般の労働者から「同意」を調達する役割を果たしてきた面がある。組合の力が弱まり，労働者の組織率が低下し，そもそも組合がない企業が多くなり，表面的には労働者の反発や抵抗は弱まった。しかし，この状態にあぐらをかいている会社では，解消されない労働者の不満が職場で渦巻いているのである[22](Sisson 1993)。

❖22……代表的なグローバル企業であるマクドナルドの例を挙げると，世界規模で，労働者の権利を守る規制の緩和・撤廃を求め(ロビー活動)，労使交渉や労使協議会を骨抜きにし，アメリカで確立された働かせ方の基準を他国に強要し，労働環境の悪化を招いている。Royle (2000)は，ヨーロッパ諸国のマクドナルドの労使関係および労働環境の実態をこのように捉えている。ただし，グローバル企業による労働者の権利の剝奪や弱体化は，皮肉にも，世界規模でアンチグローバリゼーションの運動を喚起し，労働組合結成を促し，労働条件改善運動を活性化させてもいる。

5　シニシズムと職場での「抵抗」

先に紹介したCasey(1995)は，「確たる自己」を失いかけた働き手が新たに注入された企業文化を身にまとい，チームの一員として活動するようになり，熱心に働くという論理を展開したが，「自己」が経営側の意向と同一化していない側面にも言及している。彼女は「自己の戦略(self strategy)」として3つの類型を提示する。

第1は，会社と「共謀的な自己(colluded self)」である。企業文化と同一化し，会社にコミットすることで安定したアイデンティティを獲得する「自己」である。第2は，「防衛的な自己(defensive self)」である。人によって反発や抵抗の表出の仕方は異なるが，会社から自分を守ろうとする「自己」である。彼女は，これら2つの「自己」はこれまでにも存在したが，第3の「自己」が「ポスト工業化社会」に特徴的であるという。それが「条件付き降伏(capitulation)」である。上の2つの要素を含むものの，どちらか極端なスタンスをとるわけではなく，「皮肉なシニシズム(ironic cynicism)」な態度をとって尊厳を守ろうとする「自己」である。職業という確たる専門性がなくなり，企業内外の繋がりが弱まることで不安定になった「自己」を再安定化させるために，経営側は新しい文化とチームコンセプトを組織に導入し，会社と労働者との一体化を目論む。しかし，新しい文化の完全なる内面化は望めない。経営側が提供する文化に居心地のよさを感じ，チームに帰属意識を抱き，仕事に没頭する「自分」もいるが，経営側の文化的な策略を冷静に見抜いている「自分」もまたいるのである。このどっちつかずの態度が3番目の「自己」である。

ほとんどの従業員は，雇用不安にさらされても，不満をあらわにするわけではない。しかし，この事実は，経営側への全面的な協力を意味するわけではない。Fleming and Spicer(2003, 2008)は，Slavoj Žižekのイデオロギーにかんする議論(Žižek 1989, 1997, 2000; Žižek ed. 1994)を下敷きにして，昨今の職場で特徴的にみられるシニカルな態度と「抵抗」との関係について分析している。

彼らによれば，働く場に広がるシニシズムは，経営側が押しつける文化に対して露骨に反発することなく距離をとり，経営側の侵入から「自己」を守ることを可能にする(defense mechanism)。シニシズムは，経営学の文献では「心理的な欠陥」とみなされることがあるが，必ずしも経営側の利害に反するわけではない。抵抗や反発の意を表に出さなければ，当人の内心はさておき，現状の受容につながるからである。それどころか，シニカルで，アンダーグラウンドなタイプを積極的に採用せよとの新しい雇用戦略を掲げる企業すらある。序列や権威を重んずる従来好まれたタイプよりも，そのような人たちの方が創造性を発揮すると考えられるようになったからである(Fleming and Spicer 2008, p.303)。

ところが，シニシズムは，管理体制の転覆（subversive）に結びつく可能性がないわけではない。経営側の文化プログラムを逆手にとる場面を考えてみよう。内心では冷ややかに現状をみているわけだが，経営文化と一体化しているがごとく過剰に振る舞うことで，組織は機能不全に陥ることがある。例えば，上司に過度におもねたり，顧客の要望ならなんでも聞いたりすれば，組織は立ちいかなくなる。とはいえ，「やりすぎ」は「逸脱行為」ではないので，上司も怒るわけにはいかない（Fleming and Spicer 2003, p.172）。

シニカルなスタンスを表に出せば，「問題社員（negative employee）」として目をつけられ，「個人的な欠陥」として非難されることもあるだろう。しかし，この態度は不適切なHRM（Human Resource Management）に原因があると読み替えられれば，会社制度の改良につながるかもしれない（ibid., p.174）。組織の「改革」により'全社的に'モラールが下がり，会社の生産性が低下したのだという見方を社内に広めることができれば，経営側は特定の人物に責任を押しつけるだけではこの状況を収めることができなくなり，管理制度の抜本的な改変を迫られる。

組織の再編成に際して，誰もが懸命に働くようになったわけではないが，シニカルなスタンスになったわけでもない。働く者の反応は様々である。Spreitzer and Mishra（2000）は，組織のダウンサイジングに対する反応を，建設的（constructive）と否定的（destructive）の軸と能動的（active）と受動的（passive）の軸とをクロスさせて4つの象限に分類する。（建・能）は「希望に満ち（hopeful）」，（建・受）は「協力的な（obliging）」，（否・能）は「冷ややかな（cynical）」，（否・受）は「怖じ気づいた（fearful）」である。生き残り競争を肯定的に捉えて「積極的」に働く者もいれば，雇用不安に駆られて仕事にのめり込む者もいる。不安定な「自己」を守るために，組織の壁の内側に「引きこもる」人もいれば，会社に対してシニカルな態度をとり，インフォーマルに職場環境を変える者もいる。ICT産業のような新しい業界と，公的機関や大規模な製造業のような官僚制組織からなる旧来の業界とでは，働く人の反応は異なるであろうし，安定した働き方を身につけた年配層と組織横断的な働き方を当然視させられている若い世代とでも異なるであろう。職場構成員が公平に処遇されているか，従業員が実質的な権限を付与されているかによっても，職場の雰囲気は大きく変わってくる。なによりも，雇用形態が「多様化」されたことにより，会社に対するスタンスも個人差が大きくなったものと思われる。

前章で明らかにしたように，「組織の時代」だからといって，誰もが組織に対して一途に「忠誠」を尽くしていたわけではない。しかし，大規模組織であれば永続し，自分が希望すれば働き続けられるであろうと無邪気に信じていた層が一定数いたことはたしかである。しかし，今や，組織に所属している，守られているという安心感は明らかに弱くなった。そして，不安感は様々なスタンスの形で表面化している。経営側は，雇用の「多様化」，人員削減，組織再編を通して，安定的な（経営側からすれば硬直的な）働き方に揺さぶりをかけているが，皮肉なことに，自らが多様な方法で揺さぶりをかけられるようになったのである。

6 「不正行為」・「不法行為」

働く者を組織に取り込んできた時代にも，「詐取」などの「不正行為」・「不法行為」は存在した。現在，コンプライアンス（法令遵守）への意識が高まり，ホイッスルブロワー（内部告発者）の保護制度が設けられたことにより，もともと行われていた「不正」や「不法」が表面化した可能性はある。したがって，最近になって，組織内でそれらが増えているのかどうかは定かではないが，本章が着眼する点は，市場原理の浸透に伴うそれらの特徴の変化である。

個人主義に基づく働き方が推奨されるようになると，働く場の「不正行為」も個人主義化するようになる。組織ぐるみの犯罪がなくなったわけではないが，会社はコンプライアンス強化を求められ，企業犯罪に対する世間的な風当たりが強くなったため，かつてのように，組織防衛のためであれば，‘多少なら’許されるという風潮は弱まった。働く者たちは，人の目を盗んで，不正をはたらかせ，法を犯すようになった。

市場志向が強まることにより，短期的な視点で「利益」を極大化しようとする傾向が強まっている。経営理念として，社員，顧客，取引先，そして社会との「共存共栄」が謳われることが多いが，現実には，勤務先の会社，職場内の構成員，取引先，そして顧客から，「取れるだけ取ろう」として「利己的」に行動する人が増えている。

臨時雇用者たちは，正社員に比べて労働条件が悪く，不満も大きいだろう。しかし，大方の人は，勤務先で不満を解消することにエネルギーを注ぐくらいなら，次の働き先を探す。不満があっても組織にとどまらざるをえない人は，フォーマルな苦情処理の活用機会が制限されているため，職場内に入り込んで「手抜き」をするなど，独自の不満処理方法を開発しがちである（Tucker 1993）。

会社からの締め付けがきつくなったとはいえ，職場には「グレーな慣行」が必ず残っている。しかし，職場の「学習機能」が低下したため，「不正」の‘許容範囲’がきちんと伝承されず，「不正」が表面化しやすくなった。

経営者は，監視カメラや監視ソフトを導入して，オフィス内外の勤務態度にかんするデータを収集していることは既に指摘した。しかし他方で，働く者はますます手の込んだ「詐取」を考案するようになった。携帯型の情報機器とデータベース化された情報へのアクセスは，場に縛られずに仕事ができる利便性や仕事をやらせる効率性をもたらしたが，同時に，情報の漏洩や悪用の可能性を高めた。顧客情報を売り買いしたり，他人の口座から勝手に金を引き出したりする者，場，機会が遍在するようになった。「詐取」の仕方とその防止法の開発はいたちごっこである。レジスターの小銭を盗むような「ちょろまかし」であれば，レジの改良や防犯カメラの設置により，ある程度は防げる。いまやデータの改ざんやちょっとした「そそのかし」で金を瞬時に動かせる。働く者が顧客や会社から「詐取」する金は，時として莫大な額に上るのである。❖23

7 職場での「いじめ」

仕事量が増え，労働密度が高まり，ストレスが高まった職場では，「いじめ（ハラスメント）」が増えている。これらの現象は，世間一般では耳にするようになったが，職場研究では見落とされてきた。

「いじめ」は，日本では昔からあった。村の掟を破れば「村八分」の制裁を受け，学校での「いじめ」は深刻な社会問題になってきた。職場の「いじめ」にかんする研究動向をみると，「いじめ」の心理学的研究や，「いじめ」の事件およびそれが引き金となって自殺に至った事件の判例研究はたくさんある。最近では，「いじめ」による健康への影響を検証する医学系の研究がある（Tsuno et al. 2010）。しかし，職場における大人の「いじめ」を真正面から扱った社会学的研究はほとんどない。「性的嫌がらせ（セクシャルハラスメント）」などの特定な分野に限定せず，職場の「いじめ」を包括的に捉え，その社会的背景を検討した研究を筆者は知らない。

ただし，海外では，職場の「いじめ」を対象とした社会学的研究には蓄積がある。マイノリティ差別にかんする研究は古くからあるが，職場の「いじめ」を扱うようになったのは1970年代からである。当初は，ジャーナリストの報告（Brodsky 1976）や処方的なハウツー物が中心であり，80年代から，北欧で本格的な研究が始まった（Leymann 1996）。

「いじめ」とは，北欧やドイツではmobbing，英語圏ではbullyingと表記されることが多い。その他にも，harassment，aggres-

❖23……ここでは，階層と「詐取」との関係は検討していないが，組織内のランクが高くなるほど意思決定の権限が大きくなり，可能性としては，金額が大きい犯罪に関わりやすくなる。‘最先端’の金融工学を駆使して資産を運用する時代にあって，「エリート」ホワイトカラーの犯罪はより大がかりのものになった。巨大な合併・買収には，莫大な資金が動く。巨額の不正経理・不正取引から破綻へと追い込まれたエンロン事件がその代表例である。経営陣は，労働者を本質的に「さぼるヤツら」とみなし，労働者にはモラルを問いたがり，「下」の者の「手抜き」や「ちょろまかし」には我慢ならず，それらを表だって叩くが，世の常として，自らの不祥事や失態には甘い。「会社のためにやった」として自らの「不正」を正当化しがちであるが，経営者だからといって，誰もが「企業の利益」を最大化しようとしているわけではないのだ。最近のホワイトカラーの犯罪にかんしては，Friedrichs（1996），Brightman（2009）などを参照のこと。

sion, abuse, violence, victimisation, petty tyrannyなど，多様な表現が用いられている（Hoel et al. 1999）。

定義や計測方法により，また当事者の認識により，統計上に現れる「いじめ」の数は大きく変わる。異なる定義を元にした調査を比較することは難しいが，Zapf et al.（2010）は，20年以上にわたる欧州の「いじめ」にかんする諸調査を包括的に検証した結果，従業員のうち3～4%が深刻な「いじめ」にあい，9～15%が時々「いじめ」を経験し，10～20%以上が，厳密な意味での「いじめ」には該当しないかもしれないが，非常にストレスを感じさせる望ましくない行為にしばしば遭遇していると算出している。日本に限らず欧州でも，「いじめ」は誰もがその被害者・加害者になりうるありふれた現象であることがわかる。

Hoel and Cooper（2000）は，1万2,350人に質問票を配り，5,288の有効回答を得る，大がかりな「いじめ」調査を行った。調査対象は，男女比がおよそ半々，フルタイムの従業員が85％弱，専門職と管理職が50％弱という比率である。この調査は「いじめ」を次のように定義している。「一人あるいは数人が，一人または複数人から一定期間にわたって執拗に否定的な行為を受ける側にいると自分たちを認識する状況をいじめと定義する。いじめの対象になった者は，これらの行為から自分を守ることが困難な状況にある。われわれは，一回限りのいじめの出来事にかんしては扱わないことにする」（p.5）。これはよく用いられる一般的な定義である。

調査結果によれば，過去6ヵ月間に10人に1人が「いじめ」にあっている。過去5年間に期間を広げると，4分の1弱が「いじめ」にあい，半数近くが「いじめ」を目撃している。組織改変，余剰人員の削減，予算カット，技術革新，組織内部の改革，経営の変化と「いじめ」との関係をみると，余剰人員の削減以外，「いじめ」との間に統計的に有意な関係があることが認められた。「いじめ」の頻度は業種により異なる。この調査では，公的機関の方が民間企業よりも「いじめ」が多いという結果がでている。しかし，その原因の特定には，慎重な検討を要する。公的機関は官僚制組織であり，それぞれの部署が明確に分かれているため，その仕切りに隠れて従来から「いじめ」が行われていたのかもしれない。あるいは公的機関が民営化の圧力にさらされ，組織がスリム化され，競争原理が強まったために，そのストレスから，「いじめ」が発生しているのかもしれない。どちらの分析が的を射ているのか，もしくは他の原因があるのか，この調査結果だけではわかりかねる。

この調査とは逆の結果を示す研究もある。Einarsen and Skogstad（1996）は，ノルウェイの民間企業と公的機関の両方を対象とした大々的な調査を行った。調査年は1990年から94年，回答者数7,787人，男女比43.9%対55.6%，年齢17歳から70

歳(平均41歳), 大卒51.4%, フルタイム82%, 公的機関85%である。調査結果によれば, 調査対象者の8.6%が過去6ヵ月以内に「いじめ」にあっており, 民間企業の方が公的機関よりも「いじめ」が多い。

この調査では, 組織の規模別でみると, 大規模組織の方が「いじめ」が多いという結果がでている。中小規模の企業の方が, 人と人との接触が密であるため, 「いじめ」が起きにくいのかもしれない。ただし, チーム単位の運営の方が「いじめ」が起こりやすいことを示唆する論文もある(Zapf et. al. 1996)。民間企業か公的機関か, 大規模な官僚制組織か小規模な「自律的組織」か, という違いだけでは, 「いじめ」の多少は断定できない。

Hodson et al.(2006)は, 148ケースの組織エスノグラフィーを一つひとつ検証し, 力関係および組織の「カオス」と「いじめ」との関係について統計的に整理し直している。社会的・経済的な地位が高く, ジョブセキュリティがあり, 処遇や命令に一貫性がある職場では, 「いじめ」にあいにくい。逆に, 立場が弱く, 組織がカオスになっている職場では, 「いじめ」が起きやすい。組織形態にかんしていえば, 官僚制組織かチーム型かの違いは, 「いじめ」の多少に強い相関はない。同じ官僚制組織でも, 命令的・強制的な側面が強ければ「いじめ」を誘発しやすく, 穏やかに促す形で働かせるのであれば, 「いじめ」は起きにくい。同じような形態のチームであっても, コスト削減の一手段として導入されたのであれば, 構成員どうしの相互監視が強まり, 「いじめ」が生じやすいが, 構成員の実質的なエンパワーメントが推進されるのであれば, 「いじめ」は起きにくい。このように, この研究者たちは分析している。

組織形態と「いじめ」との関係は一義的には決まらない。組織を取り巻く環境や組織内部の運営の仕方によって, 「いじめ」の発生頻度は大きく変わってくると考えられる。

Salin(2003)は, 労働負荷と「いじめ」, 組織内の競争および政治と「いじめ」との関係を調査している。ビジネスの学位を持っているフィンランドの社員を対象とし, 1,000人に調査票を配り, 有効回答数は377人であった。業種は多様であり, 民間部門が82%である。対象者の5分の4は管理職か専門職である。平均勤続年数6.9年, 平均年齢39.2歳, 女男比57.3対42.7である。

被調査者の8.8%が, 過去1年間に「いじめられた」経験があり, 4分の1近くの者が, 列挙した32の否定的な行為のうち少なくともひとつを週に1度の頻度で経験し, 3割強が職場で「いじめ」を目撃した, と答えている。労働負荷と「いじめ」, 組織内競争と「いじめ」は, それぞれ正の相関関係にある。仕事が増えて精神的に余裕がなくなると, 不満のはけ口を探し, 他の従業員を攻撃するようになる。従業員どうしの競争が激しくなると, いかなる手を使ってでも競争相手を蹴落とそうとする。気にくわない人に圧力をかけたり，負荷をかけたり，誹謗中傷したりして，パフォーマンスと評価を下げさせるのである。

ただし，成果主義的人事制度など，管理制度が単体で「いじめ」を引き起こしているわけではない。たとえば，制度を早急に導入したために，その変化に現場がついていけなかったり，他の制度との間に不整合が生じたりして，「いじめ」が誘発されることが考えられる。日本企業に導入された成果主義的人事制度と「反社会的行為」との関係を調査した田中(2008)によれば，「組織特性が流動的に変化するほど，業務への深刻な阻害行動や言語的嫌がらせが多く発生することが見出された。この結果は，(部分的ではあるが)成果主義的人事施策がもたらす流動的な組織特性が組織における反社会的行動の直接的原因であることを示唆している。このことは，(巷で言われているように)成果主義的人事施策そのものが"悪玉"なのではなく，そうした制度を導入することによって生じる組織の変化が，業務への深刻な阻害行動や言語的嫌がらせといった悪い効果をもたらしていると解釈できる」(田中 2008，175頁，強調伊原)。

「いじめ」の加害者は，上司，同僚，部下，顧客の中では，上司が一番多い。Hornstein(1996)は，「タフな上司」による'やりすぎ'の事例や，反対に，社内で立場が危うくなった上司が力を誇示するために権力を濫用する事例を紹介している。立場の弱い人に偉そうにする「くそったれ(asshole)上司」はどこの組織にもいる(Sutton 2007)。

ただし昨今は，部下や同僚による評価といった「360度評価制度」が導入される職場が多くなり，職場力学は必ずしも「上」から「下」へと一方向に働くわけではない。同僚どうしの「いじめ」はむろんのこと，'出来の悪い'上司への'突き上げ'もみられる。

消費者からの「過剰要求」と(言葉の)暴力も見落とせない現象である。資本主義の主役は，もはや働く者ではなく，消費者や株主である。消費者は「神様」とばかりに，際限なくサービスを要求し，時には攻撃や暴力といった否定的な行為に及ぶこともある。Schat et al.(2006)によれば，「職場での攻撃(workplace aggression)」は，上司や同僚によるものよりも，外部の人からのものが多い。サービス受益者の「お客様」意識は，公的部門でも顕著である。弁護士や医者など，「顧客」よりも立場が「上」であった職種にもあてはまる。社会的な地位が相対的に低いケアワーカーなどは，なおのこと，被害にあいやすい。サービス業の労働者，感情労働者の絶対数が増えたことも，消費者からの攻撃の増加と無関係ではない。その最たる例が，コールセンターの普及である。顧客と電話口で応対し，苦情処理を専門に担う彼(彼女)らは，客からの言葉の暴力にさらされやすい(Grandey et al. 2004)。

「いじめ」の被害者の性別は，調査によって異なるが，男女で変わらない，あるいは女性の方が若干多い，という結果がでている。おそらく，男女差そのものよりも，女性比率が高い業務や役職と関係があるのだろう。女性は，サービス業や介護福祉の業務に就く人が多く，上述したように，これらの従事者はサービス受益者からの攻撃にあいやすいからであり，また，「いじめ」にあいにくい，大きな権限を行使できる役職には就きにくいからである。年齢と「いじめ」との関係も調査により異なる。若年層がその標的になることもあれば，高齢者が被害にあうこともある。前者の場合は，職場になじめない新入りが「いじめ」の対象になり，後者の場合は，制度改革や新しい技術に適応できなくなった中高年層が「いじめ」の標的になることがある。

雇用形態と「いじめ」との関係はどうであろうか。加害者にかんしては，常勤（の地位の高い）者が多いという調査結果がでている。これは容易に想像がつく。被害者にかんしては，雇用が保障されていない人，立場の弱い人が「いじめ」の対象になりやすい（Baron and Neuman 1996）。職場が多忙になり，運営に支障が来すと，その不満やあせりは立場の弱い者への「いじめ」という形に変換されやすい。ただし，「いじめ」の被害者の数は，必ずしも地位の低い者の方が多いわけではないという指摘もある（Zapf and Einarsen 2005）。地位の高い者は，権力闘争や足の引っ張り合いに巻き込まれやすいからである。

「いじめ」の質に大きな変化がみられる。身体的な暴力に代わって，精神的な「いじめ」（「モラルハラスメント」）が増えている。肉体労働よりも頭脳労働，そして感情労働の比重が高まったため，「いじめ」も精神的なものに変わった（Hirigoyen 1998，2001）。また，ICT化も，「いじめ」の手法に変化を与えている。「いじめ」の特徴は，対面的なものから，情報通信機器を介した陰湿なものへと変化している（hightech abuse）。

「組織の時代」にも「いじめ」はあった。他者を羨んだり，「異質な者」を排除したりする習性は，多かれ少なかれ，大方の者に備わっている。しかし，「いじめ」の手段，動機，機会が多様化している点がこれまでとは異なる（Neuman and Keashly 2010）。「いじめ」を規定する要因は環境と加害者／被害者の両方にあり，それらの要因は無数にある。各人の性格や気質は単純ではなく，「いじめ」に至る経路は入り組んでいる。同じような管理制度を導入しても，他の管理制度との整合性，組織文化，リーダーシップのあり方，業務の特徴と協働体制，組織変革のスピードの速さなどにより，職場への影響の仕方は異なる（Bowling and Beehr 2006; Salin and Hoel 2010）。ストレスが高い職場でも，「公平性」や「公正」が保たれていると構成員に認識されていれば，相対的に「いじめ」は起きにくい[❖24]。したがって，組織の「改革」と「いじめ」との関係は各ケースにより異なるが，ストレスが各人と職場の耐えうる限度を超えれば，そのはけ口として

「いじめ」に向かいやすいことはたしかであり，多くの職場でその徴候がみられるのである。

8 メンタルヘルスの悪化

「首切り屋(chainsaw)」が，死に体の組織を生き返らせる「再生請負人」としてウォールストリートで喝采を博した。「株主価値の最大化」が最優先の経営課題になり，大量の人員削減や迅速な工場閉鎖は巨万の富を株主と経営者にもたらした(Dunlap 1996; Byrne 1999)。GEのトップに20年にわたって君臨したJack Welchは，揺るぎない経営哲学を持ち，強力なリーダーシップを発揮する，「20世紀最高の経営者」(『フォーチュン』1999年)と褒めそやされた。「有能な人」は厚遇し，「無能な人」は去るべしといって憚らない(Welch with Byrne 2001)。WelchがCEOに就任して5年以内に，社員の4分の1が会社を去った。GEに限らず，‘断固たる改革’の背後で，多数の者がクビを切られた。そして，職を失った者の中には，メンタルな病気を患う者が多いのである。[❖25]

組織に残った人の中にも，厳しい労働環境に耐えきれずにメンタル面で体調を崩す人が後を絶たない。職場を取り巻く環境の変化と「うつ病」との関係については別稿で詳しく論じたので(伊原 2011)，本書は，簡単に触れるにとどめる。

現在の商品市場では，純技術的な優位性のみならず，商品を企画し，開発し，製品化し，市場に出すまでのスピードが，勝敗の鍵を握る。その渦中で働く者は，極度の緊張を強いられる。次々に新しいプロジェクトが舞い込み，仕事の量だけでなく，仕事のスケジュールや将来設計を自分でコントロールしているという感覚が失われていき，「燃え尽き」や「うつ病」になる者がでてくる。

産業構造が転換し，サービス中心の経済社会になり，仕事に「全人格的な貢献」を求められるようになったことも，高ストレスと「精神的病」の増加の一因である。サービス業はもとより，あらゆる仕事に，多面的な能力――言語，愛情，学習能力，美的感性まで――が動員されるようになった(Virno 2003)。仕事における「全人格的な表現」や「自己実現」を好ましく思っている人もいるだろうが，気づかぬうちに「自分自身」をコントロールすることができなくなり，「自己」が破綻する人が増えている。

急速なICT化も，「精神的な病」の増加と関係がある。われわれは情報の海に囲まれ，必要な情報を収集し，選別し，加工することをひっきりなしに求められる。メールの送受信一つとっても，増える一方である。にもかかわらず，従来通りにすべてのことを誠実に対応しようとする者は，すべてを完璧に処理したいという欲求の強い者は，遅かれ早かれ処理能力を超えてしまう。あるいは，情報通信機器を手離せなくなり，「中毒症状」を示す者がでてくる(Brod 1984)。かつては，過度な負荷は物理的なものが中心であり，身体的な病として現れた。いまや，仕事内容は情報や知識に携わるものが主であり，過剰な負担は「精神的な病」という形で表面化するのである。

かつての職場には，ストレスを幾分かは緩和する機能が備わっていた。長期雇用の下，同じ職場で過ごす時間が長かった時代は，職務の負担は「公平」に割り振られ，他者の「仕事ぶり」の評価は‘なんとなく’ではあるが，構成員間で共有されていた。それらの慣行は形式的な「合意形成」であり，過度な負担をチームで受け入れさせる機能を果たし，必ずしも民主的な職場運営を意味したわけではないが，それでも，特定な人に仕事が偏らないような配慮はあり，「裏方」の仕事も評価されていた面はあった。ところが，出入りが激しい職場や成果主義的人事制度が導入された職場では，特定な人に負担が偏っても気づきにくく，わかっていても見て見ぬふりをしがちである。[26]

そして，社内外の人間関係が希薄な労働者たちは，社外でもそれらのストレスを一人で抱えたままになる。高ストレスの職場と対になって，過度のストレスを買い物，酒，薬で紛らわし，精神科へ慢性的に通院し，生活が破綻して離婚するといった，荒廃した家庭生活が幾多も存在するのである(Hayes 1989, ch.7)。[27]

❖24……職場の構成員たちは，処遇や意思決定が不公平(unfair)であり，公正でない(injustice)と認識すると，個人あるいは集団で「いじめ」などの「反生産的」な行為をもって不満の意を表し，管理者に異議申し立てをして，自分たちの目的を達成しようとする(Kelloway et al. 2010)。逆に，公平感が保たれていれば，多少ストレスの高い職場でも，不満は抑えられる。

❖25……失業による労働者のメンタルへの影響を検証した論文はたくさんある。レビュー論文として，Fryer and Payne (1986)，Hanisch (1999)，Lennon and Limonic (2010)などを参照のこと。

❖26……とりわけ，職務の範囲が曖昧である日本の職場で，仕事が「できない人」の分を他の人がカバーする傾向があった。そこには，「ヒューマニズム」だけではなく，カバーする側にも一定の合理性があった。なぜなら，「われわれ日本人の多くは未来傾斜原理(現在よりも未来への期待—伊原)にのっとって，『やりすごし』，『尻ぬぐい』のような行動をあえて選ぼうとする」からである(高橋 2002, 153頁)。つまり，職場環境がほとんど変わらず，職場の情報が共有されやすい状況下では，「手助け」や「裏方仕事」の貢献はチーム内で知られ，それが，従業員評価につながったからであり，自分が困ったときには「助けてもらう」という「貸し」ができるからでもある。「手助け」や「地味な仕事」を積極的にやることにも一定の合理性があったため，「助け合い」が生まれやすかったのである(「日本人」が優しいかどうかはさておき)。ところが，個人主義をベースにした成果主義的人事制度が広まり，かつ，組織から人員が頻繁に出入りするようになると，「できる人」は「自分の仕事」や「おいしい仕事」に専念し，いわゆる「よい人」が過重の負担を引き受け，物理的・精神的に追い込まれるのである。

❖27……「心の病」は，職場や労働だけでなく，現代社会全般に関わる問題である。もはや，「大きな物語」に乗り，永続する人間関係を保ち，「揺るぎない自己」を維持することが難しくなった。変化が激しくなり，不安定さが増し，複雑性が増大し，強固な構造を持つ社会と一貫した「自己」との自明な関係は望めなくなった。しかし，大方の現代人は，「自己」へのこだわりがなくなったわけではない。その不安定さに耐えられず，「心の病」を発症する人が増えているのである。

IV 疲弊する職場

1 ミクロの場のポリティックス？——「問題」のなすりつけ合い

前節では，「福祉志向」の資本主義から「市場志向」の資本主義へと，職場を取り巻く環境が激変し，組織を追われた者にだけでなく，組織に残った者にも強いストレスがかかり，様々な「問題」が生じていることを明らかにした。過度の不安定さや過剰な労働負担への反応としていかなる心理現象や行為が顕在化するかは，業種や職種，組織や職場はもとより，個人の性格にもよる。冷笑的な態度をとって自分を守ろうとする人もいれば，自分を責めてメンタルヘルスを悪化させる人もいる。「いじめ」という形で攻撃性に転化する人もいれば，無理に奮い立たせて「燃え尽きる」人もいる。最悪の場合，自殺に追い込まれるケースもある。「不正行為」をはたらかせて不満を解消する人もいる。それらを併発させたり，併用したりする人もいるだろうし，実際には，表沙汰にならない「悪だくみ(Insidious Workplace Behavior)」(Edwards and Greenberg 2010)で終わることの方が多いだろう。それらの現象を深刻な「問題」として把握し，「市場志向」の労務政策との因果関係を特定することは難しいが，筆者が注目する点はそこである。人の出入りが激しくなり，他者とのつながりが希薄になり，雇用形態が「多様化」し，人と人との関係性が複雑化したために，それらの諸現象は把握されにくく，その原因は究明されにくい。そして，「問題」として表面化したときには，すでに手遅れな状態になっているのである。

「いじめ」を表現する用語の多様さについては既に触れた。それは，研究者が「独創性」を際立たせようとして，いたずらに概念を作ることに一因があるのかもしれない。そして，細かな差異を強調する概念が「実態」を複雑化させている面はある。しかし他方で，身体的な「暴力」から精神的な「いやがらせ」へ，「対面的な暴行」から情報通信機器を用いた「陰口」へ，傍目からもわかりやすい「弱い者いじめ」や「仲間はずれ」からぱっと見には仲よしどうしの「じゃれ合い」，加害者意識が希薄な「からかい」，「いじり」，「かわいがり」へと，他者への否定的な行為が捉えにくくなっている現実はたしかにある。

「うつ病」などのメンタルな「病気」になると，ことはもっと複雑である。それはとらえどころがないために，当事者は周りから理解されにくいし，本人ですら「病」に罹っていることに気づかないこともある。たとえ自覚していても，クビにされることを怖れて，「病気」であることを隠して出社する者もいる。「うつ病」は真面目な人がかかりやすい病気だと言われる。その実直さが仇となり，「病気」であっても理解されにくい。

若い人を主として「新型うつ病」が広まっており，それが，さらに把握を困難にしている。かつてのように，きまじめで自責の念が強い人がかかる「メランコリー親和型」の「うつ病」ではなく，好きなことには異常なまでに熱中するが，仕事になったとたんに「うつの症状」がでるという新しいタイプの「うつ病」である（大野 2010）。「新型うつ病」と自己中心的な「わがまま」との違いは，われわれ一般人にはわからない。

「いじめ」は許される行為ではないし，「うつ病」は治療と休養を要する「病気」である。にもかかわらず，それらは職場で見過ごされやすい。「加害者」と「被害者」，「正しい行為」と「不正行為」，「健康」と「病気」の境界は曖昧である。「いじめ」や「うつ病」の発現・発症の経路は入り組んでいる。それらへの対処は遅れがちであり，最悪なケースでは，自殺者が出て初めてことの深刻さを理解する。

しかし，組織構成員が自殺しても，業務（公務）起因性を頭から否定する経営者・管理者がいる。「問題社員」への対応策を練り，責任を問われないように就業規則を念入りに整備する。会社側は，長期雇用者を抱える経済的な「リスク」を回避するだけでなく，職場のトラブルや不祥事さえも「外部化」し[28]，トラブルの責任を負わされないように「自衛」する[29]。そして，社内の問題の解決は現場に押しつけ，なにごとにも「自己責任」を強調する。労働者の方は，「自己責任」を厳しく追及されれば，過剰に自分を守るようになる。「病気」であろうとなかろうと，自分にとって不都合な同僚を「使えないヤツ」とラベリングする。逆に，そのような扱いをされた者は，「ハラスメント」を受けたとして，自分こそが「被害者」であると切り返す。他者を非難し，自分を正当化し合う不毛な闘いがミクロの場で起こっている[30]。

❖**28**……企業が雇用を外部化する理由は，第1に，労務コストを安くすませたいからであり，第2に，景気変動に対する雇用の柔軟性を高めたいからであり，そして第3に，企業の管理責任が強く問われる時代にあって，「リスク」をも外部化したいからである。すなわち，社員を抱え込めば，管理責任を問われる「リスク」が高くなり，企業はそれをできるだけ回避したいと考えるのである（Edwards and Wajcman 2005, Ch.7）。不確実性が高い現代社会は，「リスク社会」（Beck 1986）ともいわれるが，問題にすべき点は，「リスク」が増大している事実や「リスク」の制御の仕方よりも，制御しきれない「リスク」が増大しているにもかかわらず，そのような「リスク」の対処および責任を個人に負わせようとする権力関係である。

❖**29**……管理責任を問われないように，「アリバイづくり」をするようになり，そのこと自体が従業員にジレンマを押しつけ，負担を倍加させる。例えば，長時間の過密労働を実質的に強いているにもかかわらず，働きすぎないように従業員に「自助努力」を求める。蛇足ついでに言えば，雇い主が健康管理していることを「事実化」するために，形だけの健康チェックシートを記入させ，更なる負担を従業員に課す。

❖**30**……職場でのトラブルの原因をつねに他者に求めるようになる。そして，不満が高じた職場には「ろくなヤツ」がいないことになり，自分だけが「正気な者」，「正常な者」，「有能な者」になる。「迷惑社員（toxic worker）」から自分を守り，「迷惑社員」を生まない職場作りのマニュアル本が数多く出版されている（Cavaiola and Lavender 2000; Bernstein 2009; Kusy and Holloway 2009など）。

2　管理負担の増大と労働者としての管理者

ただし，職場の「いじめ」や「うつ病」などの「問題」は，他の要素によって抑制されることもある。その主たる要素はリーダーシップである。諸調査によれば，「独裁型」と「放任型」の組織に比べて，「参加型のリーダーシップスタイル（participative leadership style）」は，「いじめ」と負の相関関係にある（Salin and Hoel 2010, pp.232-233）。このタイプのリーダーは，命令を一方的に下すわけではなく，部下を完全に放っておくわけでもない。チーム制を敷いて職場を民主的に運営し，部下を側面からサポートし，コーチングにより「やる気」を引き出す。従業員間の処遇にかんしては「公平性」を重んじ，チーム構成員から「同意」と「納得性」を調達する。組織の「上」と「下」の間，部署間，そして職場内の構成員間に衝突がない企業などない。それらを上手に処理できるかどうかは，それらの結節点に位置する中間管理者の力量によるところが大きい。

しかし，その中間管理層が人員削減の標的になったことは，既にみた通りである。経営者は組織を「フラット化」し，中間管理職の数を減らしたため，職場を束ねる力は弱まり，管理負担が高まった。ICTの導入により，人と人の間や階層間をとりもつマネジメントの必要性が低下したという議論はあるが，人を介した調整が不必要になったわけではない[31]（Mintzberg 2009）。むしろ，その重要性は増しているにもかかわらず，人員が機械的に削減されているため，管理負担は高まる傾向にある。

管理負担の増加は，雇用の「多様化」とも関係がある。経営側は，人件費の削減と雇用の柔軟化のために，切り捨て容易な「人材」を多用する。しかし，そのことは表だっては言わず，「多様な価値観」を尊重し，マイノリティ，女性，非正規雇用者などの「多様な人材」を有効活用すると言う。だが，「ダイバシティマネジメント」という管理イデオロギーだけでは，「多様な従業員」を組織に取り込めない。実質的な処遇や雇用形態が異なる者どうしを同等に働かせることの矛盾は隠しようがないからだ。職場内に目を向けると，「多様化のマネジメント」に対する「抵抗」が芽生えている。首尾一貫しない「混在したメッセージ」を従業員は敏感に感じ取っている（Avery and Johnson 2008）。トヨタの実証研究でも，その矛盾の一端が垣間見られた。肥大化した「周辺部分」の統合は，現場管理者にとって大きな負担である。

サービス経済化が進み，労働者が顧客の反応に敏感になっただけでなく，管理する側も，職場の「雰囲気づくり」など，構成員の感情を損なわない「配慮」が，構成員から「積極的な感情」を引き出す能力が求められるようになった。人の感情とはちょっとしたことで変化する移り気なものである。だからこそ，非合理的な要素と目され，いかにして「人間的な側面」を取り除くかが主要な管理課題になってきたわけであるが，それがいまや，感情は重要な生産的な要素になり，職場運営者が引き出す管理対象になった(Gopinath 2011)。これが，管理負担を増大させる原因にもなっている。

管理者の負担という点でいえば，クビを切る役割を職場の管理者に押しつける企業もある。部下のクビを切らなければ，自分がクビにされる。日本社会では，解雇権濫用法理に基づく解雇規制があり，建前としては，会社は簡単には労働者のクビは切れない。しかし実際には，これまでの業務と無関係な会社に出向させたり，転籍先の会社ごと他社に売却したり廃業したりして，手の込んだクビ切りを行っている。職場では，管理者が出向や転籍の人選をし，「自主退社」へと追い込むこともある。しかしみんなが好んでクビ切りに加担するわけではない。これまで一緒に働いてきた仲間のクビを切ることは忍びなく，自責の念に苛まれる人もいる。[32]

もはや，管理者になれば，単純作業から逃れられ，大きな権限を手にし，経済的な余裕が生まれるとして，将来を楽観できる時代ではなくなった。現場に身を置く者がいち早く，その変化を察している。そのわかりやすい証が，管理職を希望しない人の増加である。今後は，負担を押しつけられた管理者による抵抗の側面にも目を向けなければならない。[33]

3 職場の弱体化による経済的な負の影響

組織の再編成による職場の弱体化は，労働者だけでなく，管理者にも負の影響を及ぼしていることがわかった。しかし，投資家や経営トップにしてみれば，組織の再編成はプラスに作用する。経営者が大規模な人員削減計画を掲げるだけで，株価は上昇し，株主は利ざやをもうけ，経営者はストックオプションで巨額の富を得る。そして，経営組織体の競争力という観点からも，組織の再編が正当化される。職場は‘一時的には’混乱を来すかもしれな

❖31……管理能力・マネジメント能力こそ，マニュアル化が難しい。しかし昨今，ビジネススクールが世界規模で開講され，「ビジネスエリート」が量産され，彼(彼女)らが管理部門で幅をきかせるようになると，マネジメントに必要な「クラフト的」・「アート的」な能力が弱くなり，現場の事情をくみ取れず，現場の問題を処理できないという限界が露呈している(Mintzberg 2004)。

❖32……米国では，職場の部課長が部下のクビを切るように指示され，「自主退社」に追い込むことも珍しくない。しかし，いずれの国であれ，やりたくない仕事であり，トラウマになる者もいるという(Fraser 2001, pp.178-179，邦訳205-206頁)。

❖33……管理者や技術者は経営者と思想的立場が同じであるとみなされてきたため，抵抗にかんする研究はほとんどない。組織内での「手抜き」や「非生産的行為」については第12章で詳述したが，数少ない先行研究として，Lanuez and Jermier (1994)がある。なお，不当解雇やパワハラなどで悩む管理職が増え，管理職組合の存在は知られるようになった(東京管理職ユニオン日本労働弁護団 1994; 金子 1997)。米国の事例については野村(1998)が，英国の60年代後半から10年間の動向については尾西(1994)が，紹介している。

いが，従業員は「メンタル」を強化し，訴求力のある経営ビジョンを共有し，具体的な目標を完遂しようとする意識が高まり，職場構成員どうしが新たに学習し合うようになり，会社は働く場から再活性化する（Marks 1997）。

ところが，実際には，思ったほどには経済的な効果をあげていないのが現実のようだ。組織の再編成は，労働者や中間管理層だけでなく，投資家や経営側にとってもマイナスの結果を招いている。

Cascio（2002）によると，組織の再編成を行う企業には，大きく分けて2種類ある。ひとつは，従業員を容易に取り替え可能な‘コスト’とみなす企業であり，もうひとつは，従業員を革新の源であり，学習しながら成長する潜在能力を秘めた‘資産’とみなす企業である。後者の企業による組織の再編成とは，新たなスキル教育を行い，継続的な学習，情報の共有，従業員の参加の仕組みを再構築し，労使間で良好な関係を維持し，顧客満足を高めて，組織パフォーマンスを向上させる。彼は，このような再編成を「責任あるリストラクチュアリング」と呼び，長期的に見た場合，前者ではなく後者の方が生産性を向上させると指摘する。しかし，多くの企業が実際に採用したのは前者であり，期待したほどには経済的効果はあがっていないという。1982年から2000年にかけて，S&P 500（代表的な株価指数としてスタンダード・アンド・プアーズ社が採用している500社）の企業を対象に，「リストラクチュアリング」を行った2年間の業績の推移を調査した結果をみると，従業員を削減した企業は，雇用が安定した企業に比べて，総資本（総資産）利益率（ROA）が悪い。

もっとも，もともと業績がよい企業は，「リストラクチュアリング」する必要がないことも考えられ，人員削減の有無と業績との因果関係は定かではないが，人材を削減した企業の業績がほとんど向上していない事実から，少なくとも人材削減は業績を改善するわけではないことはいえる。

次に，人員削減に起因する諸現象の経済的な効果（損失）をみてみよう。

職場の「いじめ」は，そもそも人道的な点から，そしてハラスメント防止に関わる法律の遵守という点からも，絶対に許される行為ではないが，経済的な観点からも望ましくない。「いじめ」を受けた者は，メンタルヘルスを悪化させ，怠業が増え，休職率や離職率が上がる。組織の出入りが激しくなれば，教育コストを回収できず，新しい従業員の採用コストと教育負担が高まる。他の従業員は，休みがちな人の仕事をカバーしなければならず，自分の仕事が疎かになる。会社は被害者から管理者としての責任を問われ，訴えられることもある。

ただし，職場の「いじめ」による組織への影響にかんする論文をサーベイしたHoel et al.（2010）によれば，「いじめ」と経済的なコスト増大との因果関係は定かではなく，相関関係は弱く，最大に見積もっても中程度である(p.142)。さらには，「いじめ」が経済的にプラスの効果をもたらすという主張もある。「できの悪い人」を組織から追い出せば，足を引っ張られることがなくなり，「優秀な人」だけで職場が運営されるようになるという理屈である。しかし，そのようにして職場から追い出した場合，「いつか自分もその標的になるかもしれない」との不安が渦巻き，組織全体のモラールが低下する。文字通り優秀であり，かつ労働市場が流動的な分野で働く人は，そのような雰囲気に嫌気がさして，真っ先に会社を去る。長期的な視点でみた場合，「いじめ」はその被害者だけでなく，組織全体に，そして経営者や(売り逃げしない)株主にも負の影響を及ぼすのである。

「うつ病」の人の中には，無理してでも職場に出て来る人がいる。当人はいたって真面目だが，集中力が続かず，不注意が多くなり，同僚の目には怠慢な勤務態度に映る。常習的な欠勤である「アブセンティイズム」に対して，出勤はするものの，体調がすぐれず，職務遂行能力が低下した状態で働く「プレゼンティイズム」(の原因)は傍目にはわかりにくい。プレゼンティイズムおよびその労働生産性への影響については日本ではほとんど取り上げられていないが，[❖34] 苦しんでいる当人はもちろんのこと，管理者にとっても，さらには経営者にとっても深刻な問題になりつつある。[❖35]

「いじめ」や「うつ病」と経済的コストとの関係は単純ではなく，それらが与える経済的影響を測定することは難しい。しかし，負の影響は計り知れないほど広範囲に及ぶ

❖34……山下・荒木田(2006)はプレゼンティイズムにかんする研究を，宮越・清水(2008)はプレゼンティイズムと労働生産性の低下との関係について検討した研究を，奥村ほか(2011)は「うつ病」に焦点をあててそれらの関係を調査した文献を，それぞれ紹介している。

❖35……プレゼンティイズムによる経済的な負の影響を算出することは難しいが，その金額は膨大になることをいくつかの研究の試算が示す。稲垣(2009)は，米国，英国，中国の研究をサーベイし，「うつ病」が労働生産性に与える影響を検討している。疾患により発生する費用は，大別すると「直接費用」と「生産性費用」であり，前者は診察，検査，薬剤にかかる「直接医療費」と，医療機関に通院するための交通費や介助者の費用などの「直接非医療費」からなる。これらの費用も国や個々人の大きな負担となり，莫大な「社会的費用」として無視できないが，ここで取り上げたいのは，企業が被る費用である「生産性費用」である。それは，「罹患費用」と「死亡費用」とからなり，前者は「うつ病」により仕事を休んだり，早退・遅刻をしたりすることによる損失(「アブセンティイズム」)と，集中力の低下や疲労感などにより仕事の効率が低下することによる損失(「プレゼンティイズム」)とがある。後者は，早期の死亡により失われた時間に相当する費用である。諸研究によれば，マクロベースで「罹患費用」をみると，米国ではおよそ4兆～5兆円という試算になり，英国では1兆円超である。

日本にかんしては，学校法人慶應義塾(2011)の報告書が，統合失調症，うつ病性障害，不安障害の社会的コストを試算している。データの収集が難しく，とりわけ「間接費用」は推測の域を出ないが，うつ病性障害の「罹患費用」は約1.5兆円，不安障害のそれは約1.4兆円である。

いずれの国においても，「うつ病」やそれに起因するプレゼンティイズムの損失額は非常に高い。医療費といった「直接費用」よりも，生産性を低下させる間接的影響の方が大きい点に留意すべきである。

可能性がある。[36] 人道的な視点からはもちろんのこと，医療費などの「社会的費用」という観点からも看過できない現象である。

V 小括 市場による直接的なコントロールと不安定な職場生活に耐えられない人たち

長期雇用は「日本的経営」に独自な労働慣行と思われてきたが，70年代までは欧米諸国でも「組織の時代」であり，「先進国」の大規模組織で働くホワイトカラーを中心として，事実上，雇用が保障されていた。

ところが，70年代半ば以降になると，英米で市場原理に基づく抜本的な「改革」が掲げられ，グローバルな規模で雇用環境が激変する。資本主義の「主役」は労働者でも経営者でもなく，株主と消費者（サービス受益者）になった。組織は市場の変化に対応するために縮小・再編され，意思決定のスピードを強化し，雇用の柔軟性を高めた。大企業の従業員たちは，組織に縛られた働き方から「解放」され，複数の選択肢から自分にあったキャリアを選べる「自由」を手にすると喧伝された。しかし現実は，組織の壁を越えて思い通りのキャリアを形成したり，自ら起業して大金を手にしたりする人は限られている。組織の外に出れば，各自のライフスタイルに合った働き方を自らの意思で選択できるのではなく，悪条件の雇用形態を強いられる人の方がよほど多い。働きたくても働けない人や働いても貧困層にとどまる人が増加した。そしてなによりも，誰もが独立独歩で働けるほど「強い個」を持っているわけではない点が見落とされていた。

職場内に目を向けると，労働負荷が高まり，相互監視が強まり，雇用不安におびえ，過度なストレスを抱える者が増えている。人員が減らされているにもかかわらず，要求されることは多くなった。組織内のあらゆる層から余裕がなくなっている。ストレスのはけ口として，ドラッグや飲酒に走り，すさんだ生活をおくる者もいれば，「いじめ」の標的を見つけては，「憂さを晴らす」者もいる。精神的に不安定になった「自己」を支えきれなくなり，「うつ病」を患う者も増えている。

むろん，すべての人が，そしてあらゆる職場が，「病理化」しているわけではない。また，従来通り，露骨に不満を表したり，集団でサボタージュしたり，人目を盗んで「手抜き」をしたりして，たくましく生きている人たちもいる。[37] しかし，一部の層に富が集中し，社会全体で，そしてグローバルな規模で，身体的・精神的な余裕が失われる傾向にあり，従来とは異なる現象が職場でみられるようになったことはたしかである。

市場原理の浸透と「病理化」した職場との因果関係を特定することは難しい。しかし，本章が注目した点はむしろそこであった。職場を取り巻く環境が急変し，職場のストレスが高まり，その表出の仕方が複雑化し，それらの関係や「問題」は見えにくくなった。嫌がらせをする方(「加害者」)とされる方(「被害者」)，「病気」と「さぼり」，それらは明確には見分けにくい。「いじめ」にせよ，「うつ病」にせよ，広まっているという一般的な認識とは裏腹に，確たる証拠とその原因はつかめない。にもかかわらず，それらの「問題」の対処は現場に，そして個人に押しつけられる。そうなれば，職場に身を置く者は，自分で自分の身を守ろうとする。ミクロの場の‘やりとり’(言いわけ，ラベリング)が職場を「生き抜く術」となり，「ポリティックス」が個人間に局所化する。つねに不安を抱え，‘何かに対して’身構えている。知らず識らずのうちに神経をすり減らし，職場全体が衰弱していくのである。

前章までにみたように，ミクロの場の権力関係に注目する主流派の現場研究者たちは，労働者の本質的な「主体」をきっぱりと否定し，働く者が職場内外の無数の要素をたぐり寄せて，アイデンティティを形成する過程に焦点をあてた。たしかに，働く者の「自己」は状況依存的である。労働者としての，男性や女性としての変わらぬ「主体」があるわけではない。しかし，本章の考察から，それらの議論にも限界があることがわかる。それは，本質的な「主体」を否定することが，いかようにも変われる「自己」を想定することに飛躍している点であり，そして，本質的な「主体」を否定しているにもかかわらず，「自己」を統御できる「確たる個人」を前提にしている点である。

働く場や経済的空間は，社会関係から一義的に導出されるわけではないが，社会関係から完全に自由になったわけでもない(Massey 1995)。一人ひとりの労働者は，多様な社会関係が焦点化される各場を通して，人と人とのつながりを育み，安らぎを覚え，あるいは，敵対的な関係を築き，「自己」を確認する。それらの関係や「自己」は，決して固定的ではないが，自由自在に変えられるわけでもない。各場には固有の論

❖36……Davenport et al. (1999)は，「いじめ」による直接・間接の負の影響として，社内では，仕事の質と量の低下，コミュニケーションやチームワークの欠如した不愉快な雇用関係，派閥主義，社員の移動の増加，病気欠勤の増加などが生じ，社外では評価や信用が失墜し，企業および社会的なコストとして，コンサルタント費用，失業保険請求，労働者補償，身体障害者補償，職業ストレス疾患に対する補償，訴訟や和解のための費用などが発生すると指摘する(pp.138-141，邦訳220頁)。

❖37……「ハイテク産業」においても，その「底辺」は，低賃金で単純作業を担う労働者が支えていることを既に明らかにしたが，「末端」の職場ではとりわけ労働者からの反発が強い。労働組合が未組織であることが多く，労働環境が劣悪であり，労働者保護が期待できず，不満がたまりやすい。Devinatz (1999)が参与観察した医療電子機器の組立工場では，依然として「単純なコントロール(simple control)」が中心であり，権威主義的な管理手法が用いられ，密な監視が行われ，失業の恐怖が漂っている。あからさまな抵抗や集団的サボタージュはなくならない(pp.106-113, pp.143-147)。また，中国の電子機器工場の暴動が有名であるが，グローバルな規模で労働者による抵抗や反発が起きている(『Newsweek (日本版)』2010.6.16，18-27頁)。

理があり，だからこそ，それを無視した強硬な「改革」や職場環境の急激な変化は，人と人との関係を不安定にし，アイデンティティの崩壊を招くこともある。コンピュータを介して作り出される「バーチャル」な場や空間が増えており，既存の社会関係に縛られない人間関係が構築可能なようにもみえる。そして，変化への適応自体が，現代社会に求められる能力であり，現代人の中には，環境変化への耐性が強く，むしろ変化を好み，浅く広い人間関係を欲している人もいる。しかし，「バーチャルな空間」であっても，設計や使用の過程に社会関係が介在し，「リアル」な社会関係と全く無関係というわけではない[❖38]。それらの規定のあり方は「リアル」な場とは異なるとはいえ，「バーチャル」な世界にも文化的・社会的な背景が持ち込まれ，一定の力学を持つ。また，変化や弱いつながりを好む生活とて，ひとつの生活パターンである。生活のリズムを一方的に崩されれば，否定的な反応を示す。想定や許容範囲を超えて変化する職場では，ストレスを上手に処理できず，他者との間に「健全な関係」を築けず，心理的な「平衡」を保てず，「自己」をコントロールできなくなった人が目立つようになった。統制に対する露骨な反発，組織内で他者を出し抜こうとする「出世主義」，従順なふりをした巧みな「手抜き」，今にして思えば，それらの「自己」には自分をコントロールすることができるという前提があった。しかし，職場環境が激変し，ストレスが許容度を超えた今，「自己」を支えきれなくなっている人が増えているのである。

❖38……経営者は，グローバルな規模で工場やオフィスの立地場所を探す。ICTが普及し，経営のボーダレス化が進むと，「場」や「地域性」の制約は取り払われたかのごとく主張する言説が広まった。しかし，場に根づいて生活を営む労働者や住民はもちろんのこと，経営の立場からしても，それらは依然として重要な意味を持っている。なぜなら，労務コストが低ければ労働者は誰でもよいわけではなく，質の高い労働者を採用するためには，それぞれの社会に固有な教育制度など，社会制度を無視できないからである（Harvey 2006, pp.380-385）。

もっとも，経済の中心が金融になると，状況は変わったかのようにみえる。たしかに，実体経済に比べて金融経済では，ICTを介した取引が容易になり，相対的に場や地域性に縛られにくくなった。しかし，金融業も，対面的な関係を通して得られるコアな情報の重要性がなくなったわけではなく，デジタル化しにくい知識やスキル，そして情報の価値を判断する基準は場から生まれ，場を通して学習される。そして，比較的移動が容易な人たちであっても，経済的要素だけではなく，治安や文化・社会資本・社会関係資本を重視するため，生活の場はどこでもよいわけではないのである。

結
「最先端」の経営思想と場の力学

第4部は，職場力学にかんする理論研究を再検討した。トヨタと日産の現場比較の実証分析を踏まえて，市場と組織という枠組みの中で職場力学を整理し直した。

工場主は，労働者を農村から都市部の工場へ呼び入れ，工場の規則的な生産体制に組み込むために，工場内に様々なルールを設け，労働者に「規律」を身につけさせようとした。19世紀末以降，「科学的管理法」を導入し，旧来の職人の熟練を解体し，労働者の現場規制力を弱体化させてきた。しかし，工場主は，それらの管理手法をもってしても，労働過程を完全には掌握できなかった。労働者は，退屈な反復作業に不満をあらわにしたのであり，現場に根づいてきた労働者に固有な文化は一掃されたわけではなかった。

ところが，「日本的経営」に代表される「参加のマネジメント」が考案されると，労働者は「自発的」に経営側の意を汲んで働くとみなされ，統制・抑圧・搾取に対して抵抗・反発・不満を示す従来の労働者とは異なる像が提示されるようになる。カイゼン活動に積極的に関わり，ローテーションに加わり，高い技能を身につけ，職場運営に携わる。これらの労働慣行に労働者の「自発の契機」をみる研究が多く現れた。管理と労働者との関係を捉える分析フレームは，統制―抵抗から「同意」の調達へ，さらには「自己規律」へと変化した。Michael Foucaultの理論を援用し，権力と主体との二元論を克服しようとする議論が，労働過程論の主流になった。

ここまでの研究は，ほとんどが製造現場の労働者を対象にしていたが，組織が巨大化し，産業構造が転換して，組織の運営にあたる管理職，知識を駆使して働く専門職，第三次産業に従事する労働者の数が増えるのに伴い，ホワイトカラーを主とした「従業員」が新たな研究対象になった。

米国の大企業は，景気の変動には現場労働者を一時的に解雇して柔軟に対応してきたが，ホワイトカラーには，雇用を実質的に保障し，企業内でキャリアを積ませてきた。官僚制組織に統合され，経営者に同調する人たち(「オーガニゼーションマン」)の出現が注目されるようになる。

所属先の組織の成長・発展の「分け前」にあずかり，「ゆたかな生活」を享受する「オーガニゼーションマン」の利害は，経営側のそれと真っ向から反するわけではない。だが，両者の利害は完全に一致したわけでもなかった。働く場をつぶさに観察すれば，経営側の意向に反する現象が散見される。官僚制組織の明確な業務規定に‘守られて’，「最低限のこと」しかやらない人が多い。「逸脱行為」を働かせているわけではないので，叱責の対象になるわけではないが，部署間や担当者間の調整や情報共有といった「仕事」を負担しない人が増えると，組織は硬直化し，市場の変化に対応できなくなる。

このような官僚制組織の限界を補うために，企業文化が組織に吹き込まれ，チームコンセプトが全社規模で導入された。従業員を機械的に官僚制組織へ組み入れるのではなく，組織の文化と一体化させ，チームにコミットさせる新たな管理手法が開発された。強い企業文化やチームコンセプトは，日本企業を代表とした「優良企業」に共通してみられるという。「オーガニゼーションマン」は，所属組織により強く統合される存在として描かれるようになった。

かくして，製造現場でも，組織全体でも，いわゆる「日本的経営」から着想を得た管理手法が従業員から高いコミットメントを引き出しているとして評価される時代を迎えたのである。「日本的経営」が世界的なブームになり，経済人仮説に基づく管理手法の限界は克服されたと喧伝された。

しかし，日本企業の職場を子細に観察すれば，そうとは言いかねる現象が随所に見られる。製造現場では，長時間労働と高密度労働により不満が燻っており，想定された労働者像は過大評価と言わざるをえない。そもそも「日本的経営」を適用される労働者は限られている。ホワイトカラーの職場では，「オーガニゼーションマン」は巧妙に「手を抜く」方法を身につけており，誰もが経営側と一体化しているわけではない。大規模組織の職場は，傍目からは順調に「回っている」ようにみえる。経営側に対する露骨な反発や抵抗は影を潜める。しかし，働く者は組織内での「生き残り」をかけて自分なりに活路を見いだしている。格差付けされた労働者間でぶつかり合いが生じることもある。組織内の葛藤は形を変えて残っているのだ。

ところが，その領域にまで管理の手と眼差しを入り込ませ，作業を標準化し，ムダを削り取り，職場空間を可視化し続け，労働者の不満を表面化させない密な人間関係を構築している企業もあり，このような「つくり込み」の程度により，現場レベルの生産性は大きく変わってくる。ここで筆者が注目した点は，職場のつくり込みは労働者の技能や知識だけではなく，現状維持を許さないコントロール欲求に支えられていることであり，そして，この欲求の強さはそれまでの労使間の闘争の歴史や社内外の無数の要素に左右されることである。ここに，「強い現場」を容易には作れない原因の一つがある。「組織の時代」に「日本的」な管理手法が世界規模で影響を与えたことはたしかだが，日常的に「回っている」職場であえてムダを表面化させ，削減し続ける力や欲求を備えた企業はまれであったのだ。そこまでしなくても，大規模組織は生き残れたからである。

ところが，70年代に入ると，英米社会は大規模組織を中心とした「福祉志向」の資本主義から「市場志向」を前面に打ち出した資本主義へと大きく転換した。製造業の現場よりも，ICT産業や金融商品の開発など，より「創造的」であり利益率が高い分野に注力するようになった。組織を大規模化させて市場をコントロールするのではなく，スリム化して市場の動向に迅速に対応する。「人材」は，組織に抱えて育てるのではなく，コストとみなして必要な時に市場から調達する。働く者は，「自己決定」と「自己責任」を行動基準として強調され，「自分の能力」を頼りにして市場で生き残ることを求められるようになった。

しかし，皮肉にも，「自己責任」を強調されればされるほど，自分の「能力」や「努力」では如何ともしがたい「理不尽さ」が際だってくる。どれほど頑張っても貧困層から抜け出せない。組織の吸収合併が盛んになり，自分がうかがい知れぬところで「所属先」が変わる。正社員も，管理制度の「改革」に振り回されて，強いストレスを感じている。そして，誰も望まない現象が職場で見られるようになった。働く者どうしの「いじめ」や「(新型)うつ病」である。市場の圧力や働く場の変化に耐えかねる労働者の中には，「弱者」を見つけては標的にし，不安を解消し，溜飲を下げる者がいる。もはや労働者たちは「自己」を保ち，同僚と「健全な関係」を築くことすら困難になった。管理する側からしても，職場を維持する負担が増大している。「組織の時代」の職場も，調和が保たれ合意が形成されていたとは言い難いが，安定した一定の力学を内包していた。いまやその力学は一掃され，場を維持する管理負担が高まり，職場は極度に不安定になり，組織全体が弱体化している。市場原理に基づく「改革」により利益を得る一部の者を除いて，ほとんどの者が疲れきっているのである。

以上，職場力学にかんする研究を市場と組織という枠組みの中に位置づけ直した第4部をおさらいした。このように議論を整理すると，新しい経営管理の思想・技術・制度が考案されるたびに，積極的に働く労働者像が想定されてきたことがわかる。経営思想家が‘最先端’の経営コンセプトを打ちだし，その都度「革新性」を強調し，既存の管理手法の限界は克服されたと高らかに宣言する。[❖1] 労働者の視点から働く場を捉える研究者たちも，主流の経営思想や経営理論に引きずられてきた。その最たる例が，一世を風靡した「日本的経営」論であったのだ。しかし，いかなる管理手法も労働者を意のまま

❖1……経営思想の‘グル’たちは，新しい経営コンセプトを打ち出し，新しい時代の「旗振り役」になってきた。見方を変えれば，「機をみるに敏」であり，「市場」を先取りし，時流に合わせて自説を修正してきた。『エクセレント・カンパニー』(1982年)で強い企業文化の重要性を主張したTom Petersは，10年後に著した『自由奔放のマネジメント』の序文で，『エクセレント・カンパニー』の誤りを認め，Alfred Dupont ChandlerやJohn Kenneth Galbraithの議論に引きずられたと率直に述べている。Peter Druckerの経営思想の変遷については，別稿で詳しく論じた。伊原(2010)を参照のこと。

に動かせたことはない。経営側は合理的に職場を管理し尽くしたいと思い，次々と手の込んだ管理手法を開発するが，働く者はそれらに対してその都度，独自な反応を示してきたのであり，時として，誰もが予期せぬ事態が職場で発生することもあるのだ。[❖2]

労働者管理は統合と排除の論理の間で揺れ，管理手法の変化に応じて場の力学は変わってきたし，これからも変わり続けるであろう。[❖3] 現在，大方の目には市場主義に基づく労務政策は行き過ぎと映る。「組織の時代」に逆戻りするとは考えにくいが，揺り戻しがみられる。市場原理主義が世界に広まった後の「よりよき資本主義」を構想し，企業が「よき市民」として「品位ある」経営行動をとり，働く者は「適正な自己中心性」をとるべきだとして，経営思想の‘グル’は将来を見据える（Handy 1997）。企業は人

❖2……経営側のマネジメントは合理的であり，労働者側の反応は非合理的であるという見方は一面的である。社会的弱者の「怒り」や「反発」は，権力者側からみれば非合理的にみえるかもしれないが，当人らからすれば，「生存の権利」が犯されたときに発動するのであり，そこには一定の合理性がある。弱者の「暴動」や「抵抗」は，経済的な原理だけではなく，コミュニティの倫理的な基準に基づいて起こしてきた長い歴史があるのだ。Polanyi（1944）は，市場原理が共同体の生活文化や人間性を脅かし，「文化的真空」の状態をもたらすと，そのつど，市場経済の動きを制限しようとする「社会」からの自然発生的な反応・反撃を招いた歴史を描いた。Thompson（1971）は，市場の原理と経済人仮説から経済行為を説明する政治経済学に，「倫理」を行動基準に置く「モラルエコノミー」を対置し，18世紀のイングランドにおいて，価格をつり上げて暴利を貪る農家，製粉業者，中間業者，販売者，輸出業者に対する群衆の「食糧暴動」や「打ち壊し」を，「公共の福祉（commonweal）」の「モラルエコノミー」に基づく「総意」から生じた「社会的な異議申し立て」として捉え直す。「技術進歩」は不可避であり，「機械打ち壊し」は非合理的で，偏狭で，幼稚な悪あがきであるとみなされてきた。しかし，それに関わった人たちは，新しい技術そのものに対して反発したわけではなく，また抽象的な意味での技術進歩に関心を寄せていたわけでもない。その背後にある社会関係の変化に対して抵抗を示したのであり，経済的な生活条件の悪化のみならず，「自由」や「尊厳」といった非貨幣的な側面の侵害に対する異議申し立てを表明したのである（Hobsbawm 1964，邦訳5-20頁；Noble 1995，邦訳20-54頁）。このような抵抗や反発は，現代社会でもみられる。Scott（1976）は，資本主義の拡張と植民地体制化，伝統社会と農村共同体の解体，大きな価格変動，国家による強硬な取り立て，それらから生じる飢饉の脅威から身を守るために，自らの「生命維持倫理」に照らして，手の込んだ「叛乱」・「日常的抵抗」を企ててきた東南アジアの農民の生き方に光を当てた。

本書が明らかにした働く場における「抵抗」も，「モラルエコノミー」という視点から，すなわち，働く場とは生活する場であり，生活の場には一定の倫理基準や価値基準があり，それらに即して企てられてきたと捉えられなくはない。

Morgan（1931）は，「生産制限」を経済的な理由から説明するのではなく，倫理的な問題（ethical question）として位置づけ，労働者は人格の基盤を脅かす理不尽な生産要求に対して，自己の尊厳を守るために生産制限を行ったと指摘する。ところが，「人間関係論」的な管理が広まり，「組織文化」の管理手法が浸透すると，労働者の「生命維持倫理」それ自体を経営側が操作するようになった。しかし，作為的に作り出した「共同体」には，必ずムリがでてくる。なぜなら，人間を完全にコントロールできると思うのは幻想であり，労働者をコントロールしようとすればするほど，労働者側は巧みな「抵抗」を開発し，管理する側は計算外の出来事に面食らうことになるからである。そして，市場原理が猛威をふるう現在，「共同体」の維持はさらなる困難に直面している。今や，職場を規制する力を労働者から奪った上で，新自由主義に基づく「自己責任」というイデオロギーを労働者に押しつけているが，職場の維持機

材をすべて無計画に外から調達するのではなく，かといって組織に丸抱えするわけでもなく，労働市場の「不確実性」のリスクを計算し，人材にかんするコストとベネフィットを秤にかけて外部調達と内部育成とをバランスよく組み合わせ，人材育成のROI（投資収益率）を改善すべきであると主張する者もいる（Cappelli 2008）。「温情主義的忠誠心」を求める「伝統的コミュニティ」でも，近代的な個人主義に基づく「合理的な利己主義」な働き方でもなく，それらの対立を解決する可能性を秘めた「ミッションとコミットメントの結合」を目指し，「目的によって結びついたコミュニティ」を理想的な職場モデルとして思い描く者もいる（Heckscher 1995）。労働者は，行き当たりばったりの働き方をするわけではなく，将来を確約されたかつての働き方を望むわけでもなく，長期展望を

能は不全に陥っている。

経営側は，労働者を意のままに扱いたいがために，労働者の倫理や生活に根ざした価値を破壊し，経営側の意向に沿う形で再構築しようとしてきた。しかし，そのつど，職場から（想定外の）望まぬ「反応」を招いたのである。皮肉なことに，より巧妙な管理がより複雑な「反応」を自ら生み出すかたちになり，経営側はそれをまた対処しようとするジレンマに入り込んでいるのである。

❖3……誤解がないように最後に付言するが，労働者管理は，市場から組織へ，組織から市場へと単線的に進んできたわけではないし，両極端に振れたわけでもない。そもそも経営者は市場と組織だけを考慮して，労働者管理の制度を設計してきたわけではない。産業や企業によって多様性があり，ほとんどの企業は，市場の原理と組織の論理を混成的に用い，そして「ネットワーク型組織」を開発してきたのである（Powell 1990）。現在は，「ポスト官僚制組織」の時代とも言われるが，官僚制組織が消滅したわけではない。市場の原理を注入し，ネットワークの要素を組み入れ，複数の原理を併用し，それらを相補的に活用する形で官僚制組織を維持していることが普通である。「今」と「かつて」という単純な二分法は慎まねばならない（Clegg et al. 2011）。

日本企業の例でいえば，「終身雇用」から「多様な雇用」へと両極端に変わったわけではないし（Ihara 2015），政府・経営者・労働者の長年にわたる闘争と調整を経て制度化され，他の制度との関係の中で定着した労働慣行は，そう簡単に変わるものではない（Moriguchi and Ono 2006）。

労働者の排除と統合のジレンマは，マクロの雇用政策にもあてはまる。1970年代以降，「包摂型社会」から人々を階層化して分断する「排除型社会」（Young 1999）へとシフトしたと思われているが，極端な形で移行したわけではない。貧困層をも市場経済に取り込もうとする力学がはたらいているのである（Young　2007, p.101，邦訳195頁）。

ほとんどの職場では，包摂と排除の管理手法が積み上げ式に併用され，相補的に利用され，つぎはぎ的に用いられてきた。しかし，それらの間で不整合が生じ，葛藤の側面が現場に押しつけられ，労働者たちは各自のやり方で対処してきたというのが，大方の現場の実情である。

なお，極端な「シフト」を強調する言説と実態との乖離は，株主と経営者との力関係についてもいえる。「経営者支配」から「株主支配」の時代へと変わったといわれ，たしかに，市場原理主義が強まると，機関投資家のプレゼンスが増大した。しかし，市場志向が強い米国でも，機関投資家により経営者が罷免された事例はごくわずかである。むしろ，ストックオプション制度の浸透により，経営者の報酬が膨大になり，株主価値と経営者の自己利益の追求が両立しうるようになった点に注目すべきである。日本経済においても，経営者は株価を意識した意思決定が求められるようになった。株の相互持ち合いや安定的な株主確保によって敵対的買収から企業を守ってきたが，いまや，吸収合併の危険が高まり，株価や株主の意向は無視できなくなった。しかし，だからといって，大企業の経営者の経済的・社会的な力が一挙に弱まったわけではない。株主に対して経営者の力が弱まった面よりも，経営者に対して労働者の力が弱まった面にこそ留意すべきである（労働分配率の低下）（柴田 2009, 2011）。

持ちながらもキャリアを柔軟に修正し，偶然の中からチャンスをつかむキャリアモデルを提示する論者もいる（Krumboltz and Levin 2004）。今や「バランス」がキーワードになった。市場と組織のバランスであり，ワーク・ライフ・バランスであり，株主・経営者・労働者・消費者間のバランスである。つまり，市場か組織かに偏った経営モデルは避けられ，市場原理を前提としながらも組織（安定）の論理を取り入れた「いいところ取り」のモデルが推奨されている。しかし，経営思想がどれほど斬新にみえようが，管理手法や生産技術がいかに革新的であろうと，提示されたキャリアモデルがどれほど魅力的に感じようとも，今後も労働者は冷静になり，自分たちなりの活路を見いだすであろう。

各場には固有な力学が存在する。時流に乗った経営思想に右往左往しながらも，自分たちの生き方を守ろうとしてきた働く者の歴史が働く場には刻み込まれている。場の論理を蔑ろにしたり，場を統制し尽くそうとしたり，逆に職場管理の責任を労働者に一方的に押しつけたりする傲慢さや無責任さは思わぬ「反撃」を現場から受けてきたのだ。第4部は，経営管理思想がいかに‘進化’しようとも，各場には固有な力が生き続けてきた事実を再発見したのである。

終章

場のウチとソトをつなぐ

本研究は，「人間不在」となった働く場を捉え直す試みであった。働く場の力学を丹念に読み解き，「場に生きる力」を再発見した。ただし，場とは，その内側で完結しているわけではない。社会と繋がる経路を確保していることがある。他の場から生まれた力とより合わさりながら大きな力となり，社会を変え，そして，社会の力が還流して各場を変えることもある。最後に，今後の検討課題として，場の内と外とがつながる可能性について若干触れたい[1]。

現状において，労働者は，一方で，長時間労働を強いられ，働き過ぎる傾向にあるが，他方で，働きたくても(十分には)働けない人，働いても貧困層にとどまる人の層が厚くなっている。どちらにせよ，理不尽な解雇や労働条件の切り下げにあい，不満を抱える労働者が増えている。企業内組合は経営側に抗する力を発揮せず，あるいは圧倒的に力が弱くなり，会社と対峙する労働者はアトム化し，会社に抵抗する労働者の共通の基盤は失われている。このことは，本書が明らかにした通りである。ところが，絶対的な弱者になった労働者の中から，個人ベースで外に助けを求める人が出てきた。1990年代以降，コミュニティ・ユニオン，管理職ユニオン，女性ユニオン，青年ユニオンなどの個人加盟ユニオンが相次いで結成された。これらのユニオンのサポートを受けて，不当解雇や偽装請負の撤回・改善を求める運動が広がっている[2]。筆者は，愛知県を中心に活動する地域ユニオンの運動をみてきた。不当な扱いを受けた労働者たちは，会社内では孤立させられることが多いが，個人加盟のユニオンに加入して会社に不当な処遇を撤回するよう訴え，会社と粘り強く交渉し，裁判や労働委員会へ持ち込む事例が増えている。また，個別労働紛争調整制度を活用して，一人でも労使間の紛争解決に乗り出すことが容易になった。2006(平成18)年に労働審判制度が発足し，審判数は増加傾向にあり，社会に定着したといってよい。安易に労働者を切り捨ててきた会社は，思わぬ形で，労働者からの反撃を受けている。そして，これらの制度は，当該の紛争を解決するだけでなく，「職場を変える」契機に

❖1……詳細は，伊原(2014b, 2015)を参照のこと。
❖2……詳細は木下(2007)。

もなりうる。[3]

外部の労働紛争解決制度を利用する人は，非正規雇用者など「周辺部」に位置づけられた労働者が多く，経営側からすれば，「トカゲのしっぽ切り」程度の印象しかないのかもしれない。しかし，既存の企業内組合も，組合を存続させるためには，もはや非正規雇用者の加入は避けられない。[4]この動きが加速すれば，雇用形態の違いを超えて，労働者どうしで利害を共有し，職場環境を少しでも良くしうるかもしれない。

われわれは，各場で足場を築きながらも，社会に基盤を持つことにより，自分たちで職場環境を改善していくことができる。その方法は労働組合によるものだけではない。各自の手法で，当然の権利である働く権利と生存権を守り，「ふつうに働ける社会」，「ふつうに生きられる社会」に向けて実践していく。

市場の原理に基づく社会観も人間が構想したものである。一端，回り始めたこのシステムは，自律的に動き，不可避のように思われるかもしれないが，自然法則のような普遍的なルールなどではない。われわれはいかなる社会で生きたいのか。そして，いかなる社会にしたいのか。これは，「地に足がついた生活」をおくる人たちが考え，実現する課題である。

❖3……笹山(2008)は，具体的な事例を紹介している。

❖4……中村(2009)は，非正規労働者を組合員に取り込む企業内組合の活動事例を紹介している。

おわりに

前著『トヨタの労働現場』を書きあげてから10年近くが経った。当時は大学院生であったが，それからほどなくして就職が決まり，岐阜大学に赴任した。多くの人に支えられて本書を完成することができた。

会社のこと，労働者生活のことをお話しして下さった方々には大変お世話になった。労働者の方もいれば，経営者の方もいる。OBの方もいれば，現役の方もいる。なかには，10年以上のつきあいの方もいる。お名前を出せないのが残念であるが，すべての方に心より感謝したい。「調査」というよりは，対話を通して会社像，労働者像，社会像が共有されていく感じであった。もっともらしくいえば，この本の作成自体が，「社会的実践」の一つであったように思う。

大学に就職した年が，ちょうど国立大学が独立法人化された年であった。この本で書かれていることが，私の足下でも起きており，毎日が「参与観察」であるともいえる。所属先の地域科学部は旧教養部が母体となった学部であり，学内では「鬼っ子」のような扱いを受けているが，様々な分野の先生がおられ，読書会で，そして日常会話からも刺激を受けている。野原仁先生，三谷晋先生，朴澤直秀先生には同期としていつも助けていただいている。髙橋弦先生，竹内章郎先生，富樫幸一先生，三崎和志先生，山本公徳先生，柴田努先生には，著書，論文，社史を長いことお借りした。論文を取り寄せて下さった図書館の方，書籍購入の煩瑣な処理でご迷惑をおかけした事務の方々にもお礼申し上げる。

そして何よりも学生には感謝している。とても教師らしいとは言えない私の講義を聴いてくれる。一労働者として，なんとかこの仕事をやれているのも，地域科学部の学生のおかげである。とりわけセミナー生には恵まれている。私が学生だった頃とはだいぶ問題関心が異なるようであり，こちらこそ現代社会の勉強をさせてもらっている。卒業してからもそれぞれの活躍の「場」の話を聞かせてくれる。なかでも，「こだわりと遊び心」を持った働き方を実践されている山田奈央美さんには多くのことを学ばせてもらった。

本書の理論部分は，沖縄での内地研修中に大部を書き上げた。2010年5月から翌年2月末までの10ヶ月間，沖縄大学に引き受けていただいた。春田吉備彦先生と図書館の方々には本当にお世話になった。短期間ではあったが，沖縄の青空の下で生活し，沖縄の風を感じながら，様々なことを考えさせられた。自動車産業が集積する東海地方には沖縄から多くの方が季節労働者として来られる。働く場を地理的・空間的な広がりを持って捉えるという点でも，とても良い機会になった。

最後になったが，桜井香さんには前書にひき続き大変お世話になった。本書の完成に向けて温かい激励をして下さった。心より感謝申し上げる。

2012年5月4日　**伊原亮司**

学術書の出版環境は悪くなる一方である。桜井さんには出版に向けて尽力していただいた。心から，心から感謝申し上げる。

2016年3月2日　**伊原亮司**

参照文献

阿部真大(2006)『搾取される若者たち——バイク便ライダーは見た!』東京，集英社新書。

Abegglen, J. C. (1958) *The Japanese Factory: Aspects of its Social Organization,* Glencoe, Ill.: Free Press. (占部都美監訳『日本の経営』東京，ダイヤモンド社，1958年)

Abegglen, J. C. (1973) *Management and Worker: The Japanese Solution,* Tokyo: Sophia University in cooperation with Kodansha International. (占部都美監訳，森義昭共訳『日本の経営から何を学ぶか——新版日本の経営』東京，ダイヤモンド社，1974年)

Abegglen, J. C. and the Boston Consulting Group eds. (1970) *Business Strategies for Japan,* Tokyo: Sophia University in Cooperation with Encyclopaedia Britannica. (ボストン・コンサルティング・グループ編『日本経営の探究——株式会社にっぽん』東京，東洋経済新報社，1970年)

安保哲夫・上山邦雄・公文溥・板垣博・河村哲二(1991)『アメリカに生きる日本的生産システム——現地工場の「適用」と「適応」』東京，東洋経済新報社。

Ackroyd, S. and P. Thompson (1999) *Organizational Misbehaviour,* London, Thousand Oaks: Sage Publications.

Adler, P. S. (1993) "Time-and-Motion Regained," *Harvard Business Review,* January-February, pp. 97-108.

Aglietta, M. (1976) *Régulation et Crises du Capitalisme: L'expérience des États-Unis,* Paris: Calmann-Lévy. (若森章孝・山田鋭夫・大田一廣・海老塚明訳『資本主義のレギュラシオン理論——政治経済学の革新(増補新版)』東京，大村書店，2000年)

愛知県編(1982)『愛知県労働運動史 第一巻 昭和二十年～昭和二十五年』東京，第一法規出版。

愛知県編(1983)『愛知県労働運動史 第二巻 昭和二十六年～昭和三十年』東京，第一法規出版。

Albert, M. (1991) *Capitalisme contre Capitalisme,* Paris: Éditions du Seuil. (久水宏之監修，小池はるひ訳『資本主義対資本主義』東京，竹内書店新社，1992年)

Amable, B. (2003) *The Diversity of Modern Capitalism,* Oxford: Oxford University Press. (山田鋭夫・原田裕治・木村大成・江口友朗・藤田菜々子・横田宏樹・水野有香訳『五つの資本主義——グローバリズム時代における社会経済システムの多様性』東京，藤原書店，2005年)

青木慧(1980)『日産共栄圏の危機——労使二重権力支配の構造』東京，汐文社。

青木慧(1981)『偽装労連——日産S組織の秘密』東京，汐文社。

Aoki, M. (1988) *Information, Incentives, and Bargaining in the Japanese Economy,* Cambridge, New York: Cambridge University Press. (永易浩一訳『日本経済の制度分析——情報・インセンティブ・交渉ゲーム』東京，筑摩書房，1992年)

青島矢一編(2008)『人材育成の「失われた10年」——企業の錯誤／教育の迷走』東京，東信堂。

新谷司(2011)「解釈会計学・フーコー主義会計学・マルクス主義会計学における関与方法」『日本福祉大学経済論集』第42号，169-206頁。

Aronowitz, S. (1992) *False Promises: The Shaping of American Working Class Consciousness,* Durham and London: Duck University Press.

浅野和也(2004)「トヨタの生産方式と労働時間(上)(下)」『賃金と社会保障』1382号，4-33頁；1383号，29-44頁。

浅野和也(2008)「トヨタの生産方式と労働時間」，猿田編『トヨタ企業集団と格差社会』京都，ミネルヴァ書房所収，165-246頁。

浅野和也(2009)「トヨタ労使の労働時間短縮政策」，猿田編『トヨタの労使関係』名古屋，中京大学企業研究所所収，67-134頁。

浅野健(2008)『タクシー運転手は大学院生 in 京都』東京，本の泉社。

浅沼萬里著，菊谷達弥編(1997)『日本の企業組織革新的適応のメカニズム——長期取引関係の構造と機能』東京，東洋経済新報社。

浅生卯一・猿田正機・野原光・藤田栄史・山下東彦(1999)『社会環境の変化と自動車生産システム——トヨタ・システムは変わったのか』京都，法律文化社。

Atkinson, J. (1985) *Flexibility, Uncertainty and Manpower Management,* Brighton: University of Sussex.

Avery, Derek R. and C. Douglas Johnson (2008) "Now You See It, Now You Don't: Mixed Messages Regarding Workforce Diversity," In K. Thomas (ed.), *Diversity Resistance in Organizations,* New York: Lawrence Erlbaum Associates.

鮎川義介(1965)「私の履歴書」，日本経済新聞社編『私の履歴書 第二十四集』東京，日本経済新聞社，265-358頁。

Babson, S. (1995) "Whose Team ?: Lean Production at Mazda U. S. A.," In S. Babson (ed.), *Lean Work,* Detroit: Wayne State University Press.

Babson, S. ed. (1995) *Lean Work: Empowerment and Exploitation in the Global Auto Industry,* Detroit: Wayne State University Press.

Baldwin, C. Y. and Kim B. Clark (2000) *Design Rules: The Power of Modularity,* Cambridge, Mass.: MIT Press. (安藤晴彦訳『デザイン・ルール——モジュール化パワー』東京，東洋経済新報社，2004年)

Barker, J. R. (1993) "Tightening the Iron Cage: Concertive Control in Self-managing Teams," *Administrative Science Quarterly,* 38, pp. 408-437.

Barley, Stephen R. and Gideon Kunda (2004) *Gurus, Hired Guns, and Warm Bodies: Itinerant Experts in a Knowledge Economy,* Princeton and Oxford: Princeton University Press.

Barnard, C. (1938) *The Functions of the Executive,* Cambridge, Mass.: Harvard University Press. (山本安次郎・田杉競・飯野春樹訳『経営者の役割』東京，ダイヤモンド社，1968年)

Baron, R. A. and Neuman, J. H. (1996) "Workplace Violence and Workplace Aggression: Evidence on their Relative Frequency and Potential Causes'" *Aggressive Behavior,* 22, pp. 161-173.

Bauman, Z. (2000) *Liquid Modernity,* Cambridge, U. K.: Polity Press. (森田典正訳『リキッド・モダニティ——液状化する社会』東京，大月書店，2001年)

Beck, U. (1986) *Risikogesellschaft auf dem Weg in eine andere Moderne,* Frankfurt am Main: Suhrkamp. (東廉・伊藤美登里

訳『危険社会──新しい近代への道』東京，法政大学出版局，1998年）

ベフハルミ(1987)『イデオロギーとしての日本文化論』東京，思想の科学社。

Bell, D. (1960) *The End of Ideology: On the Exhaustion of Political Ideas in the Fifties,* Glencoe, Ill.: Free Press of Glencoe.（岡田直之訳『イデオロギーの終焉──1950年代における政治思想の涸渇について』東京，東京創元新社，1969年）

Bell, D. (1973) *The Coming of Post-Industrial Society: A Venture in Social Forecasting,* New York: Basic Books.（内田忠夫・嘉治元郎・城塚登・馬場修一・村上泰亮・谷嶋喬四郎訳『脱工業社会の到来──社会予測の一つの試み』東京，ダイヤモンド社，1975年）

Bennett, A. (1990) *The Death of the Organization Man: What Happens When the New Economic Realities Change the Rules for Survival at your Company,* New York: Simon & Schuster.

Berle, Adolphe A. and Gardiner C. Means (1932) *The Modern Corporation and Private Property,* New York: Macmillan.（北島忠男訳『近代株式会社と私有財産』東京，文雅堂銀行研究社，1957年）

Bernstein, A. J. (2009) *Am I The Only Sane One Working Here ?: 101 Solutions for Surviving Office Insanity,* New York: McGraw-Hill.

Besser, T. L. (1996) *Team Toyota: Transplanting the Toyota Culture to the Camry Plant in Kentucky,* Albany: State University of New York Press.（鈴木良始訳『トヨタの米国工場経営──チーム文化とアメリカ人』札幌，北海道大学図書刊行会，1999年）

Beynon, H. (1973) *Working for Ford,* London: Allen Lane.（下田平裕身訳『ショップ・スチュワードの世界──英フォードの工場活動家伝説』東京，鹿砦社，1980年）

Blau, P. (1955) *The Dynamics of Bureaucracy: A Study of Inter-Personal Relations in Two Government Agencies,* Chicago: University of Chicago Press.

Blauner, R. (1964) *Alienation and Freedom: The Factory Worker and His Industry,* Chicago, London: University of Chicago Press.（佐藤慶幸監訳，吉川栄一・村井忠政・辻勝次共訳『産業における疎外と自由』東京，新泉社，1971年）

Blyton, Paul and Peter Turnbull eds. (1992) *Reassessing Human Resource Management,* London: Sage Publications.

Bowen, Kent H. and Steven Spear (2000)「トヨタ生産方式の"遺伝子"を探る」『ダイヤモンド ハーバード・ビジネス』25(2)，11-25頁。

Bowling, Nathan A. and Terry A. Beehr (2006) "Workplace Harassment from the Victim's Perspective: A Theoretical Model and Meta-Analysis," *Journal of Applied Psychology,* Vol. 91, No. 5, pp. 998-1012.

Boyer, R. (2004) *Une Théorie du Capitalisme, est-elle Possible ?,* Paris: Odile Jacob.（山田鋭夫訳『資本主義vs資本主義──制度・変容・多様性』東京，藤原書店，2005年）

Braverman, H. (1974) *Labor and Monopoly Capital: The Degration of Work in the Twentieth Century,* New York: Monthly Review Press.（富沢賢治訳『労働と独占資本』東京，岩波書店，1978年）

Bridges, W. (1994) *JobShift: How to Prosper in a Workplace without Jobs Reading,* Mass., Tokyo: Addison-Wesley.（岡本豊訳『ジョブシフト──正社員はもういらない』東京，徳間書店，1995年）

Brightman, H. J. (2009) *Today's White Collar Crime:* Legal, Investigative, and Theoretical Perspectives, New York: Routledge.

ブリントン，メアリー・C. (2008)『失われた場を探して──ロストジェネレーションの社会学』(池村千秋訳)東京，NTT出版。

Broad, G. (1994) "The Managerial Limits to Japanization: A Manufacturing Case Study," *Human Resource Management Journal,* Vol. 4, No. 3, pp. 41-61.

Brod, C. (1984) *Technostress: The Human Cost of the Computer Revolution,* Reading, Mass.: Addison-Wesley.（池央耿・高見浩訳『テクノストレス』東京，新潮社，1984年）

Brodsky, C. (1976) *The Harassed Worker,* Lexington, MA: D.C. Health and Company.

Brooks, D. (2000) *Bobos in Paradise: The New Upper Class and How They Got There,* New York: Simon & Schuster.（セビル楓訳『アメリカ新上流階級 ボボズ ニューリッチたちの優雅な生き方』東京，光文社，2002年）

Burawoy, M. (1979) *Manufacturing Consent: Changes in the Labor Process under Monopoly Capitalism,* Chicago: University of Chicago Press.

Burchell, B., David Ladipo and Frank Wilkinson eds. (2002) *Job Insecurity and Work Intensification,* London, New York: Routledge.

Burke, Ronald J. and Cary L. Cooper eds. (2000) *The Organization in Crisis: Downsizing, Restructuring, and Privatization,* Oxford: Blackwell.

Butler, J. (1990) *Gender Trouble,* London: Routledge.

Byrne, J. A. (1999) *Chainsaw: The Notorious Career of Al Dunlap in the Era of Profit-At-Any-Price,* New York: Harperbusiness.

Cappelli, P. (1999) *The New Deal at Work: Managing the Market-Driven Workforce, Boston,* Mass.: Harvard Business School Press.（若山由美訳『雇用の未来』東京，日本経済新聞社，2001年）

Cappelli, P. (2008) *Talent on Demand: Managing Talent in An Age of Uncertainty,* Boston: Harvard Business Press.（若山由美訳『ジャスト・イン・タイムの人材戦略──不確実な時代にどう採用し，育てるか』東京，日本経済新聞出版社，2010年）

Cascio, W. F. (2002) *Responsible Restructuring: Creative and Profitable Alternatives to Layoffs,* San Francisco: Berrett Koehler.

Casey, C. (1995) *Work, Self and Society: After Industrialism,* London, New York: Routledge.

Castells, M. (1996) *The Rise of the Network Society: The Information Age,* Cambridge, Mass., Malden, Mass.: Blackwell Publishers.

Cavaiola, A. A. and N. J. Lavender (2000) *Toxic Coworkers: How to Deal with Dysfunctional People on the Job,* Oakland:

New Harbinger Publications.
CAW-CANADA Research Group on CAMI (1993) *The CAMI Report: Lean Production in a Unionized Auto Plant.*(丸山惠也訳「CAMIレポート──労働組合の組織された自動車工場におけるリーン生産の実態(上)(中)(下)」『立教経済学研究』第48巻第4号, 45-79頁; 第49巻第1号, 115-146頁; 第49巻第2号, 125-155頁)
Certeau, Michel de (1980) *L'Invention du Quotidien. 1: Arts de Faire,* Paris: U. G. E. (山田登世子訳『日常的実践のポイエティーク』東京, 国文社, 1987年)
Champy, J. (1995) *Reengineering Management: The Mandate for New Leadership,* New York: HarperBusiness. (中谷巌監訳, 田辺希久子・森尚子訳『限界なき企業革新──経営リエンジニアリングの衝撃』東京, ダイヤモンド社, 1995年)
Chandler, A. D. (1977) *The Visible Hand: The Managerial Revolution in American Business,* Cambridge, Mass.: Belknap Press. (鳥羽欽一郎・小林袈裟治訳『経営者の時代──アメリカ産業における近代企業の成立』東京, 東洋経済新報社, 1979年)
近岡裕(2007)「特集 持続なき復活──日産車の現場に灯る黄信号」『日経ものづくり』2007年9月号(636), 60-85頁。
Christensen, C. M. (2000) *The Innovator's Dilemma: When New Technologies Cause Great Firms to Fail,* Boston, Mass.: Harvard Business School Press. (玉田俊平太監修, 伊豆原弓訳『増補改訂版 イノベーションのジレンマ──技術革新が巨大企業を滅ぼすとき』東京, 翔泳社, 2001年)
中部産政研編(2000)『もの造りの技能とその形成──自動車産業の職場で』豊田, 中部産政研。
中部産業・労働政策研究会(1998)『トヨタグループの労使関係──その歴史と考え方』豊田, 中部産業・労働政策研究会。
Ciulla, J. B. (2000) *The Working Life: The Promise and Berayal of Modern Work,* New York: Times Books. (中嶋愛訳, 金井壽宏監修『仕事の裏切り──なぜ, 私たちは働くのか』東京, 翔泳社, 2003年)
Clark, J., Ian Mcloughin, Howard Rose and Robin King (1988) *The Process of Technological Change: New Technology and Social Choice in the Workplace,* Cambridge, New York: Cambridge University Press.
Clark, R. (1979) *The Japanese Company,* New Haven: Yale University Press. (端信行訳『ザ・ジャパニーズ・カンパニー』東京, ダイヤモンド社, 1981年)
Clawson, D. (1980) *Bureaucracy and Labor Process: The Transformation of U. S. Industry, 1860-1920,* New York: Monthly Review Press. (今井斉監訳, 百田義治・中川誠士訳『科学的管理生成史──アメリカ産業における官僚制の生成と労働過程の変化:1860-1920年』東京, 森山書店, 1995年)
Clegg, S. (1989) *Frameworks of Power,* London: Sage.
Clegg, S. (1994) "Power Relations and the Constitution of the Resistant Subject," In J. Jermier et al. (eds.), *Resistance & Power in Organizations,* London and New York: Routledge, pp. 274-325.
Clegg, S., David Courpasson and Nelson Phillips (2006) *Power and Organizations,* Thousand Oaks: Sage Publications.
Clegg, S., Martin Harris, and Harro Höpfl eds. (2011) *Managing Modernity: Beyond Bureaucracy ?,* Oxford: Oxford University Press.
Cockburn, C. (1983) *Brothers: Male Dominance and Technological Change,* London: Pluto Press.
Cohen, Allan R. and David L. Bradford (2005) *Influence without Authority,* 2nd Edition, Hoboken, N.J.: Wiley. (髙嶋成豪・髙嶋薫訳『影響力の法則──現代組織を生き抜くバイブル』東京, 税務経理協会, 2007年)。
Cole, R. E. (1981)「日本自動車産業 その強さの秘密──全員参加型の品質管理」『エコノミスト』59(2), 50-56頁。
Collins, O., Melville Dalton and Donald Roy (1946) "Restriction of output and Social Cleavage in Industry," *Applied Anthropology,* Vol. 5, pp. 1-14.
Collinson, D. L. (1988) "'Engineering Humour': Masculinity, Joking and Conflict in Shop-floor Relations," *Organization Studies,* 9(2), pp. 181-199.
Collinson, D. L. (1992) *Managing the Shopfloor: Subjectivity, Masculinity, and Workplace Culture,* Berlin, New York: de Gruyter.
Collinson, D. L. (1994) "Strategies of Resistance: Power, Knowledge and Subjectivity in the Workplace," In J. Jermier et al. (eds.), *Resistance & Power in Organizations,* London: Routledge, pp. 25-68.
Coriat, B. (1991) *Penser à l'Envers: Travail et Organisation dans l'Entreprise Japonaise,* Paris: C. Bourgois. (花田昌宣・斉藤悦則訳『逆転の思考──日本企業の労働と組織』東京, 藤原書店, 1992年)
Cressey, Peter and John MacInnes (1980) "Voting for Ford: Industrial Democracy and the Control of Labour," *Capital and Class,* 11, pp. 5-33.
Crump, J. (2003) *Nikkeiren and Japanese Capitalism,* London: RoutledgeCurzon. (渡辺雅男・洪哉信訳『日経連──もうひとつの戦後史』東京, 桜井書店, 2006年)
Dalton, M. (1948) "The Industrial 'Rate-Buster': A Characterization," *Applied Anthropology,* Vol. 7, No. 1, pp. 5-18.
Dalton, M. (1959) *Men who Manage: Fusions of Feeling and Theory in Administration,* New York: John Wiley.
Dandeker, C. (1990) *Surveillance, Power and Modernity: Bureaucracy and Discipline from 1700 to the Present Day,* Cambridge: Polity Press.
伊達浩憲(2005)「戦後日本の自動車産業と臨時工──1950-60年代のトヨタ自工を中心に」『大原社会問題研究所雑誌』No. 556, 12-23頁。
Davenport, N., Ruth Distler Schwartz and Gail Pursell Elliott (1999) *Mobbing: Emotional Abuse in the American Workplace,* Iowa: Civil Society Publishing. (アカデミックNPO監訳『職場いびり──アメリカの現場から』東京, 緑風出版, 2002年)
Day, George S. and Paul J. H. Schoemaker (2006) *Peripheral Vision: Detecting the Weak Signals that will Make or Break your Company,* Boston, Mass.: Harvard Business School Press. (三木俊哉訳『強い会社は「周辺視野」が広い』東京, ランダムハウス講談社, 2007年)
De Santis, S. (2000) *Life on the Line: One Woman's Tale of*

Work, Sweat, and Survival, New York: Anchor Books.

Deal, Terrence E. and Allan A. Kennedy (1982) *Corporate Cultures: Symbolic Managers,* Massachusetts: Addison-Wesley Publishing Company. (城山三郎訳『シンボリックマネジャー』東京，新潮社，1983年)

Deetz, S. (1992) "Disciplinary Power in the Modern Corporation'," In Alvesson and Willmott (eds.), *Critical Management Studies,* London: Sage, pp. 21-52.

Delbridge, Rick and Peter Turnbull (1992) "Human Resource Maximization: The Management of Labour under Just-in-Time Manufacturing Systems," In Blyton and Turnbull (eds.), *Reassessing Human Resource Management,* London: Sage Publicatons, pp. 56-73.

Dertouzos, Michael L., Richard K. Lester, Robert M. Solow and The MIT Commission on Industrial Productivity (1989) *Made in America: Regaining the Productive Edge,* Cambridge, Mass.: MIT Press. (依田直也訳『Made in America ―アメリカ再生のための米日欧産業比較』東京，草思社，1990年)

Devinatz, V. G. (1999) *High-Tech Betrayal: Working and Organizing on the Shop Floor,* East Lansing: Michigan State University Press.

Doeringer, Peter B. and Michael J. Piore (1971) *Internal Labor Markets and Manpower Analysis,* Lexington, Mass.: Heath.

Doeringer, Peter B. and Michael J. Piore (1985) *Internal Labor Markets and Manpower Analysis,* Armonk, New York.: M. E. Sharpe. (白木三秀監訳『内部労働市場とマンパワー分析』東京，早稲田大学出版部，2007年)

Dohse, K., Ulrich Jurgens, and Thomas Malscz (1985) "From 'Fordism' to 'Toyotism'? The Social Organization of the Labor Process in the Japanese Automobile Industry," *Politics and Society,* Vol. 14, No. 2, pp. 115-146.

土居健郎(1971)『「甘え」の構造』東京，弘文堂。

Dore, R. (1973) *British Factory, Japanese Factory: The Origins of National Diversity in Industrial Relations,* Berkeley: University of California Press. (山之内靖・永易浩一訳『イギリスの工場・日本の工場―労使関係の比較社会学』東京，筑摩書房，1987年)

Dore, R. (2000) *Stock Market Capitalism: Welfare Capitalism - Japan and Germany versus the Anglo-Saxons,* Oxford, Tokyo: Oxford University Press. (藤井眞人訳『日本型資本主義と市場主義の衝突―日・独対アングロサクソン』東京，東洋経済新報社，2001年)

Drucker, P. (1950) *The New Society: The Anatomy of Industrial Order,* New York: Harper & Row. (現代経営研究会訳『新しい社会と新しい経営』東京，ダイヤモンド社，1957年)

Drucker, P. (1954) *The Practice of Management,* New York: Harper & Row. (上田惇生訳『現代の経営(上)(下)』東京，ダイヤモンド社，1996年)

Drucker, P. F. (1969) *The Age of Discontinuity: Guidelines to our Changing Society,* New York: Harper & Row. (林雄二郎訳『断絶の時代―来たるべき知識社会の構想』東京，ダイヤモンド社，1969年)

Drucker, P. (1971) "What We can Learn from Japanese Management: Decision by 'Consensus,' Lifetime Employment, Continuous Training, and the Godfather System Suggest Ways to Solve U.S. Problems," *Harvard Business Review,* Mar.-Apr., pp. 110-122. (「日本の経営から学ぶもの」『ハーバード・ビジネス・レビュー』35(6)，2010年6月，76-81頁)

Drucker, P. (1973) *Management: Tasks, Responsibilities, Practices,* New York: Harper & Row. (上田淳生訳『マネジメント―課題，責任，実践(上)(中)(下)』東京，ダイヤモンド社，2008年)

Drucker, P. (1988) "The Coming of the New Organization," *Harvard Business Review,* January-February, 66(1), pp. 45-53.

Drucker, P. (1993) *Post-Capitalist Society,* Oxford: Butterworth-Heinemann. (上田惇生・佐々木実智男・田代正美訳『ポスト資本主義社会―21世紀の組織と人間はどう変わるか』東京，ダイヤモンド社，1993年)

Drucker, P. (1999) *Management Challenges for the 21st Century,* New York: HarperBusiness. (上田惇生訳『明日を支配するもの―21世紀のマネジメント革命』東京，ダイヤモンド社，1999年)

du Gay, P. (1996) *Consumption and Identity at Work,* London: Sage Publications.

Dunlap, A., J. with Bob Andelman (1996) *Mean Business: How I Save Bad Companies and Make Good Companies Great,* New York: Times Business.

Durkheim, É. (1933) *The Division of Labor in Society,* New York: Free Press. (井伊玄太郎訳『社会的分業(上)(下)』東京，講談社，1989年)

Durkheim, É. (1965) *The Elementary Forms of the Religious Life,* New York: Free Press. (古野清人訳『宗教生活の原初形態(上)(下)』東京，岩波書店，1975年)

Durkheim, É. (1973) *On Morality and Society: Selected Writings,* Chicago: Chicago University Press.

戎野淑子(2006)『労使関係の変容と人材育成』東京，慶應義塾大学出版会。

Edwards, Marissa S. and Jerald Greenberg (2010) "What is Insidious Workplace Behavior ?" In J. Greenberg (ed.), *Insidious Workplace Behavior,* New York: Routledge, pp. 3-28.

Edwards, P. (2008) "Generalizing from Workplace Ethnographies: From Induction to Theory," *Journal of Contemporary Ethnography,* 37, pp. 291-313.

Edwards, Paul and Wajcman Judy (2005) *The Politics of Woking Life,* Oxford, New York: Oxford University Press.

Edwards, P., David Collinson and Giuseppe Della Rocca (1995) "Workplace Resistance in Western Europe: A Preliminary Overview and a Research Agenda," *European Journal of Industrial Relations,* Vol. 1, No. 3, pp. 283-316.

Edwards, R. (1979) *Contested Terrain: The Transformation of the Workplace in the Twentieth Century,* New York: Basic Books.

Edwards, R. C., Michael Reich and David M. Gordon eds. (1975) *Labor Market Segmentation,* Lexington, Mass.: D. C. Heath.

Ehrenreich, B. (1989) *Fear of Falling: The Inner Life of the Middle Class,* New York: Pantheon Books. (中江桂子訳『「中

流」という階級』東京，晶文社，1995年）
Ehrenreich, B.（2001）*Nickel and Dimed: On (not) Getting by in America,* New York: Metropolitan Books.（曽田和子訳『ニッケル・アンド・ダイムド――アメリカ下流社会の現実』東京，東洋経済新報社，2006年）
Einarsen, Ståle and Anders Skogstad（1996）"Bullying at Work: Epidemiological Findings in Public and Private Organizations," *European Journal of Work and Organizational Psychology,* 5(2), pp. 185-201.
Einarsen, S., Helge Hoel, Dieter Zapf and Cary L. Cooper eds.（2010）*Bullying and Harassment in the Workplace: Developments in Theory, Research, and Practice,* Second Edition, New York: CRC Press.
遠藤功(2005)『見える化――強い企業をつくる「見える」仕組み』東京，東洋経済新報社。
遠藤公嗣(1999)『日本の人事査定』京都，ミネルヴァ書房。
遠藤公嗣(2001)「人事査定は公正か」，上井喜彦・野村正實編『日本企業――理論と現実』京都，ミネルヴァ書房所収，3-27頁。
遠藤輝明(1989)「「産業の規律」と「工場の規律」――フランスにおける「工場の規律」形成の歴史的過程(序説)」『エコノミア』第100号，98-123頁。
榎本環(1999)「銀行労働の記録――参与観察法調査・ホワイトカラーの勤労意識」『労働社会学研究』1, 26-50頁。
Esping-Andersen, G.（1990）*The Three Worlds of Welfare Capitalism,* Princeton, N. J.: Princeton University Press.（岡沢憲芙・宮本太郎監訳『福祉資本主義の三つの世界――比較福祉国家の理論と動態』京都，ミネルヴァ書房，2001年）
Etzioni, A.（1961）*A Comparative Analysis of Complex Organizations: On Power, Involvement, and their Correlates,* New York: Free Press of Glencoe.（綿貫譲治監訳『組織の社会学的分析』東京，培風館，1966年）
Ezzamel, Mahmoud and Hugh Willmott（2008）"Strategy as Discourse in a Global Retailer: A Supplement to Rationalist and Interpretive Accounts," *Organization Studies,* 29(2), pp. 191-217.
Fairris, D.（1997）*Shopfloor Matters: Labour-Management Relations in Twentieth-Century American Manufacturing,* London, New York: Routledge.
Feenberg, A.（1999）*Questioning Technology,* London, New York: Routledge.（直江清隆訳『技術への問い』東京，岩波書店，2004年）
Fleming, Peter and André Spicer（2003）"Working at a Cynical Distance: Implications for Subjectivity, Power and Resistance," *Organization,* 10(1), pp. 157-179.
Fleming, Peter and André Spicer（2008）"Beyond Power and Resistance: New Approaches to Organizational Politics," *Management Communication Quarterly,* Vol. 21, No. 3, pp. 301-309.
Florida, R.（2002）*The Rise of the Creative Class: and How it's Transforming Work, Leisure, Community and Everyday Life,* New York: Basic Books.（井口典夫訳『クリエイティブ資本論――新たな経済階級の台頭』東京，ダイヤモンド社，2008年）
Florida, R.（2005）*The Flight of the Creative Class: The New Global Competition for Talent,* New York: HarperBusiness.（井口典夫訳『クリエイティブ・クラスの世紀――新時代の国，都市，人材の条件』東京，ダイヤモンド社，2007年）
Ford, Henry in collaboration with Samuel Crowther（1922）*My Life and Work,* Garden City, New York.: Garden City Publishing.
Ford, H.（1926）*Today and Tomorrow,* London: W. Heinemann.（竹村健一訳『藁のハンドル』東京，中央公論新社，2002年）
Foucault, M.（1975）*Surveiller et Punir: Naissance de la Prison,* Paris: Gallimard.（田村俶訳『監獄の誕生――監視と処罰』東京，新潮社，1977年）
Foucault, M.（1982）"The Subject and Power," In L. Dreyfus and P. Rabinow, (eds.), *Michel Foucault: Beyound Structuralism and Hermeneutics,* Chicago: University of Chicago Press, pp. 208-226.
Fowler, E.（1996）*San'ya Blues: Laboring Life in Contemporary Tokyo,* Ithaca, New York.: Cornell University Press.（川島めぐみ訳『山谷ブルース――「寄せ場」の文化人類学』東京，洋泉社，1998年）
Frank, R.（2007）*Richistan: A Journey through the 21st Century Wealth Boom and the Lives of the New Rich,* London: Piatkus.（飯岡美紀訳『ザ・ニューリッチ――アメリカ新富裕層の知られざる実態』東京，ダイヤモンド社，2007年）
Fraser, J. A.（2001）*White-Collar Sweatshop: The Deterioration of Work and its Rewards in Corporate America,* New York: W. W. Norton & Company, Inc.（森岡孝二監訳『窒息するオフィス――仕事に強迫されるアメリカ人』東京，岩波書店，2003年）
Friedman, A.（1977）*Industry and Labour: Class Struggle at Work and Monopoly Capitalism,* London: Macmillan.
Friedman, M.（1962）*Capitalism and Freedom,* Chicago: University of Chicago Press.（村井章子訳『資本主義と自由』東京，日経BP社，2008年）
Friedrichs, D. O.（1996）*Trusted Criminals: White Collar Crime in Contemporary Society,* Belmont: Wadsworth Pub. Co.（藤本哲也監訳『ホワイトカラー犯罪の法律学――現代社会における信用ある人々の犯罪』東京，シュプリンガー・フェアラーク東京，1999年）
Fryer, David and Roy Payne（1986）"Being Unemployed: A Review of the Literature on the Psychological Experience of Unemployment," In C. Cooper and I. Robertson (eds.), *International Review of Industrial and Organizational Psychology,* New York: Wiley, pp. 235-278.
Fucini, Joseph J. and Suzy Fucini（1990）*Working for the Japanese: Inside Mazda's American Auto Plant,* New York: Free Press.（中岡望訳『ワーキング・フォー・ザ・ジャパニーズ――日本人社長とアメリカ人社員』東京，イースト・プレス，1991年）
笛田泰弘(1999)「トヨタ自動車 人事育成・処遇制度の総合的改革――PRO21」『労働法学研究会報』50(31)(通号2182)，1-27頁。
藤井治枝(2007)「戦後女性労働の推移と日本的特質」，労務理論学会誌編集委員会編『「新・日本的経営」のその後』京都，晃洋書房所収，41-65頁。
藤本隆宏(1997)『生産システムの進化論――トヨタ自動車にみる組織能力と創発プロセス』東京，有斐閣。

藤本隆宏(2003)『能力構築競争――日本の自動車産業はなぜ強いのか』東京，中央公論新社。
藤本隆宏(2004)『日本のもの造り哲学』東京，日本経済新聞出版社。
藤岡伸明(2009)「近年における若者研究の動向――包括的アプローチの現状と課題」『一橋社会科学』6巻，153-170頁。
Fuller, Linda and Vicki Smith (1991) "Consumers' Reports: Management by Customers in a Changing Economy," *Work, Employment & Society,* Vol. 5, No. 1, pp. 1-16.
船曳建夫(2003)『「日本人論」再考』東京，日本放送出版協会。
学校法人慶應義塾(2011)「精神疾患の社会的コストの推計」事業実績報告書(平成22年度厚生労働省障害者福祉総合推進事業補助金)，東京，学校法人慶應義塾。
Galbraith, J. K. (1958) *The Affluent Society,* London: Hamish Hamilton. (鈴木哲太郎訳『ゆたかな社会(決定版)』東京，岩波書店，2006年)
Galbraith, J. K. (1967) *The New Industrial State,* Boston: Houghon Mifflin Co. (斎藤精一郎訳『新しい産業国家(上)(下)』東京，講談社文庫，1984年)
Game, A. (1991) *Undoing the Social: Towards a Deconstructive Sociology,* Milton Keynes: Open University Press.
願興寺皓之(2003)「基幹産業における労使関係の基本的枠組みとその現代的課題――トヨタ自動車における事例研究」『同志社政策科学研究』4(1)，163-182頁。
Garrahan, Philip and Paul Stewart (1992) *The Nissan Enigma: Flexibility at Work in a Local Economy,* London: Mansell.
Garson, B. (1988) *The Electronic Sweatshop: How Computers are Transforming the Office of the Future into the Factory of the Past,* New York: Simon & Schuster.
Gartman, D. (1986) *Auto Slavery: The Labor Process in the American Automobile Industry, 1897-1950,* New Brunswick, N. J.: Rutgers University Press.
玄田有史(2001)『仕事のなかの曖昧な不安――揺れる若年の現在』東京，中央公論新社。
Gerstner, L. V. (2002) *Who Says Elephants Can't Dance ?: Inside IBM's Historic Turnaround,* New York: HarperBusiness. (山岡洋一・高遠裕子訳『巨象も踊る』東京，日本経済新聞社，2002年)
ゴーン，カルロス and フィリップ・リエス(2005)『カルロス・ゴーン 経営を語る』(高野優訳)東京，日経ビジネス人文庫。
Ghosn, C. and 村瀬由堯(2005)「日産自動車カルロス・ゴーン社長 工場現場活性化を語る」『プラントエンジニア』37(6)(通号436)，16-21頁。
Gilbert, N. (1983) *Capitalism and the Welfare State: Dilemmas of Social Benevolence,* New Haven: Yale University Press. (関谷登監訳，阿部重樹・阿部裕二共訳『福祉国家の限界――普遍主義のディレンマ』東京，中央法規出版，1995年)
Goldman, S. L., Roger N. Nagel and Kenneth Preiss (1995) *Agile Competitors and Virtual Organizations: Strategies for Enriching the Customer,* New York: Van Nostrand Reinhold. (紺野登訳『アジルコンペティション――「速い経営」が企業を変える』東京，日本経済新聞社，1996年)
Gopinath, R. (2011) "Employees' Emotions in Workplace," *Research Journal of Business Management,* 5(1), pp. 1-15.
Graham, F. (2003) *Inside the Japanese Company,* London: RoutledgeCurzon.
Graham, F. (2005) *A Japanese Company in Crisis: Ideology, Strategy and Narrative,* London: RoutledgeCurzon.
Graham, L. (1995) *On the Line at Subaru-Isuzu: The Japanese Model and the American Worker,* Ithaca, New York.: ILR Press. (丸山惠也監訳『ジャパナイゼーションを告発する――アメリカの日系自動車工場の労働実態』東京，大月書店，1997年)
Gramsci, A. (1971) *Selections from the Prison Notebooks of Antonio Gramsci,* London: Lawrence and Wishart.
Grandey, A. A., David N. Dickter and Hock-Peng Sin (2004) "The Customer Is Not Always Right: Customer Aggression and Emotion Regulation of Service Employees," *Journal of Organizational Behavior,* Vol. 25, pp. 1-22.
Granovetter, M. (1974) *Getting a Job: A Study of Contacts and Careers,* Cambridge, Mass.: Harvard University Press.
Granovetter, M. (1995) *Getting a Job: A Study of Contacts and Careers,* 2nd ed., Chicago: The University of Chicago Press. (渡辺深訳『転職――ネットワークとキャリアの研究』京都，ミネルヴァ書房，1998年)
Greenberg, J. ed. (2010) *Insidious Workplace Behavior,* New York: Routledge.
Grenier, G. J. (1988) *Inhuman Relations: Quality Circles and Anti-Unionism in American Industry,* Philadelphia: Temple University Press.
Grimes, W. W. (2001) *Unmaking the Japanese Miracle: Macroeconomic Politics, 1985-2000,* Ithaca: Cornell University Press. (大和銀総合研究所訳『日本経済失敗の構造』東京，東洋経済新報社，2002年)
Grove, A. S. (1996) *Only the Paranoid Survive: How to Exploit the Crisis Points that Challenge Every Company and Career,* New York: Currency Doubleday. (佐々木かをり訳『インテル戦略転換』東京，七賢出版，1997年)
Grugulis, Irena and Caroline Lloyd (2010) "Skill and the Labour Process: The Conditions and Consequences of Change," In P. Thompson and C. Smith (eds.), *Working Life: Renewing Labour Process Analysis,* Basingstoke: Palgrave Macmillan, pp. 91-112.
Gutman, H. G. (1976) *Work, Culture, and Society in Industrializing America: Essays in American Working-Class and Social History,* New York: Alfred A. Knopf. (大下尚一・野村達朗・長田豊臣・竹田有訳『金ぴか時代のアメリカ』東京，平凡社，1986年)
Halberstam, D. (1986) *The Reckoning,* New York: Avon Books. (高橋伯男訳『覇者の驕り――自動車・男たちの産業史(上)(下)』東京，新潮文庫，1990年)
Hall, Peter A. and David Soskice eds. (2001) *Varieties of Capitalism: Institutional Foundations of Comparative Advantage,* Oxford, Tokyo: Oxford University Press. (遠山弘徳・安孫子誠男・山田鋭夫・宇仁宏幸・藤田菜々子訳『資本主義の多様性――比較優位の制度的基礎』京都，ナカニシヤ出版，2007年)
Hall, R. E. (1982) "The Importance of Lifetime Jobs in the U.

S. Economy," *American Economic Review,* 72, pp. 716-724.
ハロラン芙美子(1985)『エグゼクティブオフィスの朝――会社人間のアメリカ』東京，日本経済新聞社。
Hamada, T. (2005) "The Anthropology of Japanese Corporate Management'" In J. Robertson (ed.), *A Companion to the Anthropology of Japan,* Malden, Mass.: Blackwell.
浜口恵俊(1982)『間人主義の社会日本』東京，東洋経済新報社。
Hammer, M. and James Champy (1993) *Reengineering the Corporation: A Manifesto for Business Revolution,* New York: HarperBusiness. (野中郁次郎監訳『リエンジニアリング革命――企業を根本から変える業務革新』東京，日本経済新聞社，1993年)
Hamper, Ben (1991) *Rivethead: Tales from the Assembly Line,* New York: Warner Books.
花田光世(1987)「日本の人事制度における競争原理の実態――昇進・昇格のシステムからみた日本企業の人事戦略」『組織科学』第21巻2号，44-53頁。
Handy, C. (1989) *The Age of Unreason,* Boston, Mass.: Harvard Business School Press.
Handy, C. (1990) *Inside Organizations: 21 Ideas for Managers,* London: BBC.
Handy, C. (1994) *The Empty Raincoat: Making Sense of the Future,* London: Hutchinson. (小林薫訳『パラドックスの時代――大転換期の意識革命』東京，ジャパンタイムズ，1995年)
Handy, C. (1997) *The Hungry Spirit: Beyond Capitalism-A Quest for Purpose in the Modern World,* London: Hutchinson. (埴岡健一訳『もっといい会社，もっといい人生――新しい資本主義社会のかたち』東京，河出書房新社，1998年)
Hanisch, K. A. (1999) "Job Loss and Unemployment Research from 1994 to 1998: A Review and Recommendations for Research and Intervention," *Journal of Vocational Behavior,* 55, pp. 188-220.
原田宏・浅山瞳(2004)「日産自動車，ゴーン改革と復活」『佐賀大学経済論集』第36巻第6号，99-168頁。
Harrington (1962) *The Other America: Poverty in the United States,* New York: Macmillan.
Harvey, D. (2006) *Limits to Capital,* London: Verso. (松石勝彦・水岡不二雄訳『空間編成の経済理論――資本の限界(上)(下)』東京，大明堂，1989-1990年(初版訳))
畑隆(1991)「補論 A社の人事管理と賃金」，戸塚・兵藤編『労使関係の転換と選択』東京，日本評論社所収，91-120頁。
Hayes, D. (1989) *Behind the Silicon Curtain: The Seductions of Work in a Lonely Era,* Boston: South End Press.
間宏(1963)『日本的経営の系譜』東京，文眞堂。
間宏(1964)『日本労務管理史研究――経営家族主義の形成と展開』東京，ダイヤモンド社。
間宏(1971)『日本的経営――集団主義の功罪』東京，日本経済新聞社。
間宏(1972)「日本における経営理念の展開」，中川敬一郎編『経営理念』東京，ダイヤモンド社所収，75-176頁。
Heckscher, C. (1995) *White-Collar Blues: Management Loyalties in an Age of Corporate Restructuring,* New York: Basic Books. (飯田雅美訳『ホワイトカラー・ブルース――忠誠心は変容し，プロフェッショナルの時代が来る』東京，日経BP出版センター，1995年)
Henriques, J., W. Hollway, C. Urwin, C. Venn and V. Walkerdine (1984) *Changing the Subject,* London: Methuen.
Henry, S. (1987) "Disciplinary Pluralism: Four Models of Private Justice in the Workplace," *Sociological Review,* 35, pp. 279-319.
樋口博美(2008)「職種・学歴を焦点としたトヨタの昇進格差――1960年トヨタ入社社員のキャリア・ツリー分析から」『立命館産業社会論集』第44巻第1号，55-81頁。
平賀龍太(1997)「自動車塗装の最前線――日産自動車九州工場の事例」『一橋論叢』第118巻第5号，768-779頁。
平沼高・佐々木英一・田中萬年編(2007)『熟練工養成の国際比較――先進工業国における現代の徒弟制度』京都，ミネルヴァ書房。
平尾智隆(2008)「長期勤続者がトヨタを去るとき――排出局面にみる長期雇用慣行とキャリアの終盤」『立命館産業社会論集』第44巻第1号，83-97頁。
Hirigoyen, Marie-France (1998) *Le Harcelement Moral: La Violence Perverse au Quotidien,* Paris: La Découverte et Syros. (高野優訳『モラル・ハラスメント――人を傷つけずにはいられない』東京，紀伊國屋書店，1999年)
Hirigoyen, Marie-France (2001) *Malaise dans le Travail: Harcèlement Moral, Démêler le Vrai du Faux,* Paris: La Découverte et Syros. (高野優訳『モラル・ハラスメントが人も会社もダメにする』東京，紀伊國屋書店，2003年)
Hirschhorn, L. (1984) *Beyond Mechanization: Work and Technology in a Postindustrial Age,* Cambridge, Mass.: MIT Press.
Hirschman, A. O. (1970) *Exit, Voice, and Loyalty: Responses to Decline in Firms, Organizations, and States,* Cambridge, Mass.: Harvard University Press. (矢野修一訳『離脱・発言・忠誠――企業・組織・国家における衰退への反応』京都，ミネルヴァ書房，2005年)
久本憲夫・藤村博之(1997)「教育訓練と技能形成」，石田ほか『日本のリーン生産方式』東京，中央経済社所収，193-267頁。
Hobsbawm, E. J. (1964) *Labouring Men: Studies in the History of Labour,* London: Weindenfeld and Nicolson. (鈴木幹久・永井義雄訳『イギリス労働史研究』京都，ミネルヴァ書房，1998年)
Hochschild, A. R. (1983) *The Managed Heart: Commercialization of Human Feeling,* Berkeley: University of California Press. (石川准・室伏亜希訳『管理される心――感情が商品になるとき』京都，世界思想社，2000年)
Hodson, R. (1995) "Worker Resistance: An Underdeveloped Concept in the Sociology of Work," *Economic and Industrial Democracy,* Vol. 16, pp. 79-110.
Hodson, R. (2001) *Dignity at Work,* Cambridge: Cambridge University Press.
Hodson, R., Vincent J. Roscigno and Steven H. Lopez (2006) "Chaos and the Abuse of Power: Workpace Bullying in Organizational and Interactional Context," *Work and Occupations,* 33(4), pp. 382-412.
Hoel, H., C. Rayner and C. L. Cooper (1999) "Workplace Bullying," *International Review of Industrial and Organisational*

Psychology, 14, pp. 195-230.
Hoel, H. and C. L. Cooper (2000) *Destructive Conflict and Bullying at Work,* Manchester: Manchester School of Management, University of Manchester Institute Science and Technology.
Hoel, H., Michael J. Sheehan, Cary L. Cooper and Ståle Einarsen (2010) "Organisational Effects of Workplace Bullying," In S. Einarsen et al. (eds.), *Bullying and Harassement in the Workplace,* New York: CRC Press, pp. 129-147.
Hofstede, G. H. (1980) *Culture's Consequences: International Differences in Work-Related Values,* Beverly Hills, Calif.: Sage Publications.（万成博・安藤文四郎監訳『経営文化の国際比較──多国籍企業の中の国民性』東京，産業能率大学出版部，1984年）
Hofstede, G. H. (1991) *Cultures and Organizations: Software of the Mind,* New York: McGraw-Hill.（岩井紀子・岩井八郎訳『多文化世界──違いを学び共存への道を探る』東京，有斐閣，1995年）
本田由紀編(2007)『若者の労働と生活世界──彼らはどんな現実を生きているか』東京，大月書店。
本田由紀・平井秀幸(2007)「若者に見る現実／若者が見る現実」，本田編『若者の労働と生活世界』東京，大月書店所収，13-42頁。
堀江邦夫(1979)『原発ジプシー』東京，現代書館。
Hornstein, H. A. (1996) *Brutal Bosses and Their Prey: How to Identify and Overcome Abuse in the Workplace,* New York: Riverhead Books.
兵藤釗(1997)『労働の戦後史(上)(下)』東京，東京大学出版会。
市原博(2011)「日本における『熟練工』概念と『熟練工』養成プランの形成──徒弟制度・学校・企業内養成とのかかわり方に焦点を当てて」『大原社会問題研究所雑誌』No. 637，4-17頁。
伊田欣司(2005)「コンピテンシーを軸に能力開発型人事への見直し──日産自動車が乗り越える成果主義の弱点(特集「成果主義」を鳥瞰する)」『JMAマネジメントレビュー』11(5)(通号615)，13-17頁。
居郷至伸(2007)「コンビニエンスストア──便利なシステムを下支えする疑似自営業者たち」，本田編『若者の労働と生活世界』東京，大月書店所収，77-112頁。
伊原亮司(2003)『トヨタの労働現場──ダイナミズムとコンテクスト』東京，桜井書店。
伊原亮司(2006a)「山間地農村工業の経営管理と労働生活──a社B工場を事例として」，研究代表者白樫久『中山間地域における地域社会構造の総合的研究──過疎化・高齢化時代のモデルを求めて』平成17年度科学研究費補助金〈基盤研究C〉研究成果報告書 課題番号15530325 所収，95-123頁。
伊原亮司(2006b)「トヨタに見る非正規労働者数と品質の因果関係──現場の実態に即して」『リスクマネジメント』39号，16-18頁。
伊原亮司(2006c)「『IT革命』と現代の労働・産業社会学」，北川隆吉監修，中川勝雄・藤井史朗編『労働世界への社会学的接近』東京，学文社所収，44-6頁。
伊原亮司(2007)「トヨタの労働現場の変容と現場管理の本質──ポスト・フォーディズム論から『格差社会』論を経て」『現代思想』vol. 35-8，70-85頁。
伊原亮司(2010)「ドラッカーの働き方に関する言説と働く場の実態──'時代を超える'経営イデオロギー」『現代思想』vol. 38-10，172-196頁。
伊原亮司(2011)「職場を取り巻く環境の変化と『うつ病』の広まり」『現代思想』vol. 39-2，228-245頁。
伊原亮司(2013a)「労働にまつわる死の変化と問題の所在──死傷，過労死から自殺へ」『現代思想』vol. 41-7，110-128頁。
伊原亮司(2013b)「職場における『いじめ』の変化とその背景にある企業合理化──日産自動車の事例から」『現代思想』vol. 41-15，90-111頁。
伊原亮司(2014a)「市場主義時代における能力論に関する一考察──場や社会関係から遊離した『能力』の議論に対する批判的検討」，高橋弦・竹内章郎編『なぜ，市場化に違和感をいだくのか？──市場の「内」と「外」のせめぎ合い』京都，晃洋書房所収，91-109頁。
伊原亮司(2014b)「『社会貢献』を意識した活動の可能性と限界──市場原理の拡張・規制・相対化」，高橋・竹内編『なぜ，市場化に違和感をいだくのか？』京都，晃洋書房所収，110-135頁。
伊原亮司(2015)『私たちはどのように働かされるのか』東京，こぶし書房。
Ihara R. (2015) "Globalization and Japanese-Style Management: Image and Changing Reality," in Kees van der Pijl (ed.), *The International Political Economy of Production,* Cheltenham: Edward Elgar., pp. 264-282.
池田政次郎(1984)『石田退三経営録──トヨタ商魂の原点』京都，PHP研究所。
池森憲一(2009)『出稼ぎ派遣工場──自動車部品工場の光と陰』東京，社会批評社。
池崎彰紀(2008)『企業内(養成)学校の制度と卒業生──トヨタ学園卒に期待される現場での役割とその変遷』岐阜大学大学院地域学研究科修士課程学位論文，岐阜，岐阜大学地域科学部。
今田幸子・平田周一(1995)『ホワイトカラーの昇進構造』東京，日本労働研究機構。
今井賢一・伊丹敬之・小池和男(1982)『内部組織の経済学』東京，東洋経済新報社。
稲垣中(2009)「労働生産性とうつ病」『精神科』15(4)，339-343頁。
稲村圭(2003)『若手行員が見た銀行内部事情──なぜ僕は希望に満ちて入社したメガバンクをわずか2年足らずで退職したのか』東京，アルファポリス。
井上久男(2007)『トヨタ愚直なる人づくり──知られざる究極の「強み」を探る』東京，ダイヤモンド社。
乾彰夫編(2006)『不安定を生きる若者たち──日英比較：フリーター・ニート・失業』東京，大月書店。
石田光男(1990)『賃金の社会科学──日本とイギリス』東京，中央経済社。
石田光男(1997)「工場の能率管理と作業組織」，石田ほか『日本のリーン生産方式──自動車企業の事例』東京，中央経済社所収，1-97頁。
石田光男(2005)「トヨタのホワイトカラーの業務管理」『評論・社会科学』75，1-93頁。
石田光男・藤村博之・久本憲夫・松村文人(1997)『日本のリーン

生産方式──自動車企業の事例』東京，中央経済社。
石田光男・富田義典・三谷直紀(2009)『日本自動車企業の仕事・管理・労使関係──競争力を維持する組織原理』東京，中央経済社。
石原俊(2004)「私の履歴書」，日本経済新聞社編『私の履歴書 経済人 31』東京，日本経済新聞社所収，81-159頁。
いすゞ自動車株式会社社史編集委員会編(1988)『いすゞ自動車50年史』東京，いすゞ自動車株式会社。
板垣博編(1997)『日本的経営・生産システムと東アジア──台湾・韓国・中国におけるハイブリッド工場』京都，ミネルヴァ書房。
伊丹敬之(1984)『新・経営戦略の論理──見えざる資産のダイナミズム』東京，日本経済新聞社。
伊丹敬之(1987)『人本主義企業──変わる経営変わらぬ原理』東京，筑摩書房。
伊丹敬之(2000)『経営の未来を見誤るな──デジタル人本主義への道』東京，日本経済新聞出版社。
伊丹敬之(2005)『場の論理とマネジメント』東京，東洋経済新報社。
伊藤実(1988)『技術革新とヒューマン・ネットワーク型組織』東京，日本労働協会。
岩田龍子(1977)『日本的経営の編成原理』東京，文眞堂。
岩田龍子(1978)『現代日本の経営風土──その基盤と変化の動態を探る』東京，日本経済新聞社。
岩月伸郎(2010)『生きる哲学 トヨタ生産方式──大野耐一さんに学んだこと』東京，幻冬舎新書。
岩内亮一(1989a)『日本の工業化と熟練形成』東京，日本評論社。
岩内亮一(1989b)「日本における技能者養成と訓練政策」，尾高煌之助編『アジアの熟練──開発と人材育成』東京，アジア経済研究所収，15-44頁。
泉輝孝(1978)「大企業中堅技能者の地位意識とその規定要因(上)(下)」『日本労働協会雑誌』第20巻第3号，20-32頁；第20巻第4号，28-43頁。
Jackall, R. (2010) *Moral Mazes: The World of Corporate Managers,* New York: Oxford University Press.
Jacoby, S. M. (1997) *Modern Manors: Welfare Capitalism Since the New Deal,* Princeton, N.J.: Princeton University Press.（内田一秀・鈴木良始・森杲・中本和秀・平尾武久訳『会社荘園制──アメリカ型ウェルフェア・キャピタリズムの軌跡』札幌，北海道大学図書刊行会，1999年）
Jacoby, S. M. (2004) *Employing Bureaucracy: Managers, Unions, and the Transformation of Work in the 20th Century,* Rev. ed., Mahwah, N.J.: L. Erlbaum Associates.（荒又重雄・木下順・平尾武久・森杲訳『雇用官僚制──アメリカの内部労働市場と“良い仕事”の生成史(原著改訂版)』札幌，北海道大学出版会，2005年）
Jacoby, S. M. (2005) *The Embedded Corporation: Corporate Governance and Employment Relations in Japan and the United States,* Princeton: Princeton University Press.（鈴木良始・伊藤健市・堀龍二訳『日本の人事部・アメリカの人事部──日米企業のコーポレート・ガバナンスと雇用関係』東京，東洋経済新報社，2005年）
Jermier, J. M., David Knights and Walter R. Nord eds. (1994) *Resistance & Power in Organizations,* London: Routledge.
自動車技術会編(1997)『自動車の生産技術』東京，朝倉書店。
自動車産業経営者連盟十年誌編集委員会編(1957)『自動車産業経営者連盟十年誌』東京，自動車産業経営者連盟。
自動車産業研究会(1984)「自動車産業における“ME革命”と労働者──〈徹底研究〉日産自動車の生産・経営・労働者支配体制(上)(中)(下)」『経済』No. 239, 148-172頁；No. 240, 187-206頁；No. 242, 126-133頁。
神野賢二(2009)「自転車メッセンジャーの労働と文化──4人の『ノンエリート青年』のライフヒストリーより」，中西・高山編『ノンエリート青年の社会空間』東京，大月書店所収，109-174頁。
自殺実態解析プロジェクトチーム(2008)『自殺実態白書』東京，自殺対策支援センターライフリンク。
Juravich, T. (1985) *Chaos on the Shop Floor: A Worker's View of Quality, Productivity, and Management,* Philadelphia: Temple University Press.
城繁幸(2004)『内側から見た富士通──「成果主義」の崩壊』東京，光文社。
城繁幸(2005)『日本型「成果主義」の可能性』東京，東洋経済新報社。
角岡伸彦(1999)『被差別部落の青春』東京，講談社。
加護野忠男(1997)『日本型経営の復権──「ものづくり」の精神がアジアを変える』東京，PHP研究所。
加治敏雄(1982)「藻利重隆教授の日本的経営論」，中央大学企業研究所編『日本的経営論』東京，中央大学出版部所収，39-54頁。
梶原一明(1980)『日産自動車の決断──ドキュメント 世界小型車戦争の時代』東京，プレジデント社。
鎌田慧(1973)『自動車絶望工場──ある季節工の日記』東京，徳間書店。
鎌田慧(1998)『ドキュメント 屠場』東京，岩波書店。
上井喜彦(1991)「フレキシビリティと労働組合規制──A社を中心に」，戸塚秀夫・兵藤釗編『労使関係の転換と選択──日本の自動車産業』東京，日本評論社所収，15-90頁。
上井喜彦(1994)『労働組合の職場規制──日本自動車産業の事例研究』東京，東京大学出版会。
上井喜彦・野村正實編(2001)『日本企業──理論と現実』京都，ミネルヴァ書房。
上山邦雄・日本多国籍企業研究グループ編(2005)『巨大化する中国経済と日系ハイブリッド工場』東京，実業之日本社。
神奈川県労働部労政課(1959)『神奈川県労働運動史(1952-56)第二巻』横浜，神奈川県労働部労政課。
金井壽宏(1991)『変革型ミドルの探求──戦略・革新指向の管理者行動』東京，白桃書房。
金杉秀信著，伊藤隆・梅崎修・黒沢博道・南雲智映編(2010)『金杉秀信オーラルヒストリー』東京，慶應義塾大学出版会。
金子勝(1997)『市場と制度の政治経済学』東京，東京大学出版会。
金子詔二(1997)「管理職組合の現状と実態（管理職組合特集）」『経営法曹』通号116，6-11頁。
兼子毅・山口貫一・井上龍友・伊藤富士雄・久米勝・深沢慶一郎(1958)「見習工養成の現状と今後の方向(座談会)」『労務研究』11(2)，30-36頁。
Kanter, R. M. (1977) *Men and Women of the Corporation,* New York: Basic Books.
Kanter, R. M. (1989) *When Giants Learn to Dance: Mastering*

the Challenge of Strategy, Management, and Careers in the 1990s, New York: Simon & Schuster.（三原淳雄・土屋安衛訳『巨大企業は復活できるか──企業オリンピック「勝者の条件」』東京，ダイヤモンド社，1991年）

片渕卓志（2000）「製造現場における品質管理──1960年代QCサークル生成期のトヨタ自動車工業」『経営研究』50(4)，53-77頁。

片岡信之（2005）「サブテーマ2：日本型経営の新動向──現場からの発信」，日本経営学会編『日本型経営の動向と課題』東京，千倉書房所収，95-96頁。

加藤哲郎／ロブ・スティーヴン（1993）「日本資本主義はポスト・フォード主義か?」，加藤哲郎／ロブ・スティーヴン編『国際論争・日本型経営はポスト・フォーディズムか?』東京，窓社所収，58-84頁。

加藤裕治（2004）「自動車総連加盟メーカー組合の働き方に関する現状と課題」『賃金と社会保障』1383号，5-12頁。

Katz, Harry C. and Owen Darbishire (2000) *Converging Divergences: Worldwide Changes in Employment Systems*, Ithaca, New York.: ILR Press/Cornell University Press.

Katz, R. (1998) *Japan: The System that Soured: The Rise and Fall of the Japanese Economic Miracle*, Armonk, New York.: M.E. Sharpe.（鈴木明彦訳『腐りゆく日本というシステム』東京，東洋経済新報社，1999年）

Katz, R. L. (1974) "Skills of an Effective Administrator," *Harvard Business Review*, Sep/Oct, Vol. 52, Issue 5, pp. 90-101.

河合太介・渡部幹（2010）『フリーライダー──あなたの隣のただの り社員』東京，講談社現代新書。

川人博（1990）『過労死と企業の責任』東京，労働旬報社。

川上武志（2011）『原発放浪記──全国の原発を12年間渡り歩いた元作業員の手記』東京，宝島社。

川又克二（1964）「私の履歴書」，日本経済新聞社編『私の履歴書 第二十集』東京，日本経済新聞社所収，69-135頁。

川又克二（1983）『わが回想』東京，日経事業出版社。

川又克二追悼録編纂委員会編（1988）『川又克二 自動車とともに』東京，日産自動車。

川又克二・森川英正（1976a）「戦後産業史への証言 42回 巨大化時代1 日産・プリンスの合併」『エコノミスト』54(46)，78-85頁。

川又克二・森川英正（1976b）「戦後産業史への証言 43回 巨大化時代2 争議経て追浜へ進出」『エコノミスト』54(47)，78-85頁。

河村哲二編（2005）『グローバル経済下のアメリカ日系工場』東京，東洋経済新報社。

Kelloway, E. K., Lori Francis, Matthew Prosser, James E. Cameron (2010) "Counterproductive work behavior as protest," *Human Resource Management Review*, 20, pp.18-25.

Kenney, M. and Richard Florida (1988) "Beyond Mass Production: Production and the Labor Process in Japan," *Politics & Society*, 16(1), pp. 121-158.

Kerr, C., John T. Dunlop, Frederick H. Harbison and Charles A. Myers (1960) *Industrialism and Industrial Man: The Problems of Labor and Management in Economic Growth*, Cambridge, Mass.: Harvard University Press.（中山伊知郎監修，川田寿訳『インダストリアリズム──工業化における経営者と労働』東京，東洋経済新報社，1963年）

Kidder, T. (1981) *The Soul of a New Machine*, Boston: Little, Brown and Company.（風間禎三郎訳『超マシン誕生──コンピュータ野郎たちの540日』東京，ダイヤモンド社，1982年）

木本喜美子（1995）『家族・ジェンダー・企業社会──ジェンダー・アプローチの模索』京都，ミネルヴァ書房。

木本喜美子（2003）『女性労働とマネジメント』東京，勁草書房。

金鎔基（2010）「米国自動車産業におけるリーン生産の導入と現場上がり職長の消滅」『商學討究』第61巻（第2・3号），73-106頁。

木村保茂（2005a）「本書の課題と構成」，木村・永田『転換期の人材育成システム』東京，学文社所収，2-11頁。

木村保茂（2005b）「変容する人材育成システム──変わる企業内教育」，木村・永田『転換期の人材育成システム』東京，学文社所収，12-58頁。

木村保茂・永田萬享（2005）『転換期の人材育成システム』東京，学文社。

Kinmonth, E. H. (1981) *The Self-Made Man in Meiji Japanese Thought: From Samurai to Salary Man*, Berkeley: University of California Press.（廣田照幸・加藤潤・吉田文・伊藤彰浩・高橋一郎訳『立身出世の社会史──サムライからサラリーマンへ』東京，玉川大学出版部，1995年）

木下順（1984）「1950年代日本の採用管理──『養成工』制度の意義をめぐって」『國學院経済学』第31巻第3・4号，329-351頁。

木下順（2010）「養成工制度と労務管理の生成──『大河内仮説』の射程」『大原社会問題研究所雑誌』No.619，56-72頁。

木下武男（2007）『格差社会にいどむユニオン──21世紀労働運動原論』東京，花伝社。

北井弘（2004）「事例2 トヨタ自動車（トヨタインスティチュート） グローバル化を見すえ，基本理念の価値観を共有し，行動指針を具現化できる人材を育成」『企業と人材』37(832)，16-21頁。

北城武（2005）「日労研定例セミナー採録 SHIFT 日産自動車における人事制度再構築──仕事のプロフェッショナルを目指す役割等級別コンピテンシーによる人事制度改訂」『日労研資料』58(4)（通号 1296），26-50頁。

Knights, D. (1990) "Subjectivity, Power and the Labour Process," In D. Knights and H. Willmott (eds.), *Labour Process Theory*, London: Macmillan, pp. 297-335.

Knights, D. and. D. Collinson (1987) "Disciplining the Shopfloor: A Comparison of the Disciplinary Effects of Managerial Psychology and Financial Accounting," *Accounting, Organizations and Society*, Vol. 12, No. 5, pp. 457-477.

Knights, D. and Darren McCabe (2000) "'Ain't Misbehavin'? Opportunities for Resistance under New Forms of 'Quality' Management,'" *Sociology*, Vol. 34, No. 3, pp. 421-436.

Knights, David and Hugh Willmott (1986) "Introduction," In D. Knights and H. Willmott (eds.), *Gender and the Labour Process*, Brookfield, Vt.: Gower, pp. 1-13.

Knights, David and Hugh Willmott eds. (1986) *Gender and the Labour Process*, Brookfield, Vt.: Gower.

Knights, David and Hugh Willmott (1989) "Power and Subjectivity at Work: From Degradation to Subjugation in Social Relations," *Sociology*, Vol. 23, No. 4, pp. 535-558.

Knights, David and Theo Vurdubakis (1994) "Foucault, Power,

Resistance and All That," In J. Jermier et al. (eds.), *Resistance & Power in Organiztions,* London: Routledge.
小林信一(2006)「事例 日産自動車 人事制度を有機的に結びつけ一人ひとりの意欲と自律を支える(特集 こうして進める 若手社員の育成と定着)」『企業と人材』39(875), 11-16頁。
古林喜樂編(1971)『日本経営学史――人と学説』東京, 日本評論社。
古林喜樂編(1977)『日本経営学史――人と学説 第2巻』東京, 千倉書房。
小池和男(1977)『職場の労働組合と参加――労資関係の日米比較』東京, 東洋経済新報社。
Koike, K. (1978) "Japan's Industrial Relations Characteristics and Problems," *Japanese Economy,* Vol. 7, No. 1, pp. 42-90.
小池和男(1981)『日本の熟練――すぐれた人材形成システム』東京, 有斐閣。
小池和男(1997)『日本企業の人材形成――不確実性に対処するためのノウハウ』東京, 中央公論社。
小池和男(2000)「職場の人材開発――自動車産業の職場で」『社会科学紀要』52(1), 3-23頁。
小池和男(2005)『仕事の経済学(第3版)』東京, 東洋経済新報社。
小池和男(2008)『海外日本企業の人材形成』東京, 東洋経済新報社。
小池和男(2009)『日本産業社会の「神話」』東京, 日本経済新聞出版社。
小池和男(2012)『高品質日本の起源――発言する職場はこうして生まれた』東京, 日本経済新聞出版社。
小池和男(2013)『強い現場の誕生――トヨタ争議が生み出した共働の論理』東京, 日本経済新聞出版社。
小池和男・中馬宏之・太田聰一(2001)『もの造りの技能――自動車産業の職場で』東京, 東洋経済新報社。
小島恒久(1976)『日本資本主義論争史』東京, ありえす書房。
小松史朗(2001)「日本自動車企業における技能系養成学校の現状」『立命館経済学』第40巻第1号, 105-152頁。
Kondo, D. K. (1990) *Crafting Selves: Power, Gender, and Discourses of Identity in a Japanese Workplace,* Chicago and London: The University of Chicago Press.
小西俊一(1991)「トヨタ自動車における3組2交替制の導入」『労働調査』第276号, 13-18頁。
厚生労働省労使関係担当参事官室編(2002)『日本の労働組合歴史と組織 第2版』東京, 日本労働研究機構。
小関智弘(1979)『春は鉄までが匂った』東京, 晩声社。
小関智弘(1981)『大森界隈職人往来』東京, 朝日新聞社。
Kotter, J. P. (1985) *Power and Influence,* New York: Free Press. (加護野忠男・谷光太郎訳『パワーと影響力――人的ネットワークとリーダーシップの研究』東京, ダイヤモンド社, 1990年)
Kotter, J. P. (1995) *The New Rules: How to Succeed in Today's Post-Corporate World,* New York: Free Press.
Kotter, John P. and James L. Heskett (1992) *Corporate Culture and Performance,* New York: The Free Press.
小山弘健(1953)『日本資本主義論争史(上)(下)』東京, 青木文庫。
小山陽一編(1985)『巨大企業体制と労働者――トヨタ生産方式の研究』東京, 御茶の水書房。
Krugman, P. R. (2007) *The Conscience of a Liberal,* New York: W. W. Norton & Co. (三上義一訳『格差はつくられた――保守派がアメリカを支配し続けるための呆れた戦略』東京, 早川書房, 2008年)
Krumboltz, John D. and Al S. Levin (2004) *Luck is No Accident: Making the Most of Happenstance in your Life and Career,* Atascadero, Calif.: Impact Publishers. (花田光世・大木紀子・宮地夕紀子訳『その幸運は偶然ではないんです!――夢の仕事をつかむ心の練習問題』東京, ダイヤモンド社, 2005年)
熊谷徳一・嵯峨一郎(1983)『日産争議1953――転換期の証言』東京, 五月社。
熊沢誠(1993)『新編 日本の労働者像』東京, ちくま学芸文庫。
熊沢誠(2010)『働きすぎに斃れて――過労死・過労自殺の語る労働史』東京, 岩波書店。
公文溥・安保哲夫編著(2005)『日本型経営・生産システムとEU――ハイブリッド工場の比較分析』京都, ミネルヴァ書房。
Kunda, G. (1992) *Engineering Culture: Control and Commitment in a High-Tech Corporation,* Philadelphia: Temple University Press. (金井嘉宏解説・監修, 樫村志保訳『洗脳するマネジメント――企業文化を操作せよ』東京, 日経BP社, 2005年)
倉田良樹(1985)『新しい労働組織の研究』東京, 中央経済社。
倉田致知(1998)「チーム・コンセプトの可能性――日本的チームと自主管理チームの用途・特徴・条件・限界についての一考察」『京都学園大学経営学部論集』第8巻第2号, 47-99頁。
黒田兼一(1984a)「企業内労資関係と労務管理(I)――敗戦直後の日産自動車を中心に」『桃山学院大学経済経営論集』26(1), 25-53頁。
黒田兼一(1984b)「企業内労資関係と労務管理(II)――敗戦直後の日産自動車を中心に」『桃山学院大学経済経営論集』26(2), 97-121頁。
黒田兼一(1986)「企業内労資関係と労務管理(III)――敗戦直後の日産自動車を中心に」『桃山学院大学経済経営論集』27(4), 45-77頁。
楠田丘編(2002)『日本型成果主義――人事・賃金制度の枠組と設計』東京, 生産性出版。
楠美憲章(2005)『リーダーのための企業変革論――日産改革の視点と教訓』東京, 中央大学出版部。
Kusy, Mitchell and Elizabeth Holloway (2009) *Toxic Workplace !: Managing Toxic Personalities and Their Systems of Power,* San Francisco: Jossey-Bass.
京谷栄二(1993)『フレキシビリティとはなにか――現代日本の労働過程』東京, 窓社。
LaBier, D. (1986) *Modern Madness: The Emotional Fallout of Success Reading,* Mass.: Addison-Wesley Pub. Co.
Lacroix, Jean-Paul (1956) *Comment ne pas Réussir: Manuel du Petit Immobiliste,* Paris: Les Quatre Jeudis. (椎名其二訳, 小宮山量平監修『出世をしない秘訣――でくのぼう考』東京, こぶし書房, 2011年)
Lafargue, P. (1883) *Le Droit à la Paresse: Réfutation du Droit au Travail de 1848,* Paris: H.Oriol. (田淵晉也訳『怠ける権利』東京, 平凡社, 2008年)
Lanuez, Danny and John M. Jermier (1994) "Sabotage by Managers and Technocrats: Neglected Patterns of Resistance at Work," In J. Jermier et al. (eds.), *Resistance & Power in Organizations,* London and New York: Routledge, pp. 219-

251.
Lash, Scott and John Urry (1987) *The End of Organized Capitalism*, Wisconsin: The University of Wisconsin Press.
Leidner, R. (1993) *Fast Food, Fast Talk: Service Work and the Routinization of Everyday Life*, Berkely, Los Angeles, London: University of California Press.
Leinberger, Paul and Bruce Tucker (1991) *The New Individualists: The Generation after The Organization Man*, New York: HarperCollins Publishers.
Lennon, Mary Clare and Laura Limonic (2010) "Work and Unemployment as Stressors," In T. Scheid and T. Brown (eds.), *A Handbook for the Study of Mental Health*, Cambridge: Cambridge University Press, pp. 213-225.
Leymann, H. (1996) "The Content and Development of Mobbing at Work," *European Journal of Work and Organizational Psychology*, 5(2), pp. 165-184.
Liker, J. K. (2003) *The Toyota Way: 14 Management Principles from the World's Greatest Manufacturer*, New York, London: McGraw-Hill. (稲垣公夫訳『ザ・トヨタウェイ(上)(下)』東京，日経BP社，2004)
Liker, Jeffrey K. and Gary L. Convis (2011) *The Toyota Way to Lean Leadership: Achieving and Sustaining Excellence through Leadership Development*, New York: McGraw-Hill.
Liker, J. K., W. Mark Fruin and Paul S. Adler eds. (1999) *Remade in America: Transplanting and Transforming Japanese Management Systems*, New York, Tokyo: Oxford University Press. (林正樹監訳『リメイド・イン・アメリカ――日本的経営システムの再文脈化』東京，中央大学出版部，2005年)
Liker, Jeffrey K. and Michael Hoseus (2008) *Toyota Culture: The Heart and Soul of the Toyota Way*, New York: McGraw-Hill. (稲垣公夫訳『トヨタ経営大全2　企業文化(上)(下)』東京，日経BP社，2009年)
Liker, Jeffrey K. and David Meier (2005) *The Toyota Way Fieldbook: A Practical Guide for Implementing Toyota's 4Ps*, New York: McGraw-Hill. (稲垣公夫訳『ザ・トヨタウェイ 実践編(上)(下)』東京，日経BP社，2005年)
Liker, Jeffrey K. and David P. Meier (2007) *Toyota Talent*, New York: McGraw-Hill. (稲垣公夫訳『トヨタ経営大全1 人材開発』東京，日経BP社，2008年)
Lincoln, E. J. (2001) *Arthritic Japan: The Slow Pace of Economic Reform*, Washington, D. C.: Brookings Institution.
Linstead, S. (1985) "Jokers Wild: The Importance of Humour in the Maintenance of Organizational Culture," *The Sociological Review*, 33(4), pp. 741-767.
Lipnack, Jessica and Jeffrey Stamps (1997) *Virtual Teams: Reaching across Space, Time, and Organizations with Technology*, New York: Wiley. (榎本英剛訳『バーチャル・チーム――ネットワーク時代のチームワークとリーダーシップ』東京，ダイヤモンド社，1998年)
Lupton, T. (1963) *On the Shop Floor: Two Studies of Workshop Organization and Output*, Oxford: Pergamon Press.
Lutz, T. (2006) *Doing Nothing: A History of Loafers, Loungers, Slackers and Bums in America*, New York: Farrar, Straus and Giroux. (小澤英実・篠儀直子訳『働かない――「怠けもの」と呼ばれた人たち』東京，青土社，2006年)
Lyon, D. (1994) *The Electronic Eye: The Rise of Surveillance Society*, Cambridge: Polity Press.
Lyon, D. (2001) *Surveillance Society: Monitoring Everyday Life*, Buckingham, Philadelphia: Open University Press. (河村一郎訳『監視社会』東京，青土社，2002年)
前田拓也・阿部真大(2007)「ケアワーク――ケアの仕事に『気づき』は必要か?」，本田編『若者の労働と生活世界』東京，大月書店所収，113-148頁。
Maier, C. (2004) *Bonjour Paresse: De l'Art et de la Nécessité d'en Faire le moins Possible en Enterprise*, Paris: Gallimard. (及川美枝訳『怠けものよ，こんにちは』東京，ダイヤモンド社，2005年)
Main, Brian G. M. (1982) "The Length of a Job in Great Britain," *Economica*, 49(2), pp. 325-333.
牧野明光(2008)『未来を拓くマネジメント総力戦物語――トヨタの人づくり職場づくりの源流』東京，文芸社。
March, James G. and Herbert A. Simon (1958) *Organizations*, New York: Wiley. (土屋守章訳『オーガニゼーションズ』東京，ダイヤモンド社，1977年)
Marcuse, Herbert (1964) *One-Dimensional Man: Studies in the Ideology of Advanced Industrial Society*, London: Routledge & K. Paul. (生松敬三・三沢謙一訳『一次元的人間』東京，河出書房新社)
Marks, M. L. (1994) *From Turmoil to Triumph: New Life after Mergers, Acquisitions, and Downsizing*, New York: Lexington Books.
Marris, R. (1964) *The Economic Theory of 'Managerial' Capitalism*, London: Macmillan Co. (大川勉・森重泰・沖田健吉訳『経営者資本主義の経済理論』東京，東洋経済新報社，1971年)
Mars, Gerald (1982) *Cheats at Work: An Anthropology of Workplace Crime*, London: George Allen and Unwin.
Marx, Karl (1962) *Das Kapital: Kritik der politischen* Ökonomie I, In Marx-Engels Werke, Bd.23, Berlin: Dietz Verlag. (マルクス=エンゲルス全集刊行委員会訳『資本論(第1巻　第1分冊)』東京，大月書店，1968年)
丸山惠也(1995)『日本的生産システムとフレキシビリティ』東京，日本評論社。
Massey, D. B. (1995) *Spatial Divisions of Labour: Social Structures and the Geography of Production*, Basingstoke: Macmillan. (富樫幸一・松橋公治監訳『空間的分業――イギリス経済社会のリストラクチャリング(第二版)』東京，古今書院，2000年)
益田哲夫(1954)『明日の人たち――日産労働者のたたかい』東京，五月書房。
Mathewson, S. B. (1931) *Restriction of Output among Unorganized Workers*, New York: The Viking Press.
Mayo, E. (1933) *The Human Problems of an Industrial Civilization*, New York: Macmillan. (村本栄一訳『新訳 産業文明における人間問題――ホーソン実験とその問題(第四版)』東京，日本能率協会，1967年)
McCormick, B. J. and G. P. Marshall (1987) "Profit-Sharing,

Job Rotation and Permanent Employment: The Large Japanese Firm as a Producers' Co-op," *Economic and Industrial Democracy*, 8, pp. 171-82.

Mckinlay, Alan and Ken Starkey eds. (1997) *Foucault Management and Organization Theory*, London: Sage Publications.

Mckinlay, Alan and Phil Taylor (1996) "Power, Surveillance and Resistance: Inside the 'Factory of the Future'," In P. Ackers et al. (eds.), *The New Workplace and Trade Unionism: Critical Perspectives on Work and Organization*, London: Routledge, pp. 279-300.

Mckinlay, Alan and Phil Taylor (1997) "Through the Looking Glass: Foucault and the Politics of Production," In Mckinlay and Starkey (eds.), *Foucault, Management and Organization Theory: From Panopticon to Technologies of Self*, London: Sage Publications, pp. 173-190.

Merton, R. K. (1949) *Social Theory and Social Structure: toward the Codification of Theory and Research*, Glencoe, Ill.: Free Press of Glencoe.（森東吾・森好夫・金沢実・中島竜太郎訳『社会理論と社会構造』東京，みすず書房，1961年）

Meyer, S. (1981) *The Five Dollar Day: Labor Management and Social Control in the Ford Motor Company, 1908-1921*, Albany: State University of New York Press.

Milkman, R. (1997) *Farewell to the Factory: Auto Workers in the Late Twentieth Century*, Berkeley: University of California Press.

Mills, C. W. (1951) *White Collar: The American Middle Classes*. New York: Oxford University Press.（杉政孝訳『ホワイト・カラー――中流階級の生活探求』東京，東京創元社，1971年）

Mintzberg, H. (1973) *The Nature of Managerial Work*, New York: Harper Collins.

Mintzberg, H. (2004) *Managers not MBAs: A Hard Look at the Soft Practice of Managing and Management Development*, San Francisco, Calif.: Berrett-Koehler.（池村千秋訳『MBAが会社を滅ぼす――マネジャーの正しい育て方』東京，日経BP出版センター，2006年）

Mintzberg, H. (2009) *Managing*, San Francisco: Berrett-Koehler.（池村千秋訳『マネジャーの実像――「管理職」はなぜ仕事に追われているのか』東京，日経BPマーケティング，2011年）

三嶋幸彦（1997）「日産テクニカルカレッジの"ものづくり教育"」『実践教育』Vol. 12，No. 4，3-5頁。

見田宗介（1996）『現代社会の理論――情報化・消費化社会の現在と未来』東京，岩波書店。

三戸公（1981）『日本人と会社』東京，中央経済社。

三戸公（1991a）『家の論理（1）日本的経営論序説』東京，文眞堂。

三戸公（1991b）『家の論理（2）日本的経営の成立』東京，文眞堂。

三菱自動車工業株式会社総務部社史編纂室編纂（1993）『三菱自動車工業株式会社史』東京，三菱自動車工業株式会社。

三浦雅洋（2005）「レベル3の組織変革事例（1）――1999年～2003年における日産自動車の組織変革」『商学論集』51（3/4），189-231頁。

森田雅也（1998）「チーム作業方式をめぐる議論の統合に向けて」『日本経営学会誌』第2号，43-55頁。

三輪芳朗（1990）『日本の企業と産業組織』東京，東京大学出版会。

三輪芳朗・J. Mark Ramseyer（2001）『日本経済論の誤解――「系列」の呪縛からの解放』東京，東洋経済新報社。

三輪芳朗・J. Mark Ramseyer（2002）『産業政策論の誤解――高度成長の真実』東京，東洋経済新報社。

宮家愈（1959）『近代的労使関係』横浜，日本自動車産業労働組合連合会。

宮越雄一・清水英佑（2008）「国内外の産業医学に関する文献紹介――プレゼンティーイズム（Presenteeism）と生産性低下」『産業医学ジャーナル』31（3），101-103頁。

宮崎信二（1985）「トヨタ経営の特質」，小山編『巨大企業体制と労働者』東京，御茶の水書房所収，39-73頁。

Monden, Y. (1983) *Toyota Production System: Practical Approach to Production Management*, Norcross, Ga.: Industrial Engineeering and Management Press.

Montgomery, D. (1979) *Workers' Control in America: Studies in the History of Work, Technology, and Labor Struggles*, Cambridge, New York: Cambridge University Press.

Morgan, A. E. (1931) "Conclusion," In S. Mathewson (ed.), *Restriction of Output among Unorganized Workers*, New York: The Viking Press, pp. 196-212.

藻利重隆（1962）「日本的労務管理の功罪」『労務管理研究』第34巻，2-30頁。

森江信（1979）『原発被曝日記』東京，技術と人間。

Moriguchi, Chiaki and Ono Hiroshi (2006) "Japanese Lifetim Employment: A Century's Perspective," In Magnus Blomstroem and Sumner La Croix (eds.), *Institutional Change in Japan*, Abingdon, Oxon: Routledge, pp. 152-176.

森岡孝二（1995）『企業中心社会の時間構造――生活摩擦の経済学』東京，青木書店。

森山寛（2006）『もっと楽しく――これまでの日産 これからの日産』東京，講談社出版サービスセンター。

本島克己（2008）「SPECIAL INTERVIEW JIPM 自社で技能者育成のしくみづくりと改善指導を！――日産，JIPM共同開発「保全技能塾・トレーナー養成講座」開講にあたり 日産ラーニングセンター 本島校長に聞く」『プラントエンジニア』40（4），32-35頁。

Mouer, R. and Hirosuke Kawanishi (2005) *A Sociology of Work in Japan*, New York: Cambridge University Press.（渡辺雅男監訳『労働社会学入門』東京，早稲田大学出版会，2006年）

村上文司（2001）「トヨタ労働者の『職業経歴』――1980年調査の再分析と追跡調査の課題」『釧路公立大学地域研究』第10号，1-24頁。

村上文司（2002）「『職業・生活』履歴分析の視点と課題――トヨタ労働者追跡調査データの特質と分析課題について」『社会科学研究』第14号，7-35頁。

村上文司（2004）「大企業労働者の職業的生涯――長期勤続者の職業生活誌的考察」『社会科学研究』第16号，15-43頁。

村上泰亮・公文俊平・佐藤誠三郎（1979）『文明としてのイエ社会』東京，中央公論社。

鍋田周一（1992）「人事制度見直しで技能系の魅力を高めるトヨタ自動車――"専門技能制"を導入，育成，処遇の両面から対処」『労政時報』第3059号，36-42頁。

Nadworny, M. J. (1955) *Scientific Management and the Unions, 1900-1930, A Histrical Analysis*, Cambridge, Mass.:

Harvard University Press.（小林康助訳『新版 科学的管理と労働組合』広文社，1977年）
長岡新吉（1984）『日本資本主義論争の群像』京都，ミネルヴァ書房。
永沢光雄（1996）『AV女優』東京，ビレッジセンター出版局。
永沢光雄（1999）『おんなのこ――AV女優2』東京，コアマガジン。
永田萬享（1998）「自動車産業における企業内教育――企業内短大を中心に」『職業と技術の教育学』通号11，17-34頁。
永田萬享（2005）「企業内職業能力開発短期大学校とテクニシャン養成」，木村・永田『転換期の人材育成システム』東京，文芸社所収，59-114頁。
永田幸男（2008）「日産自動車 評価・報酬制度等の人事制度をグローバルに統一し，人財の発掘，育成，配置を機能的に展開（[企業と人材]創刊40周年特別企画 先進企業の人材育成戦略と教育体系（2））」『企業と人材』41（931），18-21頁。
中川敬一郎・由井常彦編（1969）『財界人思想全集1 経営哲学・経営理念 明治大正編』東京，ダイヤモンド社。
中川敬一郎・由井常彦編（1970）『財界人思想全集2 経営哲学・経営理念 昭和編』東京，ダイヤモンド社。
中原淳（2010）『職場学習論――仕事の学びを科学する』東京，東京大学出版会。
中牧弘允・日置弘一郎編（1997）『経営人類学ことはじめ――会社とサラリーマン』大阪，東方出版。
中牧弘允・日置弘一郎編（2007）『会社文化のグローバル化――経営人類学的考察』大阪，東方出版。
中牧弘允／ミッチェル・セジウィック編（2003）『日本の組織――社縁文化とインフォーマル活動』大阪，東方出版。
中村章（1982）『工場に生きる人びと――内側から描かれた労働者の実像』東京，学陽書房。
中村圭介（1996）『日本の職場と生産システム』東京，東京大学出版会。
中村圭介（2006）『成果主義の真実』東京，東洋経済新報社。
中村圭介（2009）『壁を壊す』東京，教育文化協会。
中村恵（1991）「昇進とキャリアの幅――アメリカと日本の文献研究」，小池編『大卒ホワイトカラーの人材開発』東京，東洋経済新報社所収，203-225頁。
中根千枝（1967）『タテ社会の人間関係』東京，講談社。
中西新太郎（2009）「漂流者から航海者へ――ノンエリート青年の〈労働―生活〉経験を読み直す」，中西・高山編『ノンエリート青年の社会空間』東京，大月書店所収，1-45頁。
中西新太郎・高山智樹編（2009）『ノンエリート青年の社会空間――働くこと，生きること，「大人になる」ということ』東京，大月書店。
中田正則（2003）「事例 日産自動車 技能教育は層別と技能向上施策の二本柱で推進 チャレンジ技能検定でモチベーションアップ（特集 モノづくり人材育成のスタンスを固める）」『企業と人材』36（823），23-27頁。
中谷巌（2008）『資本主義はなぜ自壊したのか――「日本」再生への提言』東京，集英社。
Neuman, J. H. and L. Keashly (2010) "Means, Motive, Opportunity, and Aggressive," In J. Greenberg (ed.), *Insidious Workplace Behavior*, New York: Routledge, pp. 31-76.
Newman, K. S. (1988) *Falling from Grace: The Experience of Downward Mobility in the American Middle Class*, New York: Free Press.
Newman, K. S. (1993) *Declining Fortunes: The Withering of the American Dream*, New York: Basic Books.
Newman, K. S. (1999) *No Shame in My Game: The Working Poor in the Inner City*, New York: Knopf and the Russell Sage Foundation.
Newman, K. S. (2006) *Chutes and Ladders: Navigating the Low-Wage Labor Market*, Cambridge, Mass.: Harvard University Press.
Newman, Katherine S. and Victor Tan Chen (2007) *The Missing Class: Portraits of the Near Poor in America*, Boston: Beacon Press.
Nghiem L. Huong (2007) "Jokes in a Garment Workshop in Hanoi: How Does Humour Foster the Perception of Community in Social Movements ?," In Hart, Marjolein's and Dennis Bos (eds.), *Humour and Social Protest*, Cambridge: Press Syndicate of the University of Cambridge, pp. 209-223.
丹辺宣彦（2010）「男性就業者にみる地域コミュニティとまちづくり活動――自動車産業従事者をめぐって」，研究者代表丹辺宣彦『産業グローバル化先進地域の階層構造変動と市民活動――愛知県豊田市を事例として』平成19-21年度科学研究費補助金（基盤（C））研究成果報告書（課題番号：19530437）愛知，名古屋大学所収，121-155頁。
日本経営学会編（2005）『日本型経営の動向と課題』東京，千倉書房。
日本経営者団体連盟（1995）『新時代の「日本的経営」――挑戦すべき方向とその具体策』東京，日本経営者団体連盟。
日本機械工業連合会機械工業展望調査ワーキンググループ（2004）『日本の機械工業・再活性化のための調査』東京，日本機械工業連合会。
日本能率協会編（1996）『教育研修プログラム実例集 第3集』東京，日本能率協会マネジメントセンター。
日本産業訓練協会編（1971）『産業訓練百年史――日本の経済成長と産業訓練』東京，日本産業訓練協会。
日本人文科學會（1963）『技術革新の社会的影響』東京，東京大学出版会。
日本労働研究機構編（1996）『自動車企業の労働と人材形成』東京，日本労働研究機構。
日本労働組合総評議会編（1974）『総評二十年史（上）（下）』東京，労働旬報社。
日経連三十年史刊行会（1981）『日経連三十年史』東京，日本経営者団体連盟。
二村一夫（1986）「労働組合組織率の再検討――〈実質組織率〉算出の試み」『大原社会問題研究所雑誌』330号，1-24頁。
二村一夫（1987）「日本労使関係の歴史的特質」，社会政策学会編『日本の労使関係の特質（社会政策学会年報第31集）』東京，御茶の水書房所収，77-95頁。
二村一夫（1994）「戦後社会の起点における労働組合運動」，坂野潤治・高村直助・渡辺治・宮地正人・安田浩編『戦後改革と現代社会の形成（シリーズ日本近現代史 構造と変動4）』東京，岩波書店所収，37-78頁。
二村一夫（1997）「工員・職員の身分差別撤廃」『日本労働研究雑誌』No. 443，48-49頁。

西成田豊(2007)『近代日本労働史──労働力編成の論理と実証』東京，有斐閣。
西澤晃彦(1995)『隠蔽された外部──都市下層のエスノグラフィー』東京，彩流社。
西沢正昭(2006)「日産自動車 能力開発型人財育成策」，日本経団連出版編『キャリア開発支援制度事例集──自律人材を育てる仕組み』東京，日本経団連出版所収，114-131頁。
日産自動車株式会社総務部調査課(1965)『日産自動車三十年史』横浜，日産自動車株式会社。
日産自動車株式会社社史編纂委員会編(1975)『日産自動車社史』東京，日産自動車株式会社。
日産自動車株式会社調査部(1983)『21世紀への道 日産自動車50年史』東京，日産自動車株式会社。
日産自動車株式会社創立50周年記念事業実行委員会社史編纂部会編(1985)『日産自動車社史』東京，日産自動車株式会社。
日産自動車株式会社横浜工場(2005)「マル新人材育成！ 職場からのレポート(48)ものつくりの技能向上と伝承──神奈川県日産自動車株式会社横浜工場」『職業能力開発ジャーナル』47(10)，18-21頁。
日産自動車労働組合編(1954)『日産争議白書』横浜，日産自動車労働組合。
日産自動車労仂組合編(1958)『創立五周年記念特集号』横浜，日産自動車労仂組合。
日産懇話會本部(1940)『日産自動車從業員養成所滿人生徒第一回卒業生座談會』東京，日産懇話會本部。
日産労連運動史編集委員会(1992)『全自・日産分会 自動車産業労働運動前史(上)(中)(下)』東京，日産労連運動史編集委員会。
仁田道夫(1988)『日本の労働者参加』東京，東京大学出版会。
Noble, D. F. (1977) *America by Design: Science, Technology, and the Rise of Corporate Capitalism*, New York: Knopf
Noble, D. F. (1984) *Forces of Production: A Social History of Industrial Automation*, New York: Alfred A. Knopf.
Noble, D. F. (1995) *Progress without People: New Technology, Unemployment, and the Message of Resistance*. Toronto, Ont.: Between the Lines.（渡辺雅男・伊原亮司訳『人間不在の進歩──新しい技術，失業，抵抗のメッセージ』東京，こぶし書房，2001年）
Noer, D. (1993) *Healing the Wounds: Overcoming the Trauma of Layoffs and Revitalizing Downsized Organizations*, San Francisco: Jossey-Bass.
Noer, D. (2000) "Leading Organizations through Survivor Sickness: A Framework for the New Millennium," In R. Burke and C. Cooper (eds.), *The Organization in Crisis*, Oxford: Blackwell, pp. 235-250.
野原光(2006)『現代の分業と標準化──フォード・システムから新トヨタ・システムとボルボ・システムへ』京都，高菅出版。
野原光・藤田栄史編(1988)『自動車産業と労働者──労働者管理の構造と労働者像』京都，法律文化社。
野村晃(1998)「管理職組合をめぐる日本とアメリカにおける労働法上の問題」『日本福祉大学研究紀要：第1分冊 福祉領域』99(1)，218-240頁。
野村正實(1993a)『熟練と分業──日本企業とテイラー主義』東京，御茶の水書房。
野村正實(1993b)『トヨティズム──日本型生産システムの成熟と変容』京都，ミネルヴァ書房。
野村正實(1995)「トヨティズムの評価をめぐって──湯本誠氏のコメントへのリプライ」『日本労働社会学会年報』第6号，103-110頁。
野村正實(2001)『知的熟練論批判──小池和男における理論と実証』京都，ミネルヴァ書房。
野村正實(2007)『日本的雇用慣行──全体像構築の試み』京都，ミネルヴァ書房。
野中郁次郎(1985)『企業進化論──情報創造のマネジメント』東京，日本経済新聞社。
野中郁次郎(1990)『知識創造の経営──日本企業のエピステモロジー』東京，日本経済新聞社。
Nonaka, I. and Takeuchi Hirotaka (1995) *The Knowledge-Creating Company: How Japanese Companies Create the Dynamics of Innovation*, New York: Oxford University Press.（梅本勝博訳『知識創造企業』東京，東洋経済新報社，1996年）
野中郁次郎・徳岡晃一郎(2009)『世界の知で創る──日産のグローバル共創戦略』東京，東洋経済新報社。
野中敏行(2004)「採録 日労研定例セミナー(特別篇) トヨタ自動車における人事制度再構築──プロ人材開発プログラム／技能系新人事制度／チャレンジプログラム／ GLOBAL21」『日労研資料』57(3)(通号1283号) 26-57頁。
尾高邦雄(1965)『日本の経営』東京，中央公論社。
尾高邦雄(1982)「日本的経営の神話と現実(上)」『日本労働協会雑誌』第24巻第12号，2-12頁。
尾高邦雄(1983)「日本的経営の神話と現実(下)」『日本労働協会雑誌』第25巻第1号，28-35頁。
尾高邦雄(1984)『日本的経営──その神話と現実』東京，中公新書。
大江功次(2006)「日産自動車における人事制度改革」『自動車技術会関東支部報』No.46，4-7頁。
OECD (1973) *Manpower Policy in Japan*, Paris: OECD.（労働省訳編『OECD対日労働報告書』東京，日本労働協会，1972年）
Offe, Claus (1985) *Disorganized Capitalism: Contemporary Transformations of Work and Politics*, Cambridge: Polity Press.
小笠原祐子(1998)『OLたちの「レジスタンス」──サラリーマンとOLのパワーゲーム』東京，中央公論社。
Ogasawara, Y. (1998) *Office Ladies and Salaried Men: Power, Gender, and Work in Japanese Companies*, Berkeley, Calif.: University of California Press.
Ohmae, K. (1990) *The Borderless World: Power and Strategy in the Interlinked Economy*, New York: Harper Business.（田口統吾訳『ボーダレス・ワールド』東京，プレジデント社，1990年）
岡眞人・S.バース・R.ワイス・F.カロ・M.ライオンズ(1996)「高齢期における就業と引退──トヨタ自動車・高齢中間管理職アンケート調査報告」『経済と貿易』172号，30-52頁。
奥林康司(1999)「チーム作業方式の歴史的意義」『産研論集』No. 21，25-36頁。
奥寺葵(2009)「『日産リバイバルプラン』以降の経営戦略と生産・人事制度改革──生産現場との連動性と整合性の関係」『千葉商大論叢』47(1)，127-144頁。

奥村泰之・横山和仁・伊藤弘人(2011)「国内外の産業医学に関する文献紹介――うつ病における病気出勤による労働生産性の損失」『産業医学ジャーナル』34(3), 116-118頁。
奥村義雄(1981)「トヨタ自工労働組合の歴史と性格」『新しい社会学のために』第25号, 2-18頁。
尾西正美(1994)『イギリス管理職・専門職組合論――管理職・専門職ユニオニズムの系譜と本質』東京, 白桃書房。
大橋昭一・藤本くみ子(2000)「現在における自律的作業チームの意義と発展動向――『再帰的近代化の経営学』への一齣」『関西大学商学論集』第45巻第5号, 325-352頁。
大門正克(2010)「高度成長の時代」, 大門ほか編『高度成長の時代 1 復興と離陸』東京, 大月書店所収, 1-58頁。
大門正克・岡田知弘・佐藤隆・大槻奈巳・高岡裕之・進藤兵・柳沢遊編(2010年)『高度成長の時代 1 復興と離陸』東京, 大月書店。
大河内一男編(1956)『勞働組合の生成と組織(再版)』東京, 東京大學出版會。
大河内一男編(1965)『産業別賃金決定の機構』東京, 日本労働協会。
大河内一男・松尾洋(1965)『日本労働組合物語 昭和』東京, 筑摩書房。
大河内一男・氏原正治郎・藤田若雄(1959)「序章 理論仮説と調査方法」, 大河内ほか編『労働組合の構造と機能』東京, 東京大学出版会所収, 3-57頁。
大河内一男・氏原正治郎・藤田若雄編(1959)『労働組合の構造と機能――職場組織の實態分析』東京, 東京大学出版会。
大野正和(2005)『まなざしに管理される職場』東京, 青弓社。
大野正和(2010)『自己愛化する仕事――メランコからナルシスへ』東京, 労働調査会。
大野耐一(1978)『トヨタ生産方式――脱規模の経営をめざして』東京, ダイヤモンド社。
大野威(2003)『リーン生産方式の労働――自動車工場の参与観察にもとづいて』東京, 御茶の水書房。
大薗恵美・清水紀彦・竹内弘高著, ジョン・カイル・ドートン協力(2008)『トヨタの知識創造経営――矛盾と衝突の経営モデル』東京, 日本経済新聞出版社。
太田肇(2008)『日本的人事管理論――組織と個人の新しい関係』東京, 中央経済社。
大竹晴佳(2010)「高度成長期の社会保障――制度の体系化と労働市場への誘導性」, 大門ほか編『高度成長の時代 1 復興と離陸』東京, 大月書店所収, 291-333頁。
Ouchi, W. G. (1981) *Theory Z: How American Business Can Meet the Japanese Challenge*, Massachusetts: Addison-Wesley. (徳山二郎監訳『セオリーZ――日本に学び, 日本を超える』CBS・ソニー出版, 1981年)
Packard, V. O. (1962) *The Pyramid Climbers*, New York: McGraw-Hill. (徳山二郎・波羅勉訳『ピラミッドを登る人々 パッカード著作集 4』東京, ダイヤモンド社, 1963年)
Parker, M. and J. Slaughter (1988) *Choosing Sides: Unions and the Team Concept*, Boston: South End Press. (戸塚秀夫監訳『米国自動車工場の変貌――「ストレスによる管理」と労働者』東京, 緑風出版, 1995年)
Parker, Mike and Jane Slaughter with Larry Adams et al. (1994) *Working Smart: A Union Guide to Participation Programs and Reengineering*, Detroit: Labor Education & Research Project.
Pascale, Richard T. and Anthony G. Athos (1981) *The Art of Japanese Management*, New York: Simon & Schuster. (深田祐介訳『ジャパニーズ・マネジメント』東京, 講談社文庫, 1983年)
Penrose, E. T. (1959) *The Theory of the Growth of the Firm*, New York: John Wiley. (日高千景訳『企業成長の理論』東京, ダイヤモンド社, 2010年(第三版翻訳))
Peters, T. J. and R. H. Waterman (1982) *In Search of Excellence: Lessons from America's Best-Run Companies*, New York: Harper & Row. (大前研一『エクセレント・カンパニー――超優良企業の条件』講談社, 1983年)
Peters, T. J. (1992) *Liberation Management: Necessary Disorganization for the Nanosecond Nineties*, New York: A. A. Knopf. (大前研一監訳『自由奔放のマネジメント〈上〉ファッションの時代 〈下〉組織解体のすすめ』ダイヤモンド社, 1994年)
Peters, T. J. (1999) *The Brand You 50: Fifty Ways to Transform Yourself from an "Employee" into a Brand That Shouts Distinction, Commitment, and Passion !*, New York: Knopf. (仁平和夫訳『ブランド人になれ!』東京, TBSブリタニカ, 2000年)
Pettigrew, A. M. (2001) *The Politics of Organizational Decision-Making*, London: Routledge.
Pfeffer, J. (1992) *Managing with Power: Politics and Influence in Organizations*, Boston, Mass.: Harvard Business School.
Pink, D. H. (2001) *Free Agent Nation: The Future of Working for Yourself*, New York: Warner Books. (池村千秋訳『フリーエージェント社会の到来――「雇われない生き方」は何を変えるか』東京, ダイヤモンド社, 2002年)
Piore, Michael J. and Charles F. Sabel (1985) *The Second Industrial Divide: Possibilities for Prosperity*, New York: Basic Books. (山之内靖・永易浩一・石田あつみ訳『第二の産業分水嶺』東京, 筑摩書房, 1993年)
Polanyi, K. (1944) *The Great Transformation: The Political and Economic Origins of Our Time*, New York: Farrar & Rinehart. (野口建彦・栖原学訳『[新訳]大転換――市場社会の形成と崩壊』東京, 東洋経済新報社, 2009年)
Pollard, S. (1965) *The Genesis of Modern Management: A Study of the Industrial Revolution in Great Britain*, London: Edward Arnold. (山下幸夫・桂芳男・水原正亨訳『現代企業管理の起源――イギリスにおける産業革命の研究』東京, 千倉書房, 1982年)
Porter, M. E., Hirotaka Takeuchi and Mariko Sakakibara (2000) *Can Japan Compete ?*, Basingstoke: Macmillan. (『日本の競争戦略』東京, ダイヤモンド社, 2000年)
Poster, M. (1990) *The Mode of Information*, Oxford: Blackwell Publishers.
Powell, W. W. (1990) "Neither Market Nor Hierarchy: Network Forms of Organization," *Research in Organizational Behavior*, Vol. 12, pp. 295-336.
Ray, C. A. (1986) "Corporate Culture: The Last Frontier of Control," *Journal of Management Studies*, 23(3): pp. 287-297.
Reich, R. B. (1991) *The Work of Nations: Preparing Ourselves*

for 21st-Century Capitalism, London: Simon & Schuster.（中谷巌訳『ザ・ワーク・オブ・ネーションズ――21世紀資本主義のイメージ』東京，ダイヤモンド社，1991年）

Reich, R. B.（2007）*Supercapitalism: The Transformation of Business, Democracy, and Everyday Life*, New York: Alfred A. Knopf.（雨宮寛・今井章子訳『暴走する資本主義』東京，東洋経済新報社，2008年）

Reid, D. A.（1976）"The Decline of Saint Monday 1766-1876," *Past and Present*, 71, pp. 76-101.

Reischauer, E. O.（1977）*The Japanese*, Cambridge, Mass.: Harvard University Press.（國弘正雄訳『ザ・ジャパニーズ――日本人』東京，文藝春秋，1979年）

Rifkin, J.（1995）*The End of Work: The Decline of the Global Labor Force and the Dawn of the Post-Market Era*, New York: G. P. Putnam's Sons.（松浦雅之訳『大失業時代』東京，TBSブリタニカ，1996年）

Rinehart, J., Chris Huxley and David Robertson（1995）"Team Concept at CAMI," In S. Babson（ed.）, *Lean Work*, Detroit: Wayne State University Press, pp. 220-234.

Rinehart, J., Christopher Huxley and David Robertson（1997）*Just Another Car Factory ?: Lean Production and its Discontents*. Ithaca, New York: ILR Press.

Ritzer, G.（1993）*The McDonaldization of Society: An Investigation into the Changing Character of Contemporary Social Life Thousand Oaks*, Calif.: Pine Forge Press. 正岡寛司監訳『マクドナルド化する社会（改訂版）』早稲田大学出版部，1999年）

Ritzer, G.（1998）*The McDonaldization Thesis: Explorations and Extensions*, London: Sage.（正岡寛司監訳『マクドナルド化の世界――そのテーマは何か？』東京，早稲田大学出版部，2001年）

Roberts, G. S.（1994）*Staying on the Line: Blue-Collar Women in Contemporary Japan*, Honolulu: University of Hawaii Press.

労働運動史編纂委員会編集，岩井章監修（1975）『総評労働運動の歩み』東京，総評資料頒布会。

労働運動史料委員会編（1959）『日本労働運動史料 第10巻 統計篇』東京，労働運動史料刊行委員会。

Roethlisberger, F. J. and William J. Dickson（1939）*Management and the Worker: An Account of a Research Program Conducted by the Western Electric Company, Hawthorne Works*, Chicago, Cambridge, Mass.: Harvard University Press.

Rohlen, T. P.（1974）*For Harmony and Strength: Japanese White-Collar Organization in Anthropological Perspective*, Berkeley: University of California Press.

労務理論学会編（2007）『「新・日本的経営」のその後』京都，晃洋書房。

Roomkin, M. J. ed.（1989）*Managers as Employees: An International Comparison of the Changing Character of Managerial Employment*, New York, Oxford: Oxford University Press.

Rosenbaum, J. E.（1984）*Career Mobility in a Corporate Hierarchy*, London: Academic Press.

労使関係調査会編（1981）『転換期における労使関係の実態（東京大学社会科学研究所研究報告 第28集）』東京，東京大学出版会。

Ross, A.（2003）*No-Collar: The Human Workplace and Its Hidden Costs*, New York: Basic Books.

Roszak, T.（1969）*The Making of a Counter Culture: Reflections on the Technocratic Society and its Youthful Opposition*, Garden City, New York: Doubleday.（稲見芳勝・風間禎三郎訳『対抗文化（カウンター・カルチャー）の思想――若者は何を創りだすか』東京，ダイヤモンド社，1972年）

Rothlin, P. and P. R. Werder（2007）*Diagnose Boreout: Warum Unterforderung im Job Krank Macht*, Munchen: Redline Wirtschaft.（平野卿子訳『ボーアウト 社内ニート症候群』東京，講談社，2009年）

Roy, D.（1952）"Quota Restriction and Gold Bricking in a Machine Shop," *The American Journal of Sociology*, 57（5）, pp. 427-442.

Roy, D.（1954）"Efficiency and 'the fix !'," *The American Journal of Sociology*, 60（3）, pp. 255-266.

Royle, T.（2000）*Working for Mcdonald's in Europe: The Unequal Struggle ?*, London, New York: Routledge.

Russell, B.（1935）*In Praise of Idleness, and Other Essays*, London: George Allen & Unwin.（堀秀彦・柿村峻訳『怠惰への讃歌』東京，平凡社，2009年）

Rybczynski, W.（1991）*Waiting for the Weekend*, New York: Viking.（岩瀬孝雄訳『週末は，たのしい』東京，The Japan Times，1996年）

嵯峨一郎（1984）『企業と労働組合――日産自動車労使論』東京，田畑書店。

嵯峨一郎（1996）「職場組織と労使関係――日産自動車の事例」『熊本学園商学論集』第2巻第2・3合併号，33-52頁。

嵯峨一郎（2002）『日本型経営の擁護』福岡，石風社。

佐口和郎（1990）「日本の内部労働市場――1960年代末の変容を中心として」，吉川洋・岡崎哲二編『経済理論への歴史的パースペクティブ』東京，東京大学出版会所収，207-234頁。

坂口茂・竹内真一・中村重康・那須野隆一（1963）「トヨタ自工の従業員教育とその理念」，日本人文科學會『技術革新の社会的影響』東京，東京大学出版会所収，160-178頁。

榊原清則（1988）「生産システムにおける革新――トヨタのケース」，伊丹敬之・加護野忠男・小林孝雄・榊原清則・伊藤元重『競争と革新――自動車産業の企業成長』東京，東洋経済新報社所収，79-106頁。

坂本清（2009）「日本的経営論再考――市場と社会の対立と融合」『経営研究』59（4），95-120頁。

坂本信一（1995）『ゴミにまみれて――清掃作業員青春苦悩篇』東京，径書房。

佐久間賢（2003）『問題解決型リーダーシップ』東京，講談社現代新書。

桜井厚・岸衛編（2001）『屠場文化――語られなかった世界』東京，創土社。

櫻井純理（2007）「ホワイトカラー労働者の企業内キャリア形成」，辻編著『キャリアの社会学』京都，ミネルヴァ書房所収，179-219頁。

桜井善行（2005）「トヨタの『企業福祉』」『賃金と社会保障』1392号，4-62頁。

桜井善行(2007)「企業の論理と人材育成──トヨタのめざす労働者像と教育」『中京企業研究』No. 29, 117-133頁。

桜井善行(2008)「格差社会とトヨタの『企業福祉』」, 猿田編『トヨタ企業集団と格差社会』京都・ミネルヴァ書房所収, 247-320頁。

桜井善行(2009)「トヨタ自動車労働組合と全トヨタ労働組合──『経営主導』型労使関係と企業内少数派の活動」, 猿田編『トヨタの労使関係』名古屋, 中京大学企業研究所所収, 135-206頁。

桜井善行 (2011)「働くもののいのち・健康を守るために──労災・過労死事例からみたトヨタの働かせ方」, 猿田・杉山編『トヨタの雇用・労働・健康』名古屋, 中京大学企業研究所所収, 141-194頁。

Salin, D. (2003) "Bullying and Organisational politics in competitive and rapidly changing work environments," *International Journal of Management and Decision Making*, 4(1), pp. 35-46.

Salin, D. and H. Hoel (2010) "Organisational Causes of Workplace Bullying," In S. Einarsen, Helge Hoel, Dieter Zapf and Cary L. Cooper (eds.), *Bullying and Harassment in the Workplace*, New York: CRC Press, pp. 227-243.

Sampson, A. (1995) *Company Man: the Rise and Fall of Corporate Life*, New York: Times Business. (山岡洋一訳『カンパニーマンの終焉』東京, TBSブリタニカ, 1995年)

猿田正機(1995)『トヨタシステムと労務管理』東京, 税務経理協会。

猿田正機(1998)「変貌するトヨタの生産・労働システムと労務管理──田原工場を事例として」『中京経営研究』8(1), 67-101頁。

猿田正機(2007)『トヨタウェイと人事管理・労使関係』東京, 税務経理協会。

猿田正機編(2008)『トヨタ企業集団と格差社会──賃金・労働条件にみる格差創造の構図』京都, ミネルヴァ書房。

猿田正機編(2009)『トヨタの労使関係』名古屋, 中京大学企業研究所。

猿田正機・杉山直編(2011)『トヨタの雇用・労働・健康』東京, 税務経理協会

猿田正機・杉山直・宋艶苓・浅野和也・櫻井善行(2012)『日本におけるトヨタ労働研究』東京, 文眞堂。

猿田正機編(2014)『逆流する日本資本主義とトヨタ』東京, 税務経理協会。

猿田正機編(2016)『トヨタの躍進と人事労務管理──「日本的経営」とその限界』名古屋, 中京大学企業研究所。

佐々木隆之(1984)「(その6)日産自動車(株)の技能者養成」, 雇用促進事業団職業訓練大学校職業訓練研究センター『メカトロニクス時代の技能者養成』相模原, 雇用促進事業団[職業訓練大学校]職業訓練研究センター所収, 243-255頁。

笹山尚人(2008)『人が壊れてゆく職場──自分を守るために何が必要か』東京, 光文社新書。

Sassen, S. (1991) *The Global City: New York, London, Tokyo*, Princeton, N. J.: Princeton University Press. (伊豫谷登士翁監訳, 大井由紀・高橋華生子訳『グローバル・シティ──ニューヨーク・ロンドン・東京から世界を読む(第二版)』東京, 筑摩書房, 2008年。

Sassen, S. (1998) *Globalization and Its Discontents*, New York: New Press. (田淵太一・原田太津男・尹春志訳『グローバル空間の政治経済学──都市・移民・情報化』東京, 岩波書店, 2004年)

佐藤郁哉(2002)『経営と組織について知るための実践フィールドワーク入門』東京, 有斐閣。

佐藤万企夫(2003)「日産『品質3-3-3』を基軸にした取組みについて」『クオリティマネジメント』54号(1)(通号 698), 27-32頁。

佐藤光俊『トヨタ生産方式 初めて明かされる改善の真実』東京, 扶桑社。

Schat, A., Michael R. Frone and E. Kevin Kelloway (2006) "Prevalence of Workplace Aggression in the U. S. Workplace," In E. Kelloway, Julian Barling and Joseph J. Hurrell, Jr. (eds.), *Handbook of Workplace Violence*, Thousand Oaks: Sage, pp. 47-89.

Schor, J. B. (1992) *The Overworked American: The Unexpected Decline of Leisure*, New York: Basic Books. (森岡孝二・成瀬龍夫・青木圭介・川人博訳『働きすぎのアメリカ人──予期せぬ余暇の減少』窓社, 1993年)

Schonberger, R. J. (1982) *Japanese Manufacturing Techniques: Nine Hidden Lessons in Simplicity*, New York: Free Press.

Schumpeter, J. A. (1942) *Capitalism, Socialism, and Democracy*, New York: Harper & Brothers. (中山伊知郎・東畑精一訳『資本主義・社会主義・民主主義』東京, 東洋経済新報社, 1995年)

Scott, J. C. (1976) *The Moral Economy of the Peasant: Rebellion and Subsistence in Southeast Asia*, New Haven and London: Yale University Press. (高橋彰訳『モーラル・エコノミー──東南アジアの農民叛乱と生存維持』東京, 勁草書房, 1999年)

清山玲(2007)「雇用管理・賃金管理の変化とジェンダー平等」, 労務理論学会誌編集委員会編『「新・日本的経営」のその後』京都, 晃洋書房所収, 19-39頁。

関口定一(1978)「アメリカにおける企業内養成工制度の形成(1900-1917)──社立養成工学校の成立・発展を中心として」『商学論纂』20(1), 149-190頁。

Selznick, P. (1949) *TVA and the Grass Roots: A Study of Politics and Organization*, Berkeley and Los Angeles: University of California Press.

仙波好(2001, 2002)「大不況とグローバリゼーション下の『大合理化』(上)(下)」『労働運動』447号, 120-131頁; 449号, 110-121頁。

千石保(1974)『日本人の人間観──欧米人との違いをさぐる』東京, 日本経済新聞社。

Sennett, R. (1998) *The Corrosion of Character: The Personal Consequences of Work in the New Capitalism*, New York: W. W. Norton. (斎藤秀正訳『それでも新資本主義についていくか──アメリカ型経営と個人の衝突』ダイヤモンド社, 1999年)

Sennett, R. (2006) *The Culture of the New Capitalism*, New Haven: Yale University Press. (森田典正訳『不安な経済/漂流する個人──新しい資本主義の労働・消費文化』大月書店, 2008年)

Sewell, G. (1998) "The Discipline of Teams: The Control of Team-based Industrial Work through Electronic and Peer Surveillance," *Administrative Science Quarterly* 43: pp. 397-428.

Sewell, G. and B. Wilkinson (1992) "'Someone to Watch over

Me': Surveillance, Discipline and the Just-in-Time Labour Process," *Sociology*, Vol. 26, No. 2, pp. 271-289.

Shaiken, H. S. (1985) *Work Transformed: Automation and Labor in the Computer Age*, New York: Holt, Rinehart, and Winston.

Shane, S. A. (2008) *The Illusions of Entrepreneurship: The Costly Myths that Entrepreneurs, Investors, and Policy Makers Live by*, New Haven: Yale University Press.

柴田努(2009)「日本における株主配分の増加と賃金抑制構造――M&A法制の規制緩和との関わりで」『季刊 経済理論』46(3), 72-82頁。

柴田努(2011)「アメリカにおける株主価値重視の企業経営への転換――経済の金融化とコーポレート・ガバナンス」『工学院大学研究論叢』49(1), 21-36頁。

島田晴雄(1988)『ヒューマンウェアの経済学――アメリカのなかの日本企業』東京，岩波書店。

島内高太(2004)「『日本型技能形成論』における現状認識と方法論の限界」『企業研究』第5号，247-274頁。

島内高太(2005)「日本自動車企業における技能形成システムの発展――トヨタにおけるOJT，Off-JTの役割と経営側のコミットメント」『工業経営研究』19，105-110頁。

島内高太(2008)「企業内訓練校における人材養成の特徴と課題――自動車企業A社，B社の事例を中心に」『三重法経』130号, 85-110頁。

清水耕一(1995)「トヨタ自動車における労働の人間化(I)(II)」『岡山大学経済学会雑誌』27(1), 1-24頁；(2), 61-83頁。

清水耕一(2005)「現場管理者が語るトヨタの現場管理――現場管理者の口述記録」『岡山大学経済学会雑誌』36(4)，565-584頁。

下川浩一(2006)『「失われた十年」は乗り越えられたか――日本的経営の再検証』東京，中公新書。

下川浩一／近能善範／ダニエル・ヘラー／加藤寛之(2003)「日産自動車リバイバルプランと日産自動車塙会長・ゴーン社長インタビュー記録」『経営志林』第40巻3号，45-101頁。

下川浩一・佐武弘章編(2011)『日産プロダクションウェイ――もう一つのものづくり革命』東京，有斐閣。

塩路一郎(1971)「高度工業社会における労働組合の役割」，民主社会主義研究会議『日本の設計――高度工業社会への挑戦』東京，読売新聞社所収，309-321頁。

塩路一郎(1983)『日本的労使関係を考える 日産労組創立記念総会 塩路会長挨拶集 昭和三十八年(1963)～昭和四十九年(1974)』東京，自動車労連。

塩路一郎(1983)『日本的労使関係を考える 日産労組創立記念総会 塩路会長挨拶集 昭和五十年(1975)～昭和五十七年(1982)』東京，自動車労連。

塩路一郎 (1995)「日産・迷走経営の真実(1)今だから話そう，(2)石原社長が火をつけた日米自動車摩擦，(3)政治に食われた英国進出問題」『文藝春秋』73(4), 284-309頁；73(5), 200-214頁；73(6), 340-359頁。

塩路一郎(2004)『社会正義は労働組合の原点――世界の労働運動から学んだこと』東京，「歴史のナビゲーション」事務局。

塩路一郎(2012)『日産自動車の盛衰――自動車労連会長の証言』東京，緑風出版。

塩路一郎・渡辺勉(1992)「シリーズ『反合理化闘争』第5，6，7回，日産労使関係の変遷と生産性向上運動① ② ③ 塩路一郎 元自動車労連会長に聞く」『労働情報』361，15-20頁；362，12-17頁；363，14-17頁。

Shipler, D. K. (2004) *The Working Poor: Invisible in America*, New York: Alfred A. Knopf. (森岡孝二・川人博・肥田美佐子訳『ワーキング・プア――アメリカの下層社会』岩波書店，2007年)

Shonfield, A. (1965) *Modern Capitalism: The Changing Balance of Public and Private Power*, London, New York: Oxford University Press. (海老沢道進・間野英雄・松岡健二郎・石橋邦夫訳『現代資本主義』東京，オックスフォード大学出版局，1968年)

首藤若菜(2003)『統合される男女の職場』東京，勁草書房。

Sisson, K. (1993) "In Search of HRM," *British Journal of Industrial Relations*, 31(2), pp. 201-210.

Skorstad, E. (1994) "Lean Production, Conditions of Work and Woker Comittment," *Economic and Industrial Democracy*, 15, pp. 429-55.

Smith, A. (1776) *An Inquiry into the Nature and Causes of the Wealth of Nations*, London: Printed for W. Strahan and T. Cadell. (水田洋監訳，杉山忠平訳『国富論(1)～(4)』東京，岩波書店，2000～2001年)

Spear, S. J. and. H. K. Bowen (1999) "Decoding the DNA of the Toyota Production System," *Harvard Business Review*, Vol. 77, No. 5, Sept.-Oct., pp. 97-106.

Spreitzer, G. and Aneil Mishra (2000) "Am Empirical Examination of a Stress-Based Framework of Survivor Responses to Downsizing", In R. Burke and C. Cooper (eds.), *The Organization in Crisis*, Oxford: Blackwell, pp. 97-118.

Steel, R. and Russell Lloyd (1988) "Cognitive, Affective, and Behavioral Outcomes of Participation in Quality Circles: Conceptual and Empirical Findings." *The Journal of Applied Behavioral Science*, 24, pp. 1-17.

菅山真次(1985)「1920年代の企業内養成工制度――日立製作所の事例分析」『土地制度史學』27(4)，34-50頁。

菅山真次 (2011)『「就社」社会の誕生――ホワイトカラーからブルーカラーへ』名古屋，名古屋大学出版会。

杉本良夫・ロスマオア(1982)『日本人は「日本的」か――特殊論を超え多元的分析へ』東京，東洋経済新報社。

杉山直(2006)「1950年争議後に締結されたトヨタの暫定労働協約」『中京経営紀要』第6号，57-79頁。

隅谷三喜男(1965)「自動車」，大河内一男編『産業別賃金決定の機構』東京，日本労働協会所収，269-372頁。

隅谷三喜男編(1970)『日本職業訓練発達史〈上〉――先進技術土着化の過程』東京，日本労働協会。

隅谷三喜男編(1971)『日本職業訓練発展史〈下〉――日本的養成制度の形成』東京，日本労働協会。

隅谷三喜男・古賀比呂志編(1978)『日本職業訓練発展史〈戦後編〉――労働力陶冶の課題と展開』東京，日本労働協会。

壽里茂 (1996)『ホワイトカラーの社会史』東京，日本評論社。

Sutherland, E. H. (1949) *White Collar Crime*, New York: Dryden. (平野龍一・井口浩二訳『ホワイト・カラーの犯罪――独占資本と犯罪』東京，岩波書店，1955年)

Sutton, R. I. (2007) *The No Asshole Rule: Building a Civilized Workplace and Surviving One That Isn't*, New York: Business Plus.（矢口誠訳『あなたの職場のイヤな奴』東京，講談社，2008年）

鈴木富久（1983）「戦後十年間・トヨタ労使関係の展開――賃金等の企業別編成と戦闘的労組の敗北」『新しい社会学のために』第30号，35-61頁。

鈴木良始（1994）『日本的生産システムと企業社会』札幌，北海道大学図書刊行会。

職業生活研究会編（1994）『企業社会と人間――トヨタの労働，生活，地域』京都，法律文化社。

田端博邦（1991）「労働協約と組合運営――A労組を中心に」，戸塚・兵藤編『労使関係の転換と選択』東京，日本評論社所収，189-249頁。

千田忠男（2003）『現代の労働負担』京都，文理閣。

高木浩人（1998）「組織コミットメント――その定義と関連概念」「心理学評論」40(4)，221-238頁。

高岸春嘉（2003）『日産の光と影 座間工場よ永遠なれ』東京，アルファポリス。

高橋伸夫（2002）『できる社員は「やり過ごす」』東京，日経ビジネス人文庫。

高橋伸夫（2004）『虚妄の成果主義――日本型年功制復活のススメ』東京，日経BP社。

高橋敏秋（2007）『トヨタの現場でS級にたどりついた40年』東京，新風舎。

高野始（1985）「企業戦略 ケーススタディ 日産自動車 労使和解で，よみがえるのか――ディーラーの不安ぬぐう販売政策こそ急務では…」『日経ビジネス』1985年2月4日号，34-40頁。

高野陽太郎（2008）『「集団主義」という錯覚――日本人論の思い違いとその由来』東京，新曜社。

高杉良（1986）『労働貴族』東京，講談社文庫。

高山智樹（2009）「『ノンエリート青年』という視角とその射程」，中西・高山編『ノンエリート青年の社会空間』東京，大月書店所収，345-401頁。

竹田茂夫（2001）「J企業論の失敗」，上井・野村編『日本企業』京都，ミネルヴァ書房所収，187-227頁。

竹内真一・太田政男・深井耀子（1971）「企業内教育のイデオロギーとその実態――国鉄生産性向上運動と日産式労務管理を中心に」『国民教育』通号9号，87-103頁。

竹内洋（1995）『日本のメリトクラシー――構造と心性』東京，東京大学出版会。

田中博秀（1982a,b,c）「連載インタビュー・日本的雇用慣行を築いた人達 その2，元トヨタ自動車工業専務取締役・山本恵明氏にきく(1)(2)(3)」『日本労働協会雑誌』第24巻第7号，38-55頁；第24巻第8号，64-81頁；第24巻第9号，25-41頁。

田中萬年（2000）「マツダにおけるテクニシャン養成と熟練工の再教育――マツダ工業技術短期大学校と『徒弟制度』」，明治大学企業内教育研究会編『人材活用と企業内教育』東京，日本経済評論社所収，76-84頁。

田中萬年・平沼高・谷口雄治（2007）「日本の徒弟制度」，平沼ほか編『熟練工養成の国際比較』京都，ミネルヴァ書房所収，171-208頁。

田中堅一郎（2008）『荒廃する職場／反逆する従業員――職場における従業員の反社会的行動についての心理学的研究』京都，ナカニシヤ出版。

田中優（1984）「19世紀中葉ドイツにおける労働規律と工場労働者の社会的統合――アウクスブルクの繊維企業労働者の場合」『史学研究』通号165，43-60頁。

田中洋子（1992-94）「作業服の時間――1982年A金属東京工場における日常性の構造 ①～⑫・完」『大原社会問題研究所雑誌』406号，56-66頁；408号，71-78頁；410号，68-75頁；411号，46-54頁；413号，55-60頁；415号，54-61頁；416号，60-70頁；417号，58-67頁；418号，57-64頁；422号，60-67頁；423号，52-58頁；427号，61-68頁。

田中喜美（2000）「1 日産テクニカルカレッジ」，明治大学企業内教育研究会編『人材活用と企業内教育』東京，日本経済評論社所収，66-75頁。

Tannock, S. (2001) *Youth at Work: The Unionized Fast-Food and Grocery Workplace*, Philadelphia, P. A.: Temple University Press.（大石徹訳『使い捨てられる若者たち――アメリカのフリーターと学生アルバイト』東京，岩波書店，2006年）

田尾雅夫（1997）「わが国における組織コミットメント研究」，田尾雅夫編『「会社人間」の研究――組織コミットメントの理論と実際』京都，京都大学学術出版会所収，227-264頁。

田尾雅夫（1998）『会社人間はどこへいく――逆風下の日本的経営のなかで』東京，中公新書。

Taylor, F. W. (1911a) *The Principles of Scientific Management*, New York: Harper.（中谷彪・中谷愛・中谷謙訳『科学的管理法の諸原理』京都，晃洋書房，2009年）

Taylor, F. W. (1911b) *Shop Management*, New York: Harper and Brothers.（都筑栄訳『工場管理論』東京，理想社，1958年）

Taylor, P. (2010) "The Globalization of Service Work: Analysing the Transnational Call Centre Value Chain," In P. Thompson and C. Smith (eds.), *Working Life: Renewing Labour Process Analysis*, Basingstoke: Palgrave Macmillan, pp. 244-268.

Terkel, S. (1974) *Working: People Talk about What They Do All Day and How They Feel about What They Do*, New York: Pantheon Books.（中山容ほか訳『仕事（ワーキング）!』東京，晶文社，1983年）

The New York Times (1996) *The Downsizing of America*, New York: Times Books.（矢作弘訳『ダウンサイジングオブアメリカ――大量失業に引き裂かれる社会』東京，日本経済新聞社，1996年）

Thomas, K. M. ed. (2008) *Diversity Resistance in Organizations*, New York: Lawrence Erlbaum Associates.

Thomas, R. J. (1994) *What Machines Can't Do: Politics and Technology in the Industrial Enterprise*, Berkeley: University of California Press.

Thompson, E. P. (1967) "Time, Work-Discipline, and Industrial Capitalism," *Past and Present*, No. 38, pp. 56-97.

Thompson, E. P. (1971) "The English Crowd in the Eighteenth Century," *Past and Present*, No. 50, pp. 76-136.

Thompson, P. (1990) "Crawling from the Wreckage: The Labour Process and the Politics of Production", In D. Knights and H. Willmott (eds.), *Labour Process Theory*, London: Macmillan, pp. 95-124.

Thompson, Paul and Damian P. O'Doherty (2009) "Perspectives on Labor Process Theory", In M. Alvesson, et al. (eds.), *The Oxford Handbook of Critical Management Studies,* Oxford, New York: Oxford University Press, pp. 99-121.

戸田勝也(1994)「日産テクニカルカレッジ」，日本労働研究機構編『企業内における技能者の能力開発に関する実態分析――企業内職業能力開発短期大学校の実態』東京，日本労働研究機構所収，39-49頁。

Toffler, A. (1980) *The Third Wave,* New York: Morrow.（徳山二郎監修，鈴木健次ほか訳『第三の波』東京，日本放送出版協会，1980年）

東京管理職ユニオン日本労働弁護団(1994)『会社をやめる父から会社に入る息子・娘たちへ――リストラ攻撃をうけた中高年管理職・サラリーマンの手記』東京，教育史料出版会。

東京大學社會科學研究所篇(1950)『戰後勞働組合の實態――學術研究會議民主主義研究特別委員會第四部研究報告』東京，日本評論社。

Thompkins, P. K. and George Cheney (1985) "Communication and Unobstructive Control in Contemporary Organizations," In R. D. McPhee and P. K. Tompkins (eds.), *Organizational Communication: Traditional Theme and New Directions,* Newbury Park, CA: Sage, pp. 179-210.

戸室健作(2009)「請負労働者の実態と請負労働者像――孤立化と地域ネットワーク」，中西・高山編『ノンエリート青年の社会空間』東京，大月書店所収，227-268頁。

十名直喜(1993)『日本型フレキシビリティの構造――企業社会と高密度労働システム』京都，法律文化社。

遠野はるひ・金子文夫(2008)『トヨタ・イン・フィリピン――グローバル時代の国際連帯』東京，社会評論社。

戸塚秀夫・兵藤釗(1991)「日本的経営のゆくえと労働組合の選択」，戸塚・兵藤編『労使関係の転換と選択』東京，日本評論社所収，251-276頁。

戸塚秀夫・兵藤釗編(1991)『労使関係の転換と選択――日本の自動車産業』東京，日本評論社。

Townley, B. (1994) *Reframing Human Resource Management: Power, Ethices and the Subject at Work,* London: Sage Publications.

豊田英二研究会編(1999)『豊田英二語録』東京，小学館文庫。

トヨタ自動車工業株式会社社史編集委員会編(1958)『トヨタ自動車20年史』挙母町，トヨタ自動車工業。

トヨタ自動車工業株式会社社史編集委員会編(1967)『トヨタ自動車30年史』豊田，トヨタ自動車工業。

トヨタ自動車工業(1979)『トヨタのあゆみ 資料集 創立40周年記念』豊田，トヨタ自動車工業。

トヨタ自動車株式会社編(1987)『創造限りなく トヨタ自動車50年史 本篇』豊田，トヨタ自動車。

トヨタ自動車株式会社編(1987)『創造限りなく トヨタ自動車50年史 資料集』豊田，トヨタ自動車。

トヨタ自動車労働組合創立十周年記念誌編集委員会編(1956)『組合創立十周年記念誌』挙母，トヨタ自動車労働組合。

20年史編集委員会編(1966)『20年の歩み』豊田，トヨタ自動車労働組合。

30年史編纂委員会編(1976)『限りなき前進 30年のあゆみ』豊田，トヨタ自動車工業労働組合。

トヨタ自動車労働組合(1986)『真の豊かさをもとめて 40年のあゆみ』豊田，トヨタ自動車労働組合。

トヨタ自動車労働組合(1996)『新世紀に向けて 50年のあゆみ』豊田，トヨタ自動車労働組合。

トヨタ自動車労働組合(2006)『一人ひとりが輝く明日へ 60年のあゆみ』豊田，トヨタ自動車労働組合。

10年史編纂委員会編(1982)『苦しみも喜びも レク活動実行委員会 10年のあゆみ』豊田，トヨタ自動車工業労働組合レク活動実行委員会。

トヨタ工業高等学園(1983)『今日から明日へ＝寮生活の心得＝』豊田，トヨタ自動車株式会社 トヨタ工業高等学園。

トヨタ工業高等学園(1979)『トヨタの歴史』豊田，トヨタ自動車工業株式会社 トヨタ工業高等学園。

土屋喬雄(1964)『日本経営理念史――日本経営哲学確立のために』東京，日本経済新聞社。

土屋喬雄(1967)『続日本経営理念史――明治・大正・昭和の経営理念』東京，日本経済新聞社。

土屋喜洋(1989)「N自動車株式会社――賃金体系改訂の背景と狙い」，産業労働調査所編『事例シリーズ(10)新人事・賃金制度事例集』産業労働調査所所収，383-406頁。

津田眞澂(1973)『集団主義経営の構想』東京，産業労働調査所。

津田眞澂(1976)『日本的経営の擁護』東京，東洋経済新報社。

津田眞澂(1977)『日本的経営の論理』東京，中央経済社。

辻勝次(2004)「トヨタマンのキャリア・アンカーと職業生涯――幸運世代のライフストーリー分析」『立命館産業社会論集』第39巻第4号，1-22頁。

辻勝次(2005)「大企業における長期雇用慣行の実態――トヨタの場合，1956-1991年」『立命館産業社会論集』第41巻第1号，27-48頁。

辻勝次(2006)「人事空間概念とその構造，構成要素――トヨタへの試論的適用」『立命館産業社会論集』第42号第1号，115-136頁。

辻勝次(2007a)「戦後トヨタにおける人事現象の概要――人事報道(1937～2005年)の分析を通して」『立命館産業社会論集』第43巻第1号，1-21頁。

辻勝次(2007b)「戦後トヨタにおける昇格管理――昇格と競争」『立命館産業社会論集』第43号第2号，1-19頁。

辻勝次(2007c)「トヨタ人事方式の諸原則――同期昇進集団の構造と機能分析」『立命館産業社会論集』第43巻第3号，1-23頁。

辻勝次(2007d)「職業能力・経歴研究の意義と方法」，辻編『キャリアの社会学』京都，ミネルヴァ書房所収，1-19頁。

辻勝次(2008a)「社内格差と3世代社会移動――トヨタの場合，1910～2000年」『立命館産業社会論集』第43巻第4号，1-22頁。

辻勝次(2008b)「トヨタ事務・技術系社員の部署異動とキャリア形成――キャリアの幅と深さを中心に(1960～2000年)」『立命館産業社会論集』第44巻第1号，3-24頁。

辻勝次(2011)『トヨタ人事方式の戦後史――企業社会の誕生から終焉まで』京都，ミネルヴァ書房。

辻勝次代表(2004)『新しい職業能力と職業経歴の動向に関する研究(研究課題番号12410065) 平成12年度～平成14年度科学研究費補助金 基盤研究(B)(1)研究成果報告書』京都，立命館産業社会学部。

辻勝次代表(2007)『新しい職業能力と職業経歴の動向に関する

研究，その発展的展開(研究課題番号15330113) 平成15年度〜平成18年度科学研究費補助金 基盤研究(B)(1)研究成果報告書』京都，立命館大学産業社会学部。

辻勝次編著(2007)『キャリアの社会学──職業能力と職業経歴からのアプローチ』京都，ミネルヴァ書房。

恒川真澄(2003)「養成工の生活史にみる技能形成過程──自動車企業T社の事例より」『東京女子大学社会学会紀要』31巻，59-80頁。

Tsuno, K., Norito Kawakami, Akiomi Inoue and Kiyoko Abe (2010) "Measuring Workplace Bullying: Reliability and Validity of the Japanese Version of the Negative Acts Questionnaire," *Journal of Occupational Health*, 52, pp. 216-226.

鶴本花織・西山哲郎・松宮朝編(2008)『トヨティズムを生きる──名古屋発カルチュラル・スタディーズ』東京，せりか書房。

Tucker, J. (1993) "Everyday Forms of Employee Resistance," *Sociological Forum*, Vol. 8, No. 1, pp. 25-45.

Turnbull, P. J. (1988) "The Limits to 'Japanisation'-Just-in-Time, Labour Relations and the UK Automotive Industry," *New Technology, Work and Employment*, Volume 3, Issue 1, pp. 7-20.

宇田川勝(1995)「企業間競争と品質管理──日産とトヨタ」，法政大学産業情報センター編『日本企業の品質管理』東京，有斐閣，63-116頁。

上田達郎(1998)「トヨタ自動車チャレンジプログラム──成果主義・加点主義人事制度の概要」『労働法学研究会報』49 (12)，1-19頁。

上原克仁(2007)『ホワイトカラーのキャリア形成──人事データに基づく昇進と異動の実証分析』東京，社会経済生産性本部生産性労働情報センター。

上野英信(1960)『追われゆく坑夫たち』東京，岩波書店。

上野英信(1967)『地の底の笑い話』東京，岩波書店。

上野隆幸(2000a)「高度経済成長を支えた養成工の意識とキャリア」『産業教育学研究』第30巻第1号，51-56頁。

上野隆幸(2000b)「養成工の配置政策とキャリア」『日本労働研究雑誌』No. 476，56-65頁。

氏原正治郎(1953)「わが國における大工場労働者の性格」，日本人文科學會編『社會的緊張の研究』東京，有斐閣所収，215-275頁。

鵜飼正樹(1994)『大衆演劇への旅──南条まさきの一年二ヵ月』東京，未来社。

Virno, P. (2003) *Scienze Sociali e "Natura Umana", Facoltà di Linguaggio, invariante Biologico, Rapporti di Produzione*, Rubbettino Editore. (柱本元彦訳『ポストフォーディズムの資本主義──社会科学と「ヒューマン・ネイチャー」』京都，人文書院，2008年)

Vogel, E. F. (1979) *Japan as Number One : Lessons for America*, Cambridge, Mass.: Harvard University Press. (広中和歌子・木本彰子訳『ジャパンアズナンバーワン──アメリカへの教訓』東京，ティビーエス・ブリタニカ，1979年)。

Waddington, J. (1999) *Globalization & Patterns of Labour Resistance*, London: Mansell.

若林满(1987)「管理職へのキャリア発達──入社13年目のフォローアップ」『経営行動科学』2号，1-13頁。

若松義人(2007)『トヨタ流「視える化」成功ノート──「人と現場が変わる」しくみ』東京，大和書房。

渡辺雅男(2006)「監訳者あとがき」，河西・マオア『労働社会学入門』東京，早稲田大学出版会所収，313-325頁。

渡辺治(1990)『「豊かな社会」日本の構造』東京，労働旬報社。

Weber, M. (1922) *Wirtschaft und Gesellschaft*, Tübingen: J. C. B. Mohr. (世良晃志郎訳『支配の社会学』東京，創文社，1960〜1962年；同訳『支配の諸類型』東京，創文社，1970年；阿閉吉男・脇圭平訳『官僚制』恒星社厚生閣，1987年)

Welch, Jack with John A. Byrne (2001) *Jack : Straight from the Gut*, New York: Warner Books. (宮本喜一訳『ジャック・ウェルチ わが経営(上)(下)』東京，日本経済新聞社，2001年)

ウェストニー，D・エレノア／マイケル・A・クスマノ(2010)「『奇跡』と『終焉』の先に何があるのか──欧米の論調にみる日本の競争力評価」，青島矢一／武石彰／マイケル・A・クスマノ編『メイド・イン・ジャパンは終わるのか──「奇跡」と「終焉」の先にあるもの』東京，東洋経済新報社所収，24-65頁。

Westwood, Robert and Corl Rhodes (2007) *Humour, Work and Organization*, Abingdon, Oxon: Routledge.

Whyte, W. H. (1956) *The Organization Man*, New York: Simon and Schuster. (岡部慶三・藤永保訳『組織のなかの人間──オーガニゼーション・マン(上)(下)』東京，創元社，1959年)

Wickens, P. (1987) *The Road to Nissan: Flexibility, Quality, Teamwork*, Basingstoke: Macmillan Press. (佐久間賢監訳『英国日産の挑戦──「カイゼン」への道のり』東京，東洋経済新報社，1989年)

Wilkinson, B. (1983) *The Shop Floor Politics of New Technology*, London: Heinemann Educational.

Williamson, O. E. (1975) *Markets and Hierarchies: Analysis and Antitrust Implications*, New York: The Free Press.

Willis, P. E. (1977) *Learning to Labour: How Working Class Kids Get Working Class Jobs*, Farnborough, Eng.: Saxon House. (熊沢誠・山田潤訳『ハマータウンの野郎ども──学校への反抗・労働への順応』東京，筑摩書房，1985年)

Willmott, H. (1990) "Subjectivity and the Dialectics of Praxis: Opening up the Core of Labour Process Analysis," In D. Knights and H. Willmott (eds.), *Labour Process Theory*, London: Macmillan, pp. 336-378.

Womack, J. P., Daniel T. Jones and Daniel Roos (1990) *The Machine that Changed the World: Based on the Massachusetts Institute of Technology 5-million Dollar 5-Year Study on the Future of the Automobile*, New York: Rawson Associates. (沢田博訳『リーン生産方式が，世界の自動車産業をこう変える──最強の日本車メーカーを欧米が追い越す日』東京，経済界，1990年)

王向華(2003)「J社の日本人男性駐在員のパワーポリティックス」，中牧・セジウィック編『日本の組織』大阪，東方出版，239-276頁。

Wood, S. ed. (1982) *The Degradation of work ?: Skill, Deskilling and the Labour Process*, London: Hutchinson.

Worrall, L., Cary Cooper, and Fiona Campbell (2000) "The Impact of Organizational Change on UK Managers' Perceptions of their Working Lives," In R. J. Burke and C. L. Cooper (eds.), *The Organization in Crisis*, Oxford: Blackwell, pp.

20-43.
山田昇(1997)「現代労働負担研究会報告4 競争力回復戦略の決め手 日産方式のJIT化」『労働運動』No. 392, 228-239頁。
山岸俊男(2002)『心でっかちな日本人――集団主義文化という幻想』東京, 日本経済新聞社。
山本潔(1981)『自動車産業の労資関係』東京, 東京大学出版会。
山本潔(1994)『日本における職場の技術・労働史』東京, 東京大学出版会。
山本潔・上井喜彦・嵯峨一郎(1981)「自動車工業の労資関係――A自動車における『相互信頼的』労資関係」, 労使関係調査会編『転換期における労使関係の実態』東京, 東京大学出版会所収, 3-160頁。
山本安次郎(1971)「上田貞次郎――経営学の肯定説と否定説」, 古林喜樂編『日本経営学史』東京, 日本評論社所収, 1-25頁。
山根清宏(2009)「若者が埋め込まれる労働のかたち――『生活者』としてのアイデンティティの獲得とその困難」, 中西・高山編『ノンエリート青年の社会空間』東京, 大月書店所収, 175-226頁。
山城章(1965)「日本の経営近代化と『日本的経営』」『別冊中央公論 経営問題』4(4)所収, 352-367頁。
山下未来・荒木田美香子(2006)「Presenteeismの概念分析及び本邦における活用可能性」『産業衛生学雑誌』48(6), 201-213頁.
山下充(2005)「グローバル化と開発・生産体制の変化――リバイバルプランにおける日産自動車の組織変容」『明治大学教養論集』399号, 1-14頁。
八代充史(1995)『大企業ホワイトカラーのキャリア――異動と昇進の実証分析』東京, 日本労働研究機構。
八代尚宏(1997)『日本的雇用慣行の経済学――労働市場の流動化と日本経済』東京, 日本経済新聞社。
八代尚宏(1998)『人事部はもういらない』東京, 講談社。
八代尚宏(2009)『労働市場改革の経済学――正社員「保護主義」の終わり』東京, 東洋経済新報社。
八代尚宏(2011)『新自由主義の復権――日本経済はなぜ停滞しているのか』東京, 中公新書。
横浜市総務局市史編集室編(1999)『横浜市史II 第二巻(上)』横浜, 横浜市。
横山源之助(1949)『日本の下層社会』東京, 岩波文庫。
読売新聞特別取材班(2006)『トヨタ伝』東京, 新潮社。
吉田誠(1993)「A社特装車組立工程における職場の相貌――参与観察に基づく一考察」『日本労働社会学会年報』第4号, 29-50頁。
吉田誠(2007)『査定規制と労使関係の変容――全自の賃金原則と日産分会の闘い』岡山, 大学教育出版。
吉田誠(2010)「ドッジ・ライン下における日産自動車の人員整理――解雇対象者の属性に関する一考察」『大原社会問題研究所雑誌』No. 621, 1-19頁。
吉田誠(2013)「日産における臨時工の登場と労使関係――1949年の人員整理以前を中心に」『立命館産業社会論集』第49巻第1号, 57-67頁。
吉原工場創立50周年記念事業委員会工場史編纂分科会(1994)『日産自動車吉原工場50年史』静岡, 日産自動車株式会社富士工場。
Young, J. (1999) *The Exclusive Society: Social Exclusion, Crime and Difference in Late Modernity*, London: Sage. (青木秀男訳『排除型社会――後期近代における犯罪・雇用・差異』京都, 洛北出版, 2007年)
Young, J. (2007) *The Vertigo of Late Modernity*, Los Angele: Sage. (木下ちがや・中村好孝・丸山真央訳『後期近代の眩暈――排除から過剰包摂へ』東京, 青土社, 2008年)
湯本誠(1985)「第5節 企業内教育訓練の展開」, 小山編『巨大企業体制と労働者』東京, 御茶の水書房所収, 286-303頁。
湯本誠(1989, 90)「自動車労働者の熟練・技能とキャリア形成(上)(下)」『立命館産業社会論集』第25巻第3号(通巻第62号), 145-169頁; 第25巻第4号(通巻第63号), 67-104頁。
湯本誠(2003)「自動車労働者の職業経歴――トヨタ定年退職者調査から」『札幌学院大学人文学会紀要』第74号, 1-25頁。
湯本誠(2007a)「技能系職場におけるキャリアの複線化――トヨタ労働者の事例研究」, 辻編著『キャリアの社会学』所収, 99-137頁。
湯本誠(2007b)「技能系定年退職者の企業内キャリア――トヨタ労働者の事例研究」『札幌学院大学人文学会紀要』第82号, 141-175頁。
Zapf, Dieter, Carmen Knorz and Matthias Kulla (1996) "On the relationship between mobbing factors, and job content, social work environment, and health outcomes," *European Journal of Work and Organizational Psychology*, Vol. 5, Issue 2, pp. 215-237.
Zapf, Dieter and Ståle Einarsen (2005) "Mobbing at Work: Escalated Conflicts in Organizations," In Suzy Fox and Paul E. Spector (eds.), *Counterproductive Work Behavior: Investigations of Actors and Targets*, Washington, D. C.: American Psychological Association, pp. 237-270.
Zapf, D., Jordi Escartin, Ståle Einarsen, Helge Hoel and Maarit Vartia (2010) "Empirical Findings on Prevalence and Risk Groups of Bullying in the Workplace," In S. Einarsen et al. (eds.), *Bullying and Harassment in the Workplace*, New York: CRC Press, pp. 75-105.
全金プリンス「10年史」編集委員会(1976)『日産にひるがえる全金の旗 プリンス闘争10年の記録』東京, 総評全国金属労働組合プリンス自工支部。
Žižek, S. (1989) *Sublime Object of Ideology*, London: Verso.
Žižek, S. (1997) *Plague of Fantasies*, London: Verso.
Žižek, S. (2000) "Class Struggle or Postmodernism ? Yes, Please !," In Butler, E. Laclav and S. Žižek (eds.), *Contingency, Hegemony, Universality*, London: Verso.
Žižek, S. ed. (1994) *Mapping Ideology*, London: Verso.
Zuboff, S. (1988) *In the Age of the Smart Machine: The Future of Work and Power*, New York: Basic Books.
Zussman, R. (1985) *Mechanics of the Middle Class: Work and Politics among American Engineers*, Berkeley: University of California Press.

事項索引

あ行

か行

さ行

た行

な行

は行

ま行

や行

ら行

わ行

人名索引

あ行

か行

さ行

た行

な行

は行

ま行

や行

ら行

わ行

伊原亮司 いはら・りょうじ

一橋大学 商学部卒業

一橋大学 大学院社会学研究科博士後期課程修了（社会学 博士）

現在，岐阜大学 地域科学部准教授

主要著作：

『トヨタの労働現場──ダイナミズムとコンテクスト』
桜井書店，2003年

『私たちはどのように働かされるのか』
こぶし書房，2015年

『人間不在の進歩──新しい技術，失業，抵抗のメッセージ』
（デービッド・F・ノーブル，共訳）こぶし書房，2001年

トヨタと日産にみる

〈場〉に生きる力

労働現場の比較分析

2016年5月12日　初版

著者……伊原亮司

発行者……桜井 香

発行所……株式会社 桜井書店
東京都文京区本郷1丁目5-17　三洋ビル16
〒113-0033
電話（03）5803-7353
FAX（03）5803-7356
http://www.sakurai-shoten.com/

ブックデザイン……鈴木一誌＋桜井雄一郎＋山川昌悟

印刷・製本……株式会社 三陽社

ISBN978-4-905261-28-5 Printed in Japan